Vektor- und Dyadenrechnung für Physiker und Techniker

Von

Professor
ERWIN LOHR

Mit 34 Figuren im Text

2. Auflage
mit einem Nachtrag

1950
WALTER DE GRUYTER & CO.
vorm. G. J. Göschen'sche Verlagshandlung / J. Guttentag, Verlagsbuchhandlung / Georg Reimer / Karl J. Trübner / Veit & Comp.
Berlin W 35

Archiv-Nr. 526250.
Printed in Germany. — Druck von C. G. Röder, Leipzig

VORWORT

Als ich 1905 nach Brünn zu Gustav Jaumann kam, wies er mich alsbald mit großem Nachdruck auf die außerordentliche Bedeutung der Vektor- und Dyadenrechnung für die gesamte theoretische Physik hin. Jaumanns „Bewegungslehre" und die „Vektor Analysis" von J. W. Gibbs waren die Bücher, nach denen ich die mir damals neue Disziplin studierte. Trotz der leider so zahlreichen und verschiedenartigen Operationszeichen und Schreibweisen, welche in der Vektor- und Tensorrechnung mehr oder weniger gebräuchlich geworden sind, habe ich an der, meiner Erfahrung nach klarsten und verallgemeinerungsfähigsten Gibbs-Jaumannschen Schreibweise festgehalten.

Wiederholt schon wurde ich von verschiedenen Seiten gedrängt, ein Lehrbuch der Vektor- und Dyadenrechnung zu schreiben das, neben den unerläßlichen theoretischen Grundlagen, vor allem auf die praktische Anwendung größten Wert legt. — Gerade ein solches Buch paßt naturgemäß auch in den Rahmen der Sammlung „Arbeitsmethoden der modernen Naturwissenschaften". Meine Legitimation für dieses Unternehmen liegt in der Tatsache, daß ich seit 3 Jahrzehnten dieses Rechenverfahren in allen meinen theoretischen Arbeiten praktisch verwende. Mein Zögern aber war in dem Umstande begründet, daß ich Physiker und nicht Mathematiker bin. Der Wunsch des Verlages und die Wohlmeinung meiner Freunde, unter ihnen in erster Linie Herr Professor Dr. Clemens Schaefer (Breslau), ließen mich schließlich alle derartigen formalen Bedenken überwinden. Dem Genannten schulde ich überdies für die Durchsicht einer ganzen Korrektur und für wertvolle Anregungen herzlichen Dank.

Aus einer Vorlesung hervorgegangen, die ich im Studienjahre 1936/37 an der Deutschen Technischen Hochschule in Brünn vor einem Auditorium von Physikern, Ingenieuren und Hörern höherer Semester der verschiedenen technischen Fächer hielt, ist auch das vorliegende Buch in erster Linie für Physiker und Techniker bestimmt.

Schon die Auswahl des Stoffes der beiden ersten Teile des Buches, welche dem Leser eine ausreichende und tragfähige mathematische Grundlage des vorgetragenen Rechenverfahrens vermitteln sollen, ist vorzugsweise nach den Bedürfnissen der physikalischen Anwendungen ausgerichtet. Der dritte und umfangreichste Teil bringt physikalische Anwendungen aus allen Gebieten der theoretischen Physik. Das letzte Kapitel führt noch kurz in die einschlägigen Rechenverfahren der Quantenmechanik (Matrizenmechanik) ein.

Ich war von Anfang an darauf bedacht, durch das Verfahren des „Projizierens" die systematische Verbindung mit der gewöhnlichen Arithmetik, Algebra und Analysis aufrechtzuerhalten, deren Sätze, soweit sie den Rahmen des üblichen technischen Hochschulstudiums nicht überschreiten, hier als bekannt vorausgesetzt werden. Dem Leser soll dauernd vor Augen geführt werden, daß er und wie er alle seine früheren Kenntnisse im Bereiche des neuen Rechenverfahrens verwerten kann. Gleichzeitig war es aber selbstverständlich mein lebhaftes Bestreben, den Leser durch die Tat zu überzeugen, wie vorteilhaft das **wirkliche Rechnen** mit Vektoren, Dyaden und extensiven Gebilden noch höheren Ranges nicht nur bei physikalischen Untersuchungen allgemeineren Charakters, sondern vielfach auch noch bei der Lösung von Einzelaufgaben ist. Um bei den Anwendungen wirklich und im vollen Umfange mit dem neuen Verfahren arbeiten zu können, mußten die Anwendungen nach der Entwicklung dieses Verfahrens in einem eigenen Schlußteile zusammengefaßt werden.

Im mathematischen Sinne Neues wird man in dem Buche nicht finden. Was die Auswahl und Anordnung des Stoffes betrifft, habe ich mich ausschließlich von meinen eigenen Erfahrungen leiten lassen. Ich habe mich nicht gescheut, vom üblichen Wege abzuweichen, wo mir der neue Weg leichter, übersichtlicher, besser erschien; ich habe aber auch ruhig die gute alte Straße überall dort benützt, wo eine Änderung der Linienführung dem Leser keinen Vorteil gebracht hätte. Abweichungen von den gewohnten Darstellungen wird der Kenner bei der systematischen Behandlung der Dyade, in dem Kapitel über Triaden und Tetraden, in der Art der Einführung des Vektorpotentials und im Zusammenhange damit bei der Behandlung der Wirbelfelder, in den Untersuchungen über die Äquivalenz von Wirbel- und Quellenfeldern, sowie in manchen Einzelheiten der physikalischen Anwendungen finden. Alles, was für das in diesem Buche angestrebte Ziel „Die Praxis der Vektor- und Dyadenrechnung in der heutigen Physik und Technik" nur Ballast gewesen wäre, habe ich grundsätzlich weggelassen. Dahin gehört die Behandlung der Quaternionentheorie, ein tieferes Eingehen auf Probleme der Differentialgeometrie, auf die Vektor- und Dyadenrechnung im Riemannschen Raume u. ä.

Um das rasche Auffinden der Gleichungen zu ermöglichen, wird bei Verweisungen im Text neben der Formelnummer auch die Seitenzahl angegeben.

Aus der neueren einschlägigen Literatur habe ich gelegentlich benützt die Bücher: J. Spielrein, Lehrbuch der Vektorrechnung (Wittwer 1916); W. Blaschke, Vorlesungen über Differentialgeometrie (Springer 1921); M. Lagally, Vektorrechnung (Akadem. Verl. Ges. 1928); O. D. Kellog, Foundations of Potential Theory (Springer 1929); M. Born und P. Jordan, Elementare Quantenmechanik (Springer 1930); P. A. M. Dirac, The Principles of Quantum Mechanics (Oxford Clarendon Press 1935).

Ich danke zunächst meinem ersten Assistenten, Herrn D. J. Obrist, der einen Teil der Reinschrift besorgt und alle Korrekturen mitgelesen hat. Es haben mich ferner mein Freund und Kollege, Professor Dr. Joh. Jaumann, die Herren meines Institutes, Ing. H. Čech, Dr. F. Lettowsky, sowie anfänglich auch Herr Dr. A. Erdélyi bei der Durcharbeitung der Korrekturen wirksam unterstützt. Ing. H. Čech fertigte die Figuren an und meine Tochter Irmhilt nahm mir einen großen Teil der Schreibarbeit ab. — Ihnen allen sage ich herzlichen Dank, der in besonderem Maße auch dem Verlage für das verständnisvolle Entgegenkommen gebührt, mit dem er meine Wünsche während des Druckes berücksichtigte.

Werfenweng (Salzburg), Gassengut, im Sommer 1939.

E. Lohr

VORWORT ZUR 2. AUFLAGE

Als sich zu Beginn des Jahres 1944 eine Neuauflage meiner „Vektor- und Dyadenrechnung" als notwendig erwies, entschloß ich mich sogleich, das Buch selbst, bis auf unbedeutende Korrekturen, unverändert zu lassen, ihm jedoch einige, in sich abgeschlossene „Ergänzungen" hinzuzufügen. — Dieser Entschluß entsprach meiner Überzeugung, daß einerseits zu einer Umarbeitung des Buches kein Anlaß vorlag, sich andererseits aber die Berücksichtigung einiger in der ersten Auflage nicht behandelten Sondergebiete als wünschenswert erwiesen hatte. — Neben kurzen Bemerkungen über den Zusammenhang der sphärischen Trigonometrie mit der Vektorrechnung (A), über Derivationen in krummlinigen Koordinaten (B), Reihenentwicklungen (D), den Zusammenhang von Matrizenmechanik und Integralgleichungen (E), sind es insbesondere die Gebiete: „Ebene Vektorrechnung und Funktionentheorie" (C), „Vektorrechnung der speziellen Relativitätstheorie "(F), und „Grundzüge des mathematischen Formalismus der Diracschen Theorie des Elektrons" (G), welche den Hauptinhalt der Ergänzungen ausmachen. — Ich hoffe damit von meinen Lesern verschiedentlich ausgesprochenen Wünschen entsprochen zu haben. —

Wie seinerzeit, bei der Ausarbeitung des ursprünglichen Buches, bin ich auch in den Ergänzungen vielfach eigene Wege gegangen, und man wird manches finden, das, zumindest in der hier gegebenen Form, überhaupt neu ist. So, meines Wissens, die Diskussion der Gleichungen (30) und (30') bzw. (33) und (33') in der Ergänzung (C) und der auf diesem Wege erbrachte Nachweis, daß, bis auf eine Konstante, schon die Randwerte von u (oder jene von v) allein, die Werte der komplexen Funktion $u + i v$ im ganzen Inneren des regulären Bereiches bestimmen. — Dasselbe gilt von der analogen Beweisführung in der Ergänzung (C'), wie von der ganzen Ergänzung (E) über Matrizenmechanik und Integralgleichungen und von zahlreichen Einzelheiten in den Ergänzungen (F) und (G). — Auch der hier verfolgte Weg zur Gewinnung sowohl der relativistischen Schrödinger-Gleichung, wie der Diracschen Gleichungen dürfte streckenweise neuartig sein. —

Vorwort zur 2. Auflage

In der Ergänzung (G) konnte ich, insbesondere beim Rechnen mit hyperkomplexen Einheiten, das vorzügliche Buch: Atombau und Spektrallinien, II. Bd. (1939) von A. Sommerfeld, mit Vorteil benützen. —

Das Erscheinen der Neuauflage, welche seit Ende 1944 dem Verlage druckfertig zur Verfügung stand, verzögerte sich durch kriegsbedingte Umstände leider ungebührlich. — Anfänglich und bis zuletzt fehlte es an Papier, später dann auch an eingearbeiteten Setzern für den schwierigen Satz. — Wegen des letztgenannten Umstandes entschloß sich der Verlag zu einem photomechanischen Nachdrucke des Buches, so daß lediglich die „Ergänzungen" neu gesetzt werden mußten. — Die von mir aus sachlichen Gründen gewählte Zweiteilung von Altem und Neuem, von „erster Auflage" und „Ergänzungen" hat sich somit auch als glücklicher Umstand für die Ermöglichung des nunmehrigen Erscheinens der durch nahezu 4 Jahre im Manuskript liegen gebliebenen zweiten Auflage erwiesen. Nicht unerwähnt möchte ich lassen, daß während des Krieges, J. W. Edwards, Publisher in Michigan (U.S.A.) einen Neudruck meines Vektorbuches veranstaltete, der nach Kriegsende u. a. noch in Schweizer Buchhandlungen zu haben war. — Ich glaube aus diesem Umstande, wie aus verschiedenen Äußerungen, die von deutschen, interessierten Kreisen direkt und indirekt zu mir gelangten, schließen zu dürfen, daß das Fehlen meiner „Vektor- und Dyadenrechnung" auf dem Büchermarkte als Lücke empfunden wurde. — Möge es der zweiten Auflage, welche nun diese Lücke schließen soll, beschieden sein, sich die Zufriedenheit ihrer Leser zu erwerben.

Allen, die zum Wiedererscheinen meine Buches unter den gegenwärtig in jeder Hinsicht so überaus schwierigen Verhältnissen beitrugen, gilt mein aufrichtiger Dank. — Ganz besonders und in tiefer Verbundenheit danke ich meinem hochverehrten Freunde, Professor Dr. Clemens Schaefer in Köln, ohne dessen weitestgehende Hilfe bei der Korrekturarbeit, die Aufgabe das Buch herauszubringen, derzeit schon aus versandtechnischen Gründen, unlösbar gewesen wäre.

Werfenweng (Salzburg), Gassengut, im Sommer 1949.

E. Lohr.

INHALTSVERZEICHNIS

EINLEITUNG

Wir machen alle unsere sinnlichen Wahrnehmungen im Raume; das wissenschaftliche Schema, durch das wir unsere Erfahrungen ordnen, wird also gleichfalls ein räumliches sein müssen. Die Zahlen aber, welche durch systematische Verknüpfungen diskreter Denksetzungen entstehen, bilden eine geordnete eindimensionale Folge. Wollen wir das räumliche Geschehen durch gewöhnliche Zahlen erfassen, so müssen wir jedem Raumpunkte drei Zahlen zuordnen, wie es die auf Descartes zurückgehende analytische Geometrie tut. Diese drei Zahlen charakterisieren den betreffenden Raumpunkt aber nur in bezug auf ein ganz bestimmt gewähltes, an sich aber völlig willkürliches Koordinatensystem. Dieselbe Bemerkung gilt ebenso für jede zwei Raumpunkte verbindende, gerichtete Strecke und damit für alle physikalischen Größen, welche man durch gerichtete Strecken darstellen kann und die man als Vektoren zu bezeichnen pflegt. Was für Vektoren zutrifft, gilt schließlich analog für die durch entsprechende Verknüpfung von Vektoren definierten „extensiven Größen höheren Ranges" (höherer Stufe), die Dyaden, Triaden, Tetraden usf.

Das Unbefriedigende der Koordinatendarstellung liegt vor allem in der Willkür, mit welcher irgendein besonderes Koordinatensystem für die Darstellung herausgegriffen werden muß. Wird man zu willkürlichen Entscheidungen genötigt, so ist das stets ein Anzeichen dafür, daß man in unsachgemäßer Weise spezialisiert hat. Willkürliche Entscheidungen sind ja immer Entscheidungen über Bestimmungen, die für das Darzustellende unwesentlich sind.

Handelt es sich um die Lösung von Einzelaufgaben, etwa um ein bestimmtes Randwertproblem, dann wird sich auch jeweils eine ganz bestimmte Koordinatenwahl als die der Aufgabe angemessenste darbieten. Man wird z. B. elliptische Koordinaten einzuführen haben, wenn die Randfläche ein Ellipsoid ist. Erst die Einzelaufgabe verlangt ein spezielles Koordinatensystem, in Untersuchungen allgemeinen Charakters aber wird jede vorzeitige Spezialisierung nur die Formeln komplizieren und das Hervortreten des Wesentlichen erschweren.

Die Grenze, an der es sich empfiehlt, vom Rechnen mit den extensiven Größen selbst zum Rechnen in geeignet gewählten Koordinaten überzugehen, ist naturgemäß eine fließende.

Da die Vektor- und Dyadenrechnung der Eigenart physikalischer Problemstellungen weitgehend angepaßt ist, wird man gut daran tun, sich der Vorteile dieses Formalismus möglichst ausgiebig zu bedienen. Unerläßlich dafür ist allerdings eine gewisse Vertrautheit mit den wichtigsten Rechenregeln des Kalküls, worauf in der folgenden Darstellung, bei aller Kürze, gebührend Rücksicht genommen werden soll.

I. TEIL

ARITHMETIK UND ALGEBRA EXTENSIVER GRÖSSEN

1. Erste Einführung der neuen Größen

Wenn wir einerseits ein durchaus autarkes Rechnen im Rahmen des neuen Kalküls als wesentlich für die Erreichung des angestrebten Zieles ansehen, wollen wir doch anderseits die extensiven Größen und das Operieren mit ihnen von vornherein und in konsequenter Weise so an das Rechnen mit reellen bzw. komplexen Zahlen anschließen, daß wir bei den neuen Begriffsbildungen, Definitionen und der Ableitung der neuen Rechenregeln alle erforderlichen Begriffe, Definitionen und Sätze der als bekannt vorausgesetzten Algebra und Analysis mühelos übertragen können.

Im dreidimensionalen euklidischen Raum kann bekanntlich jede gerichtete Strecke, deren Endpunkt stets durch eine Pfeilspitze markiert werden soll, oder anders gesprochen, jeder Vektor der ja immer durch eine gerichtete Strecke darstellbar ist, durch seine drei Projektionen auf drei von einem Punkte O aus gezogene, nicht in dieselbe Ebene fallende, wie man auch sagt, nicht komplanare Gerade charakterisiert werden. Für diese drei Geraden, die Achsen des Bezugssystems, bildet der Ursprung O den Nullpunkt der Zählung. Die drei positiven Halbachsen denken wir uns immer so angeordnet, daß von der dritten aus beurteilt, die erste in die zweite durch Drehung entgegen dem Uhrzeigersinne — wir wollen das eine positive Drehung nennen — übergeführt, einen Winkel kleiner als 180° durchläuft. Man überzeugt sich leicht, daß obige Definition auch zutrifft, wenn man die Reihenfolge der drei positiven Halbachsen zyklisch vertauscht, also die Drehung der zweiten in die Richtung der dritten von der ersten oder die Drehung der dritten in die Richtung der ersten von der zweiten positiven Halbachse beurteilt. Ein solches Achsensystem heißt ein Rechtssystem, weil die Drehung von $\mathfrak{i}$ nach $\mathfrak{j}$ und die Fortschreitung in der Richtung von $\mathfrak{k}$ zusammen eine Rechtsschraube bestimmen. Zur Veranschaulichung zeigt die Figur ein rechtwinkliges Rechtssystem, dessen positive Halbachsen durch die gerichteten Strecken (Pfeile) von der Länge Eins, die sogenannten Einheitsvektoren $\mathfrak{i}$, $\mathfrak{j}$, $\mathfrak{k}$ charakterisiert, dessen Maßzahlen in üblicher Weise durch x, y, z bezeichnet werden.

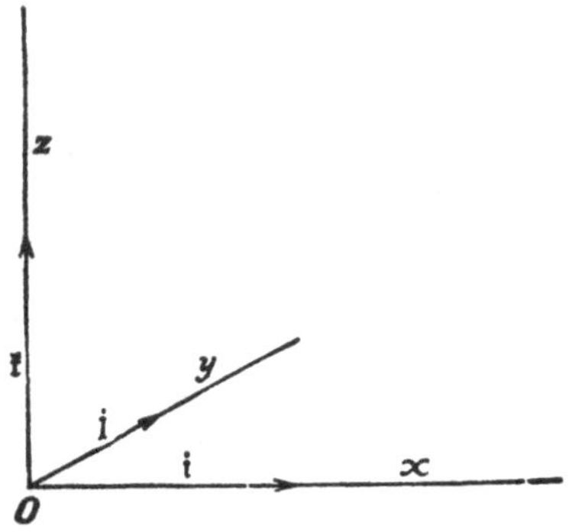

Fig. 1. Rechtwinkliges Rechtssystem

Jede Vektorgröße, z. B. eine Kraft, läßt sich durch eine gerichtete Strecke darstellen und besitzt als solche eine bestimmte Richtung und einen bestimmten Betrag der, nach Wahl einer Maßeinheit, durch die Länge der gerichteten Strecke gegeben ist. An sich kommt einem Vektor oder einer Dyade, Triade usf. ebensowenig ein bestimmter Ort im Raume zu, wie einer gewöhnlichen Zahl. Auch die Größen der Projektionen — der Komponenten — einer gerichteten Strecke, bezogen auf ein gegebenes Achsensystem, sind von der Lage im Raume unabhängig, d. h. die gerichtete Strecke kann parallel zu sich selbst beliebig verschoben gedacht werden.

Wie die Kraft durch eine gerichtete Strecke, so kann z. B. die Temperatur — selbstverständlich nach Zugrundelegung einer bestimmten Temperaturskala — durch eine gewöhnliche Zahl charakterisiert werden. Man nennt darum die Temperatur eine skalare Größe oder kurz einen Skalar, während die Kraft als vektorische Größe oder kurz als Vektor bezeichnet wird.

Fragen wir nach der Temperaturverteilung in einem gegebenen Raume, so werden wir jedem Raumpunkte eine Zahl, eben die Maßzahl der dort herrschenden Temperatur, zuordnen müssen. Die Temperaturverteilung als Funktion des Ortes $T(x, y, z)$ bildet ein Skalarfeld. Analog kann man natürlich auch nach der Verteilung einer vektorischen Größe im Raume fragen, z. B. nach dem elektrischen Vektor als Funktion des Ortes $\mathfrak{E}(x, y, z)$ und hat es dann mit einem Vektorfeld zu tun. Ganz ebenso spricht man von einem Dyadenfeld usf.

2. Strenge Definitionsgleichungen

Grundsatz des Projizierens

Wie schon bemerkt, kann man jede gerichtete Strecke, also auch jede vektorische Größe, die ja stets durch eine gerichtete Strecke darstellbar ist, durch ihre drei Projektionen auf drei nicht komplanare, aber im allgemeinen schiefwinklige Achsen charakterisieren. Um kein bestimmtes Achsensystem von vornherein willkürlich auszeichnen zu müssen, denken wir uns einen Vektor grundsätzlich als den Inbegriff seiner Projektionen auf alle möglichen Achsenrichtungen.

Bedeutet $\mathfrak{e}$ einen beliebig gerichteten Einheitsvektor, so wollen wir die Projektion irgendeines Vektors $\mathfrak{a}$ — Vektoren sollen stets mit deutschen Buchstaben bezeichnet werden — auf die durch $\mathfrak{e}$ bestimmte Achse in der Form:

$$\mathfrak{e} \cdot \mathfrak{a} \equiv \mathfrak{a} \cdot \mathfrak{e} \equiv |\mathfrak{a}| \cos(\mathfrak{a}, \mathfrak{e}) \tag{1}$$

ansetzen. $|\mathfrak{a}|$ bedeutet den Betrag des Vektors $\mathfrak{a}$; oft bedient man sich auch zur Bezeichnung des Betrages der entsprechenden lateinischen Buchstaben, schreibt also a statt $|\mathfrak{a}|$.

Wir definieren: Zwei Vektoren $\mathfrak{a}$ und $\mathfrak{A}$ sollen dann und nur dann gleich heißen, wenn für beliebig gerichtete $\mathfrak{e}$

$$\mathfrak{e} \cdot \mathfrak{a} = \mathfrak{e} \cdot \mathfrak{A} \tag{2}$$

gilt. Wir schreiben dann:

$$\mathfrak{a} = \mathfrak{A}\,. \tag{3}$$

Man bezeichnet $\mathfrak{e} \cdot \mathfrak{a}$ — gelesen „$\mathfrak{e}$ Punkt $\mathfrak{a}$" — auch als das innere oder skalare Produkt der beiden Vektoren. Für diese Multiplikation fordern wir, wie man das für jede Multiplikation, die praktisch verwendbar sein soll, tun muß, die Gültigkeit des distributiven Gesetzes. Wir definieren demgemäß: Die Summe beliebig vieler Vektoren

$$\mathfrak{A} = \mathfrak{a} + \mathfrak{b} + \mathfrak{c} + \cdots \tag{4}$$

ist wieder ein Vektor, der durch

(5) $\mathfrak{e}\,.\,\mathfrak{A} = \mathfrak{e}\,.\,(\mathfrak{a} + \mathfrak{b} + \mathfrak{c} + \cdots) \equiv \mathfrak{e}\,.\,\mathfrak{a} + \mathfrak{e}\,.\,\mathfrak{b} + \mathfrak{e}\,.\,\mathfrak{c} + \cdots$

bestimmt wird. Konsequenterweise wird man dann, wenn s eine beliebige reelle Zahl bedeutet, das Zutreffen des assoziativen Gesetzes:

(6) $$\mathfrak{e}\,.\,(s\,\mathfrak{a}) \equiv s\,(\mathfrak{e}\,.\,\mathfrak{a}) \equiv (s\,\mathfrak{e})\,.\,\mathfrak{a}$$

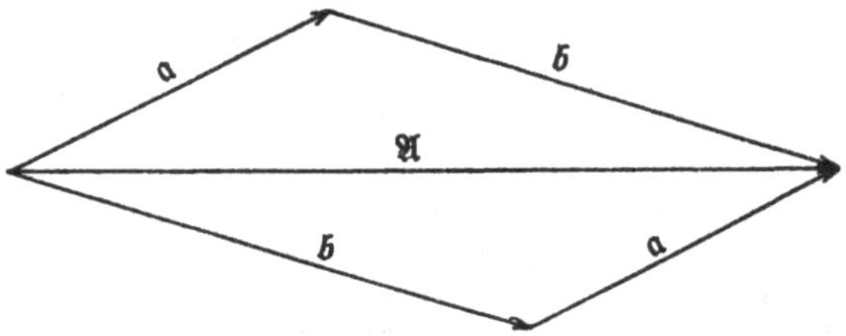

Fig. 2. Kommutatives Gesetz der Vektoraddition

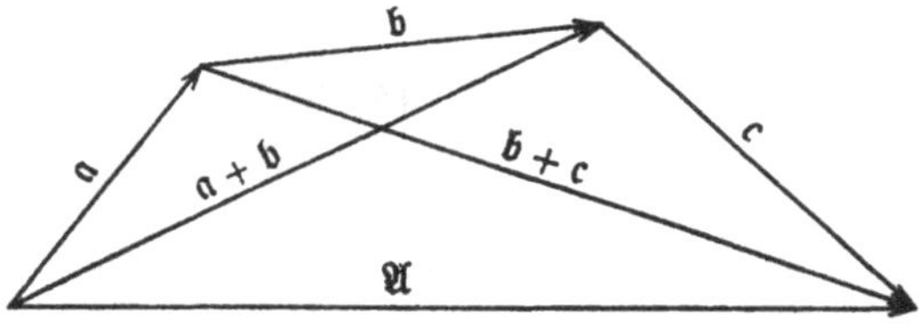

Fig. 3. Assoziatives Gesetz der Vektoraddition

verlangen müssen. Aus der Definitionsgleichung (**5**, 6) folgt die anschauliche Definition der Vektoraddition: Vektoren sind so zu addieren, daß man immer den Anfangspunkt des folgenden Vektors in den Endpunkt des vorangehenden bringt und schließlich den Anfangspunkt des ersten Vektors mit dem Endpunkte des letzten durch eine gerichtete Strecke verbindet. Die durch (**5**, 6) definierte Vektoraddition ist kommutativ und assoziativ (Fig.). Aus der Definitionsgleichung (**6**, 6) folgt, daß $s\,\mathfrak{a}$ einen Vektor derselben Richtung wie $\mathfrak{a}$, aber von s-facher Länge bedeutet. Multiplikation mit -1 kehrt den Richtungssinn des betreffenden

Vektors um. Es gilt also: $\mathfrak{a} - \mathfrak{a} \equiv 0$ („Nullvektor", das ist ein Vektor vom Betrage Null) und es folgt demgemäß aus

$$\mathfrak{a} + \mathfrak{b} = \mathfrak{A} \text{ die Gleichung } \mathfrak{b} = \mathfrak{A} - \mathfrak{a}\,. \tag{7}$$

Selbstverständlich werden wir unter

$$\mathfrak{b} = s\,\mathfrak{e} \tag{8}$$

einen Vektor von der Länge s und der Richtung des Einheitsvektors $\mathfrak{e}$ zu verstehen haben. Gelegentlich bedient man sich der Schreibweise:

$$\mathfrak{b} = b\,\bar{\mathfrak{b}}\,, \tag{9}$$

worin b den Betrag von $\mathfrak{b}$ und $\bar{\mathfrak{b}}$ einen Einheitsvektor in der Richtung von $\mathfrak{b}$ bedeutet. (**1**, 5) und (**6**, 6) ergibt dann

$$\mathfrak{b}\,.\,\mathfrak{a} \equiv \mathfrak{a}\,.\,\mathfrak{b} \equiv |\mathfrak{a}|\,|\mathfrak{b}| \cos(\mathfrak{a}, \mathfrak{b}) \tag{10}$$

als Definition des skalaren Produktes aus zwei beliebigen Vektoren. Verschwindet das skalare Produkt bei nicht verschwindenden Beträgen der Vektoren, so stehen die beiden Vektoren aufeinander senkrecht.

$$\mathfrak{a}\,.\,\mathfrak{a} \equiv |\mathfrak{a}|^2 \equiv \mathfrak{a}^2 \tag{11}$$

ist das Quadrat des Betrages, eine wesentlich positive Größe. Wir führen noch den reziproken Vektor durch die Definitionsgleichung

$$\mathfrak{a}^{-1} \equiv \frac{\mathfrak{a}}{\mathfrak{a}^2} \tag{12}$$

ein.

Die Aussage, ein Vektor sei kleiner oder größer als ein anderer, kann sich naturgemäß nur auf deren Beträge beziehen:

$$|\mathfrak{a}| < |\mathfrak{b}|\,. \tag{13}$$

Die Definitionsgleichung (**1**, 5) ist noch durch die anschauungsgemäß evidente Aussage zu ergänzen: Jeder Vektor in einem dreidimensionalen Raume wird schon durch seine Projektionen auf irgend drei nicht komplanare Achsen eindeutig (und zwar umkehrbar eindeutig) bestimmt.

Wir definieren zu irgend drei nicht komplanaren Vektoren $\mathfrak{e}_1$, $\mathfrak{e}_2$, $\mathfrak{e}_3$ von im allgemeinen beliebigem Betrage, ein reziprokes System $\mathfrak{e}_1^*$, $\mathfrak{e}_2^*$, $\mathfrak{e}_3^*$ durch die Relationen:

$$(14)\quad \left\{\begin{array}{lll} \mathfrak{e}_1 \cdot \mathfrak{e}_1^* = 1 & \mathfrak{e}_1 \cdot \mathfrak{e}_2^* = 0 & \mathfrak{e}_1 \cdot \mathfrak{e}_3^* = 0 \\ \mathfrak{e}_2 \cdot \mathfrak{e}_1^* = 0 & \mathfrak{e}_2 \cdot \mathfrak{e}_2^* = 1 & \mathfrak{e}_2 \cdot \mathfrak{e}_3^* = 0 \\ \mathfrak{e}_3 \cdot \mathfrak{e}_1^* = 0 & \mathfrak{e}_3 \cdot \mathfrak{e}_2^* = 0 & \mathfrak{e}_3 \cdot \mathfrak{e}_3^* = 1 \end{array}\right.$$

Da $\mathfrak{e}_1^*$ auf der durch $\mathfrak{e}_2$, $\mathfrak{e}_3$ bestimmten Ebene senkrecht steht usf., bilden auch $\mathfrak{e}_1^*$, $\mathfrak{e}_2^*$, $\mathfrak{e}_3^*$ ein System dreier nicht komplanarer Vektoren. Gilt nun für einen beliebigen Vektor

$$(15)\quad \mathfrak{e}_1 \cdot \mathfrak{a} = a_1 \qquad \mathfrak{e}_2 \cdot \mathfrak{a} = a_2 \qquad \mathfrak{e}_3 \cdot \mathfrak{a} = a_3$$

so folgt aus (**15**, 8)

$$(16)\quad \mathfrak{a} = a_1\,\mathfrak{e}_1^* + a_2\,\mathfrak{e}_2^* + a_3\,\mathfrak{e}_3^*$$

weil (**16**, 8) wegen (**5**, 6), (**6**, 6), (**8**, 7), (**14**, 8) wieder (**15**, 8) ergibt. Da das gewählte Achsensystem vollkommen willkürlich war, kann man den Inhalt der Gleichung (**16**, 8) auch so formulieren: Jeder Vektor kann als Summe von drei beliebig gerichteten, nicht komplanaren Vektoren dargestellt werden. Zwischen je vier Vektoren besteht also immer eine lineare Beziehung, zwischen drei nicht komplanaren Vektoren niemals, diese sind demnach linear unabhängig. Wenn zwischen drei Vektoren eine lineare Beziehung besteht, so sagen wir, sie liegen in derselben Ebene, was anschauungsgemäß nach Fig. 2 evident ist. Aus dieser Festsetzung folgt auch rechnerisch, daß $\mathfrak{e}_1^*$, $\mathfrak{e}_2^*$, $\mathfrak{e}_3^*$ nicht komplanar sein können, denn aus

$$x\,\mathfrak{e}_1^* + y\,\mathfrak{e}_2^* = \mathfrak{e}_3^*$$

würde für beliebiges x, y bei Multiplikation mit $\mathfrak{e}_3$ die linke Seite verschwinden, die rechte Seite aber Eins ergeben. Besteht zwischen zwei Vektoren eine lineare Beziehung, so haben sie natürlich dieselbe Richtung (bei gleichem oder entgegengesetztem Richtungssinn), sie sind parallel, sind kollinear [vgl. etwa (**8**, 7)].

Man beachte noch, daß das zu $\mathfrak{e}_1^*$, $\mathfrak{e}_2^*$, $\mathfrak{e}_3^*$ reziproke System wieder durch:

$$(17)\quad \left\{\begin{array}{lll} \mathfrak{e}_1^* \cdot (\mathfrak{e}_1^*)^* = 1 & \mathfrak{e}_1^* \cdot (\mathfrak{e}_2^*)^* = 0 & \mathfrak{e}_1^* \cdot (\mathfrak{e}_3^*)^* = 0 \\ \mathfrak{e}_2^* \cdot (\mathfrak{e}_1^*)^* = 0 & \mathfrak{e}_2^* \cdot (\mathfrak{e}_2^*)^* = 1 & \mathfrak{e}_2^* \cdot (\mathfrak{e}_3^*)^* = 0 \\ \mathfrak{e}_3^* \cdot (\mathfrak{e}_1^*)^* = 0 & \mathfrak{e}_3^* \cdot (\mathfrak{e}_2^*)^* = 0 & \mathfrak{e}_3^* \cdot (\mathfrak{e}_3^*)^* = 1 \end{array}\right.$$

gegeben sein wird. Ein Vergleich der ersten Kolonne von (**17**, 8) mit der ersten Zeile von (**14**, 8) ergibt:

(18) $$(e_1^*)^* = e_1$$

und analog folgt:

$$(e_2^*)^* = e_2$$
$$(e_3^*)^* = e_3 .$$

3. Überanschauliche Bedeutung unserer Definitionsgleichungen

a) Vektoren in mehrdimensionalen Räumen

Man beachte, daß wir die Definitionsgleichungen (**1**, 5), (**2**, 5), (**5**, 6), (**6**, 6) sowie die Forderung, daß sich jeder dreidimensionale Vektor als Summe dreier beliebig gerichteter, nicht komplanarer Vektoren darstellen läßt, zwar in engster Anlehnung an den anschaulichen Vektorbegriff, an eine dem bekannten Parallelogrammsatze für die Zusammensetzung vektorischer Größen (z. B. von Kräften) entsprechende Vektoraddition formuliert haben, daß aber die Definitionsgleichungen selbst analytischer Art sind. Wir könnten die gegebenen Rechenvorschriften auch dann anwenden, wenn uns die raumanschauliche Bedeutung der neuen Größen nicht bewußt würde.

Charakterisieren wir die Dreidimensionalität des Raumes durch die Forderung, daß sich jeder Vektor gemäß (**16**, 8) jedenfalls als Summe von drei bestimmt gerichteten Vektoren darstellen lassen soll, so ist klar, daß je drei solcher Gleichungen, die sich nach den e_1^*, e_2^*, e_3^* auflösen lassen, ein neues, zur Darstellung ebenso geeignetes Vektortripel a_1, a_2, a_3 ergeben, das wir dann als „nicht komplanares" bezeichnen können.

Gewiß, die Anschaulichkeit des Vektorbegriffes, die Darstellbarkeit jedes Vektors als gerichtete Strecke gehören gerade zu den Vorzügen der Vektorrechnung. Die überanschauliche Bedeutung unserer Definitionsgleichungen ermöglicht aber erst die Ausdehnung des neuen Kalküls auf „mehrdimensionale Räume". Wir haben lediglich in der Forderung, daß sich jeder Vektor als Summe von drei beliebig gerichteten, linear unabhängigen Vektoren darstellen lassen soll, die Zahl 3 durch die Zahl n zu ersetzen, um mit denselben Definitionsgleichungen eine n-dimensionale Vektorrechnung zu begründen.

Das ist aber physikalisch nicht nur für die vierdimensionale Raum–Zeit–Welt der Relativitätstheorie von Bedeutung, sondern ebenso für die Vektoren und Dyaden der modernen Quantenmechanik, die einem Raume von unendlich vielen Dimensionen angehören.

Da auch der Vektorrechnung mehrdimensionaler Räume dieselben Definitionsgleichungen zugrunde liegen, wie jener im dreidimensionalen Raume, und die letztere eine anschauliche Deutung zuläßt, genießt man noch den Vorteil, daß man sich irgend drei Vektoren des n-dimensionalen Raumes, genau so als ob sie sich in einem wirklichen Raume befänden, anschaulich vorstellen darf.

b) Koordinatentransformationen

Die folgenden Überlegungen sollen zeigen, wie man auf Grund unserer Definitionen mit den neuen Größen operieren kann, ohne irgendwie auf die Anschauung zurückzugreifen. Dabei bleiben wir der Einfachheit halber im Dreidimensionalen. Es sei vermöge (**15**, 8) irgendein Vektor $\mathfrak{a}$ durch die Maßzahlen a_1, a_2, a_3 in bezug auf eine durch die „Grundvektoren" $\mathfrak{e}_1^*, \mathfrak{e}_2^*, \mathfrak{e}_3^*$ bestimmte „Basis" gegeben. Bezeichnen $\bar{a}_1, \bar{a}_2, \bar{a}_3$ die Maßzahlen in bezug auf irgendeine andere durch die drei (nicht komplanaren) Grundvektoren $\bar{\mathfrak{e}}_1^*, \bar{\mathfrak{e}}_2^*, \bar{\mathfrak{e}}_3^*$ charakterisierte Basis, so muß gemäß (**16**, 8):

$$(1)\qquad \mathfrak{a} = a_1\,\mathfrak{e}_1^* + a_2\,\mathfrak{e}_2^* + a_3\,\mathfrak{e}_3^* = \bar{a}_1\,\bar{\mathfrak{e}}_1^* + \bar{a}_2\,\bar{\mathfrak{e}}_2^* + \bar{a}_3\,\bar{\mathfrak{e}}_3^*$$

gelten. Natürlich muß die neue Basis, bezogen auf die alte, formelmäßig gegeben sein. Das kann durch die neun Zahlen:

$$(2)\qquad \mathfrak{e}_\iota \cdot \bar{\mathfrak{e}}_\varkappa^* = c_{\iota\varkappa} \qquad \left.\begin{matrix}\iota\\ \varkappa\end{matrix}\right\} = 1, 2, 3$$

geschehen. Aus (**1**, 10) und (**2**, 10) folgt dann für die Transformation der Maßzahlen:

$$(3)\qquad \left\{\begin{aligned} a_1 &= c_{11}\bar{a}_1 + c_{12}\bar{a}_2 + c_{13}\bar{a}_3\\ a_2 &= c_{21}\bar{a}_1 + c_{22}\bar{a}_2 + c_{23}\bar{a}_3\\ a_3 &= c_{31}\bar{a}_1 + c_{32}\bar{a}_2 + c_{33}\bar{a}_3\,, \end{aligned}\right.$$

für die Transformation der Grundvektoren:

$$(4)\qquad \begin{cases} \bar{e}_1^* = e_1^* c_{11} + e_2^* c_{21} + e_3^* c_{31} \\ \bar{e}_2^* = e_1^* c_{12} + e_2^* c_{22} + e_3^* c_{32} \\ \bar{e}_3^* = e_1^* c_{13} + e_2^* c_{23} + e_3^* c_{33} \end{cases}$$

Die Transformation (**4**, 11) heißt die zur Transformation (**3**, 10) transponierte. Die Determinante:

$$(5)\qquad c = \begin{vmatrix} c_{11} & c_{12} & c_{13} \\ c_{21} & c_{22} & c_{23} \\ c_{31} & c_{32} & c_{33} \end{vmatrix}$$

ist von Null verschieden, denn bei der Auflösung von (**4**, 11) nach einem e_ι^* ergibt sich dieses mit c multipliziert, während linker Hand ein in den $\bar{e}_1^*$, $\bar{e}_2^*$, $\bar{e}_3^*$ linearer Ausdruck zustande kommt. Für $c = 0$ müßte demnach zwischen den genannten Vektoren eine lineare Beziehung bestehen, sie müßten komplanar sein, was voraussetzungsgemäß nicht der Fall sein soll.

(**3**, 10) und (**4**, 11) sind also nach den Maßzahlen $\bar{a}_\varkappa$ bzw. nach den Grundvektoren e_ι^* auflösbar. Bezeichnet man

$$(6)\qquad e_\iota^* \cdot \bar{e}_\varkappa = c_{\iota\varkappa}^*,$$

so kann man die betreffenden Formeln auch unmittelbar aus (**1**, 10) und (**6**, 11) gewinnen:

$$(7)\qquad \bar{a}_\varkappa = a_1 c_{1\varkappa}^* + a_2 c_{2\varkappa}^* + a_3 c_{3\varkappa}^* \qquad \text{für } \varkappa = 1, 2, 3$$

$$(8)\qquad e_\iota^* = c_{\iota 1}^* \bar{e}_1^* + c_{\iota 2}^* \bar{e}_2^* + c_{\iota 3} \bar{e}_3^* \qquad \text{für } \iota = 1, 2, 3$$

Multiplizieren wir (**4**, 11) mit $\bar{e}_1$, so erhalten wir:

$$(9)\qquad \begin{cases} 1 = c_{11}^* c_{11} + c_{21}^* c_{21} + c_{31}^* c_{31} \\ 0 = c_{11}^* c_{12} + c_{21}^* c_{22} + c_{31}^* c_{32} \\ 0 = c_{11}^* c_{13} + c_{21}^* c_{23} + c_{31}^* c_{33} \end{cases}$$

und daraus:

$$(10)\quad c_{11}^* = \frac{1}{c}\begin{vmatrix} c_{22} & c_{23} \\ c_{32} & c_{33} \end{vmatrix}; \quad c_{21}^* = -\frac{1}{c}\begin{vmatrix} c_{12} & c_{13} \\ c_{32} & c_{33} \end{vmatrix}; \quad c_{31}^* = \frac{1}{c}\begin{vmatrix} c_{12} & c_{13} \\ c_{22} & c_{23} \end{vmatrix}.$$

Ebenso berechnet man nach Multiplikation von (**4**, 11) mit $\bar{e}_2$ bzw. $\bar{e}_3$ die übrigen sechs Größen $c_{\iota\varkappa}^*$. Die aus den $c_{\iota\varkappa}^*$ analog zu (**5**, 11) gebildete Determinante bezeichnet man durch c^*. In der Bezeichnungsweise der Determinantentheorie sind die $c^*_{i\varkappa}$ die „reduzierten Minoren" der $c_{i\varkappa}$. Man beachte, daß der Übergang von (**2**, 10) zu (**6**, 11) in der Weise erfolgt, daß alle vorkommenden Größen durch die mit * versehenen, d. h. durch die des reziproken Systems ersetzt werden.

Das Produkt zweier Determinanten wird bekanntlich durch Kombination der Elemente der (horizontalen) Zeilen oder der (vertikalen) Kolonnen gebildet. — Die erste Kolonne von $c\,c^*$ entspricht demnach den rechten Seiten der Gleichungen (**9**, 11), und die folgenden Kolonnen erhält man aus den zu (**9**, 11) analogen Gleichungen, also gilt:

$$(11) \qquad c\,c^* = \begin{vmatrix} 1 & 0 & 0 \\ 0 & 1 & 0 \\ 0 & 0 & 1 \end{vmatrix} = 1$$

Nach Einführung der skalaren Tripelprodukte werden wir dieselbe Beziehung leicht wiedergewinnen.

Von entscheidender Bedeutung ist die Relation (**1**, 10), durch welche die Unabhängigkeit der Vektorgröße von der gewählten Basis, das heißt also die Invarianz der Vektorgröße gegenüber Transformationen der Basis unmittelbar zum Ausdrucke kommt. Gerade (**1**, 10) vermittelt den für Vektorgrößen charakteristischen Zusammenhang der durch (**2**, 10) bzw. (**4**, 11) gegebenen Transformation der Basis und der durch (**7**, 11) dargestellten Transformation der Maßzahlen des Vektors. Man bezeichnet die Transformation (**7**, 11) der Maßzahlen als kontragredient zur Transformation (**4**, 11) der Grundvektoren. Jedes Größensystem, das durch dieselben Formeln transformiert wird wie die Maßzahlen, heißt zu den Grundvektoren kontragredient, jedes, das durch dieselben Formeln transformiert wird wie die Grundvektoren, heißt zu diesen kogredient.

In einem n-dimensionalen Raume hätten wir (**1**, 10) zu ersetzen durch:

$$(12) \qquad \mathfrak{a} = a_1\,\mathfrak{e}^*_1 + a_2\,\mathfrak{e}^*_2 + \cdots + a_n\,\mathfrak{e}^*_n = \bar{a}_1\,\bar{\mathfrak{e}}^*_1 + \bar{a}_2\,\bar{\mathfrak{e}}^*_2 + \cdots + \bar{a}_n\,\bar{\mathfrak{e}}^*_n.$$

Die entsprechende Verallgemeinerung der Formeln (**14**, 8) und (**2**, 10) ist ohne weiteres klar.

c) Skalares Produkt und metrische Fundamentalgrößen

Gleichwie der Vektor selbst eine, gegenüber Änderungen des Bezugssystems (der Basis) invariante Größe darstellt, ist das auch für das skalare Produkt zweier Vektoren der Fall.

Um das skalare Produkt bei gegebener Basis ausrechnen zu können, müssen uns noch die zu der gewählten Basis gehörenden Zahlen:

(1) $$\mathfrak{e}_\iota \cdot \mathfrak{e}_\varkappa = g_{\iota\varkappa} \qquad \left.\begin{matrix}\iota\\ \varkappa\end{matrix}\right\} = 1, 2, 3$$

gegeben sein; sie heißen die metrischen Fundamentalgrößen. Gleichwie aus (**2**, 10) die Relation (**6**, 11), so folgt aus (**1**, 13):

(2) $$\mathfrak{e}_\iota^* \cdot \mathfrak{e}_\varkappa^* = g_{\iota\varkappa}^*,$$

worin die $g_{\iota\varkappa}^*$ wieder die reduzierten Minoren der $g_{\iota\varkappa}$ sind. g bzw. g^* bezeichnen die betreffenden Determinanten. Wählt man speziell:

(3) $$g_{\iota\varkappa} = \delta_{\iota\varkappa},$$

worin wir in üblicher Weise

(4) $$\begin{cases} \delta_{\iota\varkappa} = 1 & \text{setzen} \quad \text{für } \iota = \varkappa \\ \delta_{\iota\varkappa} = 0 & \qquad\qquad \text{für } \iota \neq \varkappa, \end{cases}$$

so stehen die Einheitsvektoren $\mathfrak{e}_1$, $\mathfrak{e}_2$, $\mathfrak{e}_3$ wechselseitig aufeinander senkrecht. Ein solches Rechtssystem von Grundvektoren bezeichnet man, wie wir es schon getan haben, gewöhnlich durch $\mathfrak{i}$, $\mathfrak{j}$, $\mathfrak{k}$ und nennt es gelegentlich auch „Dreibein". Ein System von wechselseitig aufeinander senkrecht stehenden Einheitsvektoren bildet, wie ein Vergleich mit (**14**, 8) lehrt, sein eigenes reziprokes System. Aus (**2**, 10) und (**6**, 11) folgt für Dreibeine:

(5) $$c_{\iota\varkappa} = c_{\iota\varkappa}^*$$

und aus (**5**, 13) und (**11**, 12) weiter:

(6) $$c = c^* = 1.$$

Aus

(7) $$\begin{cases} \mathfrak{a} = \sum\limits_\iota a_\iota \mathfrak{e}_\iota^* \\ \mathfrak{b} = \sum\limits_\varkappa b_\varkappa \mathfrak{e}_\varkappa^* \end{cases}$$

erhält man:

(8) $$\mathfrak{a} \cdot \mathfrak{b} = \sum_{\iota, \varkappa} a_\iota b_\varkappa g^*_{\iota \varkappa} .$$

Der Betrag eines Vektors wird dann aus

(9) $$|\mathfrak{a}| = \sqrt{\mathfrak{a} \cdot \mathfrak{a}} = \sqrt{\sum_{\iota, \varkappa} a_\iota a_\varkappa g^*_{\iota \varkappa}} ,$$

der Kosinus des Winkels, den zwei Vektoren miteinander einschließen, aus

(10) $$\cos (\mathfrak{a}, \mathfrak{b}) = \frac{\mathfrak{a} \cdot \mathfrak{b}}{|\mathfrak{a}| \, |\mathfrak{b}|}$$

zu berechnen sein.

Es ist hier nicht nötig, diese im Grunde überaus einfachen Deduktionen aus unseren Definitionsgleichungen weiter zu diskutieren oder in noch größerer Breite zu entwickeln. Das prinzipiell Wichtige ist hoffentlich schon aus der gegebenen kurzen Darstellung klar geworden. Zum Abschlusse dieses Paragraphen soll nur noch bemerkt werden, daß unsere Definitionen auch noch in einem nichteuklidischen, einem Riemannschen Raum anwendbar bleiben. Allerdings gilt eine bestimmte Basis dann nur für Vektoren eines bestimmten Raumpunktes, und es ist nicht möglich, sämtliche Vektoren eines endlichen Gebietes des gekrümmten Raumes auf dieselbe Basis zu beziehen. Als anschaulich vorstellbaren Fall denke man im Zweidimensionalen an die Darstellung der Vektoren innerhalb einer gekrümmten Fläche. Damit die Aufgabe eine bestimmte sei, muß jetzt auch die Änderung der Grundvektoren $\mathfrak{e}_\iota$ beim Fortschreiten von Punkt zu Punkt gegeben sein.

d) Bivektoren

Während wir bisher ganz im Reellen geblieben sind, wollen wir jetzt in unserem Kalkül auch komplexe Größen zulassen. Wir können und wollen das einfach durch die Festsetzung tun, daß alle Multiplikationsregeln, deren Gültigkeit wir bisher für Produkte aus reellen Zahlen s mit Vektoren gefordert haben, ebenso auch für Produkte aus komplexen Zahlen mit Vektoren zutreffen sollen. Dieselbe Voraussetzung soll in der Folge dann auch für Produkte aus komplexen

Zahlen mit Dyaden oder mit extensiven Größen noch höheren Ranges zutreffen.

Wir erklären ferner: Ein komplexer Vektor oder „Bivektor" unterscheidet sich vom reellen Vektor durch den Umstand, daß seine Projektionen im allgemeinen komplexe Zahlen

(1) $$a_\varkappa = \bar{a}_\varkappa + i\,\bar{\bar{a}}_\varkappa$$

sein werden. Den Gleichungen (**15**, 8) und (**16**, 8) gemäß erhalten wir jetzt als Darstellung eines beliebigen Bivektors:

(2) $$\mathfrak{a} = \bar{a}_1\,\mathfrak{e}_1^* + \bar{a}_2\,\mathfrak{e}_2^* + \bar{a}_3\,\mathfrak{e}_3^* + i\,(\bar{\bar{a}}_1\,\mathfrak{e}_1^* + \bar{\bar{a}}_2\,\mathfrak{e}_2^* + \bar{\bar{a}}_3\,\mathfrak{e}_3^*)$$

oder

(3) $$\mathfrak{a} = \bar{\mathfrak{a}} + i\,\bar{\bar{\mathfrak{a}}}$$

und ebenso für beliebige Bivektoren

(4) $$\mathfrak{b} = \bar{\mathfrak{b}} + i\,\bar{\bar{\mathfrak{b}}} \text{ usf.},$$

worin $\bar{\mathfrak{a}}$, $\bar{\bar{\mathfrak{a}}}$ bzw. $\bar{\mathfrak{b}}$, $\bar{\bar{\mathfrak{b}}}$ reelle Vektoren bedeuten.

Der Betrag eines Bivektors wird durch

(5) $$|\mathfrak{a}| = \sqrt{\bar{\mathfrak{a}}^2 + \bar{\bar{\mathfrak{a}}}^2}$$

definiert. Natürlich werden zwei Bivektoren dann und nur dann gleichzusetzen sein, wenn für beliebig gerichtete (reelle) $\mathfrak{e}$ die komplex-skalaren Gleichungen:

(6) $$\mathfrak{e} \,.\, \mathfrak{a} = \mathfrak{e} \,.\, \mathfrak{b}$$

zutreffen. Für die Darstellung (**3**, 15) und (**4**, 15) folgt aus dieser Definition: es ist

(7) $$\mathfrak{a} = \mathfrak{b}$$

dann und nur dann, wenn für die reellen Vektoren

(8) $$\bar{\mathfrak{a}} = \bar{\mathfrak{b}}\,, \quad \bar{\bar{\mathfrak{a}}} = \bar{\bar{\mathfrak{b}}}$$

gilt. Der komplexe Vektor erscheint also erst durch zwei reelle Vektoren oder durch sechs reelle Zahlen bestimmt.

Man beachte im besonderen, daß aus

(9) $$\mathfrak{a} = s\,\mathfrak{b}$$

nicht $\bar{\mathfrak{a}} \parallel \bar{\mathfrak{b}}, \bar{\bar{\mathfrak{a}}} \parallel \bar{\bar{\mathfrak{b}}}$ folgt, denn es gilt ja, wenn $s = \bar{s} + i\,\bar{\bar{s}}$ gesetzt wird,

$$(10)\qquad \left\{ \begin{aligned} \bar{\mathfrak{a}} &= \bar{s}\,\bar{\mathfrak{b}} - \bar{\bar{s}}\,\bar{\bar{\mathfrak{b}}} \\ \bar{\bar{\mathfrak{a}}} &= \bar{\bar{s}}\,\bar{\mathfrak{b}} + \bar{s}\,\bar{\bar{\mathfrak{b}}}\,. \end{aligned} \right.$$

4. Definitionsgleichungen der Dyaden

a) Einführung der Dyaden

Bedeutet in dem Produkte $s\,\mathfrak{b}$ der Faktor s selbst ein skalares Produkt aus zwei Vektoren, haben wir demnach etwa:

$$(1)\qquad s\,\mathfrak{b} = (\mathfrak{e}\,.\,\mathfrak{a})\,\mathfrak{b}\,,$$

so liegt ein vektorisches Produkt aus drei Vektoren vor. Zur tatsächlichen Durchführung von Rechnungen mit vektorischen Größen wird es oft notwendig, in solchen Produkten anders zu assoziieren. Diese Notwendigkeit führt zur Definition der dyadischen Produkte bzw. der Dyaden. Ein dyadisches Produkt — man nennt es auch eine lineare Dyade — besteht aus zwei Vektoren als Faktoren, die durch das Punktstrichzeichen als Zeichen der dyadischen Multiplikation verknüpft werden. (Oft setzt man die beiden Vektoren auch ohne eigenes Multiplikationszeichen nebeneinander.) Wir schreiben also ein dyadisches Produkt in der Form:

$$\mathfrak{a}\,;\,\mathfrak{b}$$

(gelesen „$\mathfrak{a}$ Punktstrich $\mathfrak{b}$") und bestimmen es in konsequenter Fortentwicklung der hier befolgten Methode durch die Gesamtheit seiner „Projektionen" auf alle möglichen Achsenrichtungen. Dabei definieren wir diese Projektionen durch die Relation:

$$(2)\qquad \mathfrak{e}\,.\,(\mathfrak{a}\,;\,\mathfrak{b}) \equiv (\mathfrak{e}\,.\,\mathfrak{a})\,\mathfrak{b} \equiv \mathfrak{b}\,(\mathfrak{a}\,.\,\mathfrak{e}) \equiv (\mathfrak{b}\,;\,\mathfrak{a})\,.\,\mathfrak{e}\,.$$

Die so definierten Projektionen sind also Vektoren. Das Verfahren des Projizierens führt Vektoren auf Skalare, dyadische Produkte bzw. Dyaden auf Vektoren zurück. — Wie die Vektoren den Skalaren gegenüber neuartige Rechengrößen darstellen, für die eine Gleichheitsdefinition und die nötigen Rechenregeln festgesetzt werden mußten, so ergibt sich dieselbe Notwendigkeit neuerdings beim Übergange zu den dyadischen Produkten als den extensiven Größen nächsthöheren Ranges. — Wir verfahren in möglichster Analogie zu den entsprechenden Definitionen für Vektoren, welche der Leser, zum leichteren Verständnis der folgenden, ihn zunächst vielleicht etwas fremdartig anmutenden Festsetzungen und Überlegungen nachschlagen möge.

Wieder sollen zwei dyadische Produkte $\mathfrak{a} ; \mathfrak{b}$ und $\mathfrak{A} ; \mathfrak{B}$ dann und nur dann gleich heißen, wenn für beliebig gerichtete $\mathfrak{e}$

$$(3) \qquad \mathfrak{e} \cdot (\mathfrak{a} ; \mathfrak{b}) = \mathfrak{e} \cdot (\mathfrak{A} ; \mathfrak{B})$$

gilt, oder, was ersichtlich mit (3, 17) gleichwertig ist:

$$(4) \qquad (\mathfrak{a} ; \mathfrak{b}) \cdot \mathfrak{e} = (\mathfrak{A} ; \mathfrak{B}) \cdot \mathfrak{e} .$$

Wir schreiben dann:

$$(5) \qquad \mathfrak{a} ; \mathfrak{b} = \mathfrak{A} ; \mathfrak{B} .$$

Aus den Gleichungen (2, 16) und (3, 17) liest man unmittelbar ab: Zwei dyadische Produkte sind gleich, wenn die Beziehungen

$$(6) \qquad \mathfrak{b} \parallel \mathfrak{B}, \quad \mathfrak{a} \parallel \mathfrak{A} \quad \text{und} \quad |\mathfrak{a}||\mathfrak{b}| = |\mathfrak{A}||\mathfrak{B}|$$

gelten. Eine lineare Dyade wird demnach durch zwei Richtungen und einen Betrag oder durch fünf skalare Größen bestimmt. Um das Zutreffen des distributiven Gesetzes zu sichern, definieren wir weiter: Die Summe dyadischer Produkte (linearer Dyaden), sie verhält sich kommutativ und assoziativ,

$$(7) \qquad \Phi = \mathfrak{A} ; \mathfrak{B} + \mathfrak{C} ; \mathfrak{D} + \mathfrak{E} ; \mathfrak{F} + \cdots$$

heißt eine Dyade — Dyaden bezeichnen wir im allgemeinen durch griechische Buchstaben —, die durch:

$$(8) \qquad \begin{cases} \mathfrak{e} \cdot \Phi = \mathfrak{e} \cdot (\mathfrak{A} ; \mathfrak{B} + \mathfrak{C} ; \mathfrak{D} + \mathfrak{E} ; \mathfrak{F} + \cdots) \\ \qquad \equiv (\mathfrak{e} \cdot \mathfrak{A})\, \mathfrak{B} + (\mathfrak{e} \cdot \mathfrak{C})\, \mathfrak{D} + (\mathfrak{e} \cdot \mathfrak{E})\, \mathfrak{F} + \cdots \\ \qquad \equiv (\mathfrak{B} ; \mathfrak{A} + \mathfrak{D} ; \mathfrak{C} + \mathfrak{F} ; \mathfrak{E}) \cdot \mathfrak{e} = \Phi_c \cdot \mathfrak{e} \end{cases}$$

definiert wird. Φ_c nennt man die zu Φ konjugierte Dyade.

Wie ein dyadisches Produkt, so soll auch jede Summe von dyadischen Produkten, also jede beliebige Dyade durch die Gesamtheit ihrer Projektionen definiert sein:

$$\mathfrak{e} \,.\, \Phi = \mathfrak{A}_e \tag{9}$$

oder, was damit gleichwertig ist:

$$\Phi \,.\, \mathfrak{e} = \mathfrak{A}\,. \tag{10}$$

Die Bezeichnungen entsprechen denen, die wir später wieder benützen werden.

Zwei Dyaden, Φ und Ψ, sollen dann und nur dann gleich genannt werden, wenn für beliebig gerichtete $\mathfrak{e}$

$$\mathfrak{e} \,.\, \Phi = \mathfrak{e} \,.\, \Psi \tag{11}$$

oder

$$\Phi \,.\, \mathfrak{e} = \Psi \,.\, \mathfrak{e} \tag{12}$$

zutrifft. Wir schreiben dann:

$$\Phi = \Psi\,. \tag{13}$$

Eine Folge von (**8**, 17) und (**11**, 18) ist auch die Gültigkeit des distributiven Gesetzes bei der dyadischen Multiplikation. Es gilt ja:

$$\left\{\begin{aligned} \mathfrak{e}.[\mathfrak{A};(\mathfrak{B}+\mathfrak{C}+\mathfrak{D}+\cdots)] &\equiv (\mathfrak{e}.\mathfrak{A})(\mathfrak{B}+\mathfrak{C}+\mathfrak{D}+\cdots) \\ &\equiv (\mathfrak{e}.\mathfrak{A})\,\mathfrak{B} + (\mathfrak{e}.\mathfrak{A})\,\mathfrak{C} + (\mathfrak{e}.\mathfrak{A})\,\mathfrak{D} + \cdots \\ &\equiv \mathfrak{e}.[\mathfrak{A};\mathfrak{B} + \mathfrak{A};\mathfrak{C} + \mathfrak{A};\mathfrak{D} + \cdots] \end{aligned}\right. \tag{14}$$

also nach (**11**, 18)

$$\mathfrak{A};(\mathfrak{B}+\mathfrak{C}+\mathfrak{D}+\cdots) = \mathfrak{A};\mathfrak{B} + \mathfrak{A};\mathfrak{C} + \mathfrak{A};\mathfrak{D} + \cdots\,. \tag{15}$$

Für die Multiplikation mit einer reellen Zahl s soll wieder das assoziative Gesetz gelten:

$$\mathfrak{e} \,.\, (s\,\Phi) \equiv s\,(\mathfrak{e} \,.\, \Phi) \equiv (s\,\mathfrak{e}) \,.\, \Phi\,. \tag{16}$$

Da wir in der Form $s\,\mathfrak{e}$ jeden beliebigen Vektor darstellen, können wir (**8**, 17) in

$$\left\{\begin{aligned} \mathfrak{a} \,.\, \Phi &= \mathfrak{a} \,.\, (\mathfrak{A};\mathfrak{B} + \mathfrak{C};\mathfrak{D} + \mathfrak{E};\mathfrak{F} + \cdots) \\ &\equiv (\mathfrak{a}\,.\,\mathfrak{A})\,\mathfrak{B} + (\mathfrak{a}\,.\,\mathfrak{C})\,\mathfrak{D} + (\mathfrak{a}\,.\,\mathfrak{E})\,\mathfrak{F} + \cdots \\ &\equiv (\mathfrak{B};\mathfrak{A} + \mathfrak{D};\mathfrak{C} + \mathfrak{F};\mathfrak{E} + \cdots) \,.\, \mathfrak{a} = \Phi_c \,.\, \mathfrak{a} \end{aligned}\right. \tag{17}$$

verallgemeinern und haben damit das Punktprodukt eines Vektors mit einer Dyade definiert; man pflegt es das skalare Produkt eines Vektors mit einer Dyade zu nennen. Das Ergebnis dieser Punktmultiplikation ist aber jetzt kein Skalar, sondern der durch (**17**, 18) bestimmte Vektor. Aus (**17**, 18) folgt auch, daß diese Multiplikation nicht kommutativ ist. An die Stelle des kommutativen Gesetzes tritt die Beziehung:

$$\mathfrak{a} \cdot \Phi = \Phi_c \cdot \mathfrak{a} \,. \tag{18}$$

Selbstverständlich folgt aus (**17**, 18) unmittelbar:

$$\left\{ \begin{aligned} &(\mathfrak{a} + \mathfrak{b} + \cdots) \cdot (\Phi + \Psi + \cdots) \\ &\quad \equiv \mathfrak{a} \cdot \Phi + \mathfrak{a} \cdot \Psi + \cdots + \mathfrak{b} \cdot \Phi + \mathfrak{b} \cdot \Psi + \cdots . \end{aligned} \right. \tag{19}$$

Man erkennt leicht, daß im dreidimensionalen Raume jede Dyade schon durch ihre Projektionen auf drei nicht komplanare Richtungen ein-eindeutig bestimmt wird. Ist nämlich:

$$\left\{ \begin{aligned} \Phi \cdot \mathfrak{e}_1 &= \mathfrak{A}_1 \\ \Phi \cdot \mathfrak{e}_2 &= \mathfrak{A}_2 \\ \Phi \cdot \mathfrak{e}_3 &= \mathfrak{A}_3 \,, \end{aligned} \right. \tag{20}$$

so folgt für jede andere gegebene Richtung $\bar{\mathfrak{e}}_1$ wegen

$$\bar{\mathfrak{e}}_1 = \mathfrak{e}_1 c^*_{11} + \mathfrak{e}_2 c^*_{21} + \mathfrak{e}_3 c^*_{31} \tag{21}$$

$$\left\{ \begin{aligned} \Phi \cdot \bar{\mathfrak{e}}_1 &= c^*_{11} \Phi \cdot \mathfrak{e}_1 + c^*_{21} \Phi \cdot \mathfrak{e}_2 + c^*_{31} \Phi \cdot \mathfrak{e}_3 \\ &= c^*_{11} \mathfrak{A}_1 + c^*_{21} \mathfrak{A}_2 + c^*_{31} \mathfrak{A}_3 \,. \end{aligned} \right. \tag{22}$$

Als explizite Form der Dyade Φ erhalten wir aus (**20**, 19):

$$\Phi = \mathfrak{A}_1 ; \mathfrak{e}^*_1 + \mathfrak{A}_2 ; \mathfrak{e}^*_2 + \mathfrak{A}_3 ; \mathfrak{e}^*_3 \,. \tag{23}$$

Sind auch die „Antezedenten" der Dyade: $\mathfrak{A}_1$, $\mathfrak{A}_2$, $\mathfrak{A}_3$ (die zweiten Vektoren der dyadischen Produkte heißen die „Konsequenten") nicht komplanar, so haben wir eine komplette Dyade. Sind $\mathfrak{A}_1$, $\mathfrak{A}_2$, $\mathfrak{A}_3$ komplanar, so spricht man von einer planaren Dyade, sind sie kollinear, von einer linearen. Da $\mathfrak{e}_1$, $\mathfrak{e}_2$, $\mathfrak{e}_3$ ein beliebig vorgebbares Grundsystem charakterisieren, wird die komplette Dyade durch drei Vektoren $\mathfrak{A}_1$, $\mathfrak{A}_2$, $\mathfrak{A}_3$, also durch neun Zahlen bestimmt. Es ist klar, daß in beliebiger Form vorgegebene gleiche Dyaden mit Benützung der verfügbaren

Rechenregeln auch unmittelbar ineinander umgerechnet werden können. Besteht zwischen $\mathfrak{A}_1$, $\mathfrak{A}_2$, $\mathfrak{A}_3$ eine lineare Beziehung:

(24) $$\mathfrak{A}_3 = x\,\mathfrak{A}_1 + y\,\mathfrak{A}_2,$$

so folgt aus (**15**, 18), (**16**, 18) und (**23**, 19):

(25) $$\Phi = \mathfrak{A}_1 ; (\mathfrak{e}_1^* + x\,\mathfrak{e}_3^*) + \mathfrak{A}_2 ; (\mathfrak{e}_2^* + y\,\mathfrak{e}_3^*)\,.$$

Sowohl die Antezedenten wie die Konsequenten einer planaren Dyade liegen in je einer Ebene. Fallen die beiden Ebenen zusammen, so soll die Dyade uniplanar heißen. Für jede planare Dyade gibt es eine und nur eine Richtung, für welche

(26) $$\Phi \,.\, \bar{\mathfrak{e}}_3 = 0$$

wird. Innerhalb der auf $\bar{\mathfrak{e}}_3^*$ senkrechten Ebene können wir zwei beliebige nicht kollineare Vektoren $\bar{\mathfrak{e}}_1$, $\bar{\mathfrak{e}}_2$ als Grundvektoren wählen, es gilt dann:

(27) $$\Phi \,.\, \bar{\mathfrak{e}}_1 = \bar{\mathfrak{A}}_1 \quad \text{und} \quad \Phi \,.\, \bar{\mathfrak{e}}_2 = \bar{\mathfrak{A}}_2, \quad \text{also}$$

(28) $$\Phi = \bar{\mathfrak{A}}_1 ; \bar{\mathfrak{e}}_1^* + \bar{\mathfrak{A}}_2 ; \bar{\mathfrak{e}}_2^*\,.$$

Aus (**26**, 20) und (**27**, 20) folgt, daß eine planare Dyade durch acht skalare Größen, nämlich durch zwei Vektoren $\bar{\mathfrak{A}}_1$, $\bar{\mathfrak{A}}_2$ und durch eine Richtung $\bar{\mathfrak{e}}_3$ bestimmt ist. Sind $\mathfrak{A}_1$, $\mathfrak{A}_2$, $\mathfrak{A}_3$ kollinear, so gelangen wir wieder zum einfachen dyadischen Produkt. Ganz analog wie wir im Falle der planaren Dyade von der Summe dreier dyadischer Produkte in (**23**, 19) zur Summe von nur zwei dyadischen Produkten in (**25**, 20) gelangt sind, kann man jede als Summe von beliebig vielen dyadischen Produkten explizit gegebene komplette Dyade auf die Summe von drei dyadischen Produkten reduzieren. In einem n-dimensionalen Raume wird die komplette Dyade erst durch ihre Projektionen auf n linear unabhängige Grundvektoren gegeben sein und sich explizit als Summe von n dyadischen Produkten darstellen lassen.

b) Verschiedene Darstellungsformen der Dyade (Neunerform)

Setzen wir noch, was ja immer möglich ist:

(1) $$\mathfrak{A}_\varkappa = \sum_\iota a_{\iota\varkappa}\, \mathfrak{e}_\iota^* \qquad \begin{array}{l} \varkappa = 1, 2, 3 \\ \iota = 1, 2, 3, \end{array}$$

so ergibt (**23**, 19):

(2) $$\Phi = \sum_{\iota,\varkappa} a_{\iota\varkappa}\, \mathfrak{e}_\iota^* \,;\, \mathfrak{e}_\varkappa^*$$

die durch die neun Zahlen $a_{\iota\varkappa}$ bestimmte Neunerform der Dyade. In der Regel bezieht man die Neunerform auf ein Dreibein $\mathfrak{i}$, $\mathfrak{j}$, $\mathfrak{k}$. Selbstverständlich kann man in (**2**, 21) auch die Antezedenten herausheben und erhält so:

(3) $$\Phi = \mathfrak{e}_1^* \,;\, \mathfrak{A}_{1c} + \mathfrak{e}_2^* \,;\, \mathfrak{A}_{2c} + \mathfrak{e}_3^* \,;\, \mathfrak{A}_{3c}\,,$$

wenn

(4) $$\mathfrak{A}_{\iota c} = \sum_\varkappa a_{\iota\varkappa}\, \mathfrak{e}_\varkappa^*$$

gesetzt wird.

Wir können die drei Vektoren $\mathfrak{A}_\iota$ in (**23**, 19) als die Antezedenten-Komponenten, die drei Vektoren $\mathfrak{A}_{\varkappa c}$ in (**3**, 21) als die Konsequenten-Komponenten der Dyade Φ in bezug auf die Basis $\mathfrak{e}_1^*$, $\mathfrak{e}_2^*$, $\mathfrak{e}_3^*$ bezeichnen. (**3**, 21) würde man übrigens auch unmittelbar erhalten, wenn man, statt wie in den Gleichungen (**20**, 19) von der Definitionsgleichung (**10**, 18), von der gleichwertigen Definitionsgleichung (**9**, 18) ausginge.

Die Neunerform der Gleichung (**2**, 21) entspricht einem Sonderfall der allgemein möglichen Darstellung

(5) $$\Phi = \sum_{\lambda=1}^{9} b_\lambda\, \varphi_\lambda\,,$$

worin die φ_λ ein beliebig vorgegebenes System von neun linear unabhängigen Dyaden bilden.

Setzen wir zur Vereinfachung der Schreibarbeit hier Gleichung (**2**, 21) in der Form an:

(6) $$\Phi = \sum_{\mu=1}^{9} a_\mu\, \mathfrak{e}_\iota^* \,;\, \mathfrak{e}_\varkappa^*\,,$$

worin also:

$$a_1 = a_{11}\,,\quad a_2 = a_{12}\,,\quad a_3 = a_{13}\,,\quad a_4 = a_{21}\,,\quad \cdots\,,\quad a_9 = a_{33}$$

ist und in ganz entsprechender Bezeichnungsweise

(7) $$\varphi_\lambda = \sum_{\mu=1}^{9} e_{\lambda\mu}\, \mathfrak{e}_\iota^* \,;\, \mathfrak{e}_\varkappa^*\,,$$

so entspricht (**5**, 21) den neun skalaren Gleichungen:

(8) $$a_\mu = \sum_{\lambda=1}^{9} b_\lambda e_{\lambda\mu} \qquad \text{für } \mu = 1, 2, \ldots 9.$$

Unsere oben aufgestellte Behauptung trifft zu, wenn (**8**, 22) für beliebige, nicht durchwegs verschwindende a_μ nach den b_λ aufgelöst werden kann. Das ist bekanntlich dann und nur dann der Fall, wenn die Determinante

(9) $$D = \begin{vmatrix} e_{11}\, e_{12}\, e_{13}\, e_{14} \cdots e_{19} \\ e_{21} \cdots\cdots\cdots\cdots \\ \cdots\cdots\cdots\cdots\cdots\cdots \\ e_{91} \cdots\cdots\cdots\cdots e_{99} \end{vmatrix}$$

ungleich Null ist. Da aber das Verschwinden von D gerade die Bedingung dafür darstellt, daß

(10) $$0 = \sum_{\lambda=1}^{9} b_\lambda \varphi_\lambda$$

erfüllt werden kann, ohne daß sämtliche b_λ verschwinden, ergibt sich als notwendige Voraussetzung für (**5**, 21) tatsächlich, daß die φ_λ neun linear unabhängige Dyaden sein müssen. Zwischen zehn Dyaden liefert (**5**, 21) stets eine lineare Beziehung: Mehr als neun linear unabhängige Dyaden kann es demnach im dreidimensionalen Raume nicht geben.

c) Symmetrische und antisymmetrische Dyaden, Vektor der antisymmetrischen Dyade

Wenn und nur wenn für (**1**, 20) und (**4**, 21)

(1) $$\mathfrak{A}_{\varkappa c} = \mathfrak{A}_\varkappa \qquad \varkappa = 1, 2, 3$$

zutrifft, gilt für beliebige $\mathfrak{e}$ nach (**23**, 19) und (**3**, 21):

(2) $$\Phi \,.\, \mathfrak{e} = \mathfrak{e} \,.\, \Phi\,,$$

woraus gemäß (**8**, 17)

(3) $$\Phi_c = \Phi$$

folgt. Eine Dyade, welche (3, 22) genügt, heißt selbstkonjugiert oder symmetrisch. Ist hingegen

(4) $$\Phi_c = -\Phi\,,$$

so sprechen wir von einer antisymmetrischen oder schiefsymmetrischen Dyade. Aus der Neunerform liest man ab: Für die symmetrische Dyade gilt

(5) $$a_{\iota\varkappa} = a_{\varkappa\iota}\,,$$

für die antisymmetrische Dyade gilt

(6) $$\begin{cases} a_{\iota\iota} = 0 & \\ a_{\iota\varkappa} = -a_{\varkappa\iota} & \text{für } \iota \neq \varkappa\,. \end{cases}$$

Da demnach eine symmetrische Dyade schon durch sechs skalare Bestimmungsstücke, eine antisymmetrische Dyade durch drei skalare Bestimmungsstücke festgelegt ist, überlegt man leicht, daß es höchstens sechs linear unabhängige symmetrische und höchstens drei linear unabhängige antisymmetrische Dyaden geben kann.

Natürlich ist:

(7) $$(\Phi_c)_c \equiv \Phi\,,$$

woraus folgt, daß $\Phi + \Phi_c$ stets symmetrisch und $\Phi - \Phi_c$ stets antisymmetrisch sein muß. Das bedeutet, daß man jede Dyade als Summe einer symmetrischen und einer antisymmetrischen Dyade darstellen kann:

(8) $$\Phi = \tfrac{1}{2}(\Phi + \Phi_c) + \tfrac{1}{2}(\Phi - \Phi_c)\,.$$

Man beachte, daß wir nirgends auf die Anschauung zurückgreifen mußten. Auch die Erweiterung des neuen Kalküls durch das Gebiet der Dyaden besitzt daher eine von jeder Anschauung unabhängige Bedeutung. Tatsächlich haben wir ja auch bisher der Dyade überhaupt kein geometrisch anschauliches Gebilde zugeordnet.

Wieder ist die Dyade, da sie, wie alle extensiven Größen, durch die Gesamtheit ihrer „Projektionen" definiert wird, eine gegenüber Änderungen der Basis invariante Größe. Erst die Tatsache, daß — im Dreidimensionalen — schon drei linear unabhängige Projektionen zur eindeutigen Bestimmung aller übrigen ausreichen, ermöglicht die Auszeichnung irgend dreier nicht komplanarer Richtungen als Basis. Wir setzen demgemäß:

(9) $$\Phi = \mathfrak{A}_1 ; \mathfrak{e}_1^* + \mathfrak{A}_2 ; \mathfrak{e}_2^* + \mathfrak{A}_3 ; \mathfrak{e}_3^* = \overline{\mathfrak{A}}_1 ; \overline{\mathfrak{e}}_1^* + \overline{\mathfrak{A}}_2 ; \overline{\mathfrak{e}}_2^* + \overline{\mathfrak{A}}_3 ; \overline{\mathfrak{e}}_3^* .$$

Daraus ergeben sich die Transformationsformeln:

(10) $$\left\{\begin{aligned} \mathfrak{A}_\iota &= \sum_\varkappa c_{\iota\varkappa} \overline{\mathfrak{A}}_\varkappa \\ \overline{\mathfrak{A}}_\varkappa &= \sum_\iota \mathfrak{A}_\iota c_{\iota\varkappa}^* \end{aligned}\right.$$

beziehungsweise in der Neunerform der Gleichung (**2**, 21):

(11) $$\Phi = \sum_{\iota\varkappa} a_{\iota\varkappa} \mathfrak{e}_\iota^* ; \mathfrak{e}_\varkappa^* = \sum_{\lambda\mu} \bar{a}_{\lambda\mu} \overline{\mathfrak{e}}_\lambda^* ; \overline{\mathfrak{e}}_\mu^*$$

(12) $$\left\{\begin{aligned} a_{\iota\varkappa} &= \sum_{\lambda,\mu} \bar{a}_{\lambda\mu} c_{\iota\lambda} c_{\varkappa\mu} \\ \bar{a}_{\lambda\mu} &= \sum_{\iota,\varkappa} a_{\iota\varkappa} c_{\iota\lambda}^* c_{\varkappa\mu}^* . \end{aligned}\right.$$

Diese Formeln können wieder ohne weiteres auf n Dimensionen übertragen werden.

Ein besonderes Interesse bietet die antisymmetrische Dyade Φ_a im dreidimensionalen Raume. Für diese erhalten wir wegen (**6**, 23) aus (**12**, 24):

(13) $$\left\{\begin{aligned} a_{23} = \bar{a}_{23} (c_{22} c_{33} - c_{23} c_{32}) &+ \bar{a}_{31} (c_{23} c_{31} - c_{21} c_{33}) \\ &+ \bar{a}_{12} (c_{21} c_{32} - c_{22} c_{31}) \end{aligned}\right.$$

und daraus gemäß den Relationen (**10**, 11):

(14) $$a_{23} = c\,[c_{11}^* \bar{a}_{23} + c_{12}^* \bar{a}_{31} + c_{13}^* \bar{a}_{12}] .$$

Analog erhalten wir die beiden anderen Transformationsgleichungen:

(15) $$a_{31} = c\,[c_{21}^* \bar{a}_{23} + c_{22}^* \bar{a}_{31} + c_{23}^* \bar{a}_{12}] ,$$

(16) $$a_{12} = c\,[c_{31}^* \bar{a}_{23} + c_{32}^* \bar{a}_{31} + c_{33}^* \bar{a}_{12}] .$$

Da für ein Dreibein nach (**5**, 13) und (**6**, 13)

(17) $$c = 1 , \qquad c_{\iota\varkappa}^* = c_{\iota\varkappa}$$

gilt, erhalten wir aus den (**3**, 10) entsprechenden Transformationsgleichungen (**14**, 24), (**15**, 24), (**16**, 24) für eine beliebige Basis mit wechselseitig aufeinander senkrecht stehenden Grundvektoren den gegenüber Drehungen des Achsensystems invarianten „Vektor“ oder „Rotor“ der Dyade Φ_a durch die Definitionsgleichung:

$$(18)\qquad \tfrac{1}{2}\Phi_{\times} = a_{23}\,\mathfrak{i} + a_{31}\,\mathfrak{j} + a_{12}\,\mathfrak{k} = \bar{a}_{23}\,\bar{\mathfrak{i}} + \bar{a}_{31}\,\bar{\mathfrak{j}} + \bar{a}_{12}\,\bar{\mathfrak{k}}\,.$$

(Sprich: Φ-Kreuz oder Φ-Vektor.) Die drei skalaren Bestimmungsstücke a_{23}, a_{31}, a_{12}, welche die antisymmetrische Dyade bei gegebenem Dreibein vollkommen bestimmen, bilden also die Maßzahlen eines Vektors. Allgemein gilt natürlich:

$$(19)\qquad \tfrac{1}{2}\Phi_{\times} = a_{23}\,\mathfrak{i} + a_{31}\,\mathfrak{j} + a_{12}\,\mathfrak{k} = c\,\bar{a}_{23}\,\bar{\mathfrak{e}}_1 + c\,\bar{a}_{31}\,\bar{\mathfrak{e}}_2 + c\,\bar{a}_{12}\,\bar{\mathfrak{e}}_3\,.$$

Das heißt: Beim Übergang zu einer Basis mit schiefwinkligen Grundvektoren unterscheiden sich die Maßzahlen des Vektors von jenen der neuen Neunerform der Dyade durch den Faktor c. Wir kommen auf diese Zusammenhänge nochmals zurück. Die weiteren Überlegungen wollen wir nicht an die allgemeine Darstellung der antisymmetrischen Dyade

$$(20)\qquad \left\{\begin{aligned} \Phi_a = a_{23}\,(\mathfrak{e}_2^* \,;\, \mathfrak{e}_3^* - \mathfrak{e}_3^* \,;\, \mathfrak{e}_2^*) + a_{31}\,(\mathfrak{e}_3^* \,;\, \mathfrak{e}_1^* - \mathfrak{e}_1^* \,;\, \mathfrak{e}_3^*)\\ + a_{12}\,(\mathfrak{e}_1^* \,;\, \mathfrak{e}_2^* - \mathfrak{e}_2^* \,;\, \mathfrak{e}_1^*)\end{aligned}\right.$$

knüpfen, sondern an eine ganz spezielle, welche es uns ermöglicht, die für das Folgende wichtigen Zusammenhänge sehr viel bequemer zu erkennen.

Wir wählen als Basis ein spezielles Dreibein $\bar{\mathfrak{i}}, \bar{\mathfrak{j}}, \bar{\mathfrak{k}}$ derart, daß

$$(21)\qquad \tfrac{1}{2}\Phi_{\times} = \bar{a}_{12}\,\bar{\mathfrak{k}}\,,$$

also

$$(22)\qquad \bar{a}_{23} = \bar{a}_{31} = 0$$

wird. Dann folgt für die antisymmetrische Dyade selbst die „Normalform“ (in der nur die Ebene $\bar{\mathfrak{i}}, \bar{\mathfrak{j}}$ festliegt):

$$(23)\qquad \Phi_a = \bar{a}_{12}(\bar{\mathfrak{i}} \,;\, \bar{\mathfrak{j}} - \bar{\mathfrak{j}} \,;\, \bar{\mathfrak{i}}) = \tfrac{1}{2}\,|\Phi_{\times}|\,(\bar{\mathfrak{i}} \,;\, \bar{\mathfrak{j}} - \bar{\mathfrak{j}} \,;\, \bar{\mathfrak{i}})\,,$$

in welche man jede antisymmetrische Dyade durch spezielle Wahl von $\bar{\mathfrak{k}}$ bringen kann. Wir bilden nun:

$$(24)\qquad \Phi_a \cdot \bar{\mathfrak{e}}_1 = \tfrac{1}{2}\,|\Phi_{\times}|\,(\bar{\mathfrak{i}}\,\bar{\mathfrak{j}} \cdot \bar{\mathfrak{e}}_1 - \bar{\mathfrak{j}}\,\bar{\mathfrak{i}} \cdot \bar{\mathfrak{e}}_1) = \mathfrak{A}\,,$$

worin $\bar{e}_1$ einen beliebig gerichteten Einheitsvektor bedeutet. Da Φ_a immer eine planare Dyade ist, muß für eine bestimmte Richtung, hier $\bar{e}_1 \| \bar{k}$, der Vektor $\mathfrak{A}$, auch für $\Phi_a \neq 0$, verschwinden. Diese Eigenschaft der antisymmetrischen Dyade überträgt sich auf das durch sie zu definierende „Kreuzprodukt" zweier Vektoren. Mit Benützung von (**21**, 25) folgt aus (**24**, 25) allgemein:

$$\bar{e}_1 \cdot \mathfrak{A} = 0\,, \qquad \Phi_\times \cdot \mathfrak{A} = 0\,, \tag{25}$$

ferner:

$$\mathfrak{A} \cdot \mathfrak{A} = \tfrac{1}{4}\,|\Phi_\times|^2\,[(\bar{j}\cdot\bar{e}_1)^2 + (\bar{i}\cdot\bar{e}_1)^2] = \tfrac{1}{4}\,|\Phi_\times|^2\,[1-(\bar{k}\cdot\bar{e}_1)^2]$$

$$|\mathfrak{A}| = \tfrac{1}{2}\,|\Phi_\times|\,|\sin(\bar{e}_1\,,\,\bar{k})|\,. \tag{26}$$

Durch (**24**, 25) wird also ein Vektor $\mathfrak{A}$ bestimmt, der sowohl auf $\bar{e}_1$ wie auf $\Phi_\times$ senkrecht steht und dessen Betrag durch (**26**, 26) gegeben ist.

5. Die vektorische Multiplikation

a) Zurückführung auf das Punktprodukt: Vektor-Dyade

Mit Benützung der Relationen (**24**, 25), (**25**, 26) und (**26**, 26) können und wollen wir eine neue Multiplikation zweier Vektoren durch

$$\Phi_a \cdot \bar{e}_1 \equiv -\bar{e}_1 \cdot \Phi_a \equiv \bar{e}_1 \times \tfrac{1}{2}\Phi_\times \equiv -\tfrac{1}{2}\Phi_\times \times \bar{e}_1 \equiv \mathfrak{A} \tag{1}$$

definieren. Darin bedeuten Φ_a eine antisymmetrische Dyade, $\bar{e}_1$ einen beliebig gerichteten Einheitsvektor, $\mathfrak{A}$ einen Vektor, der auf $\bar{e}_1$ und $\Phi_\times$ derart senkrecht steht, daß $\bar{e}_1$ von $\mathfrak{A}$ aus beurteilt, auf kürzestem Wege entgegen dem Uhrzeigersinne in die Richtung von $\Phi_\times$ gedreht werden kann. Der Betrag von $\mathfrak{A}$ aber wird durch

$$|\mathfrak{A}| = \tfrac{1}{2}\,|\Phi_\times|\,|\sin(\bar{e}_1\,,\,\Phi_\times)| \tag{2}$$

gegeben sein. Die so definierte Multiplikation heißt vektorische oder äußere oder Kreuzmultiplikation. (Sprich: „$\bar{e}_1$ Kreuz $\tfrac{1}{2}\,\Phi_\times$".) Sie ist lediglich eine andere Form der skalaren Multiplikation eines Vektors mit einer antisymmetrischen Dyade. Diese Umformung ist aber nur *im Dreidimensionalen möglich.* Im Vierdimensionalen wird, wie man leicht überlegt, die antisymmetrische Dyade durch sechs skalare Größen bestimmt, welche also nicht durch einen „Vierervektor“ gegeben sein können. Auch die die $c^*_{\iota\varkappa}$ bestimmenden Minoren werden im Vierdimensionalen schon dreireihige Determinanten sein.

Wir haben absichtlich, *um die unmittelbare Übertragbarkeit unseres Kalküls ins n-Dimensionale zu sichern, die neue Multiplikation auf dem Wege über das skalare Produkt zwischen Vektor und antisymmetrischer Dyade* eingeführt. Daß wir das Vektorprodukt überhaupt definieren, hat seinen Grund in dessen großer *praktischer Bedeutung* im Dreidimensionalen. Zum Beispiel sind die *Momente der Kräfte* adäquat durch vektorische Produkte gegeben.

Man beachte, daß das neue Produkt vermöge (**1**, 26) unabhängig von jedem speziellen Bezugssystem, also in *invarianter* Form definiert wurde. Aus (**16**, 18) folgt, daß auch beim vektorischen Produkt die Multiplikation mit einer *Zahl s assoziativ* sein wird. Dann können wir unsere Definitionsgleichungen (**1**, 26) bzw. (**2**, 26) verallgemeinern zu:

$$\text{(3)} \qquad \begin{cases} \mathfrak{a} \times \mathfrak{b} \equiv -\mathfrak{b} \times \mathfrak{a} = \mathfrak{A} \\ |\mathfrak{A}| = |\mathfrak{a}|\,|\mathfrak{b}|\,|\sin(\mathfrak{a}, \mathfrak{b})|\,, \end{cases}$$

worin der Vektor $\mathfrak{A}$ im oben definierten Sinne auf der Ebene $\mathfrak{a}, \mathfrak{b}$ senkrecht steht, sein Betrag aber gemäß der zweiten Gleichung (**3**, 27) durch die Fläche des über $\mathfrak{a}, \mathfrak{b}$ aufgespannten Parallelogrammes bestimmt wird. Natürlich wird man nach Einführung des neuen Multiplikationszeichens nicht immer wieder auf den Zusammenhang mit der antisymmetrischen Dyade zurückzugreifen brauchen, wird es aber gelegentlich mit Vorteil tun können. — Aus der Definitionsgleichung (**3**, 27) folgt *unmittelbar*:

$$\text{(4)} \qquad \sin(\mathfrak{a}, \mathfrak{b}) = 0 \quad \text{also} \quad |\mathfrak{A}| = 0 \quad \text{für} \quad \mathfrak{a} \,||\, \mathfrak{b}\,.$$

Das heißt: Besteht zwischen $\mathfrak{a}$ und $\mathfrak{b}$ eine lineare Beziehung, sind sie parallel, so verschwindet ihr Kreuzprodukt. Umgekehrt: wenn $\mathfrak{a} \times \mathfrak{b} = 0$ ist, ohne daß $|\mathfrak{a}|$ oder $|\mathfrak{b}|$ verschwindet, so müssen die beiden Vektoren kollinear sein.

Bei Verwendung eines Dreibeins als Basis, also mit

$$(5)\qquad \begin{cases} \mathfrak{a} = a_1\,\mathfrak{i} + a_2\,\mathfrak{j} + a_3\,\mathfrak{k} \\ \mathfrak{b} = b_1\,\mathfrak{i} + b_2\,\mathfrak{j} + b_3\,\mathfrak{k} \end{cases}$$

erhält man, da nach der Definitionsgleichung (3, 27)

$$(6)\qquad \mathfrak{i} \times \mathfrak{j} = \mathfrak{k}\,, \qquad \mathfrak{j} \times \mathfrak{k} = \mathfrak{i}\,, \qquad \mathfrak{k} \times \mathfrak{i} = \mathfrak{j}$$

ist, die Darstellung:

$$(7)\quad \mathfrak{a} \times \mathfrak{b} = (a_2 b_3 - a_3 b_2)\,\mathfrak{i} + (a_3 b_1 - a_1 b_3)\,\mathfrak{j} + (a_1 b_2 - a_2 b_1)\,\mathfrak{k}\,.$$

Die Gleichung (7, 28) kann man sich leicht in der Form einer verallgemeinerten Determinantendarstellung:

$$(8)\qquad \mathfrak{a} \times \mathfrak{b} = \begin{vmatrix} \mathfrak{i} & \mathfrak{j} & \mathfrak{k} \\ a_1 & a_2 & a_3 \\ b_1 & b_2 & b_3 \end{vmatrix}$$

merken.

b) Vektor und erster Skalar einer Dyade

Aus der Definitionsgleichung (1, 26) folgern wir weiter, daß die Kreuzmultiplikation genau so distributiv sein muß, wie die skalare Multiplikation zwischen Vektor und Dyade. Kommutativ ist sie natürlich nicht. Wir bemerken weiter, daß sowohl die dyadische, wie die vektorische, wie die skalare Multiplikation zweier Vektoren dem distributiven Gesetze gehorcht und in bezug auf die Multiplikation mit einer Zahl assoziativ ist. Da man eine als Summe beliebiger dyadischer Produkte gegebene Dyade mit den genannten Rechenregeln stets auf eine bestimmte Form, z. B. auf die Neunerform in bezug auf irgendein bestimmt gewähltes Dreibein umrechnen kann, ist dieselbe Umrechnung nach denselben Rechenregeln ebenso durchführbar, wenn wir das Punktstrichzeichen überall durch das Kreuzzeichen oder das Punktzeichen ersetzen[1]). Es ist demnach für das Ergebnis gleichgültig, in welcher zufälligen Darstellungsform der Übergang von

[1]) Dieser Vorgang ist ein Sonderfall des allgemeinen „Verjüngungsprozesses" bei extensiven Größen höheren Ranges.

der dyadischen zur vektorischen oder skalaren Multiplikation vollzogen wird.

Aus dieser Bemerkung schließen wir, daß wir jeder Dyade einen von der Form der Darstellung unabhängigen, also gegenüber einem Wechsel der Basis invarianten Vektor durch die Vorschrift zuordnen können, daß das Punktstrichzeichen in der Dyade überall durch das Kreuzzeichen zu ersetzen sei. Für eine symmetrische Dyade folgt aus

(1) $$\Phi = \sum_{\iota, \varkappa} a_{\iota\varkappa}\, \mathfrak{e}_\iota^* \,;\, \mathfrak{e}_\varkappa^* \text{ mit } a_{\iota\varkappa} = a_{\varkappa\iota}$$

(2) $$\Phi_\times = \sum_{\iota, \varkappa} a_{\iota\varkappa}\, \mathfrak{e}_\iota^* \times \mathfrak{e}_\varkappa^* = 0\,,$$

weil

$$\mathfrak{e}_\iota^* \times \mathfrak{e}_\varkappa^* = -\mathfrak{e}_\varkappa^* \times \mathfrak{e}_\iota^*$$

gilt.

Mit Benützung von (8, 23) und (2, 29) erhalten wir allgemein:

(3) $$\begin{cases} \Phi_\times = \frac{1}{2}(\Phi_\times - \Phi_{c\times}) \\ \quad = (a_{12} - a_{21})\, \mathfrak{i} \times \mathfrak{j} + (a_{23} - a_{32})\, \mathfrak{j} \times \mathfrak{k} + (a_{31} - a_{13})\, \mathfrak{k} \times \mathfrak{i} \end{cases}$$

oder, wenn wir noch von (6, 28) Gebrauch machen:

(4) $$\Phi_\times = (a_{12} - a_{21})\, \mathfrak{k} + (a_{23} - a_{32})\, \mathfrak{i} + (a_{31} - a_{13})\, \mathfrak{j}\,.$$

Da

$$\tfrac{1}{2}(a_{23} - a_{32})\,, \quad \tfrac{1}{2}(a_{31} - a_{13})\,, \quad \tfrac{1}{2}(a_{12} - a_{21})$$

die drei Maßzahlen der antisymmetrischen Dyade $\frac{1}{2}(\Phi - \Phi_c)$ sind, die hier an die Stelle von a_{23}, a_{31}, a_{12} der von vornherein als antisymmetrisch vorausgesetzten Dyade Φ_a treten, ergibt ein Vergleich der Relationen (18, 25) und (4, 29) die Identität der beiden Definitionen und damit die Legitimation für die gleiche Bezeichnung durch $\Phi_\times$. Wir fassen nochmals zusammen:

(5) $$\Phi_\times = \mathfrak{A} \times \mathfrak{B} + \mathfrak{C} \times \mathfrak{D} + \mathfrak{E} \times \mathfrak{F} + \mathfrak{G} \times \mathfrak{J} + \cdots$$

ist der von der gewählten Darstellung unabhängige, also invariante Vektor der Dyade

(6) $$\Phi = \mathfrak{A} \,;\, \mathfrak{B} + \mathfrak{C} \,;\, \mathfrak{D} + \mathfrak{E} \,;\, \mathfrak{F} + \mathfrak{G} \,;\, \mathfrak{J} + \cdots$$

Natürlich haben gleiche Dyaden gleiche Vektoren.

Ersetzen wir das Punktstrichzeichen überall durch das Punktzeichen, so erhalten wir eine skalare Invariante der Dyade Φ, sie heißt „Erster Skalar der Dyade“:

(7) $$\Phi_I = \mathfrak{A} . \mathfrak{B} + \mathfrak{C} . \mathfrak{D} + \mathfrak{E} . \mathfrak{F} + \mathfrak{G} . \mathfrak{J} + \cdots$$

(Sprich: Φ-Eins oder Φ-Skalar.) Gleichen Dyaden entsprechen natürlich wieder gleiche Werte der Skalare. Da die skalare Multiplikation kommutativ ist, erhalten wir sofort:

(8) $$\Phi_I = \Phi_{c\,I}\,.$$

Da jedoch für eine antisymmetrische Dyade wegen

$$\Phi_a = -\Phi_{ac}$$

die Relation (**8**, 30) auch mit dem negativen Vorzeichen auf der rechten Seite zutreffen müßte, folgt

(9) $$\Phi_{a\,I} = 0$$

für jede antisymmetrische Dyade. Da lediglich die Kreuzmultiplikation den besonderen Verhältnissen des dreidimensionalen Raumes angepaßt ist, bei der Bildung des ersten Skalars aber nur der Übergang von der dyadischen zur skalaren Multiplikation gebraucht wird, können die Definition des ersten Skalars (man nennt ihn auch die Spur der Dyade), sowie die aus ihr folgenden Sätze auf n-dimensionale Räume übertragen werden.

c) Vektorisches Tripelprodukt

Wir leiten schließlich noch eine ungemein wichtige Rechenregel ab, indem wir die antisymmetrische Dyade

(1) $$\Phi_a = \mathfrak{a} \,;\, \mathfrak{b} - \mathfrak{b} \,;\, \mathfrak{a}\,,$$

also

(2) $$\tfrac{1}{2}\Phi_\times = \mathfrak{a} \times \mathfrak{b}$$

in die Definitionsgleichung (**1**, 26) einführen, wobei wir noch verallgemeinernd $\bar{e}_1$ durch

(3) $$s\,\bar{e}_1 = \mathfrak{c}$$

ersetzen. Wir erhalten dann:

(4) $$\Phi_a . \mathfrak{c} \equiv -\mathfrak{c} . \Phi_a \equiv \mathfrak{a}\mathfrak{b} . \mathfrak{c} - \mathfrak{b}\mathfrak{a} . \mathfrak{c} \equiv \mathfrak{c} \times (\mathfrak{a} \times \mathfrak{b}) \equiv -(\mathfrak{a} \times \mathfrak{b}) \times \mathfrak{c}$$

Die wichtige Rechenregel:

(5) $$\mathfrak{c} \times (\mathfrak{a} \times \mathfrak{b}) \equiv \mathfrak{a}\,\mathfrak{b} \cdot \mathfrak{c} - \mathfrak{b}\,\mathfrak{a} \cdot \mathfrak{c} \equiv (\mathfrak{b} \times \mathfrak{a}) \times \mathfrak{c}$$

heißt wohl auch der Entwicklungssatz des „Vektorischen Tripelproduktes". Dieser **Entwicklungssatz**, sowie die folgenden Sätze über das **skalare Tripelprodukt** sind für das praktische Rechnen von so ausschlaggebender Bedeutung, daß dem Leser empfohlen werden muß, sie seinem Gedächtnisse fest einzuprägen.

6. Noch einige wichtige Produktbildungen und Rechenregeln

a) Skalares Tripelprodukt, reziproke Systeme

Das skalare Produkt zweier Vektoren, von denen der eine selbst ein Vektorprodukt ist, heißt ein skalares Tripelprodukt oder auch ein gemischtes Produkt. Ergänzen wir die Ansätze (**5**, 28) durch

(1) $$\mathfrak{c} = c_1\,\mathfrak{i} + c_2\,\mathfrak{j} + c_3\,\mathfrak{k}\,,$$

so erhalten wir aus (**7**, 28) unmittelbar:

(2) $$\mathfrak{a} \times \mathfrak{b} \cdot \mathfrak{c} = \begin{vmatrix} a_1 & a_2 & a_3 \\ b_1 & b_2 & b_3 \\ c_1 & c_2 & c_3 \end{vmatrix}$$

Die Determinante (**2**, 31) ändert ihren Wert nicht, wenn die Zeilen zyklisch vertauscht werden, was man auch durch einfaches Ausrechnen leicht bestätigen kann. Daraus folgt, wenn man noch hinzunimmt, daß die skalare Multiplikation zweier Vektoren kommutativ ist:

(3) $$\left\{ \begin{aligned} \mathfrak{a} \times \mathfrak{b} \cdot \mathfrak{c} &= \mathfrak{c} \times \mathfrak{a} \cdot \mathfrak{b} = \mathfrak{b} \times \mathfrak{c} \cdot \mathfrak{a} = \mathfrak{c} \cdot \mathfrak{a} \times \mathfrak{b} \\ &= \mathfrak{b} \cdot \mathfrak{c} \times \mathfrak{a} = \mathfrak{a} \cdot \mathfrak{b} \times \mathfrak{c} = [\mathfrak{a}\,\mathfrak{b}\,\mathfrak{c}]\,. \end{aligned} \right.$$

In einem skalaren Tripelprodukt $[\mathfrak{a}\,\mathfrak{b}\,\mathfrak{c}]$ kann man die drei Vektoren zyklisch vertauschen und überdies zwischen den ersten und zweiten Vektor nach Belieben das Punkt- oder das Kreuzzeichen setzen; je nachdem hat dann zwischen dem zweiten und dritten Vektor das Kreuz- oder das Punktzeichen zu stehen. Diese Vertauschbarkeit der Operationszeichen im skalaren Tripelprodukt ist beim praktischen Rechnen oft von Vorteil. Das Kommutieren zweier benachbarter Vektoren bedingt natürlich einen Vorzeichenwechsel. Aus (**2**, 31) findet man auch ohne Bezugnahme auf die Anschauung: Besteht zwischen $\mathfrak{a}, \mathfrak{b}, \mathfrak{c}$ eine lineare Beziehung, so verschwindet ihr skalares Tripelprodukt identisch. Anschaulich sieht man sofort ein: Sind $\mathfrak{a}, \mathfrak{b}, \mathfrak{c}$ komplanar, so muß, da $\mathfrak{a} \times \mathfrak{b}$ auf dieser Ebene senkrecht steht, $\mathfrak{a} \times \mathfrak{b} \cdot \mathfrak{c}$ identisch verschwinden. Genauer bestimmt das skalare Tripelprodukt, wie Fig. 4 erkennen läßt, das Volumen V des skizzierten Parallelepipeds. Das Volumen ergibt sich positiv oder negativ, je nachdem die Vektoren (wie in der Figur) ein Rechtssystem oder ein Linkssystem bilden. Wir greifen jetzt auf die Definitionsgleichungen (**14**, 8) des reziproken Systems zurück und bemerken, daß

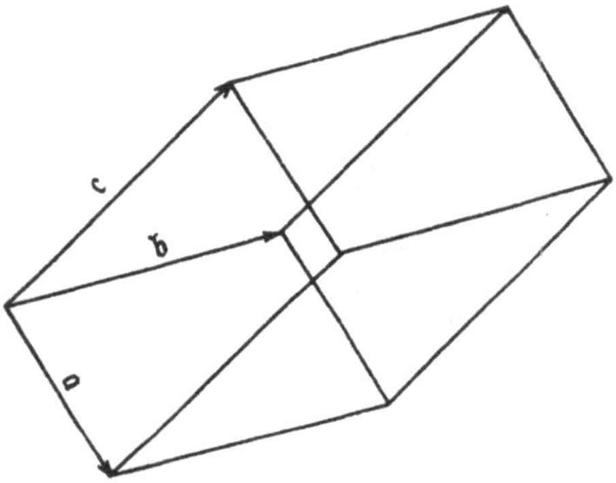

Fig. 4. Skalares Tripelprodukt

$$(4)\qquad \left\{\begin{aligned} \mathfrak{e}_1 \cdot \frac{\mathfrak{e}_2 \times \mathfrak{e}_3}{[\mathfrak{e}_1\,\mathfrak{e}_2\,\mathfrak{e}_3]} &= 1 \\ \mathfrak{e}_2 \cdot \frac{\mathfrak{e}_2 \times \mathfrak{e}_3}{[\mathfrak{e}_1\,\mathfrak{e}_2\,\mathfrak{e}_3]} &= 0 \\ \mathfrak{e}_3 \cdot \frac{\mathfrak{e}_2 \times \mathfrak{e}_3}{[\mathfrak{e}_1\,\mathfrak{e}_2\,\mathfrak{e}_3]} &= 0 \end{aligned}\right.$$

zutrifft, folglich muß

$$(5)\qquad \mathfrak{e}_1^* = \frac{\mathfrak{e}_2 \times \mathfrak{e}_3}{[\mathfrak{e}_1\,\mathfrak{e}_2\,\mathfrak{e}_3]}$$

sein, und ebenso erhält man:

$$(6)\qquad \mathfrak{e}_2^* = \frac{\mathfrak{e}_3 \times \mathfrak{e}_1}{[\mathfrak{e}_1\,\mathfrak{e}_2\,\mathfrak{e}_3]}, \qquad \mathfrak{e}_3^* = \frac{\mathfrak{e}_1 \times \mathfrak{e}_2}{[\mathfrak{e}_1\,\mathfrak{e}_2\,\mathfrak{e}_3]}.$$

Natürlich gelten die Relationen (**4**, 32), (**5**, 32), (**6**, 32), gleichwie die ursprünglichen Definitionsgleichungen (**14**, 8) auch dann, wenn die drei nicht komplanaren Vektoren $\mathfrak{e}_1$, $\mathfrak{e}_2$, $\mathfrak{e}_3$ keine Einheitsvektoren sind.

b) Vektorisches Quadrupelprodukt, Identitätsdyade

Wenn wir $[\mathfrak{e}_1^* \, \mathfrak{e}_2^* \, \mathfrak{e}_3^*]$ ausrechnen wollen, werden wir auf das vektorische Quadrupelprodukt geführt, das allgemein die Form hat:

$$(\mathfrak{a} \times \mathfrak{b}) \times (\mathfrak{c} \times \mathfrak{d}) \,.$$

Seine Entwicklung gelingt mit Benützung von (**5**, 31) auf zwei Wegen, wenn man einmal zunächst $\mathfrak{a} \times \mathfrak{b} = \mathfrak{A}$, ein zweites Mal zunächst $\mathfrak{c} \times \mathfrak{d} = \mathfrak{C}$ setzt. Wir erhalten:

(1) $$(\mathfrak{a} \times \mathfrak{b}) \times (\mathfrak{c} \times \mathfrak{d}) = [\mathfrak{a}\,\mathfrak{b}\,\mathfrak{d}]\,\mathfrak{c} - [\mathfrak{a}\,\mathfrak{b}\,\mathfrak{c}]\,\mathfrak{d} = [\mathfrak{a}\,\mathfrak{c}\,\mathfrak{d}]\,\mathfrak{b} - [\mathfrak{b}\,\mathfrak{c}\,\mathfrak{d}]\,\mathfrak{a} \,.$$

Bilden $\mathfrak{a}$, $\mathfrak{b}$, $\mathfrak{c}$ ein nicht komplanares System, so folgt aus (**1**, 33) mit Benützung der Sätze über skalare Tripelprodukte:

(2) $$\mathfrak{d} = \mathfrak{a}\,\frac{\mathfrak{b} \times \mathfrak{c}}{[\mathfrak{a}\,\mathfrak{b}\,\mathfrak{c}]} \cdot \mathfrak{d} + \mathfrak{b}\,\frac{\mathfrak{c} \times \mathfrak{a}}{[\mathfrak{a}\,\mathfrak{b}\,\mathfrak{c}]} \cdot \mathfrak{d} + \mathfrak{c}\,\frac{\mathfrak{a} \times \mathfrak{b}}{[\mathfrak{a}\,\mathfrak{b}\,\mathfrak{c}]} \cdot \mathfrak{d}$$

(3) $$\mathfrak{d} = [\mathfrak{a} \,;\, \mathfrak{a}^* + \mathfrak{b} \,;\, \mathfrak{b}^* + \mathfrak{c} \,;\, \mathfrak{c}^*] \cdot \mathfrak{d} \,.$$

Da (**3**, 33) für beliebige Vektoren $\mathfrak{d}$ gilt, ist der geklammerte Ausdruck eine Dyade, die jeden Vektor in sich selbst überführt; diese Dyade heißt Identitätsdyade. Wir schreiben:

(4) $$\begin{cases} I = \mathfrak{a} \,;\, \mathfrak{a}^* + \mathfrak{b} \,;\, \mathfrak{b}^* + \mathfrak{c} \,;\, \mathfrak{c}^* = \mathfrak{e}_1 \,;\, \mathfrak{e}_1^* + \mathfrak{e}_2 \,;\, \mathfrak{e}_2^* + \mathfrak{e}_3 \,;\, \mathfrak{e}_3^* \\ \qquad = \mathfrak{i} \,;\, \mathfrak{i} + \mathfrak{j} \,;\, \mathfrak{j} + \mathfrak{k} \,;\, \mathfrak{k} \end{cases}$$

Die letzte explizite Form in (**4**, 33) zeigt, daß I eine symmetrische Dyade ist, somit auch

$$\mathfrak{a} \,;\, \mathfrak{a}^* + \mathfrak{b} \,;\, \mathfrak{b}^* + \mathfrak{c} \,;\, \mathfrak{c}^* = \mathfrak{a}^* \,;\, \mathfrak{a} + \mathfrak{b}^* \,;\, \mathfrak{b} + \mathfrak{c}^* \,;\, \mathfrak{c} \,.$$

Da eine symmetrische Dyade keinen Vektor besitzt, folgt die mit (**5**, 31) leicht zu verifizierende Identität:

(5) $$\mathfrak{a} \times (\mathfrak{b} \times \mathfrak{c}) + \mathfrak{b} \times (\mathfrak{c} \times \mathfrak{a}) + \mathfrak{c} \times (\mathfrak{a} \times \mathfrak{b}) \equiv 0 \,.$$

Aus (**1**, 33) erhalten wir

(6) $$(\mathfrak{b} \times \mathfrak{c}) \times (\mathfrak{c} \times \mathfrak{a}) = [\mathfrak{a}\,\mathfrak{b}\,\mathfrak{c}]\,\mathfrak{c}$$

und daraus mit Verwendung der Bezeichnungen von (**2**, 33), (**3**, 33):

$$(7) \qquad [\mathfrak{a}^* \mathfrak{b}^* \mathfrak{c}^*] = \frac{1}{[\mathfrak{a}\,\mathfrak{b}\,\mathfrak{c}]}$$

Natürlich gilt dann im besonderen auch:

$$(8) \qquad [\mathfrak{e}_1^* \mathfrak{e}_2^* \mathfrak{e}_3^*] = \frac{1}{[\mathfrak{e}_1 \mathfrak{e}_2 \mathfrak{e}_3]} \quad \text{und} \quad [\mathfrak{i}\,\mathfrak{j}\,\mathfrak{k}] = 1$$

c) Darstellung der Produkte im schiefwinkligen Bezugssystem. Polare und axiale Vektoren

Es seien jetzt drei Vektoren, statt wie in (**5**, 28) bzw. (**1**, 31) auf ein Dreibein, auf ein beliebiges schiefwinkliges Achsensystem bezogen:

$$(1) \qquad \begin{cases} \mathfrak{a} = a_1\, \mathfrak{e}_1^* + a_2\, \mathfrak{e}_2^* + a_3\, \mathfrak{e}_3^* \\ \mathfrak{b} = b_1\, \mathfrak{e}_1^* + b_2\, \mathfrak{e}_2^* + b_3\, \mathfrak{e}_3^* \\ \mathfrak{c} = c_1\, \mathfrak{e}_1^* + c_2\, \mathfrak{e}_2^* + c_3\, \mathfrak{e}_3^* . \end{cases}$$

Man findet die Transformationsgleichungen für die Maßzahlen dieser Vektoren unter (**3**, 10) bzw. unter (**7**, 11). Bilden wir nun durch Kreuz-Multiplikationen einen neuen Vektor:

$$(2) \qquad \begin{cases} \mathfrak{A} = \mathfrak{a} \times \mathfrak{b} = (a_2 b_3 - a_3 b_2)\, \mathfrak{e}_2^* \times \mathfrak{e}_3^* \\ \qquad + (a_3 b_1 - a_1 b_3)\, \mathfrak{e}_3^* \times \mathfrak{e}_1^* + (a_1 b_2 - a_2 b_1)\, \mathfrak{e}_1^* \times \mathfrak{e}_2^* , \end{cases}$$

so erhalten wir durch Einführung des zu dem reziproken wieder reziproken, ursprünglichen Systems:

$$(3) \qquad \begin{cases} \mathfrak{A} = [\mathfrak{e}_1^* \mathfrak{e}_2^* \mathfrak{e}_3^*]\, \{(a_2 b_3 - a_3 b_2)\, \mathfrak{e}_1 \\ \qquad + (a_3 b_1 - a_1 b_3)\, \mathfrak{e}_2 + (a_1 b_2 - a_2 b_1)\, \mathfrak{e}_3\} . \end{cases}$$

Es ist üblich, das Kreuzprodukt $\mathfrak{A}$ als einen, aus den „polaren" Vektoren $\mathfrak{a}$ und $\mathfrak{b}$ gebildeten „axialen" Vektor zu bezeichnen. Aus (**3**, 34) folgt dann: Erst die mit dem Faktor $[\mathfrak{e}_1^* \mathfrak{e}_2^* \mathfrak{e}_3^*]$ (der für ein Dreibein den Wert Eins hat und beim Übergange vom Rechtssystem zum Linkssystem sein Vorzeichen wechselt) multiplizierten Maßzahlen $(a_\iota b_\varkappa - a_\varkappa b_\iota)$ sind die Maßzahlen des durch (**3**, 34) definierten axialen Vektors. Sie transformieren sich kontragredient zu den Maßzahlen der polaren Vektoren, aus denen $\mathfrak{A}$ gebildet wurde. Lediglich diese Transformationseigenschaften der Maßzahlen, die dem Kreuzprodukte von seinem dyadischen Ursprunge anhaften, charakterisieren die axialen Vektoren gegenüber den polaren. Derselben Komplikation sind wir tatsächlich schon bei der Transformation der Maßzahlen des Vektors einer Dyade in den Relationen (**14**, 24) bis (**19**, 25) begegnet und sind ihr dort durch die Beschränkung auf rechtwinklige Achsensysteme ausgewichen. Für die durch (**20**, 25) gegebene antisymmetrische Dyade folgt in unserer jetzigen Bezeichnungsweise:

$$\tag{4} \tfrac{1}{2}\Phi_\times = [\mathfrak{e}_1^* \, \mathfrak{e}_2^* \, \mathfrak{e}_3^*]\,(a_{23}\,\mathfrak{e}_1 + a_{31}\,\mathfrak{e}_2 + a_{12}\,\mathfrak{e}_3)\,.$$

Allgemein erhält man aus (**4**, 11) und (**5**, 11) leicht:

$$\tag{5} \left\{ \begin{aligned} [\bar{\mathfrak{e}}_1^* \, \bar{\mathfrak{e}}_2^* \, \bar{\mathfrak{e}}_3^*] &= c\,[\mathfrak{e}_1^* \, \mathfrak{e}_2^* \, \mathfrak{e}_3^*] \\ [\bar{\mathfrak{e}}_1 \, \bar{\mathfrak{e}}_2 \, \bar{\mathfrak{e}}_3] &= c^*\,[\mathfrak{e}_1 \, \mathfrak{e}_2 \, \mathfrak{e}_3]\,, \end{aligned} \right.$$

woraus sich gemäß (**8**, 34)

$$\tag{6} 1 = c\,c^*$$

ergibt. Wir schreiben schließlich die für eine beliebige Basis verallgemeinerten Formeln (**8**, 28) und (**2**, 31) nochmals an:

$$\tag{7} \mathfrak{a} \times \mathfrak{b} = [\mathfrak{e}_1^* \, \mathfrak{e}_2^* \, \mathfrak{e}_3^*] \begin{vmatrix} \mathfrak{e}_1 & \mathfrak{e}_2 & \mathfrak{e}_3 \\ a_1 & a_2 & a_3 \\ b_1 & b_2 & b_3 \end{vmatrix}$$

$$\tag{8} \mathfrak{a} \times \mathfrak{b} \,.\, \mathfrak{c} = [\mathfrak{e}_1^* \, \mathfrak{e}_2^* \, \mathfrak{e}_3^*] \begin{vmatrix} a_1 & a_2 & a_3 \\ b_1 & b_2 & b_3 \\ c_1 & c_2 & c_3 \end{vmatrix}$$

Aus (**1**, 13), (**2**, 13), (**4**,33) und (**8**,34), (**8**, 35) folgt speziell:

$$\tag{9} g = \frac{[\mathfrak{e}_1 \, \mathfrak{e}_2 \, \mathfrak{e}_3]}{[\mathfrak{e}_1^* \, \mathfrak{e}_2^* \, \mathfrak{e}_3^*]} = [\mathfrak{e}_1 \, \mathfrak{e}_2 \, \mathfrak{e}_3]^2 = \frac{1}{[\mathfrak{e}_1^* \, \mathfrak{e}_2^* \, \mathfrak{e}_3^*]^2} = \frac{1}{g^*}\,.$$

d) Kreuzprodukt von Vektor und Dyade

Die Definition der vektorischen Multiplikation eines Vektors mit einer Dyade ergibt sich wieder aus der für das praktische Rechnen so wichtigen Forderung, anders assoziieren zu dürfen. Wir verlangen für beliebige Vektoren $\mathfrak{a}$ und $\mathfrak{e}$:

$$\tag{1} \mathfrak{a} \times (\Phi \,.\, \mathfrak{e}) \equiv (\mathfrak{a} \times \Phi) \,.\, \mathfrak{e} \equiv -(\mathfrak{e} \,.\, \Phi_c) \times \mathfrak{a} \equiv -\mathfrak{e} \,.\, (\Phi_c \times \mathfrak{a})\,,$$

worin $\mathfrak{a} \times \Phi$ bzw. $\Phi_c \times \mathfrak{a}$ wieder Dyaden bedeuten sollen. Mit

(2) $$\Phi = \mathfrak{A} ; \mathfrak{B} + \mathfrak{C} ; \mathfrak{D} + \cdots$$

folgt aus:

(3) $$\begin{cases} (\mathfrak{a} \times \Phi) . \mathfrak{e} \equiv \mathfrak{a} \times (\Phi . \mathfrak{e}) = \mathfrak{a} \times \mathfrak{A}\mathfrak{B} . \mathfrak{e} \\ + \mathfrak{a} \times \mathfrak{C}\mathfrak{D} . \mathfrak{e} + \cdots = [\mathfrak{a} \times \mathfrak{A} ; \mathfrak{B} + \mathfrak{a} \times \mathfrak{C} ; \mathfrak{D} + \cdots] . \mathfrak{e} \end{cases}$$

nach der Gleichheitsdefinition für Dyaden:

(4) $$\mathfrak{a} \times \Phi = \mathfrak{a} \times \mathfrak{A} ; \mathfrak{B} + \mathfrak{a} \times \mathfrak{C} ; \mathfrak{D} + \cdots .$$

Analog erhält man:

(5) $$\Phi_c \times \mathfrak{a} = \mathfrak{B} ; \mathfrak{A} \times \mathfrak{a} + \mathfrak{D} ; \mathfrak{C} \times \mathfrak{a} + \cdots$$

Aus der Definitionsgleichung (**1**, 26) folgt nun auch unmittelbar für jede antisymmetrische Dyade:

(6) $$\Phi_a . \bar{\mathfrak{e}}_1 \equiv -\tfrac{1}{2} \Phi_\times \times \bar{\mathfrak{e}}_1 \equiv -\tfrac{1}{2} \Phi_\times \times I . \bar{\mathfrak{e}}_1 ,$$

also

(7) $$\Phi_a = -\tfrac{1}{2} \Phi_\times \times I ,$$

oder

$$-\bar{\mathfrak{e}}_1 . \Phi_a \equiv \bar{\mathfrak{e}}_1 \times \tfrac{1}{2} \Phi_\times \equiv \bar{\mathfrak{e}}_1 . I \times \tfrac{1}{2} \Phi_\times$$

(8) $$\Phi_a = -I \times \tfrac{1}{2} \Phi_\times .$$

Mit Verwendung von (**8**, 36) können wir (**8**, 23) in der Form schreiben:

(9) $$\Phi = \tfrac{1}{2} (\Phi + \Phi_c) - \tfrac{1}{2} I \times \Phi_\times ,$$

worin Φ eine beliebige Dyade bedeutet. Wenn der Vektor einer Dyade verschwindet, so ist es eine symmetrische Dyade.

e) Produkte zweier Dyaden. Reziproke Dyade

$\mathfrak{a} . \Phi$ bzw. $\Phi . \mathfrak{a}$ sind selbst Vektoren. Multiplizieren wir einen so gebildeten Vektor skalar mit einer Dyade

(1) $$\Psi = \mathfrak{A}' ; \mathfrak{B}' + \mathfrak{C}' ; \mathfrak{D}' + \cdots$$

und verlangen wieder die Möglichkeit, anders assoziieren zu dürfen, so gelangen wir zur Definition des „skalaren" Produktes zweier Dyaden:

$$(2)\qquad (\mathfrak{a}\,.\,\Phi)\,.\,\Psi \equiv \mathfrak{a}\,.\,(\Phi\,.\,\Psi)$$

$$(3)\qquad \Psi\,.\,(\Phi\,.\,\mathfrak{a}) \equiv (\Psi\,.\,\Phi)\,.\,\mathfrak{a}\,,$$

worin auch $\Phi\,.\,\Psi$ bzw. $\Psi\,.\,\Phi$ wieder eine Dyade bedeutet. Wie von (**1**, 35) zu (**3**, 36), gelangen wir von (**2**, 37) zur expliziten Formulierung der Definitionsgleichung:

$$(4)\qquad \left\{\begin{aligned} \mathfrak{e}\,.\,(\Phi\,.\,\Psi) &\equiv (\mathfrak{e}\,.\,\Phi)\,.\,\Psi = (\mathfrak{e}\,.\,\mathfrak{A}\mathfrak{B} + \mathfrak{e}\,.\,\mathfrak{C}\mathfrak{D} + \cdots) \\ &\quad .\,(\mathfrak{A}'\,;\,\mathfrak{B}' + \mathfrak{C}'\,;\,\mathfrak{D}' + \cdots) \\ &\equiv \mathfrak{e}\,.\,\mathfrak{A}\mathfrak{B}\,.\,\mathfrak{A}'\mathfrak{B}' + \mathfrak{e}\,.\,\mathfrak{A}\mathfrak{B}\,.\,\mathfrak{C}'\mathfrak{D}' + \cdots \\ &\quad + \mathfrak{e}\,.\,\mathfrak{C}\mathfrak{D}\,.\,\mathfrak{A}'\mathfrak{B}' + \mathfrak{e}\,.\,\mathfrak{C}\mathfrak{D}\,.\,\mathfrak{C}'\mathfrak{D}' + \cdots \\ &\equiv \mathfrak{e}\,.\,[\mathfrak{A}\mathfrak{B}\,.\,\mathfrak{A}'\,;\,\mathfrak{B}' + \mathfrak{A}\mathfrak{B}\,.\,\mathfrak{C}'\,;\,\mathfrak{D}' + \cdots \\ &\quad + \mathfrak{C}\mathfrak{D}\,.\,\mathfrak{A}'\,;\,\mathfrak{B}' + \mathfrak{C}\mathfrak{D}\,.\,\mathfrak{C}'\,;\,\mathfrak{D}' + \cdots] \\ &\equiv [\mathfrak{B}'\mathfrak{A}'\,.\,\mathfrak{B}\,;\,\mathfrak{A} + \mathfrak{D}'\mathfrak{C}'\,.\,\mathfrak{B}\,;\,\mathfrak{A} + \cdots \\ &\quad + \mathfrak{B}'\mathfrak{A}'\,.\,\mathfrak{D}\,;\,\mathfrak{C} + \mathfrak{D}'\mathfrak{C}'\,.\,\mathfrak{D}\,;\,\mathfrak{C} + \cdots]\,.\,\mathfrak{e} \\ &\equiv (\Psi_c\,.\,\Phi_c)\,.\,\mathfrak{e}\,. \end{aligned}\right.$$

Nach der Gleichheitsdefinition für Dyaden folgt aus (**4**, 37):

$$(5)\qquad \left\{\begin{aligned} \Phi\,.\,\Psi = \mathfrak{A}\mathfrak{B}\,.\,\mathfrak{A}'\,;\,\mathfrak{B}' + \mathfrak{A}\mathfrak{B}\,.\,\mathfrak{C}'\,;\,\mathfrak{D}' + \cdots \\ + \mathfrak{C}\mathfrak{D}\,.\,\mathfrak{A}'\,;\,\mathfrak{B}' + \mathfrak{C}\mathfrak{D}\,.\,\mathfrak{C}'\,;\,\mathfrak{D}' + \cdots \end{aligned}\right.$$

und

$$(6)\qquad (\Phi\,.\,\Psi)_c = \Psi_c\,.\,\Phi_c\,.$$

Zwei Dyaden werden nach (**5**, 37) skalar miteinander multipliziert, indem man alle Glieder kombinierend, immer den ersten Vektor der ersten Dyade mit dem zweiten Vektor der zweiten Dyade dyadisch, den zweiten Vektor der ersten Dyade mit dem ersten Vektor der zweiten Dyade skalar multipliziert. Da $\Phi\,.\,\Psi$ selbst wieder eine Dyade ist, läßt sich die Überlegung für das skalare Produkt von drei, vier, bzw. n Dyaden wiederholen. Diese Multiplikation ist assoziativ. Man erhält so z. B.:

$$(7)\qquad (\mathfrak{A}\,;\,\mathfrak{B})\,.\,(\mathfrak{A}'\,;\,\mathfrak{B}')\,.\,(\mathfrak{A}''\,;\,\mathfrak{B}'') \equiv \mathfrak{A}\mathfrak{B}\,.\,\mathfrak{A}'\mathfrak{B}'\,.\,\mathfrak{A}''\,;\,\mathfrak{B}''\,.$$

Aus:

$$(8) \qquad \mathfrak{c} \,.\, \Phi \equiv (\mathfrak{c} \,.\, I) \,.\, \Phi \equiv \mathfrak{c} \,.\, (I \,.\, \Phi)$$

erkennt man, daß auch bei der skalaren Multiplikation der Identitätsdyade mit einer Dyade diese in sich selbst übergeführt wird:

$$(9) \qquad I \,.\, \Phi = \Phi = \Phi \,.\, I \,.$$

Aus (**5**, 37) folgert man unmittelbar den Satz:

Das skalare Produkt einer beliebigen Dyade mit einer planaren ist höchstens planar, das skalare Produkt einer beliebigen Dyade mit einer linearen ist linear oder Null.

Sehr wichtig ist die zu einer gegebenen reziproke Dyade, die wir durch

$$(10) \qquad (\mathfrak{c} \,.\, \Phi) \,.\, \Phi^{-1} \equiv \mathfrak{c} \,,$$

also durch

$$(11) \qquad \Phi \,.\, \Phi^{-1} \equiv I$$

definieren. Da I eine komplette Dyade ist, kann (**11**, 38) nur für komplette Dyaden zutreffen. Nur wenn Φ eine komplette Dyade ist, können drei nicht komplanare Vektoren in der Form $\mathfrak{c} \,.\, \Phi$ dargestellt werden und nur in diesem Falle ist Φ^{-1} durch (**10**, 38) definierbar. Trifft diese Voraussetzung zu, so folgt aus (**10**, 38) auch

$$(\mathfrak{c} \,.\, \Phi) \,.\, \Phi^{-1} . \Phi \equiv \mathfrak{c} \,.\, \Phi$$

$$(12) \qquad \Phi^{-1} . \Phi \equiv I \,.$$

Man erhält weiter leicht:

$$(13) \qquad \left\{ \begin{aligned} &(\Phi \,.\, \Psi) \,.\, (\Phi \,.\, \Psi)^{-1} = I \\ &\Phi \,.\, [\Psi \,.\, (\Phi \,.\, \Psi)^{-1}] = I \\ &\Psi \,.\, (\Phi \,.\, \Psi)^{-1} = \Phi^{-1} \\ &(\Phi \,.\, \Psi)^{-1} = \Psi^{-1} . \Phi^{-1} \,. \end{aligned} \right.$$

Ist Φ explizit in der Komponentendarstellung

$$(14) \qquad \Phi = \mathfrak{A}_1 \,;\, \mathfrak{c}_1^* + \mathfrak{A}_2 \,;\, \mathfrak{c}_2^* + \mathfrak{A}_3 \,;\, \mathfrak{c}_3^*$$

gegeben, so wird

$$(15) \qquad \Phi^{-1} = \mathfrak{c}_1 \,;\, \mathfrak{A}_1^* + \mathfrak{c}_2 \,;\, \mathfrak{A}_2^* + \mathfrak{c}_3 \,;\, \mathfrak{A}_3^*$$

sein, worin natürlich $\mathfrak{A}_1^*$, $\mathfrak{A}_2^*$, $\mathfrak{A}_3^*$ das zu $\mathfrak{A}_1$, $\mathfrak{A}_2$, $\mathfrak{A}_3$ reziproke System bedeutet. Ein Blick auf die beiden letzten Formeln lehrt:

(16) $$(\Phi_c)^{-1} = (\Phi^{-1})_c .$$

Sollen im skalaren Produkte zweier Dyaden die Antezedenten skalar, die Konsequenten dyadisch multipliziert werden, so wird die so gebildete Dyade X durch

(17) $$X = \Phi_c \, . \, \Psi$$

gegeben sein. In

(18) $$X' = \Phi \, . \, \Psi_c$$

werden umgekehrt die Konsequenten skalar, die Antezedenten dyadisch multipliziert erscheinen. Im Gebiete der Dyaden genügt also die Einführung der konjugierten Dyaden, um alle Möglichkeiten realisieren zu können. Das gilt natürlich auch für die Doppelprodukte von Dyaden.

f) Doppel- und Tripelprodukte von Dyaden. Zweite Dyade, zweiter und dritter Skalar

Wir definieren als skalares Doppelprodukt zweier Dyaden:

(1) $$\Phi : \Psi \equiv (\Phi \, . \, \Psi_c)_I \equiv (\Phi_c \, . \, \Psi)_I \equiv \Phi_c : \Psi_c \equiv (\Psi \, . \, \Phi_c)_I \equiv \Psi : \Phi$$

(sprich: „Φ Doppelpunkt Ψ"). Die Doppelpunkt-Multiplikation ist kommutativ. In expliziter Schreibweise folgt aus (**1**, 39):

(2) $$\left\{\begin{aligned} &(\mathfrak{A} \, ; \mathfrak{B} + \mathfrak{C} \, ; \mathfrak{D} + \cdots) : (\mathfrak{A}' \, ; \mathfrak{B}' + \mathfrak{C}' ; \mathfrak{D}' + \cdots) \\ &\quad \equiv \mathfrak{A} \, . \, \mathfrak{A}' \, \mathfrak{B} \, . \, \mathfrak{B}' + \mathfrak{A} \, . \, \mathfrak{C}' \, \mathfrak{B} \, . \, \mathfrak{D}' + \cdots \\ &\quad + \mathfrak{C} \, . \, \mathfrak{A}' \, \mathfrak{D} \, . \, \mathfrak{B}' + \mathfrak{C} \, . \, \mathfrak{C}' \, \mathfrak{D} \, . \, \mathfrak{D}' + \cdots \end{aligned}\right.$$

Denken wir uns die Dyaden in der auf ein Dreibein bezogenen Neunerform gegeben:

(3) $$\Phi = \sum_{\iota\varkappa} a_{\iota\varkappa} \, \mathfrak{p}_\iota \, ; \mathfrak{p}_\varkappa \qquad \Psi = \sum_{\iota\varkappa} a'_{\iota\varkappa} \, \mathfrak{p}_\iota \, ; \mathfrak{p}_\varkappa \, ,$$

worin

(4) $$\mathfrak{p}_1 = \mathfrak{i} \, , \qquad \mathfrak{p}_2 = \mathfrak{j} \, , \qquad \mathfrak{p}_3 = \mathfrak{k}$$

bedeuten soll, so erhalten wir:

$$\Phi : \Psi = \sum_{\iota\varkappa} a_{\iota\varkappa} a'_{\iota\varkappa} \tag{5}$$

und insbesondere:

$$\Phi : \Phi = \sum_{\iota\varkappa} a^2_{\iota\varkappa} > 0\,. \tag{6}$$

Ferner:

$$\Phi : I = a_{11} + a_{22} + a_{33} = \Phi_{\mathrm{I}}\,. \tag{7}$$

Das skalare Doppelprodukt wird im n-Dimensionalen ganz analog definiert. Gleichwie das skalare Doppelprodukt nur eine andere Schreibweise schon früher definierter Operationen darstellt, gilt das auch für die übrigen drei möglichen Doppelprodukte zweier Dyaden.

$$\Phi \overset{\cdot}{\times} \Psi \equiv (\Phi \,.\, \Psi_c)_\times \equiv -(\Psi \,.\, \Phi_c)_\times \equiv -\Psi \overset{\cdot}{\times} \Phi \tag{8}$$

(sprich: „Φ Punkt Kreuz Ψ").

$$\Phi \underset{\cdot}{\times} \Psi \equiv (\Phi_c \,.\, \Psi)_\times \equiv -(\Psi_c \,.\, \Phi)_\times \equiv -\Psi \underset{\cdot}{\times} \Phi \tag{9}$$

(sprich: „Φ Kreuz Punkt Ψ").

Aus (**8**, 40) und (**9**, 40) folgt auch:

$$\Phi \overset{\cdot}{\times} \Psi \equiv (\Phi \,.\, \Psi_c)_\times \equiv \big((\Phi_c)_c \,.\, \Psi_c\big)_\times \equiv \Phi_c \underset{\cdot}{\times} \Psi_c\,. \tag{10}$$

In expliziter Schreibweise erhalten wir:

$$(\mathfrak{A}\,;\mathfrak{B} + \cdots) \overset{\cdot}{\times} (\mathfrak{A}'; \mathfrak{B}' + \cdots) \equiv \mathfrak{B} \,.\, \mathfrak{B}'\, \mathfrak{A} \times \mathfrak{A}' + \cdots \tag{11}$$

$$(\mathfrak{A}\,;\mathfrak{B} + \cdots) \underset{\cdot}{\times} (\mathfrak{A}'; \mathfrak{B}' + \cdots) \equiv \mathfrak{A} \,.\, \mathfrak{A}'\, \mathfrak{B} \times \mathfrak{B}' + \cdots \tag{12}$$

Insonderheit ergibt sich aus (**8**, 40) und (**9**, 40):

$$I \overset{\cdot}{\times} \Psi = \Psi_{c\times} = -\Psi_\times = -\Psi \overset{\cdot}{\times} I \tag{13}$$

$$I \underset{\cdot}{\times} \Psi = \Psi_\times = -\Psi \underset{\cdot}{\times} I\,. \tag{14}$$

Diese gemischten Doppelprodukte sind indessen wenig gebräuchlich. Wichtiger ist das vektorische Doppelprodukt zweier Dyaden.

Da wir Triaden noch nicht definiert haben, ist der zur Einführung der übrigen Doppelprodukte beschrittene Weg hier nicht gangbar. Am natürlichsten gewinnen wir die Definitionsgleichung aus der Forderung, in dem Produkte $\Phi \dot{\times} (\Psi \times \mathfrak{e})$ anders assoziieren zu dürfen. Wir fordern demgemäß: $\Phi \overset{\times}{\times} \Psi$ (sprich: „Φ Kreuz—Kreuz Ψ") soll wieder eine Dyade sein, die durch

$$(15)\quad \begin{cases} (\Phi \overset{\times}{\times} \Psi) \cdot \mathfrak{e} \equiv \Phi \dot{\times} (\Psi \times \mathfrak{e}) = (\mathfrak{A} ; \mathfrak{B} + \cdots) \\ \qquad\qquad\qquad\qquad \dot{\times} (\mathfrak{A}' ; \mathfrak{B}' \times \mathfrak{e} + \cdots) \\ \qquad \equiv \mathfrak{A} \times \mathfrak{A}' \, \mathfrak{B} \cdot \mathfrak{B}' \times \mathfrak{e} + \cdots \\ \qquad \equiv (\mathfrak{A} \times \mathfrak{A}' ; \mathfrak{B} \times \mathfrak{B}' + \cdots) \cdot \mathfrak{e} \\ \qquad \equiv (\mathfrak{A}' \times \mathfrak{A} ; \mathfrak{B}' \times \mathfrak{B} + \cdots) \cdot \mathfrak{e} \equiv (\Psi \overset{\times}{\times} \Phi) \cdot \mathfrak{e} \end{cases}$$

gegeben ist. Aus (**15**, 41) folgt:

$$(16)\quad \Phi \overset{\times}{\times} \Psi = \mathfrak{A} \times \mathfrak{A}' ; \mathfrak{B} \times \mathfrak{B}' + \cdots = \Psi \overset{\times}{\times} \Phi = (\Phi_c \overset{\times}{\times} \Psi_c)_c \,.$$

Auch die Doppelkreuz-Multiplikation ist kommutativ; sind Φ und Ψ symmetrisch, so ist auch $\Phi \overset{\times}{\times} \Psi$ symmetrisch. Insbesondere bestimmt $\Phi \overset{\times}{\times} \Phi$ eine durch Φ selbst mitgegebene „Zweite Dyade" oder, wie wir kurz sagen wollen, „Die Zweite zu Φ". Wir setzen:

$$(17)\qquad \Phi_Z = \tfrac{1}{2} \Phi \overset{\times}{\times} \Phi \,.$$

Mit

$$(18)\qquad \Phi = \mathfrak{A} ; \mathfrak{B} + \mathfrak{C} ; \mathfrak{D} + \mathfrak{E} ; \mathfrak{F}$$

erhalten wir explizit:

$$(19)\quad \Phi_Z = \mathfrak{A} \times \mathfrak{C} ; \mathfrak{B} \times \mathfrak{D} + \mathfrak{C} \times \mathfrak{E} ; \mathfrak{D} \times \mathfrak{F} + \mathfrak{E} \times \mathfrak{A} ; \mathfrak{F} \times \mathfrak{B} \,,$$

folglich auch

$$(20)\qquad (\Phi_c)_Z = (\Phi_Z)_c \,.$$

Da Φ_Z der ursprünglichen Dyade Φ durch (**17**, 41) in invarianter Weise zugeordnet wird, ist der Skalar von Φ_Z auch eine Invariante der ursprünglichen Dyade, sie heißt der „Zweite Skalar" Φ_{II}, also:

$$(21)\quad \begin{cases} \Phi_{II} \equiv (\Phi_Z)_I = (\mathfrak{A} \times \mathfrak{C}) \cdot (\mathfrak{B} \times \mathfrak{D}) \\ \qquad + (\mathfrak{C} \times \mathfrak{E}) \cdot (\mathfrak{D} \times \mathfrak{F}) + (\mathfrak{E} \times \mathfrak{A}) \cdot (\mathfrak{F} \times \mathfrak{B}) \,. \end{cases}$$

Nach (**7**, 40) ist

$$(22)\qquad \Phi_{II} = \Phi_Z : I = \tfrac{1}{2} (\Phi \overset{\times}{\times} \Phi) : I \,.$$

Als *dritten Skalar* einer Dyade bezeichnet man eine ebenfalls *invariant* definierte Größe, die Determinante der Neunerform:

$$\Phi_{III} \equiv \tfrac{1}{6}(\Phi \overset{\times}{\times} \Phi) : \Phi = [\mathfrak{A}\mathfrak{C}\mathfrak{E}]\,[\mathfrak{B}\mathfrak{D}\mathfrak{F}]\,. \tag{23}$$

Aus (**23**, 42) folgt: Für jede *komplette* Dyade und nur für eine solche ist Φ_{III} von Null verschieden. Ist

$$\Phi_{III} = 0\,, \qquad \Phi_Z \neq 0\,, \tag{24}$$

so können weder die Antezedenten, noch die Konsequenten parallel sein, das heißt Φ ist *planar*. Schließlich muß für

$$\Phi_{III} = 0\,, \qquad \Phi_Z = 0\,, \qquad \Phi \neq 0 \tag{25}$$

die Dyade *linear* sein.

Wir bilden noch allgemein das „*Skalare Tripelprodukt dreier Dyaden*", das sich nach (**2**, 39) und (**16**, 41) aus gewöhnlichen skalaren Tripelprodukten zusammensetzt:

$$(\Phi \overset{\times}{\times} \Psi) : X \equiv [\Phi \Psi X] \equiv \Phi : (\Psi \overset{\times}{\times} X) \equiv (X \overset{\times}{\times} \Phi) : \Psi\,. \tag{26}$$

Wir dürfen dann in der Klammer, da sowohl die Doppelkreuz- wie die Doppelpunkt-Multiplikation kommutativ ist, die drei Dyaden *beliebig* vertauschen, und es kann das Doppelpunkt- bzw. das Doppelkreuz-Zeichen an beliebiger Stelle eingesetzt werden.

Für jede komplette Dyade kann man mit Benützung des reziproken Systems schreiben:

$$\left\{\begin{array}{ll} \mathfrak{C} \times \mathfrak{E} = \mathfrak{A}^*\,[\mathfrak{A}\mathfrak{C}\mathfrak{E}] & \mathfrak{D} \times \mathfrak{F} = \mathfrak{B}^*\,[\mathfrak{B}\mathfrak{D}\mathfrak{F}] \\ \mathfrak{E} \times \mathfrak{A} = \mathfrak{C}^*\,[\mathfrak{A}\mathfrak{C}\mathfrak{E}] & \mathfrak{F} \times \mathfrak{B} = \mathfrak{D}^*\,[\mathfrak{B}\mathfrak{D}\mathfrak{F}] \\ \mathfrak{A} \times \mathfrak{C} = \mathfrak{E}^*\,[\mathfrak{A}\mathfrak{C}\mathfrak{E}] & \mathfrak{B} \times \mathfrak{D} = \mathfrak{F}^*\,[\mathfrak{B}\mathfrak{D}\mathfrak{F}]\,, \end{array}\right. \tag{27}$$

$$\Phi_Z = \{\mathfrak{A}^* ; \mathfrak{B}^* + \mathfrak{C}^* ; \mathfrak{D}^* + \mathfrak{E}^* ; \mathfrak{F}^*\}\,[\mathfrak{A}\mathfrak{C}\mathfrak{E}]\,[\mathfrak{B}\mathfrak{D}\mathfrak{F}]\,, \tag{28}$$

$$\Phi_Z = \{\mathfrak{A}^* ; \mathfrak{B}^* + \mathfrak{C}^* ; \mathfrak{D}^* + \mathfrak{E}^* ; \mathfrak{F}^*\}\,\Phi_{III} = \Phi_c^{-1}\,\Phi_{III}\,. \tag{29}$$

Man verifiziert an Hand der Relationen (**18**, 41) und (**19**, 41) auch leicht:

$$(\Phi \cdot \mathfrak{a}) \times (\Phi \cdot \mathfrak{b}) = \Phi_Z \cdot \mathfrak{a} \times \mathfrak{b}\,, \tag{30}$$

eine Formel, die wir gelegentlich brauchen werden.

Natürlich sind alle neueingeführten Multiplikationen, wie man sicht leicht überzeugt, wieder distributiv und in bezug auf die Multiplikation mit einer Zahl assoziativ. Wichtig ist die Bemerkung, daß das Doppelpunktprodukt einer symmetrischen mit einer antisymmetrischen Dyade stets identisch verschwindet:

$$(31)\quad (\Phi+\Phi_c) : (\Psi-\Psi_c) \equiv \Phi : \Psi + \Phi_c : \Psi - \Phi : \Psi_c - \Phi_c : \Psi_c \equiv 0 .$$

Dieser Satz bleibt auch im n-Dimensionalen richtig. Man verifiziert ferner leicht:

$$(32)\qquad [(\Phi + \Phi_c) \overset{\times}{\times} (\Psi - \Psi_c)]_{\mathrm{I}} \equiv 0 .$$

g) Einige Rechenregeln

Einige oft gebrauchte Rechenregeln möge der Leser auf Grund der bisher erörterten Sätze selbst beweisen:

$$(1)\qquad I_{\mathrm{I}} = 3 , \quad I_Z = I , \quad I_{\mathrm{II}} = 3 , \quad I_{\mathrm{III}} = 1 .$$

Bedeutet Φ_a eine antisymmetrische Dyade, so gilt:

$$(2)\qquad \Phi_{a\,\mathrm{I}} = 0 , \quad \Phi_{aZ} = \tfrac{1}{4}\Phi_\times ; \Phi_\times , \quad \Phi_{a\,\mathrm{II}} = \tfrac{1}{4}\Phi_\times^2 , \quad \Phi_{\mathrm{III}} = 0 .$$

Allgemein gilt für komplette Dyaden:

$$(3)\quad (\Phi_Z)_Z = \Phi\Phi_{\mathrm{III}} , \quad (\Phi\,.\,\Psi)_Z = \Phi_Z\,.\,\Psi_Z , \quad (\Phi\,.\,\Psi)_{\mathrm{III}} = \Phi_{\mathrm{III}}\Psi_{\mathrm{III}} ,$$

wie man leicht beweist, wenn man die Ansätze

$$(4)\qquad \begin{cases} \Phi = \mathfrak{A}_1 ; \mathfrak{e}_1^* + \mathfrak{A}_2 ; \mathfrak{e}_2^* + \mathfrak{A}_3 ; \mathfrak{e}_3^* \\ \Psi = \mathfrak{e}_1 ; \mathfrak{B}_1 + \mathfrak{e}_2 ; \mathfrak{B}_2 + \mathfrak{e}_3 ; \mathfrak{B}_3 \end{cases}$$

wählt. Aus diesen Formeln erhält man weiter:

$$(5)\qquad (\Phi^{-1})_Z = \Phi_Z^{-1} , \quad (\Phi^{-1})_{\mathrm{III}} = \frac{1}{\Phi_{\mathrm{III}}} .$$

Wichtig sind auch die Rechenregeln:

$$(6)\qquad \begin{cases} (\Phi + \Psi)_{\mathrm{I}} = \Phi_{\mathrm{I}} + \Psi_{\mathrm{I}} \\ (\Phi + \Psi)_{\mathrm{II}} = \Phi_{\mathrm{II}} + (\Phi \overset{\times}{\times} \Psi)_{\mathrm{I}} + \Psi_{\mathrm{II}} \\ (\Phi + \Psi)_{\mathrm{III}} = \Phi_{\mathrm{III}} + \Phi_Z : \Psi + \Psi_Z : \Phi + \Psi_{\mathrm{III}} . \end{cases}$$

Sehr nützlich sind ferner die Relationen:

$$(7)\qquad I \times \mathfrak{A} = \mathfrak{A} \times I$$

$$(8)\qquad (I \times \mathfrak{A}) \cdot (I \times \mathfrak{B}) = \mathfrak{B} ; \mathfrak{A} - I\, \mathfrak{A} \cdot \mathfrak{B} = - \mathfrak{A} ; \mathfrak{B} \overset{\times}{\times} I$$

$$(9)\qquad (I \times \mathfrak{A}) : (I \times \mathfrak{B}) = 2\, \mathfrak{A} \cdot \mathfrak{B}$$

$$(10)\qquad [I \times (\mathfrak{A} \times \mathfrak{B})] \times \mathfrak{C} = \mathfrak{B} ; \mathfrak{A} \times \mathfrak{C} - \mathfrak{A} ; \mathfrak{B} \times \mathfrak{C} = \mathfrak{C} ; \mathfrak{A} \times \mathfrak{B} - I [\mathfrak{A}\mathfrak{B}\mathfrak{C}] .$$

$$(11)\qquad (I + s\, I \times \mathfrak{A})^{-1} = \frac{1}{1 + s^2 \mathfrak{A}^2} (I - s\, I \times \mathfrak{A} + s^2\, \mathfrak{A} ; \mathfrak{A}) .$$

G. Jaumann hat noch als neue Darstellungsform die rotorischen Dyaden durch die Definitionsgleichung

$$(12)\qquad \mathfrak{e} \cdot (\mathfrak{A} \times \mathfrak{B}) \equiv (\mathfrak{e} \times \mathfrak{A}) \times \mathfrak{B} \equiv \mathfrak{e} \cdot (\mathfrak{B} ; \mathfrak{A} - I\, \mathfrak{A} \cdot \mathfrak{B})$$

$$(13)\qquad \mathfrak{A} \times \mathfrak{B} \equiv \mathfrak{B} ; \mathfrak{A} - I\, \mathfrak{A} \cdot \mathfrak{B}$$

eingeführt, welche gelegentlich eine Vereinfachung der Schreibarbeit ermöglichen.

7. Eigenwertprobleme der Dyaden

a) Die Dyade als lineare Vektorfunktion

Wir haben gesehen, daß das Ergebnis der skalaren Multiplikation eines Vektors mit einer Dyade wieder ein Vektor ist. In diesem Zusammenhang pflegt man auch von linearen Vektorfunktionen zu sprechen und kann dann statt

$$(1)\qquad \Phi \cdot \mathfrak{a} = \mathfrak{A}$$

auch

$$(2)\qquad f(\mathfrak{a}) = \mathfrak{A}$$

schreiben, woraus weiter folgt:

$$(3)\qquad f(\mathfrak{a} + \mathfrak{b} + \cdots) = f(\mathfrak{a}) + f(\mathfrak{b}) + \cdots$$

$$(4)\qquad f(s\, \mathfrak{a}) = s\, f(\mathfrak{a}) .$$

Auf die Schreibweise kommt es natürlich nicht an, wesentlich aber ist die Bemerkung, daß durch die Operation (**1**, 44) jedem Vektor ein anderer zugeordnet wird. Diese Zuordnung kann man auch als eine Abbildung, und zwar eine affine Abbildung eines

Vektorraumes auf einen anderen auffassen. Am deutlichsten wird das, wenn man sich die einzelnen Raumpunkte durch die Pfeilspitzen von aus dem Koordinatenursprunge gezogenen Ortsvektoren $\mathfrak{r}$ markiert denkt und nun

(5) $$\mathfrak{r}' = \Phi \cdot \mathfrak{r}$$

setzt. Unterwerfen wir den Ortsvektor etwa der Bedingung:

(6) $$\mathfrak{r}^2 = x^2 + y^2 + z^2 = 1\,,$$

so beschreibt er mit seiner Spitze die Oberfläche einer Einheitskugel. Da Φ konstant und endlich angenommen wird, muß auch $\mathfrak{r}'$ eine ganz im Endlichen gelegene Fläche zweiten Grades, also im allgemeinen ein Ellipsoid beschreiben. Bekanntlich nimmt die Gleichung eines Ellipsoides dann eine besonders einfache Gestalt an, wenn die Koordinatenachsen mit den Hauptachsen des Ellipsoides zusammenfallen.

b) Hauptachsentransformation (Säkulargleichung)

Etwas Analoges dürfen wir nach obigen Überlegungen auch für die Darstellung der Dyaden erwarten. Wir fragen demgemäß nach den Richtungen, welche durch die Transformation (**1**, 44) bzw. durch die Abbildung (**5**, 45) ungeändert bleiben[1]:

(1) $$\Phi \cdot \mathfrak{e} = a\,\mathfrak{e}$$

(2) $$(\Phi - a\,I) \cdot \mathfrak{e} = 0\,.$$

Es sei

(3) $$\Phi = \mathfrak{A}_1\,;\,\mathfrak{i} + \mathfrak{A}_2\,;\,\mathfrak{j} + \mathfrak{A}_3\,;\,\mathfrak{k}\,,$$

dann lautet (**2**, 45) explizit:

(4) $$(\mathfrak{A}_1 - a\,\mathfrak{i})\,\mathfrak{i} \cdot \mathfrak{e} + (\mathfrak{A}_2 - a\,\mathfrak{j})\,\mathfrak{j} \cdot \mathfrak{e} + (\mathfrak{A}_3 - a\,\mathfrak{k})\,\mathfrak{k} \cdot \mathfrak{e} = 0\,.$$

Diese Relation besagt, daß zwischen den drei Vektoren $\mathfrak{A}_1 - a\,\mathfrak{i}$, $\mathfrak{A}_2 - a\,\mathfrak{j}$, $\mathfrak{A}_3 - a\,\mathfrak{k}$ eine lineare Beziehung besteht. Man beachte, daß dieser Schluß ohne weiteres auf einen n-dimensionalen

[1]) Die im folgenden behandelte Hauptachsentransformation ist natürlich mit jener für Bilinearformen identisch.

Vektorraum übertragbar ist. In Komponenten ($\mathfrak{A}_{1x}$ u.s.w.) zerlegt lautet (**4**, 45):

$$(5)\quad \begin{cases} (\mathfrak{A}_{1x} - a)\,\mathfrak{i}\cdot\mathfrak{e} + \mathfrak{A}_{2x}\,\mathfrak{j}\cdot\mathfrak{e} + \mathfrak{A}_{3x}\,\mathfrak{k}\cdot\mathfrak{e} = 0 \\ \mathfrak{A}_{1y}\,\mathfrak{i}\cdot\mathfrak{e} + (\mathfrak{A}_{2y} - a)\,\mathfrak{j}\cdot\mathfrak{e} + \mathfrak{A}_{3y}\,\mathfrak{k}\cdot\mathfrak{e} = 0 \\ \mathfrak{A}_{1z}\,\mathfrak{i}\cdot\mathfrak{e} + \mathfrak{A}_{2z}\,\mathfrak{j}\cdot\mathfrak{e} + (\mathfrak{A}_{3z} - a)\,\mathfrak{k}\cdot\mathfrak{e} = 0\,. \end{cases}$$

Wenn das Gleichungssystem (**5**, 46) für die Richtungskosinusse $\mathfrak{i}\cdot\mathfrak{e}$, $\mathfrak{j}\cdot\mathfrak{e}$, $\mathfrak{k}\cdot\mathfrak{e}$ von Null verschiedene Lösungen haben soll, so muß die Determinante

$$(6)\quad \begin{vmatrix} \mathfrak{A}_{1x} - a & \mathfrak{A}_{2x} & \mathfrak{A}_{3x} \\ \mathfrak{A}_{1y} & \mathfrak{A}_{2y} - a & \mathfrak{A}_{3y} \\ \mathfrak{A}_{1z} & \mathfrak{A}_{2z} & \mathfrak{A}_{3z} - a \end{vmatrix} = 0$$

sein. Das ist eine Gleichung dritten Grades in der Unbekannten a (im n-Dimensionalen eine Gleichung n-ten Grades), die den Namen „Säkulargleichung" führt. Die Wurzeln dieser Gleichung a_1, a_2, a_3 nennen wir die Eigenwerte der Dyade. (**2**, 45) besagt natürlich, daß $\Phi - a\,I$ keine komplette Dyade sein kann [vgl. die Relationen (**25**, 20) und (**26**, 20)]; dann muß aber nach (**23**, 42) ihr dritter Skalar verschwinden.

Aus (**6**, 43) erhält man weiter mit Benützung von (**7**, 40), (**22**, 41) und (**1**, 43):

$$(7)\quad (\Phi - a\,I)_{III} = \Phi_{III} - a\,\Phi_{II} + a^2\,\Phi_{I} - a^3 = 0\,.$$

Man überzeugt sich leicht, daß (**7**, 46) mit (**6**, 46) identisch ist.

Handelt es sich, wie wir es bisher stets vorausgesetzt haben, um eine reelle Dyade, dann hat die Gleichung (**7**, 46) lauter reelle Koeffizienten, ihre drei Wurzeln sind also entweder alle reell oder es ist eine reell, während sich die beiden anderen konjugiert-komplex ergeben.

c) Bidyaden

Genau die dem Übergange von reellen zu komplexen Vektoren entsprechenden Verallgemeinerungen haben wir naturgemäß auf das Gebiet der komplexen Dyaden, die wir „Bidyaden" nennen wollen, zu übertragen. In (**23**, 19) werden die Antezedenten jetzt komplexe Vektoren sein:

$$(1)\quad \Phi = (\overline{\mathfrak{A}}_1 + i\,\overline{\overline{\mathfrak{A}}}_1)\,;\,\mathfrak{e}_1^* + (\overline{\mathfrak{A}}_2 + i\,\overline{\overline{\mathfrak{A}}}_2)\,;\,\mathfrak{e}_2^* + (\overline{\mathfrak{A}}_3 + i\,\overline{\overline{\mathfrak{A}}}_3)\,;\,\mathfrak{e}_3^*\,.$$

Gleichung (**1**, 46) kann ersichtlich auch in der Form

$$(2^*) \qquad \Phi = \bar{\Phi} + i\bar{\bar{\Phi}}$$

geschrieben werden, worin $\bar{\Phi}$ und $\bar{\bar{\Phi}}$ reelle Dyaden bedeuten. Bei entsprechender Schreibweise für Ψ folgt aus:

$$(3^*) \qquad \Phi = \Psi$$

$$(4) \qquad \bar{\Phi} = \bar{\Psi} \quad \text{und} \quad \bar{\bar{\Phi}} = \bar{\bar{\Psi}}\,.$$

Selbstverständlich können zur Darstellung irgendeiner Bidyade auch drei beliebige, nicht komplanare reelle Vektoren als Antezedenten gewählt werden; dann ist die Bidyade durch die drei komplexen Konsequenten-Vektoren bestimmt. Eine Bidyade wird also erst durch sechs reelle Vektoren bzw. 18 reelle Zahlen gegeben sein.

Da nach den soeben und schon früher, gelegentlich der Einführung komplexer Vektoren gegebenen allgemeinen Definitionen die Übertragung aller Rechenregeln ins komplexe Gebiet keinerlei Schwierigkeiten macht, können und wollen wir uns hier mit obigen grundlegenden Festsetzungen begnügen.

d) Tonische, im besonderen symmetrische Dyaden, Normalform der Dyade

Wir kehren zum Eigenwertproblem der reellen Dyaden zurück und setzen zunächst voraus, die Säkulargleichung habe drei voneinander verschiedene reelle Wurzeln. Dann gibt es also drei reelle Richtungen $\mathfrak{e}_\iota$, für welche:

$$(1) \qquad \Phi \cdot \mathfrak{e}_1 = a_1\,\mathfrak{e}_1\,, \quad \Phi \cdot \mathfrak{e}_2 = a_2\,\mathfrak{e}_2\,, \quad \Phi \cdot \mathfrak{e}_3 = a_3\,\mathfrak{e}_3$$

zutrifft. Die drei Richtungen $\mathfrak{e}_\iota$ können nicht komplanar sein, weil sonst eine lineare Beziehung:

$$(2) \qquad \mathfrak{e}_3 = x\,\mathfrak{e}_1 + y\,\mathfrak{e}_2$$

bestehen würde, aus welcher einmal durch Multiplikation mit a_3, ein zweites Mal mit Benützung von (**1**, 47) die beiden einander widersprechenden Gleichungen:

$$(3) \qquad \begin{cases} a_3\,\mathfrak{e}_3 = x\,a_3\,\mathfrak{e}_1 + y\,a_3\,\mathfrak{e}_2 \\ a_3\,\mathfrak{e}_3 = x\,a_1\,\mathfrak{e}_1 + y\,a_2\,\mathfrak{e}_2 \end{cases}$$

folgen würden. In dem betrachteten Falle erhalten wir die Darstellung:

(4) $$\Phi = a_1\, \mathfrak{e}_1 ; \mathfrak{e}_1^* + a_2\, \mathfrak{e}_2 ; \mathfrak{e}_2^* + a_3\, \mathfrak{e}_3 ; \mathfrak{e}_3^* .$$

Wir behandeln nun weiter unter einem die Fälle, daß zwei reelle Wurzeln oder daß alle drei reellen Wurzeln zusammenfallen oder schließlich, daß eine reelle und zwei konjugiert komplexe Wurzeln existieren:

(5) $$a_1, \quad a_2 + i\, b, \quad a_2 - i\, b .$$

Wegen der einen sicher reellen Wurzel gilt jedenfalls:

(6) $$\Phi \cdot \mathfrak{e}_1 = a_1\, \mathfrak{e}_1 .$$

Überdies gibt es aber, da es sich um eine komplette, reelle Dyade handelt, sicher zwei mit $\mathfrak{e}_1$ nicht komplanare reelle Richtungen, für welche wir

(7) $$\left\{ \begin{aligned} \Phi \cdot \mathfrak{e}_2 &= \mathfrak{A}_2 = a_{12}\, \mathfrak{e}_1 + a_{22}\, \mathfrak{e}_2 + a_{32}\, \mathfrak{e}_3 \\ \Phi \cdot \mathfrak{e}_3 &= \mathfrak{A}_3 = a_{13}\, \mathfrak{e}_1 + a_{23}\, \mathfrak{e}_2 + a_{33}\, \mathfrak{e}_3 \end{aligned} \right.$$

setzen können. Es folgt dann:

(8) $$\Phi = a_1\, \mathfrak{e}_1 ; \mathfrak{e}_1^* + \mathfrak{A}_2 ; \mathfrak{e}_2^* + \mathfrak{A}_3 ; \mathfrak{e}_3^*$$

und daraus leicht:

(9) $$\left\{ \begin{aligned} \Phi_{\mathrm{I}} &= a_1 + a_{22} + a_{33} \\ \Phi_{\mathrm{II}} &= a_1 (a_{22} + a_{33}) + a_{22}\, a_{33} - a_{32}\, a_{23} \\ \Phi_{\mathrm{III}} &= a_1 (a_{22}\, a_{33} - a_{32}\, a_{23}) . \end{aligned} \right.$$

Aus (**7**, 46) folgt andererseits mit den Bezeichnungen (**5**, 48):

(10) $$\Phi_{\mathrm{I}} = a_1 + 2\, a_2, \quad \Phi_{\mathrm{II}} = 2\, a_1\, a_2 + a_2^2 + b^2, \quad \Phi_{\mathrm{III}} = a_1 (a_2^2 + b^2) .$$

Aus (**9**, 48) und (**10**, 48) ergibt sich, gleichgültig ob a_1 und a_2 gleich oder ungleich sind:

(11) $$2\, a_2 = a_{22} + a_{33}, \quad a_2^2 + b^2 = a_{22}\, a_{33} - a_{32}\, a_{23} .$$

Aus den beiden Relationen (**11**, 48) erhält man durch Elimination von a_2^2:

(12) $$(a_{22} - a_{33})^2 = -4\, (b^2 + a_{32}\, a_{23}) .$$

Diese Beziehung zeigt uns, daß für symmetrische Dyaden, für welche ja

(13) $$a_{32} = a_{23}$$

gilt, (12, 48) nur erfüllt werden kann, wenn beiderseits der Wert Null steht. Wir folgern: Für reelle symmetrische Dyaden besitzt die Säkulargleichung stets drei reelle Wurzeln. Aus (11, 48) und (12, 48) folgt weiter:

$$(14)\qquad \begin{cases} a_{22} = a_{33} = a_2 \\ a_{32} = a_{23} = 0 \end{cases}$$

und wegen der Symmetrie natürlich auch:

$$(15)\qquad a_{12} = a_{21} = 0\,,\qquad a_{13} = a_{31} = 0\,,$$

so daß sich wieder die Darstellung ergibt:

$$(16)\qquad \Phi = a_1\,\mathfrak{e}_1\,;\,\mathfrak{e}_1^* + a_2\,(\mathfrak{e}_2\,;\,\mathfrak{e}_2^* + \mathfrak{e}_3\,;\,\mathfrak{e}_3^*)\,,$$

worin auch noch a_1 gleich a_2 sein kann. Fallen Eigenwerte zusammen, so spricht man von „Entartung“. Betrachten wir den nichtentarteten Fall der Gleichung (4, 48), so ergibt die Symmetriebedingung:

$$(17)\qquad \mathfrak{e}_\iota \cdot \Phi \cdot \mathfrak{e}_\varkappa = \mathfrak{e}_\iota \cdot \mathfrak{e}_\varkappa\, a_\varkappa = \mathfrak{e}_\varkappa \cdot \Phi \cdot \mathfrak{e}_\iota = \mathfrak{e}_\varkappa \cdot \mathfrak{e}_\iota\, a_\iota\,,$$

woraus für $a_\varkappa \neq a_\iota$

$$(18)\qquad \mathfrak{e}_\iota \cdot \mathfrak{e}_\varkappa = 0$$

folgt. Da wir die $\mathfrak{e}_\iota$ stets vom Betrage Eins voraussetzen können, bilden sie nach (18, 49) ein Dreibein und wir erhalten für (4, 48) im Falle symmetrischer Dyaden:

$$(19)\qquad \Phi = a_1\,\mathfrak{i}\,;\,\mathfrak{i} + a_2\,\mathfrak{j}\,;\,\mathfrak{j} + a_3\,\mathfrak{k}\,;\,\mathfrak{k}\,.$$

Die Vektoren $\mathfrak{i}$, $\mathfrak{j}$, $\mathfrak{k}$ heißen die Eigenvektoren der symmetrischen Dyade. Sie sind im nichtentarteten Falle durch die Dyade eindeutig bestimmt. Gäbe es nämlich noch eine Richtung $\bar{\mathfrak{e}}$, für welche

$$(20)\qquad \Phi \cdot \bar{\mathfrak{e}} = \bar{a}\,\bar{\mathfrak{e}}$$

zuträfe, so erhielten wir aus (4, 48) und (20, 49), weil doch auch

$$(21)\qquad \bar{\mathfrak{e}} = \mathfrak{e}_1\,\mathfrak{e}_1^* \cdot \bar{\mathfrak{e}} + \mathfrak{e}_2\,\mathfrak{e}_2^* \cdot \bar{\mathfrak{e}} + \mathfrak{e}_3\,\mathfrak{e}_3^* \cdot \bar{\mathfrak{e}}$$

gilt:

$$(22)\qquad a_1 = \bar{a}\,,\qquad a_2 = \bar{a}\,,\qquad a_3 = \bar{a}\,,$$

was im nichtentarteten Falle unerfüllbar ist.

Haben wir, wie in (**16**, 49) a_2 gleich a_3, so können wir aus (**22**, 49) nur noch auf

$$e_1^* \,.\, \bar{e} = 0 \tag{23}$$

schließen; innerhalb der Ebene e_2, e_3, welche bei der symmetrischen Dyade wegen (**17**, 49) auf e_1 senkrecht stehen muß, kann $\bar{e}$ beliebig liegen. Die entartete symmetrische Dyade gestattet also die Darstellung:

$$\Phi = a_1\, i\,;\, i + a_2\, (e_2\,;\, e_2^* + e_3\,;\, e_3^*) \tag{24}$$

beziehungsweise für drei gleiche Eigenwerte

$$\Phi = a_1\, (e_1\,;\, e_1^* + e_2\,;\, e_2^* + e_3\,;\, e_3^*) = a_1 I \quad \text{(isotrope Dyade)}. \tag{25}$$

In (**24**, 50) bedeuten natürlich i, e_2, e_3 und i, e_2^*, e_3^* reziproke Systeme. Da

$$I = i\,;\, i + e_2\,;\, e_2^* + e_3\,;\, e_3^* \tag{26}$$

jeden beliebigen Vektor in sich selbst überführt, bildet

$$I' = e_2\,;\, e_2^* + e_3\,;\, e_3^* = j\,;\, j + k\,;\, k \tag{27}$$

für sich allein schon jeden Vektor der j, k-Ebene in sich selbst ab. Die Darstellung (**19**, 49) ist also für eine symmetrische Dyade immer möglich. Man nennt sie die Normalform der symmetrischen Dyade, die Eigenwerte heißen auch die Normalkoeffizienten. An den Überlegungen ändert sich nichts, wenn die symmetrische Dyade planar oder linear ist, dann ergibt sich eben ein Eigenwert, oder es ergeben sich zwei Eigenwerte gleich Null.

Die soeben gewonnenen wichtigen Ergebnisse können auch noch nutzbar gemacht werden, wenn es sich um eine beliebige, also nicht gerade um eine symmetrische Dyade handelt. Der allgemeine Fall kann auf den der symmetrischen Dyade zurückgeführt werden, wenn man sich erinnert, daß $\Phi \,.\, \Phi_c$ stets eine symmetrische Dyade ist. Bedeuten i, j, k die Eigenvektoren dieser symmetrischen Dyade, so können wir natürlich stets den Ansatz machen:

$$\left\{\begin{aligned} \Phi &= i\,;\, \mathfrak{A}_1 + j\,;\, \mathfrak{A}_2 + k\,;\, \mathfrak{A}_3 \\ \Phi_c &= \mathfrak{A}_1\,;\, i + \mathfrak{A}_2\,;\, j + \mathfrak{A}_3\,;\, k\,. \end{aligned}\right. \tag{28}$$

Bezeichnen wir die Eigenwerte von $\Phi . \Phi_c$ durch A_ι, so muß wieder die Darstellung

(29) $$\Phi . \Phi_c = A_1 \mathfrak{i} ; \mathfrak{i} + A_2 \mathfrak{j} ; \mathfrak{j} + A_3 \mathfrak{k} ; \mathfrak{k}$$

möglich sein. Daraus folgt aber unmittelbar:

(30) $$\mathfrak{A}_\iota . \mathfrak{A}_\varkappa = \delta_{\iota\varkappa} A_\varkappa ,$$

worin $\delta_{\iota\varkappa}$ die in (**4**, 13) definierte Bedeutung besitzt.

Die Gleichungen (**30**, 51) besagen, daß $\mathfrak{A}_1, \mathfrak{A}_2, \mathfrak{A}_3$ ein Orthogonalsystem, und zwar bei bestimmten $\mathfrak{i}, \mathfrak{j}, \mathfrak{k}$ ein ganz bestimmtes Orthogonalsystem bilden. Wir setzen dementsprechend:

(31) $$\begin{cases} \mathfrak{A}_1 = \sqrt{A_1}\, \bar{\mathfrak{i}}, & \mathfrak{A}_2 = \sqrt{A_2}\, \bar{\mathfrak{j}}, & \mathfrak{A}_3 = \sqrt{A_3}\, \bar{\mathfrak{k}} \\ \quad = a_1 \bar{\mathfrak{i}}, & \quad = a_2 \bar{\mathfrak{j}}, & \quad = a_3 \bar{\mathfrak{k}} . \end{cases}$$

Dabei kann man die a_1, a_2, a_3 durchweg positiv wählen; stellt man noch die Bedingung, daß auch $\bar{\mathfrak{i}}, \bar{\mathfrak{j}}, \bar{\mathfrak{k}}$ ein Rechtssystem bilden sollen, so erhält man die Normalform:

(32) $$\Phi = \pm [a_1 \mathfrak{i} ; \bar{\mathfrak{i}} + a_2 \mathfrak{j} ; \bar{\mathfrak{j}} + a_3 \mathfrak{k} ; \bar{\mathfrak{k}}] ,$$

worin die Normalkoeffizienten positive Zahlen bedeuten.

Aus (**19**, 41), (**23**, 42) und (**32**, 51) folgt:

(33) $$\Phi_Z = a_2 a_3 \mathfrak{i} ; \bar{\mathfrak{i}} + a_3 a_1 \mathfrak{j} ; \bar{\mathfrak{j}} + a_1 a_2 \mathfrak{k} ; \bar{\mathfrak{k}}, \quad \Phi_{III} = \pm a_1 a_2 a_3 .$$

Die tatsächliche Festlegung der Eigenvektoren gelingt leicht, wenn die komplette symmetrische Dyade (**29**, 51) vorerst mit einem beliebigen System dreier nicht komplanarer Vektoren $\mathfrak{a}, \mathfrak{b}, \mathfrak{c}$ in der allgemeinen Form

(34) $$\Phi . \Phi_c = \mathfrak{a} ; \mathfrak{a}' + \mathfrak{b} ; \mathfrak{b}' + \mathfrak{c} ; \mathfrak{c}' = \Psi$$

dargestellt wird. Es ergeben sich zunächst aus der Säkulargleichung die Eigenwerte a_ι^2. Bezeichnen wir das zu $\mathfrak{a}, \mathfrak{b}, \mathfrak{c}$ reziproke System wieder durch $\mathfrak{a}^*, \mathfrak{b}^*, \mathfrak{c}^*$ und das gesuchte System der Eigenvektoren durch $\mathfrak{i}, \mathfrak{j}, \mathfrak{k}$, so erhalten wir gemäß (**1**, 45) und (**2**, 45):

(35) $$\begin{cases} \Psi . \mathfrak{i} = \mathfrak{a}\, \mathfrak{a}' . \mathfrak{i} + \mathfrak{b}\, \mathfrak{b}' . \mathfrak{i} + \mathfrak{c}\, \mathfrak{c}' . \mathfrak{i} = a_1^2 \mathfrak{i} \\ \quad = a_1^2\, \mathfrak{a}\, \mathfrak{a}^* . \mathfrak{i} + a_1^2\, \mathfrak{b}\, \mathfrak{b}^* . \mathfrak{i} + a_1^2\, \mathfrak{c}\, \mathfrak{c}^* . \mathfrak{i} . \end{cases}$$

Aus dieser Relation folgt:

(36) $(\mathfrak{a}' - a_1^2 \mathfrak{a}^*) \cdot \mathfrak{i} = 0, \quad (\mathfrak{b}' - a_1^2 \mathfrak{b}^*) \cdot \mathfrak{i} = 0, \quad (\mathfrak{c}' - a_1^2 \mathfrak{c}^*) \cdot \mathfrak{i} = 0.$

Wenn in wenigstens zweien dieser Gleichungen der Klammerausdruck von Null verschieden ist, so bestimmen sie die Richtung $\mathfrak{i}$, die dritte Gleichung (**36**, 52) wird dann automatisch erfüllt. Analog bestimmt man die Eigenvektoren $\mathfrak{j}$ und $\mathfrak{k}$. Die eindeutige Bestimmung wird und muß versagen, wenn zwei oder drei Eigenwerte übereinstimmen. Schreiben wir nun Φ selbst in der Form (**32**, 51) an, so folgt schließlich auch:

(37) $$\pm \bar{\mathfrak{i}} = \frac{\mathfrak{i} \cdot \Phi}{a_1}, \quad \pm \bar{\mathfrak{j}} = \frac{\mathfrak{j} \cdot \Phi}{a_2}, \quad \pm \bar{\mathfrak{k}} = \frac{\mathfrak{k} \cdot \Phi}{a_3}.$$

Gestattet eine beliebige komplette Dyade die Darstellung (**4**, 48), so heißt sie eine tonische, wobei es gleichgültig ist, ob die a_ι voneinander verschieden sind oder nicht.

e) Die durchwegs reellen Wurzeln der Säkulargleichung sind nicht alle voneinander verschieden

Sind die drei Wurzeln zwar reell, aber nicht alle voneinander verschieden, dann braucht die Dyade nicht notwendig eine tonische zu sein. Zur Behandlung dieses allgemeinen Falles formen wir (**7**, 48) zweckmäßigerweise wie folgt um:

(1) $$\left\{\begin{aligned} \Phi \cdot \mathfrak{e}_1 &= a_1 \mathfrak{e}_1 \\ \Phi \cdot (\alpha \mathfrak{e}_1 + \mathfrak{e}_2 + \beta \mathfrak{e}_3) &= (\alpha a_1 + a_{12} + \beta a_{13}) \mathfrak{e}_1 \\ &\quad + (a_{22} + \beta a_{23}) \mathfrak{e}_2 + (a_{32} + \beta a_{33}) \mathfrak{e}_3 \\ \Phi \cdot \mathfrak{e}_3 &= a_{13} \mathfrak{e}_1 + a_{23} \mathfrak{e}_2 + a_{33} \mathfrak{e}_3 . \end{aligned}\right.$$

Wählen wir:

(2) $$\bar{\mathfrak{e}}_1 = \mathfrak{e}_1, \quad \bar{\mathfrak{e}}_2 = \alpha \mathfrak{e}_1 + \mathfrak{e}_2 + \beta \mathfrak{e}_3, \quad \bar{\mathfrak{e}}_3 = \mathfrak{e}_3,$$

so folgt zunächst:

$$\bar{\mathfrak{e}}_1 \times \bar{\mathfrak{e}}_2 \cdot \bar{\mathfrak{e}}_3 = \mathfrak{e}_1 \times (\alpha \mathfrak{e}_1 + \mathfrak{e}_2 + \beta \mathfrak{e}_3) \cdot \mathfrak{e}_3 = \mathfrak{e}_1 \times \mathfrak{e}_2 \cdot \mathfrak{e}_3,$$

also sind auch die durch (**2**, 52) eingeführten Vektoren nicht komplanar. Wir schreiben nun konsequent statt (**1**, 52):

$$(3)\quad \begin{cases} \Phi \cdot \bar{e}_1 = a_1 \bar{e}_1 \\ \Phi \cdot \bar{e}_2 = [\alpha a_1 + a_{12} + \beta a_{13} - \alpha (a_{22} + \beta a_{23})] \bar{e}_1 \\ \qquad + (a_{22} + \beta a_{23}) \bar{e}_2 \\ \qquad + [a_{32} + \beta a_{33} - \beta (a_{22} + \beta a_{23})] \bar{e}_3 \\ \Phi \cdot \bar{e}_3 = (a_{13} - \alpha a_{23}) \bar{e}_1 + a_{23} \bar{e}_2 + (a_{33} - \beta a_{23}) \bar{e}_3 . \end{cases}$$

Soll der Koeffizient von $\bar{e}_3$ in der zweiten Gleichung verschwinden, so muß

$$(4)\quad \begin{cases} \beta^2 - \beta \dfrac{a_{33} - a_{22}}{a_{23}} - \dfrac{a_{32}}{a_{23}} = 0 , \\ \beta = \dfrac{a_{33} - a_{22}}{2 a_{23}} \pm \sqrt{\dfrac{(a_{33} - a_{22})^2 + 4 a_{32} a_{23}}{4 a_{23}^2}} \end{cases}$$

sein.

Aus (**12**, 48) erhalten wir für den Fall lauter reeller Lösungen:

$$(5)\quad (a_{33} - a_{22})^2 + 4 a_{32} a_{23} = 0 ,$$

somit aus (**4**, 53):

$$(6)\quad \beta = \frac{a_{33} - a_{22}}{2 a_{23}} .$$

Wir setzen vorerst $a_{23} \neq 0$ voraus. Für konjugiert komplexe Wurzeln versagt unsere Reduktion, wie aus (**12**, 48) hervorgeht. Wir wählen noch:

$$(7)\quad \alpha = \frac{a_{13}}{a_{23}}$$

und erhalten:

$$(8)\quad \begin{cases} \Phi \cdot \bar{e}_1 = a_1 \bar{e}_1 \\ \Phi \cdot \bar{e}_2 = \bar{a}_{12} \bar{e}_1 + \bar{a}_{22} \bar{e}_2 \\ \Phi \cdot \bar{e}_3 = \bar{a}_{23} \bar{e}_2 + \bar{a}_{33} \bar{e}_3 . \end{cases}$$

Die Bedeutung der $\bar{a}_{\iota\varkappa}$ ist durch Vergleich mit (**3**, 53) unmittelbar gegeben. Betrachten wir zuerst den Fall von drei gleichen reellen Wurzeln:

$$(9)\quad a_1 = a_2 = a_3 .$$

Wenden wir die Formeln (**11**, 48) und (**12**, 48) auf die $\bar{a}_{\iota\varkappa}$ von (**8**, 53) an, so erhalten wir:

$$(10)\quad \Phi = a_1 I + \bar{a}_{12} \bar{e}_1 ; \bar{e}_2^* + \bar{a}_{23} \bar{e}_2 ; \bar{e}_3^* .$$

Ist nun $a_{23} = 0$, also nach (**5**, 53) auch:

(11) $$a_{22} = a_{33} = a_2 = a_1\,,$$

ferner $a_{13} \neq 0$ und $a_{32} \neq 0$, so folgt aus (**3**, 53), wenn wir noch

(12) $$\beta = -\frac{a_{12}}{a_{13}}$$

setzen und in den $\overline{\mathfrak{e}}_\iota$ den Index 2 und 3 vertauschen, ganz analog zu (**8**, 53):

(13) $$\begin{cases} \Phi \cdot \overline{\mathfrak{e}}_2 = a_{13}\,\overline{\mathfrak{e}}_1 + a_2\,\overline{\mathfrak{e}}_2 \\ \Phi \cdot \overline{\mathfrak{e}}_3 = a_{32}\,\overline{\mathfrak{e}}_2 + a_2\,\overline{\mathfrak{e}}_3\,. \end{cases}$$

Fallen nur zwei Wurzeln zusammen

(14) $$a_2 = a_3 \neq a_1\,,$$

so können in (**1**, 47) $\mathfrak{e}_3$ und $\mathfrak{e}_1$ nicht kollinear sein. Identifizieren wir eben dieses $\mathfrak{e}_3$ mit dem in (**1**, 52) verwendeten, so haben wir dort

(15) $$a_{13} = a_{23} = 0$$

zu setzen und können (**3**, 53) durch die Wahl

(16) $$\alpha = \frac{a_{12}}{a_2 - a_1}$$

auf die Form bringen:

(17) $$\Phi \cdot \overline{\mathfrak{e}}_1 = a_1\,\overline{\mathfrak{e}}_1\,, \quad \Phi \cdot \overline{\mathfrak{e}}_2 = a_2\,\overline{\mathfrak{e}}_2 + a_{32}\,\overline{\mathfrak{e}}_3\,, \quad \Phi \cdot \overline{\mathfrak{e}}_3 = a_2\,\overline{\mathfrak{e}}_3\,,$$

(18) $$\Phi = a_1\,\overline{\mathfrak{e}}_1 ; \overline{\mathfrak{e}}_1^* + a_2\,(\overline{\mathfrak{e}}_2 ; \overline{\mathfrak{e}}_2^* + \overline{\mathfrak{e}}_3 ; \overline{\mathfrak{e}}_3^*) + a_{32}\,\overline{\mathfrak{e}}_3 ; \overline{\mathfrak{e}}_2^*\,.$$

Nun bleibt nur noch der Fall konjugiert komplexer Wurzeln übrig.

f) Die Säkulargleichung hat eine reelle und zwei konjugiert-komplexe Wurzeln

Für die reelle Wurzel gilt wieder:

(1) $$\Phi \cdot \mathfrak{e}_1 = a_1\,\mathfrak{e}_1\,,$$

worin $\mathfrak{e}_1$ ein reeller Vektor ist. Die zu den komplexen Wurzeln gehörenden Vektoren $\mathfrak{E}_2$ und $\mathfrak{E}_3$ müssen aber Bivektoren sein.

Wir überlegen uns, daß jeder Bivektor in der Form

(2) $$\mathfrak{f} = f_1\,\mathfrak{i} + f_2\,\mathfrak{j} + f_3\,\mathfrak{k}$$

darstellbar ist, worin die $f_\varkappa$ komplexe Zahlen bedeuten. Sind nun

$$(3)\qquad \begin{cases} \mathfrak{a} = a_1\,\mathfrak{i} + a_2\,\mathfrak{j} + a_3\,\mathfrak{k} \\ \mathfrak{b} = b_1\,\mathfrak{i} + b_2\,\mathfrak{j} + b_3\,\mathfrak{k} \\ \mathfrak{c} = c_1\,\mathfrak{i} + c_2\,\mathfrak{j} + c_3\,\mathfrak{k} \end{cases}$$

selbst Bivektoren, so wird auch die Darstellung

$$(4)\qquad \mathfrak{f} = x\,\mathfrak{a} + y\,\mathfrak{b} + z\,\mathfrak{c}$$

möglich sein, wenn die Determinante

$$(5)\qquad \begin{vmatrix} a_1 & a_2 & a_3 \\ b_1 & b_2 & b_3 \\ c_1 & c_2 & c_3 \end{vmatrix} \neq 0$$

ist, wie man sofort erkennt, wenn man (**3**, 55) in (**4**, 55) einsetzt und mit Benützung von (**2**, 54) nach x, y, z auflöst. Die Determinante (**5**, 55) aber wird dann und nur dann verschwinden, wenn die drei Bivektoren $\mathfrak{a}$, $\mathfrak{b}$, $\mathfrak{c}$ linear abhängig sind, das heißt, wenn es — im allgemeinen — komplexe Zahlen x', y', z' gibt, für welche

$$x'\,\mathfrak{a} + y'\,\mathfrak{b} + z'\,\mathfrak{c} = 0$$

wird. Sind $\mathfrak{a}$, $\mathfrak{b}$, $\mathfrak{c}$ irgend drei linear unabhängige Bivektoren, so ist die Darstellung (**4**, 55) für einen beliebigen Bivektor $\mathfrak{f}$ immer möglich und sie bestimmt x, y, z eindeutig. Zu drei linear unabhängigen Bivektoren $\mathfrak{a}$, $\mathfrak{b}$, $\mathfrak{c}$ können wir genau analog zu (**14**, 8) stets ein reziprokes System von Bivektoren $\mathfrak{a}^*$, $\mathfrak{b}^*$, $\mathfrak{c}^*$ definieren. Man sieht leicht ein, daß alle diese Überlegungen ohne weiteres auf Bivektoren im n-dimensionalen Raume übertragen werden können.

Wir ergänzen nun (**1**, 54) durch die beiden Relationen:

$$(6)\qquad \begin{cases} \Phi \,.\, \mathfrak{E}_2 = (a_2 + i\,b)\,\mathfrak{E}_2 \\ \Phi \,.\, \mathfrak{E}_3 = (a_2 - i\,b)\,\mathfrak{E}_3 . \end{cases}$$

Da die drei Wurzeln jetzt sicher voneinander verschieden sind, schließt man, wie aus (**1**, 47) und (**2**, 47), daß die drei Bivektoren $\mathfrak{e}_1$, $\mathfrak{E}_2$, $\mathfrak{E}_3$ (der reelle Vektor $\mathfrak{e}_1$ ist ein Spezialfall eines Bivektors) linear unabhängig sein müssen und daß sie — vgl. die

Beziehungen (**20**, 49), (**21**, 49), (**22**, 49) — durch die Dyade eindeutig bestimmt werden. Nun folgt aus

$$(7)\qquad \Phi \,.\, (\overline{\mathfrak{E}}_2 + i\,\overline{\overline{\mathfrak{E}}}_2) = (a_2 + i\,b)\,.\,(\overline{\mathfrak{E}}_2 + i\,\overline{\overline{\mathfrak{E}}}_2)$$

die Gleichung

$$(8)\qquad \Phi \,.\, (\overline{\mathfrak{E}}_2 - i\,\overline{\overline{\mathfrak{E}}}_2) = (a_2 - i\,b)\,.\,(\overline{\mathfrak{E}}_2 - i\,\overline{\overline{\mathfrak{E}}}_2)\,,$$

wie man leicht nachrechnet. Wegen der eindeutigen Bestimmtheit muß also

$$(9)\qquad \mathfrak{E}_3 = \overline{\mathfrak{E}}_2 - i\,\overline{\overline{\mathfrak{E}}}_2$$

sein. Setzen wir zur Vereinfachung der Schreibweise die drei reellen Vektoren

$$(10)\qquad \mathfrak{e}_1 = \mathfrak{e}_1\,,\qquad \overline{\mathfrak{E}}_2 = \mathfrak{e}_2\,,\qquad \overline{\overline{\mathfrak{E}}}_2 = -\mathfrak{e}_3\,,$$

welche linear unabhängig sein werden, wenn $\mathfrak{e}_1$, $\mathfrak{E}_2$, $\mathfrak{E}_3$ linear unabhängig sind, und bezeichnen als das reziproke System jener Vektoren $\mathfrak{e}_1^*$, $\mathfrak{e}_2^*$, $\mathfrak{e}_3^*$, so erhalten wir als reziprokes System der drei Bivektoren, wie man leicht verifiziert:

$$(11)\qquad \mathfrak{e}_1^*\,,\qquad \mathfrak{E}_2^* = \tfrac{1}{2}\,(\mathfrak{e}_2^* + i\,\mathfrak{e}_3^*)\,,\qquad \mathfrak{E}_3^* = \tfrac{1}{2}\,(\mathfrak{e}_2^* - i\,\mathfrak{e}_3^*)\,.$$

Aus (**1**, 54) und (**6**, 55) folgt dann:

$$(12)\qquad \Phi = a_1\,\mathfrak{e}_1\,;\,\mathfrak{e}_1^* + a_2\,(\mathfrak{e}_2\,;\,\mathfrak{e}_2^* + \mathfrak{e}_3\,;\,\mathfrak{e}_3^*) + b\,(\mathfrak{e}_3\,;\,\mathfrak{e}_2^* - \mathfrak{e}_2\,;\,\mathfrak{e}_3^*)\,.$$

Setzt man in üblicher Weise

$$(13)\qquad (a_2 + i\,b) = t\,e^{i\alpha}\,,$$

so nimmt (**12**, 56) die Form an:

$$(14)\qquad \left\{\begin{aligned} \Phi = a_1\,\mathfrak{e}_1\,;\,\mathfrak{e}_1^* &+ t\cos\alpha\,(\mathfrak{e}_2\,;\,\mathfrak{e}_2^* + \mathfrak{e}_3\,;\,\mathfrak{e}_3^*)\\ &+ t\sin\alpha\,(\mathfrak{e}_3\,;\,\mathfrak{e}_2^* - \mathfrak{e}_2\,;\,\mathfrak{e}_3^*)\end{aligned}\right.$$

als typische reelle Darstellung der sogenannten zyklotonischen Dyade. Die hier gegebene Herleitung über das Komplexe stammt meines Wissens von G. Jaumann.

Damit haben wir im Dreidimensionalen und für reelle Dyaden alle Möglichkeiten erschöpft.

g) Hermitische Dyaden

Im n-Dimensionalen spielen für die Quantenmechanik die hermitischen Dyaden eine entscheidende Rolle. Die hermitischen Dyaden sind Bidyaden von der besonderen Form

(1) $$\Phi = \Phi_s + i\,\Psi_a\,,$$

worin Φ_s eine reelle symmetrische und Ψ_a eine reelle antisymmetrische Dyade bedeutet. In dieser nach Hilbert benannten Vektor- und Dyaden-Rechnung pflegt man ein neues skalares Produkt durch

(2) $$(\mathfrak{a}\,\mathfrak{b}) \equiv \mathfrak{a} \,.\, \mathfrak{b}_k$$

zu definieren, worin der Index k bedeutet, daß der konjugiert komplexe Vektor genommen werden soll, also

(3) $$\mathfrak{a} = \bar{\mathfrak{a}} + i\,\bar{\bar{\mathfrak{a}}}\,, \qquad \mathfrak{a}_k = \bar{\mathfrak{a}} - i\,\bar{\bar{\mathfrak{a}}}\,.$$

Auch an einer Dyade soll der Index k bedeuten, daß die konjugiert komplexe Dyade gebildet werden soll:

(4) $$\Phi = \bar{\Phi} + i\,\bar{\bar{\Phi}}\,, \qquad \Phi_k = \bar{\Phi} - i\,\bar{\bar{\Phi}}\,.$$

Konjugiert man die Dyade dann noch durch Vertauschung der Antezedenten und Konsequenten, so heißt

(5) $$\Phi^\dagger = \bar{\Phi}_c - i\,\bar{\bar{\Phi}}_c$$

die zu Φ adjungierte Dyade. Aus (**1**, 57) folgt sofort für hermitische Dyaden:

(6) $$\Phi^\dagger = (\Phi_s)_c - i\,(\Psi_a)_c = \Phi_s + i\,\Psi_a = \Phi\,.$$

Hermitische Dyaden sind also selbstadjungierte Dyaden.

Die durch (**2**, 57) definierte, wir wollen hier sagen: „konjugiert skalare Multiplikation", ist nicht kommutativ.

Mit Berücksichtigung von (**5**, 15) erhalten wir:

(7) $$\sqrt{(\mathfrak{a}\,\mathfrak{a})} = \sqrt{\bar{\mathfrak{a}}^2 + \bar{\bar{\mathfrak{a}}}^2} = |\mathfrak{a}|\,.$$

Für $|\mathfrak{a}| = 1$ soll der Bivektor ein „Einheitsbivektor" heißen. Gilt:

(8) $$(\mathfrak{a}\,\mathfrak{b}) = 0\,,$$

so nennen wir die beiden Bivektoren „konjugiert" orthogonal. Um das durch (**2**, 57) definierte skalare Produkt ausrechnen zu können, braucht man wieder die metrischen Fundamentalgrößen, welche jetzt durch

(9) $$(\mathfrak{e}_\iota\, \mathfrak{e}_\varkappa) = g_{\iota\varkappa}$$

definiert werden müssen.
Wählen wir speziell, analog zu (**1**, 13) und (**3**, 13):

(10) $$g_{\iota\varkappa} = \delta_{\iota\varkappa},$$

so erhalten wir ein System — wie wir hier sagen wollen — konjugiert orthogonaler Einheitsbivektoren. Beachten wir, daß (**9**, 58) und (**10**, 58) gleichbedeutend mit

(11) $$\mathfrak{e}_\iota \cdot (\mathfrak{e}_\varkappa)_k = \delta_{\iota\varkappa}$$

ist, so erkennen wir in den $(\mathfrak{e}_\varkappa)_k$ das zu den $\mathfrak{e}_\iota$ reziproke System. Machen wir wieder die Ansätze:

(12) $$\Phi \cdot \mathfrak{e}_\iota = a_\iota\, \mathfrak{e}_\iota,$$

so gelangen wir zu einer Säkulargleichung für die Eigenwerte a_ι. Für hermitische Dyaden müssen alle Eigenwerte reell sein, was man folgendermaßen beweist:

(13) $$(\mathfrak{e}_\iota)_k \cdot \Phi \cdot \mathfrak{e}_\iota = a_\iota\, (\mathfrak{e}_\iota)_k \cdot \mathfrak{e}_\iota,$$

worin wir die $\mathfrak{e}_\iota$ zunächst noch nicht als konjugiert orthogonales System voraussetzen dürfen. Jedenfalls aber ist $(\mathfrak{e}_\iota)_k \cdot \mathfrak{e}_\iota$ reell. Wir erhalten weiter:

(14) $$\left\{\begin{aligned} (\mathfrak{e}_\iota)_k \cdot \Phi \cdot \mathfrak{e}_\iota &= (\mathfrak{e}_\iota)_k \cdot \Phi_s \cdot \mathfrak{e}_\iota + i\, (\mathfrak{e}_\iota)_k \cdot \Psi_a \cdot \mathfrak{e}_\iota \\ &= \bar{\mathfrak{e}}_\iota \cdot \Phi_s \cdot \bar{\mathfrak{e}}_\iota + \bar{\bar{\mathfrak{e}}}_\iota \cdot \Phi_s \cdot \bar{\bar{\mathfrak{e}}}_\iota \\ &\quad - i\, [\bar{\bar{\mathfrak{e}}}_\iota \cdot \Phi_s \cdot \bar{\mathfrak{e}}_\iota - \bar{\mathfrak{e}}_\iota \cdot \Phi_s \cdot \bar{\bar{\mathfrak{e}}}_\iota] \\ &\quad + i\, [\bar{\mathfrak{e}}_\iota \cdot \Psi_a \cdot \bar{\mathfrak{e}}_\iota + \bar{\bar{\mathfrak{e}}}_\iota \cdot \Psi_a \cdot \bar{\bar{\mathfrak{e}}}_\iota] \\ &\quad + [\bar{\bar{\mathfrak{e}}}_\iota \cdot \Psi_a \cdot \bar{\mathfrak{e}}_\iota - \bar{\mathfrak{e}}_\iota \cdot \Psi_a \cdot \bar{\bar{\mathfrak{e}}}_\iota]. \end{aligned}\right.$$

Wegen

(15) $$\left\{\begin{aligned} \Phi_s \cdot \bar{\mathfrak{e}}_\iota &= \bar{\mathfrak{e}}_\iota \cdot \Phi_s \\ \Psi_a \cdot \bar{\mathfrak{e}}_\iota &= -\bar{\mathfrak{e}}_\iota \cdot \Psi_a \end{aligned}\right.$$

verschwindet das zweite und dritte Glied der rechten Seite von (**14**, 58) und es bleibt

(16) $(\mathfrak{e}_\iota)_k \cdot \Phi \cdot \mathfrak{e}_\iota = \bar{\mathfrak{e}}_\iota \cdot \Phi_s \cdot \bar{\mathfrak{e}}_\iota + \bar{\bar{\mathfrak{e}}}_\iota \cdot \Phi_s \cdot \bar{\bar{\mathfrak{e}}}_\iota + 2\,\bar{\bar{\mathfrak{e}}}_\iota \cdot \Psi_a \cdot \bar{\mathfrak{e}}_\iota$

eine reelle Zahl. Als Quotient zweier reeller Zahlen muß dann auch a_ι eine reelle Zahl sein. Wegen (**15**, 58) folgt für eine hermitische Dyade aus

(17) $\Phi \cdot \mathfrak{e}_\iota = 0$ auch $(\mathfrak{e}_\iota)_k \cdot \Phi = 0$

und umgekehrt.

Man erkennt leicht, daß sich jede hermitische Dyade im n-Dimensionalen auf die Normalform

(18) $$\Phi = \sum_{\iota=1}^{n} a_\iota\, \mathfrak{e}_\iota \,;\, (\mathfrak{e}_\iota)_k$$

bringen läßt, worin die $\mathfrak{e}_\iota$ ein konjugiert-orthogonales System von Einheitsbivektoren bilden. Für irgendeinen bestimmten reellen Eigenwert kann man jedenfalls den Eigenbivektor $\mathfrak{e}_1$ in

(19) $$\Phi \cdot \mathfrak{e}_1 = a_1\, \mathfrak{e}_1$$

in ein konjugiert orthogonales System von Einheitsbivektoren einbeziehen und erhält dann:

(20) $$\Phi = a_1\, \mathfrak{e}_1 \,;\, (\mathfrak{e}_1)_k + \Phi' ,$$

worin

(21) $$\Phi' = \sum_{\iota=2}^{n} \mathfrak{A}_\iota \,;\, (\mathfrak{e}_\iota)_k$$

und für hermitisches Φ' nach (**17**, 59)

$$(\mathfrak{e}_1)_k \cdot \Phi' = 0$$

ist. Weil Φ voraussetzungsgemäß und für reelles a_1 auch

(22) $a_1\, \mathfrak{e}_1 \,;\, (\mathfrak{e}_1)_k = a_1\,(\bar{\mathfrak{e}}_1 \,;\, \bar{\mathfrak{e}}_1 + \bar{\bar{\mathfrak{e}}}_1 \,;\, \bar{\bar{\mathfrak{e}}}_1) + i\, a_1\,(\bar{\bar{\mathfrak{e}}}_1 \,;\, \bar{\mathfrak{e}}_1 - \bar{\mathfrak{e}}_1 \,;\, \bar{\bar{\mathfrak{e}}}_1)$

hermitisch ist, muß die Bidyade Φ' hermitisch sein. Da unser Schluß auf die Realität der Eigenwerte unabhängig von der Dimensionszahl zutrifft, können wir mit der $(n-1)$-dimensionalen hermitischen Dyade Φ' denselben Schluß wiederholen und gelangen zu

(23) $$\Phi' = a_2\, \mathfrak{e}_2 \,;\, (\mathfrak{e}_2)_k + \Phi'' .$$

Man sieht, wie das weitergeht.

Für die zuletzt übrigbleibende lineare hermitische Dyade

(24) $$\mathfrak{a} \,;\, \mathfrak{b}_k = \mathfrak{b} \,;\, \mathfrak{a}_k$$

folgt unmittelbar:

(25) $$\mathfrak{b} = s\, \mathfrak{a} \quad \text{mit reellem } s\,.$$

Setzen wir noch

$$\mathfrak{a} = |\mathfrak{a}|\, \mathfrak{e}_n \qquad \text{und} \qquad s\,|\mathfrak{a}|^2 = a_n\,,$$

so erhalten wir:

(26) $$\mathfrak{a} \,;\, \mathfrak{b}_k = a_n\, \mathfrak{e}_n \,;\, (\mathfrak{e}_n)_k\,,$$

wie es sein muß.

8. Invarianten der Dyade; Cayley-Hamiltonsche Gleichung; die Dyade als Deformationsdyade

a) Invarianten

Wir kehren zu den dreidimensionalen reellen Dyaden zurück. Betrachten wir zunächst die symmetrische Dyade. Diese ist durch ihre drei Normalkoeffizienten und durch ein ausgezeichnetes Achsensystem bestimmt. Die drei Normalkoeffizienten bestimmen sich aus der Säkulargleichung, welche wieder durch die drei invariant definierten Skalare der Dyade Φ_{I}, Φ_{II}, Φ_{III}, ihre drei ersten Invarianten, gegeben ist. Das ausgezeichnete Achsensystem ist als solches ebenfalls ein invariantes, aber extensives Gebilde. Die drei Zahlen, welche die Lage des ausgezeichneten Dreibeins in bezug auf irgendein beliebig vorgegebenes Bezugssystem charakterisieren, hängen natürlich von diesem Bezugssystem ab. Die symmetrische Dyade kann also nur drei voneinander unabhängige skalare Invarianten besitzen. Da sich jede Dyade als Summe einer symmetrischen und einer antisymmetrischen Dyade darstellen läßt, die antisymmetrische Dyade aber durch ihren Vektor $\Phi_\times$ bestimmt wird, der in bezug auf das ausgezeichnete invariante Dreibein durch drei Zahlenangaben charakterisiert werden kann, kommen im allgemeinen Fall noch weitere drei unabhängige skalare Invarianten hinzu.

Um diese Invarianten in rationaler Form zu definieren, schreibt man gewöhnlich die folgenden vier an:

$$(1^*)\quad \begin{cases} J_4 = \Phi_\times ; \Phi_\times : I \ , \quad J_5 = \Phi_\times ; \Phi_\times : \Phi \ , \quad J_6 = \Phi_\times ; \Phi_\times : \Phi_Z \\ \qquad J_7 = \Phi_\times \times (\Phi_\times \cdot \Phi) \cdot (\Phi_\times \cdot \Phi_Z) \ , \end{cases}$$

zwischen denen natürlich noch eine Relation besteht. Näher wollen wir auf die Theorie dieser Invarianten nicht eingehen.

b) Vertauschungssatz

Wir haben erkannt, daß eine Dyade, für welche die Säkulargleichung drei verschiedene Wurzeln besitzt, eine tonische oder eine zyklotonische sein muß.

Man sieht ein, daß solche Dyaden, nach (18, 59) auch hermitische Dyaden, mit gleichen Eigenvektoren, etwa:

$$(1)\quad \begin{cases} \Phi = \sum_{\iota=1}^{3} a_\iota \, \mathfrak{e}_\iota ; \mathfrak{e}_\iota^* \\ \Psi = \sum_{\iota=1}^{3} b_\iota \, \mathfrak{e}_\iota ; \mathfrak{e}_\iota^* \end{cases}$$

vertauschbar sind, d. h. es gilt für sie:

$$(2)\quad \Phi \cdot \Psi = \Psi \cdot \Phi = \sum_{\iota=1}^{3} a_\iota \, b_\iota \, \mathfrak{e}_\iota ; \mathfrak{e}_\iota^* .$$

Umgekehrt sind auch Dyaden mit je drei, bzw. hermitische Dyaden mit verschiedenen Eigenwerten nur dann vertauschbar, wenn sie gleiche Eigenvektoren besitzen. Es soll ja

$$(3)\quad \begin{cases} \Phi \cdot \mathfrak{e}_\iota = a_\iota \, \mathfrak{e}_\iota \\ \Phi \cdot (\Psi \cdot \mathfrak{e}_\iota) = \Psi \cdot \Phi \cdot \mathfrak{e}_\iota = a_\iota \, (\Psi \cdot \mathfrak{e}_\iota) \end{cases}$$

gelten und da zu a_ι ein bestimmt gerichtetes $\mathfrak{e}_\iota$ gehört, folgert man:

$$\Psi \cdot \mathfrak{e}_\iota = b_\iota \, \mathfrak{e}_\iota \, .$$

Wir hatten in (6, 37), bzw. erhalten aus (5, 57):

$$(4)\quad (\Phi \cdot \Psi)_c = \Psi_c \cdot \Phi_c, \ (\Phi \cdot \Psi)^\dagger = \Psi^\dagger \cdot \Phi^\dagger ,$$

also wenn Φ und Ψ symmetrische, bzw. hermitische Dyaden sind:

$$(5)\quad (\Phi \cdot \Psi)_c = \Psi \cdot \Phi, \ (\Phi \cdot \Psi)^\dagger = \Psi \cdot \Phi .$$

Gemäß (**5**, 61) wird nach dem soeben für tonische, bzw. hermitische Dyaden bewiesenen Vertauschungssatze das Punkt-Produkt zweier symmetrischer Dyaden mit voneinander verschiedenen Eigenwerten dann und nur dann wieder eine symmetrische, bzw. hermitische Dyade sein, wenn Φ und Ψ gleiche Eigenvektoren besitzen.

c) Die Cayley-Hamiltonsche Gleichung

Mit dem Ansatze (**1**, 61) erhalten wir:

$$(1)\quad \begin{cases} (\Phi - a_1 I) \,.\, (\Phi - a_2 I) \,.\, (\Phi - a_3 I) \\ \quad = [(a_2 - a_1)\, e_2 \,;\, e_2^* + (a_3 - a_1)\, e_3 \,;\, e_3^*] \\ \quad .\, [(a_1 - a_2)\, e_1 \,;\, e_1^* + (a_3 - a_2)\, e_3 \,;\, e_3^*] \\ \quad .\, [(a_1 - a_3)\, e_1 \,;\, e_1^* + (a_2 - a_3)\, e_2 \,;\, e_2^*] = 0 \,. \end{cases}$$

Multipliziert man noch aus und schreibt:

$$(2)\qquad \Phi \,.\, \Phi = \Phi^2 \,, \qquad \Phi \,.\, \Phi \,.\, \Phi = \Phi^3 \,,$$

so erhält man (**1**, 62) in der Form:

$$(3)\qquad \Phi^3 - \Phi^2 \Phi_{\mathrm{I}} + \Phi\, \Phi_{\mathrm{II}} - I\, \Phi_{\mathrm{III}} = 0 \,.$$

Diese der Säkulargleichung entsprechende dyadische Gleichung nennt man die Cayley-Hamiltonsche Gleichung.

Hat Φ als tonische Dyade zwei gleiche Eigenwerte, etwa

$$(4)\qquad a_2 = a_3 \,,$$

so erkennt man aus (**1**, 62), daß schon

$$(5)\qquad (\Phi - a_1 I) \,.\, (\Phi - a_2 I) = 0$$

ist. Haben wir speziell eine „isotrope“ Dyade:

$$(6)\qquad \Phi = a_1 I, \quad \text{also} \quad a_1 = a_2 = a_3 \,,$$

so wird schon

$$(7)\qquad (\Phi - a_1 I) = 0 \,.$$

Der Spezialfall (**10**, 53):

$$(8)\qquad \Phi = a_1 I + \bar{a}_{12}\, \bar{e}_1 \,;\, \bar{e}_2^* + \bar{a}_{23}\, \bar{e}_2 \,;\, \bar{e}_3^*$$

genügt, wie man sieht, der Relation:

(9) $$(\Phi - a_1 I) \cdot (\Phi - a_1 I) \cdot (\Phi - a_1 I) = 0 .$$

Ist entweder $\bar{a}_{12}$ oder $\bar{a}_{23}$ gleich Null, so gilt schon:

(10) $$(\Phi - a_1 I) \cdot (\Phi - a_1 I) = 0 .$$

Im Spezialfalle (**18**, 54) schließlich

(11) $$\Phi = a_1 \bar{e}_1 ; \bar{e}_1^* + a_2 (\bar{e}_2 ; \bar{e}_2^* + \bar{e}_3 ; \bar{e}_3^*) + a_{32} \bar{e}_3 ; \bar{e}_2^*$$

folgt:

(12) $$(\Phi - a_1 I) \cdot (\Phi - a_2 I) \cdot (\Phi - a_2 I) = 0 .$$

Wie man aus der Berücksichtigung aller möglichen Sonderfälle in (**5**, 62) bis (**12**, 63) erkennt, genügt jede beliebige Dyade der Cayley-Hamiltonschen Gleichung.

d) Die Dyade als Deformationsdyade

Wir haben uns schon überlegt, daß durch die Dyade eine Abbildung eines Vektorraumes auf einen anderen zustande kommt. Fassen wir $\mathfrak{r}$ als den Ortsvektor der Punkte eines Körpers vor und $\mathfrak{r}'$ als den Ortsvektor derselben Körperpunkte nach einer Deformation auf, so können wir die soeben durchgeführte Systematik der Dyaden in anschaulicher Weise vermöge der durch sie bedingten Deformation charakterisieren.

Ist Φ eine tonische Dyade, so folgt aus

(1) $$\mathfrak{r} = u\, \mathfrak{e}_1 + v\, \mathfrak{e}_2 + w\, \mathfrak{e}_3$$

und

(2) $$\mathfrak{r}' = \Phi \cdot \mathfrak{r}$$

(3) $$\mathfrak{r}' = u\, a_1\, \mathfrak{e}_1 + v\, a_2\, \mathfrak{e}_2 + w\, a_3\, \mathfrak{e}_3 .$$

Das heißt: Bei der durch eine tonische Dyade bedingten Deformation wird jede der drei den Eigenvektoren der tonischen Dyade entsprechenden, im allgemeinen schiefwinkeligen Koordinaten u, v, w in je einem ganz bestimmten Verhältnis vergrößert bzw. verkleinert, und es kann auch noch Vorzeichenwechsel dazukommen. Die Grundvektoren $\mathfrak{e}_1$, $\mathfrak{e}_2$, $\mathfrak{e}_3$ kann man natürlich stets als Einheitsvektoren wählen. Handelt es sich im besonderen um eine symmetrische Dyade:

(4*) $$\Phi = a_1 \mathfrak{i};\mathfrak{i} + a_2 \mathfrak{j};\mathfrak{j} + a_3 \mathfrak{k};\mathfrak{k}$$

und sind die a_i alle positiv, so liegt ein reiner Tensor[1]) vor. Er bedingt Dilatation oder Kompression nach drei aufeinander senkrechten Richtungen; man spricht dann von einer „reinen Deformation".

e) Das Ellipsoid als anschaulicher Repräsentant der Dyade

Insbesondere wird die durch

(1) $$\mathfrak{r} = \bar{x}\bar{\mathfrak{i}} + \bar{y}\bar{\mathfrak{j}} + \bar{z}\bar{\mathfrak{k}}$$

und

(2) $$\mathfrak{r}^2 = \bar{x}^2 + \bar{y}^2 + \bar{z}^2 = 1$$

gegebene Oberfläche der Einheitskugel mit Benützung der Normalform (**32**, 51) durch die Transformation

(3) $$\Phi \,.\, \mathfrak{r} = \pm [a_1 \bar{x}\mathfrak{i} + a_2 \bar{y}\mathfrak{j} + a_3 \bar{z}\mathfrak{k}] = x'\mathfrak{i} + y'\mathfrak{j} + z'\mathfrak{k} = \mathfrak{r}',$$

wie schon früher erwähnt, in die Oberfläche eines Ellipsoids mit den Hauptachsenrichtungen $\mathfrak{i}$, $\mathfrak{j}$, $\mathfrak{k}$ und den Halbachsen a_1, a_2, a_3 übergeführt. Aus (**2**, 64) und (**3**, 64) folgt ja unmittelbar:

(4) $$\frac{x'^2}{a_1^2} + \frac{y'^2}{a_2^2} + \frac{z'^2}{a_3^2} = 1 = \mathfrak{r}' \,.\, \Phi_c^{-1} \,.\, \Phi^{-1} \,.\, \mathfrak{r}'.$$

Diese Überlegung lehrt auch, daß man einen reinen Tensor und mit Rücksicht auf die Relation (**29**, 51) auch die allgemeine komplette Dyade in ähnlicher Weise anschaulich durch das Ellipsoid repräsentieren lassen kann, wie den Vektor durch die gerichtete Strecke.

Wir vereinbaren noch:

(5) $$a_1^2 \geqq a_2^2 \geqq a_3^2 .$$

Es ist dann ohne weiteres anschaulich klar, daß $\Phi \,.\, \mathfrak{r}$ seinen Maximalbetrag annimmt, wenn $\mathfrak{r}$ gleich $\bar{\mathfrak{i}}$ wird, natürlich nur

---

[1]) Um Verwechslungen vorzubeugen, sei darauf hingewiesen, daß von manchen Autoren alle extensiven Größen als Tensoren bezeichnet werden.

in dem Sinne, daß dieser Betrag nicht kleiner sein kann, als ein anderer durch (2, 64) und (3, 64) bestimmter. Unter allen $\Phi \,.\, \mathfrak{r}$-Vektoren, die auf dem Vektor maximalen Betrages senkrecht stehen, wird wieder einer einen maximalen Betrag besitzen, und dieser ergibt sich ersichtlich für $\mathfrak{r}$ gleich $\bar{\mathfrak{j}}$, während $\Phi \,.\, \mathfrak{r}$ für $\mathfrak{r}$ gleich $\mathfrak{k}$ seinen kleinsten Betrag erhält.

Dieses Extremalprinzip folgt nach Weierstraß einfach aus der Tatsache, daß eine stetige Funktion von mehreren auf einen endlichen Bereich eingeschränkten Variablen, also in unserem Falle, in unmittelbar verständlicher, die Neunerform der Dyaden benützenden Schreibweise die Funktion

$$\mathfrak{r} \,.\, \Psi \,.\, \mathfrak{r} = \sum_{\iota, \varkappa} a_{\iota\varkappa}\, x_\iota\, x_\varkappa \tag{6}$$

in diesem Bereiche oder auf seinem Rande einen größten Wert annimmt. Man kann das Prinzip auch als Grundlage für die Ermittelung der Normalform einer beliebigen Dyade verwenden. Man bestimmt dann einfach die soeben definierten drei Extremalwerte und schreibt sie etwa in der Form:

$$\left.\begin{aligned} \Phi \,.\, \bar{\mathfrak{i}} &= a_1\, \mathfrak{e}_1 \\ \Phi \,.\, \bar{\mathfrak{j}} &= a_2\, \mathfrak{e}_2 \\ \Phi \,.\, \bar{\mathfrak{k}} &= a_3\, \mathfrak{e}_3 \end{aligned}\right\} \quad \Phi = a_1\, \mathfrak{e}_1 \,;\, \bar{\mathfrak{i}} + a_2\, \mathfrak{e}_2 \,;\, \bar{\mathfrak{j}} + a_3\, \mathfrak{e}_3 \,;\, \bar{\mathfrak{k}}\,. \tag{7}$$

Aus der Tatsache, daß es sich um Extrema handelt, beweist man noch, daß auch die Einheitsvektoren $\mathfrak{e}_1$, $\mathfrak{e}_2$, $\mathfrak{e}_3$ ein Dreibein bilden müssen. Beispielsweise folgt aus

$$[d\,(\mathfrak{r} \,.\, \Phi_c \,.\, \Phi \,.\, \mathfrak{r})]_{\bar{y} = \bar{z} = 0} = 2\, a_1\, \bar{x}\, (a_2\, d\bar{y}\, \mathfrak{e}_1 \,.\, \mathfrak{e}_2 + a_3\, d\bar{z}\, \mathfrak{e}_1 \,.\, \mathfrak{e}_3) = 0$$

$$\mathfrak{e}_1 \,.\, \mathfrak{e}_2 = 0\,, \qquad \mathfrak{e}_1 \,.\, \mathfrak{e}_3 = 0\,. \tag{8}$$

Benützt wurde dabei die sich aus (2, 64) ergebende Relation:

$$(d\,\mathfrak{r}^2)_{\bar{y} = \bar{z} = 0} = 2\, \bar{x}\, d\bar{x} = 0\,. \tag{9}$$

Diese Beweisführung kann ganz analog auf n-dimensionale Räume übertragen werden.

Bekanntlich werden Ausdrücke von der Gestalt (6, 65) in der Mathematik als quadratische Formen bezeichnet.

Betrachten wir die durch (3, 64) bzw. (4, 64) bestimmte, die Dyade Φ repräsentierende Ellipsoidfläche, so hat sie, und zwar bei beliebiger Orientierung ihrer Achsen, Platz in dem Raume zwischen den beiden Kugelflächen mit den Radien a_1 und a_3, diese Kugelflächen lediglich in je zwei Punkten berührend. Bilden wir das Produkt zweier Dyaden $\Phi' . \Phi$ und behalten für Φ' die entsprechenden Bezeichnungsvereinbarungen bei (ebenso später für Ψ und Ψ'), so wird der Betrag des größten Vektors gemäß

(10) $$\Phi' . \Phi . \bar{\mathrm{i}} = \Phi' . \mathrm{i}\, a_1$$

jedenfalls nicht größer als $a_1' a_1$ und analog der Betrag des kleinsten Vektors

(11) $$\Phi' . \Phi . \bar{\mathfrak{k}} = \Phi' . \mathfrak{k}\, a_3$$

nicht kleiner als $a_3' a_3$ sein können. Die die Produktdyade repräsentierende Ellipsoidfläche wird demnach, und natürlich wieder bei beliebiger Orientierung ihrer Achsen, jedenfalls in dem durch die Kugeln mit den Radien $a_1' a_1$ und $a_3' a_3$ begrenzten Raume Platz finden.

Diese Überlegung gestattet es, eine brauchbare Definition der Relation

(12) $$\Phi > \Psi$$

zu geben. Diese Ungleichung soll dann und nur dann gelten, wenn die Ψ repräsentierende Ellipsoidfläche, bei beliebiger Orientierung der Achsen, ganz innerhalb der Φ repräsentierenden Ellipsoidfläche Platz findet. Bezeichnen wir die Normalkoeffizienten von Ψ durch b_ι, von Ψ' durch b_ι', so besagt (**12**, 66):

(13) $$a_3 > b_1 .$$

Gilt außer (**12**, 66) auch

(14) $$\Phi' > \Psi' ,$$

also

(15) $$a_3' > b_1' ,$$

so folgt zunächst:

(16) $$a_3 a_3' > b_1 b_1'$$

und daraus rückwärts:

(17) $$\Phi' . \Phi > \Psi' . \Psi .$$

Wir kehren nach dieser Einschaltung zu unserer Deformationssystematik zurück.

f) Einfacher und zusammengesetzter Schub

Gehört die Dyade zu der durch (**11**, 63) charakterisierten Klasse, so bilden wir

$$(1) \qquad \Phi = [a_1 \bar{e}_1 ; \bar{e}_1^* + a_2 (\bar{e}_2 ; \bar{e}_2^* + \bar{e}_3 ; \bar{e}_3^*)] \cdot \left[I + \frac{a_{32}}{a_2} \bar{e}_3 ; \bar{e}_2^*\right].$$

Der erste Faktor ist eine spezielle tonische Dyade. Für die durch den zweiten Faktor bedingte Deformation erhalten wir mit

$$(2) \qquad \mathfrak{r} = \bar{u}\, \bar{e}_1 + \bar{v}\, \bar{e}_2 + \bar{w}\, \bar{e}_3$$

die Gleichung

$$(3) \qquad \mathfrak{r}' = \left(I + \frac{a_{32}}{a_2} \bar{e}_3 ; \bar{e}_2^*\right) \cdot \mathfrak{r} = \mathfrak{r} + \frac{a_{32}}{a_2} \bar{v}\, \bar{e}_3 .$$

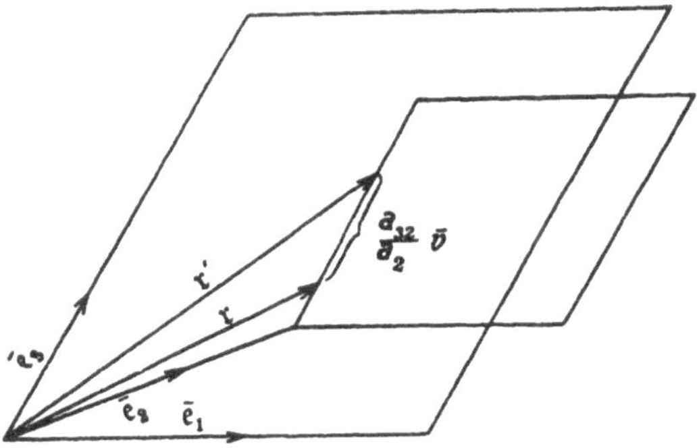

Fig. 5. Einfacher Schub

Ein Ortsvektor, der ganz in der $\bar{e}_1$, $\bar{e}_3$-Ebene liegt, für den also $\bar{v} = 0$ ist, wird durch diese Deformation nicht beeinflußt. Besitzt $\mathfrak{r}$ eine $\bar{e}_2$-Komponente, so wird zwar nicht diese selbst, wohl aber seine $\bar{e}_3$-Komponente um einen mit $\bar{v}$ proportionalen Betrag geändert. Die Spitzen aller Ortsvektoren, welche vor der Transformation in einer zu $\bar{e}_1$, $\bar{e}_3$ parallelen Ebene lagen, bleiben auch nach der Deformation in dieser Ebene, sind aber in ihr parallel zu $\bar{e}_3$ um so stärker verschoben, je weiter die betreffende Ebene von der durch den Ursprung laufenden Ebene $\bar{e}_1$, $\bar{e}_3$ selbst absteht (Fig. 5). Man nennt diese Deformation einen e i n f a c h e n Schub.

Gehört die Dyade zu der durch (**8**, 62) charakterisierten Klasse, so schreiben wir sie in der Form:

$$(4^*) \qquad \Phi = a_1 I \cdot \left[I + \frac{\bar{a}_{12}}{a_1} \bar{e}_1 ; \bar{e}_2^* + \frac{\bar{a}_{23}}{a_1} \bar{e}_2 ; \bar{e}_3^*\right].$$

Der erste Faktor ist eine isotrope Dyade, für die Deformation durch den zweiten Faktor erhalten wir:

$$(5) \qquad \left[I + \frac{\bar{a}_{12}}{a_1} \bar{e}_1 ; \bar{e}_2^* + \frac{\bar{a}_{23}}{a_1} \bar{e}_2 ; \bar{e}_3^*\right] \cdot \mathfrak{r} = \mathfrak{r} + \frac{\bar{a}_{12}}{a_1} \bar{v}\, \bar{e}_1 + \frac{\bar{a}_{23}}{a_1} \bar{w}\, \bar{e}_2 .$$

Jetzt bleiben die Spitzen aller Ortsvektoren, die vor der Deformation in einer zur $\bar{e}_1$, $\bar{e}_2$ parallelen Ebene lagen, auch nach der Deformation in dieser Ebene, sie sind aber nun sowohl parallel zu $\bar{e}_1$, wie auch parallel zu $\bar{e}_2$ verschoben. Man nennt diese Deformation einen zusammengesetzten Schub.

g) Die zyklische Dyade und der Versor

Auch die zyklotonische Dyade, wie sie durch (**14**, 56) charakterisiert wird, können wir vorteilhaft als Produkt zweier Dyaden schreiben:

$$(1) \qquad \begin{cases} \Phi = [a_1 e_1 ; e_1^* + t\,(e_2 ; e_2^* + e_3 ; e_3^*)] \cdot [e_1 ; e_1^* \\ \qquad + \cos\alpha\,(e_2 ; e_2^* + e_3 ; e_3^*) + \sin\alpha\,(e_3 ; e_2^* - e_2 ; e_3^*)] . \end{cases}$$

Wieder ist der erste Faktor eine spezielle tonische Dyade. Den zweiten, für diese Dyadenklasse charakteristischen Faktor nennt man eine zyklische Dyade. Setzen wir hier:

$$(2) \qquad \mathfrak{r} = u\, e_1 + p\,[\cos\beta\, e_2 + \sin\beta\, e_3] ,$$

so folgt:

$$(3) \qquad \begin{cases} [e_1 ; e_1^* + \cos\alpha\,(e_2 ; e_2^* + e_3 ; e_3^*) + \sin\alpha\,(e_3 ; e_2^* - e_2 ; e_3^*)] \cdot \mathfrak{r} \\ \qquad = u\, e_1 + p\,[\cos(\alpha + \beta)\, e_2 + \sin(\alpha + \beta)\, e_3] . \end{cases}$$

Das heißt: die e_1-Komponente des Ortsvektors wird durch die Deformation nicht beeinflußt, die in der e_2, e_3-Ebene liegende Komponente erfährt eine „elliptische Drehung". Wir können nämlich den in der e_2, e_3-Ebene liegenden Teil des Ortsvektors von (**2**, 68) in der Form schreiben:

$$(4) \qquad p\,[\cos\beta\, e_2 + \sin\beta\, e_3] = [e_2 ; \mathfrak{j} + e_3 ; \mathfrak{k}] \cdot p\,(\cos\beta\, \mathfrak{j} + \sin\beta\, \mathfrak{k}) .$$

Durchläuft β den Bereich von 0 bis 2π, so beschreibt die Spitze des Vektors $p(\cos\beta\,\mathfrak{j} + \sin\beta\,\mathfrak{k})$ einen Kreis mit dem Radius p um den Ursprung in der $\mathfrak{j}, \mathfrak{k}$-Ebene, welche wir mit der $\mathfrak{e}_2, \mathfrak{e}_3$-Ebene zusammenfallen lassen können. In (**5**, 45) und (**6**, 45) haben wir erkannt, daß im Dreidimensionalen die Abbildung mittels einer Dyade die Kugel in ein Ellipsoid überführt. Genau so und mit derselben Begründung muß im Zweidimensionalen der Kreis in eine Ellipse übergeführt werden. Da die durch (**3**, 68) gegebene Deformation lediglich in der $\mathfrak{e}_2, \mathfrak{e}_3$-Komponente des Ortsvektors den Winkel β durch $\alpha + \beta$ ersetzt, bedingt sie ein Weiterwandern der Ortsvektorspitze auf der durch (**4**, 68) gegebenen Ellipse.

Man beachte, daß in allen drei Sonderfällen, also jenem von (**3**, 67), von (**5**, 68) und von (**3**, 68) der dritte Skalar der Deformationsdyade gleich Eins herauskommt, wie man mittels (**23**, 42) leicht nachrechnet.

Bilden in (**3**, 68) $\mathfrak{e}_1, \mathfrak{e}_2, \mathfrak{e}_3$ speziell ein Dreibein, so geht die zyklische Dyade in den Versor über:

$$\Phi = \mathfrak{i}\,;\mathfrak{i} + \cos\alpha\,(\mathfrak{j}\,;\mathfrak{j} + \mathfrak{k}\,;\mathfrak{k}) + \sin\alpha\,(\mathfrak{k}\,;\mathfrak{j} - \mathfrak{j}\,;\mathfrak{k})\,. \tag{5}$$

Der Versor bewirkt eine Drehung der in der $\mathfrak{j}, \mathfrak{k}$-Ebene liegenden Komponente des Ortsvektors um den Winkel α. Der Betrag von $\mathfrak{r}$ wird dabei nicht geändert. Schreibt man (**5**, 69) in der Form

$$\Phi = \mathfrak{i}\,;\mathfrak{i} + \cos\alpha\,(I - \mathfrak{i}\,;\mathfrak{i}) + \sin\alpha\, I \times \mathfrak{i}\,, \tag{6}$$

so sieht man, daß es nur auf die Achse $\mathfrak{i}$ und den Drehwinkel α ankommt, während die spezielle Lage des Achsenkreuzes $\mathfrak{j}, \mathfrak{k}$ gleichgültig ist. Für

$$\mathfrak{r}' = \Phi \cdot \mathfrak{r} \tag{7}$$

erfolgt bei positivem α die Drehung, von der Spitze des Vektors $\mathfrak{i}$ beurteilt, dem Uhrzeigersinne entgegen, für

$$\mathfrak{r}'' = \mathfrak{r} \cdot \Phi \tag{8}$$

im Uhrzeigersinne. Aus dieser Bemerkung folgt, was man auch leicht unmittelbar verifiziert:

$$\mathfrak{r} = \mathfrak{r}' \cdot \Phi = (\Phi \cdot \mathfrak{r})\,\Phi = \mathfrak{r} \cdot \Phi_c \cdot \Phi\,, \tag{9}$$

und daher

$$\Phi_c \cdot \Phi = I\,, \qquad \Phi_c = \Phi^{-1}\,. \tag{10}$$

Gelten also die Relationen (**10**, 69) einerseits für jeden Versor, so muß andererseits jede Dyade, die diesen Relationen genügt, ein Versor, oder, falls noch ein Vorzeichenwechsel, eine Spiegelung hinzukommt, ein Perversor sein. Denn nur bei Drehungen bzw. Drehspiegelungen bleiben die Beträge aller gegenseitigen Entfernungen erhalten. Nun folgt aber aus (**7**, 69) und (**10**, 69):

$$(11) \qquad (\mathfrak{r}_1' - \mathfrak{r}_2')^2 = (\mathfrak{r}_1 - \mathfrak{r}_2) \cdot \Phi_c \cdot \Phi \cdot (\mathfrak{r}_1 - \mathfrak{r}_2) = (\mathfrak{r}_1 - \mathfrak{r}_2)^2 .$$

Definieren wir mit Gibbs als vektorische Halbtangente des Versors:

$$(12) \qquad \mathfrak{q} = \frac{-\Phi_\times}{1 + \Phi_I} = \frac{2 \sin \alpha}{2 + 2 \cos \alpha}\, \mathfrak{i} = \mathfrak{i} \operatorname{tang} \frac{\alpha}{2} ,$$

dann ist:

$$(13) \qquad \frac{1 - \mathfrak{q}^2}{1 + \mathfrak{q}^2} = \cos \alpha , \qquad \frac{2\, \mathfrak{q}}{1 + \mathfrak{q}^2} = \mathfrak{i} \sin \alpha .$$

Gehen wir mit (**12**, 70) und (**13**, 70) in (**6**, 69), so erhalten wir:

$$(14) \qquad \Phi = \frac{1 - \mathfrak{q}^2}{1 + \mathfrak{q}^2}\, I + \frac{2}{1 + \mathfrak{q}^2}\, \mathfrak{q} ; \mathfrak{q} + \frac{2}{1 + \mathfrak{q}^2}\, I \times \mathfrak{q} .$$

In dieser Darstellungsform ist der Versor lediglich durch $\mathfrak{q}$ bestimmt. Aus (**11**, 44) ergibt sich:

$$(15) \qquad (I - I \times \mathfrak{q})^{-1} = \frac{1}{1 + \mathfrak{q}^2} (I + I \times \mathfrak{q} + \mathfrak{q} ; \mathfrak{q}) .$$

Mit Verwendung von (**15**, 70) erhält man für den Versor die elegante Darstellung:

$$(16) \quad \Phi = (I + I \times \mathfrak{q}) \cdot (I - I \times \mathfrak{q})^{-1} = (I - I \times \mathfrak{q})^{-1} \cdot (I + I \times \mathfrak{q}) .$$

Wählen wir speziell $\alpha = \frac{\pi}{2}$, so wird nach (**12**, 70):

$$(17) \qquad \mathfrak{q} = \mathfrak{i}$$

und weiter nach (**14**, 70):

$$(18) \qquad \Phi = \mathfrak{i} ; \mathfrak{i} + I \times \mathfrak{i} .$$

Dieser spezielle Versor heißt ein Quadrant-Versor. Für $\alpha = \pi$ erhalten wir den Biquadrant-Versor, für den aus (**6**, 69)

$$(19) \qquad \Phi = 2\, \mathfrak{i} ; \mathfrak{i} - I$$

folgt. Er bewirkt eine Drehung um 180°, die auch als „Umklappung" bezeichnet wird.

Sind Ψ und Φ Versoren, für die also (**10**, 69) gilt, so muß wegen

(20) $$(\Psi . \Phi) . (\Psi . \Phi)_c = \Psi . \Phi . \Phi_c . \Psi_c = I$$

bis auf einen eventuellen Vorzeichenwechsel auch das Produkt ein Versor sein. Zwei aufeinanderfolgende Drehungen entsprechen einer einzigen Drehung. Insbesondere kann man jeden Versor als Produkt von zwei Biquadrant-Versoren darstellen, deren Achsen beide senkrecht auf der Achse des resultierenden Versors stehen und miteinander den Winkel $\frac{\alpha}{2}$ einschließen:

(21) $$\Phi = (2\, \mathfrak{e}_3 ; \mathfrak{e}_3 - I) . (2\, \mathfrak{e}_2 ; \mathfrak{e}_2 - I) ,$$

worin $\mathfrak{e}_2$, $\mathfrak{e}_3$ Einheitsvektoren in der $\mathfrak{j}$, $\mathfrak{k}$-Ebene bedeuten. Nach (**12**, 70) folgt für (**21**, 71):

(22) $$\mathfrak{q} = \frac{\mathfrak{e}_2 \times \mathfrak{e}_3}{\mathfrak{e}_2 \cdot \mathfrak{e}_3} = \mathfrak{i} \operatorname{tg} \frac{\alpha}{2} ,$$

wie es sein soll.

Das Produkt irgend zweier Versoren kann man folgendermaßen bilden. Es stehe $\mathfrak{e}_2$ sowohl auf $\mathfrak{q}_1$ wie auf $\mathfrak{q}_2$ senkrecht, dann ist für die beiden Versoren die Darstellung möglich:

(23) $$\begin{cases} \Phi_1 = (2\, \mathfrak{e}_2 ; \mathfrak{e}_2 - I) . (2\, \mathfrak{e}_1 ; \mathfrak{e}_1 - I) \\ \Phi_2 = (2\, \mathfrak{e}_3 ; \mathfrak{e}_3 - I) . (2\, \mathfrak{e}_2 ; \mathfrak{e}_2 - I) , \end{cases}$$

und weil

(24) $$(2\, \mathfrak{e}_2 ; \mathfrak{e}_2 - I) . (2\, \mathfrak{e}_2 ; \mathfrak{e}_2 - I) = I$$

ist, folgt:

(25) $$\Phi_2 . \Phi_1 = (2\, \mathfrak{e}_3 ; \mathfrak{e}_3 - I) . (2\, \mathfrak{e}_1 ; \mathfrak{e}_1 - I) .$$

Analog zu (**22**, 71) gilt dann:

(26) $$\mathfrak{q}_1 = \frac{\mathfrak{e}_1 \times \mathfrak{e}_2}{\mathfrak{e}_1 \cdot \mathfrak{e}_2} , \qquad \mathfrak{q}_2 = \frac{\mathfrak{e}_2 \times \mathfrak{e}_3}{\mathfrak{e}_2 \cdot \mathfrak{e}_3} , \qquad \mathfrak{q} = \frac{\mathfrak{e}_1 \times \mathfrak{e}_3}{\mathfrak{e}_1 \cdot \mathfrak{e}_3} ,$$

und man verifiziert mit (**4**, 33) leicht die Relation:

(27) $$\mathfrak{q} = \frac{\mathfrak{q}_1 + \mathfrak{q}_2 + \mathfrak{q}_2 \times \mathfrak{q}_1}{1 - \mathfrak{q}_2 \cdot \mathfrak{q}_1} .$$

Diese Gleichung gibt die Regel, nach welcher zwei aufeinanderfolgende *endliche* Drehungen durch eine einzige ersetzt werden können. Nur wenn es sich um infinitesimale Drehungen handelt, vereinfacht sich (**27**, 71) mit Vernachlässigung von kleinen Größen höherer Ordnung zu:

(28) $$\mathfrak{q} = \mathfrak{q}_1 + \mathfrak{q}_2 .$$

In diesem Falle addieren sich die Drehungen vektorisch, und es ist dann auch die Aufeinanderfolge gleichgültig. Bei endlichen Drehungen kommt es nur dann nicht auf die Reihenfolge an, wenn

(29) $$\mathfrak{q}_2 \times \mathfrak{q}_1 = 0$$

ist, wenn also beide Drehungen um dieselbe Achse erfolgen, ein anschaulich selbstverständliches Ergebnis.

Der Definitionsgleichung (**10**, 69) entsprechend ist auch

(30) $$\Phi = \pm (\mathfrak{i} ; \bar{\mathfrak{i}} + \mathfrak{j} ; \bar{\mathfrak{j}} + \mathfrak{k} ; \bar{\mathfrak{k}}) ,$$

worin $\mathfrak{i}$, $\mathfrak{j}$, $\mathfrak{k}$ und $\bar{\mathfrak{i}}$, $\bar{\mathfrak{j}}$, $\bar{\mathfrak{k}}$ je ein Dreibein bilden, bis auf den Vorzeichenwechsel ein Versor. Setzen wir:

(31) $$\mathfrak{r} = \bar{x}\bar{\mathfrak{i}} + \bar{y}\bar{\mathfrak{j}} + \bar{z}\bar{\mathfrak{k}} ,$$

so wird

(32) $$\mathfrak{r}' = \Phi . \mathfrak{r} = \pm (\bar{x}\,\mathfrak{i} + \bar{y}\,\mathfrak{j} + \bar{z}\,\mathfrak{k}) .$$

Das im Körper feste Achsensystem fällt dann vor der Drehung mit $\bar{\mathfrak{i}}$, $\bar{\mathfrak{j}}$, $\bar{\mathfrak{k}}$, nach der Drehung im Falle des positiven Vorzeichens mit $\mathfrak{i}$, $\mathfrak{j}$, $\mathfrak{k}$ zusammen. Das negative Vorzeichen bedeutet, daß noch eine Spiegelung am Anfangspunkt hinzukommt. Im Falle des negativen Vorzeichens nennt man, wie schon erwähnt, die durch (**30**, 72) definierte Dyade einen Perversor. Der Perversor entsteht aus dem eigentlichen Versor durch Multiplikation mit $-I$.

Wir geben schließlich noch die Faktorenzerlegung für die nach (**32**, 51) stets mögliche Darstellung in der Normalform:

(33) $$\Phi = (a_1\,\mathfrak{i} ; \mathfrak{i} + a_2\,\mathfrak{j} ; \mathfrak{j} + a_3\,\mathfrak{k} ; \mathfrak{k}) . [\pm (\mathfrak{i} ; \bar{\mathfrak{i}} + \mathfrak{j} ; \bar{\mathfrak{j}} + \mathfrak{k} ; \bar{\mathfrak{k}})] ,$$

worin Φ eine beliebige reelle Dyade und die a_ι positive Zahlen bedeuten.

Der erste Faktor ist also ein reiner Tensor, der zweite Faktor ein Versor oder Perversor. Die allgemeinste durch eine Dyade bedingte Deformation setzt sich demnach aus einer reinen Deformation, einer Drehung und einer Spiegelung zusammen.

h) Die unitäre Dyade

Entsprechend (**10**, 69) wird im Hilbertschen Raume als Analogon der Versoren bzw. Perversoren die unitäre Dyade durch

(1) $$\Phi \,.\, \Phi^\dagger = I_{(n)}$$

definiert, wenn $I_{(n)}$ die n-dimensionale Identitätsdyade bedeutet. Man beachte, daß die unitäre Dyade im allgemeinen keine hermitische sein wird.

Man pflegt die unitären Dyaden durch U zu bezeichnen, schreibt also:

(2) $$U \,.\, U^\dagger = I_{(n)} \,.$$

Ein wichtiger Satz lautet: Bedeutet Φ eine hermitische Dyade, so ist auch

(3) $$\Psi = U^{-1} . \Phi \,.\, U$$

eine hermitische Dyade. Mit Benützung der Relation (**4**, 61) und wegen (**2**, 73) erhalten wir:

(4) $$\Psi^\dagger = (\Phi \,.\, U)^\dagger . (U^{-1})^\dagger = U^\dagger . \Phi^\dagger . U = U^{-1} . \Phi^\dagger . U \,,$$

also für

(5) $$\Phi^\dagger = \Phi$$

auch

$$\Psi^\dagger = \Psi \,,$$

was zu beweisen war.

In Analogie zur Darstellung des Versors bzw. Perversors in (**30**, 72) kann man eine unitäre Dyade, mit Verwendung der Bezeichnungen des Punktes g) im vorigen Kapitel, in der Form schreiben:

(6) $$U = \sum_{\iota=1}^{n} e^{i\alpha_\iota}\, \mathfrak{e}_\iota \,;\, (\bar{\mathfrak{e}}_\iota)_k \,,$$

worin die $\bar{\mathfrak{e}}_\iota$ ein von den $\mathfrak{e}_\iota$ verschiedenes System von konjugiert orthogonalen Einheitsbivektoren bilden und α_ι ein Winkel, $e^{i\alpha_\iota}$ ein Phasenfaktor ist. Tatsächlich folgt dann:

(7) $$U^\dagger = \sum_{\iota=1}^{n} e^{-i\alpha_\iota}\, \bar{\mathfrak{e}}_\iota \,;\, (\mathfrak{e}_\iota)_k$$

(8) $$U \,.\, U^\dagger = \sum_{\iota=1}^{n} \mathfrak{e}_\iota \,;\, (\mathfrak{e}_\iota)_k = I_{(n)} \,,$$

wie es sein soll. Wenden wir die „unitäre Transformation“ auf die in (**18**, 59) angeschriebene Form der hermitischen Dyade an, so erhalten wir:

$$U^{-1} . \Phi . U = \sum_{\iota=1}^{n} a_\iota \, \bar{\mathfrak{e}}_\iota ; (\bar{\mathfrak{e}}_\iota)_k . \tag{9}$$

Das Achsensystem der transformierten Dyade ist also „verdreht“, die Eigenwerte a aber sind unverändert geblieben.

9. Triaden und Tetraden

a) Einführung der Triaden und Tetraden

Wir wollen in diesem Kapitel zu extensiven Gebilden höheren Ranges, insbesondere zu Triaden und Tetraden fortschreiten. Es ist gelegentlich vorteilhaft, mit solchen Gebilden operieren zu können. Da aber die Rolle, welche sie in den Anwendungen spielen, wesentlich kleiner ist, als jene der Vektoren und Dyaden, dürfen und wollen wir uns bei der Behandlung dieser Gebilde auf das Unerläßlichste beschränken.

Der zu den extensiven Gebilden höheren Ranges führende Weg ist uns durch unser Verfahren des Projizierens vorgezeichnet. Schreiben wir eine lineare Triade bzw. eine lineare Tetrade in der Form an:

$$\mathfrak{A} ; \mathfrak{B} ; \mathfrak{C} \quad \text{bzw.} \quad \mathfrak{A} ; \mathfrak{B} ; \mathfrak{C} ; \mathfrak{D} \tag{1}$$

und bezeichnen wir eine Summe aus beliebig vielen linearen Triaden als Triade und eine Summe aus beliebig vielen linearen Tetraden als Tetrade, so sollen diese Gebilde, analog zu (**8**, 17), durch die Identitäten

$$\left\{ \begin{aligned} & \mathfrak{c} . (\mathfrak{A} ; \mathfrak{B} ; \mathfrak{C} + \mathfrak{D} ; \mathfrak{E} ; \mathfrak{F} + \cdots) \\ & \qquad \equiv (\mathfrak{c} . \mathfrak{A}) \, \mathfrak{B} ; \mathfrak{C} + (\mathfrak{c} . \mathfrak{D}) \, \mathfrak{E} ; \mathfrak{F} + \cdots \end{aligned} \right. \tag{2}$$

$$\left\{ \begin{aligned} & \mathfrak{c} . (\mathfrak{A} ; \mathfrak{B} ; \mathfrak{C} ; \mathfrak{D} + \mathfrak{E} ; \mathfrak{F} ; \mathfrak{G} ; \mathfrak{H} + \cdots) \\ & \qquad \equiv (\mathfrak{c} . \mathfrak{A}) \, \mathfrak{B} ; \mathfrak{C} ; \mathfrak{D} + (\mathfrak{c} . \mathfrak{E}) \, \mathfrak{F} ; \mathfrak{G} ; \mathfrak{H} + \cdots \end{aligned} \right. \tag{3}$$

definiert sein. Durch die Identität (**2**, 74) werden Triaden auf Dyaden, durch die Identität (**3**, 74) Tetraden auf Triaden zurückgeführt. Zwei Triaden $\hat{P}$ und $\hat{A}$ bzw. zwei Tetraden $\dot{T}$ und $\hat{H}$ sollen dann und nur dann gleich genannt werden, wenn für beliebig gerichtete Vektoren $\mathfrak{e}$

$$\mathfrak{e} \cdot \hat{P} = \mathfrak{e} \cdot \hat{A} \tag{4}$$

bzw.

$$\mathfrak{e} \cdot \mathring{T} = \mathfrak{e} \cdot \mathring{H} \tag{5}$$

zutrifft. Aus (**2**, 74) und (**4**, 75) bzw. aus (**3**, 74) und (**5**, 75) folgt wieder die Gültigkeit des distributiven Gesetzes auch für die dyadische Multiplikation innerhalb der neuen Gebilde. Beispielsweise ist:

$$\left\{\begin{aligned} & \mathfrak{e} \cdot (\mathfrak{A} ; (\mathfrak{B} + \mathfrak{C} + \mathfrak{D} + \cdots) ; \mathfrak{N}) \\ & \qquad = (\mathfrak{e} \cdot \mathfrak{A}) (\mathfrak{B} + \mathfrak{C} + \mathfrak{D} + \cdots) ; \mathfrak{N} \\ & \qquad = (\mathfrak{e} \cdot \mathfrak{A}) (\mathfrak{B} ; \mathfrak{N} + \mathfrak{C} ; \mathfrak{N} + \mathfrak{D} ; \mathfrak{N} + \cdots) \\ & \qquad = (\mathfrak{e} \cdot \mathfrak{A})\, \mathfrak{B} ; \mathfrak{N} + (\mathfrak{e} \cdot \mathfrak{A})\, \mathfrak{C} ; \mathfrak{N} \\ & \qquad + (\mathfrak{e} \cdot \mathfrak{A})\, \mathfrak{D} ; \mathfrak{N} + \cdots \\ & \qquad = \mathfrak{e} \cdot [\mathfrak{A} ; \mathfrak{B} ; \mathfrak{N} + \mathfrak{A} ; \mathfrak{C} ; \mathfrak{N} + \mathfrak{A} ; \mathfrak{D} ; \mathfrak{N} + \cdots]. \end{aligned}\right. \tag{6}$$

Die Multiplikation mit einer gewöhnlichen Zahl s soll natürlich wieder assoziativ sein, also:

$$\mathfrak{e} \cdot (s \hat{P}) = s (\mathfrak{e} \cdot \hat{P}) = (s\, \mathfrak{e}) \cdot \hat{P}, \tag{7}$$

$$\mathfrak{e} \cdot (s \mathring{T}) = s (\mathfrak{e} \cdot \mathring{T}) = (s\, \mathfrak{e}) \cdot \mathring{T}. \tag{8}$$

Da jeder Vektor in der Form

$$\mathfrak{a} = s\, \mathfrak{e} \tag{9}$$

geschrieben werden kann, ist damit auch ein Punktprodukt oder skalares Produkt eines Vektors mit einer Triade (Ergebnis eine Dyade) bzw. mit einer Tetrade (Ergebnis eine Triade) definiert.

Analog zu (**20**, 19) und (**22**, 19) folgert man, daß im dreidimensionalen Raume jede Triade bzw. Tetrade schon durch ihre Projektionen auf drei nicht komplanare Richtungen eindeutig bestimmt wird. Man erhält aus

$$\mathfrak{e}_1 \cdot \hat{P} = \Phi_1, \qquad \mathfrak{e}_2 \cdot \hat{P} = \Phi_2, \qquad \mathfrak{e}_3 \cdot \hat{P} = \Phi_3$$

$$\hat{P} = \mathfrak{e}_1^* ; \Phi_1 + \mathfrak{e}_2^* ; \Phi_2 + \mathfrak{e}_3^* ; \Phi_3 \tag{10}$$

bzw. aus

$$\mathfrak{e}_1 \cdot \mathring{T} = \hat{P}_1 \,, \qquad \mathfrak{e}_2 \cdot \mathring{T} = \hat{P}_2 \,, \qquad \mathfrak{e}_3 \cdot \mathring{T} = \hat{P}_3$$

$$\mathring{T} = \mathfrak{e}_1^* \,;\, \hat{P}_1 + \mathfrak{e}_2^* \,;\, \hat{P}_2 + \mathfrak{e}_3^* \,;\, \hat{P}_3 \,. \tag{11}$$

Eine komplette Triade ist also im allgemeinen durch drei Dyaden oder neun Vektoren oder 27 Zahlen, eine komplette Tetrade durch drei Triaden, 27 Vektoren oder 81 Zahlen bestimmt. Schreiben wir ein beliebig vorgegebenes Dreibein in der Form an:

$$\mathfrak{i} = \mathfrak{p}_1 \,, \qquad \mathfrak{j} = \mathfrak{p}_2 \,, \qquad \mathfrak{k} = \mathfrak{p}_3 \tag{12}$$

so lauten die 27er Form der Triade bzw. die 81er Form der Tetrade:

$$\left.\begin{aligned} &(13) \quad \hat{P} = \sum_{\iota,\varkappa,\lambda} a_{\iota\varkappa\lambda}\, \mathfrak{p}_\iota \,;\, \mathfrak{p}_\varkappa \,;\, \mathfrak{p}_\lambda \\ &(14) \quad \mathring{T} = \sum_{\iota,\varkappa,\lambda,\mu} a_{\iota\varkappa\lambda\mu}\, \mathfrak{p}_\iota \,;\, \mathfrak{p}_\varkappa \,;\, \mathfrak{p}_\lambda \,;\, \mathfrak{p}_\mu \end{aligned}\qquad \begin{matrix} \iota \\ \varkappa \\ \lambda \\ \mu \end{matrix} \right\} = 1,\ 2,\ 3\,.$$

Um bei extensiven Gebilden höheren Ranges alle möglichen Vertauschungen berücksichtigen zu können, empfiehlt sich folgende Schreibweise:

Bedeutet

$$\hat{P}_{\iota\varkappa\lambda} = \mathfrak{A} \,;\, \mathfrak{B} \,;\, \mathfrak{C} + \mathfrak{D} \,;\, \mathfrak{E} \,;\, \mathfrak{F} + \cdots = \sum_{\iota,\varkappa,\lambda} a_{\iota\varkappa\lambda}\, \mathfrak{p}_\iota \,;\, \mathfrak{p}_\varkappa \,;\, \mathfrak{p}_\lambda \,, \tag{15}$$

so soll

$$\hat{P}_{\varkappa\iota\lambda} = \mathfrak{B} \,;\, \mathfrak{A} \,;\, \mathfrak{C} + \mathfrak{E} \,;\, \mathfrak{D} \,;\, \mathfrak{F} + \cdots = \sum_{\iota,\varkappa,\lambda} a_{\iota\varkappa\lambda}\, \mathfrak{p}_\varkappa \,;\, \mathfrak{p}_\iota \,;\, \mathfrak{p}_\lambda \,, \tag{16}$$

$$\hat{P}_{\iota\lambda\varkappa} = \mathfrak{A} \,;\, \mathfrak{C} \,;\, \mathfrak{B} + \mathfrak{D} \,;\, \mathfrak{F} \,;\, \mathfrak{E} + \cdots = \sum_{\iota,\varkappa,\lambda} a_{\iota\varkappa\lambda}\, \mathfrak{p}_\iota \,;\, \mathfrak{p}_\lambda \,;\, \mathfrak{p}_\varkappa \tag{17}$$

bedeuten. Analoges gilt für beliebige Vertauschungen bei Triaden, Tetraden und Gebilden noch höheren Ranges.

Sowie wir bei einer Dyade Φ von der konjugierten Dyade Φ_c sprachen, wollen wir hier allgemeiner von permutierten Triaden, Tetraden usf. sprechen. Wenn in zwei extensiven Gebilden höheren Ranges die gleiche Permutation vorgenommen wurde, wollen wir diese Gebilde als homolog permutierte bezeichnen. Wir können ersichtlich gleiche Triaden bzw. Tetraden lediglich mit Verwendung des distributiven Gesetzes und der Tatsache, daß die Multiplikation mit einer Zahl stets assoziativ ist, in identische 27er bzw. 81er Formen umrechnen.

b) Verallgemeinerung auf extensive Größen noch höheren Ranges. Der Verjüngungsprozeß

Wir wollen vereinbaren, daß auch extensive Gebilde noch höheren Ranges konsequenterweise so definiert werden sollen, daß die beiden soeben genannten Gesetze auch für diese Gebilde zutreffen.

Bezeichnen wir jene Darstellungsform, welche, wie die Neuner- und 27er- oder 81er-Form, durch 3^n Maßzahlen bestimmt wird, allgemein als die „3-hoch-n-Form" des extensiven Gebildes vom n^{ten} Range, so werden gleiche Gebilde gleichen, aber beliebig hohen Ranges immer in identische 3-hoch-n-Formen umgerechnet werden können.

Daraus folgt unmittelbar:

Sind zwei extensive Gebilde gleich, so sind auch die betreffenden homolog permutierten Gebilde gleich.

Ersetzen wir in allen Summanden von Triaden, Tetraden oder von Gebilden noch höheren Ranges das erste oder das zweite oder allgemein das $\varkappa$-te oder auch gleichzeitig mehrere Punktstrichzeichen durch Kreuz- oder durch Punktzeichen, so entsteht ein Gebilde niedrigeren Ranges, weswegen wir den soeben charakterisierten Prozeß allgemein als eine Verjüngung bezeichnen wollen. Da auch die Kreuz- und die Punkt-Multiplikation distributiv und für Zahlenfaktoren assoziativ sind, ist es für das Ergebnis offenbar gleichgültig, ob wir die ursprünglich gegebene Form des extensiven Gebildes zuerst in dessen 3-hoch-n-Form umrechnen und dann erst die Verjüngung vornehmen oder aber dieselbe Verjüngung schon an der ursprünglich gegebenen Form durchführen, um nachher erst in analoger Weise umzurechnen.

Diese wichtige Bemerkung, von der wir schon bei der Behandlung der Dyaden Gebrauch gemacht haben, vermittelt uns die Erkenntnis, daß wir jedem extensiven Gebilde höheren Ranges durch jeweils bestimmte Verjüngungsprozesse jeweils bestimmte extensive Gebilde niedrigeren Ranges (oder auch Skalare) zuordnen können. Wesentlich für diese Zuordnung ist ihre Unabhängigkeit von der besonderen Darstellungsform des gegebenen Gebildes, also ihre Invarianz gegenüber einem Wechsel dieser

Darstellungsform, bzw. letzten Endes gegenüber einem Wechsel der Basis.

Wir wollen noch die Folgerung besonders unterstreichen: Sind zwei Gebilde höheren Ranges untereinander gleich, so gilt dasselbe auch für die aus ihnen durch denselben Verjüngungsprozeß entstandenen Gebilde niedrigeren Ranges. Dieser Satz ist natürlich nicht umkehrbar.

Handelt es sich um den Ersatz des Punktstrichzeichens durch das Punktzeichen, so sprechen wir von einer „skalaren Verjüngung" oder schlechthin von einer Verjüngung. Es sollen in diesem Falle jene Vektoren, welche nach der Verjüngung durch das Punktzeichen zu verknüpfen sind, entweder durch gleiche Indizes charakterisiert werden oder es sollen die betreffenden Indizes selbst durch das Punktzeichen verbunden werden. Z. B.

$$(1)\qquad \mathring{T}_{\iota\varkappa\lambda\mu} = \mathfrak{A}\,;\mathfrak{B}\,;\mathfrak{C}\,;\mathfrak{D} + \mathfrak{E}\,;\mathfrak{F}\,;\mathfrak{G}\,;\mathfrak{H} + \cdots$$

$$(2)\qquad \mathring{T}_{\iota\varkappa\lambda\iota} = \mathfrak{A}\,.\,\mathfrak{D}\,\mathfrak{B}\,;\mathfrak{C} + \mathfrak{E}\,.\,\mathfrak{H}\,\mathfrak{F}\,;\mathfrak{G} + \cdots = \mathring{T}_{\iota.\mu\varkappa\lambda},$$

$$(3)\qquad \mathring{T}_{\iota\varkappa\varkappa\mu} = \mathfrak{A}\,;\mathfrak{B}\,.\,\mathfrak{C}\,\mathfrak{D} + \mathfrak{E}\,;\mathfrak{F}\,.\,\mathfrak{G}\,\mathfrak{H} + \cdots = \mathring{T}_{\varkappa.\lambda\iota\mu},$$

$$(4)\qquad \mathring{T}_{\iota\varkappa\varkappa\iota} = \mathfrak{A}\,.\,\mathfrak{D}\,\mathfrak{B}\,.\,\mathfrak{C} + \mathfrak{E}\,.\,\mathfrak{H}\,\mathfrak{F}\,.\,\mathfrak{G} + \cdots = \mathring{T}_{\iota.\mu\varkappa.\lambda}$$

usf.

Handelt es sich um den Ersatz des Punktstrichzeichens durch das Kreuzzeichen, so sprechen wir von einer „Vektorischen Verjüngung". Um umständliche und überflüssige Vereinbarungen zu vermeiden, verknüpfen wir stets nur aufeinanderfolgende Vektoren durch das Kreuzzeichen und schreiben dann auch ein Kreuz zwischen die betreffenden Indizes. Z. B.

$$(5)\qquad \mathring{T}_{\iota\times\varkappa\lambda\mu} = \mathfrak{A}\times\mathfrak{B}\,;\mathfrak{C}\,;\mathfrak{D} + \mathfrak{E}\times\mathfrak{F}\,;\mathfrak{G}\,;\mathfrak{H} + \cdots,$$

$$(6)\qquad \mathring{T}_{\mu\times\iota\varkappa\lambda} = \mathfrak{D}\times\mathfrak{A}\,;\mathfrak{B}\,;\mathfrak{C} + \mathfrak{H}\times\mathfrak{E}\,;\mathfrak{F}\,;\mathfrak{G} + \cdots,$$

$$(7)\qquad \mathring{T}_{\mu\times\iota\varkappa\times\lambda} = \mathfrak{D}\times\mathfrak{A}\,;\mathfrak{B}\times\mathfrak{C} + \mathfrak{H}\times\mathfrak{E}\,;\mathfrak{F}\times\mathfrak{G} + \cdots.$$

Natürlich können beide Arten der Verjüngung auch gleichzeitig Verwendung finden. Z. B.

$$(8)\qquad \mathring{T}_{\mu\times\iota.\varkappa\times\lambda} = \mathfrak{D}\times\mathfrak{A}\,.\,\mathfrak{B}\times\mathfrak{C} + \mathfrak{H}\times\mathfrak{E}\,.\,\mathfrak{F}\times\mathfrak{G} + \cdots.$$

c) Produktbildungen aus extensiven Größen beliebigen Ranges

Die soeben durchgeführten Überlegungen sind auch für eine einheitliche und einfache Systematik aller Produktbildungen aus Gebilden beliebig hohen Ranges von größter Bedeutung. Wir bemerken zunächst:

Dyadische Multiplikation einer extensiven Größe n-ten Ranges $\overset{(n)}{H}$ mit einer solchen m-ten Ranges $\overset{(m)}{H}$ liefert stets eine extensive Größe $(n+m)$-ten Ranges $\overset{(n+m)}{H}$. Konsequenterweise werden wir ja definieren:

$$\mathfrak{e} \,.\, (\overset{(n)}{H} ; \overset{(m)}{H}) \equiv (\mathfrak{e} \,.\, \overset{(n)}{H}) ; \overset{(m)}{H} \,. \tag{1}$$

Rechts steht eine voraussetzungsgemäß schon vorher definiert gewesene Größe $[(n-1)+m]$-ten Ranges, die aber entspricht der „Projektion" eines Gebildes $(n+m)$-ten Ranges.

Jede skalare Verjüngung erniedrigt den Rang des expliziten Gebildes um zwei Einheiten, jede vektorische Verjüngung um eine Einheit.

Schreiben wir, um an Bekanntes anzuknüpfen, eine spezielle Tetrade als dyadisches Produkt zweier vorgegebener Dyaden an (natürlich kann nicht jede Tetrade auf nur ein Produkt zweier Dyaden zurückgeführt werden):

$$\mathring{T}_{\iota\varkappa\lambda\mu} = \Phi ; \Psi , \tag{2}$$

so folgen durch Verjüngung dieser Tetrade sofort die früher definierten und eine damals noch nicht definierte Produktbildung aus zwei Dyaden:

$$\left\{ \begin{array}{llll} \mathring{T}_{\iota\varkappa . \lambda\mu} = \Phi \,.\, \Psi & & \mathring{T}_{\iota\varkappa\times\lambda\mu} = \Phi \times \Psi \\ \mathring{T}_{\iota . \lambda\varkappa . \mu} = \Phi : \Psi & & \mathring{T}_{\iota\times\lambda\varkappa . \mu} = \Phi \dot{\times} \Psi \\ \mathring{T}_{\iota\times\lambda\varkappa\times\mu} = \Phi \overset{\times}{\times} \Psi & & \mathring{T}_{\iota . \lambda\varkappa\times\mu} = \Phi \underset{\cdot}{\times} \Psi . \end{array} \right. \tag{3}$$

Damit ist auch die Frage der Invarianz dieser Produktdefinitionen gegenüber Änderungen der Darstellungsform schon ein für allemal erledigt.

Die soeben in Erinnerung gebrachten Operationszeichen sollen in die Algebra der Gebilde höheren Ranges in dem Sinne übernommen werden, daß die einfachen Zeichen stets die diesen Zeichen benachbarten Vektoren, die Doppelzeichen die diesen Zeichen benachbarten Dyaden verknüpfen.

In den folgenden Beispielen führen wir auch gleich eine allgemeine Schreibweise der Produkte ein, welche es ermöglicht, beliebig komplizierte Produktbildungen ohne neue Operationszeichen zu charakterisieren. Gehen wir z. B. von

(4) $$\overset{(7)}{H}_{\iota\varkappa\lambda\mu\nu\xi o} = \overset{\bullet}{T}\ ;\ \hat{P} = (\overset{\bullet}{T}\hat{P})_{\iota\varkappa\lambda\mu\nu\xi o}$$

aus, so gelten die Relationen:

(5) $$\overset{(7)}{H}_{\iota\varkappa\lambda\mu\,.\,\nu\xi o} = \overset{\bullet}{T}\ .\ \hat{P} = (\overset{\bullet}{T}\hat{P})_{\iota\varkappa\lambda\mu\,.\,\nu\xi o},$$

(6) $$\overset{(7)}{H}_{\iota\varkappa\lambda\mu\times\nu\xi o} = \overset{\bullet}{T}\times\hat{P} = (\overset{\bullet}{T}\hat{P})_{\iota\varkappa\lambda\mu\times\nu\xi o},$$

(7) $$\overset{(7)}{H}_{\iota\varkappa\lambda\,.\,\nu\mu\,.\,\xi o} = \overset{\bullet}{T}\ :\ \hat{P} = (\overset{\bullet}{T}\hat{P})_{\iota\varkappa\lambda\,.\,\nu\mu\,.\,\xi o},$$

(8) $$\overset{(7)}{H}_{\iota\varkappa\lambda\times\nu\mu\times\xi o} = \overset{\bullet}{T}\overset{\times}{\times}\hat{P} = (\overset{\bullet}{T}\hat{P})_{\iota\varkappa\lambda\times\nu\mu\times\xi o},$$

(9) $$\overset{(7)}{H}_{\iota\varkappa\lambda\times\nu\mu\,.\,\xi o} = \overset{\bullet}{T}\overset{\cdot}{\times}\hat{P} = (\overset{\bullet}{T}\hat{P})_{\iota\varkappa\lambda\times\nu\mu\,.\,\xi o},$$

(10) $$\overset{(7)}{H}_{\iota\varkappa\lambda\,.\,\nu\mu\times\xi o} = \overset{\bullet}{T}\underset{\cdot}{\times}\hat{P} = (\overset{\bullet}{T}\hat{P})_{\iota\varkappa\lambda\,.\,\nu\mu\times\xi o}$$

und analoge, wenn $\hat{P}$ eine Tetrade (Dyade) ist. Man beachte, daß bei allen hier vorgenommenen Erweiterungen nirgends auf die Anschauung zurückgegriffen werden mußte. Alle diese Erweiterungen kann man ohne weiteres auf n-dimensionale Räume übertragen, nur daß man dann selbstverständlich auf die Benützung des Kreuzzeichens verzichten muß. In diesem Falle kommen lediglich skalare Verjüngungen in Frage.

Sind im Dreidimensionalen (und ganz analoge Beziehungen erhalten wir im n-Dimensionalen) zwei Systeme von nichtkomplanaren, aber im allgemeinen schiefwinkeligen Grundvektoren e_1, e_2, e_3 und $\bar{e}_1, \bar{e}_2, \bar{e}_3$ gegeben, deren reziproke Systeme wieder durch einen Stern charakterisiert werden, so gilt beispielsweise für eine Tetrade analog zu (**11**, 24):

(11) $$\overset{\bullet}{T} = \sum a_{\iota\varkappa\lambda\mu}\, e^*_\iota\ ;\ e^*_\varkappa\ ;\ e^*_\lambda\ ;\ e^*_\mu = \sum \bar{a}_{\nu\xi o\pi}\, \bar{e}^*_\nu\ ;\ \bar{e}^*_\xi\ ;\ \bar{e}^*_o\ ;\ \bar{e}^*_\pi\,.$$

Mit Benützung der Formeln (**2**, 10) und (**6**, 11)

(12) $$\mathfrak{e}_\iota \,.\, \bar{\mathfrak{e}}_\varkappa^* = c_{\iota\varkappa}\,, \qquad \mathfrak{e}_\iota^* \,.\, \bar{\mathfrak{e}}_\varkappa = c_{\iota\varkappa}^*$$

folgt aus (**11**, 80) für die Transformation der Maßzahlen:

(13) $$a_{\iota\varkappa\lambda\mu} = \sum \bar{a}_{\nu\xi o\pi}\, c_{\iota\nu}\, c_{\varkappa\xi}\, c_{\lambda o}\, c_{\mu\pi}$$

(14) $$\bar{a}_{\nu\xi o\pi} = \sum a_{\iota\varkappa\lambda\mu}\, c_{\iota\nu}^*\, c_{\varkappa\xi}^*\, c_{\lambda o}^*\, c_{\mu\pi}^* \,.$$

Natürlich sind auch Darstellungen von folgender Gestalt möglich:

(15) $$\left\{\begin{aligned} \dot{T} &= \sum a_{\iota\varkappa\lambda\mu}\, \mathfrak{e}_\iota^*\,;\, \mathfrak{e}_\varkappa^*\,;\, \mathfrak{e}_\lambda^*\,;\, \mathfrak{e}_\mu^* = \sum a^{\nu\xi o\pi}\, \mathfrak{e}_\nu\,;\, \mathfrak{e}_\xi\,;\, \mathfrak{e}_o\,;\, \mathfrak{e}_\pi \\ &= \sum a_{\cdot\sigma\tau\cdot}^{\varrho\cdot\cdot\psi}\, \mathfrak{e}_\varrho\,;\, \mathfrak{e}_\sigma^*\,;\, \mathfrak{e}_\tau^*\,;\, \mathfrak{e}_\psi \,. \end{aligned}\right.$$

Mit Benützung der Relationen (**1**, 13) und (**2**, 13) erhalten wir aus (**15**, 81):

(16) $$a_{\iota\varkappa\lambda\mu} = \sum a^{\nu\xi o\pi}\, g_{\iota\nu}\, g_{\varkappa\xi}\, g_{\lambda o}\, g_{\mu\pi} = \sum_{\varrho,\psi} a_{\cdot\varkappa\lambda\cdot}^{\varrho\cdot\cdot\psi}\, g_{\iota\varrho}\, g_{\mu\psi} \,.$$

Es ist üblich, die Maßzahlen mit den oberen Indizes $a^{\nu\xi o\pi}$ als kontravariante, jene mit den unteren Indizes $a_{\iota\varkappa\lambda\mu}$ als kovariante und schließlich die von der Form $a_{\cdot\sigma\tau\cdot}^{\varrho\cdot\cdot\psi}$ als gemischte Maßzahlen zu bezeichnen.

Wie schon im dritten Kapitel besprochen wurde, ist lediglich die Transformation der hier kontravariant genannten Maßzahlen, in bezug auf alle Indices, kontragredient zu der Transformation der Grundvektoren $\mathfrak{e}_1$, $\mathfrak{e}_2$, $\mathfrak{e}_3$, während die Transformation der hier kovariant genannten Maßzahlen zur Transformation derselben Grundvektoren kogredient ist.

Die Darstellung mit gemischten Maßzahlen hat den praktischen Vorteil, daß bei Verjüngungen bzw. bei skalarer Multiplikation wegen

(17) $$\mathfrak{e}_\iota \,.\, \mathfrak{e}_\varkappa^* = \delta_{\iota\varkappa}$$

keine $g_{\iota\varkappa}$-Größen auftreten.

Beispielsweise folgt durch Verjüngung aus (**15**, 81):

(18) $$\dot{T}_{\varrho\cdot\sigma\tau\cdot\psi} = \dot{T}_{\varrho\varrho\tau\tau} = \sum_{\varrho,\tau} a_{\cdot\varrho\tau\cdot}^{\varrho\cdot\cdot\tau}\ ^{1)}.$$

1) Dem Kundigen wird der nahe Zusammenhang des hier benützten Formalismus mit jenem des Ricci-Kalküls nicht entgangen sein.

d) Systematik der Tetraden. Reziproke Systeme von Dyaden

Wir wollen jetzt nur noch der Systematik der Tetraden einige Überlegungen widmen.

Gehen wir von der Darstellung (**11**, 76) aus:

$$\mathring{T} = e_1^* ; \hat{P}_1 + e_2^* ; \hat{P}_2 + e_3^* ; P_3 \tag{1}$$

und drücken die $\hat{P}_\varkappa$ durch (**10**, 75) aus, so erhalten wir:

$$\mathring{T} = \sum_{\iota, \varkappa} e_\iota^* ; e_\varkappa^* ; \Phi_{\cdot\varkappa} \qquad \left.\begin{matrix}\iota \\ \varkappa\end{matrix}\right\} = 1, 2, 3, \tag{2}$$

eine der Neuner-Form der Dyaden analog gebildete Form, nur daß an die Stelle der neun Maßzahlen jetzt neun „Maßdyaden" getreten sind.

Wir erkannten schon bei der Aufstellung der Neuner-Form der Dyaden (**2**, 21), daß stets auch eine allgemeinere Darstellung

$$\Phi = \sum_{\lambda=1}^{9} b_\lambda \varphi_\lambda \tag{3}$$

möglich ist, worin die φ_λ irgend ein System von neun linear unabhängigen Dyaden bedeuten. Wir wollen nun zunächst zeigen, daß zu jedem derartigen, gemäß (**7**, 21) durch

$$\varphi_\lambda = \sum_{\mu=1}^{9} e_{\lambda\mu} e_\iota^* ; e_\varkappa^* \tag{4}$$

gegebenen Dyaden-System durch die Relationen

$$\varphi_\lambda^* = \sum_{\mu=1}^{9} e_{\lambda\mu}^* e_\iota ; e_\varkappa \tag{5}$$

ein reziprokes System definiert werden kann, wenn

$$e_{\lambda\mu}^* = \frac{E_{\lambda\mu}}{D} \tag{6}$$

ist, worin D die durch (**9**, 22) definierte Determinante und $E_{\lambda\mu}$ die zu $e_{\lambda\mu}$ gehörende Unterdeterminante

$$E_{\lambda\mu} = (-1)^{\lambda+\mu} \begin{vmatrix} e_{11} & e_{12} & \cdots & e_{1\mu} & \cdots & e_{19} \\ \cdots & \cdots & \cdots & \cdots & \cdots & \cdots \\ e_{\lambda 1} & e_{\lambda 2} & \cdots & e_{\lambda\mu} & \cdots & e_{\lambda 9} \\ \cdots & \cdots & \cdots & \cdots & \cdots & \cdots \\ e_{91} & e_{92} & \cdots & e_{9\mu} & \cdots & e_{99} \end{vmatrix}. \tag{7}$$

bedeutet. Die Gleichung (**7**, 82) ist so zu verstehen, daß man im D der Gleichung (**9**, 22) die λ-te Zeile und die μ-te Kolonne streicht und die dann übrigbleibende achtgliedrige Determinante noch mit $(-1)^{\lambda+\mu}$ multipliziert. Die $e^*_{\lambda\mu}$ sind also ersichtlich die zu $e_{\lambda\mu}$ gehörenden reduzierten Minoren. Nach bekannten einfachen Formeln der Determinantentheorie (vgl. etwa Sammlung Göschen 402: P. B. Fischer, Determinanten) gilt:

$$(8)\qquad \sum_{\lambda=1}^{9} e_{\lambda\mu} E_{\lambda\mu} = D \qquad \text{für } \mu = 1, \dots 9$$

$$(9)\qquad \sum_{\lambda=1}^{9} e_{\lambda\mu} E_{\lambda\nu} = 0 \qquad \text{für } \mu \neq \nu$$

oder auch:

$$(10)\qquad \sum_{\mu=1}^{9} e_{\lambda\mu} E_{\lambda\mu} = D \qquad \text{für } \lambda = 1, \dots 9$$

$$(11)\qquad \sum_{\mu=1}^{9} e_{\lambda\mu} E_{\varkappa\mu} = 0 \qquad \text{für } \lambda \neq \varkappa .$$

Aus den hier angeschriebenen Gleichungen folgt:

$$(12)\qquad \varphi_\varkappa : \varphi^*_\lambda = \delta_{\varkappa\lambda} = \begin{cases} 1 & \text{für } \varkappa = \lambda \\ 0 & \text{für } \varkappa \neq \lambda \end{cases}$$

Umgekehrt bestimmen die 81 Gleichungen

$$(13)\qquad \sum_{\mu=1}^{9} e_{\varkappa\mu} e^*_{\lambda\mu} = \delta_{\varkappa\lambda}$$

bei vorgegebenen $e_{\varkappa\mu}$ die $e^*_{\lambda\mu}$ oder bei vorgegebenen $e^*_{\lambda\mu}$ die $e_{\varkappa\mu}$. Da man für die Determinante der $e^*_{\lambda\mu}$

$$(14)\qquad D^* = \frac{1}{D}$$

berechnet, bilden mit den φ_λ auch die φ^*_λ ein linear unabhängiges System von Dyaden.

Bezeichnen wir das gegebene System mit φ^*_λ und die entsprechenden Maßzahlen mit $e^*_{\lambda\mu}$, so folgt aus den Gleichungen (**13**, 83), daß das zum reziproken reziproke System wieder dem ursprünglichen System gleich sein muß:

$$(15)\qquad (\varphi^*_\lambda)^* = \varphi_\lambda .$$

Ergibt sich insbesondere das reziproke System gleich dem ursprünglichen, so muß nach (**12**, 83) und (**13**, 83)

$$\bar{\varphi}_\varkappa : \bar{\varphi}_\lambda = \delta_{\varkappa\lambda}, \tag{16}$$

$$\sum_{\mu=1}^{9} \bar{e}_{\varkappa\mu}\, \bar{e}_{\lambda\mu} = \delta_{\varkappa\lambda} \tag{17}$$

zutreffen. Definieren wir noch als Betrag einer Dyade:

$$\sqrt{(\varphi : \varphi)} = |\varphi|, \tag{18}$$

so können wir, wenn die Gleichungen (**16**, 84) bzw. (**17**, 84) erfüllt sind, sinngemäß von einem System orthogonaler Einheitsdyaden sprechen. Für ein solches muß nach (**14**, 83):

$$D^2 = 1, \qquad D = \pm 1 \tag{19}$$

sein. Trifft das positive Vorzeichen zu, so wollen wir das System ein Rechtssystem nennen. Da für die $\bar{e}_{\lambda\mu}$ die 45 Bedingungsgleichungen (**17**, 84) erfüllt werden müssen, wird ein System orthogonaler Einheitsdyaden durch 36 skalare Bestimmungsstücke festgelegt. Sind irgend neun linear unabhängige Dyaden $\psi_1 \ldots \psi_9$ vorgegeben, so kann man aus ihnen durch folgendes Verfahren ein System orthogonaler Einheitsdyaden herleiten: Wir setzen zunächst

$$\bar{\varphi}_1 = h_1 \psi_1 \quad \text{mit} \quad h_1^2 = \frac{1}{\psi_1 : \psi_1} \tag{20}$$

und bilden der Reihe nach:

$$\left\{ \begin{array}{l} \bar{\varphi}_2 = h_2 [\psi_2 - \psi_2 : \bar{\varphi}_1 \bar{\varphi}_1] \\ \bar{\varphi}_3 = h_3 [\psi_3 - \psi_3 : \bar{\varphi}_1 \bar{\varphi}_1 - \psi_3 : \bar{\varphi}_2 \bar{\varphi}_2] \\ \ldots\ldots\ldots\ldots\ldots \end{array} \right. \tag{21}$$

Man wählt die h_λ so, daß die $\bar{\varphi}_\lambda$ Einheitsdyaden werden und überzeugt sich dann leicht, daß tatsächlich

$$\bar{\varphi}_2 : \bar{\varphi}_1 = \bar{\varphi}_3 : \bar{\varphi}_1 = \bar{\varphi}_3 : \bar{\varphi}_2 = \cdots = 0 \tag{22}$$

zutrifft.

Das einfachste System orthogonaler Einheitsdyaden ist:

(23) $$\bar{\varphi}_\lambda = \mathfrak{p}_\iota ; \mathfrak{p}_\varkappa \quad \text{für} \quad \begin{cases} \mathfrak{p}_1 = \mathfrak{i} \\ \mathfrak{p}_2 = \mathfrak{j} \\ \mathfrak{p}_3 = \mathfrak{k} \end{cases}$$

Dieses spezielle System ergibt, in (**3**, 82) für die φ_λ eingesetzt, natürlich wieder die gewöhnliche Neuner-Form.

e) Systematik; Identitäts-, reziproke, symmetrische, antisymmetrische Tetrade

Wir kehren nunmehr zur Systematik der Tetraden zurück. Schreiben wir die Tetrade, was nach unseren früheren Überlegungen stets möglich ist, als Summe aus beliebig vielen dyadischen Produkten je zweier Dyaden:

(1) $$\mathring{T} = \sum_\iota H_\iota ; \Theta_\iota ,$$

dann können wir entweder die „Antezedenten" H_ι oder die „Konsequenten" Θ_ι durch ein beliebig vorgegebenes System linear unabhängiger Dyaden φ_λ^* darstellen und erhalten nach entsprechender Ordnung:

(2) $$\mathring{T} = \sum_{\lambda=1}^{9} \varphi_\lambda^* ; \Phi_\lambda = \sum_{\lambda=1}^{9} \Psi_\lambda ; \varphi_\lambda^* .$$

Die Tetrade wird dann durch die neun Konsequenten Φ_λ bzw. durch die neun Antezedenten Ψ_λ vollkommen bestimmt. Natürlich hätten wir für die Darstellung auch ein System orthogonaler Einheitsdyaden $\bar{\varphi}_\lambda$ wählen können. Eine spezielle Form der Darstellung (**2**, 85) hatten wir schon in der Relation (**2**, 82).

Mit (**2**, 85) vollkommen gleichwertig sind auch die je neun Gleichungen:

(3) $$\varphi_\lambda : \mathring{T} = \Phi_\lambda \quad \text{bzw.} \quad \mathring{T} : \varphi_\lambda = \Psi_\lambda ,$$

durch welche also die Tetrade eindeutig bestimmt wird.

Wir definieren die Identitätstetrade durch die Forderung:

(4) $$\varphi_\lambda : \mathring{I} = \varphi_\lambda \qquad \lambda = 1, 2, \ldots 9$$

worin die φ_λ irgendein System, also auch ein orthogonales System linear unabhängiger Dyaden bedeuten können. Wir erhalten aus (4, 85)

(5) $$\mathring{I} = \sum_{\lambda=1}^{9} \varphi_\lambda^* ; \varphi_\lambda = \sum_{\lambda=1}^{9} \varphi_\lambda ; \varphi_\lambda^* = \sum_{\lambda=1}^{9} \bar{\varphi}_\lambda ; \bar{\varphi}_\lambda .$$

Man erkennt sofort, daß auch jede Tetrade durch Doppelpunktmultiplikation mit der Identitätstetrade in sich selbst übergeführt wird:

(6) $$\mathring{T} : \mathring{I} = \mathring{I} : \mathring{T} = \mathring{T} .$$

Wir nennen $\mathring{T}$ eine komplette Tetrade, wenn in (3, 85) auch die Φ_λ bzw. die Ψ_λ je ein System von neun linear unabhängigen Dyaden bilden. Zu jeder kompletten Tetrade können wir durch die Forderung

(7) $$\mathring{T} : \mathring{T}^{-1} = \mathring{I}$$

eine reziproke Tetrade definieren. Aus (7, 86) folgt:

(8) $$(\varphi_\lambda : \mathring{T}) : \mathring{T}^{-1} = \varphi_\lambda \qquad \text{für } \lambda = 1, 2, \ldots 9 ,$$

wodurch, da die neun Dyaden $\varphi_\lambda : \mathring{T}$ voraussetzungsgemäß linear unabhängig sind, $\mathring{T}^{-1}$ eindeutig bestimmt ist. Zu

(9) $$\mathring{T} = \sum_{\lambda=1}^{9} \varphi_\lambda^* ; \Phi_\lambda$$

erhält man:

(10) $$\mathring{T}^{-1} = \sum_{\lambda=1}^{9} \Phi_\lambda^* ; \varphi_\lambda .$$

Definieren wir weiter in Analogie zu den entsprechenden Dyaden die konjugierte Tetrade durch

(11) $$\Phi : \mathring{T} = \mathring{T}_c : \Phi ,$$

die symmetrische und die antisymmetrische Tetrade durch

(12) $$\mathring{T} = \mathring{T}_c \quad \text{bzw.} \quad \mathring{T}_c = - \mathring{T} ,$$

so erhalten wir wieder die stets mögliche Darstellung:

(13) $$\mathring{T} = \tfrac{1}{2} (\mathring{T} + \mathring{T}_c) + \tfrac{1}{2} (\mathring{T} - \mathring{T}_c) ,$$

worin der erste Klammerausdruck rechts eine symmetrische, der zweite eine antisymmetrische Tetrade ist. Benutzt man die durch elementare Ausrechnung zu verifizierenden Formeln:

(14) $\mathring{I} \overset{\times}{\times} (\mathfrak{C} \times \mathfrak{A} ; \mathfrak{B} ; \mathfrak{D}) = \mathfrak{A} ; \mathfrak{B} ; \mathfrak{C} ; \mathfrak{D} - \mathfrak{C} ; \mathfrak{B} ; \mathfrak{A} ; \mathfrak{D}$,

(15) $(\mathfrak{C} ; \mathfrak{A} ; \mathfrak{D} \times \mathfrak{B}) \underset{\times}{\times} \mathring{I} = \mathfrak{C} ; \mathfrak{B} ; \mathfrak{A} ; \mathfrak{D} - \mathfrak{C} ; \mathfrak{D} ; \mathfrak{A} ; \mathfrak{B}$,

so hat man die Darstellung

(16) $\mathring{T} = \frac{1}{2} (\mathring{T} + \mathring{T}_c) + \frac{1}{2} [\mathring{I} \overset{\times}{\times} \mathring{T}_{\lambda \times \iota \varkappa \mu} + \mathring{T}_{\lambda \iota \mu \times \varkappa} \underset{\times}{\times} \mathring{I}]$.

f) Einige Rechenregeln

Für die Durchrechnung benutzt man am einfachsten die den Gleichungen (**23**, 85) und (**5**, 86) entsprechende Form der Identitätstetrade:

(1) $$\mathring{I}_{\iota \varkappa \lambda \mu} = \sum_{\nu, \varrho} \mathfrak{p}_\nu ; \mathfrak{p}_\varrho ; \mathfrak{p}_\nu ; \mathfrak{p}_\varrho , \qquad \text{für} \left.\begin{matrix} \nu \\ \varrho \end{matrix}\right\} = 1, 2, 3 .$$

Aus (**5**, 86) bzw. (**1**, 87) folgt auch unmittelbar, daß die Identitätstetrade eine symmetrische Tetrade ist. Man erhält ferner durch Vertauschung der inneren Indizes:

(2) $$\mathring{I}_{\iota \lambda \varkappa \mu} = I ; I .$$

Diese Relation ergibt:

(3) $$\mathfrak{A} . \mathring{I}_{\iota \lambda \varkappa \mu} = \mathfrak{A} ; I , \qquad \mathfrak{A} . \mathring{I}_{\iota \lambda \varkappa \mu} . \mathfrak{B} = \mathfrak{A} ; \mathfrak{B}$$

und, indem man die inneren Indizes rückvertauscht:

(4) $$\mathfrak{A} . \mathring{I}_{\iota \varkappa \lambda \mu} = \mathfrak{i} ; \mathfrak{A} ; \mathfrak{i} + \mathfrak{j} ; \mathfrak{A} ; \mathfrak{j} + \mathfrak{k} ; \mathfrak{A} ; \mathfrak{k} = \mathring{I}_{\iota \varkappa \lambda \mu} . \mathfrak{A} ,$$

(5) $$\mathfrak{A} . \mathring{I}_{\iota \varkappa \lambda \mu} . \mathfrak{B} = \mathfrak{B} ; \mathfrak{A}$$

für beliebige Vektoren $\mathfrak{A}$ und $\mathfrak{B}$. Man erkennt auch unmittelbar, daß für beliebige Dyaden

(6) $$\Phi : \mathring{I}_{\iota \varkappa \mu \lambda} = \mathring{I}_{\iota \varkappa \mu \lambda} : \Phi = \Phi_c$$

zutrifft und für beliebige Vektoren:

(7) $$\mathfrak{A} . \mathring{I}_{\iota \varkappa \mu \lambda} = I ; \mathfrak{A} , \qquad \mathring{I}_{\iota \varkappa \mu \lambda} . \mathfrak{A} = \mathfrak{A} ; I .$$

Es wäre ein Leichtes, eine lange Reihe von Rechenregeln abzuleiten und hinzuschreiben. Es sollen hier nur noch einige wenige angeführt werden:

$$\mathfrak{B} \times \mathring{I} \,.\, \mathfrak{A} = \mathfrak{B} \times (\mathfrak{A} \,.\, \mathring{I}) = \mathfrak{A} \,;\, \mathfrak{B} \underset{\cdot}{\times} \mathring{I}\,, \tag{8}$$

$$\mathfrak{A} \,.\, \mathring{I} \times \mathfrak{B} = (\mathring{I} \,.\, \mathfrak{A}) \times \mathfrak{B} = \mathring{I} \overset{\cdot}{\times} \mathfrak{B} \,;\, \mathfrak{A}\,, \tag{9}$$

$$(\mathfrak{C} \times \mathfrak{A} \,;\, \mathfrak{B}) \underset{\cdot}{\times} \mathring{I} = \mathfrak{C} \,.\, (\mathfrak{A} \,;\, \mathfrak{B} \overset{\times}{\times} \mathring{I})\,, \tag{10}$$

$$(\mathfrak{A} \times \mathring{I}) \,.\, \mathfrak{C} = \mathfrak{A} \times \mathring{I} \,.\, \mathfrak{C} = (\mathring{I} \,.\, \mathfrak{C}) \times \mathfrak{A} = \mathring{I} \overset{\cdot}{\times} \mathfrak{A} \,;\, \mathfrak{C} = (\mathring{I} \overset{\cdot}{\times} \mathfrak{A} \,;\, I) \,.\, \mathfrak{C}\,,$$

folglich

$$\mathfrak{A} \times \mathring{I} = \mathring{I} \overset{\cdot}{\times} \mathfrak{A} \,;\, I\,, \tag{11}$$

und analog

$$\mathring{I} \times \mathfrak{A} = I \,;\, \mathfrak{A} \underset{\cdot}{\times} \mathring{I}\,. \tag{12}$$

Ferner:

$$\mathfrak{C} \,.\, [\mathfrak{B} \times \mathring{I} \,.\, \mathfrak{A}] = [\mathfrak{C} \times \mathfrak{B} \,.\, \mathring{I} \,.\, \mathfrak{A}] = \mathfrak{A} \,;\, \mathfrak{C} \times \mathfrak{B}\,, \tag{13}$$

$$\mathfrak{C} \,.\, [\mathfrak{A} \,.\, \mathring{I} \times \mathfrak{B}] = \mathfrak{A} \,;\, \mathfrak{C} : \mathring{I} \times \mathfrak{B} = \mathfrak{A} \,;\, \mathfrak{C} \times \mathfrak{B}\,, \tag{14}$$

also

$$\mathfrak{B} \times \mathring{I} \,.\, \mathfrak{A} = \mathfrak{A} \,.\, \mathring{I} \times \mathfrak{B}\,. \tag{15}$$

Aus (**15**, 88) folgt auch für beliebige Vektoren $\mathfrak{C}$:

$$\mathfrak{C} \,.\, (\mathfrak{A} \times \mathring{I} \times \mathfrak{B}) = (\mathfrak{C} \times \mathfrak{A}) \,.\, \mathring{I} \times \mathfrak{B} = \mathfrak{B} \times [\mathfrak{C} \times \mathfrak{A} \,.\, \mathring{I}] = \mathfrak{C} \,.\, [\mathfrak{A} \,;\, \mathfrak{B} \overset{\times}{\times} \mathring{I}]\,,$$

$$\mathfrak{A} \times \mathring{I} \times \mathfrak{B} = \mathfrak{A} \,;\, \mathfrak{B} \overset{\times}{\times} \mathring{I}\,. \tag{16}$$

Ganz analog erhält man auch:

$$\mathfrak{A} \times \mathring{I} \times \mathfrak{B} = \mathring{I} \overset{\times}{\times} \mathfrak{A} \,;\, \mathfrak{B} \tag{17}$$

und aus (**16**, 88) und (**17**, 88):

$$(\mathfrak{A} \times \mathring{I}) : (\mathring{I} \times \mathfrak{B}) = \mathfrak{A} \,;\, \mathfrak{B} \overset{\times}{\times} \mathring{I} = \mathring{I} \overset{\times}{\times} \mathfrak{A} \,;\, \mathfrak{B}\,. \tag{18}$$

Man rechnet weiter leicht nach:

$$(\mathring{I} \times \mathfrak{A}) : (\mathfrak{B} \times \mathring{I}) = \mathring{I} \overset{\times}{\times} \mathfrak{B} \,;\, \mathfrak{A} = \mathfrak{B} \,;\, \mathfrak{A} \overset{\times}{\times} \mathring{I}\,, \tag{19}$$

$$(\mathfrak{A} \times \mathring{I}) : (\mathfrak{B} \times \mathring{I}) = \mathfrak{B} \,;\, \mathfrak{A} \,.\, \mathring{I} - \mathfrak{B} \,.\, \mathfrak{A}\, \mathring{I}\,. \tag{20}$$

Von Interesse ist die Zerlegung:

(21) $$\mathring{T} \equiv (\mathring{T} - \tfrac{1}{3}\,\mathring{T} : I \,;\, I) + \tfrac{1}{3}\,\mathring{T} : I \,;\, I\,.$$

Da auch die Identität

(22) $$(\mathring{T} - \tfrac{1}{3}\,\mathring{T} : I \,;\, I) : I \equiv 0$$

zutrifft, steht die konsequente Dyade I des zweiten Gliedes von (**21**, 89) auf den konsequenten Dyaden der eingeklammerten Tetrade senkrecht. Anders gesprochen: Wir können von jeder Tetrade ein Glied abspalten das nur von der aus $\mathring{T}_{\iota\varkappa\lambda\mu}$ durch Verjüngung entstandenen Dyade

(23) $$\Phi = \tfrac{1}{3}\,\mathring{T} : I = \tfrac{1}{3}\,\mathring{T}_{\iota\varkappa\lambda.\mu}$$

abhängt. Die restliche Tetrade

(24) $$\mathring{T}' = \mathring{T} : (\mathring{I} - \tfrac{1}{3}\,I \,;\, I)$$

verschwindet bei der gleichen Verjüngung identisch.

g) Eigenwertprobleme und Transformationstheorie der Tetraden

Zum Schlusse dieses Kapitels übertragen wir noch unsere Überlegungen über die Eigenwerte und die Normalform der Dyaden auf das Gebiet der Tetraden.

Setzen wir die Tetrade in der 81er-Form an:

(1) $$\mathring{T} = \sum_{\substack{\lambda \\ \mu}\}=1}^{9} t_{\lambda\mu}\, \overline{\varphi}_\lambda \,;\, \overline{\varphi}_\mu$$

und suchen die Bedingung für das Zutreffen der zu (**1**, **45**) analogen Beziehung

(2) $$\mathring{T} : \varphi = a\,\varphi\,,$$

so folgt zunächst:

(3) $$(\mathring{T} - a\,\mathring{I}) : \varphi = 0$$

und mit

(4) $$\mathring{I} = \sum_{\lambda=1}^{9} \overline{\varphi}_\lambda \,;\, \overline{\varphi}_\lambda\,,$$

die dyadische Gleichung

$$(5)\qquad \sum_{\lambda=1}^{9} \overline{\varphi}_\lambda \left[\sum_{\mu=1}^{9} t_{\lambda\mu}\, \overline{\varphi}_\mu : \varphi - a\, \overline{\varphi}_\lambda : \varphi \right] = 0\,.$$

Damit für die die Dyade φ bestimmenden neun skalaren Größen $\overline{\varphi}_\mu : \varphi$ eine nicht identisch verschwindende Lösung existiere, muß analog zu (6, 46):

$$(6)\qquad \begin{vmatrix} t_{11} - a & t_{12} & \dots & t_{19} \\ t_{21} & t_{22} - a & \dots & t_{29} \\ \dots & \dots & \dots & \dots \\ \dots & \dots & \dots & \dots \\ t_{91} & t_{92} & \dots & t_{99} - a \end{vmatrix} = 0$$

sein; demnach bestimmen sich die Eigenwerte einer Tetrade aus einer Säkulargleichung neunten Grades. Für eine reelle, symmetrische Tetrade ergeben sich alle neun Eigenwerte reell. Im allgemeinen müssen wir natürlich mit der Möglichkeit komplexer Eigenwerte und Eigendyaden rechnen. Setzen wir hier, um eine Verwechslung mit den Einheitsdyaden $\overline{\varphi}_\lambda$ zu vermeiden:

$$(7)\qquad \varphi = \varphi' + i\,\varphi'' \quad \text{und} \quad \varphi_k = \varphi' - i\,\varphi''\,,$$

so erhalten wir:

$$(8)\qquad \begin{cases} \varphi_k : \mathring{T} : \varphi = \varphi' : \mathring{T} : \varphi' + \varphi'' : \mathring{T} : \varphi'' \\ \qquad + i\,[\varphi' : \mathring{T} : \varphi'' - \varphi'' : \mathring{T} : \varphi'] = a\,(\varphi' : \varphi' + \varphi'' : \varphi'')\,. \end{cases}$$

Da sich der imaginäre Anteil in (8, 90) für symmetrische Tetraden forthebt, ergibt sich für diese jeder Eigenwert a als Quotient aus zwei reellen Größen reell.

Die neun Gleichungen

$$(9)\qquad \begin{cases} t_{\lambda 1}\, \overline{\varphi}_1 : \varphi_\iota + t_{\lambda 2}\, \overline{\varphi}_2 : \varphi_\iota + \cdots (t_{\lambda\lambda} - a_\iota)\, \overline{\varphi}_\lambda : \varphi_\iota \\ \qquad + \cdots + t_{\lambda 9}\, \overline{\varphi}_9 : \varphi_\iota = 0 \qquad \text{für } \lambda = 1, 2, \dots 9 \end{cases}$$

bestimmen für jeden Eigenwert a_ι die zugehörige Eigendyade φ_ι bis auf deren Betrag, den wir gleich Eins wählen können.

Ähnlich wie seinerzeit bei den hermitischen Dyaden im n-dimensionalen Raume können wir zunächst mit Benutzung irgendeines der reellen Eigenwerte

$$\dot{T} : \overline{\varphi}_1 = a_1 \overline{\varphi}_1 \tag{10}$$

schreiben:

$$\dot{T} = a_1 \overline{\varphi}_1 ; \overline{\varphi}_1 + \dot{T}' , \tag{11}$$

worin, wenn die $\overline{\varphi}_\lambda$ ein System orthogonaler Einheitsdyaden bilden,

$$\dot{T}' = \sum_{\lambda=2}^{9} \Phi_\lambda ; \overline{\varphi}_\lambda \tag{12}$$

gesetzt werden kann. Da die Tetrade $\dot{T}'$ als Differenz zweier symmetrischer Tetraden selbst symmetrisch ist, folgt aus:

$$\dot{T}' : \overline{\varphi}_1 = 0 \quad \text{auch} \quad \overline{\varphi}_1 : \dot{T}' = 0 . \tag{13}$$

Demnach kann $\dot{T}'$ schon durch irgendein zu $\overline{\varphi}_1$ orthogonales System von acht auch untereinander orthogonalen Einheitsdyaden in einer zu (1, 89) analogen 64er-Form dargestellt werden. Es ergibt sich eine Säkulargleichung achten Grades, und durch Wiederholung der einzelnen Schlüsse können wir mit Benutzung eines zweiten reellen Eigenwertes

$$\dot{T}' = a_2 \overline{\varphi}_2 ; \overline{\varphi}_2 + \dot{T}'' \tag{14}$$

bilden. Man sieht, wie das weitergeht; das Schlußresultat ist die Normalform:

$$\dot{T} = \sum_{\lambda=1}^{9} a_\lambda \overline{\varphi}_\lambda ; \overline{\varphi}_\lambda , \tag{15}$$

in welche jede symmetrische Tetrade gebracht werden kann. Die neun Größen a_λ sind reelle Zahlen, die neun Einheitsdyaden $\overline{\varphi}_\lambda$ bilden ein Orthogonalsystem.

Das Orthogonalsystem ist eindeutig bestimmt, wenn alle Eigenwerte a_λ untereinander verschieden sind. Setzen wir beispielsweise:

$$\overline{\varphi} = x \overline{\varphi}_\varkappa + y \overline{\varphi}_\lambda \tag{16}$$

so folgt aus

$$\dot{T} : \overline{\varphi}_\varkappa = a_\varkappa \overline{\varphi}_\varkappa \quad \text{und} \quad \dot{T} : \overline{\varphi}_\lambda = a_\lambda \overline{\varphi}_\lambda$$

(17)
$$\dot{T} : \overline{\varphi} = a_\varkappa x \overline{\varphi}_\varkappa + a_\lambda y \overline{\varphi}_\lambda .$$

Diese Relation lehrt uns, daß $\overline{\varphi}$ für beliebige Werte von x und y dann und nur dann eine Eigendyade von $\dot{T}$ ist, wenn $a_\varkappa$ gleich a_λ wird.

Liegt eine beliebige Tetrade vor, so überlegt man zunächst, daß wegen

(18)
$$\begin{cases} \psi : (\dot{T} : \dot{T}_c) = (\psi : \dot{T}) : \dot{T}_c = \dot{T} : (\psi : \dot{T}) \\ \qquad = \dot{T} : (\dot{T}_c : \psi) = (\dot{T} : \dot{T}_c) : \psi , \end{cases}$$

worin ψ eine beliebige Dyade bedeutet, $\dot{T} : \dot{T}_c$ stets symmetrisch sein muß. Bedeuten die $\overline{\varphi}_\lambda$ das Orthogonalsystem der Eigendyaden von $\dot{T} : \dot{T}_c$, so können und wollen wir $\dot{T}$ selbst in der Form darstellen:

(19)
$$\dot{T} = \sum_{\lambda=1}^{9} \overline{\varphi}_\lambda ; \Phi_\lambda .$$

Da voraussetzungsgemäß

(20)
$$\dot{T} : \dot{T}_c = \sum_{\lambda=1}^{9} A_\lambda \overline{\varphi}_\lambda ; \overline{\varphi}_\lambda$$

zutrifft, worin die A_λ die Eigenwerte von $T : T_c$ sind, so muß

(21)
$$\Phi_\lambda : \Phi_\mu = A_\lambda \delta_{\lambda\mu}$$

sein. Es bilden also auch die neun Dyaden Φ_λ in der Relation (**19**, 92) ein Orthogonalsystem. Wir können demnach

(22)
$$\Phi_\lambda = \sqrt{A_\lambda}\, \overline{\varphi}'_\lambda = a_\lambda \overline{\varphi}'_\lambda$$

setzen und dabei die a_λ alle positiv wählen. Stellt man noch die Bedingung, daß sowohl die $\overline{\varphi}_\lambda$ wie auch die $\overline{\varphi}'_\lambda$ Rechtssysteme bilden sollen, so folgt für beliebige Tetraden die Normalform:

$$\mathring{T} = \pm \sum_{\lambda=1}^{n} a_\lambda \, \bar{\varphi}_\lambda \, ; \, \bar{\varphi}'_\lambda \, . \tag{23}$$

Natürlich ist wieder die zu (**33**, 72) analoge Produktdarstellung

$$\mathring{T} = \left[\sum_{\lambda=1}^{9} a_\lambda \, \bar{\varphi}_\lambda \, ; \, \bar{\varphi}_\lambda \right] : \left[\pm \sum_{\lambda=1}^{9} \bar{\varphi}_\lambda \, ; \, \bar{\varphi}'_\lambda \right] \tag{24}$$

möglich. Der erste Faktor ist eine symmetrische Tetrade mit lauter positiven Normalkoeffizienten, also das Analogon zum reinen Tensor im Gebiete der Dyaden. Der zweite Faktor ist das Analogon der Versoren bzw. Perversoren oder auch der unitären Dyade im Hilbertschen Raume.

h) Korrespondenz zwischen mehrdimensionalen Räumen und extensiven Gebilden höheren Ranges

Die hier aufgezeigte Analogie besteht zu Recht und ist eine vollkommene zwischen Tetraden bzw. Dyaden im dreidimensionalen Raume und Dyaden bzw. Vektoren im neundimensionalen Raume, vorausgesetzt, daß wir uns im ersten Falle auf die Doppelpunkt-, im zweiten Falle auf die Punktmultiplikation beschränken. Um die Analogie aufrechtzuerhalten, dürfen wir die Tetraden, von Zahlenfaktoren abgesehen, nur als Summe von dyadischen Produkten aus je zwei Dyaden darstellen, wie es Gleichung (**1**, 85) entspricht, und für die Umrechnung der Dyaden müssen wir Formeln von der Art der Relation (**3**, 82) verwenden.

In allen unseren diesen Voraussetzungen entsprechenden Formeln brauchen wir dann lediglich an die Stelle der durch neun skalare Maßzahlen bestimmten Dyaden des dreidimensionalen Raumes Vektoren des neundimensionalen Raumes zu setzen, die ja ebenfalls durch neun skalare Maßzahlen bestimmt werden. Beachtet man noch, daß genau wie aus

$$\Phi = \sum_{\lambda=1}^{9} a_\lambda \, \bar{\varphi}_\lambda \quad \text{und} \quad \Psi = \sum_{\lambda=1}^{9} b_\lambda \, \bar{\varphi}_\lambda \tag{1}$$

$$\Phi : \Psi = \sum_{\lambda=1}^{9} a_\lambda b_\lambda \tag{2}$$

folgt, sich auch aus

$$\mathfrak{A} = \sum_{\lambda=1}^{9} a_\lambda \mathfrak{p}_\lambda \quad \text{und} \quad \mathfrak{B} = \sum_{\lambda=1}^{9} b_\lambda \mathfrak{p}_\lambda , \tag{3}$$

worin die $\mathfrak{p}_\lambda$ ein System orthogonaler Einheitsvektoren im neundimensionalen Raume bedeuten,

$$\mathfrak{A} \cdot \mathfrak{B} = \sum_{\lambda=1}^{9} a_\lambda b_\lambda \tag{4}$$

ergibt, so überblickt man unschwer die volle Durchführbarkeit der in Frage stehenden Analogie.

Es braucht nicht weiter ausgeführt zu werden, daß ganz entsprechende Beziehungen allgemein zwischen dreidimensionalen extensiven Gebilden vom Range n und Vektorräumen von der Dimension 3^n bestehen werden.

Diese Korrespondenz zwischen mehrdimensionalen Räumen und extensiven Gebilden höheren Ranges im dreidimensionalen Raume ist natürlich von grundsätzlicher Bedeutung.

i) Irreduzible extensive Größen

Von grundsätzlicher Bedeutung ist auch die Bemerkung, daß man von den kompletten extensiven Gebilden höheren Ranges eine Anzahl Glieder abspalten kann, welche schon durch extensive Größen niedrigeren Ranges bzw. durch Skalare in einer gegenüber einem Wechsel der Basis invarianten Weise bestimmt sind. Die Möglichkeit, aus extensiven Größen höheren Ranges solche niedrigeren Ranges in invarianter Weise zu bilden, haben wir in den Verjüngungsprozessen. Gestattet die nach der Abspaltung verbleibende Restgröße keine Verjüngung mehr, so heißt sie irreduzibel.

Skalare und Vektoren, bei denen ja kein Verjüngungsprozeß möglich ist, sind an sich irreduzibel. Bei Dyaden entsteht durch Verjüngung der Vektor und der erste Skalar der Dyade.

(Bei der Bildung des zweiten und dritten Skalars der Dyade kommen Produkte der Dyade mit sich selbst ins Spiel, welche für die angestrebte Zerlegung unbrauchbar sind.) Jede beliebige Dyade gestattet demgemäß die Darstellung:

$$(1)\qquad \Phi = \tfrac{1}{3}\,\Phi_\iota\, I - \tfrac{1}{2}\, I \times \Phi_\times + [\tfrac{1}{2}\,(\Phi + \Phi_c) - \tfrac{1}{3}\,\Phi_\iota\, I]\,.$$

Der Klammerausdruck ist eine skalarfreie symmetrische Dyade, welche nur noch von 5 Maßzahlen abhängt und den irreduziblen Teil der Dyade bildet. Es ist selbstverständlich, daß solche gegenüber der willkürlichen Wahl einer bestimmten Basis invariante Bestandteile auch physikalisch, wie wir es z. B. bei der Aufstellung der elastischen Spannungsdyade sehen werden, eine Sonderrolle spielen können.

Bei Triaden erhalten wir durch Verjüngung einen Skalar $\hat P_{\iota.\varkappa\times\lambda}$, drei voneinander unabhängige Vektoren $\hat P_{\iota.\varkappa\lambda}$, $\hat P_{\varkappa.\lambda\iota}$, $\hat P_{\lambda.\iota\varkappa}$ und zwei voneinander unabhängige Dyaden $\hat P_{\iota\varkappa\times\lambda}$, $\hat P_{\iota\times\varkappa\lambda}$. Die Vektoren

$$(2)\qquad \hat P_{(\iota\times\varkappa)\times\lambda} = \hat P_{\lambda.\iota\varkappa} - \hat P_{\varkappa.\lambda\iota} \quad \text{usw.}$$

werden durch die angeschriebenen Vektoren mitbestimmt, und es ist die Dyade:

$$(3)\qquad \hat P_{\varkappa\lambda\times\iota} = \hat P_{\iota.\varkappa\times\lambda}\, I - \hat P_{\iota\varkappa\times\lambda} - (\hat P_{\iota\times\varkappa\lambda})_c\,.$$

Diese Relation folgt aus der Identität (**10**, 44):

$$(4)\qquad I\,[\mathfrak{A}\,\mathfrak{B}\,\mathfrak{C}] \equiv \mathfrak{A}\,;\mathfrak{B}\times\mathfrak{C} + \mathfrak{B}\,;\mathfrak{C}\times\mathfrak{A} + \mathfrak{C}\,;\mathfrak{A}\times\mathfrak{B}\,.$$

Da Skalare und Vektoren der Dyaden $\hat P_{\iota\varkappa\times\lambda}$ und $\hat P_{\iota\times\varkappa\lambda}$ ersichtlich nichts neues ergeben würden, wollen wir diese Dyaden als skalarfrei und symmetrisch voraussetzen und in dieser reduzierten Form durch $\hat P'_{\iota\varkappa\times\lambda}$ bzw. $\hat P'_{\iota\times\varkappa\lambda}$ bezeichnen. Nach Abzug der

$$(5)\qquad \begin{cases} 1\ \text{Skalar} + 3\ \text{Vektoren} + 2\ \text{reduzierte Dyaden entsprechenden} \\ \quad 1 \quad + \quad 3\,.\,3 \quad + \quad 2\,.\,5 \qquad = 20\ \text{Maßzahlen} \end{cases}$$

verbleiben zur Charakterisierung des irreduziblen Teiles $\hat P'_{\iota\varkappa\lambda}$ der Triade sieben Maßzahlen b_μ, durch welche sich die 27 Maßzahlen der 27er-Form einer irreduziblen Triade wie folgt bestimmen:

$$
(6)\quad \left\{
\begin{aligned}
& a_{123} = a_{132} = a_{231} = a_{213} = a_{312} = a_{321} = b_1 \\
& a_{121} = a_{112} = a_{211} = b_2 \\
& a_{131} = a_{113} = a_{311} = b_3 \\
& a_{212} = a_{221} = a_{122} = b_4 \\
& a_{232} = a_{223} = a_{322} = b_5 \\
& a_{313} = a_{331} = a_{133} = b_6 \\
& a_{323} = a_{332} = a_{233} = b_7 \\
& a_{111} = -(b_4 + b_6)\,, \\
& a_{222} = -(b_2 + b_7)\,, \quad a_{333} = -(b_3 + b_5)\,.
\end{aligned}
\right.
$$

Der Leser überzeuge sich, daß alle aus der durch (6, 96) bestimmten Triade gebildeten Verjüngungen identisch verschwinden.

Die explizite Darstellung einer kompletten Triade als Summe von irreduziblen Gliedern ist etwas umständlich, wir wollen sie aber, gewissermaßen zur Veranschaulichung des grundsätzlich Besprochenen, doch anschreiben:

$$
(7)\quad \left\{
\begin{aligned}
\hat{P}_{\iota\varkappa\lambda} = & -\tfrac{1}{6}\,\hat{P}_{\iota.\varkappa\times\lambda}\, I \times I \\
& + \tfrac{1}{10}\,[4\, I\,;\hat{P}_{\iota.\varkappa\lambda} - \hat{P}_{\iota.\varkappa\lambda}\,; I - \hat{P}_{\iota.\varkappa\lambda} \cdot \mathring{I}] \\
& + \tfrac{1}{10}\,[4\, \hat{P}_{\lambda.\varkappa\iota}\,; I - I\,; \hat{P}_{\lambda.\varkappa\iota} - \hat{P}_{\lambda.\varkappa\iota} \cdot \mathring{I}] \\
& + \tfrac{1}{10}\,[4\, \hat{P}_{\lambda.\iota\varkappa} \cdot \mathring{I} - I\,; \hat{P}_{\lambda.\iota\varkappa} - \hat{P}_{\lambda.\iota\varkappa}\,; I] \\
& - \tfrac{1}{3}\,[\hat{P}'_{\iota\varkappa\times\lambda} \mathbin{\dot{\times}} \mathring{I} + \hat{P}'_{\iota\varkappa\times\lambda} \times I] \\
& - \tfrac{1}{3}\,[\hat{P}'_{\iota\times\varkappa\lambda} \mathbin{\dot{\times}} \mathring{I} + I \times \hat{P}'_{\iota\times\varkappa\lambda}] \\
& + P'_{\iota\varkappa\lambda}\,.
\end{aligned}
\right.
$$

Noch komplizierter werden die Verhältnisse natürlich bei den Tetraden. Die irreduziblen Gebilde einer kompletten Tetrade sind: Drei Skalare $\mathring{T}_{\iota.\varkappa\lambda.\mu}$, $\mathring{T}_{\mu.\iota\varkappa.\lambda}$, $\mathring{T}_{\iota.\lambda\varkappa.\mu}$ (3 Maßzahlen), sechs Vektoren $\mathring{T}_{\iota.\varkappa\lambda\times\mu}$, $\mathring{T}_{\iota.\lambda\varkappa\times\mu}$, $\mathring{T}_{\iota.\mu\varkappa\times\lambda}$, $\mathring{T}_{\varkappa.\lambda\iota\times\mu}$,

$\mathring{T}_{\varkappa.\mu\iota\varkappa\lambda}$, $\mathring{T}_{\lambda.\mu\iota\varkappa\varkappa}$ (18 Maßzahlen), sechs reduzierte Dyaden $\mathring{T}''_{\iota.\varkappa\lambda\mu}$, $\mathring{T}''_{\iota.\lambda\varkappa\mu}$, $\mathring{T}''_{\iota.\mu\varkappa\lambda}$, $\mathring{T}''_{\varkappa.\lambda\iota\mu}$, $\mathring{T}'_{\varkappa.\mu\iota\lambda}$, $\mathring{T}'_{\lambda.\mu\iota\varkappa}$ (30 Maßzahlen), drei reduzierte Triaden $\mathring{T}''_{\iota\varkappa\lambda\times\mu}$, $\mathring{T}'_{\iota\varkappa\times\lambda\mu}$, $\mathring{T}'_{\iota\times\varkappa\lambda\mu}$ (21 Maßzahlen) und eine durch neun Maßzahlen bestimmte reduzierte Tetrade. Wie man durch ein systematisches Abzählverfahren beweisen kann, wird die irreduzible extensive Größe n-ten Ranges stets durch $2n + 1$-Maßzahlen bestimmt.

Aus den drei voneinander unabhängigen erhält man die übrigen möglichen Triaden vermöge der Relationen:

$$(8)\quad \begin{cases} \mathfrak{A};\mathfrak{B};\mathfrak{C}\times\mathfrak{D}+\mathfrak{A};\mathfrak{C};\mathfrak{D}\times\mathfrak{B} \\ \qquad +\mathfrak{A};\mathfrak{D};\mathfrak{B}\times\mathfrak{C}\equiv\mathfrak{A};I\,[\mathfrak{B}\,\mathfrak{C}\,\mathfrak{D}] \end{cases} \quad \text{usw.}$$

Dieselben Relationen, wenn man in ihnen das erste Punktstrichzeichen durch ein Punktzeichen ersetzt, bestimmen auch die Vektoren von der Form $\mathring{T}_{\iota\varkappa\times\lambda.\mu}$ aus den oben angeschriebenen. Man beachte ferner, daß aus (**10**, 44) folgt:

$$(9)\quad \begin{cases} [I\times(\mathfrak{C}\times\mathfrak{D})]\times(\mathfrak{A}\times\mathfrak{B})=(\mathfrak{A}\times\mathfrak{B});(\mathfrak{C}\times\mathfrak{D}) \\ \qquad -I\,(\mathfrak{A}\times\mathfrak{B})\,.\,(\mathfrak{C}\times\mathfrak{D})\,. \end{cases}$$

Da auch

$$(10)\quad \begin{cases} [I\times(\mathfrak{C}\times\mathfrak{D})]\times(\mathfrak{A}\times\mathfrak{B})=\mathfrak{D};\mathfrak{A}\,\mathfrak{B}\,.\,\mathfrak{C}+\mathfrak{C};\mathfrak{B}\,\mathfrak{D}\,.\,\mathfrak{A} \\ \qquad -\mathfrak{D};\mathfrak{B}\,\mathfrak{C}\,.\,\mathfrak{A}-\mathfrak{C};\mathfrak{A}\,\mathfrak{D}\,.\,\mathfrak{B} \end{cases}$$

ist, und die reduzierten Dyaden skalarfrei sind, erhält man mit Benutzung von Relationen der Form (**9**, 97) und (**10**, 97) die reduzierten Dyaden der Form $T_{\iota\times\varkappa\lambda\times\mu}$ aus den oben angeschriebenen.

Die reduzierte Tetrade selbst bestimmt sich durch die neun Maßzahlen a_{1123}, a_{2123}, a_{3123}, a_{1122}, a_{2233}, a_{3311}, a_{1112}, a_{2223}, a_{3331}, in denen die Indizes jeweils beliebig permutiert werden dürfen, ohne daß sich der Wert der betreffenden Maßzahl ändert. Ferner gilt, und zwar wieder mit beliebigen Permutationen der betreffenden Indizes:

$$(11)\quad \begin{cases} -a_{2221}=a_{1112}+a_{3123}\,, & -a_{1113}=a_{3331}+a_{2123}\,, \\ -a_{3332}=a_{2223}+a_{1123}\,, & -a_{1111}=a_{1122}+a_{1133}\,, \\ -a_{2222}=a_{2211}+a_{2233}\,, & -a_{3333}=a_{3311}+a_{3322}\,. \end{cases}$$

Der Leser wolle sich auch im Falle der reduzierten Tetrade überzeugen, daß alle ihre Verjüngungen identisch verschwinden. Auf die zu (**7**, 96) analoge explizite Darstellung der Tetrade können wir hier um so eher verzichten, als in der Regel nicht die einzelnen invarianten Glieder dieser Darstellung, sondern nur ganze Gruppen solcher Glieder physikalisch bedeutsam sind. So kommt es beispielsweise bei der elastischen Spannungsdyade in Kristallen, die wir übrigens im dritten Teile ausführlich behandeln werden, auf eine symmetrische Tetrade (Materialtetrade) mit symmetrischen Antezedentendyaden und Konsequentendyaden an. Eine solche Tetrade baut sich aus zwei Skalaren, zwei reduzierten Dyaden und einer reduzierten Tetrade auf und hängt demgemäß von 21 Maßzahlen ab.

Natürlich treten auch in den Gliedern der invarianten Zerlegungen (**16**, 87) und (**21**, 89) ganze Gruppen irreduzibler Bestandteile auf.

Wir schließen den ersten Teil, indem wir uns nochmals ausdrücklich klar machen, daß sich die Algebra der extensiven Größen höheren Ranges von der Vektoralgebra letzten Endes nur durch die Einführung der dyadischen Multiplikation unterscheidet. — Während das Punktprodukt zweier Vektoren einen Skalar, ihr Kreuzprodukt wieder einen Vektor ergibt, führt die dyadische Multiplikation über das Gebiet der Vektoralgebra hinaus. Die dyadische Multiplikation eines Vektors mit irgendeiner extensiven Größe erhöht den Rang des Produktes immer um Eins und ermöglicht so den Aufbau extensiver Gebilde beliebig hohen Ranges.

II. Teil

ANALYSIS EXTENSIVER GRÖSSEN

1. Differentialoperationen

a) Definition des Differentials

Alles, was wir aus der gewöhnlichen Infinitesimalrechnung wissen, können wir für die Infinitesimalrechnung im Gebiete der extensiven Größen nutzbar machen, indem wir uns konsequent unseres Grundsatzes des Projizierens bedienen. Wir definieren ganz allgemein:

Die Projektion des Differentials einer extensiven Größe auf eine beliebige feste Richtung soll gleich sein dem Differential der Projektion dieser extensiven Größe auf die betreffende feste Richtung, also, wenn $\mathfrak{e}$ einen beliebigen konstanten Vektor bedeutet:

(1) $$(d\mathfrak{a}) \cdot \mathfrak{e} \equiv d(\mathfrak{a} \cdot \mathfrak{e})$$

(2) $$(d\Phi) \cdot \mathfrak{e} \equiv d(\Phi \cdot \mathfrak{e}) \quad \text{usf.}$$

Ist demnach

(3) $$\mathfrak{a} = a_1 \mathfrak{e}_1^* + a_2 \mathfrak{e}_2^* + a_3 \mathfrak{e}_3^*$$

(4) $$\Phi = \mathfrak{A}_1 ; \mathfrak{e}_1^* + \mathfrak{A}_2 ; \mathfrak{e}_2^* + \mathfrak{A}_3 ; \mathfrak{e}_3^* ,$$

so folgt aus (**1**, 99) und (**2**, 99):

(5) $$d\mathfrak{a} = da_1 \mathfrak{e}_1^* + da_2 \mathfrak{e}_2^* + da_3 \mathfrak{e}_3^*$$

(6) $$d\Phi = d\mathfrak{A}_1 ; \mathfrak{e}_1^* + d\mathfrak{A}_2 ; \mathfrak{e}_2^* + d\mathfrak{A}_3 ; \mathfrak{e}_3^* .$$

Die variablen Vektoren, Dyaden usf. werden Funktionen von einer oder mehreren skalaren, vektorischen, dyadischen, usf. unabhängigen Variablen sein. Wir werden extensive Funktionen stetig nennen, wenn ihre Projektionen auf beliebige feste Richtungen stetige Funktionen sind. In der Regel, insbesondere immer dann, wenn es sich um Orts-Zeitfunktionen in der euklidischen Raum-Zeitwelt handelt, wird es möglich sein, die extensiven Größen auf eine den unabhängigen Variablen gegenüber konstante Basis zu beziehen.

b) Differentiation von Produkten

Alle extensiven bzw. aus extensiven Gebilden aufgebauten Größen sind als Summen von skalar, vektorisch oder dyadisch miteinander multiplizierten Vektoren darstellbar, wobei die einzelnen Produkte auch noch Zahlenfaktoren enthalten können.

Als Beispiel schreiben wir die Dyade

$$\Phi = \sum_\iota S_\iota \, \mathfrak{a}_\iota \times \mathfrak{b}_\iota \, \mathfrak{c}_\iota \, . \, \mathfrak{e}_\iota \, ; \, \mathfrak{f}_\iota \tag{1}$$

an und bezichen die Vektoren auf ein festes Dreibein. Wir erhalten dann:

$$(2) \quad \left\{ \begin{aligned} \Phi = \sum_\iota S_\iota \, (c_{\iota 1} e_{\iota 1} + c_{\iota 2} e_{\iota 2} + c_{\iota 3} e_{\iota 3}) \, \{ & (a_{\iota 2} b_{\iota 3} - a_{\iota 3} b_{\iota 2}) f_{\iota 1} \, \mathfrak{i} \, ; \, \mathfrak{i} \\ & + (a_{\iota 2} b_{\iota 3} - a_{\iota 3} b_{\iota 2}) f_{\iota 2} \, \mathfrak{i} \, ; \, \mathfrak{j} + (a_{\iota 2} b_{\iota 3} - a_{\iota 3} b_{\iota 2}) f_{\iota 3} \, \mathfrak{i} \, ; \, \mathfrak{k} \\ & + (a_{\iota 3} b_{\iota 1} - a_{\iota 1} b_{\iota 3}) f_{\iota 1} \, \mathfrak{j} \, ; \, \mathfrak{i} + \cdots \} \, . \end{aligned} \right.$$

Da nach der Definitionsgleichung (**2**, 99)

$$(d\Phi) \, . \, \mathfrak{i} = d \, (\Phi \, . \, \mathfrak{i}) \quad \text{usf.} \tag{3}$$

gilt, haben wir lediglich das Differential von Summen zu bilden, welche aus Produkten skalarer Funktionen bestehen. Hat man das in bekannter Weise getan, so erhält man statt jedes einzelnen Produktes eine Summe solcher derart, daß in jedem Summanden je ein Faktor durch ein Differential ersetzt ist. Geht man nun den Weg von der Darstellung (**2**, 100) zur Darstellung (**1**, 100) zurück, so erhält man:

$$(4) \quad \left\{ \begin{aligned} d\Phi = \sum_\iota [& dS_\iota \, \mathfrak{a}_\iota \times \mathfrak{b}_\iota \, \mathfrak{c}_\iota \, . \, \mathfrak{e}_\iota \, ; \, \mathfrak{f}_\iota + S_\iota \, d\mathfrak{a}_\iota \times \mathfrak{b}_\iota \, \mathfrak{c}_\iota \, . \, \mathfrak{e}_\iota \, ; \, \mathfrak{f}_\iota \\ & + S_\iota \, \mathfrak{a}_\iota \times d\mathfrak{b}_\iota \, \mathfrak{c}_\iota \, . \, \mathfrak{e}_\iota \, ; \, \mathfrak{f}_\iota + S_\iota \, \mathfrak{a}_\iota \times \mathfrak{b}_\iota \, d\mathfrak{c}_\iota \, . \, \mathfrak{e}_\iota \, ; \, \mathfrak{f}_\iota \\ & + S_\iota \, \mathfrak{a}_\iota \times \mathfrak{b}_\iota \, \mathfrak{c}_\iota \, . \, d\mathfrak{e}_\iota \, ; \, \mathfrak{f}_\iota + S_\iota \, \mathfrak{a}_\iota \times \mathfrak{b}_\iota \, \mathfrak{c}_\iota \, . \, \mathfrak{e}_\iota \, ; \, d\mathfrak{f}_\iota] \, . \end{aligned} \right.$$

Als Unterschied gegenüber der gewöhnlichen Infinitesimalrechnung ist nur zu beachten, daß jedes Differential an der Stelle zu belassen ist, wo das betreffende extensive Gebilde (Vektor, Dyade usw.) vor der Bildung des Differentiales stand. Hängen die betrachteten Funktionen von einer skalaren Veränderlichen t ab, so können wir beispielsweise schreiben:

$$
(5)\qquad\left\{\begin{aligned}
\frac{d(p\,\mathfrak{a})}{dt} &= \frac{dp}{dt}\,\mathfrak{a} + p\,\frac{d\mathfrak{a}}{dt}\\
\frac{d(\mathfrak{a}\,.\,\mathfrak{b})}{dt} &= \frac{d\mathfrak{a}}{dt}\,.\,\mathfrak{b} + \mathfrak{a}\,.\,\frac{d\mathfrak{b}}{dt}\\
\frac{d(\mathfrak{a}\times\mathfrak{b})}{dt} &= \frac{d\mathfrak{a}}{dt}\times\mathfrak{b} + \mathfrak{a}\times\frac{d\mathfrak{b}}{dt}\\
\frac{d(\mathfrak{a}\,;\,\mathfrak{b})}{dt} &= \frac{d\mathfrak{a}}{dt}\,;\,\mathfrak{b} + \mathfrak{a}\,;\,\frac{d\mathfrak{b}}{dt}\\
d(p\,\Phi) &= \frac{dp}{dt}\,\Phi + p\,\frac{d\Phi}{dt}\\
d(\Phi\,.\,\mathfrak{a}) &= \frac{d\Phi}{dt}\,.\,\mathfrak{a} + \Phi\,.\,\frac{d\mathfrak{a}}{dt}\\
\frac{d(\Phi\times\mathfrak{a})}{dt} &= \frac{d\Phi}{dt}\times\mathfrak{a} + \Phi\times\frac{d\mathfrak{a}}{dt}\\
\frac{d(\Phi\,.\,\Psi)}{dt} &= \frac{d\Phi}{dt}\,.\,\Psi + \Phi\,.\,\frac{d\Psi}{dt}
\end{aligned}\right.
$$

usf.

In derselben Weise erkennt man auch:

$$(6)\qquad \frac{d(\Phi:\Psi)}{dt} = \frac{d\Phi}{dt}:\Psi + \Phi:\frac{d\Psi}{dt}$$

$$(7)\qquad \frac{d(\Phi \overset{\times}{\times} \Psi)}{dt} = \frac{d\Phi}{dt}\overset{\times}{\times}\Psi + \Phi\overset{\times}{\times}\frac{d\Psi}{dt}$$

$$(8)\qquad \frac{d\Phi_{\mathrm{I}}}{dt} = \frac{d(\Phi:I)}{dt} = \frac{d\Phi}{dt}:I = \left(\frac{d\Phi}{dt}\right)_{\mathrm{I}}$$

$$(9)\qquad \frac{d\Phi_Z}{dt} = \frac{d(\frac{1}{2}\,\Phi\overset{\times}{\times}\Phi)}{dt} = \frac{d\Phi}{dt}\overset{\times}{\times}\Phi\,,$$

hingegen

$$(10)\qquad \left(\frac{d\Phi}{dt}\right)_Z = \frac{1}{2}\,\frac{d\Phi}{dt}\overset{\times}{\times}\frac{d\Phi}{dt}$$

$$(11)\qquad \frac{d\Phi_{\mathrm{III}}}{dt} = \frac{d}{dt}\left(\frac{1}{6}\,\Phi\overset{\times}{\times}\Phi:\Phi\right) = \frac{d\Phi}{dt}:\Phi_Z\,,$$

jedoch

$$(12)\qquad \left(\frac{d\Phi}{dt}\right)_{\mathrm{III}} = \frac{1}{6}\,\frac{d\Phi}{dt}\overset{\times}{\times}\frac{d\Phi}{dt}:\frac{d\Phi}{dt}\,.$$

Natürlich kann man unseren allgemeinen Schluß bei entsprechender Ausdehnung der Gültigkeit der Definitionsgleichungen (1, 99) und (2, 99) auch auf Bivektoren und Bidyaden, wie auch auf n-dimensionale Gebiete ohne weiteres übertragen.

c) Höhere und partielle Differentialquotienten, Reihenentwicklungen

Da z. B.

$$\frac{d\mathfrak{a}}{dt} = \frac{da_1}{dt}\,\mathfrak{e}_1^* + \frac{da_2}{dt}\,\mathfrak{e}_2^* + \frac{da_3}{dt}\,\mathfrak{e}_3^* \tag{1}$$

selbst eine vektorische Funktion von t ist und das Analoge für $\frac{d\Phi}{dt}$ usf. gilt, erfolgt die Bildung höherer Differentialquotienten genau wieder nach demselben Schema. Durch wiederholte Anwendung der Definitionsgleichungen erhält man:

$$\frac{d^{\varkappa}\mathfrak{a}}{dt^{\varkappa}} \cdot \mathfrak{e} = \frac{d^{\varkappa}(\mathfrak{a} \cdot \mathfrak{e})}{dt^{\varkappa}} \,. \tag{2}$$

Für $\mathfrak{a} \cdot \mathfrak{e}$ als skalare Funktion von t kann man auch in üblicher Weise eine Reihenentwicklung angeben:

$$\left\{\begin{aligned} \mathfrak{a} \cdot \mathfrak{e} = (\mathfrak{a} \cdot \mathfrak{e})_{t_0} &+ \left(\frac{d(\mathfrak{a} \cdot \mathfrak{e})}{dt}\right)_{t_0} (t - t_0) \\ &+ \frac{1}{2!} \left(\frac{d^2(\mathfrak{a} \cdot \mathfrak{e})}{dt^2}\right)_{t_0} (t - t_0)^2 + \cdots \\ &+ \frac{1}{(n-1)!} \left(\frac{d^{(n-1)}(\mathfrak{a} \cdot \mathfrak{e})}{dt^{(n-1)}}\right)_{t_0} (t - t_0)^{n-1} + R_n, \end{aligned}\right. \tag{3}$$

worin das Restglied durch

$$R_n = \frac{1}{n!} \left(\frac{d^n(\mathfrak{a} \cdot \mathfrak{e})}{dt^n}\right)_{\bar{t}} (t - t_0)^n \tag{4}$$

gegeben ist. Die Stelle $\bar{t}$ liegt irgendwo im Intervalle t bis t_0 und wird im allgemeinen noch von der Richtung des konstanten Vektors $\mathfrak{e}$ abhängen. Die Reihenentwicklung für die vektorische Funktion $\mathfrak{a}(t)$ selbst wird also lauten:

$$\left\{\begin{aligned} \mathfrak{a} = \mathfrak{a}_{t_0} &+ \left(\frac{d\mathfrak{a}}{dt}\right)_{t_0} (t - t_0) + \frac{1}{2!} \left(\frac{d^2\mathfrak{a}}{dt^2}\right)_{t_0} (t - t_0)^2 + \cdots \\ &+ \frac{1}{(n-1)!} \left(\frac{d^{(n-1)}\mathfrak{a}}{dt^{(n-1)}}\right)_{t_0} (t - t_0)^{n-1} + \mathfrak{R}_n \,. \end{aligned}\right. \tag{5}$$

Hierin ist:

(6) $$\mathfrak{R}_n = \frac{(t-t_0)^n}{n!}\left[\left(\frac{d^n \mathfrak{a}}{dt^n}\right)_{\bar{t}_1} \cdot \mathfrak{e}_1 ; \mathfrak{e}_1^* + \left(\frac{d^n \mathfrak{a}}{dt^n}\right)_{\bar{t}_2} \cdot \mathfrak{e}_2 ; \mathfrak{e}_2^* + \left(\frac{d^n \mathfrak{a}}{dt^n}\right)_{\bar{t}_3} \cdot \mathfrak{e}_3 ; \mathfrak{e}_3^*\right]$$

Insbesondere erhält man für n gleich Eins den Mittelwertsatz:

(7) $$\frac{\mathfrak{a} - \mathfrak{a}_{t_0}}{t - t_0} = \left(\frac{d\mathfrak{a}}{dt}\right)_{\bar{t}_1} \cdot \mathfrak{e}_1 ; \mathfrak{e}_1^* + \left(\frac{d\mathfrak{a}}{dt}\right)_{\bar{t}_2} \cdot \mathfrak{e}_2 ; \mathfrak{e}_2^* + \left(\frac{d\mathfrak{a}}{dt}\right)_{\bar{t}_3} \cdot \mathfrak{e}_3 ; \mathfrak{e}_3^* .$$

Die Reihenentwicklung für eine dyadische Funktion von t ergibt sich ganz analog zu (**5**, 102).

Auch die Bildung von partiellen Differentialquotienten, wenn die extensiven Funktionen von mehreren skalaren Variablen $x, y, \ldots$ abhängen, macht bei konsequenter Verwendung der Definitionsgleichungen (**1**, 99) und (**2**, 99) keinerlei Schwierigkeiten.

Ebenso führt man die Differentiation von vektorischen, dyadischen und höheren extensiven Funktionen nach der komplexen Variablen

(8) $$z = x + i\,y$$

vermöge der Beziehungen

(9) $$\frac{d\mathfrak{A}(z)}{dz} \cdot \mathfrak{e} = \frac{d[\mathfrak{A}(z) \cdot \mathfrak{e}]}{dz},$$

(10) $$\frac{d\Phi(z)}{dz} \cdot \mathfrak{e} = \frac{d[\Phi(z) \cdot \mathfrak{e}]}{dz}$$

unmittelbar auf die entsprechenden Differentialquotienten skalarer Funktionen zurück.

Eine extensive Funktion beliebigen Ranges H, die von mehreren Funktionen $x_\varkappa(t)$ des Parameters t abhängt, kann man zunächst in der Form

(11) $$H = \sum_\iota g_\iota(x_\varkappa)\,\eta_\iota$$

darstellen, worin die η_ι konstante extensive Gebilde desselben Ranges und die $g_\iota(x_\varkappa)$ skalare Funktionen der $x_\varkappa(t)$ bedeuten. Nach dem Grundsatze des Projizierens und den bekannten Differentiationsregeln für skalare Funktionen folgt entsprechend für extensive Funktionen von Funktionen:

(12) $$\frac{dH}{dt} = \sum_\varkappa \sum_\iota \frac{\partial g_\iota(x_\varkappa)}{\partial x_\varkappa} \frac{dx_\varkappa}{dt}\,\eta_\iota = \sum_\varkappa \frac{\partial H}{\partial x_\varkappa} \frac{dx_\varkappa}{dt}.$$

2. Derivationen und Feldbegriff

a) Derivation eines Skalarfeldes

Wir wollen nun reelle Funktionen betrachten, die von einer vektorischen Variablen abhängen. Die praktisch wichtigste unabhängige vektorische Variable ist der Ortsvektor $\mathfrak{r}$, und wir können jede andere vektorische Variable stets formal als Ortsvektor auffassen.

Es liege zunächst eine skalare, in dem betrachteten Gebiete eindeutige, stetige und nach den Komponenten des Ortsvektors hinreichend oft differenzierbare Funktion $S(\mathfrak{r})$ vor. Vermöge dieser Funktion wird innerhalb des betrachteten Bereiches jedem Raumpunkte je ein ganz bestimmter skalarer Funktionswert zugeordnet. Diese Zuordnung bezeichnet man als ein Skalarfeld. Ein solches Skalarfeld ist beispielsweise, wie schon einmal erwähnt wurde, das Temperaturfeld. Für alle jene Raumpunkte, in denen S ein und denselben Wert k hat, gilt:

$$S(\mathfrak{r}) = S(x, y, z) = k\,. \tag{1}$$

Das ist aber die Gleichung einer Fläche, die man Niveau-Fläche nennt. Erteilen wir der Konstanten k nach und nach alle möglichen Werte, so erhalten wir eine das betrachtete Raumgebiet eindeutig überdeckende Flächenschar.

Um nun den Differentialquotienten der Funktion $S(\mathfrak{r})$ nach $\mathfrak{r}$, die „Derivation" von S, in invarianter Weise, das heißt unabhängig von jedem besonderen Bezugssystem zu definieren, gehen wir vom totalen Differential aus. Es ist bekanntlich:

$$\begin{cases} dS = \dfrac{\partial S}{\partial u}\,du + \dfrac{\partial S}{\partial v}\,dv + \dfrac{\partial S}{\partial w}\,dw \\ \qquad = \dfrac{\partial S}{\partial \bar{u}}\,d\bar{u} + \dfrac{\partial S}{\partial \bar{v}}\,d\bar{v} + \dfrac{\partial S}{\partial \bar{w}}\,d\bar{w}\,, \end{cases} \tag{2}$$

worin u, v, w bzw. $\bar{u}, \bar{v}, \bar{w}$ irgend drei zur Festlegung der Raumpunkte geeignete Koordinaten bedeuten. Setzen wir demgemäß:

$$d\mathfrak{r} = du\,\mathfrak{e}_1^* + dv\,\mathfrak{e}_2^* + dw\,\mathfrak{e}_3^* = d\bar{u}\,\bar{\mathfrak{e}}_1^* + d\bar{v}\,\bar{\mathfrak{e}}_2^* + d\bar{w}\,\bar{\mathfrak{e}}_3^*\,, \tag{3}$$

so erhalten wir mit der Bezeichnung (**2**, 10) analog zu (**3**, 10):

$$
(4)\quad \left\{\begin{aligned}
du &= c_{11}\, d\bar{u} + c_{12}\, d\bar{v} + c_{13}\, d\bar{w}\,,\\
dv &= c_{21}\, d\bar{u} + c_{22}\, d\bar{v} + c_{23}\, d\bar{w}\,,\\
du &= c_{31}\, d\bar{u} + c_{32}\, d\bar{v} + c_{33}\, d\bar{w}\,.
\end{aligned}\right.
$$

Aus den Transformationsformeln (**4**, 105) folgt unmittelbar:

$$
(5)\quad c_{11} = \frac{\partial u}{\partial \bar{u}}\,,\quad c_{21} = \frac{\partial v}{\partial \bar{u}}\,,\quad c_{31} = \frac{\partial w}{\partial \bar{u}}\,,\quad c_{12} = \frac{\partial u}{\partial \bar{v}}\,,\quad \ldots
$$

Nun ist andererseits:

$$
(6)\quad \left\{\begin{aligned}
\frac{\partial S}{\partial \bar{u}} &= \frac{\partial S}{\partial u}\,\frac{\partial u}{\partial \bar{u}} + \frac{\partial S}{\partial v}\,\frac{\partial v}{\partial \bar{u}} + \frac{\partial S}{\partial w}\,\frac{\partial w}{\partial \bar{u}}\\
&= \frac{\partial S}{\partial u}\, c_{11} + \frac{\partial S}{\partial v}\, c_{21} + \frac{\partial S}{\partial w}\, c_{31}\,.
\end{aligned}\right.
$$

usf.

Diese Relationen zeigen [man beachte (**4**, 11)], daß $\frac{\partial S}{\partial u}\,,\ \frac{\partial S}{\partial v}\,,\ \frac{\partial S}{\partial w}$ transformationstechnisch als die zu den Maßzahlen $du\,, dv\,, dw$ des Vektors $d\mathfrak{r}$ kontragradienten Maßzahlen eines Vektors aufzufassen sind. Wir sind somit berechtigt, zu schreiben:

$$
(7)\quad \frac{dS}{d\mathfrak{r}} \equiv \nabla S = \frac{\partial S}{\partial u}\, \mathfrak{e}_1 + \frac{\partial S}{\partial v}\, \mathfrak{e}_2 + \frac{\partial S}{\partial w}\, \mathfrak{e}_3\,.
$$

∇ heißt der Hamiltonsche Operator; da er ein verkehrtes griechisches Delta darstellt, pflegt man für das Zeichen ∇ das Wort „Del" zu sprechen. Man nennt ∇S auch den Gradienten von S und schreibt gelegentlich „grad S". Die Schreibweise $\frac{dS}{d\mathfrak{r}}$ ist die allgemeinste, sie bleibt auch dann verwendbar, wenn an die Stelle des Ortsvektors eine andere vektorische Variable tritt. Die soeben durchgeführten Überlegungen, welche die invariante Definition der Derivation von S ergaben, können ersichtlich ganz analog auch auf n-dimensionale Räume ausgedehnt werden.

Da durch (**7**, 105) jedem Skalarfelde S mit den nötigen Stetigkeits- und Differenzierbarkeitseigenschaften ein Vektorfeld ∇S zugeordnet wird, pflegt man S auch das Potential des Vektorfeldes ∇S und die Niveauflächen dann Äquipotentialflächen zu nennen. Da aus (2, 104), (3, 104), (7, 105) in invarianter Schreibweise

(8) $$dS \equiv d\mathfrak{r} \,.\, \nabla S \equiv d\mathfrak{r} \,.\, \frac{dS}{d\mathfrak{r}}$$

folgt und innerhalb einer Niveaufläche S konstant bleibt, muß ∇S in jedem Punkte einer Niveaufläche auf allen in der Tangentialebene liegenden $d\mathfrak{r}$, somit auch auf dieser selbst senkrecht stehen. Bedeutet $\mathfrak{n}$ einen Einheitsvektor parallel zur betreffenden Flächennormale im Sinne wachsender Werte von S, so muß

(9) $$\nabla S = \frac{\partial S}{\partial n}\, \mathfrak{n}$$

sein, wenn wir unter n die zu $\mathfrak{n}$ gehörende Koordinate verstehen. ∇S wird somit der Richtung und dem Betrage nach durch den maximalen Anstieg von S bestimmt.

Liegt ein beliebiges eindeutiges Vektorfeld $\mathfrak{V}(\mathfrak{r})$ vor, so wollen wir Kurven, welche in allen ihren Punkten von Vektoren $\mathfrak{V}$ tangiert werden, „Feldlinien", aus ihnen gebildete Röhren „Feldröhren" des betreffenden Vektorfeldes nennen. Aus obigen Überlegungen geht hervor, daß die Feldlinien eines Vektorfeldes ∇S die Niveauflächen überall senkrecht durchsetzen.

b) Einführung krummliniger Koordinaten

Die in (9, 106) verwendete Koordinate wird im allgemeinen zu einem System krummliniger Koordinaten gehören. Unsere früheren Überlegungen und insbesondere der Ansatz (3, 104) gelten natürlich auch für krummlinige Koordinaten, nur daß in diesem Falle die $\mathfrak{e}^*_i$ keine räumlich konstanten Vektoren mehr sein werden.

Denken wir uns drei geeignet gewählte Flächenscharen

(1) $$u(\mathfrak{r}) = \text{konst.}, \quad v(\mathfrak{r}) = \text{konst.}, \quad w(\mathfrak{r}) = \text{konst.}$$

so, daß durch jeden Raumpunkt je eine bestimmte u-, v- und w-Fläche hindurchgeht. Die Linien, deren Punkte durch die Zahlenwerte der ersten Gleichung (1, 106) charakterisiert werden, sind die Schnittkurven der v- und der w-Flächen, denn auf diesen bleiben ja die v-Werte und die w-Werte konstant. Analoges gilt für die beiden anderen Schnittlinien.

Nun haben wir:

$$(2)\qquad \begin{cases} d\mathfrak{r}\,.\,\nabla u = du\,, \\ d\mathfrak{r}\,.\,\nabla v = dv\,, \\ d\mathfrak{r}\,.\,\nabla w = dw\,. \end{cases}$$

Aus diesen Gleichungen folgt, wenn ∇u, ∇v, ∇w nicht-komplanare Vektoren sind — und das müssen sie sein, sonst würden sich die Flächenscharen (**1**, 106) nicht als Koordinatenflächen eignen —:

$$(3)\qquad d\mathfrak{r} = du\,(\nabla u)^* + dv\,(\nabla v)^* + dw\,(\nabla w)^*\,,$$

worin natürlich

$$(4)\qquad \begin{cases} (\nabla u)^* = \dfrac{\nabla v \times \nabla w}{[\nabla u\;\nabla v\;\nabla w]} \\ (\nabla v)^* = \dfrac{\nabla w \times \nabla u}{[\nabla u\;\nabla v\;\nabla w]} \\ (\nabla w)^* = \dfrac{\nabla u \times \nabla v}{[\nabla u\;\nabla v\;\nabla w]} \end{cases}$$

ist. Für den Gradienten von S aber erhalten wir nach (**7**, 105) in krummlinigen Koordinaten die Darstellungsform:

$$(5)\qquad \nabla S = \frac{\partial S}{\partial u}\,\nabla u + \frac{\partial S}{\partial v}\,\nabla v + \frac{\partial S}{\partial w}\,\nabla w\,.$$

Diese gilt offenbar ganz allgemein. Im Falle kartesischer Koordinaten ist z. B.

$$u = x\,,\qquad v = y\,,\qquad w = z$$

und gemäß (**9**, 106):

$$(6)\qquad \nabla u = \mathfrak{i}\,,\qquad \nabla v = \mathfrak{j}\,,\qquad \nabla w = \mathfrak{k}\,.$$

Im allgemeinen wird man — wenn man keine besonderen Gründe für die Verwendung schiefwinkliger oder krummliniger Koordinaten hat — am einfachsten kartesische Koordinaten benützen. Der Hamiltonsche Operator hat dann die Gestalt:

$$(7)\qquad \nabla = \mathfrak{i}\,\frac{\partial}{\partial x} + \mathfrak{j}\,\frac{\partial}{\partial y} + \mathfrak{k}\,\frac{\partial}{\partial z}\,,$$

worin $\mathfrak{i}, \mathfrak{j}, \mathfrak{k}$ ein beliebiges Dreibein, x, y, z die zugehörigen Koordinaten bedeuten. Da

$$(8) \qquad \mathfrak{i} \cdot \nabla = \frac{\partial}{\partial x}, \quad \mathfrak{j} \cdot \nabla = \frac{\partial}{\partial y}, \quad \mathfrak{k} \cdot \nabla = \frac{\partial}{\partial z}$$

ist, kann man jede räumliche Ableitung erster Ordnung mit Verwendung des Operators ∇ ausdrücken.

c) Einige Rechenregeln

Aus der Definitionsgleichung des Gradienten erhält man leicht die Rechenregeln:

$$(1) \qquad \nabla \left(S_1(\mathfrak{r}) + S_2(\mathfrak{r})\right) = \nabla S_1(\mathfrak{r}) + \nabla S_2(\mathfrak{r}),$$

$$(2) \qquad \nabla [S_1(\mathfrak{r})\, S_2(\mathfrak{r})] = S_1(\mathfrak{r}) \nabla S_2(\mathfrak{r}) + S_2(\mathfrak{r}) \nabla S_1(\mathfrak{r}),$$

$$(3) \qquad \nabla F(S) = \frac{dF}{dS} \nabla S,$$

$$(4) \qquad \nabla F(S_1, S_2 \cdots) = \frac{\partial F}{\partial S_1} \nabla S_1 + \frac{\partial F}{\partial S_2} \nabla S_2 + \cdots$$

Hängt S, wie das für die Skalarfelder der Physik im allgemeinen stets zutrifft, außer vom Orte auch noch von einer skalaren Variablen, der Zeit t ab, so gilt offenbar:

$$(5) \qquad dS = d\mathfrak{r} \cdot \nabla S + dt \frac{\partial S}{\partial t}.$$

Natürlich ist ∇S bei konstantem t und $\frac{\partial S}{\partial t}$ bei konstantem $\mathfrak{r}$ zu bilden. Gelegentlich bezeichnet man die Ableitungen nach der Zeit als Fluxionen; $\frac{\partial S}{\partial t}$ bei konstantem $\mathfrak{r}$ heißt dann die lokale Fluxion von S zur Unterscheidung von der sich aus (5, 108) ergebenden totalen Fluxion

$$(6) \qquad \frac{dS}{dt} = \frac{d\mathfrak{r}}{dt} \cdot \nabla S + \frac{\partial S}{\partial t}.$$

3. Derivationen von Vektorfeldern. Extensive Differentialquotienten höherer Ordnung und höheren Ranges

a) Dyadische Derivation, Rotor, Divergenz

Wir nennen ein Vektorfeld $\mathfrak{V}(\mathfrak{r})$ eine eindeutige, stetige und differenzierbare Funktion von $\mathfrak{r}$, wenn diese Aussagen für alle Projektionen $\mathfrak{V}(\mathfrak{r}) \cdot \mathfrak{e}$, die ja Skalarfeldern entsprechen, zutreffen.

Als dyadische Derivation erster Ordnung eines solchen Vektorfeldes definieren wir jene Dyade $\nabla ; \mathfrak{V}$, welche für beliebige konstante Vektoren $\mathfrak{e}$ der Gleichung

$$(1) \qquad (\nabla ; \mathfrak{V}) \cdot \mathfrak{e} \equiv \nabla (\mathfrak{V} \cdot \mathfrak{e})$$

genügt. Aus

$$(2) \qquad (d\mathfrak{V}) \cdot \mathfrak{e} \equiv d(\mathfrak{V} \cdot \mathfrak{e}) \equiv d\mathfrak{r} \cdot \nabla (\mathfrak{V} \cdot \mathfrak{e}) \equiv d\mathfrak{r} \cdot (\nabla ; \mathfrak{V}) \cdot \mathfrak{e}$$

für beliebig gerichtete konstante $\mathfrak{e}$ erhalten wir die mit (**1**, 109) gleichwertige Beziehung:

$$(3) \qquad d\mathfrak{V} \equiv d\mathfrak{r} \cdot \nabla ; \mathfrak{V} .$$

Wählt man speziell kartesische Koordinaten, so erhält man aus (**1**, 109) die Darstellung:

$$(\nabla ; \mathfrak{V}) \cdot \mathfrak{e} = \mathfrak{i} \frac{\partial (\mathfrak{V} \cdot \mathfrak{e})}{\partial x} + \mathfrak{j} \frac{\partial (\mathfrak{V} \cdot \mathfrak{e})}{\partial y} + \mathfrak{k} \frac{\partial (\mathfrak{V} \cdot \mathfrak{e})}{\partial z}$$

$$= \left[\mathfrak{i} ; \frac{\partial \mathfrak{V}}{\partial x} + \mathfrak{j} ; \frac{\partial \mathfrak{V}}{\partial y} + \mathfrak{k} ; \frac{\partial \mathfrak{V}}{\partial z}\right] \cdot \mathfrak{e} ,$$

also

$$(4) \qquad \nabla ; \mathfrak{V} = \mathfrak{i} ; \frac{\partial \mathfrak{V}}{\partial x} + \mathfrak{j} ; \frac{\partial \mathfrak{V}}{\partial y} + \mathfrak{k} ; \frac{\partial \mathfrak{V}}{\partial z} .$$

Da der Operator ∇ als symbolischer Vektor aufgefaßt werden kann, wird man für die konjugierte dyadische Derivation die Schreibweise

$$(5) \qquad (\nabla ; \mathfrak{V})_c = \mathfrak{V} ; \nabla$$

wählen.

Als symbolischen Vektor behandeln wir ∇ auch wieder, wenn wir den Vektor oder Rotor bzw. den ersten Skalar der dyadischen Derivation anschreiben:

$$(6)\qquad (\nabla\,;\,\mathfrak{V})_\times \equiv \nabla \times \mathfrak{V} = \mathfrak{i} \times \frac{\partial \mathfrak{V}}{\partial x} + \mathfrak{j} \times \frac{\partial \mathfrak{V}}{\partial y} + \mathfrak{k} \times \frac{\partial \mathfrak{V}}{\partial z},$$

$$(7)\qquad (\nabla\,;\,\mathfrak{V})_I \equiv \nabla \cdot \mathfrak{V} = \mathfrak{i} \cdot \frac{\partial \mathfrak{V}}{\partial x} + \mathfrak{j} \cdot \frac{\partial \mathfrak{V}}{\partial y} + \mathfrak{k} \cdot \frac{\partial \mathfrak{V}}{\partial z}.$$

Nach ihrer Definition sind das natürlich invariante, also von der speziellen Darstellungsform unabhängige Gebilde. Man pflegt auch

$$(8)\qquad \nabla \times \mathfrak{V} \equiv \operatorname{rot} \mathfrak{V}$$

(sprich: Del Kreuz $\mathfrak{V}$ identisch mit Rotor $\mathfrak{V}$) zu schreiben. Analog zur expliziten Darstellung des Vektorproduktes erhält man aus (6, 110):

$$(9)\qquad \operatorname{rot} \mathfrak{V} = \mathfrak{i}\left(\frac{\partial V_3}{\partial y} - \frac{\partial V_2}{\partial z}\right) + \mathfrak{j}\left(\frac{\partial V_1}{\partial z} - \frac{\partial V_3}{\partial x}\right) + \mathfrak{k}\left(\frac{\partial V_2}{\partial x} - \frac{\partial V_1}{\partial y}\right),$$

$$(10)\qquad \operatorname{rot} \mathfrak{V} = \begin{vmatrix} \mathfrak{i} & \mathfrak{j} & \mathfrak{k} \\ \frac{\partial}{\partial x} & \frac{\partial}{\partial y} & \frac{\partial}{\partial z} \\ V_1 & V_2 & V_3 \end{vmatrix},$$

worin, wie ersichtlich,

$$(11)\qquad \mathfrak{V} = V_1\,\mathfrak{i} + V_2\,\mathfrak{j} + V_3\,\mathfrak{k}$$

gesetzt wurde.

Den ersten Skalar der dyadischen Derivation pflegt man die Divergenz des Vektorfeldes $\mathfrak{V}$ zu nennen. Man schreibt dann auch:

$$(12)\qquad \nabla \cdot \mathfrak{V} \equiv \operatorname{div} \mathfrak{V}$$

(sprich: Del Punkt $\mathfrak{V}$ identisch mit Divergenz $\mathfrak{V}$). Wieder findet man analog zum skalaren Produkt zweier Vektoren aus (7, 110):

$$(13)\qquad \operatorname{div} \mathfrak{V} = \frac{\partial V_1}{\partial x} + \frac{\partial V_2}{\partial y} + \frac{\partial V_3}{\partial z}.$$

Die zweite Dyade zur dyadischen Derivation ist eine invariante dyadische Derivation erster Ordnung, jedoch zweiten Grades:

$$(14)\quad (\nabla\,;\,\mathfrak{V})_Z = \mathfrak{i}\,;\frac{\partial\mathfrak{V}}{\partial y}\times\frac{\partial\mathfrak{V}}{\partial z}+\mathfrak{j}\,;\frac{\partial\mathfrak{V}}{\partial z}\times\frac{\partial\mathfrak{V}}{\partial x}+\mathfrak{k}\,;\frac{\partial\mathfrak{V}}{\partial x}\times\frac{\partial\mathfrak{V}}{\partial y}\,.$$

Ebenso kann man in invarianter Weise bilden:

$$(15)\quad (\nabla\,;\,\mathfrak{V})_{II} = \mathfrak{i}\cdot\frac{\partial\mathfrak{V}}{\partial y}\times\frac{\partial\mathfrak{V}}{\partial z}+\mathfrak{j}\cdot\frac{\partial\mathfrak{V}}{\partial z}\times\frac{\partial\mathfrak{V}}{\partial x}+\mathfrak{k}\cdot\frac{\partial\mathfrak{V}}{\partial x}\times\frac{\partial\mathfrak{V}}{\partial y},$$

$$(16)\quad (\nabla\,;\,\mathfrak{V})_{III} = \frac{\partial\mathfrak{V}}{\partial x}\cdot\frac{\partial\mathfrak{V}}{\partial y}\times\frac{\partial\mathfrak{V}}{\partial z}\,.$$

b) Derivationen höheren Ranges und höherer Ordnung

Von einem im betrachteten Bereiche eindeutigen, stetigen und differenzierbaren Dyadenfeld $\Phi\,(\mathfrak{r})$ gelangen wir durch völlig gleichartige Überlegungen zur derivierten Triade $\nabla\,;\,\Phi$ durch die Definitionsgleichungen:

$$(1)\qquad (\nabla\,;\,\Phi)\,.\,\mathfrak{e} \equiv \nabla\,;\,(\Phi\,.\,\mathfrak{e})\,,$$

$$(2)\qquad d\Phi \equiv d\mathfrak{r}\,.\,\nabla\,;\Phi\,,$$

$$(3)\qquad \nabla\,;\Phi = \mathfrak{i}\,;\,\frac{\partial\Phi}{\partial x}+\mathfrak{j}\,;\,\frac{\partial\Phi}{\partial y}+\mathfrak{k}\,;\,\frac{\partial\Phi}{\partial z}\,.$$

Auch aus der derivierten Triade können eine Reihe von invarianten Derivationen abgeleitet werden, beispielsweise:

$$(4)\qquad \nabla\times\Phi = \mathfrak{i}\times\frac{\partial\Phi}{\partial x}+\mathfrak{j}\times\frac{\partial\Phi}{\partial y}+\mathfrak{k}\times\frac{\partial\Phi}{\partial z}\,,$$

$$(5)\qquad \nabla\,.\,\Phi = \mathfrak{i}\,.\,\frac{\partial\Phi}{\partial x}+\mathfrak{j}\,.\,\frac{\partial\Phi}{\partial y}+\mathfrak{k}\,.\,\frac{\partial\Phi}{\partial z}\,.$$

Die Derivation eines Feldes, also der extensive Differentialquotient einer Ortsfunktion, ist natürlich im allgemeinen wieder selbst eine Ortsfunktion, von welcher, falls auch sie differenzierbar ist, wieder eine Derivation gebildet werden kann, und so fort. Das Rechnen mit Differentialquotienten höherer Ordnung stellt uns demnach keine neue Aufgabe.

Beispielsweise erhält man eine dyadische Derivation zweiter Ordnung, wenn das Vektorfeld selbst schon der Gradient eines Skalarfeldes ist. Es folgt dann:

$$\nabla ; \nabla S = \sum_{\varkappa=1}^{3} \sum_{\lambda=1}^{3} \mathfrak{p}_\varkappa ; \mathfrak{p}_\lambda \frac{\partial^2 S}{\partial x_\varkappa \partial x_\lambda}, \tag{6}$$

worin

$$\left\{ \begin{array}{lll} \mathfrak{i} = \mathfrak{p}_1, & \mathfrak{j} = \mathfrak{p}_2, & \mathfrak{k} = \mathfrak{p}_3 \\ x = x_1, & y = x_2, & z = x_3 \end{array} \right. \tag{7}$$

gesetzt wurde.

In bezug auf die Schreibweise sei noch bemerkt, daß immer zuerst jener Differentialquotient zu bilden ist, der sich aus der Verknüpfung des dem Funktionszeichen zunächst stehenden Operationszeichens mit eben diesem Funktionszeichen ergibt; bei der nächsten Operation ist die zuerst entstandene Derivation als neues Funktionszeichen anzusehen.

Ein Blick auf (6, 112) lehrt, daß $\nabla ; \nabla S$ eine symmetrische Dyade ist. Daraus folgt:

$$\nabla \times \nabla S \equiv \operatorname{rot} \nabla S \equiv 0. \tag{8}$$

Der Rotor eines Gradienten verschwindet identisch.

Durch Bildung des ersten Skalars erhält man aus (6, 112):

$$\nabla \cdot \nabla S \equiv \operatorname{div} \nabla S = \frac{\partial^2 S}{\partial x^2} + \frac{\partial^2 S}{\partial y^2} + \frac{\partial^2 S}{\partial z^2}. \tag{9}$$

Man schreibt auch:

$$\nabla \cdot \nabla S \equiv \nabla^2 S \equiv \Delta S \tag{10}$$

(sprich: Delta S), worin der Operator

$$\Delta \equiv \frac{\partial^2}{\partial x^2} + \frac{\partial^2}{\partial y^2} + \frac{\partial^2}{\partial z^2} \tag{11}$$

als Laplacescher Operator bezeichnet wird[1]).

[1]) Die beiden Operatoren ∇ und Δ heißen auch der erste bzw. zweite Differentialparameter von Beltrami.

Ganz analog zu (**6**, 112) erhält man, wenn in einer derivierten Triade das Dyadenfeld selbst schon als Derivation eines Vektorfeldes gegeben ist:

$$\nabla \, ; \nabla \, ; \mathfrak{V} = \sum_{\varkappa=1}^{3} \sum_{\lambda=1}^{3} \mathfrak{p}_\varkappa \, ; \mathfrak{p}_\lambda \, ; \frac{\partial^2 \mathfrak{V}}{\partial x_\varkappa \partial x_\lambda} \, . \tag{12}$$

Ersetzen wir, wie in (**4**, 111), das erste Punktstrich-Zeichen durch das Kreuz-Zeichen, so folgt wieder:

$$\nabla \times \nabla \, ; \mathfrak{V} \equiv 0 \, , \tag{13}$$

wie man sofort erkennt, wenn man beachtet, daß gemäß (**8**, 112) für beliebige konstante Vektoren $\mathfrak{e}$

$$(\nabla \times \nabla \, ; \mathfrak{V}) \cdot \mathfrak{e} \equiv \nabla \times \nabla \, (\mathfrak{V} \cdot \mathfrak{e}) \equiv 0 \tag{14}$$

gilt. Natürlich ist auch der erste Skalar der dyadischen Derivation (**13**, 113) gleich Null. Demnach erhält man

$$\left\{ \begin{aligned} (\nabla \times \nabla \, ; \mathfrak{V})_I &= \sum_{\varkappa=1}^{3} \sum_{\lambda=1}^{3} \mathfrak{p}_\varkappa \times \mathfrak{p}_\lambda \cdot \frac{\partial^2 \mathfrak{V}}{\partial x_\varkappa \partial x_\lambda} \\ &= \sum_{\varkappa=1}^{3} \sum_{\lambda=1}^{3} \mathfrak{p}_\varkappa \cdot \mathfrak{p}_\lambda \times \frac{\partial^2 \mathfrak{V}}{\partial x_\varkappa \partial x_\lambda} \\ &= \nabla \cdot \nabla \times \mathfrak{V} \equiv 0 \, . \end{aligned} \right. \tag{15}$$

Die Divergenz eines Rotors verschwindet identisch. Ersetzt man in (**12**, 113) das erste Punktstrich-Zeichen — wie in (**5**, 111) — durch das Punktzeichen, so folgt:

$$\nabla \cdot \nabla \, ; \mathfrak{V} \equiv \nabla^2 \mathfrak{V} \equiv \Delta \mathfrak{V} = \frac{\partial^2 \mathfrak{V}}{\partial x^2} + \frac{\partial^2 \mathfrak{V}}{\partial y^2} + \frac{\partial^2 \mathfrak{V}}{\partial z^2} \, . \tag{16}$$

c) Der Hamiltonsche Operator als symbolischer Vektor, Rechenregeln

Wir haben den Hamiltonschen Operator als symbolischen Vektor bezeichnet. Es ist für das praktische Rechnen bedeutungsvoll, die Frage zu klären, wie weit man mit dem Zeichen ∇ wie mit einem wirklichen Vektor operieren darf. Um diese Frage zu beantworten, setzen wir nochmals ausdrücklich fest, daß der Ort des Zeichens ∇ in irgendeinem mathematischen Ausdrucke stets den Ort der Vektoren des Operators, also z. B. in der Darstellung (7, 107) den Ort von $\mathfrak{i}, \mathfrak{j}, \mathfrak{k}$ festlegt. Die Differentiationssymbole des Operators sind hingegen an sich frei verschiebbar und gehören immer zu jener Funktion bzw. zu jenen Funktionen, auf welche die Derivation anzuwenden ist. Diese Funktionen müssen natürlich, sei es durch ihre Nahestellung zum Operator, sei es durch geeignete Einklammerungen oder sonstwie in unmißverständlicher Weise gekennzeichnet sein.

Aus diesen Bemerkungen folgt sofort, daß der Operator ∇ bei algebraischen Umformungen stets wie ein wirklicher Vektor behandelt werden darf. Natürlich muß in der Schreibweise dafür gesorgt werden, daß über die Beziehung des Operators zu den zu differenzierenden Funktionen auch nach der algebraischen Umformung kein Zweifel bestehen kann.

Als Beispiel leiten wir die wichtige Entwicklungsformel für die Divergenz eines Vektorproduktes aus zwei Feldvektoren $\mathfrak{V}(\mathfrak{r})$ und $\mathfrak{W}(\mathfrak{r})$ ab, indem wir diese Divergenz als skalares Tripelprodukt behandeln:

$$(1)\quad \left\{\begin{aligned} \nabla \cdot (\mathfrak{V} \times \mathfrak{W}) &= (\nabla \times \mathfrak{V}) \cdot \mathfrak{W} + (\mathfrak{W} \times \nabla) \cdot \mathfrak{V} \\ &= (\nabla \times \mathfrak{V}) \cdot \mathfrak{W} - (\nabla \times \mathfrak{W}) \cdot \mathfrak{V} \\ &= \mathfrak{W} \cdot \operatorname{rot} \mathfrak{V} - \mathfrak{V} \cdot \operatorname{rot} \mathfrak{W}\,. \end{aligned}\right.$$

Mit Benützung derselben Grundsätze leitet man auch die folgenden Formeln ab:

$$(2)\quad \nabla\,(\mathfrak{V} \cdot \mathfrak{W}) = (\nabla\,;\,\mathfrak{V}) \cdot \mathfrak{W} + (\nabla\,;\,\mathfrak{W}) \cdot \mathfrak{V}\,,$$

$$(3)\quad \nabla\,;\,(S\,\mathfrak{V}) = (\nabla S)\,;\,\mathfrak{V} + S\nabla\,;\,\mathfrak{V}\,,$$

$$(4)\quad \nabla \times (S\,\mathfrak{V}) = (\nabla S) \times \mathfrak{V} + S\nabla \times \mathfrak{V}\,,$$

$$(5)\quad \nabla \cdot (S\,\mathfrak{V}) = (\nabla S) \cdot \mathfrak{V} + S\nabla \cdot \mathfrak{V}\,,$$

$$(6)\quad \nabla\,;\,(\mathfrak{V} \times \mathfrak{W}) = (\nabla\,;\,\mathfrak{V}) \times \mathfrak{W} - (\nabla\,;\,\mathfrak{W}) \times \mathfrak{V}\,,$$

$$(7)\quad \nabla \times (\mathfrak{V} \times \mathfrak{W}) = \mathfrak{V}\,\nabla \cdot \mathfrak{W} - \mathfrak{V} \cdot \nabla\,;\,\mathfrak{W} - \mathfrak{W}\,\nabla \cdot \mathfrak{V} + \mathfrak{W} \cdot \nabla\,;\,\mathfrak{V}\,,$$

$$(8)\quad \nabla\,;\,(\Phi \cdot \mathfrak{V}) = (\nabla\,;\,\Phi) \cdot \mathfrak{V} + (\nabla\,;\,\mathfrak{V}) \cdot \Phi_c\,,$$

(9) $$\nabla \times (\Phi \cdot \mathfrak{V}) = (\nabla \times \Phi) \cdot \mathfrak{V} + (\nabla \,;\, \mathfrak{V}) \overset{\cdot}{\times} \Phi\,,$$

(10) $$\nabla \cdot (\Phi \cdot \mathfrak{V}) = (\nabla \cdot \Phi) \cdot \mathfrak{V} + (\nabla \,;\, \mathfrak{V}) : \Phi\,,$$

(11) $$\nabla \cdot (\Phi \times \mathfrak{V}) = (\nabla \cdot \Phi) \times \mathfrak{V} + \Phi \underset{\cdot}{\times} \nabla \,;\, \mathfrak{V}\,,$$

(12) $$\nabla\, [\mathfrak{U}\mathfrak{V}\mathfrak{W}] = (\nabla \,;\, \mathfrak{U}) \cdot \mathfrak{V} \times \mathfrak{W} + (\nabla \,;\, \mathfrak{V}) \cdot \mathfrak{W} \times \mathfrak{U} + (\nabla \,;\, \mathfrak{W}) \cdot \mathfrak{U} \times \mathfrak{V}\,.$$

Handelt es sich um Derivationen höherer Ordnung, so taucht die weitergehende Frage auf, ob die algebraische Verknüpfung des Hamiltonschen Operators mit sich selbst zu denselben Ergebnissen führt, wie die algebraische Verknüpfung eines gewöhnlichen Vektors mit sich selbst. Eine Analogie zu dem skalaren Produkt eines Vektors mit sich selbst, welches das Quadrat des Betrages dieses Vektors ergibt, ist offensichtlich nicht vorhanden.

Hingegen gilt auch jetzt der wichtige Satz:

(13) $$\nabla \times \nabla \equiv 0\,.$$

Man erschließt diese Relation aus

(14) $$\nabla \,;\, \nabla \,;\, H = \sum_{\varkappa=1}^{3} \sum_{\lambda=1}^{3} \mathfrak{p}_\varkappa \,;\, \mathfrak{p}_\lambda \,;\, \frac{\partial^2 H}{\partial x_\varkappa \, \partial x_\lambda}$$

und

(15) $$\frac{\partial^2 H}{\partial x_\varkappa \, \partial x_\lambda} = \frac{\partial^2 H}{\partial x_\lambda \, \partial x_\varkappa}\,,$$

worin H ein Vektor, eine Dyade oder auch eine extensive Größe höheren Ranges sein kann. Aus

(16) $$(\nabla \times \nabla) \,;\, H \equiv 0$$

folgt dann natürlich auch:

(17) $$(\nabla \times \nabla) \cdot H \equiv 0\,,$$

(18) $$(\nabla \times \nabla) \times H \equiv 0\,.$$

Die Formeln (**16**, 115) bis (**18**, 115) aber kann man in (**13**, 115) zusammenfassen. Für $H = \mathfrak{V}$ hatten wir die Formeln (**16**, 115) und (**17**, 115) schon in (**13**, 113) und (**15**, 113) vorweggenommen.

Auf Grund der soeben gewonnenen allgemeinen Ergebnisse leiten wir leicht die folgenden Formeln ab:

$$(19)\qquad \nabla \times (\nabla \times \mathfrak{V}) = \nabla\, \nabla \cdot \mathfrak{V} - \nabla \cdot \nabla \,;\, \mathfrak{V},$$

$$(20)\qquad \left\{ \begin{aligned} \nabla \times [\nabla \times (\nabla \times \mathfrak{V})] &= \nabla \times [\nabla\, \nabla \cdot \mathfrak{V} - \nabla \cdot \nabla \,;\, \mathfrak{V}] \\ &= \nabla \cdot \nabla \,;\, (\mathfrak{V} \times \nabla) \\ &= - \nabla \cdot \nabla \,;\, (\nabla \times \mathfrak{V}) \,. \end{aligned} \right.$$

Es sei hier nochmals darauf hingewiesen, daß eine skalare oder extensive Funktion irgend einer anderen vektorischen Variablen $\mathfrak{x}$ ganz genau so zu behandeln ist, wie die Funktionen des Ortsvektors. Denn wir können diese vektorische Variable immer von einem Ursprunge aus abtragen, so daß sie in dem betreffenden „Zustandsraume" tatsächlich zum Ortsvektor wird. Der Unterschied liegt dann nur in der physikalischen Bedeutung und in der Bezeichnung, aber nicht auf mathematisch-geometrischem Gebiete. Ist S eine Funktion von $\mathfrak{x}$ und

$$(21)\qquad d\mathfrak{x} = dX_1\, \mathfrak{e}_1^* + dX_2\, \mathfrak{e}_2^* + dX_3\, \mathfrak{e}_3^*,$$

so folgt aus

$$(22)\qquad dS = \frac{\partial S}{\partial X_1}\, dX_1 + \frac{\partial S}{\partial X_2}\, dX_2 + \frac{\partial S}{\partial X_3}\, dX_3 :$$

$$(23)\qquad \frac{dS}{\partial \mathfrak{x}} = \frac{\partial S}{\partial X_1}\, \mathfrak{e}_1 + \frac{\partial S}{\partial X_2}\, \mathfrak{e}_2 + \frac{\partial S}{\partial X_3}\, \mathfrak{e}_3 \,.$$

Ist S eine Funktion von $\mathfrak{x}$ und $\mathfrak{x}$ eine Funktion von $\mathfrak{r}$, so folgt zunächst:

$$dS = d\mathfrak{x} \cdot \frac{dS}{d\mathfrak{x}},$$

dann

$$d\mathfrak{x} = d\mathfrak{r} \cdot \nabla \,;\, \mathfrak{x},$$

also schließlich

$$(24)\qquad dS = d\mathfrak{r} \cdot (\nabla \,;\, \mathfrak{x}) \cdot \frac{dS}{d\mathfrak{x}} \,.$$

Ganz analog gilt auch:

$$(25)\qquad \left\{ \begin{aligned} dS(\mathfrak{x}_1, \mathfrak{x}_2, \ldots) &= d\mathfrak{r} \cdot (\nabla \,;\, \mathfrak{x}_1) \cdot \frac{\partial S}{\partial \mathfrak{x}_1} \\ &\quad + d\mathfrak{r} \cdot (\nabla \,;\, \mathfrak{x}_2) \cdot \frac{\partial S}{\partial \mathfrak{x}_2} + \cdots \,. \end{aligned} \right.$$

Statt (**3**, 109) erhalten wir jetzt, wenn $\mathfrak{V}$ eine Funktion von $\mathfrak{x}$ ist:

(26) $$d\,\mathfrak{V} = d\,\mathfrak{x} \cdot \frac{d}{d\,\mathfrak{x}} \,;\, \mathfrak{V} = d\,\mathfrak{r} \cdot (\nabla \,;\, \mathfrak{x}) \cdot \frac{d}{d\,\mathfrak{x}} \,;\, \mathfrak{V}$$

und so fort.

d) Differentiation nach dyadischen und nach komplexen Veränderlichen

Auch Differentialquotienten nach einer dyadischen unabhängigen Variablen φ können wir ganz ähnlich wie jene nach einer vektorischen Variablen in invarianter Weise definieren.

Bedeutet $S(\varphi)$ eine skalare Funktion der dyadischen Variablen φ mit den erforderlichen Stetigkeits- und Differenzierbarkeitseigenschaften, so erhalten wir, wenn

(1) $$d\varphi = \sum_{\varkappa=1}^{3} \sum_{\lambda=1}^{3} \mathfrak{p}_\varkappa \,;\, \mathfrak{p}_\lambda \, d\varphi_{\varkappa\lambda}$$

gesetzt wird, worin die $\mathfrak{p}_\varkappa$ auch hier, wie in (**7**, 112), den Vektoren eines Dreibeins entsprechen sollen, das totale Differential:

(2) $$dS = \sum_{\varkappa=1}^{3} \sum_{\lambda=1}^{3} d\varphi_{\varkappa\lambda} \frac{\partial S}{\partial \varphi_{\varkappa\lambda}} \,.$$

Durch transformationstechnische Untersuchungen findet man wieder leicht, daß die $\frac{\partial S}{\partial \varphi_{\varkappa\lambda}}$ die Maßzahlen einer Dyade sind und erhält demgemäß:

(3) $$\frac{dS}{d\varphi} = \sum_{\varkappa=1}^{3} \sum_{\lambda=1}^{3} \mathfrak{p}_\varkappa \,;\, \mathfrak{p}_\lambda \frac{\partial S}{\partial \varphi_{\varkappa\lambda}} \,.$$

Aus (**1**, 117), (**2**, 117), (**3**, 117) folgt:

(4) $$dS = d\varphi : \frac{dS}{d\varphi} \,.$$

Faßt man in (**1**, 117) je drei Glieder zu

(5) $$\sum_{\varkappa=1}^{3} \mathfrak{p}_\varkappa \, d\varphi_{\varkappa\lambda} = d\mathfrak{A}_\lambda$$

zusammen, so folgt wegen (**23**, 116):

(6) $$\sum_{\varkappa=1}^{3} \mathfrak{p}_\varkappa \frac{\partial S}{\partial \varphi_{\varkappa\lambda}} = \frac{\partial S}{\partial \mathfrak{A}_\lambda}$$

und dann statt (**2**, 117):

(7) $$dS = \sum_{\lambda=1}^{3} d\mathfrak{A}_\lambda \cdot \frac{\partial S}{d\mathfrak{A}_\lambda}\,.$$

Aus (**3**, 117) ergeben sich die Rechenregeln:

(8) $$\frac{d\,[S_1(\varphi) + S_2(\varphi)]}{d\varphi} = \frac{dS_1}{d\varphi} + \frac{dS_2}{d\varphi}\,,$$

(9) $$\frac{d\,[S_1(\varphi)\, S_2(\varphi)]}{d\varphi} = \frac{dS_1}{d\varphi} S_2 + S_1 \frac{dS_2}{d\varphi}\,,$$

(10) $$\frac{dF(S)}{d\varphi} = \frac{dF}{dS}\,\frac{dS}{d\varphi}\,.$$

Aus (**3**, 117) folgt auch weiter:

(11) $$\left(\frac{dS}{d\varphi}\right)_c = \frac{dS}{d\varphi_c}\,.$$

Zerlegen wir die Dyaden in ihren symmetrischen und antisymmetrischen Teil, so folgt:

(12) $$d\varphi = \tfrac{1}{2}\, d\,(\varphi + \varphi_c) - \tfrac{1}{2}\, I \times d\varphi_\times\,,$$

(13) $$\frac{dS}{d\varphi} = \frac{1}{2}\left[\frac{dS}{d\varphi} + \frac{dS}{d\varphi_c}\right] - \frac{1}{2}\, I \times \left(\frac{dS}{d\varphi}\right)_\times .$$

Mit Rücksicht auf (**31**, 43) und (**9**, 44) erhalten wir schließlich:

(14) $$dS = \frac{1}{4}\, d\,(\varphi + \varphi_c) : \left[\frac{dS}{d\varphi} + \frac{dS}{d\varphi_c}\right] + \frac{1}{2}\, d\varphi_\times \cdot \left(\frac{dS}{d\varphi}\right)_\times .$$

Auch im Falle einer dyadischen Variablen können wir zum Differentialquotienten einer vektorischen Funktion $\mathfrak{B}(\varphi)$ oder einer dyadischen Funktion $\Phi(\varphi)$ fortschreiten. Die abgeleitete Triade bzw. Tetrade wären dann durch

(15) $$d\mathfrak{B} = d\varphi : \left(\frac{d}{d\varphi}\,;\,\mathfrak{B}(\varphi)\right) = d\varphi : \left(\sum_{\varkappa=1}^{3}\sum_{\lambda=1}^{3} \mathfrak{p}_\varkappa\,;\,\mathfrak{p}_\lambda\,;\,\frac{\partial \mathfrak{B}}{\partial \varphi_{\varkappa\lambda}}\right)$$

beziehungsweise durch

(16) $$d\Phi = d\varphi : \left(\frac{d}{d\varphi} ; \Phi(\varphi)\right)$$

gegeben.

Schließlich bemerken wir noch, daß Ableitungen komplexer, skalarer oder extensiver Funktionen nach reellen extensiven Variablen keinerlei Schwierigkeiten bereiten, wenn man nur beachtet, daß die imaginäre Einheit beim Differenzieren als konstanter Skalarfaktor zu behandeln ist.

Liegt eine Funktion, also etwa eine skalare Funktion einer komplexen extensiven Variablen, z. B. von $\mathfrak{z} = \bar{\mathfrak{z}} + i\,\bar{\bar{\mathfrak{z}}}$ vor, so drücken wir, was ja immer möglich ist, $\mathfrak{z}$ in der Form

(17) $$\mathfrak{z} = z_1\,\mathfrak{i} + z_2\,\mathfrak{j} + z_3\,\mathfrak{k}$$

mit

(18) $$z_\varkappa = x_\varkappa + i\,y_\varkappa \qquad \text{für } \varkappa = 1, 2, 3$$

aus. Es gilt dann:

(19) $$dS = \sum_{\varkappa=1}^{3} dz_\varkappa \frac{\partial S}{\partial z_\varkappa},$$

da wir S als Funktion der drei komplexen skalaren Variablen $z_\varkappa$ auffassen können. Analog wie im Reellen schließen wir transformationstechnisch, daß die komplexen skalaren Größen $\frac{\partial S}{\partial z_\varkappa}$ die komplexen Maßzahlen eines Bivektors sind, und erhalten so:

(20) $$\frac{dS}{d\mathfrak{z}} = \sum_{\varkappa=1}^{3} \mathfrak{p}_\varkappa \frac{\partial S}{\partial z_\varkappa}.$$

Damit erscheint auch diese Aufgabe auf das hier als bekannt anzusehende Gebiet von Funktionen skalarer komplexer Variablen zurückgeführt. Insbesondere wird der vektorische Differentialquotient $\frac{dS}{d\mathfrak{z}}$ existieren, wenn die partiellen Differentialquotienten nach den skalaren Variablen $z_\varkappa$ existieren.

Der Übergang zu komplexen dyadischen Variablen bzw. zu vektorischen und dyadischen Funktionen von komplexen extensiven Variablen erfolgt grundsätzlich in ähnlicher Weise, wie wir es soeben für die skalare Funktion einer komplexen vektorischen Variablen angedeutet haben.

e) Einige Formeln

Zum Schlusse seien noch einige einfache Beispiele für das Differenzieren explizit gegebener Funktionen des Ortsvektors angefügt:

$$\nabla \,;\, \mathfrak{r} = \mathfrak{r} \,;\, \nabla = I\,, \tag{1}$$

$$\nabla \times \mathfrak{r} = 0\,, \qquad \nabla \cdot \mathfrak{r} = 3\,. \tag{2}$$

Bedeutet $\mathfrak{q}$ einen konstanten Vektor, ψ eine konstante Dyade, so folgt nach den Formeln (**1**, 114) bis (**10**, 115):

$$\nabla \,;\, (\mathfrak{r} \times \mathfrak{q}) = I \times \mathfrak{q}\,, \tag{3}$$

$$\nabla \times (\mathfrak{r} \times \mathfrak{q}) = -2\,\mathfrak{q}\,, \qquad \nabla \cdot (\mathfrak{r} \times \mathfrak{q}) = 0\,, \tag{4}$$

$$\nabla \,;\, (\mathfrak{r} \cdot \psi) = \psi\,, \tag{5}$$

$$\nabla \times (\mathfrak{r} \cdot \psi) = \psi_{\times}\,, \qquad \nabla \cdot (\mathfrak{r} \cdot \psi) = \psi_{I}\,, \tag{6}$$

$$\nabla (\mathfrak{r} \cdot \mathfrak{q}) = \mathfrak{q}\,, \qquad \nabla F(\mathfrak{r} \cdot \mathfrak{q}) = \frac{dF}{d(\mathfrak{r} \cdot \mathfrak{q})}\,\mathfrak{q}\,, \tag{7}$$

$$\nabla (\mathfrak{r} \cdot \mathfrak{r}) = 2\,\mathfrak{r}\,, \qquad \nabla F(\mathfrak{r} \cdot \mathfrak{r}) = \frac{dF}{d(\mathfrak{r} \cdot \mathfrak{r})}\,2\,\mathfrak{r}\,, \tag{8}$$

$$\nabla \frac{1}{r} = -\frac{\mathfrak{r}}{r^3}\,, \qquad \nabla \cdot \nabla \frac{1}{r} = -\frac{3}{r^3} + \frac{3\mathfrak{r}^2}{r^5} = 0\,. \tag{9}$$

4. Integraloperationen

Da sich nach unseren allgemeinen Definitionsgleichungen für die Differentiale extensiver Größen jedes extensive Differential letzten Endes auf skalare Differentiale zurückführen läßt, genügt es für den grundsätzlichen Anschluß an die gewöhnliche, skalare Integralrechnung, wenn wir wieder ganz allgemein fordern: Die Projektion des Integrals einer extensiven Größe nach einer skalaren Variablen auf eine beliebige feste Richtung soll dem Integrale der Projektion dieser extensiven Größe auf die betreffende feste Richtung gleich sein.

Bedeuten $\mathfrak{e}$ eine beliebige konstante Richtung und t eine beliebige skalare Variable, $\mathfrak{A}(t)$ bzw. $\Phi(t)$ integrable Funktionen von t, so soll demnach

$$\left[\int \mathfrak{A}\, dt\right] . \mathfrak{e} \equiv \int (\mathfrak{A} . \mathfrak{e})\, dt\,, \tag{1}$$

$$\left[\int \Phi\, dt\right] . \mathfrak{e} \equiv \int (\Phi . \mathfrak{e})\, dt \tag{2}$$

sein und analog für extensive Größen höheren Ranges.

Aus den Definitionsgleichungen folgt sofort: Ist

$$\mathfrak{A} = \frac{d\mathfrak{B}}{dt}\,, \qquad \Phi = \frac{d\Psi}{dt}\,, \tag{3}$$

so gilt:

$$\int_{t_1}^{t_2} \mathfrak{A}\, dt = \int_{t_1}^{t_2} d\mathfrak{B} = \mathfrak{B}(t_2) - \mathfrak{B}(t_1)\,, \tag{4}$$

$$\int_{t_1}^{t_2} \Phi\, dt = \int_{t_1}^{t_2} d\Psi = \Psi(t_2) - \Psi(t_1)\,. \tag{5}$$

Selbstverständlich erhalten wir auch die Sätze:

$$\int [\mathfrak{A}_1(t) \pm \mathfrak{A}_2(t)]\, dt = \int \mathfrak{A}_1(t)\, dt \pm \int \mathfrak{A}_2(t)\, dt\,, \tag{6}$$

$$\int [\Phi_1(t) \pm \Phi_2(t)]\, dt = \int \Phi_1(t)\, dt \pm \int \Phi_2(t)\, dt\,. \tag{7}$$

Alle Regeln für das Differenzieren von Produkten können für das Verfahren der Produktintegration herangezogen werden.

Bedeutet z. B. $S(t)$ eine skalare Funktion von t, so folgt:

$$\int S\, d\mathfrak{A} = \int d(S\mathfrak{A}) - \int \mathfrak{A}\, dS \tag{8}$$

oder

$$\int_{t_1}^{t_2} S\, d\mathfrak{A} = [S\mathfrak{A}]_{t_1}^{t_2} - \int_{t_1}^{t_2} \mathfrak{A}\, dS\,. \tag{9}$$

Ganz analog erhält man:

$$\int_{t_1}^{t_2} \mathfrak{A}_2 . d\mathfrak{A}_1 = [\mathfrak{A}_2 . \mathfrak{A}_1]_{t_1}^{t_2} - \int_{t_1}^{t_2} \mathfrak{A}_1 . d\mathfrak{A}_2\,, \tag{10}$$

$$\int_{t_1}^{t_2} \mathfrak{A}_2 \times d\mathfrak{A}_1 = [\mathfrak{A}_2 \times \mathfrak{A}_1]_{t_1}^{t_2} - \int_{t_1}^{t_2} (d\mathfrak{A}_2) \times \mathfrak{A}_1\,, \tag{11}$$

$$\int_{t_1}^{t_2} \Phi . d\mathfrak{A} = [\Phi . \mathfrak{A}]_{t_1}^{t_2} - \int_{t_1}^{t_2} (d\Phi) . \mathfrak{A} \tag{12}$$

usf.

Die Einführung einer neuen Integrationsvariablen macht natürlich auch keine Schwierigkeiten. Ist etwa $t\,(u)$ selbst eine eindeutige, differenzierbare, skalare Funktion von u, so können wir $\mathfrak{A}\,(t)$ auch als Funktion von u auffassen. Indem wir auch hier, wie schon bisher stets, wenn es sich um dieselbe Größe handelt, dasselbe Funktionszeichen beibehalten, können wir schreiben:

$$\mathfrak{A}\,(t) = \mathfrak{A}\,(u)$$

und dann:

$$\int \mathfrak{A}\,(t)\,dt = \int \mathfrak{A}\,(u)\,\frac{dt}{du}\,du\,. \tag{13}$$

Hängt eine extensive, beispielsweise eine vektorische Funktion (für dyadische oder extensive Funktionen noch höheren Ranges unterscheiden sich die folgenden Überlegungen formal nur durch das Funktionszeichen) in stetiger Weise von zwei skalaren Variablen, etwa von s und t ab, so erhalten wir zunächst für irgendeinen konstanten Wert von s:

$$\int_{t_1}^{t_2} \mathfrak{A}\,(s, t)\,dt = \mathfrak{B}\,(s)\,. \tag{14}$$

Da im betrachteten Bereiche die vektorische Funktion $\mathfrak{A}\,(s, t)$ in bezug auf s und t stetig sein soll, müssen alle Projektionen der vektorischen Funktion stetige skalare Funktionen von s und t sein. Auf Grund unserer allgemeinen Definitionsgleichungen schließen wir demnach aus (**14**, 122): Es muß, wie in der gewöhnlichen Integralrechnung, auch die vektorische Funktion $\mathfrak{B}$ eine stetige Funktion von s sein.

Existiert ein stetiger partieller Differentialquotient $\frac{\partial \mathfrak{A}}{\partial s}$, so wird weiter

$$\int_{t_1}^{t_2} \frac{\partial \mathfrak{A}\,(s, t)}{\partial s}\,dt = \frac{d\mathfrak{B}\,(s)}{ds} \tag{15}$$

gelten müssen.

Integrieren wir (**14**, 122) auch nach s, so gelangen wir zum Doppelintegral:

$$\int_{s_1}^{s_2} \mathfrak{B}\,(s)\,ds = \int_{s_1}^{s_2} ds \int_{t_1}^{t_2} \mathfrak{A}\,(s, t)\,dt\,. \tag{16}$$

Wie in der gewöhnlichen Integralrechnung, muß für stetige vektorische (dyadische usw.) Funktionen die Integrationsfolge, wenn das Integrationsgebiet endlich ist, jedenfalls vertauschbar sein.

Weiter wird die Integrationsfolge auch dann noch vertauschbar sein müssen, wenn $\mathfrak{A}(s, t)$ zwar nicht im ganzen Bereiche stetig ist, der Gesamtbereich sich aber derart in endlich viele Teilbereiche zerlegen läßt, daß unsere Voraussetzung für jeden Teilbereich zutrifft. Würde man s und t als rechtwinklige Koordinaten auftragen, so entspräche der Ansatz (**16**, 122) einem rechteckigen Bereiche. Ist $\mathfrak{A}(s, t)$ nicht über ein Rechteck zu integrieren, so kann man diesen allgemeinen Fall nach obiger Bemerkung auf den des rechteckigen Bereiches zurückführen, indem man einen rechteckigen Bereich wählt, der den tatsächlich gegebenen, beliebig begrenzten Bereich in sich schließt und den Integranden $\mathfrak{A}(s, t)$ für alle nicht dem tatsächlichen Bereiche angehörenden Punkte gleich Null setzt.

Damit ist das Doppelintegral für jeden unseren Voraussetzungen entsprechenden Integranden definiert:

$$(17) \qquad \int_{s_1}^{s_2} ds \int_{t_1}^{t_2} dt\, \mathfrak{A}(s, t) = \int_{t_1}^{t_2} dt \int_{s_1}^{s_2} ds\, \mathfrak{A}(s, t) = \iint_R ds\, dt\, \mathfrak{A}(s, t)\,.$$

Hierin bedeutet R den tatsächlich in Betracht kommenden Bereich. Selbstverständlich gelten die hier angestellten Überlegungen zunächst nur für eigentliche Integrale. Der Übergang zu uneigentlichen Integralen, insbesondere zu unendlich ausgedehnten Integrationsgebieten, erfolgt dann in derselben Weise wie in der Theorie der skalaren Funktionen.

Führt man statt s und t neue Variable u und v ein, so kommt, wie in der gewöhnlichen Integralrechnung, die Funktionaldeterminante ins Spiel.

Genau dieselben Überlegungen gelten auch für drei- und mehrfache Integrale von extensiven Funktionen dreier bzw. mehrerer skalarer Variablen. Wir brauchen sie nicht zu wiederholen. Auch wenn es sich um die Integration einer extensiven Funktion der komplexen skalaren Variablen $z = x + i\,y$ handelt, führt man die Aufgabe, durch Projektion der extensiven

Größen auf feste Richtungen, auf die entsprechenden Sätze aus der Theorie der skalaren Funktionen komplexen Argumentes zurück. Das bisher Besprochene reicht hin, um zu erkennen, wie zur Beantwortung jeder auftauchenden Frage im Gebiete der extensiven Größen die Zurückführung auf die bekannten Sätze der gewöhnlichen skalaren Integralrechnung leicht gelingt.

Von großem Vorteil für alles folgende ist es, wenn wir uns die Bedeutung jedes Integrals als den Grenzfall einer Summe über unendlich viele, unendlich kleine Summanden stets vor Augen halten. Dabei kann die Kennzeichnung „unendlich viele" bzw. „unendlich kleine" bei der praktischen Anwendung meist ruhig durch die Kennzeichnung „sehr viele" bzw. „sehr kleine" ersetzt werden. Jedenfalls wird es den anschaulichen Überblick eines gegebenen Problems in der Regel ungemein erleichtern, wenn wir anfangs stets mit gewöhnlichen Summen arbeiten und nachher erst den exakten Grenzübergang zum Integrale durchführen.

5. Linien-, Flächen-, Raumintegrale. Stokesscher Satz, Gaußscher Satz und verwandte Sätze

a) Linien-, Flächen- und Raumintegrale

Es sei der Ortsvektor $\mathfrak{r}(t)$ (jede andere reelle vektorische Variable läßt sich, wie schon betont, stets als Ortsvektor auffassen) als stetige Funktion des reellen, skalaren Parameters t gegeben, beispielsweise in der Form:

$$\mathfrak{r}(t) = x(t)\,\mathfrak{i} + y(t)\,\mathfrak{j} + z(t)\,\mathfrak{k}, \tag{1}$$

worin natürlich $x(t)$, $y(t)$, $z(t)$ stetige, reelle, skalare Funktionen von t sein müssen. Durchläuft t einen bestimmten Wertebereich, so beschreibt die Spitze des Ortsvektors eine Linie im Raume. Die Differenz

$$\mathfrak{r}(t_2) - \mathfrak{r}(t_1) = \delta\,\mathfrak{r} \tag{2}$$

entspricht der die beiden Kurvenpunkte verbindenden Sehne. Der Differentialquotient

$$\frac{d\mathfrak{r}}{dt} = \mathfrak{v} \tag{3}$$

ist demgemäß ein Vektor, der die Richtung der Kurventangente in dem betreffenden Punkte hat. Wir setzen im folgenden immer voraus, daß $\frac{d\mathfrak{r}}{dt}$ im betrachteten Bereiche nicht verschwindet und bis auf höchstens endlich viele Stellen eine stetige Funktion von t ist. Besitzt die Linie Ecken, so gehören zu jedem Eckpunkte natürlich zwei verschiedene Tangentenrichtungen. Im Sinne unserer Voraussetzungen sollen sich die betrachteten Linien also bis auf endlich viele Eckpunkte regulär verhalten. Die Linie soll stückweise glatt sein. Bedeutet $H(\mathfrak{r})$, wie in (**14**, 115), wieder irgendeine extensive Funktion von $\mathfrak{r}$, so definieren wir als Linienintegral (Kurvenintegral) der Funktion $H(\mathfrak{r})$, genommen längs der durch $\mathfrak{r}(t)$ gegebenen Linie (Kurve), das Integral

$$\int_{t_0}^{t_n} d\mathfrak{r} \,.\, H(\mathfrak{r}) = \sum_{\iota=0}^{n-1} \int_{t_\iota}^{t_{\iota+1}} \frac{d\mathfrak{r}}{dt} dt \,.\, H(\mathfrak{r})\,. \tag{4}$$

Jeder einzelne Summand bezieht sich auf je ein zwischen zwei Ecken liegendes, stetiges Stück der Linie. Eine weitere Unterteilung der Intervalle wird nötig, wenn auch $H(\mathfrak{r})$ Unstetigkeiten aufweist. Das Vorzeichen des Linienintegrals hängt natürlich davon ab, ob die Linie im Sinne zunehmender oder abnehmender Werte des Parameters t durchlaufen wird.

Man beachte, daß sich jedes längs $\mathfrak{r}(t)$ zu nehmende Integral in der Form (**4**, 125) schreiben läßt. Bedeutet beispielsweise $S(\mathfrak{r})$ eine skalare Funktion von $\mathfrak{r}$, so gilt:

$$\int_{t_0}^{t_n} d\mathfrak{r}\, S(\mathfrak{r}) = \int_{t_0}^{t_n} d\mathfrak{r} \,.\, [S(\mathfrak{r})\, I]\,. \tag{5}$$

Die entsprechende Behauptung trifft auch für die nunmehr zu behandelnden Flächenintegrale zu.

Wir setzen jetzt den Ortsvektor $\mathfrak{r}(s, t)$ als stetige Funktion von zwei unabhängigen, reellen, skalaren Parametern s und t voraus. Er sei etwa in der Form

$$\mathfrak{r}(s, t) = x(s, t)\,\mathfrak{i} + y(s, t)\,\mathfrak{j} + z(s, t)\,\mathfrak{k} \tag{6}$$

gegeben. Durchlaufen s und t ihre Wertebereiche, so beschreibt die Spitze des Ortsvektors ein Fläche (ein Flächenstück). Bilden wir das totale Differential

$$d\mathfrak{r} = \frac{\partial \mathfrak{r}}{\partial s}\,ds + \frac{\partial \mathfrak{r}}{\partial t}\,dt = \mathfrak{e}_2^*\,ds + \mathfrak{e}_3^*\,dt, \tag{7}$$

so bestimmen die partiellen Differentialquotienten die Richtungen der Tangenten an die durch den betrachteten Flächenpunkt s_0, t_0 laufenden Kurven $\mathfrak{r}(s, t_0)$ und $\mathfrak{r}(s_0, t)$, es entspricht also mit Rücksicht auf (6, 33) und (9, 35)

$$\frac{\partial \mathfrak{r}}{\partial s} \times \frac{\partial \mathfrak{r}}{\partial t} = \mathfrak{e}_2^* \times \mathfrak{e}_3^* = \mathfrak{e}_1 \sqrt{g^*} = \mathfrak{N} \tag{8}$$

der Richtung der Flächennormale. Wieder setzen wir voraus, daß $\mathfrak{N}$ nirgends verschwindet und daß die beiden partiellen Differentialquotienten bis auf eine endliche Anzahl von Kanten und Ecken der Fläche stetige Funktionen der beiden Parameter sind. Demgemäß soll also die betrachtete Fläche stets aus einer endlichen Anzahl von Flächenstücken bestehen, die sich regulär verhalten, wodurch zum Ausdruck gebracht werden soll, daß diese Flächenstücke stetig sind und in jedem Punkte eine Tangentialebene besitzen.

Wir können uns irgendein reguläres Flächenstück stets durch die beiden geeignet gewählten Kurvenscharen $\mathfrak{r}(s, t)_{t=\text{konst.}}$ und $\mathfrak{r}(s, t)_{s=\text{konst.}}$ in elementare Parallelogramme unterteilt denken. Greifen wir z. B. in Fig. 6 das schraffierte Parallelogramm heraus, und ist der Punkt s_0, t_0 durch den Ortsvektor $\mathfrak{r}(s_0, t_0)$ gegeben, so ist die Verbindungslinie vom Punkte s_0, t_0 zum Punkte $s_0 + ds, t_0$, die wir bis auf Größen höherer Ordnung als Gerade ansehen können, durch

$$\mathfrak{r}(s_0 + ds, t_0) - \mathfrak{r}(s_0, t_0) = \left(\frac{\partial \mathfrak{r}}{\partial s}\right)_0 ds \tag{9}$$

und analog die Verbindungsgerade von s_0, t_0 zu $s_0, t_0 + dt$ durch

$$(10) \qquad \mathfrak{r}(s_0, t_0 + dt) - \mathfrak{r}(s_0, t_0) = \left(\frac{\partial \mathfrak{r}}{\partial t}\right)_0 dt$$

bestimmt. Bilden wir nun das Vektorprodukt aus den beiden durch (**9**, 126) und (**10**, 127) gegebenen Vektoren, so entspricht nach der Definition des Vektorproduktes der Betrag von

$$(11) \qquad \frac{\partial \mathfrak{r}}{\partial s} \times \frac{\partial \mathfrak{r}}{\partial t}\, ds\, dt = d\mathfrak{o}$$

dem Flächeninhalte des schraffierten Parallelogramms, die Richtung von $d\mathfrak{o}$ aber, gemäß (**8**, 126), der Richtung der

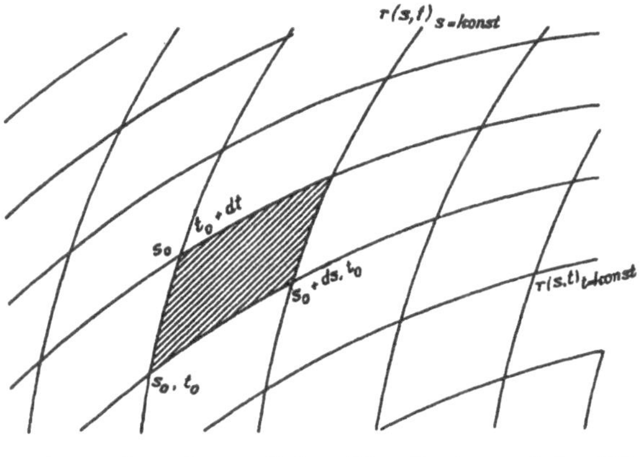

Fig. 6. Verwendung krummliniger Koordinaten auf der Fläche

Flächennormale am Orte des elementaren Parallelogramms, und zwar derart, daß, von der Spitze des Vektors $d\mathfrak{o}$ aus beurteilt, der Punkt $s_0 + ds, t_0$ auf kürzestem Wege, dem Uhrzeigersinne entgegen, also durch eine positive Drehung, in die Richtung von $s_0, t_0 + dt$ übergeführt werden kann.

Wir werden hier erstmals darauf geführt, daß man axiale Vektoren oder nach unseren früheren Darlegungen ebensogut auch antisymmetrische Dyaden mit Vorteil als Flächengrößen oder, wie man zu sagen pflegt, als Plangrößen verwenden kann. Man beachte aber, daß durch einen als Plangröße aufgefaßten Vektor $\mathfrak{v}$ an sich lediglich ein bestimmter Flächeninhalt auf einer in bestimmter Weise orientierten Ebene festgelegt werden kann.

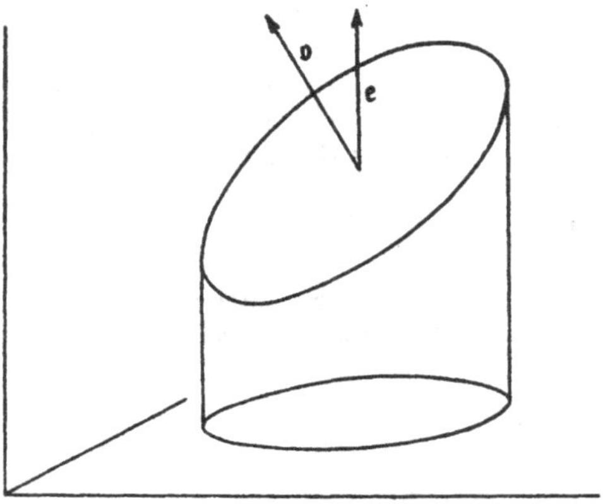

Fig. 7. Projektion eines ebenen Flächenstückes auf eine andere Ebene

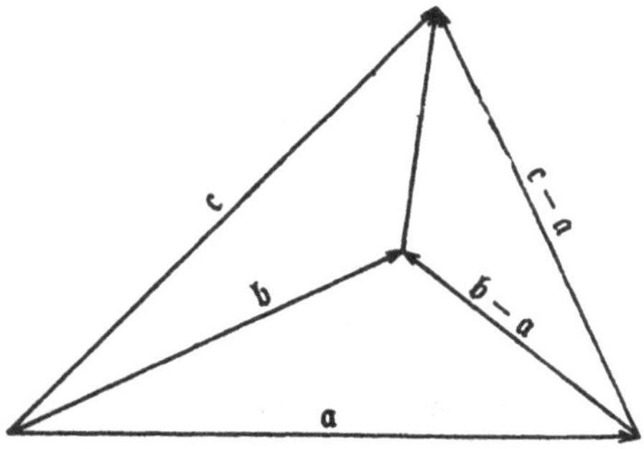

Fig. 8. Satz über die Oberfläche eines Tetraeders

Wir machen die wichtige Bemerkung, daß die Projektion eines ebenen Flächenstückes auf irgendeine andere Ebene stets durch das skalare Produkt des Flächenvektors $\mathfrak{v}$ in den der positiven Einheitsnormale der anderen Ebene entsprechenden Vektor $\mathfrak{e}$ gegeben sein wird. Dabei ergibt sich der Wert dieser Projektion positiv oder negativ, je nachdem $\mathfrak{v}$ mit $\mathfrak{e}$ einen spitzen oder einen stumpfen Winkel bildet. (Fig. 7.) Daraus folgert man sofort, daß die Projektion der gesamten aus beliebig vielen, beliebig berandeten ebenen Flächenstücken bestehenden Oberfläche eines begrenzten Raumes oder Körpers auf eine beliebige Ebene stets den Wert Null ergeben muß. Das heißt aber: die Vektorsumme der Flächenvektoren $\mathfrak{v}_\varkappa$

aller Teilflächen der geschlossenen Fläche muß selbst verschwinden

$$(12) \qquad \sum_{\varkappa} \mathfrak{o}_{\varkappa} = 0$$

für jede geschlossene Fläche. Insbesondere folgt für ein beliebiges Tetraeder, wie man aus Fig. 8 unmittelbar verifiziert:

$$(13) \qquad \tfrac{1}{2}(\mathfrak{b} - \mathfrak{a}) \times (\mathfrak{c} - \mathfrak{a}) = \tfrac{1}{2}\mathfrak{a} \times \mathfrak{b} + \tfrac{1}{2}\mathfrak{b} \times \mathfrak{c} + \tfrac{1}{2}\mathfrak{c} \times \mathfrak{a}.$$

Geht man bei gekrümmten Oberflächen von der Summe zum Integral über, so erhält man für jede geschlossene Oberfläche:

$$(14) \qquad \oint d\mathfrak{o} = 0.$$

Nach diesen Vorüberlegungen definieren wir nun als Flächenintegral der extensiven Funktion $H(\mathfrak{r})$ das Doppelintegral

$$(15) \quad \begin{cases} \int\limits_F d\mathfrak{o} \,.\, H(\mathfrak{r}) = \iint\limits_{B_1} \frac{\partial \mathfrak{r}}{\partial s} \times \frac{\partial \mathfrak{r}}{\partial t} \, ds \, dt \,.\, H(\mathfrak{r}) + \cdots \\ \qquad + \iint\limits_{B_n} \frac{\partial \mathfrak{r}}{\partial s} \times \frac{\partial \mathfrak{r}}{\partial t} \, ds \, dt \,.\, H(\mathfrak{r}), \end{cases}$$

worin sich die Teilbereiche B_1 bis B_n auf je eine reguläre Teilfläche der gesamten Fläche beziehen. Eine weitere Unterteilung der Teilbereiche wird wieder nötig, wenn auch $H(\mathfrak{r})$ selbst Unstetigkeiten besitzt. Jeder Teilbereich entspricht dann einem Gebiet, in welchem $\frac{\partial \mathfrak{r}}{\partial s} \times \frac{\partial \mathfrak{r}}{\partial t} \,.\, H(\mathfrak{r})$ stetig bleibt.

Schließlich entspricht das Volumintegral oder Raumintegral einer extensiven Funktion $H(\mathfrak{r})$ dem dreifachen Integrale. Hängt der Ortsvektor $\mathfrak{r}(p, s, t)$ von drei geeignet gewählten reellen, skalaren Parametern p, s, t ab, so kann seine Spitze jeden Punkt des betrachteten Raumes erreichen. Wiederholung der früheren Überlegungen und die entsprechende Ergänzung der Fig. 6 nach der dritten Raumdimension ergibt für jedes elementare Parallelepiped das Volumen:

$$(16) \quad \frac{\partial \mathfrak{r}}{\partial p} \times \frac{\partial \mathfrak{r}}{\partial s} \,.\, \frac{\partial \mathfrak{r}}{\partial t} \, dp \, ds \, dt = [\mathfrak{e}_1^* \; \mathfrak{e}_2^* \; \mathfrak{e}_3^*] \, dp \, ds \, dt = \sqrt{g^*} \, dp \, ds \, dt = dV.$$

Mit Berücksichtigung von endlich vielen Unstetigkeiten von $\sqrt{g^*}\, H(\mathfrak{r})$ gelangt man zur Definition des Raumintegrals durch

$$(17) \quad \int_V dV\, H(\mathfrak{r}) = \iiint_{B_1} \sqrt{g^*}\, dp\, ds\, dt\, H(\mathfrak{r}) + \cdots + \iiint_{B_n} \sqrt{g^*}\, dp\, ds\, dt\, H(\mathfrak{r})$$

Ausdrücke von der Form $\sqrt{g^*}\, H(\mathfrak{r})$ pflegt man „Tensordichten" zu nennen.

b) Umformung von Linienintegralen in Flächenintegrale. Stokesscher Satz

Wir bilden nun ein Linienintegral über einen geschlossenen Linienzug, wir nennen es ein Umlaufsintegral, und schreiben:

$$(1) \qquad \oint d\mathfrak{r} \,.\, H(\mathfrak{r})\,.$$

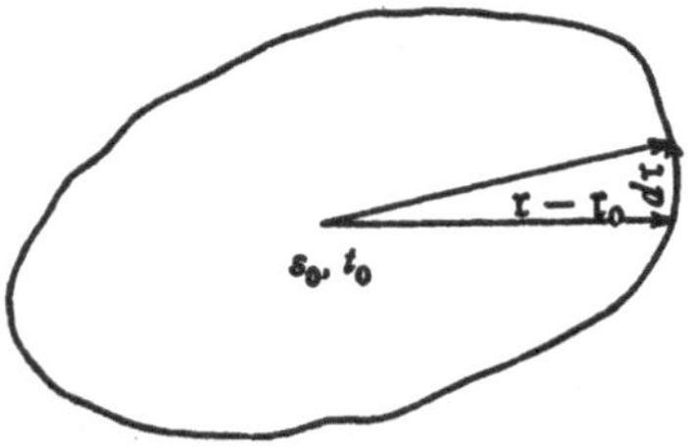

Fig. 9. Umlaufsintegral um ein Flächenelement

Es sei im besonderen $H(\mathfrak{r}) = S(\mathfrak{r})\, I$; wir beschränken uns auf ein irgendwie berandetes Flächenelement, dessen Randkurve in bestimmtem Sinne umlaufen werden soll. Es sei der Ortsvektor als Funktion zweier skalarer Parameter s, t gegeben, welche wir uns hier so gewählt denken, daß die Randkurve durch

$$(2) \qquad s = \text{konst.}$$

charakterisiert werden kann. Dann folgt aus

$$(3) \qquad d\mathfrak{r} = \frac{\partial \mathfrak{r}}{\partial s}\, ds + \frac{\partial \mathfrak{r}}{\partial t}\, dt$$

längs der Randkurve:

$$(4) \qquad d\mathfrak{r} = \frac{\partial \mathfrak{r}}{\partial t}\, dt\,.$$

Wir erhalten somit das Umlaufsintegral

$$\oint d\mathfrak{r}\, S(\mathfrak{r}) = \oint \frac{\partial \mathfrak{r}}{\partial t}\, dt\, S(\mathfrak{r})\,. \tag{5}$$

Bezeichnen wir den s_0, t_0 entsprechenden Punkt durch $\mathfrak{r}_0$ und schreiten wir von diesem Punkte zu den Punkten der nur infinitesimal entfernten Randkurve fort, so entspricht der Relation (8, 106) die Entwicklung

$$S(\mathfrak{r}) = S(\mathfrak{r}_0) + d\mathfrak{r}\,.\,(\nabla S)_0 = S(\mathfrak{r}_0) + (\mathfrak{r} - \mathfrak{r}_0)\,.\,(\nabla S)_0\,. \tag{6}$$

Die exakte Form dieser Gleichung für endliche Flächenstücke ist durch den Mittelwertsatz

$$S(\mathfrak{r}) - S(\mathfrak{r}_0) = (\mathfrak{r} - \mathfrak{r}_0)\,.\,(\nabla S)_{\bar{\mathfrak{r}}} \tag{7}$$

gegeben, worin $\bar{\mathfrak{r}}$ einen bestimmten Ortsvektor zwischen $\mathfrak{r}$ und $\mathfrak{r}_0$ bedeutet.

Statt zunächst mit dieser exakten Relation für endliche Flächenstücke zu rechnen und erst am Schlusse den Grenzübergang zu infinitesimalen Flächenstücken zu vollziehen, ist es einfacher, sofort infinitesimale Flächenstücke einzuführen. Eine Einbuße an Exaktheit ist nicht zu befürchten, wenn der Leser die soeben betonten Zusammenhänge stets vor Augen behält. Dementsprechend rechnen wir mit Gleichung (6, 131) weiter. (6, 131) in (5, 131) eingesetzt, ergibt:

$$\oint d\mathfrak{r}\, S(\mathfrak{r}) = S(\mathfrak{r}_0) \oint d\mathfrak{r} + (\nabla S)_0\,.\oint (\mathfrak{r} - \mathfrak{r}_0)\,;d\mathfrak{r}\,, \tag{8}$$

worin sich $d\mathfrak{r}$ auf die Randkurve bezieht. Wir bilden:

$$\left\{\begin{aligned} (\mathfrak{r} - \mathfrak{r}_0)\,;d\mathfrak{r} &= (\mathfrak{r} - \mathfrak{r}_0)\,;d(\mathfrak{r} - \mathfrak{r}_0) \\ &= \tfrac{1}{2}\left[(\mathfrak{r} - \mathfrak{r}_0)\,;d(\mathfrak{r} - \mathfrak{r}_0) + d(\mathfrak{r} - \mathfrak{r}_0)\,;(\mathfrak{r} - \mathfrak{r}_0)\right] \\ &\quad - \tfrac{1}{2} I \times [(\mathfrak{r} - \mathfrak{r}_0) \times d(\mathfrak{r} - \mathfrak{r}_0)]\,. \end{aligned}\right. \tag{9}$$

Mit Benützung von (9, 131) nimmt (8, 131) die Form an:

$$\left\{\begin{aligned} \oint d\mathfrak{r}\, S(\mathfrak{r}) &= S(\mathfrak{r}_0)\oint d\mathfrak{r} + \tfrac{1}{2}(\nabla S)_0\,.\oint d\,[(\mathfrak{r} - \mathfrak{r}_0)\,;(\mathfrak{r} - \mathfrak{r}_0)] \\ &\quad - \tfrac{1}{2}\oint (\nabla S)_0 \times [(\mathfrak{r} - \mathfrak{r}_0) \times d\mathfrak{r}]\,. \end{aligned}\right. \tag{10}$$

Da ersichtlich

$$(11) \qquad \oint d\mathfrak{r} = 0\,, \qquad \oint d\,[(\mathfrak{r}-\mathfrak{r}_0)\,;\,(\mathfrak{r}-\mathfrak{r}_0)] = 0$$

sein müssen, verschwinden die beiden ersten Glieder der rechten Seite von (**10**, 131). Im letzten Gliede bedeutet

$$(12) \qquad \tfrac{1}{2}\,(\mathfrak{r}-\mathfrak{r}_0) \times d\mathfrak{r} = d\mathfrak{o}$$

den Flächenvektor des betreffenden infinitesimalen Dreieckes, wobei $d\mathfrak{o}$ so gerichtet ist, daß von ihm aus beurteilt, der Umlauf dem Uhrzeigersinne entgegen erfolgt. Wir nennen das einen positiven Umlauf.

Erinnern wir uns der Bedeutung von $(\mathfrak{r}-\mathfrak{r}_0)$, so gilt auch mit Verwendung von (**3**, 130):

$$(13) \qquad \frac{1}{2}\,\frac{\partial\mathfrak{r}}{\partial s} \times \frac{\partial\mathfrak{r}}{\partial t}\,ds\,dt = d\mathfrak{o}$$

und schließlich

$$(14) \quad \oint d\mathfrak{r}\,S\,(\mathfrak{r}) = \frac{1}{2}\int\!\!\int_B ds\,dt\left(\frac{\partial\mathfrak{r}}{\partial s} \times \frac{\partial\mathfrak{r}}{\partial t}\right) \times \nabla S = \int_F d\mathfrak{o} \times \nabla S\,.$$

Da die Relation (**14**, 132) für ein beliebig berandetes Flächenelement gilt, können wir sie auch in der Form

$$(15) \qquad \lim_{|\delta\mathfrak{o}|=0} \frac{\oint d\mathfrak{r}\,S(\mathfrak{r})}{|\delta\mathfrak{o}|} = \mathfrak{n} \times \nabla S$$

schreiben, wenn $\mathfrak{n}$ einen Einheitsvektor parallel zu $d\mathfrak{o}$ bedeutet.

Denken wir uns nun irgendeine endliche Fläche, wie es Fig. 10 andeutet, durch ein geeignetes krummliniges Koordinatennetz in Flächenelemente zerlegt und längs der Randkurven sämtlicher Flächenelemente Umlaufsintegrale gleichen Umlaufsinnes gebildet. Da jede innere Linie des Netzes gleichzeitig zwei Umläufen angehört und in den beiden Umlaufsintegralen im entgegengesetzten Sinne durchlaufen wird, heben sich, wenn $S\,(\mathfrak{r})$ voraussetzungsgemäß im betrachteten Bereiche eine stetige Ortsfunktion ist, falls wir alle Umlaufsintegrale addieren, sämtliche auf die inneren Linien entfallenden Beiträge paarweise weg und es bleibt nur das Umlaufsintegral über die äußere, also über die ursprünglich gegebene Randkurve des endlichen

Flächenstückes übrig. An der Richtigkeit dieser Schlüsse ändert sich nichts, wenn die äußere Randkurve endlich viele Ecken, die Fläche selbst endlich viele Ecken und Kanten aufweist. Damit ist der Nachweis erbracht, daß die Relation (**14**, 132)

$$\oint d\mathfrak{r}\, S(\mathfrak{r}) = \int_F d\mathfrak{v} \times \nabla S \tag{16}$$

auch für jedes derartige endliche Flächenstück richtig bleibt, wobei das Umlaufsintegral über die Randkurve des Flächenstückes, das Flächenintegral über die gesamte Fläche des berandeten Flächenstückes zu erstrecken ist. Natürlich muß vorausgesetzt werden, daß ∇S existiert und integrabel ist, das heißt: die Fläche muß aus endlich vielen Teilflächen bestehen, auf denen

$$\left(\frac{\partial \mathfrak{r}}{\partial s} \times \frac{\partial \mathfrak{r}}{\partial t}\right) \times \nabla S$$

stetig ist.

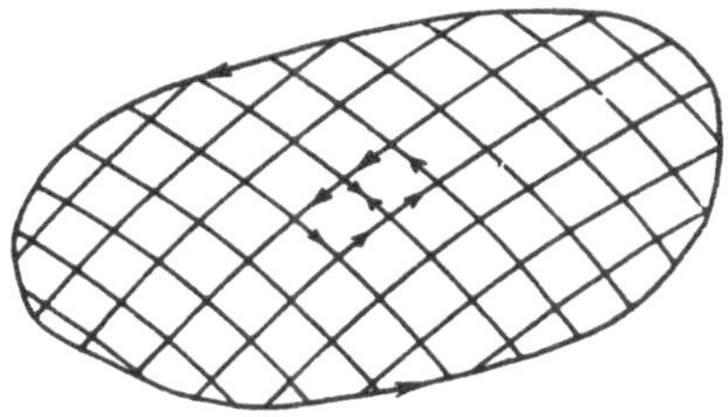

Fig. 10. Umlaufsintegral um eine endliche Fläche

Die Gleichung (**6**, 131) bleibt auch im n-Dimensionalen richtig. In der Gleichung (**9**, 131) dürfen wir dann natürlich nicht mehr vom Kreuzprodukte Gebrauch machen, sondern müssen die antisymmetrische Dyade

$$d\varphi = \tfrac{1}{2}[(\mathfrak{r} - \mathfrak{r}_0) ; d(\mathfrak{r} - \mathfrak{r}_0) - d(\mathfrak{r} - \mathfrak{r}_0) ; (\mathfrak{r} - \mathfrak{r}_0)] \tag{17}$$

selbst als „Plangröße" auffassen. Ganz analog zu (**10**, 131) ergibt

$$(\nabla S)_0 \cdot d\varphi = d\mathfrak{v}$$

die Projektion von $(\nabla S)_0$ in die Ebene $(\mathfrak{r} - \mathfrak{r}_0)$, $d(\mathfrak{r} - \mathfrak{r}_0)$ multipliziert mit dem Flächeninhalte des durch die zuletzt genannten beiden Vektoren gebildeten Dreieckes; $d\mathfrak{v}$ liegt in der Ebene dieses Dreieckes normal zu (∇S). Den Übergang zu endlichen Umläufen um endliche „Flächenstücke" vollzieht man wieder ebenso wie im Dreidimensionalen und erhält analog zu (**16**, 133):

$$(18)\qquad \oint d\mathfrak{r}\, S(\mathfrak{r}) = \int_F (\nabla S) \cdot d\varphi .$$

Wir kehren in den gewöhnlichen Raum zurück und deuten noch einen Beweis unseres Integralsatzes direkt für endliche Flächenstücke an. Bezeichnen wir in Fig. 10 die Elemente der einen Kurvenschar durch $d\mathfrak{r}_1$, jene der zweiten durch $d\mathfrak{r}_2$, so folgt

$$\int_F d\mathfrak{o} \times \nabla S = \int_F (d\mathfrak{r}_1 \times d\mathfrak{r}_2) \times \nabla S$$
$$= \int_F d\mathfrak{r}_1 \cdot \nabla S\, d\mathfrak{r}_2 - \int_F d\mathfrak{r}_2 \cdot \nabla S\, d\mathfrak{r}_1 .$$

Man beachte nun, daß $d\mathfrak{r}_1 \cdot \nabla S$ integriert über eine $\mathfrak{r}_1$-Kurve die Werte von S in den Schnittpunkten der betreffenden $\mathfrak{r}_1$-Kurve mit der Randkurve ergibt, nur im Anfangspunkte natürlich mit verkehrtem Vorzeichen. Die entsprechende Überlegung trifft für $d\mathfrak{r}_2 \cdot \nabla S$ im zweiten Integral zu. Veranschaulicht man sich die Verhältnisse an Fig. 11 und berücksichtigt die jeweiligen Vorzeichen von $S\, d\mathfrak{r}_2$ bzw. $S\, d\mathfrak{r}_1$, so erhält man — die nötigen Stetigkeitseigenschaften werden wieder vorausgesetzt — unmittelbar:

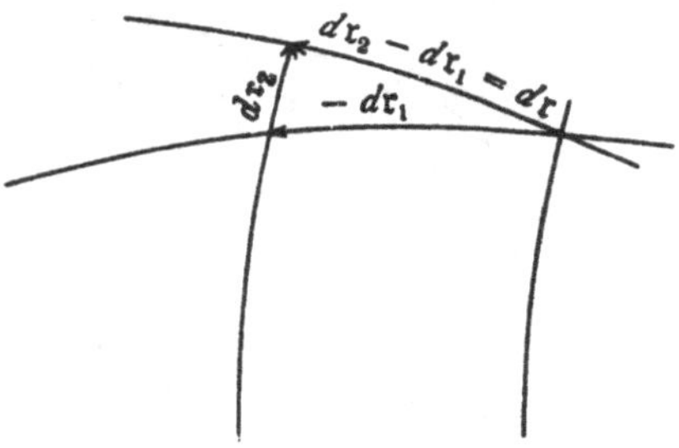

Fig. 11. Umlaufsintegral um eine endliche Fläche (Variante)

$$(19)\qquad \int_F d\mathfrak{o} \times \nabla S = \oint S(\pm\, d\mathfrak{r}_2 \mp d\mathfrak{r}_1) = \oint S\, d\mathfrak{r} .$$

Da (**16**, 133), solange unsere Voraussetzungen zutreffen, für beliebig verlaufende, aber zur gleichen Randkurve gehörende Flächenintegrale denselben Wert ergibt, folgt für eine geschlossene Oberfläche:

$$(20)\qquad \oint d\mathfrak{o} \times \nabla S = 0 .$$

Das Zeichen $\oint$ bedeutet wieder, daß sich das Flächenintegral auf eine geschlossene Fläche bezieht, ein sogenanntes Oberflächenintegral ist.

Von dem in (**16**, 133) formulierten wichtigen Integralsatze gelangt man leicht zu einer ganzen Reihe verwandter Sätze.

Es folgt, wenn $\mathfrak{e}$ irgendeine feste Richtung bedeutet,

$$\oint d\mathfrak{r}\,\mathfrak{B}\,.\,\mathfrak{e} = \int_F d\mathfrak{o} \times \nabla\,(\mathfrak{B}\,.\,\mathfrak{e}) \tag{21}$$

und daraus:

$$\oint d\mathfrak{r}\,;\,\mathfrak{B} = \int_F d\mathfrak{o} \times \nabla\,;\,\mathfrak{B}\,. \tag{22}$$

Nimmt man von den Dyaden in (**22**, 135) den Vektor, so folgt:

$$\oint d\mathfrak{r} \times \mathfrak{B} = \int_F (d\mathfrak{o} \times \nabla) \times \mathfrak{B} = \int_F d\mathfrak{o}\,.\,(\mathfrak{B}\,;\,\nabla) - \int_F d\mathfrak{o}\,\nabla\,.\,\mathfrak{B}\,. \tag{23}$$

Bildet man den ersten Skalar, so erhält man den überaus brauchbaren, nach Stokes benannten, Satz:

$$\oint d\mathfrak{r}\,.\,\mathfrak{B} = \int_F (d\mathfrak{o} \times \nabla)\,.\,\mathfrak{B} = \int_F d\mathfrak{o}\,.\,\nabla \times \mathfrak{B}\,. \tag{24}$$

Natürlich kann man in (**22**, 135), (**23**, 135), (**24**, 135) $\mathfrak{B}$ wieder speziell gleich $\Phi\,.\,\mathfrak{e}$ annehmen und so weitere verwandte Integralsätze gewinnen. Von besonderer Wichtigkeit ist der zuletzt genannte Fall, welcher die Beziehung

$$\oint d\mathfrak{r}\,.\,\Phi \doteq \int_F d\mathfrak{o}\,.\,\nabla \times \Phi \tag{25}$$

ergibt.

Verallgemeinernd können und wollen wir die ganze Gruppe der soeben behandelten, auseinander ableitbaren Integralsätze nach Stokes bezeichnen.

c) Umformung von Flächen- in Raumintegrale. Gaußscher Satz

Ehe wir diese Ergebnisse weiter diskutieren, wollen wir vorerst die zweite Gruppe von Integralsätzen ableiten, welche eine Beziehung zwischen Oberflächen- und Volumintegralen aussprechen.

Wir gehen jetzt von irgendeinem Volumelement aus und ziehen von einem festen inneren Punkt $\mathfrak{r}_0$ die Verbindungsgeraden $\mathfrak{r} - \mathfrak{r}_0$ zu den nur infinitesimal entfernten Punkten der Oberfläche. Es folgt dann für eine skalare Ortsfunktion analog zu (**6**, 131):

(1) $$S(\mathfrak{r}) = S(\mathfrak{r}_0) + (\mathfrak{r} - \mathfrak{r}_0) \cdot (\nabla S)_0$$

und

(2) $$\oint d\mathfrak{o}\, S(\mathfrak{r}) = S(\mathfrak{r}_0) \oint d\mathfrak{o} + \oint d\mathfrak{o}\, ; (\mathfrak{r} - \mathfrak{r}_0) \cdot (\nabla S)_0 .$$

Setzen wir

(3) $$(\nabla S)_0 = \mathfrak{q} = \text{konst. Vektor}, \quad \mathfrak{r} - \mathfrak{r}_0 = \mathfrak{r}' ,$$

so gilt:

(4) $$\nabla \times (\mathfrak{q} \cdot \mathfrak{r}'\, \mathfrak{r}' \times I) = \mathfrak{r}' \,;\, \mathfrak{q} - 3\, \mathfrak{q} \cdot \mathfrak{r}' I$$

und da nach (**25**, 135)

(5) $$\oint d\mathfrak{o} \cdot \nabla \times \Phi = 0$$

ist, folgt

(6) $$\oint d\mathfrak{o} \cdot \nabla \times (\mathfrak{q} \cdot \mathfrak{r}'\, \mathfrak{r}' \times I) = \oint d\mathfrak{o} \cdot \mathfrak{r}'\, \mathfrak{q} - 3 \oint d\mathfrak{o}\, \mathfrak{q} \cdot \mathfrak{r}' = 0 .$$

Da natürlich auch

$$\oint d\mathfrak{o} = 0$$

gilt, erhalten wir aus (**2**, 136) und (**6**, 136):

(7) $$\oint d\mathfrak{o}\, S(\mathfrak{r}) = (\nabla S)_0 \oint \tfrac{1}{3}\, d\mathfrak{o} \cdot (\mathfrak{r} - \mathfrak{r}_0) .$$

$\frac{1}{3}\, d\mathfrak{o} \cdot (\mathfrak{r} - \mathfrak{r}_0)$ entspricht dem Volumen dV der kegelförmigen Räume mit der Basis $d\mathfrak{o}$ und der Spitze in $\mathfrak{r}_0$. Diese Volumina ergeben sich mit positivem Vorzeichen, wenn $d\mathfrak{o}$ die Richtung der nach außen weisenden Normale hat.

Analog zu (**15**, 132) können wir (**7**, 136) auch in der Form schreiben:

(8) $$\lim_{\delta V = 0} \frac{\oint d\mathfrak{o}\, S(\mathfrak{r})}{\delta V} = \nabla S .$$

Betrachten wir nun wieder einen endlichen Raum, dessen Oberfläche höchstens endlich viele Ecken und Kanten aufweist, und denken ihn uns durch irgendwelche geeignete, im allgemeinen krummlinige Koordinatenflächen in Volumelemente zerlegt. Bilden wir die Oberflächenintegrale (**7**, 136) über die Oberflächen sämtlicher Volumelemente, so werden alle inneren Flächen gleichzeitig zu zwei Oberflächenintegralen gehören. Da wir hier $S(\mathfrak{r})$ wieder als stetige Ortsfunktion voraussetzen, müssen sich, wenn wir alle Oberflächenintegrale addieren, alle auf Innenflächen entfallenden Anteile der Oberflächenintegrale paarweise wegheben und es bleibt nur das Oberflächenintegral über die ursprüngliche, die äußere Oberfläche des betrachteten Raumes übrig.

Es gilt also, wenn unsere Voraussetzungen zutreffen, allgemein:

$$(9) \qquad \oint d\mathfrak{o}\, S(\mathfrak{r}) = \int_V dV \, \nabla S\,.$$

Natürlich muß angenommen werden, daß ∇S existiert und integrabel ist.

Die Volumelemente können auch in der Form (**16**, 129) und die Volumintegrale als dreifache Integrale gemäß (**17**, 130) geschrieben werden.

Aus (**9**, 137) erhält man wieder:

$$(10) \qquad \oint d\mathfrak{o}\,;\mathfrak{B} = \int_V dV\, \nabla\,;\mathfrak{B}$$

und daraus:

$$(11) \qquad \oint d\mathfrak{o} \times \mathfrak{B} = \int_V dV\, \nabla \times \mathfrak{B}\,,$$

$$(12) \qquad \oint d\mathfrak{o} \,.\, \mathfrak{B} = \int_V dV\, \nabla \,.\, \mathfrak{B}\,.$$

Den in (**12**, 137) formulierten, praktisch besonders wichtigen Integralsatz pflegt man als Gaußschen Satz zu bezeichnen.

Es ist leicht, den Gaußschen Satz direkt für endliche Volumina zu beweisen, indem man mit der Verwendung kartesischer Koordinaten in dem Ausdrucke

$$(13)\quad \begin{aligned} dV \operatorname{div} \mathfrak{B} &= dx\,dy\,dz\left[\frac{\partial V_1}{\partial x} + \frac{\partial V_2}{\partial y} + \frac{\partial V_3}{\partial z}\right] \\ &= dy\,dz\,\frac{\partial V_1}{\partial x}\,dx + dz\,dx\,\frac{\partial V_2}{\partial y}\,dy + dx\,dy\,\frac{\partial V_3}{\partial z}\,dz \end{aligned}$$

das erste Glied nach x, das zweite nach y, das dritte nach z von Randfläche zu Randfläche partiell integriert. In dieser Form erkennt man auch unmittelbar, daß sich der Gaußsche Satz auf n-dimensionale Räume übertragen läßt. Das „Raumelement" hat dann die Form:

$$(14)\quad dV^{(n)} = dx_1\,dx_2 \cdots dx_n\,,$$

und an die Stelle von $d\mathfrak{o} \,.\, \mathfrak{B}$ tritt:

$$(15)\quad \left\{ \begin{aligned} V_1\,dx_2\,dx_3 \cdots dx_n + V_2\,dx_3 \cdots dx_n\,dx_1 + \cdots \\ + V_n\,dx_1\,dx_2 \cdots dx_{n-1}\,. \end{aligned} \right.$$

Die Begrenzung des n-dimensionalen Raumes wird durch $(n-1)$-dimensionale Hyperflächen gebildet.

Im dreidimensionalen Raume folgt aus (**10**, 137) weiter:

$$(16)\quad \oint d\mathfrak{o}\,;\Phi = \int_V dV\,\nabla\,;\Phi\,,$$

$$(17)\quad \oint d\mathfrak{o} \times \Phi = \int_V dV\,\nabla \times \Phi\,,$$

$$(18)\quad \oint d\mathfrak{o} \,.\, \Phi = \int_V dV\,\nabla \,.\, \Phi\,.$$

Verallgemeinernd werden wir auch die ganze Gruppe dieser auseinander ableitbaren Integralsätze nach Gauß benennen. Ist im besonderen

$$\mathfrak{B} = \operatorname{rot} \mathfrak{A}\,,$$

so folgt wegen (**15**, 113) aus (**12**, 137):

$$(19)\quad \oint d\mathfrak{o} \,.\, \mathfrak{B} = \oint d\mathfrak{o} \,.\, \operatorname{rot} \mathfrak{A} \equiv 0\,.$$

Zum gleichen Ergebnis führt natürlich der auf eine Oberfläche angewandte Stokessche Satz. Ebenso erhält man, wenn

$$\Phi = \nabla \times \Psi$$

ist,

(20) $$\oint d\mathfrak{o} \cdot \Phi = \oint d\mathfrak{o} \cdot \nabla \times \Psi \equiv 0 .$$

6. Quellen und Wirbel; wirbelfreie und quellenfreie Vektor- und Dyadenfelder

a) Wirbelfreie Felder

Besitzt ein Vektorfeld ein skalares Potential S oder ein Dyadenfeld ein „Vektorpotential" $\mathfrak{A}$:

(1) $$\mathfrak{B}(\mathfrak{r}) = \nabla S , \qquad \Phi(\mathfrak{r}) = \nabla ; \mathfrak{A} ,$$

so folgt zunächst aus (**8**, 106) bzw. aus (**3**, 109), daß die Linienintegrale

(2) $$\int_{\mathfrak{r}_0}^{\mathfrak{r}} d\mathfrak{r} \cdot \mathfrak{B}(\mathfrak{r}) = S(\mathfrak{r}) - S(\mathfrak{r}_0) ,$$

(3) $$\int_{\mathfrak{r}_0}^{\mathfrak{r}} d\mathfrak{r} \cdot \Phi(\mathfrak{r}) = \mathfrak{A}(\mathfrak{r}) - \mathfrak{A}(\mathfrak{r}_0)$$

nicht vom Wege abhängen. Für solche Vektor- bzw. Dyadenfelder müssen alle Umlaufsintegrale verschwinden. Da nach (**8**, 112) bzw. (**13**, 113):

(4) $$\nabla \times \nabla S \equiv 0 , \qquad \nabla \times \nabla ; \mathfrak{A} \equiv 0$$

gilt, hätten wir das auch aus dem Stokesschen Satze (**24**, 135) bzw. dem entsprechenden Satze (**25**, 135) schließen können.

Ist uns umgekehrt bekannt, daß ein Vektorfeld wirbelfrei ist:

(5) $$\nabla \times \mathfrak{B} = \operatorname{rot} \mathfrak{B} = 0$$

bzw., daß für ein Dyadenfeld im betrachteten Gebiete überall die entsprechende Beziehung

(6) $$\nabla \times \Phi = 0$$

gilt, dann müssen in diesem Gebiete wieder alle Umlaufsintegrale verschwinden. Das Verschwinden aller Umlaufsintegrale bedeutet aber die Unabhängigkeit der Linienintegrale vom Wege:

$$(7) \quad {}_{(I)}\int_{\mathfrak{r}_0}^{\mathfrak{r}} d\mathfrak{r} \,.\, \mathfrak{V} + {}_{(II)}\int_{\mathfrak{r}}^{\mathfrak{r}_0} d\mathfrak{r} \,.\, \mathfrak{V} = 0\,, \quad \text{also} \quad {}_{(I)}\int_{\mathfrak{r}_0}^{\mathfrak{r}} d\mathfrak{r} \,.\, \mathfrak{V} = {}_{(II)}\int_{\mathfrak{r}_0}^{\mathfrak{r}} d\mathfrak{r} \,.\, \mathfrak{V}\,,$$

worin die Indizes (I) und (II) irgendwelche bestimmte Linien charakterisieren. Wenn das Linienintegral vom Wege unabhängig ist, also nur vom Anfangs- und Endpunkte abhängen kann, so muß es bei festem Anfangspunkt als skalare Funktion der oberen Integrationsgrenze darstellbar sein. Setzen wir diese Funktion gleich $S(\mathfrak{r})$, so folgt für beliebig gerichtete $d\mathfrak{r}$:

$$(8) \qquad d\mathfrak{r} \,.\, \mathfrak{V} = dS\,,$$

und daraus gemäß (**8**, 106)

$$(9) \qquad \mathfrak{V} = \nabla S\,.$$

Ganz analog schließt man im Falle (**6**, 139) auf

$$(10) \qquad \Phi = \nabla\, ; \mathfrak{A}\,.$$

Das heißt: Ein wirbelfreies Vektorfeld (bzw. Dyadenfeld) besitzt stets ein eindeutiges skalares Potential (bzw. Vektorpotential).

b) Wirbel

Besitzt das Vektorfeld $\mathfrak{V}(\mathfrak{r})$ kein eindeutiges skalares Potential, dann kann nach obigen Überlegungen rot $\mathfrak{V}$ nicht im ganzen betrachteten Raume verschwinden. Natürlich ist

$$(1) \qquad \operatorname{rot} \mathfrak{V} = \mathfrak{W}(\mathfrak{r})$$

selbst wieder ein Vektorfeld. Man nennt es das Wirbelfeld von $\mathfrak{V}$. Die Feldlinien des Wirbelfeldes bezeichnet man auch als Wirbellinien. Ein von Wirbellinien begrenzter fadenförmiger Raum heißt ein Wirbelfaden. Unter einem „fadenförmigen" Raum verstehen wir einen Raum, dessen Querschnittsdimensionen stets als hinreichend klein gegen seine Längsdimensionen vorausgesetzt werden können.

Zeichnen wir auf der Oberfläche des betrachteten Wirbelfadens irgendeine geschlossene Linie, dann können wir diese als Randkurve einer Fläche auffassen, die sich einerseits aus Teilen der Wirbelfadenoberfläche, andererseits aus irgendeinem Querschnitt des Wirbelfadens zusammensetzt.

Da in der ganzen Wirbelfadenoberfläche

$$d\mathfrak{o} \perp \operatorname{rot} \mathfrak{B} \tag{2}$$

ist, fallen, wenn der Stokessche Satz auf obige Kurve als Randkurve angewendet wird, im Flächenintegrale alle Beträge der Wirbeloberfläche weg. Die Randkurve können wir festhalten, folglich muß für jeden beliebigen Querschnitt des betrachteten Wirbelfadens

$$\int\limits_{\text{Querschnitt}} d\mathfrak{o} \,.\, \operatorname{rot} \mathfrak{B} = \Gamma = \text{konst.} \tag{3}$$

sein.

Γ nennt man den „Wirbelfluß" oder auch das „Wirbelmoment" des Wirbelfadens. Das zugehörige Umlaufsintegral

$$\oint d\mathfrak{r} \,.\, \mathfrak{B} = \int\limits_{\text{Querschnitt}} d\mathfrak{o} \,.\, \operatorname{rot} \mathfrak{B} = \Gamma \tag{4}$$

bezeichnet man als die „Zirkulation".

Da wir mittels des Stokesschen Satzes schließen konnten, daß der Wirbelfluß längs des ganzen Wirbelfadens konstant sein muß, folgt auch, daß ein Wirbelfaden in einem Gebiete, für welches die Voraussetzungen des Stokesschen Satzes zutreffen, nirgends enden kann.

Innerhalb eines solchen Gebietes kann es nur geschlossene Wirbelfäden (Wirbelringe) geben.

Wir können demnach das gesamte Wirbelfeld eines zulässigen oder betrachteten Raumbereiches stets in lauter Wirbelfäden zerlegen, die entweder in sich zurücklaufen oder an den Grenzen des zulässigen bzw. des betrachteten Raumbereiches enden. Da Unstetigkeiten von rot $\mathfrak{B}$ ohne weiteres zulässig sind, kann die Umgebung eines Wirbelfadens sehr wohl wirbelfrei sein.

Wir spezialisieren jetzt den Stokesschen Satz auf ein Flächenelement:

$$\lim_{|\delta\mathfrak{o}|=0} \frac{\oint d\mathfrak{r} \,.\, \mathfrak{B}}{|\delta\mathfrak{o}|} = \mathfrak{n} \,.\, \operatorname{rot} \mathfrak{B}\,, \tag{5}$$

worin $\mathfrak{n}$ einen Einheitsvektor in der Richtung der positiven Normale des Flächenelementes bedeutet. Wählt man noch

$$\mathfrak{n} \parallel \operatorname{rot} \mathfrak{B},$$

so ergibt die auf die Flächeneinheit bezogene Zirkulation an der betreffenden Raumstelle den Betrag von rot $\mathfrak{B}$, den man auch als „Wirbelstärke" bezeichnet.

Besitzt ein Vektorfeld ein eindeutiges skalares Potential, so durchsetzt es die Schar der Äquipotentialflächen überall senkrecht, es ist ein flächennormales Feld. Außer diesen „lamellaren" Feldern gibt es auch flächennormale Felder, welche nicht wirbelfrei sind. Man sieht unmittelbar ein, daß der allgemeine Fall eines flächennormalen Feldes durch

$$\mathfrak{B}(\mathfrak{r}) = S_1(\mathfrak{r}) \nabla S_2(\mathfrak{r}) \tag{6}$$

gegeben sein wird. Die Wirbel dieses Feldes entsprechen

$$\operatorname{rot} \mathfrak{B} = (\nabla S_1) \times (\nabla S_2). \tag{7}$$

Es gilt dann also:

$$\mathfrak{B} \cdot \operatorname{rot} \mathfrak{B} = 0. \tag{8}$$

Daß die Relation (8, 142) sowohl die notwendige, wie auch die hinreichende Bedingung für die Existenz eines flächennormalen Feldes ist, erkennt man, wenn man die Gleichung der Flächenschar in der Form

$$f(x, y, S_2) = z$$

ansetzt, worin S_2 den Parameter der Flächenschar bedeutet. Es folgt:

$$\frac{\partial f}{\partial x}\mathfrak{i} + \frac{\partial f}{\partial y}\mathfrak{j} + \frac{\partial f}{\partial S_2}\nabla S_2 = \mathfrak{k}$$

und damit

$$\left\{\begin{aligned} \mathfrak{B} = S_1 \nabla S_2 &= \frac{S_1}{\frac{\partial f}{\partial S_2}}\left[-\frac{\partial f}{\partial x}\mathfrak{i} - \frac{\partial f}{\partial y}\mathfrak{j} + \mathfrak{k}\right] \\ &= V_3\left[\frac{V_1}{V_3}\mathfrak{i} + \frac{V_2}{V_3}\mathfrak{j} + \mathfrak{k}\right]. \end{aligned}\right. \tag{9}$$

Wie man leicht nachrechnet, ergibt einerseits der Ansatz

$$(10)\qquad \frac{V_1}{V_3} = -\frac{\partial f}{\partial x} = -\frac{\partial z}{\partial x}, \quad \frac{V_2}{V_3} = -\frac{\partial f}{\partial y} = -\frac{\partial z}{\partial y},$$

aus dem ja

$$\frac{\partial^2 f}{\partial x \partial y} = -\frac{\partial}{\partial y}\left(\frac{V_1}{V_3}\right) - \frac{\partial}{\partial z}\left(\frac{V_1}{V_3}\right)\frac{\partial z}{\partial y} = -\frac{\partial}{\partial x}\left(\frac{V_2}{V_3}\right) - \frac{\partial}{\partial z}\left(\frac{V_2}{V_3}\right)\frac{\partial z}{\partial x}$$

folgt, unmittelbar die Relation (**8**, 142), natürlich in ihrer expliziten Form; andererseits ermöglicht auch die Relation (**8**, 142) den Ansatz (**10**, 143) und damit die Darstellung (**9**, 142).

c) Quellen und quellenfreie Felder

Es ist üblich, sich der Bezeichnung zu bedienen:

(1) $\delta \mathfrak{o} \cdot \mathfrak{B}(\mathfrak{r}) =$ Anzahl der das Flächenelement durchsetzenden Feldlinien (Einheits-Feldröhren).

Das setzt eine Konstruktion voraus, bei welcher auf die Flächeneinheit so viele Feldlinien (Einheitsröhren) entfallen, als ziffernmäßig dem vereinbarungsgemäß in irgendwelchen (auch beliebig kleinen) Einheiten gemessenen Betrage des Feldvektors $\mathfrak{B}(\mathfrak{r})$ in dem betreffenden Raumpunkte entsprechen. Das Flächenintegral

$$(2)\qquad \int_F d\mathfrak{o} \cdot \mathfrak{B}(\mathfrak{r}) = F(\mathfrak{r})$$

heißt der „Vektorfluß" (Flux) von $\mathfrak{B}(\mathfrak{r})$. Die Einheitsröhre führt den Fluß Eins. Der gesamte Flux entspricht der algebraischen Summe der die Fläche in positivem Sinne ($d\mathfrak{o} \cdot \mathfrak{B} > 0$) und in negativem Sinne ($d\mathfrak{o} \cdot \mathfrak{B} < 0$) durchsetzenden Feldlinien.

Spezialisieren wir den Gaußschen Satz auf ein Volumelement:

$$(3)\qquad \lim_{\delta V = 0} \frac{\oint d\mathfrak{o} \cdot \mathfrak{B}}{\delta V} = \operatorname{div} \mathfrak{B},$$

so erkennen wir, daß div $\mathfrak{B}$ das Verhältnis des Überschusses der aus dem Volumelement austretenden über die in es eintretenden Feldlinien zur Größe des Volumelementes mißt. Für positive Werte von div $\mathfrak{B}$ entspringen also Feldlinien in dem Volumelemente, wir haben eine Quelle, für negative Werte von div $\mathfrak{V}$ enden Feldlinien in dem Volumelemente, wir haben eine Senke. Das durch (**3**, 143) definierte Verhältnis nennt man auch die Dichte der Ergiebigkeit der Quelle oder kurz die „Quelldichte". Da von Raumpunkten, in denen div $\mathfrak{V}$ positiv ist, Feldlinien „divergieren", nennt man diesen Differentialoperator „Divergenz". Nach Punkten mit negativem div $\mathfrak{V}$ konvergieren die Feldlinien. Ist

$$\text{div}\,\mathfrak{V} = 0\,, \tag{4}$$

so ist das betreffende Volumelement „quellenfrei". Wie aus (**1**, 140) und (**15**, 113) folgt, ist ein Wirbelfeld $\mathfrak{W}(\mathfrak{r})$ überall quellenfrei, soweit es die nötigen Stetigkeitseigenschaften besitzt.

Setzen wir im allgemeinen:

$$\text{div}\,\mathfrak{V}(\mathfrak{r}) = q(\mathfrak{r})\,, \tag{5}$$

so bezeichnet man $q(\mathfrak{r})$ als das zum Vektorfelde $\mathfrak{V}(\mathfrak{r})$ gehörende skalare Quellenfeld.

d) Eindeutige Bestimmtheit eines Vektorfeldes durch sein Quellenfeld und sein Wirbelfeld

Wir beweisen zunächst, daß ein wirbelfreies Feld in einem nach außen abgeschlossenen Raume durch sein Quellenfeld eindeutig bestimmt wird. Unserer Voraussetzung gemäß soll $\mathfrak{V}(\mathfrak{r})$ ein eindeutiges skalares Potential besitzen:

$$\mathfrak{V}(\mathfrak{r}) = \nabla S\,. \tag{1}$$

Mit Benützung des Gaußschen Satzes und der Relation (**1**, 144) bilden wir:

$$\oint d\mathfrak{o}\,.\,(S\,\mathfrak{V}) = \int\limits_V dV\,S\,\text{div}\,\mathfrak{V} + \int\limits_V dV\,\mathfrak{V}^2\,. \tag{2}$$

Die „Abgeschlossenheit" des betrachteten Raumes erzwingen wir durch die Annahme, daß das Oberflächenintegral verschwinden soll. Diese Annahme trifft jedenfalls zu, wenn die Begrenzungsfläche eine Äquipotentialfläche ist, auf der wir dann S gleich Null wählen können.

Gäbe es nun zum selben Quellenfelde zwei verschiedene Vektorfelder:

(3) $$\begin{cases} \operatorname{div} \mathfrak{B}_1(\mathfrak{r}) = 4\pi q(\mathfrak{r}), \\ \operatorname{div} \mathfrak{B}_2(\mathfrak{r}) = 4\pi q(\mathfrak{r}), \end{cases}$$

und bezeichnen wir das „Differenzfeld" durch

(4) $$\mathfrak{B}(\mathfrak{r}) = \mathfrak{B}_1(\mathfrak{r}) - \mathfrak{B}_2(\mathfrak{r}),$$

so folgt aus (**3**, 145):

(5) $$\operatorname{div} \mathfrak{B}(\mathfrak{r}) = 0$$

und folglich aus (**2**, 144) für das Differenzfeld:

(6) $$\int_V dV\, \mathfrak{B}^2 = 0.$$

Da $\mathfrak{B}^2$ wesentlich positiv ist, kann (**6**, 145) nur zutreffen, wenn der Integrand selbst verschwindet:

(7) $$\mathfrak{B}^2 = (\mathfrak{B}_1 - \mathfrak{B}_2)^2 = 0,$$

was nur durch

(8) $$\mathfrak{B}_1(\mathfrak{r}) = \mathfrak{B}_2(\mathfrak{r})$$

erfüllt wird. Die beiden zum gleichen Quellenfeld gehörenden wirbelfreien Felder müssen also tatsächlich identisch sein.

Natürlich muß in (**2**, 144) das Produkt $S\,\mathfrak{B}$ die nötigen Stetigkeitseigenschaften besitzen.

Liegt ein durch eine bestimmte Oberfläche begrenzter Raumteil vor, so folgt wieder aus (**2**, 144), daß das wirbelfreie Feld in diesem Raumteile durch seine im betrachteten Raume liegenden Divergenzen und durch die Kenntnis von S oder der Normalkomponente von $\mathfrak{B}$, also der Projektion von $\mathfrak{B}$ auf die positive Normalenrichtung[1]), auf der Oberfläche eindeutig bestimmt wird.

Für das Differenzfeld gilt ja im betrachteten Raume wieder (**5**, 145), das Oberflächenintegral in (**2**, 144) aber verschwindet,

[1]) Neben der skalaren Projektion

$$\mathfrak{B} \cdot \mathfrak{e} = V_e$$

bezeichnet man gelegentlich auch den Vektor $V_e\,\mathfrak{e}$ als e-Komponente von $\mathfrak{B}$.

weil für das Differenzfeld auf der gesamten Oberfläche entweder S oder V_n gleich Null ist.

Um möglichst durchsichtige Verhältnisse zu haben, wird es sich empfehlen, bei allen in Frage kommenden Feldgrößen zunächst nur äußerst starke räumliche Veränderlichkeit zuzulassen, wirkliche Unstetigkeiten aber auszuschließen.

Bei der praktischen Anwendung ist es allerdings meist bequemer, mit den betreffenden Unstetigkeiten selbst zu rechnen, und wir werden uns deswegen mit den in Frage kommenden Begriffen und Sätzen noch beschäftigen müssen. Einstweilen bleiben wir bei der grundsätzlichen Stetigkeitsvoraussetzung, nehmen aber nun an, daß auch das Wirbelfeld $\mathfrak{W}(\mathfrak{r})$ des Vektorfeldes $\mathfrak{V}(\mathfrak{r})$ von Null verschieden ist. Wir behaupten, daß durch das Quellenfeld und durch das Wirbelfeld

$$(9)\qquad \begin{cases} \operatorname{div} \mathfrak{V} = q(\mathfrak{r}), \\ \operatorname{rot} \mathfrak{V} = \mathfrak{W}(\mathfrak{r}) \end{cases}$$

jedes abgeschlossene Vektorfeld, wenn die nötigen Stetigkeitseigenschaften voraussetzungsgemäß vorhanden sind, eindeutig bestimmt wird. Gäbe es nämlich zwei verschiedene Vektorfelder zum gleichen Quellenfeld und gleichen Wirbelfeld, so wäre

$$(10)\qquad \begin{cases} \operatorname{rot} \mathfrak{V}_1(\mathfrak{r}) = \mathfrak{W}(\mathfrak{r}), \\ \operatorname{rot} \mathfrak{V}_2(\mathfrak{r}) = \mathfrak{W}(\mathfrak{r}), \end{cases}$$

also für das Differenzfeld

$$\operatorname{rot} \mathfrak{V}(\mathfrak{r}) = 0,$$

dieses demnach wirbelfrei.

Da für ein wirbelfreies Feld die Relation (**1**, **144**) und somit auch (**2**, **144**) zutrifft, und unser Differenzfeld natürlich auch wieder quellenfrei ist, folgt wie oben:

$$(11)\qquad \mathfrak{V}_1(\mathfrak{r}) = \mathfrak{V}_2(\mathfrak{r}).$$

Rein anschauungsgemäß ist es evident, daß die Feldlinien entweder an bestimmten Raumstellen beginnen und an anderen enden müssen (Quellen und Senken) oder aber in sich zurücklaufen müssen (soferne sie nicht etwa ins Unendliche reichen). Im zweiten Falle bestimmen sich die Umlaufsintegrale aus den von ihnen umschlungenen Wirbelflüssen.

e) Dyadenfelder, das „Vektorfeld" des Dyadenfeldes

Wir gehen nun zu einem Dyadenfelde über, welches ein Vektorpotential besitzen soll. Nach (**1**, 139) ist dann:

$$\Phi = \nabla \,;\, \mathfrak{A}\,, \tag{1}$$

also gemäß (**4**, 139)

$$\nabla \times \Phi = 0\,. \tag{2}$$

Trifft umgekehrt (**2**, 147) im ganzen betrachteten Bereiche zu, so besitzt, wie schon früher bemerkt, Φ dort ein Vektorpotential.

Da $\nabla \times \Phi$ zu den oben behandelten Wirbelfeldern in naher Beziehung steht, kann man es ein „dyadisches Wirbelfeld" nennen.

Bedeuten $\mathfrak{e}_1$, $\mathfrak{e}_2$, $\mathfrak{e}_3$ irgend drei feste, nichtkomplanare Richtungen im Raume, so folgt:

$$\left\{\begin{aligned} \nabla \times \Phi &= \nabla \times (\Phi \,.\, \mathfrak{e}_1) \,;\, \mathfrak{e}_1^* \\ &\quad + \nabla \times (\Phi \,.\, \mathfrak{e}_2) \,;\, \mathfrak{e}_2^* + \nabla \times (\Phi \,.\, \mathfrak{e}_3) \,;\, \mathfrak{e}_3^*\,. \end{aligned}\right. \tag{3}$$

Das heißt: Irgend drei Vektorkomponenten des dyadischen Wirbelfeldes sind vektorische Wirbelfelder der entsprechenden Vektorfelder $\Phi \,.\, \mathfrak{e}_i$.

Bilden wir nach (**12**, 137) und (**10**, 115):

$$\oint d\mathfrak{o} \,.\, (\Phi \,.\, \mathfrak{A}) = \int_V dV\, (\nabla \,.\, \Phi) \,.\, \mathfrak{A} + \int_V dV\, (\nabla \,;\, \mathfrak{A}) : \Phi\,, \tag{4}$$

und ist das betrachtete Feld abgeschlossen, so ersehen wir analog zu (**2**, 144), daß das „wirbelfreie" Dyadenfeld durch seine vektorischen „Divergenzen"

$$\nabla \,.\, \Phi = \mathfrak{q}\,(\mathfrak{r}) \tag{5}$$

eindeutig bestimmt wird. Die nötigen Stetigkeits- und Differenzierbarkeitseigenschaften setzen wir natürlich immer voraus und erhalten aus

$$\left\{\begin{aligned} \nabla \,.\, \Phi_1 &= \mathfrak{q}\,(\mathfrak{r})\,, \\ \nabla \,.\, \Phi_2 &= \mathfrak{q}\,(\mathfrak{r})\,, \end{aligned}\right. \tag{6}$$

für das Differenzfeld:

$$\nabla \,.\, (\Phi_1 - \Phi_2) = \nabla \,.\, \Phi = 0\,. \tag{7}$$

Somit folgt aus (**4**, 147), wenn das Oberflächenintegral verschwindet, mit Rücksicht auf (**1**, 147)

(8) $$\int\limits_V dV\, \Phi : \Phi = 0$$

und, da auch $\Phi : \Phi$ wesentlich positiv ist:

(9) $$\begin{cases} \Phi : \Phi = 0\,, \\ \Phi_1 = \Phi_2\,. \end{cases}$$

Aus (**1**, 147) ergibt sich als wichtige Folgerung:

(10) $$\Phi_\times = \mathrm{rot}\, \mathfrak{A}\,.$$

Durch (**10**, 148) ist ein Vektorfeld, und zwar ein Wirbelfeld des Vektorfeldes $\mathfrak{A}$ gegeben, es ist demgemäß quellenfrei und wird mit Φ durch das vektorische Divergenzfeld $\mathfrak{q}\,(\mathfrak{r})$ eindeutig bestimmt. Da der antisymmetrische Teil von Φ allein das Vektorfeld bestimmt, schreiben wir (**1**, 147) zunächst in der Form:

(11) $$\Phi = (\nabla\,;\mathfrak{A} - \mathfrak{A}\,;\nabla) + \mathfrak{A}\,;\nabla\,.$$

Es folgt dann:

(12) $$\nabla \cdot \Phi = -\nabla \times \Phi_\times + \nabla\,(\nabla \cdot \mathfrak{A}) = \mathfrak{q}\,.$$

Fordern wir nun noch:

(13) $$\Phi_I = \nabla \cdot \mathfrak{A} = 0\,,$$

so geht (**12**, 148) in

(14) $$\nabla \cdot \Phi = -\nabla \times \Phi_\times = \mathfrak{q}$$

über. Vermöge (**14**, 148) wird aber das Wirbelfeld des Vektorfeldes $\Phi_\times$ vollkommen bestimmt.

Natürlich können wir formal jedes quellenfreie Vektorfeld als das Vektorfeld eines dyadisch „wirbelfreien" antisymmetrischen Dyadenfeldes deuten. Ein quellenfreies Vektorfeld muß ja nach unseren früheren Überlegungen durch sein Wirbelfeld eindeutig bestimmt sein. Das Wirbelfeld können wir aber vermöge (**14**, 148) durch geeignete Wahl von $\mathfrak{q}\,(\mathfrak{r})$ beliebig vorgeben.

Die allgemeinste Darstellung eines beliebigen Vektorfeldes wird demgemäß, bis auf Vorzeichenvereinbarungen, lauten:

(15) $$\mathfrak{B} = \nabla S + \mathrm{rot}\, \mathfrak{A}\,,$$

worin das erste Glied den wirbelfreien, das zweite Glied den quellenfreien Anteil des Vektorfeldes darstellt. Da der quellenfreie Anteil von $\mathfrak{B}$ selbst ein Wirbelfeld des Vektorfeldes $\mathfrak{A}$ ist, schließen wir durch entsprechende Übertragung der Folgerungen aus Formel (**3**, 141), daß die Feldlinien eines quellenfreien Feldes, solange die nötigen Stetigkeitsvoraussetzungen für das Vektorpotential $\mathfrak{A}$ erfüllt sind, nirgends enden können.

Der Leser vergleiche die Formeln (**5**, 147), (**14**, 148) und (**15**, 148) und beachte, daß der Ansatz (**14**, 148) natürlich nur dann möglich ist, wenn $\mathfrak{q}$ ($\mathfrak{r}$) ein quellenfreies Wirbelfeld bildet.

Wir hätten den Ansatz (**15**, 148) in üblicher Weise auch unmittelbar erraten und hinschreiben können. Wesentlich aufschlußreicher aber ist der systematische Weg über die Dyaden.

Da wir ein beliebiges Dyadenfeld durch seine Projektionen auf irgendwelche feste Richtungen charakterisieren können, werden wir aus (**15**, 148), dessen Vektorpotential wir, um Verwechslungen vorzubeugen, im Augenblicke statt durch $\mathfrak{A}$ durch $\mathfrak{B}$ bezeichnen wollen, mit

$$(16) \qquad \mathfrak{B} = \Phi \cdot \mathfrak{e}\,, \qquad S = \mathfrak{A} \cdot \mathfrak{e}\,, \qquad \mathfrak{B} = \Psi \cdot \mathfrak{e}$$

erhalten:

$$(17) \qquad \Phi = \nabla \,;\, \mathfrak{A} + \nabla \times \Psi\,.$$

Das erste Glied rechts entspricht dem schon behandelten „wirbelfreien" Dyadenfeld und wird durch die „Divergenzen" gemäß (**5**, 147) bestimmt. Das zweite Glied rechts ist wegen

$$(18) \qquad \nabla \cdot \nabla \times \Psi = 0$$

ein „quellenfreies" Dyadenfeld. Ψ selbst bedeutet das „dyadische Potential" eines „wirbelfreien" Triadenfeldes:

$$(19) \qquad \hat{P} = \nabla \,;\, \Psi\,.$$

Durch entsprechende Spezialisierung gelangt man zur Dyade $\nabla \times \Psi$ und kann wieder

$$(20) \qquad \nabla \cdot \Psi = 0$$

voraussetzen. Es folgt dann:

$$(21) \qquad \nabla \times \Phi = - \nabla \cdot \nabla \,;\, \Psi\,.$$

Indem man sich überlegt, daß das Differenzfeld

$$\Phi = \Phi_1 - \Phi_2$$

„wirbelfrei" sein muß, beweist man auch, daß jedes abgeschlossene Dyadenfeld mit den nötigen Stetigkeitseigenschaften durch seine vektorischen „Divergenzen" und seine dyadischen „Wirbel"

$$(22) \qquad \left\{ \begin{aligned} \nabla \cdot \Phi &= \mathfrak{q}(\mathfrak{r}), \\ \nabla \times \Phi &= \Omega(\mathfrak{r}) \end{aligned} \right.$$

eindeutig bestimmt wird.

Hier sei auch noch darauf hingewiesen, daß, falls (**13**, 148) zutrifft, nach (**11**, 148) die Relation

$$(23) \qquad \nabla \cdot (\nabla ; \mathfrak{A}) = \nabla \cdot (\nabla ; \mathfrak{A} - \mathfrak{A} ; \nabla) = \mathfrak{q}$$

gilt. Die beiden zum gleichen vektorischen Quellenfelde $\mathfrak{q}$ gehörenden Dyadenfelder

$$\Phi_1 = \nabla ; \mathfrak{A}, \qquad \Phi_2 = \nabla ; \mathfrak{A} - \mathfrak{A} ; \nabla$$

unterscheiden sich durch ihr dyadisches Wirbelfeld. Es ist ja:

$$(24) \qquad \nabla \times \Phi_1 = \nabla \times \nabla ; \mathfrak{A} \equiv 0,$$

hingegen:

$$(25) \qquad \nabla \times \Phi_2 = \nabla \times \nabla ; \mathfrak{A} - \nabla \times \mathfrak{A} ; \nabla = - \nabla \times \mathfrak{A} ; \nabla \neq 0.$$

Im n-dimensionalen Raume hätten wir gemäß (**18**, 134)

$$(26) \qquad \oint d\mathfrak{r} \cdot \mathfrak{B} = \int_F d\varphi : \nabla ; \mathfrak{B},$$

worin $d\varphi$ durch (**17**, 133) gegeben, also antisymmetrisch ist. Da das Doppelpunktprodukt einer antisymmetrischen Dyade mit einer symmetrischen identisch verschwindet, kommt es in (**26**, 150) nur auf den antisymmetrischen Teil $(\nabla ; \mathfrak{B})_a$ an. Gilt im ganzen Bereiche:

$$(27) \qquad (\nabla ; \mathfrak{B})_a = 0,$$

so folgt aus (**26**, 150) wieder:

$$(28) \qquad \mathfrak{B} = \nabla S.$$

Da, wie wir erkannten, der Gaußsche Satz auch im n-dimensionalen Raume zutrifft, beweist man ganz analog zu den an (**2**, 144) anschließenden Überlegungen, daß ein durch (**28**, 150) charakterisiertes abgeschlossenes Feld durch das „Quellenfeld"

$$\nabla \cdot \mathfrak{B} = q(\mathfrak{r}) \tag{29}$$

eindeutig bestimmt wird. Verschwindet der antisymmetrische Teil der dyadischen Derivation von $\mathfrak{B}$

$$(\nabla ; \mathfrak{B})_a = \Phi_a(\mathfrak{r}) \tag{30}$$

nicht im ganzen Gebiete, so wird das Vektorfeld durch $q(\mathfrak{r})$ und $\Phi_a(\mathfrak{r})$ eindeutig bestimmt. Der Beweisgang entspricht vollkommen jenem im dreidimensionalen Raume.

7. Ermittlung des Vektorfeldes bzw. des Dyadenfeldes aus dem Quellenfeld und dem Wirbelfeld

a) Skalares Potential eines wirbelfreien Vektorfeldes

Wir leiten zunächst den für das Folgende wichtigen Greenschen Satz ab. Zu diesem Zwecke wenden wir auf das Vektorfeld

$$\mathfrak{G}(\mathfrak{r}) = U(\mathfrak{r}) \nabla S(\mathfrak{r}) - S(\mathfrak{r}) \nabla U(\mathfrak{r}), \tag{1}$$

worin $U(\mathfrak{r})$ und $S(\mathfrak{r})$ zwei Skalarfelder bedeuten, den Gaußschen Satz an. Da

$$\nabla \cdot \mathfrak{G} = U \nabla \cdot \nabla S - S \nabla \cdot \nabla U \tag{2}$$

ist, erhalten wir:

$$\oint d\mathfrak{o} \cdot (U \nabla S - S \nabla U) = \int_V dV \, (U \operatorname{div} \nabla S - S \operatorname{div} \nabla U). \tag{3}$$

Über die eingeführten Funktionen machen wir folgende Annahmen:

$$\mathfrak{B}(\mathfrak{r}) = -\nabla S, \quad \text{(neue Vorzeichenvereinbarung)} \tag{4}$$

$$\operatorname{div} \mathfrak{B} = -\operatorname{div} \nabla S = q(\mathfrak{r}), \tag{5}$$

worin das Quellenfeld, also die skalare Ortsfunktion $q(\mathfrak{r})$ abteilungsweise stetig und durchwegs beschränkt (ihr Betrag soll nirgends unendlich groß werden) vorausgesetzt wird. Wir können hier außerdem voraussetzen, daß das Quellenfeld nur innerhalb eines beschränkten endlichen Raumes von Null verschieden ist, daß es also nicht ins Unendliche reicht. Die folgenden Schlußfolgerungen bleiben aber auch noch richtig, wenn $q(\mathfrak{r})$ im Unendlichen nur hinreichend stark gegen Null geht. Wir machen ferner den Ansatz:

$$U = \frac{1}{r}, \tag{6}$$

$$r = \sqrt{(\mathfrak{r} - \mathfrak{r}')^2}, \tag{7}$$

worin $\mathfrak{r}$ den Ortsvektor irgendeines Raumpunktes, $\mathfrak{r}'$ aber den Ortsvektor des jeweils festgehaltenen „Aufpunktes" bedeutet. Sehen wir von dem sich wegen (**6**, 152) singulär verhaltenden Aufpunkte zunächst ab, so folgt aus (**6**, 152) und (**7**, 152):

$$\nabla U = -\frac{1}{r^2}\,\frac{\mathfrak{r}-\mathfrak{r}'}{r}, \tag{8}$$

$$\operatorname{div} \nabla U = 0. \quad \text{(Laplacesche Differentialgleichung)} \tag{9}$$

Beziehen wir (**3**, 151) auf einen Raumteil, der den Aufpunkt nicht enthält, so folgt aus (**5**, 151), (**6**, 152), (**8**, 152), (**9**, 152):

$$\oint d\mathfrak{o} \cdot \left(\frac{1}{r}\,\nabla S + \frac{S}{r^3}\,(\mathfrak{r} - \mathfrak{r}')\right) = -\int\limits_V dV\,\frac{q}{r}\,. \tag{10}$$

Gehört der Aufpunkt dem betrachteten Bereiche an, so schließen wir ihn zunächst von diesem Bereiche durch eine um den Aufpunkt als Mittelpunkt konstruierte kleine Kugel aus. Es gehört dann zur Gesamtoberfläche des neuen Bereiches auch die Oberfläche dieser Kugel mit gegen den Aufpunkt gerichteten positiven Flächennormalen. Bezeichnen wir durch $(\nabla S)_{r,m}$ bzw. S_m den Mittelwert der Radialkomponenten von ∇S auf der Kugelfläche bzw. den Mittelwert von S auf dieser Fläche, so folgt für das Kugeloberflächenintegral:

$$\left\{\begin{aligned} &\oint\limits_K d\mathfrak{o} \cdot \left(\frac{1}{r}\,\nabla S + \frac{S}{r^3}\,(\mathfrak{r} - \mathfrak{r}')\right) \\ &\qquad = -4\pi r^2\,\frac{(\nabla S)_{r,m}}{r} - 4\pi r^2\,\frac{S_m}{r^2}\,. \end{aligned}\right. \tag{11}$$

Nehmen wir an, daß sich S und ∇S überall endlich und stetig ergibt, so verschwindet — wenn wir zur Grenze $r = 0$ übergehen — das erste Glied rechts, das zweite aber liefert $-4\pi S(\mathfrak{r}')$, wenn $S(\mathfrak{r}')$ den Wert dieser Ortsfunktion im Aufpunkte bedeutet.

Da wegen der Beschränktheit von q das zunächst ausgeschlossene Volumintegral mit r gegen Null geht, können wir es nach dem Grenzübergange auch wieder in das gesamte Volumintegral einbeziehen und erhalten:

$$(12) \qquad 4\pi S(\mathfrak{r}') = \int\limits_V dV \frac{q}{r} + \oint d\mathfrak{o} \cdot \left(\frac{1}{r} \nabla S + \frac{S}{r^3}(\mathfrak{r} - \mathfrak{r}')\right).$$

Das Oberflächenintegral ist über die gesamte Oberfläche des ursprünglich gegebenen Bereiches zu erstrecken. Ist dieser Bereich der unendliche Raum, rückt also die Oberfläche ins Unendliche, so geht für alle Punkte der Oberfläche der Betrag von $\mathfrak{r}$ gegen Unendlich. Für jeden im Endlichen liegenden Aufpunkt wird also auch r gegen Unendlich gehen. Falls S wenigstens wie $\frac{1}{r}$ und ∇S wenigstens wie $\frac{1}{r^2}$ im Unendlichen verschwindet, verschwindet der Integrand des Oberflächenintegrals wenigstens wie $\frac{1}{r^3}$, während die Oberfläche nur wie r^2 unendlich groß wird. Dann verschwindet aber das Oberflächenintegral wie $\frac{1}{r}$. Trifft die soeben formulierte Voraussetzung für S und ∇S zu, so reduziert sich (**12**, 153) auf:

$$(13) \qquad S(\mathfrak{r}') = \frac{1}{4\pi} \int\limits_V dV \frac{q}{r} = \frac{1}{4\pi} \int\limits_V dV \frac{q(\mathfrak{r})}{\sqrt{(\mathfrak{r} - \mathfrak{r}')^2}}.$$

r bedeutet den Abstand des mit der Quelldichte q belegten Volumelementes vom Aufpunkte $\mathfrak{r}'$.

Setzen wir voraus, daß das Quellenfeld nicht ins Unendliche reicht, dann ist jeder im Unendlichen gelegene Aufpunkt vom gesamten Quellgebiete unendlich weit entfernt und unsere Voraussetzung, daß S wie $\frac{1}{r}$ und dann natürlich ∇S wie $\frac{1}{r^2}$ im Unendlichen verschwindet, trifft zu. Würde S im Unendlichen den von Null verschiedenen konstanten Wert c annehmen, so erhielten wir auch aus (**11**, 152):

$$S(\mathfrak{r}') = \frac{1}{4\pi} \int_V dV \frac{q}{r} + c\,. \tag{14}$$

Da c nur den Charakter einer Integrationskonstanten hat, genügt es, wenn wir uns in der Folge grundsätzlich auf Felder beschränken, die nicht ins Unendliche reichen.

Erstreckt man in dem durch die Formel (**2**, 144) begründeten Eindeutigkeitsbeweis das Oberflächenintegral über die unendlich ferne Oberfläche, so verschwindet es nach obigen Ergebnissen ebenfalls. Hierdurch wird im vorliegenden Falle die Voraussetzung, welche wir beim Eindeutigkeitsbeweise machen mußten, erfüllt.

Aus der Ableitung der Formel (**13**, 153) ersehen wir, daß bei der Auswertung des Volumintegrals $\mathfrak{r}$ die Integrationsvariable darstellt, während $\mathfrak{r}'$ als konstanter Parameter zu behandeln ist. Die Ortsabhängigkeit der Funktion S drückt sich dann aber gerade durch $\mathfrak{r}'$ aus. Es empfiehlt sich darum, die Schreibweise nachträglich umzukehren und den Ortsvektor des Aufpunktes durch $\mathfrak{r}$, die Integrationsvariable durch $\mathfrak{r}'$ zu bezeichnen:

$$S(\mathfrak{r}) = \frac{1}{4\pi} \int_V dV \, \frac{q(\mathfrak{r}')}{\sqrt{(\mathfrak{r}-\mathfrak{r}')^2}}\,. \tag{15}$$

Schreiben wir:

$$\mathfrak{r} - \mathfrak{r}' = (x - x')\,\mathfrak{i} + (y - y')\,\mathfrak{j} + (z - z')\,\mathfrak{k}\,, \tag{16}$$

so bedeutet bei festgehaltenem $\mathfrak{r}'$ das Zahlentripel $(x-x')$, $(y-y')$, $(z-z')$ die kartesischen Koordinaten der Punkte des Raumes, gezählt vom Punkte $\mathfrak{r}'$ als Ursprung, während bei festgehaltenem $\mathfrak{r}$ diese Koordinaten $(x'-x)$, $(y'-y)$, $(z'-z)$ sein werden, gezählt jetzt vom Punkte $\mathfrak{r}$ als Ursprung. Bezeichnen wir durch $H(\mathfrak{r}-\mathfrak{r}')$ irgendeine skalare oder extensive Funktion von $\mathfrak{r}-\mathfrak{r}'$, durch ∇ bzw. ∇' die Derivationen nach $\mathfrak{r}$ bzw. nach $\mathfrak{r}'$, so folgt unmittelbar:

$$\left\{ \begin{aligned} \nabla\,;H = \mathfrak{i}\,;\frac{\partial H}{\partial(x-x')} &+ \mathfrak{j}\,;\frac{\partial H}{\partial(y-y')} \\ &+ \mathfrak{k}\,;\frac{\partial H}{\partial(z-z')} = -\nabla'\,;H\,. \end{aligned} \right. \tag{17}$$

Wir kehren zur Formel (**15**, 154) zurück, und merken uns noch besonders, daß der Integrand n u r vermöge des Nenners r vom Parameter $\mathfrak{r}$ abhängt. Man erkennt zunächst unmittelbar, daß S eine stetige und beschränkte Funktion von $\mathfrak{r}$ ist.

Um den Gradienten von S zu bilden, wollen wir den Punkt $\mathfrak{r} = \mathfrak{r}'$ wieder durch eine kleine, um den Aufpunkt als Mittelpunkt konstruierte Kugel aus dem Integrationsgebiete ausschalten. Das restliche Volumen bezeichnen wir durch V'. In diesem Gebiete ($r \neq 0$) können wir ein Hilfsfeld $\mathfrak{B}(\mathfrak{r}, \mathfrak{r}')$ durch

$$(18)\quad \left\{ \begin{aligned} \frac{q(\mathfrak{r}')}{r} &= \nabla' \cdot \mathfrak{B}, \\ 0 &= \nabla' \times \mathfrak{B} \end{aligned} \right.$$

einführen. Die gestrichenen Ortsvektoren haben wir zu benützen, weil jetzt nach diesen integriert werden soll. Wir erhalten dann:

$$(19)\quad \left\{ \begin{aligned} S(\mathfrak{r}) = \frac{1}{4\pi}\int_{V'} dV \frac{q(\mathfrak{r}')}{r} &= \frac{1}{4\pi}\int_{V'} dV\, \nabla' \cdot \mathfrak{B} \\ &= \frac{1}{4\pi}\oint_A d\mathfrak{o} \cdot \mathfrak{B} - \frac{1}{4\pi}\oint_K d\mathfrak{o} \cdot \mathfrak{B}. \end{aligned} \right.$$

Das erste Oberflächenintegral bezieht sich auf die äußere Begrenzung des Volumens V', das zweite auf die Kugeloberfläche, und zwar mit der positiven Normale vom Kugelmittelpunkte nach außen weisend. Fragen wir nach der Änderung von S mit der Verschiebung des Aufpunktes, also bei variablem $\mathfrak{r}$ und K o n s t a n t h a l t u n g aller übrigen Bestimmungen, so muß nach der Verschiebung des Aufpunktes in bezug auf ihn als neuen Mittelpunkt eine Kugelfläche derselben Größe den Integrationsraum begrenzen, wie das vor der Verschiebung in bezug auf die Anfangslage des Aufpunktes der Fall war. Setzen wir das K u g e l o b e r f l ä c h e n i n t e g r a l

$$(20)\quad -\frac{1}{4\pi}\oint_K d\mathfrak{o} \cdot \mathfrak{B} = S_K(\mathfrak{r}),$$

so erhalten wir nach obigen Bemerkungen die t o t a l e Änderung von $S_K(\mathfrak{r})$, wenn wir zur Änderung des Parameters $\mathfrak{r}$ im Integranden

(21) $$d_1 S_K(\mathfrak{r}) = -\frac{1}{4\pi}\oint_K d\mathfrak{B} \,.\, d\mathfrak{o} = -\frac{1}{4\pi}\oint_K d\mathfrak{r} \,.\, (\nabla\,;\,\mathfrak{B}) \,.\, d\mathfrak{o}$$

jene Änderung hinzufügen, die durch die Verschiebung der Oberfläche bedingt ist. Statt die Oberfläche zu verschieben, können wir auch den Integranden durch jene Werte ersetzen, welche er am Orte der verschobenen Oberfläche annehmen würde, dann erhalten wir:

(22) $$d_2 S_K(\mathfrak{r}) = -\frac{1}{4\pi}\oint_K (\mathfrak{B} + d\mathfrak{r}' \,.\, \nabla'\,;\,\mathfrak{B}) \,.\, d\mathfrak{o} + \frac{1}{4\pi}\oint_K \mathfrak{B} \,.\, d\mathfrak{o}\,.$$

Da die Radien der Kugelfläche durch

(23) $$\mathfrak{r}'' = \mathfrak{r}' - \mathfrak{r}$$

gegeben sind, gilt im betrachteten Integrationsbereich:

(24) $$d\mathfrak{r}' = d\mathfrak{r} = \text{konst.},$$

somit:

(25) $$\begin{cases} dS_K(\mathfrak{r}) = d_1 S_K(\mathfrak{r}) + d_2 S_K(\mathfrak{r}) \\ \qquad = -\frac{1}{4\pi} d\mathfrak{r} \,.\, \oint_K (\nabla\,;\,\mathfrak{B} + \nabla'\,;\,\mathfrak{B}) \,.\, d\mathfrak{o} \end{cases}$$

oder gemäß (**8**, 106)

(26) $$\nabla S_K(\mathfrak{r}) = -\frac{1}{4\pi}\oint_K (\nabla\,;\,\mathfrak{B} + \nabla'\,;\,\mathfrak{B}) \,.\, d\mathfrak{o}\,.$$

Es handelt sich ersichtlich um einen Sonderfall der Differentiation eines Integrals nach einem Parameter, wenn die Grenze (hier die räumliche Lage der Kugelfläche) selbst noch vom Parameter (hier $\mathfrak{r}$) abhängt. Diese Abhängigkeit kommt durch das zweite Glied der rechten Seite von (**26**, 156) zum Ausdruck.

Fassen wir die vom Mittelpunkte der jeweiligen Kugeloberfläche gezogenen Radien $\mathfrak{r}''$ als Integrationsvariable auf, setzen also:

$$\mathfrak{B}(\mathfrak{r}, \mathfrak{r}') = \mathfrak{B}(\mathfrak{r}, \mathfrak{r} + \mathfrak{r}'')\,,$$

so bleibt die Verschiebung der Oberfläche ohne Einfluß auf den Differentialquotienten, dafür ist aber jetzt

(27) $$\mathfrak{r}' = \mathfrak{r} + \mathfrak{r}''$$

als Funktion des Parameters $\mathfrak{r}$ zu behandeln. Mit Benützung von (**26**, 117) folgt dann wieder:

$$(28)\quad \begin{cases} \nabla S_K(\mathfrak{r}) = -\frac{1}{4\pi}\oint\limits_K \left[\nabla\,;\,\mathfrak{B} + \nabla\,;\,\mathfrak{r}'\,.\,\frac{d}{d\mathfrak{r}'}\,;\,\mathfrak{B}\right].\,d\mathfrak{o} \\ \qquad = -\frac{1}{4\pi}\oint\limits_K [\nabla\,;\,\mathfrak{B} + \nabla'\,;\,\mathfrak{B}]\,.\,d\mathfrak{o}\,. \end{cases}$$

Ist $\mathfrak{B}$ lediglich eine Funktion von $\mathfrak{r}''$, also vom Parameter $\mathfrak{r}$ nach der Umrechnung auf $\mathfrak{r}$ und $\mathfrak{r}''$ unabhängig, so muß die Derivation (**28**, 157) verschwinden, was man auch aus (**17**, 154) abliest.

Das trifft beispielsweise für den Ansatz (**18**, 155) innerhalb der infinitesimalen Kugelfläche zu, wenn dort nicht gerade eine Unstetigkeitsstelle von $q(\mathfrak{r}')$ liegt, so daß $\mathfrak{r}''\,.\,\nabla' q(\mathfrak{r}')$ beim Grenzübergange gleich Null gesetzt werden darf. Man kann im betrachteten infinitesimalen Bereiche in Übereinstimmung mit (**18**, 155)

$$(29)\qquad \mathfrak{B} = \frac{q_K}{2}\,\frac{\mathfrak{r}' - \mathfrak{r}}{r}$$

setzen, worin q_K den Wert von $q(\mathfrak{r}')$ im Aufpunkte bezeichnet.

Das erste Glied von (**26**, 156) kann man j e d e n f a l l s mit dem Gradienten des ersten Gliedes der rechten Seite von (**19**, 155) wieder zu einem Volumintegral vereinigen und erhält so:

$$(30)\qquad \nabla S = \frac{1}{4\pi}\int\limits_{V'} dV\,\nabla\,\nabla'\,.\,\mathfrak{B} - \frac{1}{4\pi}\oint\limits_K \nabla'\,;\,\mathfrak{B}\,.\,d\mathfrak{o}\,.$$

Man erkennt sofort, daß das Oberflächenintegral in (**30**, 157) mit dem Ansatze (**29**, 157) für $\mathfrak{B}$ mit unbegrenzt abnehmendem Radius r ebenso gegen Null geht, wie das zum Gesamtbereich des ersten Gliedes noch fehlende Kugelvolumintegral. Wir können demnach einfacher schreiben:

$$(31)\qquad \nabla S = \frac{1}{4\pi}\int\limits_V dV\,q\,\nabla\,\frac{1}{r}\,.$$

Auch ∇S ist, wie S selbst, eine stetige und beschränkte Funktion von $\mathfrak{r}$, eine Tatsache, von der wir schon bei der Benützung der G r e e n schen F o r m e l stillschweigend Gebrauch gemacht hatten.

Nach dem einfachen Ergebnis der Gleichung (**31**, 157) könnte es scheinen, daß wir etwas zu viel Mühe auf seine Ableitung verwendet hätten. Diese Mühe macht sich aber — von der grundsätzlichen Bedeutung unserer Überlegungen ganz abgesehen — bezahlt, wenn wir nun die Divergenz von ∇S bilden. Wir gehen wieder von der Zerlegung (**19**, 155) bzw. von (**26**, 156) aus und erhalten durch genau den obigen entsprechende Überlegungen:

$$(32)\quad \begin{cases} \nabla \cdot \nabla S_K(\mathfrak{r}) = -\frac{1}{4\pi}\oint\limits_K \cdot [\nabla \cdot \nabla \,;\, \mathfrak{B} + \nabla' \cdot \nabla \,;\, \mathfrak{B} \\ \qquad\qquad + \nabla \cdot \nabla' \,;\, \mathfrak{B} + \nabla' \cdot \nabla' \,;\, \mathfrak{B}] \cdot d\mathfrak{o}. \end{cases}$$

Ist $\mathfrak{B}$ nur von $\mathfrak{r}''$ abhängig, also insbesondere im Falle (**29**, 157), so gilt nach (**17**, 154):

$$(33)\qquad \nabla \cdot \nabla = -\nabla' \cdot \nabla = -\nabla \cdot \nabla' = \nabla' \cdot \nabla'.$$

Nach Zusammenfassung zum Volumintegral erhalten wir demnach jetzt:

$$(34)\quad \nabla \cdot \nabla S = \frac{1}{4\pi}\int\limits_{V'} dV q\, \nabla \cdot \nabla \frac{1}{r} - \frac{1}{4\pi}\oint\limits_K \nabla \cdot \nabla' \,;\, \mathfrak{B} \cdot d\mathfrak{o}.$$

Da r im Bereiche V' nirgends verschwindet, gilt dort durchwegs:

$$(35)\qquad \nabla \cdot \nabla \frac{1}{r} = 0.$$

Hier leistet also das Volumintegral überhaupt keinen Beitrag.

Das Oberflächenintegral berechnet man mit dem Ansatze (**29**, 157) wie folgt:

$$(36)\qquad \nabla' \,;\, \mathfrak{B} = \frac{q_K}{2}\left[\frac{1}{r} I + \nabla' \frac{1}{r} \,;\, (\mathfrak{r}' - \mathfrak{r})\right],$$

$$(37)\quad \begin{cases} \nabla \cdot \nabla' \,;\, \mathfrak{B} \\ = \frac{q_K}{2}\left[\nabla\left(\frac{1}{r}\right) - \left(\nabla \cdot \nabla \frac{1}{r}\right)(\mathfrak{r}' - \mathfrak{r}) + \nabla \frac{1}{r}\right] = q_K \nabla \frac{1}{r}, \end{cases}$$

$$(38)\quad \begin{cases} -\frac{1}{4\pi}\oint \nabla \cdot \nabla' \,;\, \mathfrak{B} \cdot d\mathfrak{o} = -\frac{q_K}{4\pi}\oint d\mathfrak{o} \cdot \nabla \frac{1}{r} \\ \qquad\qquad = -\frac{q_K}{4\pi}\oint d\mathfrak{o} \cdot \frac{\mathfrak{r}' - \mathfrak{r}}{r^3}, \end{cases}$$

und da

$$d\mathfrak{o} \parallel \mathfrak{r}' - \mathfrak{r},$$

ist, schließlich:

(39) $$\nabla \cdot \nabla S = -q_K,$$

wie es sein soll.

b) Vektorpotential eines Dyaden- oder Vektorfeldes

Vom skalaren Potential S gelangen wir durch den Ansatz

(1) $$S = \mathfrak{A} \cdot \mathfrak{e},$$

worin $\mathfrak{e}$ einen räumlich konstanten, aber beliebig gerichteten Vektor bedeutet, also durch den immer wieder angewandten Grundsatz des Projizierens, zum Vektorpotential $\mathfrak{A}$.

Es sei jetzt ein Dyadenfeld durch

(2) $$\Phi = -\nabla ; \mathfrak{A},$$

(3) $$\nabla \cdot \Phi = -\nabla \cdot \nabla ; \mathfrak{A} = \mathfrak{q}(\mathfrak{r})$$

gegeben. Wir erhalten dann:

(4) $$\Phi \cdot \mathfrak{e} = \mathfrak{B} = -\nabla(\mathfrak{A} \cdot \mathfrak{e}) = -\nabla S,$$

(5) $$\nabla \cdot (\Phi \cdot \mathfrak{e}) = \nabla \cdot \mathfrak{B} = -\nabla \cdot \nabla(\mathfrak{A} \cdot \mathfrak{e}) = -\nabla \cdot \nabla S = \mathfrak{q} \cdot \mathfrak{e}.$$

Gelten für alle Projektionen des vektorischen Quellenfeldes $\mathfrak{q}(\mathfrak{r})$ die für das skalare Quellenfeld $q(\mathfrak{r})$ vereinbarten Voraussetzungen, so können wir alle vorangegangenen Überlegungen und Beweise wörtlich wiederholen und gelangen so statt zu (**15**, 154) jetzt zu der Formel:

(6) $$\mathfrak{A} \cdot \mathfrak{e} = \frac{1}{4\pi} \int_V dV \frac{\mathfrak{q}(\mathfrak{r}') \cdot \mathfrak{e}}{\sqrt{(\mathfrak{r} - \mathfrak{r}')^2}}.$$

Da aber (**6**, 159) für beliebig gerichtete $\mathfrak{e}$ zutreffen muß, folgt auch die vektorische Gleichung:

(7) $$\mathfrak{A} = \frac{1}{4\pi} \int_V dV \frac{\mathfrak{q}(\mathfrak{r}')}{\sqrt{(\mathfrak{r} - \mathfrak{r}')^2}} = \frac{1}{4\pi} \int_V dV \frac{\mathfrak{q}(\mathfrak{r}')}{r}.$$

Dieselben Schritte, welche uns von (**15**, 154) zu (**31**, 157) führten, führen uns jetzt von (**7**, 159) zu

(8) $$\nabla ; \mathfrak{A} = \frac{1}{4\pi} \int_V dV \left(\nabla \frac{1}{r}\right) ; \mathfrak{q}(\mathfrak{r}'),$$

woraus auch

$$(9) \qquad \nabla \times \mathfrak{A} = \frac{1}{4\pi} \int\limits_V dV \left(\nabla \frac{1}{r}\right) \times \mathfrak{q}(\mathfrak{r}')$$

folgt.

Wie im 6. Kapitel ausführlich gezeigt wurde, bestimmt sich das allgemeine Vektorfeld aus seinem wirbelfreien und seinem quellenfreien Anteile durch den Ansatz (Vorzeichen!):

$$(10) \qquad \mathfrak{B} = -\nabla S - \nabla \times \mathfrak{A},$$

worin sich S bzw. ∇S aus (**15**, 154) bzw. (**31**, 157) und $\mathfrak{A}$ bzw. $\nabla \times \mathfrak{A}$ aus (**7**, 159) bzw. (**9**, 160) bestimmen. Das Wirbelfeld ist nach (**14**, 148) und (**2**, 159) durch

$$(11) \qquad \nabla \times \Phi_\times = -\nabla \times (\nabla \times \mathfrak{A}) = -\mathfrak{q}(\mathfrak{r})$$

gegeben. Bezeichnen wir das Wirbelfeld des Vektorfeldes wie in (**9**, 146) durch $\mathfrak{W}(\mathfrak{r})$, so folgt:

$$(12) \qquad -\mathfrak{q}(\mathfrak{r}) = \mathfrak{W}(\mathfrak{r}) = \nabla \times \mathfrak{B}.$$

Es ist dann üblich, den mit dem negativen Vorzeichen versehenen Wert auf der rechten Seite von (**7**, 159) als Vektorpotential zu bezeichnen und man erhält in der neuen Schreibweise:

$$(13) \qquad \mathfrak{A} = \frac{1}{4\pi} \int\limits_V dV \frac{\mathfrak{W}(\mathfrak{r}')}{r},$$

$$(14) \qquad \mathfrak{B} = -\nabla S + \nabla \times \mathfrak{A}.$$

c) Dyadisches Potential eines Dyadenfeldes

Im Falle des allgemeinen Dyadenfeldes setzen wir gemäß (**17**, 149) und (**2**, 159):

$$(1) \qquad \Phi = -\nabla ; \mathfrak{A} + \nabla \times \Psi.$$

$\mathfrak{A}$ ist jetzt wieder (Vorzeichen!) durch (**7**, 159) gegeben. Das zweite Glied der rechten Seite von (**1**, 160) entspricht dem „quellenfreien" Dyadenfelde und wird durch das dyadische Wirbelfeld

$$(2) \qquad \nabla \times \Phi = \Omega(\mathfrak{r})$$

bestimmt. Wir setzen, wie schon in (**20**, 149), auch für das dyadische Potential

(3) $$\nabla \cdot \Psi = 0$$

und erhalten, wie in (**21**, 149):

(4) $$\nabla \times \Phi = \nabla \times (\nabla \times \Psi) = - \nabla \cdot \nabla ; \Psi = \Omega (\mathfrak{r}) .$$

Der Fall des dyadischen Potentials wird nach dem Grundsatze des Projizierens auf das Vektorpotential — Formel (**3**, 159) — zurückgeführt:

(5) $$- \nabla \cdot \nabla ; (\Psi \cdot \mathfrak{e}) = \Omega \cdot \mathfrak{e} ,$$

und man erhält, ohne die Überlegungen im einzelnen wiederholen zu müssen, aus Gleichung (**7**, 159)

(6) $$\Psi = \frac{1}{4\pi} \int_V dV \frac{\Omega (\mathfrak{r}')}{r} .$$

Nach demselben Verfahren gewinnt man leicht die entsprechenden Formeln zur Berechnung von Triadenfeldern usf.

d) Verallgemeinerung auf n-dimensionale Räume

Unsere Ableitung der Gleichung (**15**, 154) für das skalare Potential eines wirbelfreien Vektorfeldes kann auch unschwer auf die Verhältnisse in einem n-dimensionalen Raume übertragen werden. Wie gezeigt wurde, gilt der Gaußsche Satz, wenn man dem Ausdrucke $d\mathfrak{o} \cdot \mathfrak{V}$ die Bedeutung von (**15**, 138) beilegt, auch im n-dimensionalen Raume, und daher gilt dort auch die Greensche Formel (**3**, 151). Wir müssen lediglich im n-dimensionalen Raume

(1) $$U = \frac{1}{r^{n-2}}$$

setzen, um wieder, wenn wir nur $r = 0$ durch eine $(n - 1)$-dimensionale „Kugelfläche" aus dem betrachteten n-dimensionalen Gebiete ausschließen, um entsprechend (**8**, 152) und (**9**, 152)

$$\nabla U = - \frac{n-2}{r^{n-1}} \frac{\mathfrak{r}}{r} ,$$

(2) $$\nabla \cdot \nabla U = - \frac{(n-2)\, n}{r^n} + \frac{(n-2)\, n}{r^n} = 0$$

zu erhalten.

8. Wichtige Sonderfälle von Quellenfeldern

a) Punktförmige Quelle

Die zu betrachtenden Sonderfälle ergeben sich dann, wenn die Quelldichte in einzelnen Raumteilen sehr große, im Grenzfalle unendlich große Werte annimmt.

Als einfachsten und wichtigsten Sonderfall untersuchen wir zuerst ein wirbelfreies Feld, dessen Quellenfeld derart ganz innerhalb einer Kugelfläche liegt, daß die Quelldichte lediglich eine Funktion des Abstandes vom Kugelzentrum ist. Von diesem ziehen wir die Ortsvektoren $\mathfrak{r}$, welche im folgenden auch wieder die Integrationsvariablen bilden. Da das so charakterisierte Feld kugelsymmetrisch sein muß, folgt für jede ganz außerhalb des Quellenfeldes liegende, konzentrische Kugelfläche sofort:

$$(1) \qquad Q = \int_V dV \operatorname{div} \mathfrak{V} = \oint d\mathfrak{o} \cdot \mathfrak{V} = 4\pi r^2 |\mathfrak{V}|,$$

worin Q die Ergiebigkeit des eingeschlossenen Quellenfeldes bedeutet. Aus (**1**, 162) lesen wir ab:

$$(2) \qquad \mathfrak{V} = \frac{Q}{4\pi r^2} \frac{\mathfrak{r}}{r} = -\nabla S,$$

wenn

$$(3) \qquad S = \frac{1}{4\pi} \frac{Q}{r}$$

gesetzt wird. Ein Vergleich der Formeln (**3**, 162) und (**15**, 154) lehrt, daß das begrenzte kugelsymmetrische Quellenfeld nach außen genau so wirkt, als ob das ganze Quellenfeld im Mittelpunkte der Kugelfläche vereinigt wäre. Da es nach (**3**, 162) nur auf Q, also nur auf den Wert des Volumintegrals ankommt, können wir im Falle extrem großer Quellendichte auch die Fiktion einer punktförmigen Quelle mit unendlich großer Quelldichte machen, wenn dabei nur Q einen endlichen Wert behält. Da die Formeln (**2**, 162) und (**3**, 162) nur für das Gebiet außerhalb der das Quellgebiet umschließenden Kugelfläche zutreffen, muß im Falle einer Punktdivergenz dieser Punkt selbst ausgeschlossen werden. Tatsächlich verhält er sich singulär, es würde in ihm das Feld nicht nur unendlich groß werden, sondern, wie man aus dem Grenzübergange anschaulich erkennt, auch gleichzeitig alle möglichen Richtungen besitzen. Allgemein werden wir in diesem Buche unter Singularitäten irgendwelcher Felder alle jene Punkte, Linien oder Flächen verstehen, in denen das betreffende Feld Unstetigkeiten besitzt bzw. über alle Grenzen wächst. Wie ein Vergleich von (**3**, 162) mit (**35**, 158) lehrt, kann die Quelle dieses Feldes, falls es bis heran zu $\mathfrak{r} = 0$ durch (**2**, 162) gegeben ist, eben nur im singulären Punkte selbst liegen. Ebenso können die Quellen jedes Feldes, dessen Potential S bis auf singuläre Punkte, Linien oder Flächen der Laplaceschen Differentialgleichung (Potentialgleichung)

(4) $$\nabla \cdot \nabla S = 0$$

genügt, nur in diesen singulären Stellen liegen.

b) Quellinien

Betrachten wir als zweiten Sonderfall ein axialsymmetrisches Feld, das durch die Potentialfunktion

(1) $$S = A \,\mathfrak{Ar}\,\mathfrak{Ctg}\, \frac{r_1 + r_2}{l}$$

gegeben ist, worin A eine Konstante, l die Länge eines Stückes der x-Achse, schließlich

(2) $$r_1 = \sqrt{\left(x - \frac{l}{2}\right)^2 + y^2 + z^2} \quad ; \quad r_2 = \sqrt{\left(x + \frac{l}{2}\right)^2 + y^2 + z^2}$$

die Abstände des Aufpunktes von den Endpunkten der Linie l bedeuten. Bezeichnen wir die von diesen, den Koordinaten $\left(+\frac{l}{2}, 0, 0\right)$ bzw. $\left(-\frac{l}{2}, 0, 0\right)$ entsprechenden Endpunkten gegen den Aufpunkt gezogenen Einheitsvektoren durch

(3) $$\begin{cases} \bar{\mathfrak{r}}_1 = \dfrac{\mathfrak{r}_1}{r_1} = \dfrac{\left(x - \frac{l}{2}\right)\mathfrak{i} + y\,\mathfrak{j} + z\,\mathfrak{k}}{r_1} \\[2ex] \bar{\mathfrak{r}}_2 = \dfrac{\mathfrak{r}_2}{r_2} = \dfrac{\left(x + \frac{l}{2}\right)\mathfrak{i} + y\,\mathfrak{j} + z\,\mathfrak{k}}{r_2}, \end{cases}$$

so folgt:

$$\nabla S = \frac{A l}{l^2 - (r_1 + r_2)^2} (\bar{\mathfrak{r}}_1 + \bar{\mathfrak{r}}_2)\,, \tag{4}$$

$$\left\{\begin{aligned} \nabla \cdot \nabla S = \frac{A l}{[l^2 - (r_1 + r_2)^2]^2} \{ & 2 (r_1 + r_2) (2 + 2\, \bar{\mathfrak{r}}_1 \cdot \bar{\mathfrak{r}}_2) \\ & + (l^2 - (r_1 + r_2)^2) \nabla \cdot (\bar{\mathfrak{r}}_1 + \bar{\mathfrak{r}}_2) \}\,. \end{aligned}\right. \tag{5}$$

Aus (**3**, 163) erhalten wir:

$$\mathfrak{r}_2 - \mathfrak{r}_1 = l\, \mathfrak{i} \tag{6}$$

und aus (**6**, 164) durch Quadrieren leicht:

$$2 + 2\, \bar{\mathfrak{r}}_1 \cdot \bar{\mathfrak{r}}_2 = \frac{(r_1 + r_2)^2 - l^2}{r_1 r_2}\,. \tag{7}$$

Schließlich ist:

$$\nabla \cdot (\bar{\mathfrak{r}}_1 + \bar{\mathfrak{r}}_2) = \nabla \cdot \left(\frac{\mathfrak{r}_1}{r_1} + \frac{\mathfrak{r}_2}{r_2} \right) = \frac{2}{r_1} + \frac{2}{r_2} = 2\, \frac{r_1 + r_2}{r_1 r_2}\,. \tag{8}$$

Setzt man (**7**, 164) und (**8**, 164) in (**5**, 164) ein, so erhält man:

$$\nabla \cdot \nabla S = 0\,, \tag{9}$$

solange

$$(r_1 + r_2)^2 \neq l^2$$

bleibt, also für alle Aufpunkte, die nicht auf dem Stücke $-\frac{l}{2}$ bis $+\frac{l}{2}$ der x-Achse, welches Stück wir kurz die Linie l nennen wollen, liegen. Rückt der Aufpunkt in die Linie l hinein, so wird S selbst, wie auch ∇S und damit der Feldvektor unendlich groß. Diese Linie verhält sich singulär, in ihr liegt das Quellgebiet.

Die Äquipotentialflächen sind nach (**1**, 163) durch

$$r_1 + r_2 = \text{konst.} \tag{10}$$

gegeben; das aber sind, wie aus Fig. 12 ersichtlich, konfokale, verlängerte Rotationsellipsoide, deren Brennpunkte die Endpunkte der Linie l sind. Die F e l d l i n i e n sind die in den l enthaltenden Ebenen liegenden konfokalen Hyperbeln, zusammen bilden sie eine Schar zweischaliger konfokaler Rotationshyperboloide.

Denken wir uns die singuläre Linie durch ein Ellipsoid der Schar aus dem betrachteten Bereiche ausgeschlossen, so liegen innerhalb des Bereiches keine Quellen. Da nach (**1**, 163) im Unendlichen

$$(11) \qquad S = A\,\mathfrak{Ar}\,\mathfrak{Ctg}\,\frac{r_1 + r_2}{l} = \frac{A}{2}\log\frac{(r_1 + r_2) + l}{(r_1 + r_2) - l} \approx \frac{A l}{r_1 + r_2}$$

wie $\frac{1}{r}$, und nach (**4**, 164) ∇S wie $\frac{1}{r^2}$ verschwindet, folgern wir aus (**2**, 144), daß das Feld

$$(12) \qquad \mathfrak{V} = -\nabla S$$

durch das Oberflächenintegral $\oint d\mathfrak{o} \cdot \mathfrak{V}$, genommen über das gewählte Ellipsoid als Äquipotentialfläche, eindeutig bestimmt wird.

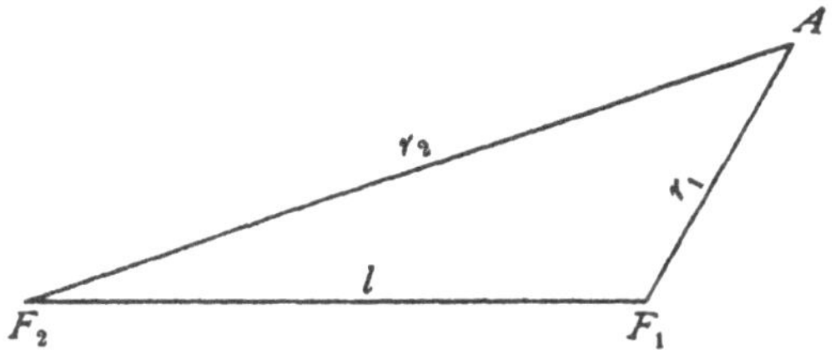

Fig. 12. Konfokale verlängerte Rotationsellipsoide

Allgemein wird jedes im betrachteten Bereiche wirbel- und quellenfreie Feld, für das im Unendlichen $S\,\mathfrak{V}$ von höherer als zweiter Ordnung verschwindet, durch die — über die im Endlichen liegenden, den betrachteten Feldbereich begrenzenden Äquipotentialflächen — genommenen Integrale

$$(13) \qquad \oint_{\iota} d\mathfrak{o} \cdot \mathfrak{V} = Q_\iota \qquad \iota = 1, 2, \ldots n$$

eindeutig bestimmt. Unter den soeben formulierten Voraussetzungen lautet nämlich Gleichung (**2**, 144):

$$(14) \qquad \sum_{\iota} S_\iota Q_\iota = \int_V dV\,\mathfrak{V}^2 .$$

Gäbe es nun zu denselben Q_ι zwei verschiedene Felder $\mathfrak{B}_1$ und $\mathfrak{B}_2$, für welche die im Endlichen liegenden, den betrachteten Feldbereich begrenzenden Flächen Äquipotentialflächen wären, so würde für das Differenzfeld

$$\mathfrak{B} = \mathfrak{B}_1 - \mathfrak{B}_2$$

die Formel (**14**, 165) mit

$$Q_\iota = 0$$

zutreffen, woraus

$$\mathfrak{B}^2 = 0\,, \qquad \text{also} \qquad \mathfrak{B}_1 = \mathfrak{B}_2 \tag{15}$$

gefolgert werden müßte. Man beachte, daß $d\mathfrak{o}$ in (**13**, 165) die äußere Normale der vom betrachteten Bereiche ausgeschlossenen Räume, in (**2**, 144) aber die äußere Normale des betrachteten Raumes charakterisiert. Der hierdurch in (**2**, 144) zunächst bedingte Vorzeichenwechsel wird aber durch den Umstand kompensiert, daß in (**14**, 165) $\mathfrak{B}$ durch (**12**, 165) statt durch (**1**, 144) definiert ist.

Da in der Elektrostatik die Leiteroberflächen jedenfalls Äquipotentialflächen sind, wird das elektrostatische Feld (hier mit $\mathfrak{B}$ bezeichnet), soweit es nur von elektrisch geladenen Leitern herrührt (das Dielektrikum habe ε gleich Eins), gemäß (**13**, 165), (**14**, 165) und (**15**, 166) schon durch die Gesamtladungen $\frac{Q_\iota}{4\pi}$ der einzelnen Leiter eindeutig bestimmt.

Kehren wir zu unserem Sonderfalle zurück und berechnen wir das Oberflächenintegral

$$\oint d\mathfrak{o} \cdot \mathfrak{B} = -\oint d\mathfrak{o} \cdot \nabla S = Q \tag{16}$$

über das die singuläre Linie ausschließende Rotationsellipsoid. Da

$$d\mathfrak{o} \parallel -\nabla S \tag{17}$$

zutrifft, gilt

$$\oint d\mathfrak{o} \cdot \mathfrak{B} = \oint |d\mathfrak{o}|\,|\nabla S|\,. \tag{18}$$

Bedeutet a die große, b die kleine Halbachse und φ die exzentrische Anomalie der Schnittellipse, so folgt, da bekanntlich

$$x = a \sin\varphi\,, \qquad \sqrt{y^2 + z^2} = b\cos\varphi \tag{19}$$

ist:

(20) $$|d\mathfrak{o}| = (2\pi b \cos\varphi)\sqrt{a^2\cos^2\varphi + b^2\sin^2\varphi}\,d\varphi\,.$$

In (**20**, 167) bedeutet der geklammerte Ausdruck den betreffenden Kreisumfang,

(21) $$|d\mathfrak{r}| = \sqrt{a^2\cos^2\varphi + b^2\sin^2\varphi}\,d\varphi$$

das Längenelement auf der Schnittellipse.

Berücksichtigen wir die Relationen

(22) $$r_1 + r_2 = 2a\,, \qquad \left(\frac{l}{2}\right)^2 = a^2 - b^2\,,$$

so folgt aus (**4**, 164) und (**7**, 164):

(23) $$|\nabla S| = \frac{Al}{2b}\,\frac{1}{\sqrt{r_1 r_2}}\,.$$

Da nach (**2**, 163) und (**19**, 166)

(24) $$\left\{\begin{aligned} r_1 &= \sqrt{\left(a\sin\varphi - \frac{l}{2}\right)^2 + b^2\cos^2\varphi}\,, \\ r_2 &= \sqrt{\left(a\sin\varphi + \frac{l}{2}\right)^2 + b^2\cos^2\varphi} \end{aligned}\right.$$

ist, erhält man nach leichter Umformung

(25) $$\sqrt{r_1 r_2} = \sqrt{a^2\cos^2\varphi + b^2\sin^2\varphi}\,.$$

Aus (**20**, 167), (**23**, 167) und (**25**, 167) ergibt sich:

(26) $$|d\mathfrak{o}|\,|\nabla S| = \pi A l \cos\varphi\,d\varphi$$

und damit das Integral, erstreckt über die Oberfläche eines beliebigen aus der Schar der konfokalen Rotationsellipsoide

(27) $$\oint |d\mathfrak{o}|\,|\nabla S| = \int_{-\frac{\pi}{2}}^{+\frac{\pi}{2}} \pi A l \cos\varphi\,d\varphi = 2\pi A l = Q\,.$$

Daraus folgt:

(28) $$A = \frac{Q}{2\pi l}\,.$$

Wir können das Rotationsellipsoid, über dessen Oberfläche integriert werden soll, der singulären Linie beliebig eng anschmiegen, ohne daß sich (**26**, 167) ändert. Dann wird praktisch

$$l = 2a, \tag{29}$$

$$\int_{\varphi'}^{\varphi''} |d\mathfrak{o}||\nabla S| = 2\pi A\,(a \sin\varphi'' - a \sin\varphi') = 2\pi A\,(x'' - x'). \tag{30}$$

Aus (**30**, 168) ist ersichtlich, daß die singuläre Linie, als mathematischer Grenzfall eines räumlichen Quellgebietes aufgefaßt, je Längeneinheit der Linie die konstante Ergiebigkeit $2\pi A = \frac{Q}{l}$ besitzt.

c) Flächenhaft verteilte Quellen

Untersuchen wir nun das Feld, dessen Äquipotentialflächen abgeplattete Rotationsellipsoide sind. Wir können diese charakterisieren als den geometrischen Ort aller Punkte, für welche die Summe der Abstände r_1 und r_2 von den Schnittpunkten der durch den betreffenden Punkt und die x-Achse gelegten Ebene mit einem in der y, z-Ebene liegenden Kreis um den Ursprung mit dem Durchmesser l (er soll der Kreis l heißen) einen konstanten Wert besitzt. Dabei können und sollen die Indizes stets so gewählt werden, daß

$$r_2 > r_1 \tag{1}$$

herauskommt. Setzen wir noch:

$$R = \sqrt{y^2 + z^2}, \qquad \nabla R = \frac{y\mathfrak{j} + z\mathfrak{k}}{R} = \overline{\mathfrak{R}}, \tag{2}$$

so folgt:

$$\mathfrak{r}_1 = x\mathfrak{i} + \left(R - \frac{l}{2}\right)\overline{\mathfrak{R}}, \qquad \mathfrak{r}_2 = x\mathfrak{i} + \left(R + \frac{l}{2}\right)\overline{\mathfrak{R}} \tag{3}$$

$$r_1 = \sqrt{x^2 + \left(R - \frac{l}{2}\right)^2}, \qquad r_2 = \sqrt{x^2 + \left(R + \frac{l}{2}\right)^2} \tag{4}$$

$$\frac{1}{2R} = \frac{l}{r_2^2 - r_1^2}, \qquad 2\,\mathfrak{r}_1 \cdot \mathfrak{r}_2 = r_1^2 + r_2^2 - l^2. \tag{5}$$

Schreiben wir für den Augenblick:

(6) $$r_1 + r_2 = u\,,$$

so werden unsere Äquipotentialflächen durch

(7) $$u = \text{konst.}\,,$$

die Punkte des Kreises l insbesondere durch

(8) $$u = l$$

gekennzeichnet. Demnach haben wir

(9) $$S = f(u)$$

zu setzen und werden außerhalb der Fläche des Kreises l

(10) $$\left\{\begin{aligned} \nabla \cdot \nabla S &= \nabla \cdot [f'(u)\, \nabla u] \\ &= f''(u)\,(\nabla u)^2 + f'(u)\, \nabla \cdot \nabla u = 0 \end{aligned}\right.$$

fordern. Da nach den Formeln (**2**, 168) bis (**6**, 169)

(11) $$\nabla u = \frac{\mathfrak{r}_1}{r_1} + \frac{\mathfrak{r}_2}{r_2}\,,$$

(12) $$(\nabla u)^2 = 2 + \frac{r_1^2 + r_2^2 - l^2}{r_1 r_2} = \frac{u^2 - l^2}{r_1 r_2}\,,$$

(13) $$\nabla \cdot \overline{\mathfrak{R}} = \frac{1}{R}\,,$$

(14) $$-\nabla \cdot \nabla u = \frac{2u}{r_1 r_2} - \frac{l^2}{u r_1 r_2} = \frac{2u^2 - l^2}{u r_1 r_2}$$

ist, lautet Gleichung (**10**, 169) explizit:

(15) $$f''(u)\,(u^2 - l^2) + f'(u)\left(\frac{2u^2 - l^2}{u}\right) = 0\,.$$

Nach leichter Integration erhalten wir:

(16) $$f(u) = S = A \arcsin \frac{l}{u}\,.$$

Aus (**16**, 169) folgt mit Benützung von (**11**, 169)

(17) $$-\nabla S = \frac{A\,l}{u\sqrt{u^2 - l^2}}\left(\frac{\mathfrak{r}_1}{r_1} + \frac{\mathfrak{r}_2}{r_2}\right)$$

und wegen (**12**, 169):

(18) $$|\nabla S| = \frac{A\,l}{u\sqrt{r_1 r_2}}\,.$$

Innerhalb des Kreises l wird nach (**8**, 169) (**16**, 169) und (**18**, 169) S gleich $A\frac{\pi}{2}$, und das Feld bleibt endlich; nur auf der Peripherie des Kreises, wo r_1 verschwindet, wird $|\nabla S|$ unendlich groß. Das singuläre Verhalten der Kreisfläche ist hier durch den Umstand bedingt, daß der Feldvektor gemäß (**17**, 169) beiderseits der Kreisfläche entgegengesetzten Richtungssinn besitzt. Daraus ersehen wir anschaulich, daß jetzt die Kreisfläche den Sitz von Quellen repräsentieren muß.

Da im Unendlichen genähert

$$S = \frac{A\,l}{u}, \tag{19}$$

ferner

$$u = 2\,r, \qquad \sqrt{r_1 r_2} = r \tag{20}$$

wird, verschwindet $S\mathfrak{B}$ von höherer als der zweiten Ordnung. Unsere allgemeinen Überlegungen über die eindeutige Bestimmtheit des Feldes treffen wieder zu.

Für irgendeine die x-Achse enthaltende Schnittellipse wird

$$R = a \sin\varphi, \qquad x = b\cos\varphi, \tag{21}$$

also nach (**4**, 168) wie in (**24**, 167)

$$\left\{\begin{aligned} r_1 &= \sqrt{b^2\cos^2\varphi + \left(a\sin\varphi - \frac{l}{2}\right)^2}, \\ r_2 &= \sqrt{b^2\cos^2\varphi + \left(a\sin\varphi + \frac{l}{2}\right)^2} \end{aligned}\right. \tag{22}$$

sein. Für ein Oberflächenelement des abgeplatteten Rotationsellipsoides haben wir jetzt, wie aus Fig. 13 ersichtlich, zu setzen:

$$|d\mathfrak{o}| = (2\pi a\sin\varphi)\sqrt{a^2\cos^2\varphi + b^2\sin^2\varphi}\,d\varphi. \tag{23}$$

Mit Verwendung der Relation (**25**, 167) und weil

$$u = r_1 + r_2 = 2\,a$$

ist, wird nach (**18**, 169):

$$|\nabla S| = \frac{A\,l}{2\,a\sqrt{a^2\cos^2\varphi + b^2\sin^2\varphi}}. \tag{24}$$

Weiters ergibt sich

$$|d\mathfrak{o}||\nabla S| = \pi A l \sin\varphi\, d\varphi\,, \tag{25}$$

wieder gültig für ein b e l i e b i g e s aus der Schar der zum Kreise l gehörenden Rotationsellipsoide. Fig. 13 läßt erkennen, daß wir das halbe Oberflächenintegral erhalten, wenn wir über die

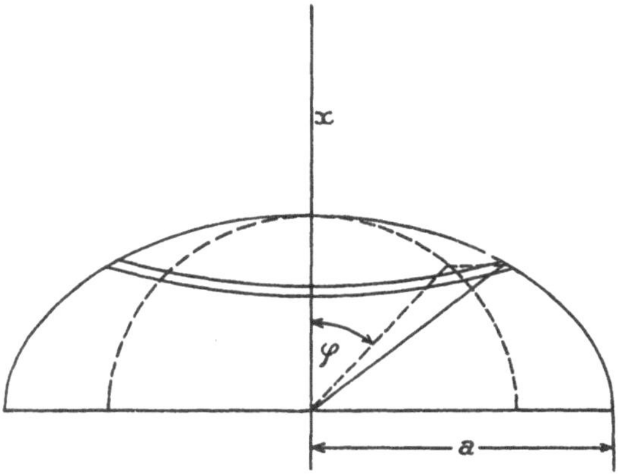

Fig. 13. Abgeplattetes Rotationsellipsoid

exzentrische Anomalie φ von Null bis $\frac{\pi}{2}$ integrieren. Das gesamte Oberflächenintegral ist dann der doppelte Betrag des so erhaltenen Wertes. Somit folgt:

$$\oint |d\mathfrak{o}||\nabla S| = 2\int_0^{\frac{\pi}{2}} \pi A l \sin\varphi\, d\varphi = 2\pi A l = Q\,. \tag{26}$$

Das Rotationsellipsoid, über dessen Oberfläche integriert werden soll, können wir der singulären Kreisfläche beliebig eng anschmiegen, ohne daß sich der Ausdruck (**25**, 171) ändert. Fragen wir dann nach der Ergiebigkeit des Quellfeldes j e F l ä c h e n e i n h e i t dieser Kreisfläche, so erhalten wir aus (**24**, 170) mit

$$l = 2a \quad \text{und} \quad b = 0\,, \tag{27}$$

$$2\,|\nabla S| = \frac{2A}{a\cos\varphi} = \frac{Q}{2\pi a^2 \cos\varphi} = q_f. \tag{28}$$

Die auf die Flächeneinheit bezogene Quelldichte q_f ist also in unserem Beispiele nicht konstant, sie ist am kleinsten im Mittelpunkt der Kreisfläche und wird an ihrem Rande unendlich groß. [Dem entspricht das unendlich starke Anwachsen des Feldes am Rande gemäß (**18**, 169).] Die Gesamtheit der Feldlinien bildet eine Schar einschaliger, konfokaler Rotationshyperboloide.

d) Allgemeine Überlegungen über Flächen-, Linien- und Punktdivergenzen

Wir haben die beiden Sonderfälle, in denen die Äquipotentialflächen des Feldes verlängerte bzw. abgeplattete Rotationsellipsoide sind, so ausführlich behandelt, weil sie dem Leser gestatten, den Feldverlauf bis in alle Einzelheiten zu überblicken und den Grenzübergang zu äußerst großen bzw. zu unendlich großen Quelldichten auf dem Wege über die Schar der konfokalen Rotationsellipsoide gewissermaßen anschaulich zu vollziehen.

Allgemein spricht man von Liniendivergenzen bzw. von Flächendivergenzen, falls in einem fadenförmigen bzw. in einem scheibenförmigen Raume die Ergiebigkeit des Quellenfeldes derart ist, daß das über die Oberfläche des betreffenden Raumes erstreckte Integral des Feldvektors auch dann noch einen von Null verschiedenen, endlichen Wert besitzt, wenn der fadenförmige Raum auf eine mathematische Linie, der scheibenförmige Raum auf eine mathematische Fläche zusammengezogen wird.

Bei beliebig großen, aber noch endlichen räumlichen Quelldichten — Divergenzen — werden diese nach (**3**, 143) durch den Grenzwert des Verhältnisses vom Oberflächenintegral zum umgrenzten Raumelement bestimmt. Bei unendlich großen Quelldichten definieren wir analog als Liniendivergenz den Grenzwert des Verhältnisses vom Oberflächenintegral zum umgrenzten Längenelement, als Flächendivergenz den Grenzwert des Verhältnisses vom Oberflächenintegral zum umgrenzten Flächenelement. Natürlich muß vorausgesetzt werden, daß diese Grenzwerte existieren.

Wie aus Fig. 14 ersichtlich, wird die Flächendivergenz durch die Differenz der Normalkomponenten des Feldvektors an der betreffenden Stelle der Fläche gegeben sein. Wir setzen noch voraus, daß die Beiträge der beim Grenzübergang gegen Null gehenden Endflächen zum Oberflächenintegral verschwinden und erhalten dann:

(1) $$q_f = V_{I\,n} - V_{II\,n}\,.$$

Im oben behandelten Sonderfalle drückt sich diese Tatsache in Formel (**28**, 172) aus.

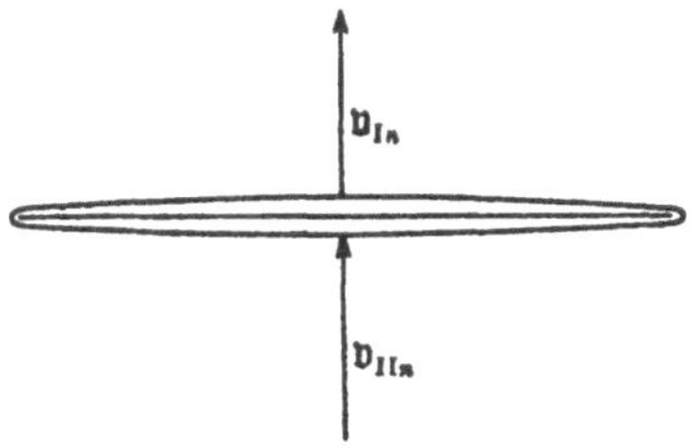

Fig. 14. Flächendivergenz

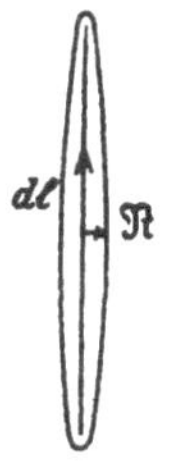

Fig. 15. Liniendivergenz

In ganz analoger Weise und mit den entsprechenden Voraussetzungen erhalten wir die Liniendivergenz q_l an der Hand der Fig. 15. Aus

(2) $$\oint d\mathfrak{o}\,.\,\mathfrak{V} = \int\limits_l \oint d\mathfrak{R} \times d\mathfrak{l}\,.\,\mathfrak{V} = \int\limits_l d\mathfrak{l}\,.\oint \mathfrak{V} \times d\mathfrak{R}$$

folgt, der Definition der Liniendivergenz entsprechend:

(3) $$q_l = \left|\oint \mathfrak{V} \times d\mathfrak{R}\right]_l,$$

worin der Ausdruck rechts die zu $d\mathfrak{l}$ parallele Komponente des über den infinitesimalen Umfang eines zu $d\mathfrak{l}$ senkrechten Kreises vom Radius $\mathfrak{R}$ genommenen Umlaufsintegrals bedeutet. Man vergleiche übrigens Formel (**3**, 173) auch noch mit (**23**, 135).

Wir setzen im folgenden voraus, daß das Potential auch in den im definierten Sinne singulären Linien bzw. Flächen, die als wenigstens stückweise stetig gekrümmt angenommen werden, eine stetige Ortsfunktion bleibt. Der Vollständigkeit halber seien auch die Punktdivergenzen nochmals eigens erwähnt, welche zu Beginn dieses Kapitels behandelt wurden.

Wir sehen uns den aus der Formel (2, 144) abgeleiteten Eindeutigkeitsbeweis unter der Voraussetzung nochmals an, daß das wirbelfreie Feld

$$\mathfrak{B} = -\nabla S$$

sowohl durch Raumdivergenzen wie auch durch Flächen-, Linien- und Punktdivergenzen bedingt wird.

Die Oberflächennormalen werden in bezug auf die singulären Punkte, Linien und Flächen nach außen positiv gerechnet; vom Produkte $S\,\mathfrak{B}$ wird angenommen, daß es im Unendlichen von höherer als zweiter Ordnung verschwindet. Die zitierte Formel wird dann lauten:

$$(4)\quad \left\{\begin{aligned} &\int\limits_V dV\, S \operatorname{div} \mathfrak{B} \\ &\quad + \sum_\varkappa \int\limits_{F_\varkappa} d\mathfrak{o} \cdot S\,(\mathfrak{B}_{\text{I}} - \mathfrak{B}_{\text{II}}) + \sum_\varkappa \int\limits_{l_\varkappa} d\mathfrak{l} \cdot S \oint \mathfrak{B} \times d\mathfrak{R} \\ &\quad + \sum_\varkappa S_\varkappa \int\limits_{P_\varkappa} d\mathfrak{o} \cdot \mathfrak{B} = \int\limits_V dV\, \mathfrak{B}^2 \end{aligned}\right.$$

oder

$$(5)\quad \left\{\begin{aligned} &\int\limits_V dV\, S\, q + \sum_\varkappa \int\limits_{F_\varkappa} df\, S\, q_f + \sum_\varkappa \int\limits_{l_\varkappa} dl\, S\, q_l \\ &\qquad + \sum_\varkappa S_\varkappa Q_\varkappa = \int\limits_V dV\, \mathfrak{B}^2, \end{aligned}\right.$$

worin $|d\mathfrak{o}| = df$, $|d\mathfrak{l}| = dl$ gesetzt und die Ergiebigkeit der Punktdivergenzen mit $Q_\varkappa$ bezeichnet wurde.

Aus Formel (5, 174) folgt durch entsprechende Wiederholung unserer seinerzeitigen Schlüsse sofort, daß das im Unendlichen hinreichend stark verschwindende wirbelfreie Feld durch seine im Endlichen liegenden Raum-, Flächen-, Linien- und Punktdivergenzen eindeutig bestimmt wird. Dabei werden die singulären Gebiete selbst durch die betreffenden Oberflächenintegrale vom betrachteten Feldraume ausgeschlossen.

Greifen wir nun auf die Formel (**10**, 152) bzw. (**12**, 153) zurück und schließen die singulären Gebiete wieder durch Berücksichtigung der betreffenden Oberflächenintegrale vom betrachteten Feldraume aus. Der Aufpunkt liegt also außerhalb der singulären Gebiete. Das Integral über die Begrenzungsfläche eines singulären Gebietes hat nach (**12**, 153) die Gestalt:

$$-\oint d\mathfrak{o} \,.\, \frac{1}{r} \nabla S + \oint d\mathfrak{o} \,.\, S \nabla \frac{1}{r}, \tag{6}$$

worin r wieder den Abstand vom betreffenden Oberflächenelement zum Aufpunkte bedeutet. Das zweite Integral verschwindet:

1. Für Flächendivergenzen, weil $S \nabla \frac{1}{r}$ auf den beiden Seiten der eine Flächendivergenz tragenden Fläche denselben Wert hat.

2. Für Liniendivergenzen, wenn S bei Annäherung an die singuläre Linie von geringerer als erster Ordnung;

3. für Punktdivergenzen, wenn S bei Annäherung an den singulären Punkt von geringerer als zweiter Ordnung gegen Unendlich geht.

Diese Voraussetzungen treffen sicher zu, falls die durch

$$-\oint d\mathfrak{o} \,.\, \nabla S = Q \tag{7}$$

gegebenen Ergiebigkeiten der betreffenden singulären Gebiete endliche Werte besitzen [Abschätzung etwa mit (**9**, 137)].

Entsprechen, wie in den oben ausführlich behandelten Sonderfällen, die singulären Gebiete der Grenzlage einer Schar von Äquipotentialflächen, dann können wir das Oberflächenintegral über eine Äquipotentialfläche erstrecken. In diesem Falle führt auch folgende Schlußweise zum gleichen Ergebnis:

$$\oint d\mathfrak{o} \,.\, S \nabla \frac{1}{r} = S \oint d\mathfrak{o} \,.\, \nabla \frac{1}{r} = S \int_V dV \, \nabla \,.\, \nabla \frac{1}{r} = 0, \tag{8}$$

da ja der Aufpunkt nicht im singulären Gebiete liegen soll. In den Ausdrücken (**6**, 175) bleiben somit nur die ersten Integrale übrig. Mit den schon in Formel (**5**, 174) benutzten Bezeichnungen wird, wenn die Oberflächennormalen in bezug auf die singulären Gebiete nach außen positiv gerechnet werden (**12**, 153), jetzt lauten:

$$(9)\qquad 4\pi S(\mathfrak{r}) = \int\limits_V dV\,\frac{q}{r} + \sum_\varkappa \int\limits_{F_\varkappa} df\,\frac{q_f}{r} + \sum_\varkappa \int\limits_{l_\varkappa} dl\,\frac{q_l}{r} + \sum_\varkappa \frac{Q_\varkappa}{r},$$

worin als Integrationsvariable wieder $\mathfrak{r}'$ gewählt wurde.

Denken wir uns in den scheibenförmigen bzw. fadenförmigen bzw. kugelförmigen Räumen lediglich eine, bzw. zwei, bzw. alle drei Dimensionen zu relativ äußerst kleinen Werten schrumpfend, ohne daß diese Räume wirklich zu einer Fläche bzw. einer Linie bzw. einem Punkte degenerieren, so würde auch die räumliche Quelldichte q in diesen Räumen zwar relativ sehr große, aber doch nicht unendlich große Werte annehmen dürfen, wenn den q_f, q_l, $Q_\varkappa$ endliche Werte entsprechen sollen. Macht man eine solche physikalisch meist zutreffende Annahme, so hat man die rechte Seite von (**9**, 176) lediglich als eine der besonderen Struktur des Quellenfeldes gut angepaßte, genähert zutreffende Schreibweise der an sich allein völlig ausreichenden und richtigen Grundformel

$$(10)\qquad 4\pi S(\mathfrak{r}) = \int\limits_V dV\,\frac{q}{r}$$

anzusehen. Es ist für den Leser nützlich, die Verhältnisse stets von allen Gesichtspunkten zu betrachten.

Wir werfen jetzt noch einen Blick auf unsere speziellen Beispiele. In dem behandelten Falle einer Liniendivergenz hatten wir gemäß (**28**, 167):

$$(11)\qquad q_l = 2\pi A\,.$$

Beziehen wir das Beispiel auf ein Linienelement δl, so können wir für jeden außerhalb liegenden Aufpunkt

$$(12)\qquad r_1 = r_2 = r$$

und dann nach (**11**, 165) und (**11**, 176)

$$(13)\qquad \delta S = \frac{A\,\delta l}{2r} = \frac{q_l\,\delta l}{4\pi r}$$

setzen. Da das Potential eine lineare Funktion der Quelldichte ist, folgt für eine beliebig verlaufende Liniendivergenz auch aus (**13**, 176) wieder:

$$S = \frac{1}{4\pi}\int\limits_{l} dl\,\frac{q_l}{r}\,. \tag{14}$$

Ähnlich könnte man in dem behandelten Sonderfalle einer Flächendivergenz, wenn es sich um ein kreisförmiges Flächenelement δf mit dem Durchmesser δl handelt, aus (**26**, 171):

$$2\pi A\,\delta l = \delta Q = q_f\,\delta f$$

und mit Benützung von (**19**, 170) weiter:

$$\delta S = \frac{A\,\delta l}{2r} = \frac{q_f}{4\pi r}\,\delta f\,, \tag{15}$$

folgern. Für endliches q_f müßte aber A selbst mit δl proportional sein. Den Übergang zum Integral

$$S = \frac{1}{4\pi}\int\limits_{F} df\,\frac{q_f}{r}\,, \tag{16}$$

wollen wir nicht wirklich durchführen, wir bemerken nur, daß es bei der Wirkung eines quelltragenden Flächenelementes in die Ferne nicht auf die Gestalt und die Quellstruktur dieses Flächenelementes ankommt.

e) Erörterung der Verhältnisse, falls ein Teil der Quellen sehr weit entfernt ist

Ehe wir dieses Kapitel abschließen, sei noch kurz eine grundsätzlich wichtige Frage erörtert.

Wir setzten stets voraus, daß das gegebene Quellsystem ganz im Endlichen liegt, somit das Potential im Unendlichen von erster, der Feldvektor von zweiter Ordnung verschwindet. Wir konnten zeigen, und Formel (**9**, 176) enthält das Ergebnis dieses Beweisganges, daß der Feldverlauf eines wirbelfreien Feldes durch die Beschaffenheit des im Endlichen liegenden Quellenfeldes eindeutig bestimmt wird.

Denken wir uns nun das Unendliche selbst durch eine Kugelfläche vom Radius r von dem betrachteten Felde ausgeschlossen. Zählen wir die Flächennormale gegen das Kugelinnere positiv und wählen wir r hinreichend groß, so folgt mit einer Näherung, die wir durch Vergrößerung von r unbegrenzt verbessern können:

$$\oint d\mathfrak{o} \cdot \mathfrak{B} = -\oint df \frac{Q}{4\pi r^2} = -Q, \tag{1}$$

worin Q die Gesamtergiebigkeit, also die algebraische Summe aller Ergiebigkeiten der im Endlichen liegenden Quellen und Senken bedeutet. Diese algebraische Summe kann Null sein, und man wird eine solche Annahme physikalisch plausibel finden, wenn die Quellen und Senken des Feldes durch positive und negative elektrische Ladungen bedingt sind. Handelt es sich aber um das Feld gravitierender Massen, so gibt es in der Newtonschen[1]) Gravitationstheorie überhaupt nur Quellen einerlei Vorzeichens.

Im allgemeinen wird man die Möglichkeit

$$Q \neq 0 \tag{2}$$

jedenfalls offen lassen müssen. Das besagt, daß die im Endlichen fehlenden Divergenzen des umgekehrten Vorzeichens im Unendlichen liegen, die betreffenden Feldlinien also erst im Unendlichen enden können. Daß die Kenntnis der Lage dieser Divergenzen im Unendlichen zur eindeutigen Bestimmung des Feldverlaufes im Endlichen nicht nötig ist, wird sofort anschaulich klar, wenn wir alle Quellen im Endlichen belassen und nur den Entfernungen verschiedene Größenordnungen zuschreiben. Es sei r' der Radius einer Kugel, welche das in physikalisch „endlicher" Entfernung vom Beobachter liegende Quellgebiet umschließt. Es sollen ferner für die durchwegs vom gleichen Kugelmittelpunkte gerechneten Radien r', r'', r''', $\mathring{r}$, r die Ungleichungen gelten:

$$\left\{\begin{aligned} r'' &\gg r' \\ r''' &> r > r'' \\ \mathring{r} &\gg r'''. \end{aligned}\right. \tag{3}$$

[1]) In der G. Jaumannschen Gravitationstheorie wird allerdings die interessante und überaus fruchtbare Annahme eines „Weltäthers" gemacht, der abstoßender Gravitationswirkungen fähig ist.

Wir erhalten dann, wovon ja schon in (**1**, 178) Gebrauch gemacht wurde, im Gebiete r mit einer beliebig zu verschärfenden Näherung:

$$(4) \qquad S = \frac{1}{4\pi}\,\frac{Q}{r}\,, \qquad -\nabla S = \frac{Q}{4\pi r^3}\,\mathfrak{r}\,.$$

Wir nehmen nun noch zusätzlich die Existenz eines Quellgebietes von der Gesamtergiebigkeit $Q_\varkappa$ an, welches sich in beliebiger Verteilung innerhalb einer von den Kugelflächen $\mathring{r} + r''$ und $\mathring{r}$ begrenzten Kugelschale befinden soll. Mit Benützung der Ungleichungen (**3**, 178) erhalten wir dann im Gebiete r genähert:

$$(5) \qquad 4\pi S = \frac{Q}{r} + \frac{Q_\varkappa}{\mathring{r}} \approx \frac{Q}{r}\,, \qquad -\nabla S = \frac{Q}{4\pi r^3}\,\mathfrak{r}\,,$$

vorausgesetzt, daß $Q_\varkappa$ nicht von höherer Größenordnung ist als Q selbst. Indem wir dieselbe Überlegung von Kugelschale zu Kugelschale nach auswärts fortschreitend beliebig oft wiederholen, erkennen wir, daß ein außerhalb $\mathring{r}$ ganz beliebig verteiltes Quellgebiet der Gesamtergiebigkeit

$$(6) \qquad \sum_\varkappa Q_\varkappa = \overline{Q}\,,$$

wenn auch $\overline{Q}$ nicht von höherer Größenordnung ist als Q, auf das Potential und das Feld im Gebiete r innerhalb der angestrebten, durch $\mathring{r}$ charakterisierten Näherung ohne jeden Einfluß bleibt. Für den gesamten, durch irgendeine Kugelfläche vom Radius r begrenzten Teilraum aber ist das wirbelfreie Feld nach (**2**, 144) eindeutig bestimmt durch das innerhalb des Teilraumes liegende Quellgebiet und durch das Potential S an der Oberfläche.

Da wir soeben bewiesen haben, daß das Potential an dieser Oberfläche mit der gewünschten Näherung von der Existenz und der Verteilung des außerhalb $\mathring{r}$ liegenden Quellgebietes der Ergiebigkeit $\overline{Q}$ unabhängig bleibt, gilt dieselbe Behauptung auch für den gesamten Feldverlauf im Inneren der Kugel mit dem Radius r.

9. Vektorische Quellenfelder, insbesondere Wirbelfelder und wichtige Sonderfälle

a) Vektorische Raum-, Flächen-, Linien- und Punktdivergenzen von Dyadenfeldern

Nach (**22**, 150) ist ein Dyadenfeld Φ durch sein vektorisches Quellenfeld $\mathfrak{q}(\mathfrak{r})$ und sein dyadisches Wirbelfeld $\Omega(\mathfrak{r})$ eindeutig bestimmt. Wir setzen im folgenden voraus:

$$\Omega(\mathfrak{r}) = 0 . \tag{1}$$

Es folgt dann (Vorzeichen!):

$$\Phi = - \nabla ; \mathfrak{A} \tag{2}$$

und nach (**7**, 159):

$$\mathfrak{A} = \int_V dV \frac{\mathfrak{q}(\mathfrak{r}')}{r} , \tag{3}$$

worin

$$\nabla \cdot \Phi = \mathfrak{q} \tag{4}$$

gegeben ist.

Die Behandlung der Dyadenfelder, vektorischen Quellenfelder und des Vektorpotentials führten wir seinerzeit durch das Verfahren der Projektion dieser Größen auf eine beliebige, aber räumlich konstante Richtung $\mathfrak{e}$ unmittelbar auf die schon vorher erledigten Vektorfelder, skalaren Quellenfelder und das skalare Potential zurück. Eben dieses Verfahren der Projektion erlaubt uns nun auch, die im 8. Kapitel behandelten Sonderfälle skalarer Quellenfelder unmittelbar in das Gebiet der vektorischen Quellenfelder zu übertragen. Demgemäß nennen wir

$$\oint d\mathfrak{o} \cdot \Phi = \int_V dV \nabla \cdot \Phi = \int_V dV \mathfrak{q} = \mathfrak{Q} \tag{5}$$

die vektorische Ergiebigkeit des von der betreffenden Oberfläche umschlossenen vektorischen Quellgebietes. Wir definieren ferner als vektorische Flächen- bzw. Liniendivergenz $\mathfrak{q}_f$

bzw. $\mathfrak{q}_l$ den Grenzwert des Verhältnisses der vektorischen Ergiebigkeit eines scheiben- bzw. fadenförmigen Raumes, welcher zu einem Flächenelement bzw. Linienelement degeneriert, zur Größe dieses Flächen- bzw. Linienelementes. Eine vektorische Punktdivergenz $\mathfrak{Q}_\varkappa$ ist natürlich wieder der Grenzwert der vektorischen Ergiebigkeit eines Raumes, der zu einem Punkt degeneriert. Mit Berücksichtigung aller dieser vektorischen Divergenzen erhalten wir aus (**9**, 176) sofort:

$$(6)\quad \left\{\begin{aligned} 4\pi\mathfrak{A}(\mathfrak{r}) = \int\limits_V dV\,\frac{\mathfrak{q}}{r} + \sum_\varkappa \int\limits_{F_\varkappa} df\,\frac{\mathfrak{q}_f}{r} \\ + \sum_\varkappa \int\limits_{l_\varkappa} dl\,\frac{\mathfrak{q}_l}{r} + \sum_\varkappa \frac{\mathfrak{Q}_\varkappa}{r}\,. \end{aligned}\right.$$

Da nur Aufpunkte außerhalb der singulären Gebiete in Frage kommen, folgt aus (**6**, 181) weiter:

$$(7)\quad \left\{\begin{aligned} \nabla\,;\mathfrak{A} = \frac{1}{4\pi}\Bigg[\int\limits_V dV\left(\nabla\frac{1}{r}\right);\mathfrak{q} + \sum_\varkappa \int\limits_{F_\varkappa} df\left(\nabla\frac{1}{r}\right);\mathfrak{q}_f \\ + \sum_\varkappa \int\limits_{l_\varkappa} dl\left(\nabla\frac{1}{r}\right);\mathfrak{q}_l + \sum_\varkappa\left(\nabla\frac{1}{r}\right);\mathfrak{Q}_\varkappa\Bigg]\,. \end{aligned}\right.$$

Wir wollen nun diese Formeln, um die Zusammenhänge von allen Seiten zu überblicken, eingehend diskutieren und beginnen mit dem ersten Gliede der Gleichung (**6**, 181), das mit der rechten Seite von (**7**, 159) übereinstimmt. Das vektorische Quellenfeld $\mathfrak{q}$ ist selbst ein Vektorfeld und wird nach (**14**, 160) in der Form

$$(8)\qquad \mathfrak{q} = -\nabla U + \operatorname{rot}\mathfrak{B}$$

bzw. nach (**12**, 148), wenn wir im Vektorpotential wieder den üblichen Vorzeichenwechsel vornehmen, in der Form

$$(9)\qquad \mathfrak{q} = -\nabla\,\nabla\,.\,\mathfrak{A} - \nabla\times\Phi_\times$$

anzusetzen sein. Nehmen wir zunächst

$$(10)\qquad \operatorname{rot}\mathfrak{B} = 0\,,$$

wählen als Integrationsvariable $\mathfrak{r}'$ und benützen die Schreibweise der Relation (**17**, 154), so erhalten wir, wenn die übrigen Glieder von (**6**, 181) Null sind:

$$\mathfrak{A}(\mathfrak{r}) = -\frac{1}{4\pi}\int\limits_V dV \frac{1}{r} \nabla' U. \tag{11}$$

Setzen wir von U, analog wie früher von q, voraus, daß es im Unendlichen Null ist oder zumindest hinreichend stark verschwindet, so können wir von der Umformung

$$0 = \oint d\mathfrak{o} \frac{U}{r} = \int\limits_V dV\, \nabla' \frac{U}{r} = \int\limits_V dV \frac{1}{r} \nabla' U + \int\limits_V dV\, U \nabla' \frac{1}{r} \tag{12}$$

Gebrauch machen. Natürlich müßte man bei dieser Umformung die Stelle $r = 0$ vom Integrationsbereiche der Volumintegrale durch eine Kugeloberfläche, deren Radius man nachträglich gegen Null konvergieren läßt, zunächst ausschließen. Man überblickt leicht, daß dabei, solange U im ganzen Bereiche endlich und stetig bleibt, tatsächlich wieder die Formel (**12**, 182) herauskommt. Berücksichtigt man noch die Relation (**31**, 157), so folgt aus (**12**, 182):

$$\mathfrak{A} = \frac{1}{4\pi}\int\limits_V dV\, U \nabla' \frac{1}{r} = -\frac{1}{4\pi}\int\limits_V dV\, U \nabla \frac{1}{r} = -\nabla S, \tag{13}$$

falls

$$S = \frac{1}{4\pi}\int\limits_V dV \frac{U}{r} \tag{14}$$

gesetzt wird. Mit Benützung der Formel (**39**, 159) erhält man aus (**13**, 182) auch

$$\nabla\ \mathfrak{A} = U, \tag{15}$$

wie es nach (**8**, 181) und (**9**, 181) sein muß. Ist also das vektorische Quellenfeld wirbelfrei, so ist es auch das Vektorpotential, ein Ergebnis, das wir unmittelbar aus

$$\operatorname{rot} \Phi_{\times} = -\operatorname{rot}\operatorname{rot}\mathfrak{A} = 0 \tag{16}$$

hätten ablesen können. Da rot $\mathfrak{A}$ einerseits nicht im **Gesamt**raume einem Gradienten gleich sein kann, andererseits nicht ins

Unendliche reichen soll, muß es selbst verschwinden. Das Vektorpotential kann dann nicht auch noch überall quellenfrei sein.

Interessiert uns lediglich das Wirbelfeld des Vektorpotentials und setzen wir gemäß (**13**, 148) sein Quellenfeld gleich Null, so haben wir

$$\mathfrak{q} = \operatorname{rot} \mathfrak{B}\,, \tag{17}$$

wie es, mit Berücksichtigung des Vorzeichens, der Relation (**12**, 160) entspricht.

Statt (**11**, 182) erhalten wir dann:

$$\mathfrak{A}(\mathfrak{r}) = \frac{1}{4\pi}\int_V dV\,\frac{1}{r}\,\nabla' \times \mathfrak{B} \tag{18}$$

und daraus mit der Begründung, auf die schon in (**8**, 159) und (**9**, 160) hingewiesen wurde, wieder:

$$\nabla\,;\mathfrak{A} = \frac{1}{4\pi}\int_V dV\left(\nabla\frac{1}{r}\right);\nabla' \times \mathfrak{B} \tag{19}$$

und weiter:

$$\left\{\begin{aligned} \nabla \times \mathfrak{A} &= \frac{1}{4\pi}\int_V dV\left(\nabla\frac{1}{r}\right) \times (\nabla' \times \mathfrak{B}) \\ &= \frac{1}{4\pi}\int_V dV\left(\nabla\frac{1}{r}\right) \times \mathfrak{q}\,. \end{aligned}\right. \tag{20}$$

Man zeigt auch leicht, daß

$$\nabla\cdot\mathfrak{A} = \frac{1}{4\pi}\int_V dV\left(\nabla\frac{1}{r}\right)\cdot(\nabla' \times \mathfrak{B}) = 0 \tag{21}$$

herauskommt. Schließt man nämlich den Punkt $r = 0$ vom Integrationsgebiete durch die Kugelfläche K zunächst wieder aus, so bleibt für den übrigen Raum:

$$-\nabla'\left(\frac{1}{r}\right)\cdot(\nabla' \times \mathfrak{B}) = \nabla'\cdot\left[\left(\nabla'\frac{1}{r}\right) \times \mathfrak{B}\right]. \tag{22}$$

Das ergibt nach (**21**, 183):

$$\nabla\cdot\mathfrak{A} = \frac{1}{4\pi}\oint_\infty d\mathfrak{o}\cdot\left(\nabla'\frac{1}{r}\right) \times \mathfrak{B} - \frac{1}{4\pi}\int_K d\mathfrak{o}\cdot\left(\nabla'\frac{1}{r}\right) \times \mathfrak{B}\,, \tag{23}$$

worin das erste Integral über die unendlich ferne Fläche, das zweite über die Kugelfläche K zu erstrecken ist.

Da wir annehmen können, daß $\mathfrak{B}$ im Unendlichen hinreichend stark verschwindet, und da in der Kugeloberfläche

$$(24) \qquad d\mathfrak{o} \parallel \mathfrak{r}' - \mathfrak{r} \parallel -\nabla' \frac{1}{r}$$

zutrifft, so verschwinden die beiden Oberflächenintegrale in (**23**, 183) auch dann noch, wenn der Radius der Kugelfläche gegen Null geht, womit (**21**, 183) bewiesen ist.

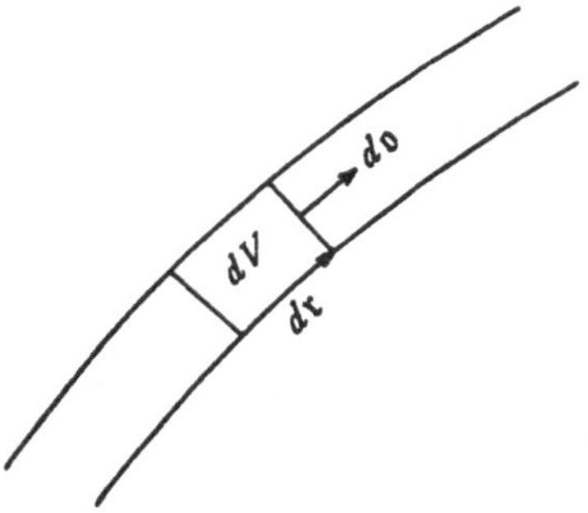

Fig. 16.
Volumelement eines Wirbelfadens

b) Abhängigkeit des Vektorpotentials von den Wirbelflüssen

Die Verhältnisse werden besonders übersichtlich, wenn man berücksichtigt, daß es im stetigen Vektorfelde nur geschlossene Wirbelfäden geben kann, deren Wirbelfluß Γ nach (**3**, 141) konstant sein muß. Passen wir die Volumelemente in (**18**, 183), wie es Fig. 16 andeutet, diesen Wirbelfäden an und beachten, daß wir

$$(1) \qquad d\mathfrak{r} \parallel \mathfrak{q}$$

setzen können, so erhalten wir:

$$(2) \qquad dV \frac{\mathfrak{q}}{r} = d\mathfrak{o} \,.\, d\mathfrak{r} \frac{\mathfrak{q}}{r} = d\mathfrak{o} \,.\, \mathfrak{q} \frac{d\mathfrak{r}}{r} = d\Gamma \frac{d\mathfrak{r}}{r}\,,$$

$$(3) \qquad \mathfrak{A} = \frac{1}{4\pi} \int\limits_V dV \frac{\mathfrak{q}}{r} = \frac{1}{4\pi} \int\limits_\Gamma d\Gamma \oint \frac{d\mathfrak{r}}{r}\,,$$

worin das erste Integral über die Wirbelflüsse aller Wirbelfäden, deren Querschnitte unendlich klein angenommen wurden, zu erstrecken ist. Der zu $d\Gamma$ gehörende Integrand ist ein Umlaufsintegral über den betreffenden Wirbelfaden. Es ergibt sich dann weiter, wie man auch durch die Anwendung der soeben durchgeführten Umformungen auf die Relationen (**19**, 183), (**20**, 183) und (**21**, 183) unmittelbar ableitet:

$$\nabla\,;\mathfrak{A} = \frac{1}{4\pi}\int\limits_{\Gamma} d\Gamma \oint \nabla\left(\frac{1}{r}\right);d\mathfrak{r}\,, \tag{4}$$

$$\nabla \times \mathfrak{A} = \frac{1}{4\pi}\int\limits_{\Gamma} d\Gamma \oint \nabla\left(\frac{1}{r}\right) \times d\mathfrak{r}\,, \tag{5}$$

$$\nabla\,.\,\mathfrak{A} = \frac{1}{4\pi}\int\limits_{\Gamma} d\Gamma \oint d\mathfrak{r}\,.\,\nabla\frac{1}{r} = 0\,. \tag{6}$$

(**6**, 185) trifft zu, weil die über einen Gradienten genommenen Umlaufsintegrale notwendig verschwinden.

In der Praxis, z. B. falls es sich um das magnetische Feld elektrischer Ströme handelt, die in drahtförmigen Leitern verlaufen, genügt es meist schon, das quellenfreie Feld durch eine Summe über Wirbelfäden endlichen Querschnittes zu approximieren. Die Formel (**3**, 184) nimmt dann die Gestalt an:

$$\mathfrak{A} = \frac{1}{4\pi}\sum_{\iota}\Gamma_{\iota}\oint\limits_{\iota}\frac{d\mathfrak{r}}{r}\,, \tag{7}$$

worin Γ_{ι} den Wirbelfluß des ι-ten Wirbelfadens bedeutet, und die Summe über alle Wirbelfäden zu erstrecken ist. Die rechten Seiten von (**4**, 185) bis (**6**, 185) gehen in entsprechende Summen über.

c) Flächenwirbel und Linienwirbel

Wir werden jetzt die übrigen Glieder der rechten Seite von Gleichung (**6**, 181) diskutieren und greifen zu diesem Zwecke auf die Definition (**5**, 180) der vektorischen Ergiebigkeit zurück. Wir erhalten schrittweise:

$$\left\{\begin{aligned}\mathfrak{Q} &= \int\limits_V dV\,\mathfrak{q} = \int\limits_V dV\,\nabla\,.\,\Phi\\ &= -\int\limits_V dV\,\nabla\,.\,\nabla\,;\mathfrak{A} = -\int\limits_V dV\,\nabla\,.\,(\nabla\,;\mathfrak{A} - \mathfrak{A}\,;\nabla)\\ &\quad -\int\limits_V dV\,\nabla\,.\,(\mathfrak{A}\,;\nabla) = \oint d\mathfrak{o} \times \operatorname{rot}\mathfrak{A} - \oint d\mathfrak{o}\,.\,\mathfrak{A}\,;\nabla\,.\end{aligned}\right. \tag{1}$$

Wir wollen im folgenden zunächst

$$\nabla \cdot \mathfrak{A} = 0 \tag{2}$$

voraussetzen. Dann geht (**1**, 185) über in:

$$\mathfrak{Q} = \oint d\mathfrak{o} \times \operatorname{rot} \mathfrak{A}\,. \tag{3}$$

Benutzen wir die allgemeine Darstellung eines Vektorfeldes

$$\mathfrak{B} = -\nabla S + \operatorname{rot} \mathfrak{A}\,, \tag{4}$$

so erhalten wir, da ja

$$\oint d\mathfrak{o} \times \nabla S = \int_V dV\, \nabla \times \nabla S \equiv 0 \tag{5}$$

ist, auch:

$$\mathfrak{Q} = \oint d\mathfrak{o} \times \mathfrak{B} = \int_V dV\, \nabla \times \mathfrak{B}\,. \tag{6}$$

Denken wir uns, wie in Fig. 14, ein scheibenförmiges Raumelement zu einem Flächenelemente δf degenerierend und setzen wir wieder voraus, daß die Beiträge der beim Grenzübergang gegen Null konvergierenden Endflächen zum Oberflächenintegral verschwinden, so kommt es jetzt auf den Sprung der Tangentialkomponenten des Vektorfeldes in dem betreffenden Flächenelemente an.

Wir setzen den Vektor des Flächenelementes in der Form an:

$$\delta \mathfrak{o} = \delta f\, \mathfrak{n}\,, \tag{7}$$

worin $\mathfrak{n}$ einen Einheitsvektor in der Richtung der Normale auf der I-Seite des Flächenelementes bezeichnet, und schreiben für das scheibenförmige Raumelement

$$\delta V = \delta f\, \delta n\,, \tag{8}$$

worin δn die gegen Null konvergierende Dicke der Scheibe bedeutet. Wir erhalten dann aus (**6**, 186) in unmittelbar verständlicher Schreibweise:

$$\delta \mathfrak{Q} = \delta f\, \mathfrak{n} \times (\mathfrak{B}_{\mathrm{I}} - \mathfrak{B}_{\mathrm{II}}) = \delta f\, (\delta n \operatorname{rot} \mathfrak{B})\,. \tag{9}$$

Den Ausdruck

$$\lim_{\delta n = 0} (\delta n \operatorname{rot} \mathfrak{B}) = \mathfrak{n} \times (\mathfrak{B}_{\mathrm{I}} - \mathfrak{B}_{\mathrm{II}}) = \mathfrak{q}_f \tag{10}$$

nennt man den Flächenwirbel des Feldes $\mathfrak{B}$ in dem betreffenden Flächenelement.

Ganz analog und mit den entsprechenden Voraussetzungen kommt man im Anschlusse an Fig. 15 und die dort durchgeführten Überlegungen zum Begriffe des Linienwirbels, wenn man die Formel (**6**, 186) auf ein fadenförmiges Raumelement anwendet. Setzen wir jetzt wie in (**2**, 173):

$$(11) \qquad d\mathfrak{o} = d\mathfrak{R} \times d\mathfrak{l} \quad \text{und noch} \quad d\mathfrak{l} = dl\, \mathfrak{e}\,,$$

worin $\mathfrak{e}$ einen Einheitsvektor parallel zu $d\mathfrak{l}$ bedeuten möge. Es folgt dann:

$$(12) \quad \begin{cases} \mathfrak{Q} = \oint d\mathfrak{o} \times \mathfrak{B} = \oint (d\mathfrak{R} \times d\mathfrak{l}) \times \mathfrak{B} \\ \qquad = \int\limits_l dl\, \mathfrak{e} \oint d\mathfrak{R} \,.\, \mathfrak{B} - \int\limits_l dl \oint \mathfrak{e} \,.\, \mathfrak{B}\, d\mathfrak{R}\,. \end{cases}$$

Besitzt $\mathfrak{e} \,.\, \mathfrak{B}$ für die unmittelbare Umgebung der Achse des fadenförmigen Raumes axiale Symmetrie, was wir hier voraussetzen wollen, so verschwindet dort das letzte Integral, und wir erhalten für das Linienelement, wenn wir noch

$$(13) \qquad \delta V = \delta f\, \delta l$$

setzen:

$$(14) \qquad \delta \mathfrak{Q} = \delta l\, \mathfrak{e} \oint d\mathfrak{R} \,.\, \mathfrak{B} = \delta l\, (\delta f \operatorname{rot} \mathfrak{B})\,.$$

Den Ausdruck

$$(15) \qquad \lim_{\delta f = 0} (\delta f \operatorname{rot} \mathfrak{B}) = \mathfrak{e} \oint d\mathfrak{R} \,.\, \mathfrak{B} = \mathfrak{q}_l$$

nennt man den Linienwirbel des Feldes $\mathfrak{B}$ in dem betreffenden Linienelement. Trifft die Voraussetzung der axialen Symmetrie nicht zu, so kann auch das letzte Integral in (**12**, 187) einen endlichen Wert annehmen. Die Linie bekommt hierdurch aber sozusagen zwei ungleichwertige Seiten, also ein flächenhaftes Merkmal, und tatsächlich kann man das in Frage stehende Integral auch als den Grenzfall von Flächenwirbeln für verschwindende Breite eines zur Linie degenerierten Flächenstreifens ansehen.

d) Das vektorische Quellenfeld bestimmt jedenfalls den quellenfreien Anteil des Vektorfeldes

Die „Wirbelfäden" der Flächenwirbel können sich innerhalb der singulären Fläche schließen, ebenso können die Linienwirbel in sich geschlossene Wirbellinien bilden. Geradesogut ist es aber auch möglich, daß Flächen- und Linienwirbel nur Teile eines sich durch den Raum fortsetzenden Wirbelsystems bilden. Ein Blick auf Gleichung (6, 185) lehrt, daß für solche Wirbelfadenteile das Vektorpotential nicht mehr quellenfrei bleiben kann. Setzen wir beispielsweise in (6, 181):

(1) $$4\pi\,\mathfrak{A}_1 = \int_V dV\,\frac{\mathfrak{q}}{r}\,, \qquad 4\pi\,\mathfrak{A}_2 = \int_F df\,\frac{\mathfrak{q}_f}{r}$$

und die übrigen Glieder der rechten Seite gleich Null, also

(2) $$\mathfrak{A} = \mathfrak{A}_1 + \mathfrak{A}_2\,,$$

so folgt aus

(3) $$\nabla \cdot \mathfrak{A} = 0$$

nur

(4) $$\nabla \cdot \mathfrak{A}_2 = -\nabla \cdot \mathfrak{A}_1\,.$$

Da es uns in der Regel aber nur auf das Gesamtvektorpotential $\mathfrak{A}$ und nicht auf die Teilpotentiale $\mathfrak{A}_1$ und $\mathfrak{A}_2$ gesondert ankommt, brauchen wir uns um die Teildivergenzen (4, 188) solange nicht zu bekümmern, als für $\mathfrak{A}$ selbst die Bedingung (2, 186) erfüllt bleibt.

Die Verhältnisse werden aber sofort andere, wenn die vektorischen Divergenzen $\mathfrak{q}$ kein reines Wirbelfeld bilden, also für $\mathfrak{q}$ statt (17, 183) die allgemeinere Darstellung (8, 181) zutrifft. Wie wir zeigten, bestimmt die Verteilung der vektorischen Divergenzen $\mathfrak{q}$ jedenfalls eindeutig das Vektorpotential $\mathfrak{A}$ des Dyadenfeldes Φ:

(5) $$\Phi = -\nabla\,;\,\mathfrak{A}\,.$$

Interessieren wir uns aber lediglich für das Vektorfeld $\mathfrak{B}$ und halten für dieses an dem Ansatze

(6) $$\mathfrak{B} = -\nabla S + \nabla \times \mathfrak{A}$$

fest, so erhalten wir jetzt:

$$(7) \quad \begin{cases} \nabla \times \mathfrak{B} = \nabla \times (\nabla \times \mathfrak{A}) \\ \qquad = \nabla\, \nabla \cdot \mathfrak{A} - \nabla \cdot \nabla\,; \mathfrak{A} = \nabla\, \nabla \cdot \mathfrak{A} + \mathfrak{q}\,. \end{cases}$$

Das heißt: durch $\mathfrak{q}$ wird stets eindeutig ein Wirbelfeld rot $\mathfrak{B}$ bestimmt, das aber im allgemeinen mit $\mathfrak{q}$ selbst nicht identisch zu sein braucht.

Wir dürfen natürlich, wenn es sich um das Dyadenfeld der Gleichung (**5**, 188) handelt, die vektorischen Divergenzen $\mathfrak{q}$ nicht einfach durch

$$(8) \qquad \mathfrak{q} = \mathfrak{q} + \nabla\, \nabla \cdot \mathfrak{A}$$

ersetzen; dies würde das Feld Φ verändern.

Bilden wir nun ein diesem $\mathfrak{q}'$ entsprechendes neues Vektorpotential:

$$(9) \qquad \mathfrak{A}' = \frac{1}{4\pi} \int_V dV \frac{\mathfrak{q}'}{r} = \frac{1}{4\pi} \int_V dV \frac{\mathfrak{q}}{r} + \frac{1}{4\pi} \int_V dV \frac{\nabla\, \nabla \cdot \mathfrak{A}}{r}.$$

Auf ein gesondertes Herausheben der Grenzfälle von Flächenwirbeln usf. kann hier, da es für die folgenden grundsätzlichen Überlegungen unwesentlich ist, verzichtet werden. Setzen wir noch:

$$(10) \qquad \nabla \cdot \mathfrak{A} = U$$

und beachten wir, daß dann in großer Entfernung $\frac{U}{r}$ von der Ordnung $\frac{1}{r^3}$ verschwinden wird, so können wir mit dem letzten Integral von (**9**, 189) die Umformungen der Relationen (**11**, 182) bis (**13**, 182) durchführen und erkennen so, daß das in Frage stehende Integral selbst ein Gradient ist. Dementsprechend folgt, wenn wir wieder

$$(11) \qquad \frac{1}{4\pi} \int_V dV \frac{\mathfrak{q}}{r} = \mathfrak{A}$$

setzen, aus (**9**, 189) die wichtige Relation:

$$(12) \qquad \nabla \times \mathfrak{A}' = \nabla \times \mathfrak{A}\,.$$

Für die Berechnung des durch das Wirbelfeld rot $\mathfrak{B}$ bedingten Anteiles von $\mathfrak{B}$ ist es gemäß (**12**, 189) gleichgültig, ob wir in die Formel für das Vektorpotential, wie in (**9**, 189), $\mathfrak{q}'$, also das nach (**7**, 189) tatsächlich vorhandene Wirbelfeld oder, wie in (**11**, 189), nur das vorgegebene vektorische Quellenfeld $\mathfrak{q}$ einsetzen.

e) Punktwirbel

Sowohl bei den räumlich verteilten Wirbelsystemen, wie auch in den Grenzfällen von Flächen- und Linienwirbeln besteht die Möglichkeit, daß jede dieser Gruppen, für sich genommen, nur aus in sich geschlossenen Wirbelfäden besteht.

Bei den Punktwirbeln, zu denen wir jetzt übergehen wollen, ist diese Möglichkeit von vornherein ausgeschlossen.

Analog wie in (**1**, 162) werden wir konsequenterweise bei diesem Grenzübergange von einem durch eine Kugelfläche begrenzten Raume auszugehen haben. Da wieder

$$\mathfrak{Q} = \int_V dV \, \nabla \, . \, \Phi = \oint d\mathfrak{o} \, . \, \Phi \tag{1}$$

gilt, würde man, um volle Kugelsymmetrie zu erzielen,

$$\Phi = F(r) \, \bar{\mathfrak{r}} \, ; \, \bar{\mathfrak{r}} \tag{2}$$

zu setzen haben, worin $\bar{\mathfrak{r}}$ einen radialen Einheitsvektor und $F(r)$ eine skalare Funktion des Abstandes r vom Kugelmittelpunkte bedeutet. Dann aber wäre:

$$\Phi_{\times} = 0 \, . \tag{3}$$

Wir werden uns demgemäß auf den Ansatz

$$\Phi = F(r) \, \bar{\mathfrak{r}} \, ; \, \mathfrak{e} \tag{4}$$

beschränken, worin $\mathfrak{e}$ einen konstanten Einheitsvektor bedeuten soll. Wählen wir speziell:

$$F(r) = \begin{cases} \frac{1}{3} r \, |\mathfrak{q}| & \text{(Innenraum)}, \\ \frac{1}{3} \frac{R^3}{r^2} \, |\mathfrak{q}| & \text{(Außenraum)} \end{cases} \tag{5}$$

mit

$$\mathfrak{q} = |\mathfrak{q}|\,\mathfrak{e}\,, \qquad |\mathfrak{q}| = \text{konst.}, \qquad R = \text{Kugelradius},$$

so verläuft

$$\nabla \cdot \mathfrak{A} = -\Phi_1 = -F(r)\,\bar{\mathfrak{r}} \cdot \mathfrak{e} \tag{6}$$

durchaus stetig, so daß sich bei den zu (**12**, 189) führenden Umformungen keine Schwierigkeiten ergeben. Aus (**1**, 190) und (**4**, 190) folgt dann für j e d e konzentrische Kugelfläche des Außenraumes

$$\mathfrak{Q} = \mathfrak{e} \oint df\, F(r) = \mathfrak{e}\, 4\pi r^2 F(r) = \frac{4\pi R^3}{3}\,\mathfrak{q} \tag{7}$$

und weiter für den Außenraum:

$$\Phi = \bar{\mathfrak{r}} \, ; \frac{\mathfrak{Q}}{4\pi r^2} = -\nabla \, ; \mathfrak{A}\,, \tag{8}$$

wenn

$$\mathfrak{A} = \frac{\mathfrak{Q}}{4\pi r} \tag{9}$$

gesetzt wird. $\mathfrak{Q}$ ist natürlich die Gesamtergiebigkeit des von der Kugelfläche eingeschlossenen vektorischen Quellgebietes. Formel (**9**, 191) trifft mit demselben konstanten $\mathfrak{Q}$ für alle Aufpunkte zu, die sich a u ß e r h a l b des betrachteten vektorischen Quellgebietes befinden. Für solche Aufpunkte ändert sich also nichts, wenn das betrachtete vektorische Quellgebiet bei A u f r e c h t e r h a l t u n g s e i n e r G e s a m t e r g i e b i g k e i t und seiner Symmetrieeigenschaften (unsere spezielle Annahme ist dafür nicht wesentlich) in engere und immer engere Kugeln zusammengedrängt wird. Ersichtlich können wir schließlich auch den Grenzübergang zu Kugeln mit verschwindendem Radius vollziehen und haben so vektorische Punktdivergenzen und damit P u n k t w i r b e l gewonnen. Formel (**9**, 191) entspricht unmittelbar den Summanden des letzten Gliedes der rechten Seite von Gleichung (**6**, 181). Die vorhergehenden Glieder erhält man leicht aus der allgemeinen Relation

$$4\pi\mathfrak{A} = \int_V dV \frac{\mathfrak{q}}{r}\,, \tag{10}$$

wenn darin für

$$dV\,\mathfrak{q} = d\mathfrak{Q} \tag{11}$$

die Grenzübergänge (**10**, 186) bzw. (**15**, 187) vollzogen werden.

Es ist wichtig, zu beachten, daß auch jedem Punktwirbel ein komplettes, durch ihn eindeutig mitgegebenes Wirbelsystem zugehört. Außerhalb des Punktwirbels wird es nach (**7**, 189) und (**9**, 191) durch

$$\nabla \times \mathfrak{B} = \nabla\,\nabla \cdot \mathfrak{A} = \frac{1}{4\pi}\,\nabla\,;\,\nabla\,\frac{1}{r} \cdot \mathfrak{Q} \tag{12}$$

gegeben sein und, wie es sein soll, aus

$$\mathfrak{B} = \nabla \times \mathfrak{A} = \frac{1}{4\pi}\left(\nabla\,\frac{1}{r}\right) \times \mathfrak{Q} \tag{13}$$

folgen.

Haben wir beliebig viele Punktwirbel, so setzt sich das resultierende Wirbelfeld — außerhalb der Punktwirbel — aus den den einzelnen Punktwirbeln zugehörenden Einzelfeldern additiv zusammen:

$$\nabla \times \mathfrak{B} = \nabla\,\nabla \cdot \left(\sum_{\varkappa} \mathfrak{A}_{\varkappa}\right) = \frac{1}{4\pi} \sum_{\varkappa} \nabla\,;\,\nabla\,\frac{1}{r_{\varkappa}} \cdot \mathfrak{Q}_{\varkappa}\,. \tag{14}$$

Es lohnt nicht, nun etwa die Zahl der Wirbelpunkte über alle Grenzen anwachsen zu lassen, um dann den umgekehrten Grenzübergang zu kontinuierlich verteilten Ergiebigkeiten $\mathfrak{q}\,dV$ durchzuführen und damit lediglich zu den uns schon geläufigen Formeln zurückzukehren. Um die uns hier interessierenden Verhältnisse zu überblicken, genügt es, das gesamte vektorische Divergenzfeld

$$\mathfrak{q} = \sum_{\varkappa} \mathfrak{q}_{\varkappa} \tag{15}$$

derart in eine Summe von beliebig vielen, endlichen Summanden zu zerlegen, daß die einzelnen $\mathfrak{q}_{\varkappa}$ immer nur in einem beschränkten, aber endlichen Raumbereiche von Null verschieden sind. Wir erhalten dann:

$$\mathfrak{A} = \sum_{\varkappa} \int_{V} dV\,\frac{\mathfrak{q}_{\varkappa}}{r} = \sum_{\varkappa} \mathfrak{A}_{\varkappa}\,. \tag{16}$$

Wieder definiert jede einzelne $\mathfrak{q}_\varkappa$-Verteilung je ein komplettes Wirbelsystem, das durch

(17) $$\nabla \times \mathfrak{B}_\varkappa = \nabla \times (\nabla \times \mathfrak{A}_\varkappa) = \nabla\, \nabla \cdot \mathfrak{A}_\varkappa + \mathfrak{q}_\varkappa$$

bestimmt ist. Das resultierende Wirbelsystem ergibt sich aus

(18) $$\sum_\varkappa \nabla \times \mathfrak{B}_\varkappa = \nabla \times \mathfrak{B} = \nabla ; \nabla \cdot (\sum_\varkappa \mathfrak{A}_\varkappa) + \sum_\varkappa \mathfrak{q}_\varkappa = \nabla\, \nabla \cdot \mathfrak{A} + \mathfrak{q}\,.$$

Bildet die resultierende vektorische Divergenz $\mathfrak{q}$ selbst ein Wirbelfeld, ist also durch $\mathfrak{q}$ ein in sich geschlossenes komplettes Wirbelsystem vorgegeben, so muß nach den Formeln (**21**, 183) bzw. (**6**, 185)

$$\nabla \cdot \mathfrak{A} = 0$$

herauskommen. Dann kompensieren sich also die den einzelnen $\mathfrak{q}_\varkappa$ zugehörenden zusätzlichen Wirbelfelder gerade gegenseitig.

f) Beispiel für eine vektorische Liniendivergenz (Linienwirbel)

Ein hübsches und anschauliches Beispiel für das Feld einer vektorischen Liniendivergenz gewinnen wir leicht aus dem durch (**1**, 163) gegebenen und dann ausführlich durchgerechneten Beispiel

$$S = A\, \mathfrak{Ar}\mathfrak{Ctg}\, \frac{r_1 + r_2}{l}\,,$$

wenn wir jetzt

(1) $$\mathfrak{A} = S\, \mathfrak{i}$$

setzen. Alle Bezeichnungen und Definitionen übernehmen wir aus dem zitierten Beispiel, $\mathfrak{i}$ bedeutet den Einheitsvektor parallel zur positiven x-Achse. Aus (**1**, 193) folgt:

(2) $$\nabla ; \mathfrak{A} = (\nabla S) ; \mathfrak{i}\,,$$

(3) $$-\nabla \cdot \nabla ; \mathfrak{A} = -\nabla \cdot \nabla S\, \mathfrak{i} = \mathfrak{q}\,.$$

Nach (**9**, 164) verschwindet $\nabla \cdot \nabla S$ und damit $\mathfrak{q}$ überall außerhalb des von $-\frac{l}{2}$ bis $+\frac{l}{2}$ reichenden Stückes der x-Achse.

In dieser „Linie l" aber wird gemäß (27, 167) bis (30, 168):

$$\mathfrak{Q} = \int_{-\frac{l}{2}}^{+\frac{l}{2}} dl\, \mathfrak{q}_l = 2\pi A\, l\, \mathfrak{i} \tag{4}$$

und die „vektorische Liniendivergenz" selbst:

$$\mathfrak{q}_l = 2\pi A\, \mathfrak{i}\,. \tag{5}$$

Das durch (1, 193) definierte Vektorpotential rührt also lediglich von einer auf die Linie l beschränkten vektorischen Liniendivergenz her.

Für das durch $\mathfrak{A}$ bestimmte Vektorfeld erhalten wir aus (2, 193)

$$\mathfrak{B} = \nabla \times \mathfrak{A} = (\nabla S) \times \mathfrak{i}\,. \tag{6}$$

$\mathfrak{B}$ steht also überall auf der Richtung der x-Achse senkrecht. Bilden wir das Umlaufsintegral über irgendeine Kreislinie, welche durch eine zur x-Achse senkrechte Ebene aus einem der Rotationsellipsoide herausgeschnitten wird, so folgt gemäß (23, 167) bis (25, 167):

$$\left\{\begin{aligned} \oint d\mathfrak{r} \,.\, \mathfrak{B} &= \frac{A\, l}{2\, b \sqrt{a^2 \cos^2 \varphi + b^2 \sin^2 \varphi}} \,.\, 2\pi\, (b \cos \varphi) \\ &= \frac{2\pi A}{\frac{2\,a}{l} \sqrt{1 + \frac{b^2}{a^2} \operatorname{tg}^2 \varphi}}\,. \end{aligned}\right. \tag{7}$$

Den größten Wert nimmt das Umlaufsintegral und damit der umschlungene Wirbelfluß an, wenn b gegen Null und damit $2\,a$ gegen l geht. Wir erhalten in diesem Fall — wie ja zu erwarten war — aus (7, 194) gemäß (15, 187) und (5, 194):

$$\mathfrak{i} \oint d\mathfrak{r} \,.\, \mathfrak{B} = \lim_{\delta f = 0} (\delta f \operatorname{rot} \mathfrak{B}) = 2\pi A\, \mathfrak{i} = \mathfrak{q}_l\,. \tag{8}$$

Für alle endlichen Werte von b wird — für beliebige Werte des Wertebereiches von φ (wobei $\varphi = \pm \frac{\pi}{2}$, also verschwindender Radius des Umlaufskreises, ausgeschlossen werden kann) — der insgesamt umschlungene Wirbelfluß kleiner. Dies rührt — vgl.

den Umlauf U in Fig. 17 — daher, daß für $b > 0$ immer schon Teile des mit $\mathfrak{q}_l$ notwendig mitgegebenen, ihn ergänzenden Wirbelsystems mitumschlungen werden. Für das in der Figur angedeutete, außerhalb des Linienwirbels verlaufende, aber durch ihn mitgegebene Wirbelfeld erhalten wir aus

$$\nabla \times \mathfrak{B} = \nabla\, \nabla \cdot \mathfrak{A} = \nabla\, (\mathfrak{i} \cdot \nabla S) = \nabla\, \frac{\partial S}{\partial x} \,. \tag{9}$$

Aus (**3**, 163) und (**4**, 164) folgt:

$$\mathfrak{i} \cdot \nabla S = \frac{A\, l}{l^2 - (r_1 + r_2)^2} \left[(r_1 + r_2)\, x - (r_2 - r_1)\, \frac{l}{2} \right] \frac{1}{r_1 r_2} \,. \tag{10}$$

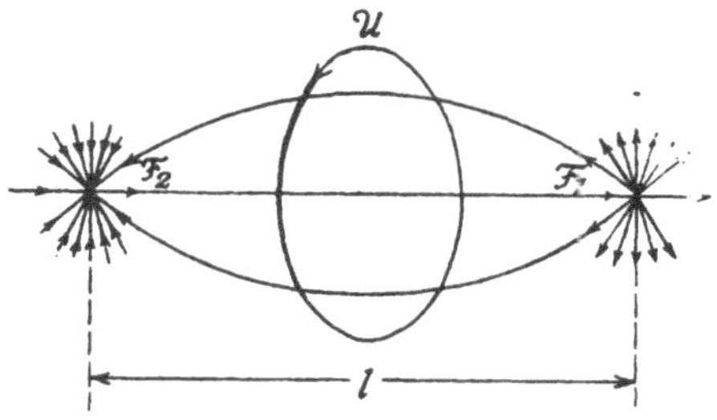

Fig. 17. Wirbelfeld eines Linienwirbels

Aus (**22**, 167), und (**24**, 167) erhält man leicht:

$$r_2 = a + \frac{l}{2} \sin\varphi \,, \qquad r_1 = a - \frac{l}{2} \sin\varphi \tag{11}$$

und damit

$$\mathfrak{i} \cdot \nabla S = - \frac{A\, l \sin\varphi}{2 \left[a^2 - \left(\frac{l}{2}\right)^2 \sin^2\varphi \right]} \,. \tag{12}$$

Jene Punkte der Zeichenebene, in welchen die durch (**12**, 195) bestimmte Funktion von a und $\sin\varphi$ gleiche Werte annimmt, bestimmen die neuen Äquipotentiallinien, die von den durch (**9**, 195) gegebenen Wirbellinien senkrecht durchsetzt werden. Da auch

$$\mathfrak{i} \cdot \nabla S = \frac{A}{2} \left(\frac{1}{r_2} - \frac{1}{r_1} \right) \tag{13}$$

zutrifft, stimmen diese Wirbellinien mit den Feldlinien überein, die von zwei Punktdivergenzen entgegengesetzt gleicher Ergiebigkeit herrühren. Sie können demnach mittels der bekannten Maxwellschen Konstruktion dargestellt werden.

10. Äquivalenzen zwischen Quellen- und Wirbelfeldern

a) Eindeutige Bestimmtheit des Quellen- und Wirbelfeldes durch das Vektorfeld

Wir haben, auf der Relation (**2**, 144) fußend, die Beziehungen (**4**, 174) bis (**9**, 176) abgeleitet und damit bewiesen, daß ein wirbelfreies Feld durch die Gesamtheit seiner Divergenzen (also einschließlich der Flächen-, Linien- und Punktdivergenzen) eindeutig bestimmt wird. Daraus folgt weiter, daß durch dieselben Divergenzen auch die skalare Funktion S bis auf eine additive Konstante eindeutig bestimmt sein muß. Da jede Projektion des Vektorpotentials $\mathfrak{A}$ auf irgendeine räumlich konstante Richtung $\mathfrak{e}$, also $\mathfrak{A} \cdot \mathfrak{e}$, durch (**6**, 181) in mathematisch identischer Weise bestimmt wird, wie S durch (**9**, 176), ist es ohne weiteres klar, daß auch die Gesamtheit der „vektorischen" Divergenzen des „wirbelfreien" Dyadenfeldes das Vektorpotential bis auf einen räumlich konstanten Vektor eindeutig bestimmt. Von dieser Tatsache, als einer Selbstverständlichkeit, haben wir im vorigen Kapitel schon Gebrauch gemacht.

Natürlich hätten wir von der Relation (**4**, 147) ausgehend, die ganze Beweisführung für den Fall, daß vektorische Flächen-, Linien- oder Punktdivergenzen auftreten, nochmals unabhängig von den Überlegungen des 8. Kapitels durchführen können. Dabei hätten wir noch einen weiteren Schritt tun und unmittelbar von den Wirbelfeldern ausgehen, also die Relation (**4**, 147) gleich in der Form

$$(1) \quad \oint d\mathfrak{o} \cdot (\operatorname{rot} \mathfrak{A}) \times \mathfrak{A} = \int_V dV\, \mathfrak{A} \cdot (\operatorname{rot} \operatorname{rot} \mathfrak{A}) - \int_V dV\, (\operatorname{rot} \mathfrak{A})^2$$

benützen können. Da es sich dabei im wesentlichen um die Wiederholung schon ausführlich erörterter Gedankengänge handelt, wollen wir deren Durchführung dem Leser selbst überlassen.

Die Umkehrung der Fragestellung: „Wird durch ein vorgegebenes Vektorfeld dessen Quellen- und Wirbelfeld eindeutig bestimmt?" scheint kein Problem zu enthalten. Wirklich kann diese Frage mit einem schlichten Ja beantwortet werden, solange das Vektorfeld, und zwar in einem noch genauer zu präzisierenden Sinne im gesamten Raumkontinuum vorgegeben ist. Man ersieht das unmittelbar aus den beiden grundlegenden Relationen:

$$\oint d\mathfrak{o} \cdot \mathfrak{B} = \int_V dV \operatorname{div} \mathfrak{B}\,, \tag{2}$$

$$\oint d\mathfrak{o} \times \mathfrak{B} = \int_V dV \operatorname{rot} \mathfrak{B}\,. \tag{3}$$

Ist hingegen ein Vektorfeld nur in einem Teilraume vorgegeben, welcher keine Quellen oder Wirbel dieses Vektorfeldes einschließt, so wird hierdurch dessen Quellen- und Wirbelfeld niemals eindeutig bestimmt. Um das anschaulich einzusehen, denken wir uns das betreffende Vektorfeld $\mathfrak{B}$ zunächst im Gesamtraume vorgegeben. Wir legen dann irgendeine geschlossene Fläche, die das Quellen- und Wirbelsystem des betrachteten Vektorfeldes vom übrigen Raume (wir nennen ihn den Außenraum) abtrennt. Schließlich definieren wir ein neues Vektorfeld $\mathfrak{B}'$, das im Innenraume mit $\mathfrak{B}$ identisch, im ganzen Außenraume aber gleich Null sein soll.

Wie es Fig. 18 schematisch andeutet, wird das neue Feld $\mathfrak{B}'$ einesteils durch das ursprüngliche Quellen- und Wirbelfeld, anderenteils durch neuentstandene Flächendivergenzen und Flächenwirbel bedingt. Diese kommen zustande, weil sich der im Außenraume ausgelöschte Feldvektor nun in der Grenzfläche notwendigerweise unstetig ändern muß. Im allgemeinen werden sich sowohl die Normal- wie die Tangentialkomponenten des Feldvektors unstetig ändern, und es werden dementsprechend sowohl Flächendivergenzen wie auch Flächenwirbel entstehen. Da das neuentstandene System der Flächendivergenzen und Flächenwirbel das ursprüngliche Feld $\mathfrak{B}$ im Außenraume gerade auslöscht, muß es dort für sich allein bis auf das Vorzeichen genau dasselbe Feld erzeugen, wie das ursprüngliche Quellen- und

Wirbelfeld. Die beiden Systeme, das ursprünglich gegebene und das mit negativem Vorzeichen genommene neue System von Divergenzen und Wirbeln, sind also in bezug auf das Feld des Außenraumes äquivalent.

Selbstverständlich besteht dieselbe Behauptung zurecht, wenn wir irgendeine Gesamtheit von Quellen und Wirbeln, die gemeinsam in irgendeinem Raumteile das Feld Null erzeugen, irgendwie in zwei Gruppen teilen. In bezug auf das Feld des ausgezeichneten Raumteiles werden die beiden Gruppen, wenn in einer Gruppe noch ein Vorzeichenwechsel vorgenommen wurde, einander äquivalent sein.

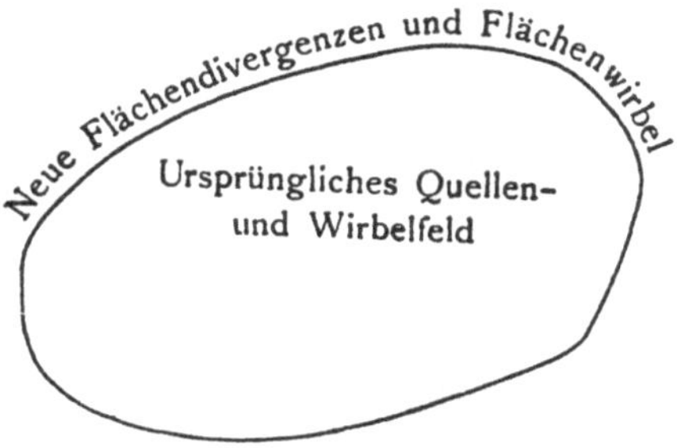

Fig. 18. Äquivalenzen unter Quellen- und Wirbelfeldergruppen

Besteht solch eine Gesamtheit überhaupt aus Divergenzen und Wirbeln, so kann man im besonderen alle Divergenzen in die eine und alle Wirbel in die andere Gruppe nehmen. In allen derartigen Fällen erhält man also Äquivalenz eines Quellensystems mit einem Wirbelsystem.

Erwähnt sei noch, daß die Gesamtheit der durch die oben eingeführte Umformung des Feldes entstandenen Flächendivergenzen und Flächenwirbel das ursprüngliche Feld $\mathfrak{B}$ im Innenraume unverändert lassen. Teilt man also diese Gesamtheit selbst in zwei Gruppen, so erhält man, wieder nach Vorzeichenwechsel in einer der Gruppen, Äquivalenz der beiden Teilsysteme, diesmal aber in bezug auf das Feld des Innenraumes.

b) Mathematische Behandlung der Äquivalenz zwischen Quellen- und Wirbelsystemen

Wir wollen das soeben anschaulich Behandelte nun noch mathematisch formulieren. Wir werden hier das ursprünglich gegebene Quellen- und Wirbelsystem als stetig verteilt annehmen. Da trotzdem die Quelldichten und Wirbelstärken in einzelnen

Flächen, Linien und Punkten beliebig große, nur nicht unendlich große Werte annehmen dürfen, können wir diese Voraussetzung ruhig machen, ohne an Allgemeinheit wesentlich zu verlieren.

Indem wir als Integrationsvariable wieder $\mathfrak{r}'$ einführen, erhalten wir mit Verwendung des Gauß schen Satzes:

$$(1) \qquad 4\pi S = \int\limits_V dV \frac{\nabla' \cdot \mathfrak{B}}{r} = \oint d\mathfrak{o} \cdot \frac{\mathfrak{B}}{r} - \int\limits_V dV \left(\nabla' \frac{1}{r}\right) \cdot \mathfrak{B},$$

$$(2) \qquad 4\pi \mathfrak{A} = \int\limits_V dV \frac{\nabla' \times \mathfrak{B}}{r} = \oint d\mathfrak{o} \times \frac{\mathfrak{B}}{r} - \int\limits_V dV \left(\nabla' \frac{1}{r}\right) \times \mathfrak{B}.$$

Dabei soll das Volumintegral über den oben definierten „Innenraum" erstreckt werden; das heißt, es muß das Oberflächenintegral alle Quellen bzw. alle Wirbel des Feldes einschließen, somit auch solche, die flächenhaft, linienhaft verteilt oder in einzelnen Punkten konzentriert sind. Es ist notwendig, diese Bemerkung bei den folgenden Umformungen vor Augen zu behalten. Da bei der Bildung der Derivationen im letzten Volumintegral von (**1**, 199) und (**2**, 199) die zweiten Ableitungen von $\frac{1}{r}$ auftreten, müssen wir uns der einschlägigen Überlegungen des 7. Kapitels erinnern, die wir mit den nötigen Abänderungen zu wiederholen haben werden. Bei der Berechnung des Potentials hatten wir den jeweiligen Aufpunkt durch eine kleine Kugel, $d\mathfrak{o}$ vom Kugelmittelpunkt nach außen gerichtet, aus dem Integrationsbereiche ausgeschaltet. Bezeichnen wir die Außenoberfläche des Innenraumes durch A, die Oberfläche der infinitesimalen Kugel durch K, so haben wir (**1**, 199) und (**2**, 199) in der Form zu schreiben:

$$(3) \qquad \begin{cases} 4\pi S = \int\limits_{V'} dV \frac{\nabla' \cdot \mathfrak{B}}{r} = \oint\limits_A d\mathfrak{o} \cdot \frac{\mathfrak{B}}{r} \\ \quad - \oint\limits_K d\mathfrak{o} \cdot \frac{\mathfrak{B}}{r} - \int\limits_{V'} dV \left(\nabla' \frac{1}{r}\right) \cdot \mathfrak{B} \end{cases}$$

$$(4) \qquad \begin{cases} 4\pi \mathfrak{A} = \int\limits_{V'} dV \frac{\nabla \times \mathfrak{B}}{r} = \oint\limits_A d\mathfrak{o} \times \frac{\mathfrak{B}}{r} \\ \quad - \int\limits_K d\mathfrak{o} \times \frac{\mathfrak{B}}{r} - \int\limits_{V'} dV \left(\nabla' \frac{1}{r}\right) \times \mathfrak{B}. \end{cases}$$

Wir verwandeln auch noch die letzten Volumintegrale in Oberflächenintegrale, indem wir durch die Ansätze

$$(5)\quad \begin{cases} \left(\nabla'\frac{1}{r}\right).\mathfrak{B} = \nabla'.\mathfrak{W}, \\ \left(\nabla'\frac{1}{r}\right)\times\mathfrak{B} = \nabla'\times\mathfrak{W} + \nabla' U \end{cases}$$

zwei Hilfsfelder, ein vektorisches $\mathfrak{W}$ und ein skalares U, einführen.

Indem wir beachten, daß die räumliche Lage der infinitesimalen Kugelfläche selbst noch von der Lage des Aufpunktes, also von $\mathfrak{r}$ abhängt, erhalten wir durch dieselben Überlegungen, die uns von (**19**, 155) zu (**28**, 157) führten, jetzt:

$$(6)\quad \begin{cases} 4\pi\nabla S = \oint\limits_A \nabla\frac{d\mathfrak{o}.\mathfrak{B}}{r} - \oint\limits_K \nabla\frac{d\mathfrak{o}.\mathfrak{B}}{r} - \oint\limits_K \nabla'\frac{d\mathfrak{o}.\mathfrak{B}}{r} \\ \qquad - \oint\limits_A \nabla;\mathfrak{W}.d\mathfrak{o} + \oint\limits_K \nabla;\mathfrak{W}.d\mathfrak{o} + \oint\limits_K \nabla';\mathfrak{W}.d\mathfrak{o}, \end{cases}$$

$$(7)\quad \begin{cases} 4\pi\nabla\times\mathfrak{A} = \oint\limits_A \nabla\times\left(\frac{d\mathfrak{o}\times\mathfrak{B}}{r}\right) - \oint\limits_K \nabla\times\left(\frac{d\mathfrak{o}\times\mathfrak{B}}{r}\right) \\ \qquad - \int\limits_K \nabla'\times\left(\frac{d\mathfrak{o}\times\mathfrak{B}}{r}\right) - \oint\limits_A \nabla\times(d\mathfrak{o}\times\mathfrak{W}) \\ \qquad + \oint\limits_K \nabla\times(d\mathfrak{o}\times\mathfrak{W}) + \oint\limits_K \nabla'\times(d\mathfrak{o}\times\mathfrak{W}) \\ \qquad - \oint\limits_A \nabla U\times d\mathfrak{o} + \oint\limits_K \nabla U\times d\mathfrak{o} \\ \qquad + \oint\limits_K \nabla' U\times d\mathfrak{o}. \end{cases}$$

Die zweiten Integrale in (**6**, 200) und (**7**, 200) nehmen, wie man leicht nachprüft, im Grenzfalle $r = 0$ endliche Werte an. Wenn am Orte des Aufpunktes nicht gerade eine Unstetigkeit von $\mathfrak{B}$ liegt, was wir ausschließen wollen, können wir im Bereiche der infinitesimalen Kugel

$$(8)\qquad \frac{1}{r}\nabla';\mathfrak{B} \text{ neben } \left(\nabla'\frac{1}{r}\right);\mathfrak{B}$$

weglassen. Da überdies

$$\nabla \frac{1}{r} = -\nabla' \frac{1}{r} \tag{9}$$

zutrifft, heben sich das zweite und das dritte Integral sowohl in der Relation (6, 200) wie auch in der Relation (7, 200) gegenseitig fort.

Das vierte und das fünfte Integral in (6, 200) bzw. das vierte plus siebente und das fünfte plus achte Integral in (7, 200) können wir wieder zu je einem Volumintegral über V' zusammenfassen und erhalten:

$$\begin{cases} -\oint\limits_A \nabla\,;\mathfrak{W}\,.\,d\mathfrak{o} + \oint\limits_K \nabla\,;\mathfrak{W}\,.\,d\mathfrak{o} = -\int\limits_{V'} dV\,\nabla\,(\nabla'\,.\,\mathfrak{W}) \\ \qquad = -\int\limits_{V'} dV\,\nabla\,;\left(\nabla'\frac{1}{r}\right).\,\mathfrak{B}\,, \end{cases} \tag{10}$$

$$\begin{cases} -\oint\limits_A \nabla \times (d\mathfrak{o} \times \mathfrak{W}) - \oint\limits_A \nabla U \times d\mathfrak{o} + \oint\limits_K \nabla \times (d\mathfrak{o} \times \mathfrak{W}) \\ \qquad + \oint\limits_K \nabla U \times d\mathfrak{o} = -\int\limits_{V'} dV\,\nabla \times (\nabla' \times \mathfrak{W} + \nabla' U) \\ \qquad = -\int\limits_{V'} dV\,\nabla \times \left[\left(\nabla'\frac{1}{r}\right) \times \mathfrak{B}\right]. \end{cases} \tag{11}$$

Das neunte Integral in (7, 200) verschwindet identisch. Etwas eingehender haben wir uns noch mit dem sechsten Integral sowohl in (6, 200) wie in (7, 200) zu befassen.

Wenn innerhalb der infinitesimalen Kugelfläche die Voraussetzung (8, 200) zutrifft, können wir dort den Relationen (5, 200) durch den Ansatz

$$\mathfrak{W} = \frac{\mathfrak{B}}{r}\,, \qquad U = \text{konst.} \tag{12}$$

genügen. Es folgt dann:

$$\oint\limits_K \nabla'\,;\mathfrak{W}\,.\,d\mathfrak{o} = \oint\limits_K \left(\nabla'\frac{1}{r}\right);\mathfrak{B}\,.\,d\mathfrak{o}\,. \tag{13}$$

Da weiter

$$(14)\qquad \nabla' \frac{1}{r} = \frac{\mathfrak{r} - \mathfrak{r}'}{r^3}, \qquad d\mathfrak{o} = (\mathfrak{r}' - \mathfrak{r})\, r\, d\omega$$

ist, worin $d\omega$ das Differential des räumlichen Winkels bedeutet, erhalten wir:

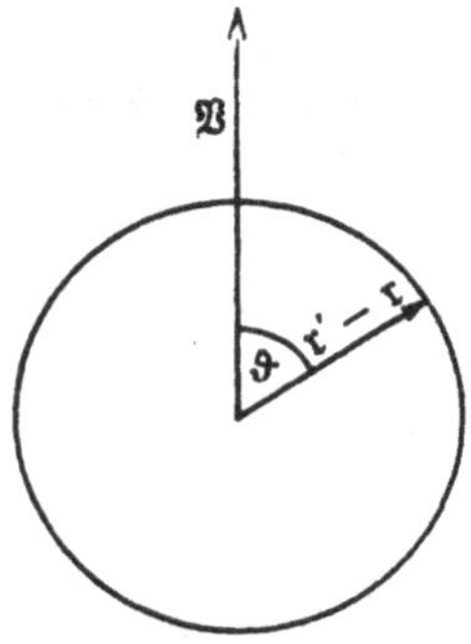

Fig. 19. Berechnung eines Oberflächenintegrals

$$(15)\quad \left\{ \begin{aligned} &\oint \left(\nabla' \frac{1}{r}\right); \mathfrak{V} \cdot d\mathfrak{o} \\ &\quad = -\oint \frac{(\mathfrak{r}' - \mathfrak{r}); (\mathfrak{r}' - \mathfrak{r})}{r^2} \cdot \mathfrak{V}\, d\omega . \end{aligned} \right.$$

Aus Fig. 19 ersehen wir, daß der durch (**15**, 202) gegebene Vektor parallel zu $\mathfrak{V}$ liegen wird. Setzen wir noch

$$(16)\qquad \mathfrak{V} = V\mathfrak{k},$$

worin $\mathfrak{k}$ einen Einheitsvektor bezeichnet, und beachten wir, daß

$$(17)\qquad \mathfrak{k} \cdot (\mathfrak{r}' - \mathfrak{r}) = r \cos \vartheta$$

ist, so folgt:

$$(18)\quad \left\{ \begin{aligned} &-\oint_K \frac{(\mathfrak{r}' - \mathfrak{r}); (\mathfrak{r}' - \mathfrak{r})}{r^2} \cdot \mathfrak{V}\, d\omega \\ &\quad = -\mathfrak{V} \int_0^\pi \cos^2 \vartheta\, 2\pi \sin \vartheta\, d\vartheta = -\frac{4\pi}{3} \mathfrak{V} . \end{aligned} \right.$$

Mit (**10**, 201) und (**18**, 202) ergibt sich aus (**6**, 200) schließlich:

$$(19)\quad \left\{ \begin{aligned} -\nabla S = &-\frac{1}{4\pi} \oint_A \nabla \frac{d\mathfrak{o} \cdot \mathfrak{V}}{r} \\ &+ \frac{1}{4\pi} \int_{V'} dV\, \nabla; \left(\nabla' \frac{1}{r}\right) \cdot \mathfrak{V} + \frac{\mathfrak{V}}{3}, \end{aligned} \right.$$

falls der Aufpunkt dem Innenraume angehört. Das letzte Glied der rechten Seite, also $\frac{\mathfrak{V}}{3}$, kommt natürlich in Fortfall, wenn der

Aufpunkt im Außenraume liegt, da dann innerhalb des Integrationsbereiches V nirgends $r = 0$ wird.

Es ist nun ein Leichtes, auch noch

$$(20)\quad \left\{\begin{aligned}\oint_K \nabla' \times (d\mathfrak{o} \times \mathfrak{W}) &= \oint_K d\mathfrak{o}\, \nabla' . \mathfrak{W} - \oint_K d\mathfrak{o} . \nabla' ; \mathfrak{W}\\ &= \oint_K d\mathfrak{o} \left(\nabla' \frac{1}{r}\right) . \mathfrak{B} - \oint_K d\mathfrak{o} . \left(\nabla' \frac{1}{r}\right) \mathfrak{B}\end{aligned}\right.$$

zu berechnen. Da nach (**14**, 202)

$$-\nabla' \frac{1}{r} \parallel d\mathfrak{o}$$

zutrifft, wird gemäß (**15**, 202) und (**18**, 202)

$$(21)\quad \oint_K d\mathfrak{o} \left(\nabla' \frac{1}{r}\right) . \mathfrak{B} = \oint_K \nabla' \left(\frac{1}{r}\right) \mathfrak{B} . d\mathfrak{o} = -\frac{4\pi \mathfrak{B}}{3} .$$

Schließlich gilt wieder nach (**14**, 202):

$$(22)\quad d\mathfrak{o} . \nabla' \frac{1}{r} = -d\omega ,$$

somit

$$(23)\quad -\oint_K d\mathfrak{o} . \left(\nabla' \frac{1}{r}\right) \mathfrak{B} = 4\pi \mathfrak{B} .$$

Mit (**21**, 203) und (**23**, 203) lautet (**20**, 203):

$$(24)\quad \oint_K \nabla' \times (d\mathfrak{o} \times \mathfrak{W}) = \frac{8\pi}{3} \mathfrak{B} .$$

Mit (**11**, 201) und (**24**, 203) erhalten wir aus (**7**, 200) für den Innenraum:

$$(25)\quad \left\{\begin{aligned}\nabla \times \mathfrak{A} &= \frac{1}{4\pi} \oint_A \nabla \times \left(\frac{d\mathfrak{o} \times \mathfrak{B}}{r}\right)\\ &\quad - \frac{1}{4\pi} \int_{V'} dV\, \nabla \times \left[\left(\nabla' \frac{1}{r}\right) \times \mathfrak{B}\right] + \frac{2}{3} \mathfrak{B} .\end{aligned}\right.$$

Im Außenraume fällt das letzte Glied, also $\frac{2}{3}\mathfrak{B}$, wieder weg. Nun wird

$$(26)\quad \begin{cases} \nabla \times \left[\nabla'\left(\frac{1}{r}\right) \times \mathfrak{B}\right] = \mathfrak{B} \,.\, \nabla \,;\, \nabla' \frac{1}{r} - \mathfrak{B}\, \nabla \,.\, \nabla' \frac{1}{r} \\ \qquad = \nabla \,;\, \left(\nabla' \frac{1}{r}\right) . \,\mathfrak{B}, \end{cases}$$

weil ja in V' $r \neq 0$, daher

$$(27)\quad \nabla \,.\, \nabla' \frac{1}{r} = - \nabla \,.\, \nabla \frac{1}{r} = 0$$

ist. Damit erhalten wir aus (**25**, 203) die Endformel:

$$(28)\quad \begin{cases} \nabla \times \mathfrak{A} = \frac{1}{4\pi} \oint\limits_A \nabla \times \left(\frac{d\mathfrak{o} \times \mathfrak{B}}{r}\right) \\ \qquad - \frac{1}{4\pi} \int\limits_{V'} dV\, \nabla \,;\, \left(\nabla' \frac{1}{r}\right) . \,\mathfrak{B} + \frac{2}{3}\mathfrak{B} \,. \end{cases}$$

Addition der Gleichungen (**19**, 202) und (**28**, 204) ergibt für den Innenraum:

$$(29)\quad \begin{cases} \mathfrak{B} = - \nabla S + \nabla \times \mathfrak{A} = - \frac{1}{4\pi} \oint\limits_A \nabla \frac{d\mathfrak{o} \,.\, \mathfrak{B}}{r} \\ \qquad + \frac{1}{4\pi} \oint\limits_A \nabla \times \left(\frac{d\mathfrak{o} \times \mathfrak{B}}{r}\right) + \mathfrak{B} \,, \end{cases}$$

also dort

$$(30)\quad - \frac{1}{4\pi} \oint\limits_A \nabla \frac{(-d\mathfrak{o} \,.\, \mathfrak{B})}{r} = \frac{1}{4\pi} \oint\limits_A \nabla \times \left(\frac{d\mathfrak{o} \times \mathfrak{B}}{r}\right)$$

Für den Außenraum hingegen erhalten wir:

$$(31)\quad \begin{cases} \mathfrak{B} = - \nabla S + \nabla \times \mathfrak{A} = - \frac{1}{4\pi} \oint\limits_A \nabla \frac{d\mathfrak{o} \,.\, \mathfrak{B}}{r} \\ \qquad + \frac{1}{4\pi} \oint\limits_A \nabla \times \left(\frac{d\mathfrak{o} \times \mathfrak{B}}{r}\right) . \end{cases}$$

Nach (**1**, 199) und (**2**, 199) gilt nun auch:

$$(32)\quad \mathfrak{B} = - \frac{1}{4\pi} \nabla \int\limits_V dV \frac{\nabla' . \,\mathfrak{B}}{r} + \frac{1}{4\pi} \nabla \times \int\limits_V dV \frac{\nabla' \times \mathfrak{B}}{r}$$

Setzen wir:

(33) $$d\mathfrak{o} = \mathfrak{n}\, df\,,$$

worin $\mathfrak{n}$ ein Einheitsvektor parallel zu der nach außen weisenden Flächennormale ist, ferner $\mathfrak{B}_a$ und $\mathfrak{B}_i$ Außen- und Innenfeld an der Begrenzungsfläche bedeuten, so wird allgemein:

(34) $$\mathfrak{n}\,.\,(\mathfrak{B}_a - \mathfrak{B}_i) = q_f\,, \qquad \mathfrak{n} \times (\mathfrak{B}_a - \mathfrak{B}_i) = \mathfrak{q}_f$$

und für $\mathfrak{B}_i = 0$ im besonderen

(35) $$\mathfrak{n}\,.\,\mathfrak{B}_a = q_f\,, \qquad \mathfrak{n} \times \mathfrak{B}_a = \mathfrak{q}_f\,.$$

In Übereinstimmung mit (**1**, 173) und (**9**, 176) bzw. mit (**6**, 181) und (**10**, 186), kann man dann das Außenfeld ebensowohl gemäß (**32**, 204) von dem ursprünglichen Quellen- und Wirbelsystem des Innenraumes, als gemäß (**31**, 204) von den Flächendivergenzen q_f und den Flächenwirbeln (vektorischen Flächendivergenzen) $\mathfrak{q}_f$ herrührend ansehen. Aus (**31**, 204) und (**35**, 205) folgt ja:

(36) $$\mathfrak{B} = -\frac{1}{4\pi}\nabla \oint\limits_A df\,\frac{q_f}{r} + \frac{1}{4\pi}\nabla \times \oint\limits_A df\,\frac{\mathfrak{q}_f}{r}\,.$$

Da nur diese q_f und $\mathfrak{q}_f$ als Ursachen des Gesamtfeldes vorhanden sind, bestimmt (**36**, 205) auch das Innenfeld. Mit Rücksicht auf die Definitionsgleichungen (**35**, 205) verschwindet dann das Innenfeld, weil ja dort die Relation (**30**, 204) gilt.

Löschen wir das Außenfeld aus, setzen also $\mathfrak{B}_a = 0$, so folgt aus (**9**, 176) und (**6**, 181) jedenfalls:

(37) $$\left\{\begin{aligned} &-\frac{1}{4\pi}\nabla \int\limits_V dV\,\frac{\nabla'\,.\,\mathfrak{B}}{r} + \frac{1}{4\pi}\nabla \times \int\limits_V dV\,\frac{\nabla' \times \mathfrak{B}}{r} \\ &-\frac{1}{4\pi}\nabla \oint\limits_A \frac{(-d\mathfrak{o}\,.\,\mathfrak{B})}{r} + \frac{1}{4\pi}\nabla \times \oint\limits_A \frac{(-d\mathfrak{o} \times \mathfrak{B})}{r} \\ &\qquad = \begin{cases} 0 & \text{im Außenraum} \\ \mathfrak{B} & \text{im Innenraum,} \end{cases} \end{aligned}\right.$$

worin sich die Oberflächenintegrale jetzt auf $\mathfrak{B}_i$ beziehen.

Wir haben ja in diesem Falle:

(38) $$-\mathfrak{n}\,.\,\mathfrak{B}_i = q_f\,, \qquad -\mathfrak{n} \times \mathfrak{B}_i = \mathfrak{q}_f\,.$$

Es bestimmen also die ursprünglichen Quellen und Wirbel des Innenraumes zusammen mit den durch (**38**, 205) definierten, neu hinzukommenden q_f und $\mathfrak{q}_f$ im Außenraume das Feld Null. Die Gleichung (**37**, 205) wird natürlich auch dann noch richtig bleiben, wenn innerhalb des Innenraumes zwar ein Feld $\mathfrak{B}$, aber keine Quellen und Wirbel dieses Feldes liegen. In diesem Falle sind die durch (**38**, 205) definierten q_f mit den durch (**38**, 205) definierten $-\mathfrak{q}_f$ (oder umgekehrt) in bezug auf die Erzeugung des Außenfeldes äquivalent. Man beachte, daß die an (**1**, 199) und (**2**, 199) anknüpfenden Folgerungen richtig bleiben, wenn in jenen Formeln die für $\mathfrak{B}_a = 0$ verschwindenden Oberflächenintegrale auf $\mathfrak{B}_i$ bezogen werden. $\mathfrak{B}$ bedeutet dann allerdings das ursprünglich gegebene Feld, da die neuen q_f und $\mathfrak{q}_f$ jetzt in den auf den rechten Seiten stehenden Oberflächenintegralen stecken. — Insbesondere folgt für Aufpunkte des Außenraumes aus (**3**, 199):

$$(39)\quad \begin{cases} -\frac{1}{4\pi}\nabla\int\limits_V dV\frac{\nabla'.\mathfrak{B}}{r} - \frac{1}{4\pi}\nabla\oint\limits_A df\frac{(-\mathfrak{n}.\mathfrak{B})}{r} \\ \qquad = \frac{1}{4\pi}\int\limits_V dV\left(\nabla\,;\,\nabla'\frac{1}{r}\right).\mathfrak{B} \end{cases}$$

und aus (**4**, 199):

$$(40)\quad \begin{cases} \frac{1}{4\pi}\nabla\times\int\limits_V dV\frac{\nabla'\times\mathfrak{B}}{r} - \frac{1}{4\pi}\nabla\times\oint\limits_A df\frac{\mathfrak{n}\times\mathfrak{B}}{r} \\ \qquad = -\frac{1}{4\pi}\int\limits_V dV\left(\nabla\,;\,\nabla'\frac{1}{r}\right).\mathfrak{B} \end{cases}$$

Wir erkennen, daß für $\nabla'.\mathfrak{B} = 0$ und $\nabla'\times\mathfrak{B} = 0$ und mit

$$(41)\qquad -\mathfrak{n}.\mathfrak{B}_i = q_f\,,\qquad \mathfrak{n}\times\mathfrak{B}_i = \mathfrak{q}_f$$

$$(42)\quad -\frac{1}{4\pi}\nabla\oint\limits_A df\frac{q_f}{r} = \frac{1}{4\pi}\int\limits_V dV\left(\nabla\,;\,\nabla'\frac{1}{r}\right).\mathfrak{B} = \frac{1}{4\pi}\nabla\times\oint\limits_A df\frac{\mathfrak{q}_f}{r}$$

zutrifft. Beachten wir, daß

$$(43)\qquad \nabla'\frac{1}{r} = -\frac{\mathfrak{r}'-\mathfrak{r}}{r^3}$$

ist, bezeichnen den Winkel zwischen $\mathfrak{r} - \mathfrak{r}'$ und $\mathfrak{J}$ mit ϑ und setzen

$$\mathfrak{J} = J\,\mathfrak{e} = -\,\mathfrak{B}\,,$$

so folgt:

$$\left(\nabla'\frac{1}{r}\right).\,\mathfrak{B} = -\frac{J\cos\vartheta}{r^2}\,. \tag{44}$$

Für das Mittelglied von (**42**, 206) erhalten wir somit:

$$\frac{1}{4\pi}\int\limits_V dV\left(\nabla\,;\,\nabla'\frac{1}{r}\right).\,\mathfrak{B} = -\frac{1}{4\pi}\,\nabla\int\limits_V dV\,\frac{J\cos\vartheta}{r^2}\,. \tag{45}$$

Wir kommen auf diese Relation zurück. Zunächst beachten wir noch, daß wenn der Innenraum quellenfrei war, aus

$$\int\limits_V dV\,\nabla'.\,\mathfrak{B} = \oint d\mathfrak{o}\,.\,\mathfrak{B} = 0 \tag{46}$$

auch das Verschwinden der Gesamtergiebigkeit unserer, durch Auslöschen des Außenfeldes entstehenden Flächendivergenzen folgt. Da wir den Innenraum wirbelfrei vorausgesetzt haben, müssen die Flächenwirbel geschlossene Wirbelfäden bilden.

Ein hübsches Beispiel für das unter der Wirkung von Flächendivergenzen verschwindende Innenfeld (**36**, 205) bietet der elektrisch geladene Leiter.

c) Doppelschicht und Wirbellinie

Wir betrachten nun einen Sonderfall des verschwindenden Außenfeldes. Gegeben sei, wie es Fig. 20 veranschaulicht, eine von parallelen Ebenen begrenzte Scheibe, in deren Innerem ein zur Mantelfläche der Scheibe paralleles, zu den ebenen Begrenzungen senkrechtes, homogenes, d. h. räumlich konstantes Feld $\mathfrak{B}$ vorhanden ist, während das Feld im ganzen Außenraume verschwindet. Die Dicke dieser Scheibe δu lassen wir dann so gegen Null konvergieren, daß

$$\lim_{\delta u = 0} q_f\,\delta u = J_f \tag{1}$$

einen endlichen Wert behält. Nach (**41**, 206) liegen, da $\mathfrak{n}$ die Richtung der äußeren Normale besitzt, die positiven Werte von q_f in der Figur auf der Oberseite der Scheibe. Würden nur diese

Flächendivergenzen vorhanden sein, so bestimmten sie das skalare Potential

$$(2)\quad \begin{cases} S = \dfrac{1}{4\pi}\oint\limits_A df\,\dfrac{q_f}{r} = \lim\limits_{\delta u = 0}\dfrac{1}{4\pi}\int\limits_F df\,q_f\left[\dfrac{1}{r} - \left(\dfrac{1}{r} - \delta u\,\mathfrak{n}\cdot\nabla'\dfrac{1}{r}\right)\right] \\ \qquad = \dfrac{1}{4\pi}\int\limits_F J_f\,d\mathfrak{o}\cdot\nabla'\dfrac{1}{r}, \end{cases}$$

worin die Integration nur über die obere Begrenzungsfläche F der Figur zu erstrecken ist. Mit den in (**44**, 207) benützten Bezeichnungen können wir auch schreiben:

$$(3)\qquad S = \frac{1}{4\pi}\int\limits_F df\,J_f\,\frac{\cos\vartheta}{r^2}\,.$$

Den soeben definierten Grenzfall zweier unendlich benachbarter Flächen (die im allgemeinen keine Ebenen zu sein brauchen),

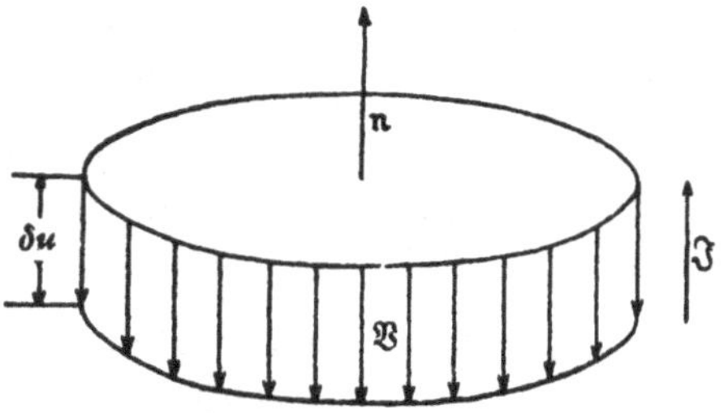

Fig. 20. Äquivalenz zwischen Wirbellinie und Doppelschicht

welche unendlich große, entgegengesetzt gleiche Divergenzen tragen, nennt man eine Doppelschicht. J_f heißt das auf die Flächeneinheit bezogene Moment der Doppelschicht. Würde die Doppelschicht derart auf ein punktförmiges Flächenelement zusammenschrumpfen, daß

$$(4)\qquad \lim_{\delta f = 0}\delta f\,J_f = J_p$$

einen endlichen Wert behält, so erhielten wir für das Potential:

$$(5)\qquad S = \frac{1}{4\pi}\,\frac{J_p\cos\vartheta}{r^2}.$$

Das so definierte Gebilde heißt ein Dipol, J_p das Moment des Dipols,

$$\mathfrak{J}_p = J_p \, \mathfrak{n} ,$$

worin der Einheitsvektor $\mathfrak{n}$ von der negativen zur positiven Divergenz gerichtet ist, der Dipolvektor.

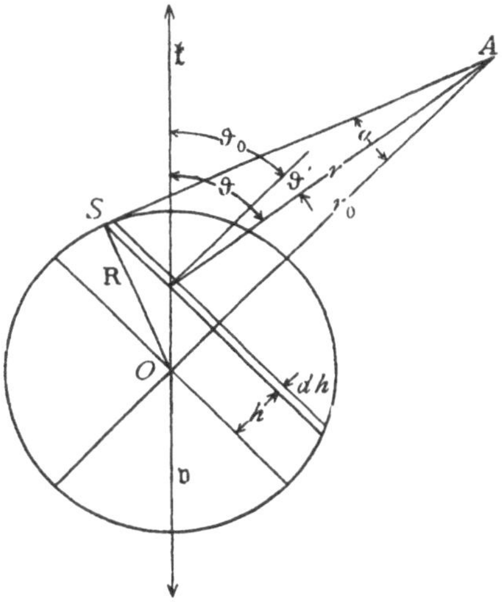

Fig. 21. Homogenes Feld in einer Kugel

Natürlich kann die Doppelschicht statt zu einem punktförmigen Dipol auch zu einer Doppellinie degenerieren.

Werfen wir jetzt nochmals einen Blick auf die Formel (**45**, 207) und spezialisieren wir sie für den Fall, daß innerhalb einer Kugel vom Radius R, über deren Volumen V wir integrieren wollen, ein homogenes Feld

(6) $$\mathfrak{B} = - J \, \mathfrak{k}$$

vorhanden sei. Ist O der Kugelmittelpunkt und A der Aufpunkt so erhält man aus der Fig. 21 leicht:

$$\cos \vartheta = \cos \vartheta_0 \cos \vartheta' \mp \sin \vartheta_0 \sin \vartheta' ,$$

(7) $$\int_V dV \frac{J\cos\vartheta}{r^2} = J\cos\vartheta_0 \int_{-R}^{+R} dh\,\omega\,,$$

wenn

(8) $$\omega = 2\pi(1-\cos\alpha)$$

der räumliche Winkel ist, unter dem die skizzierte Scheibe der Höhe dh von A aus erscheint. Das mit $\sin\vartheta_0$ behaftete Integral verschwindet wegen des Vorzeichenwechsels beim Durchgange von r durch $r_0 = \overline{OA}$.

Da

$$\overline{AS} = \sqrt{r_0^2 + R^2 - 2r_0 h}$$

ist, folgt

(9) $$\cos\alpha = \frac{r_0 - h}{\sqrt{r_0^2 + R^2 - 2r_0 h}}.$$

Gehen wir mit (**9**, 210) in (**8**, 210) und dann in (**7**, 210), so ergibt eine einfache Integration:

(10) $$\left\{\begin{aligned} \int_{-R}^{+R} dh\,\omega = 4\pi R + \frac{\pi}{r_0^2}\Big\{\frac{1}{3}\left[(r_0-R)^3-(r_0+R)^3\right] \\ + (r_0^2-R^2)\left[(r_0-R)-(r_0+R)\right]\Big\}\,. \end{aligned}\right.$$

(11) $$\int_V dV\frac{J\cos\vartheta}{r^2} = J\cos\vartheta_0\int_{-R}^{+R} dh\,\omega = \frac{\frac{4\pi}{3}R^3 J\cos\vartheta_0}{r_0^2} = \frac{J_p\cos\vartheta_0}{r_0^2}.$$

Für einen außerhalb unserer Kugel gelegenen Aufpunkt ist also das Potential $\frac{1}{4\pi}\int_{V'} dV\frac{J\cos\vartheta}{r^2}$ mit dem Potential eines im Kugelmittelpunkte gelegenen Dipols, dessen Moment gleich J mal Kugelvolumen ist, identisch. Man kann somit J auch als das Moment pro Volumeinheit auffassen.

Befindet sich der Aufpunkt innerhalb unserer Kugel, so haben wir bei der neuerlichen Durchführung der Rechnung lediglich zu beachten, daß ω beim Durchgange von h durch r_0 sein

Vorzeichen ändert. Da derselbe Vorzeichenwechsel im Zähler von (**9**, 210) stattfindet, kann bei dieser Integration dieselbe Formel weiter verwendet werden, wenn wir nur der Wurzel des Nenners stets ihr positives Vorzeichen belassen. Es folgt dann:

$$(12)\quad \left\{\begin{aligned}\int_{-R}^{+R} dh\,\omega &= 4\pi r_0 + \frac{\pi}{r_0^2}\left\{\frac{1}{3}\left[(R-r_0)^3-(R+r_0)^3\right]\right.\\ &\left.\quad + (r_0^2-R^2)\left[(R-r_0)-(R+r_0)\right]\right\},\end{aligned}\right.$$

$$(13)\quad \int_V dV\,\frac{J\cos\vartheta}{r^2} = J\cos\vartheta_0\,\frac{4\pi}{3}\,r_0 = \frac{4\pi}{3}\,Jz\,.$$

Ein Vergleich der Formeln (**11**, 210) und (**13**, 211) mit (**5**, 190) zeigt, daß die Lösung der hier zum besseren Verständnis vollständig durchgerechneten Aufgabe mit unserem damaligen Ansatz mathematisch übereinstimmt, wenn wir dort $|\mathfrak{q}|$ durch J, $\bar{\mathfrak{r}}\,.\,\mathfrak{e}$ durch $\cos\vartheta_0$, r durch r_0 und $(-\nabla\,.\,\mathfrak{A})$ durch S ersetzen.

Man beachte wohl: Die Integration wurde über V geführt und nicht nur über V', das ja aus V durch Herausschneiden der Umgebung des Aufpunktes entsteht.

Wichtig für das Ergebnis ist der Umstand, daß die rechte Seite von (**13**, 211) vom Kugelradius R unabhängig wird. Da es für den Gradienten

$$(14)\quad \frac{-1}{4\pi}\nabla\int_V dV\,\frac{J\cos\vartheta}{r^2} = \frac{-1}{3}\,J\,\mathfrak{k} = \frac{1}{3}\,\mathfrak{B}$$

gleichgültig bleibt, ob der Koordinatenursprung im Mittelpunkte der Kugel V oder anderswo liegt, können wir jeden im Inneren von V gelegenen Punkt zum Mittelpunkte einer neuen, ganz innerhalb V liegenden und den Aufpunkt enthaltenden Kugel vom Volumen $\overline{V}$ machen. Für jede solche Kugel liefert unsere Rechnung dasselbe Ergebnis, insbesondere auch für eine infinitesimale Kugel um den Aufpunkt selbst. Demnach ist:

$$(15)\quad \frac{1}{4\pi}\nabla\int_V dV\,\frac{J\cos\vartheta}{r^2} + \frac{1}{3}\,\mathfrak{B} = \frac{1}{4\pi}\nabla\int_{V'} dV\,\frac{J\cos\vartheta}{r^2} = 0\,.$$

Da wir $\mathfrak{B}$ innerhalb einer infinitesimalen Kugel, vorausgesetzt daß es nicht gerade dort unstetig wird, stets als konstante Größe ansehen dürfen, können wir die Formeln (**19**, 202) und (**28**, 204) auch in der Form schreiben:

$$(16)\qquad -\nabla S = -\frac{1}{4\pi}\oint\limits_A \nabla\,\frac{d\mathfrak{o}\,.\,\mathfrak{B}}{r} - \frac{1}{4\pi}\nabla\int\limits_V dV\,\frac{J\cos\vartheta}{r^2}\,,$$

$$(17)\qquad \left\{\begin{aligned} \nabla\times\mathfrak{A} &= \frac{1}{4\pi}\oint\limits_A \nabla\times\left(\frac{d\mathfrak{o}\times\mathfrak{B}}{r}\right)\\ &\quad + \frac{1}{4\pi}\nabla\int\limits_V dV\,\frac{J\cos\vartheta}{r^2} + \begin{cases}\mathfrak{B} & \text{(Innenraum)}\\ 0 & \text{(Außenraum)}.\end{cases}\end{aligned}\right.$$

Es sei nun beispielsweise $\mathfrak{B}$ wieder innerhalb einer Kugel vom Radius R konstant, außerhalb dieser Kugel aber gleich Null. Da die Oberflächenintegrale die an der Kugeloberfläche sitzenden Flächendivergenzen und Flächenwirbel, wie früher betont, mitumfassen müssen, ist in ihnen $\mathfrak{B}$ gleich Null zu setzen. Für den Innenraum erhalten wir dann aus (**16**, 212) und (**17**, 212) bzw. aus (**19**, 202) und (**28**, 204) mit Benützung von (**14**, 211):

$$(18)\qquad -\nabla S = \tfrac{1}{3}\,\mathfrak{B}\,,\qquad \nabla\times\mathfrak{A} = \tfrac{2}{3}\,\mathfrak{B}\,.$$

Wird nun etwa ein anderes, und zwar ein wirbelfreies Feld $\mathfrak{E}$ lediglich durch die Flächendivergenzen q_f von $\mathfrak{B}$ bestimmt, so muß $\mathfrak{E}$ im Innen- und Außenraum mit $-\nabla S$ der Gleichung (**16**, 212) übereinstimmen, woraus mit Benützung von (**11**, 210) folgt:

$$(19)\qquad \mathfrak{E} = \tfrac{1}{3}\,\mathfrak{B} \qquad \text{(Innenraum)}.$$

$$(20)\qquad \mathfrak{E} = \frac{-1}{4\pi}\,\nabla\,\frac{J_p\cos\vartheta_0}{r_0^2} \quad \text{(Außenraum)}.$$

Wir kehren zu den Doppelschichten zurück, denken uns aber statt der Doppelschicht nur die Flächenwirbel $\mathfrak{q}_f$ wirklich vorhanden. Wie aus Fig. 20 ersichtlich, werden die durch (**41**, 206) definierten äquivalenten Flächenwirbel $\mathfrak{q}_f$ in der Mantelfläche und im Grenzfalle $\delta u = 0$ in der Randkurve verlaufen. Da in der Mantelfläche $d\mathfrak{o} \perp \mathfrak{B}$ ist, gilt nach den Definitionsgleichungen (**1**, 173) und (**10**, 186):

$$(21)\qquad |\mathfrak{q}_f| = q_f\,.$$

Für den Wirbelfluß der nach dem Grenzübergange in der Randkurve verlaufenden Wirbellinie erhalten wir wegen (**1**, 207):

$$\lim_{\delta u = 0} |\mathfrak{q}_f| \, \delta u = \Gamma_l = J_f . \tag{22}$$

Mit Benützung von (**3**, 184) nimmt das Vektorpotential der Wirbellinie die Form an:

$$\mathfrak{A} = \frac{1}{4\pi} \oint\limits_A df \frac{\mathfrak{q}_f}{r} = \frac{\Gamma_l}{4\pi} \oint \frac{d\mathfrak{r}'}{r} , \tag{23}$$

worin das Umlaufsintegral natürlich über die Randkurve zu erstrecken ist. Gemäß (**41**, 206) ist das Umlaufsintegral (**23**, 213), von der Spitze des in der Fig. 20 gezeichneten Vektors $\mathfrak{n}$ aus beurteilt, dem Uhrzeigersinne entgegen zu nehmen. Nun folgt aus (**2**, 208) (für jeden außerhalb der Doppelschicht liegenden Aufpunkt):

$$\left\{ \begin{aligned} -\nabla S &= -\frac{J_f}{4\pi} \int\limits_F \nabla \, ; \nabla' \frac{1}{r} . \, d\mathfrak{o} \\ &= \frac{J_f}{4\pi} \int\limits_F \nabla' \, ; \nabla' \frac{1}{r} . \, d\mathfrak{o} = \frac{J_f}{4\pi} \int\limits_F d\mathfrak{o} \, . \, \nabla' \, ; \nabla' \frac{1}{r} , \end{aligned} \right. \tag{24}$$

und aus (**23**, 213) für jeden außerhalb der Wirbellinie liegenden Aufpunkt:

$$\left\{ \begin{aligned} \nabla \times \mathfrak{A} &= \frac{\Gamma_l}{4\pi} \oint \nabla \frac{1}{r} \times d\mathfrak{r}' \\ &= \frac{\Gamma_l}{4\pi} \oint d\mathfrak{r}' \times \nabla' \frac{1}{r} = \frac{\Gamma_l}{4\pi} \int\limits_F d\mathfrak{o} . \nabla' \times \left(I \times \nabla' \frac{1}{r} \right) \\ &= \frac{\Gamma_l}{4\pi} \int\limits_F d\mathfrak{o} . \left[\nabla' ; \nabla' \frac{1}{r} - I \, \nabla' . \nabla' \frac{1}{r} \right] \\ &= \frac{\Gamma_l}{4\pi} \int\limits_F d\mathfrak{o} \, . \, \nabla' \, ; \nabla' \frac{1}{r} . \end{aligned} \right. \tag{25}$$

Die Relationen (**24**, 213) und (**25**, 213) bringen in unserem Spezialfalle, da nach (**22**, 213) J_f gleich Γ_l ist, die Äquivalenz von Wirbellinie und Doppelschicht explizit zum Ausdrucke. Zum gleichen Ergebnis hätte selbstverständlich auch die Spezialisierung des Mittelgliedes der Relation (**42**, 206) geführt.

Denken wir uns nun eine, höchstens aus einer endlichen Anzahl stetig gekrümmter Flächenstücke zusammengesetzte Doppelschicht mit im allgemeinen variablem J_f, so können wir jedes solche Flächenstück, ganz analog wie wir es in der Fig. 10 bei der Ableitung des Stokesschen Satzes taten, in Flächenelemente zerlegen, die wir als eben ansehen dürfen. Jedes Flächenelement kann, was seine Wirkung nach außen betrifft, durch die in seiner Randkurve verlaufende äquivalente Wirbellinie ersetzt werden. Da jede im Innern liegende Randkurve gleichzeitig zu zwei Flächenelementen gehört, werden sich, falls J_f in der ganzen Doppelschicht konstant ist, die von benachbarten Flächenelementen herrührenden Wirbellinien gegenseitig vernichten, und es bleibt nur die in der äußeren Randkurve der gesamten Doppelschicht verlaufende Wirbellinie übrig. Das heißt: Alle Doppelschichten, die einerseits zur selben Randkurve gehören, andererseits das gleiche konstante Moment besitzen, sind in ihrer Wirkung nach außen untereinander äquivalent.

Ist J_f innerhalb der Doppelschicht nicht konstant, so werden sich die von benachbarten Flächenelementen herrührenden Wirbellinien im allgemeinen nicht vernichten. Das einer solchen Doppelschicht äquivalente Wirbelfeld wird demnach außer der in der äußeren Randkurve verlaufenden Wirbellinie noch aus einem bestimmten System von Flächenwirbeln bestehen.

Charakteristisch für eine Doppelschicht ist der Potentialsprung $S_1 - S_2$, der beim Übergange von der einen Seite der Doppelschicht zur anderen Seite auftritt. Um ihn zu bestimmen, erinnern wir uns, daß für das Differential des räumlichen Winkels $d\omega$, unter welchem das Flächenelement df vom Aufpunkte aus erscheint, gemäß Fig. 22 die Proportion gilt:

$$d\omega : df \cos\vartheta = 1 : r^2 . \tag{26}$$

Nach Formel (**3**, 208) und (**26**, 214) erhalten wir für das Potential einer Doppelschicht:

$$S = \frac{1}{4\pi} \int_F (\pm J_f)\, d\omega . \tag{27}$$

Im Integranden gilt das positive oder negative Vorzeichen, je nachdem $\cos\vartheta$ positiv oder negativ ist, je nachdem also der

Aufpunkt (in Fig. 22) oberhalb oder unterhalb der durch das betreffende Flächenelement bestimmten Ebene liegt. Nähern wir nun den Aufpunkt einem bestimmten Flächenelement der Doppelschicht einmal von oben, ein andermal von unten

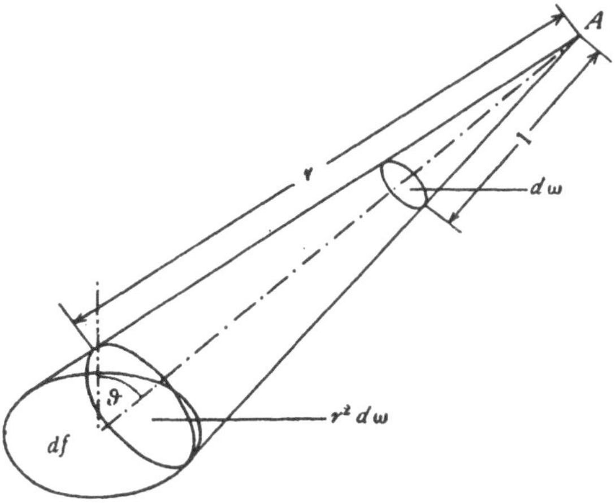

Fig. 22. Räumlicher Winkel, unter dem df vom Aufpunkte A aus erscheint

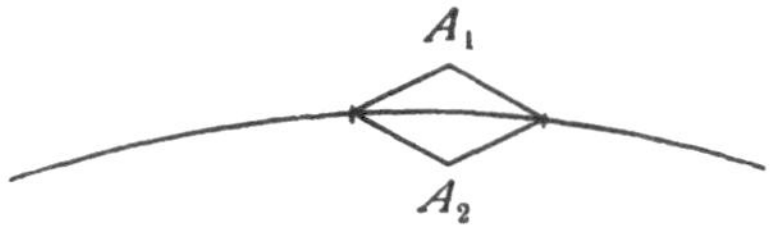

Fig. 23. Potentialsprung an einer Doppelschicht

unbeschränkt, so wird, wie es Fig. 23 im Schnitt andeutet, mit Berücksichtigung obiger Vorzeichenregel für den räumlichen Winkel, unter welchem dieses Flächenelement von A_1 aus erscheint, $+ 2\pi$, für jenen, unter welchem es von A_2 aus erscheint, $- 2\pi$ zu setzen sein. Da sich der räumliche Winkel, unter welchem irgendein anderes Flächenstück der Doppelschicht erscheint, beim Übergange des Aufpunktes von A_1 nach A_2 ersichtlich stetig ändert, erhalten wir für den Potentialsprung an der Doppelschicht:

$$S_1 - S_2 = J_f, \tag{28}$$

worin J_f im allgemeinen noch eine Funktion des Ortes sein kann. In diesem Falle hat die Fläche der Doppelschicht als Sitz der äquivalenten Flächenwirbel auch dann noch eine Bedeutung, wenn in Wirklichkeit nur das Wirbelsystem existiert. Für konstantes J_f aber reduziert sich das Wirbelsystem auf den Linienwirbel der Randkurve. Nur dieser hat eine bestimmte Lage im Raume, während die äquivalente Doppelschicht bei gegebener Randkurve auf einer sonst beliebigen Fläche sitzen kann.

d) „Reale Bedeutung" von Doppelschichten

Unsere Fragestellung lautete anfangs: Wird durch ein gegebenes Vektorfeld dessen Quellen- und Wirbelfeld eindeutig bestimmt? Wir behaupteten, daß es der Fall sei, wenn das Vektorfeld im gesamten Raumkontinuum vorgegeben sei. Wir sehen nun, daß die in einer „mathematischen" Fläche sitzende Doppelschicht zwar eine Unstetigkeit des Skalarfeldes S, jedoch keine des Vektorfeldes $\mathfrak{B}$ bewirkt und können demnach sagen, daß solch eine Doppelschicht zwar für das Skalarfeld, aber nicht für das Vektorfeld von „realer Bedeutung" sei. Den zuletzt gebrauchten Terminus definieren wir durch die Festsetzung: Wenn wir ein Verfahren besitzen, welches grundsätzlich die quantitative Bestimmung des Feldverlaufes im ganzen Raume mit beliebiger Genauigkeit ermöglicht, so soll nur solchen Gebilden des Feldes „reale Bedeutung" zugebilligt werden, welche durch das genannte Verfahren nachweisbar sind. Schon die Tatsache, daß die äquivalente Doppelschicht eine beliebige Gestalt haben kann, während die Wirbellinie in der Randkurve festliegt, beweist, daß der Wirbellinie und nicht der Doppelschicht eine reale Bedeutung im definierten Sinne für das Vektorfeld zukommt. Die mathematische Doppelschicht ist lediglich eine gedachte Schnittfläche, durch welche der außerhalb der Wirbellinie liegende Raum einfach zusammenhängend und in diesem Raume eine Gradientdarstellung des Vektorfeldes möglich gemacht wird. Für das Umlaufsintegral (die Zirkulation) erhält man dann gemäß (**4**, 141):

$$(1^*)\quad \Gamma = \int_F d\mathfrak{o} \,.\, \mathrm{rot}\,\mathfrak{V} = \oint d\mathfrak{r} \,.\, \mathfrak{V} = -\int_1^2 d\mathfrak{r} \,.\, \nabla S = S_1 - S_2 = J_f ,$$

worin Γ gleich Γ_l wird, wenn J_f konstant ist, das vom Umlauf umschlungene Wirbelsystem sich also auf die in der Randkurve verlaufende Wirbellinie reduziert.

Einer Doppelschicht kommt naturgemäß immer „reale Bedeutung" zu, wenn sie als physikalische Realität, etwa durch dem Betrage nach gleiche, positive und negative elektrische Ladungen gegeben ist. Im Falle einer solchen „physikalischen" Doppelschicht wird der zugehörige scheibenförmige Raum zwar äußerst dünn, aber niemals unendlich dünn werden, er wird niemals zu einer mathematischen Fläche degenerieren können. Dann wird aber der Verlauf des Vektorfeldes im „gesamten Raumkontinuum", also einschließlich des scheibenförmigen Raumes der physikalischen Doppelschicht, auch die positiven und negativen Divergenzen der Doppelschicht eindeutig festlegen.

e) In sich abgeschlossene Systematik der Skalarfelder, der Vektorfelder, der Dyadenfelder

Wollen wir Skalarfelder und Vektorfelder je für sich behandeln, müssen wir auf die Formel (**12**, 153) zurückgreifen. Dabei denken wir uns alle scheiben-, faden- oder kugelförmigen Bereiche, innerhalb welcher sich ∇S oder S so rasch ändert, daß diese Änderungen im Grenzfalle zu Unstetigkeiten Anlaß geben, durch entsprechende Oberflächen (Index ι) vom betrachteten Raume ausgeschlossen. Wir erhalten dann:

$$(1)\quad 4\pi S = \int_V dV \frac{q}{r} + \sum_\iota \oint_\iota d\mathfrak{o} \,.\, \frac{1}{r} \nabla' S - \sum_\iota \oint_\iota d\mathfrak{o} \,.\, \nabla' \left(\frac{1}{r}\right) S ,$$

worin nach (**39**, 159):

$$(2)\quad -\nabla \,.\, \nabla S = q$$

ist. Das zweite Glied der rechten Seite von (**1**, 217) wurde schon eingehend behandelt und in (**9**, 176) explizit angeschrieben. Ein

Vergleich der Formeln (**2**, 208) und (**1**, 217) mit Berücksichtigung von (**28**, 216) lehrt uns, daß das dritte Glied der rechten Seite von (**1**, 217) den soeben untersuchten Doppelschichten entspricht.

Zusammenfassend können wir sagen, daß ein im Unendlichen hinreichend stark verschwindendes Skalarfeld S durch seine Divergenzen und durch die Unstetigkeiten bzw. Singularitäten von S und ∇S in endlich vielen Flächen, Linien und Punkten eindeutig bestimmt wird. Dabei sollen für diese Unstetigkeiten bzw. Singularitäten dieselben Voraussetzungen gelten, welche wir früher in bezug auf die Flächen-, Linien- und Punktdivergenzen bzw. die Momente der entsprechenden Doppelschichten gemacht haben.

Aus (**1**, 217) erhalten wir durch unser allgemeines Projektionsverfahren mit

$$(3) \qquad S = \mathfrak{A} \, . \, \mathfrak{e} \qquad \text{und} \qquad q = \mathfrak{q} \, . \, \mathfrak{e} \, ,$$

worin $\mathfrak{e}$ wieder einen räumlich konstanten, aber beliebig gerichteten Vektor bedeutet:

$$(4) \qquad 4\pi \mathfrak{A} = \int_V dV \frac{\mathfrak{q}}{r} + \sum_\iota \oint_\iota d\mathfrak{o} \, . \frac{1}{r} \nabla' \, ; \mathfrak{A} - \sum_\iota \oint_\iota d\mathfrak{o} \, . \, \nabla' \left(\frac{1}{r}\right) ; \mathfrak{A} \, .$$

Da nach (**2**, 217) und (**3**, 218)

$$(5) \qquad - \nabla \, . \, \nabla \, ; \mathfrak{A} = \mathfrak{q}$$

ist, haben wir in (**4**, 218) die zu (**1**, 217) völlig analoge Formel zur eindeutigen Bestimmung eines innerhalb der entsprechenden Voraussetzungen beliebigen Vektorfeldes aus seinen vektorischen Divergenzen, sowie den Unstetigkeiten bzw. Singularitäten von $\mathfrak{A}$ und $\nabla \, ; \mathfrak{A}$ in endlich vielen Flächen, Linien und Punkten.

Es lohnt wohl, den Nachweis zu führen, daß die Formel (**4**, 218), wie es ja sein muß, mit der Bestimmung des Vektorfeldes aus Quellenfeld und Wirbelfeld vollkommen übereinstimmt.

Machen wir für das Vektorfeld $\mathfrak{A}$ mit neuen Bezeichnungen den üblichen Ansatz:

$$(6) \qquad \mathfrak{A} = - \nabla W + \operatorname{rot} \mathfrak{C} \, .$$

Es folgt dann aus (**5**, 218):

(7) $$\mathfrak{q} = \nabla \cdot \nabla ; \nabla W - \nabla \cdot \nabla ; \nabla \times \mathfrak{E}$$

und, da ∇ als symbolischer Vektor behandelt werden darf:

(8) $$\mathfrak{q} = -\nabla(-\nabla \cdot \nabla W) + \nabla \times (-\nabla \cdot \nabla ; \mathfrak{E}) .$$

Setzen wir:

(9) $$\nabla \cdot \mathfrak{A} = -\nabla \cdot \nabla W = U ,$$

(10) $$\nabla \times \mathfrak{A} = \nabla \times (\nabla \times \mathfrak{E}) = \nabla\, \nabla \cdot \mathfrak{E} - \nabla \cdot \nabla ; \mathfrak{E} = \mathfrak{B} ,$$

so ergibt sich in Übereinstimmung mit dem Ansatze (**8**, 181):

(11) $$\mathfrak{q} = -\nabla U + \nabla \times \mathfrak{B} .$$

Gehen wir mit (**11**, 219) in (**4**, 218), so erhalten wir:

(12) $$\begin{cases} 4\pi \mathfrak{A} = -\int\limits_V dV \dfrac{\nabla' U}{r} + \int\limits_V dV \dfrac{\nabla' \times \mathfrak{B}}{r} \\ \qquad + \sum\limits_\iota \oint\limits_\iota d\mathfrak{o} \cdot \dfrac{1}{r} \nabla' ; \mathfrak{A} - \sum\limits_\iota \oint\limits_\iota d\mathfrak{o} \cdot \left(\nabla' \dfrac{1}{r}\right) ; \mathfrak{A}. \end{cases}$$

Wir formen nun um:

(13) $$\begin{cases} -\int\limits_V dV \dfrac{\nabla' U}{r} = -\sum\limits_\iota \oint\limits_\iota d\mathfrak{o} \dfrac{U}{r} + \int\limits_V dV \left(\nabla' \dfrac{1}{r}\right) U \\ \qquad = -\sum\limits_\iota \oint\limits_\iota d\mathfrak{o} \dfrac{\nabla' \cdot \mathfrak{A}}{r} - \nabla \int\limits_V dV \dfrac{U}{r}, \end{cases}$$

(14) $$\begin{cases} \int\limits_V dV \dfrac{\nabla' \times \mathfrak{B}}{r} = \sum\limits_\iota \oint\limits_\iota d\mathfrak{o} \times \dfrac{\mathfrak{B}}{r} - \int\limits_V dV \left(\nabla' \dfrac{1}{r}\right) \times \mathfrak{B} \\ \qquad = \sum\limits_\iota \oint\limits_\iota d\mathfrak{o} \times \dfrac{\nabla' \times \mathfrak{A}}{r} + \nabla \times \int\limits_V dV \dfrac{\mathfrak{B}}{r} . \end{cases}$$

Dabei bezieht sich $\sum\limits_\iota$ immer auf alle flächen-, linien- oder punktförmigen Bereiche, die wegen Unstetigkeiten oder Singularitäten des Feldes aus dem Integrationsgebiete der Volumintegrale ausgeschlossen werden müssen.

Erinnern wir uns, daß nach (**23**, 135):

$$\oint d\mathfrak{r} \times \frac{\mathfrak{A}}{r} = \int_F d\mathfrak{o} \,.\, \left(\frac{\mathfrak{A}}{r} \,;\, \nabla'\right) - \int_F d\mathfrak{o}\, \nabla' \,.\, \left(\frac{\mathfrak{A}}{r}\right), \tag{15}$$

also

$$\oint d\mathfrak{o} \,.\, \left(\frac{\mathfrak{A}}{r};\, \nabla'\right) - \oint d\mathfrak{o}\, \nabla' \,.\, \left(\frac{\mathfrak{A}}{r}\right) = 0 \tag{16}$$

gilt, so ergibt sich weiter:

$$(17) \quad \begin{cases} -\oint d\mathfrak{o} \,.\, \mathfrak{A} \,;\, \left(\nabla' \frac{1}{r}\right) + \oint d\mathfrak{o}\, \mathfrak{A} \,.\, \nabla' \frac{1}{r} \\ \qquad = \oint d\mathfrak{o} \,.\, \frac{1}{r} (\mathfrak{A} \,;\, \nabla') - \oint d\mathfrak{o} \frac{1}{r} \nabla' \,.\, \mathfrak{A} \\ = \oint d\mathfrak{o} \times \frac{\nabla' \times \mathfrak{A}}{r} + \oint d\mathfrak{o} \,.\, \frac{1}{r} \nabla' \,;\, \mathfrak{A} - \oint d\mathfrak{o} \frac{1}{r} \nabla' \,.\, \mathfrak{A} \,. \end{cases}$$

Beachten wir noch, daß

$$\oint \left(\nabla' \frac{1}{r}\right) \times (d\mathfrak{o} \times \mathfrak{A}) = \oint d\mathfrak{o}\, \mathfrak{A} \,.\, \nabla' \frac{1}{r} - \oint d\mathfrak{o} \,.\, \left(\nabla' \frac{1}{r}\right) ;\, \mathfrak{A} \tag{18}$$

ist, so erhalten wir mit (**13**, 219), (**14**, 219), (**17**, 220), (**18**, 220) aus (**12**, 219):

$$(19) \quad \begin{cases} 4\pi\mathfrak{A} = -\nabla \left[\int_V dV \frac{U}{r} - \sum_\iota \oint_\iota d\mathfrak{o} \,.\, \frac{\mathfrak{A}}{r}\right] \\ \qquad + \nabla \times \left[\int_V dV \frac{\mathfrak{B}}{r} - \sum_\iota \oint d\mathfrak{o} \times \frac{\mathfrak{A}}{r}\right]. \end{cases}$$

Damit wurde der angestrebte Nachweis erbracht; denn das zweite Glied der rechten Seite entspricht unseren Flächen-, Linien- und Punktdivergenzen, das vierte Glied den betreffenden Wirbeln. In beiden Fällen kommt die Vorzeichenumkehrung dadurch zustande, daß gemäß der Definition der obengenannten Größen die positive Normale von den ausgeschlossenen Gebieten nach außen zu ziehen ist.

Man erkennt, daß diese Überlegungen auch leicht in ganz gleicher Weise auf extensive Gebilde höheren Ranges ausgedehnt werden können.

Für ein Dyadenfeld folgt aus (**4**, 218) mit

(20) $$\mathfrak{A} = \Psi \cdot \mathfrak{e}$$

(21) $$\begin{cases} 4\pi\Psi = \int\limits_V dV \frac{\Omega}{r} + \sum\limits_{\iota} \oint\limits_{\iota} d\mathfrak{o} \cdot \frac{1}{r} \nabla' ; \Psi \\ \qquad - \sum\limits_{\iota} \oint\limits_{\iota} d\mathfrak{o} \cdot \nabla' \left(\frac{1}{r}\right) ; \Psi , \end{cases}$$

worin

(22) $$- \nabla \cdot \nabla ; \Psi = \Omega , \quad \text{also} \quad \mathfrak{q} = \Omega \cdot \mathfrak{e}$$

gesetzt wurde. Schreiben wir noch:

(23) $$U = \mathfrak{U} \cdot \mathfrak{e} , \quad \text{also} \quad \nabla \cdot \Psi = \mathfrak{U} ,$$

(24) $$\mathfrak{B} = H \cdot \mathfrak{e} , \quad \text{also} \quad \nabla \times \Psi = H ,$$

so geht (**19**, 220) in

(25) $$\begin{cases} 4\pi\Psi = - \nabla ; \left[\int\limits_V dV \frac{\mathfrak{U}}{r} - \sum\limits_{\iota} \oint\limits_{\iota} d\mathfrak{o} \cdot \frac{\Psi}{r}\right] \\ \qquad + \nabla \times \left[\int\limits_V dV \frac{H}{r} - \sum\limits_{\iota} \oint\limits_{\iota} d\mathfrak{o} \times \frac{\Psi}{r}\right] \end{cases}$$

über.

Natürlich hätten wir die Umformung auch von (**21**, 221) ausgehend unabhängig durchführen können. Dabei wäre zu beachten gewesen, daß an die Stelle von (**16**, 220) jetzt

(26) $$\oint \nabla' ; \left(\frac{\Psi_c}{r}\right) \cdot d\mathfrak{o} - \oint d\mathfrak{o} ; \nabla' \cdot \frac{\Psi}{r} = 0$$

tritt und für beliebige räumlich konstante Vektoren $\mathfrak{e}$ die Relation

(27) $$\left[\nabla' ; \left(\frac{\Psi_c}{r}\right) - \left(\frac{\Psi}{r}\right) ; \nabla'\right] \cdot \mathfrak{e} = \mathfrak{e} \times \nabla' \times \left(\frac{\Psi}{r}\right)$$

zutrifft.

Das zweite Glied der rechten Seite von (**25**, 221) entspricht vektorischen Flächen-, Linien- und Punktdivergenzen, das vierte Glied den analog bezeichneten dyadischen Wirbeln.

Die oben ausführlich behandelten Sätze über die Äquivalenz von Wirbellinie und Doppelschicht bzw. von Flächenwirbeln und einer Doppelschicht variablen Momentes können unschwer auch für Dyadenfelder entsprechend verallgemeinert werden. Am einfachsten geht man dabei von der Tatsache aus, daß die skalaren Maßzahlen vektorischer Doppelschichten gewöhnliche skalare Doppelschichten sind, wie wir sie oben ausführlich behandelt haben.

f) Vielfachschichten, Multipole und Legendresche Kugelfunktionen

Zum Schlusse wollen wir nochmals auf die Skalarfelder, welche ja auch die Grundlage für die Behandlung der Vektorfelder, Dyadenfelder usf. bilden, zurückgreifen. Wir haben erkannt, daß außer den Divergenzen des Skalarfeldes auch Unstetigkeiten und Singularitäten von S und ∇S den Gesamtverlauf des Feldes mitbestimmen. Bei der Berücksichtigung solcher Singularitäten haben wir natürlich stets vorausgesetzt, daß die durch

$$(1) \qquad -\oint d\mathfrak{o} \cdot \nabla S = Q$$

bestimmte Ergiebigkeit für jeden beliebigen Raumteil endlich bleibe. Bei Doppelschichten haben wir zwar im Grenzfalle unendlich starke Ergiebigkeiten zunächst zugelassen, diese aber durch entgegengesetzt gleiche unendlich nahe wieder vollkommen kompensiert. Obwohl die Gesamtergiebigkeit der Doppelschicht gleich Null ist, bleibt sie nicht wirkungslos, solange das Moment der Doppelschicht von Null verschieden ist. Naturgemäß mußten wir jetzt wieder voraussetzen, daß das Gesamtmoment jeder endlichen Doppelschicht einen endlichen Wert behält.

Von den Doppelschichten können wir aber auch zu Vierfachschichten und ganz allgemein zu Vielfachschichten fortschreiten. Denken wir uns zwei Doppelschichten — wie es Fig. 24 andeutet — so aufeinander gelegt, daß deren Momente überall entgegengesetzt gleich sind, so erhalten wir aus Formel (**2**, 208):

$$(2) \qquad S = \frac{1}{4\pi} \int_{F} J_f \, d\mathfrak{o} \cdot \left[\nabla' \frac{1}{r} - \left(\nabla' \frac{1}{r} - \delta u \, \mathfrak{n} \cdot \nabla' ; \nabla' \frac{1}{r} \right) \right] \cdot$$

Setzen wir:

$$\lim_{\delta u = 0} J_f\, \delta u = J_f' \tag{3}$$

und nehmen an, daß J_f', das Moment der Vierfachschicht, sich endlich ergibt, so folgt jetzt statt (**3**, 208):

$$S = \frac{1}{4\pi} \int_F df\, J_f'\, \mathfrak{n} \,.\, \nabla' \frac{\cos\vartheta}{r^2} \tag{4}$$

oder

$$\left\{\begin{aligned} S &= \frac{1}{4\pi} \int_F df\, J_f'\, \mathfrak{n} \,.\, \left(\nabla' \,;\, \frac{\mathfrak{r} - \mathfrak{r}'}{r^3}\right) .\, \mathfrak{n} \\ &= \frac{1}{4\pi} \int_F df\, J_f'\, \frac{3\cos^2\vartheta - 1}{r^3} \,. \end{aligned}\right. \tag{5}$$

Man überlegt leicht, daß eine ebene Vierfachschicht mit konstantem Moment einer in der Randkurve dieser Schicht ver-

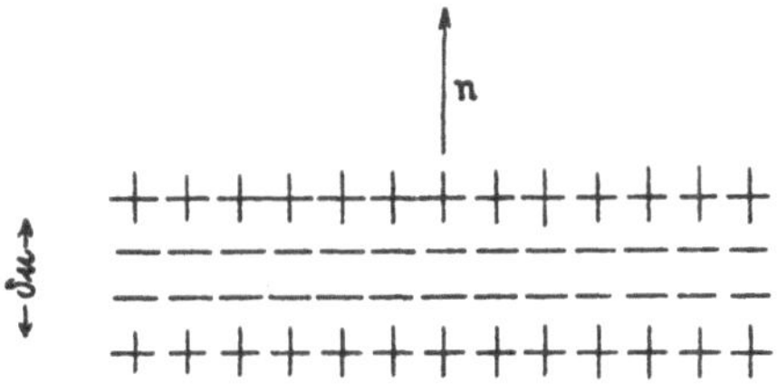

Fig. 24. Vierfachschicht

laufenden Doppelwirbellinie äquivalent sein muß. Es folgt ja analog zu (**23**, 213) und (**25**, 213) aus

$$\mathfrak{A} = \frac{\Gamma_l}{4\pi} \left[\oint \frac{d\mathfrak{r}'}{r} - \oint d\mathfrak{r}' \left(\frac{1}{r} - \delta u\, \mathfrak{n} \,.\, \nabla' \frac{1}{r}\right)\right] \tag{6}$$

mit

$$\lim_{\delta u = 0} \Gamma_l\, \delta u = \Gamma_l' \tag{7}$$

$$\mathfrak{A} = \frac{\Gamma_l'}{4\pi} \oint d\mathfrak{r}'\, \mathfrak{n} \,.\, \nabla' \frac{1}{r} \,, \tag{8}$$

$$(9)\quad \begin{cases} \nabla \times \mathfrak{A} = \dfrac{\Gamma_l'}{4\pi} \oint d\mathfrak{r}' \times \nabla' \left(\mathfrak{n} \cdot \nabla' \dfrac{1}{r}\right) \\ \quad = \dfrac{\Gamma_l'}{4\pi} \displaystyle\int_F d\mathfrak{o} \cdot \nabla' ; \nabla' \mathfrak{n} \cdot \nabla' \dfrac{1}{r} \\ \quad = -\nabla \left[\dfrac{\Gamma_l'}{4\pi} \displaystyle\int_F df\, \mathfrak{n} \cdot \nabla' ; \mathfrak{n} \cdot \nabla' \dfrac{1}{r}\right] . \end{cases}$$

Hierin stimmt der Klammerausdruck für Γ_l' gleich J_f' tatsächlich mit (**5**, 223) überein.

Würde die Vierfachschicht derart auf ein punktförmiges Flächenelement zusammenschrumpfen, daß

$$(10)\qquad \lim_{\delta f = 0} \delta f\, J_f' = J_p'$$

einen endlichen Wert behält, so erhielten wir für den so definierten Quadrupol das Potential

$$(11)\qquad S = \frac{1}{4\pi} \frac{J_p' (3 \cos^2 \vartheta - 1)}{r^3} .$$

Die Zusammensetzung zweier Vierfachschichten mit entgegengesetzt gleichen, gegen Unendlich gehenden Momenten J_f' zu einer Achtfachschicht liefert analog:

$$(12)\qquad S = \frac{1}{4\pi} \int df\, J_f'' \frac{15 \cos^3 \vartheta - 9 \cos \vartheta}{r^4} .$$

Es ist nun die Bemerkung von großer praktischer Bedeutung, daß die Legendreschen Kugelfunktionen

$$(13)\quad \begin{cases} P_0 (\cos \vartheta) = 1 , \qquad P_1 (\cos \vartheta) = \cos \vartheta , \\ P_2 (\cos \vartheta) = \frac{1}{2} (3 \cos^2 \vartheta - 1) , \\ P_3 (\cos \vartheta) = \frac{1}{2} (5 \cos^3 \vartheta - 3 \cos \vartheta) , \cdots \end{cases}$$

bis auf einen Normierungsfaktor mit den im Potential einer Punktdivergenz, eines Dipols, Quadrupols, Oktopols usf. auftretenden Funktionen von $\cos \vartheta$ übereinstimmen. Das ist natürlich kein Zufall. Denken wir uns die Legendreschen Kugelfunktionen in üblicher Weise als die Entwicklungskoeffizienten von

$$(14)\qquad \frac{1}{\sqrt{1-2\,r_0\cos\vartheta+r_0^2}}=\frac{1}{r_0}P_0+\frac{1}{r_0^2}P_1+\frac{1}{r_0^3}P_2+\cdots$$

definiert, welche Entwicklung für $r_0 > 1$ konvergiert. Bilden wir nun das Potential einer Punktdivergenz vom Betrage Eins

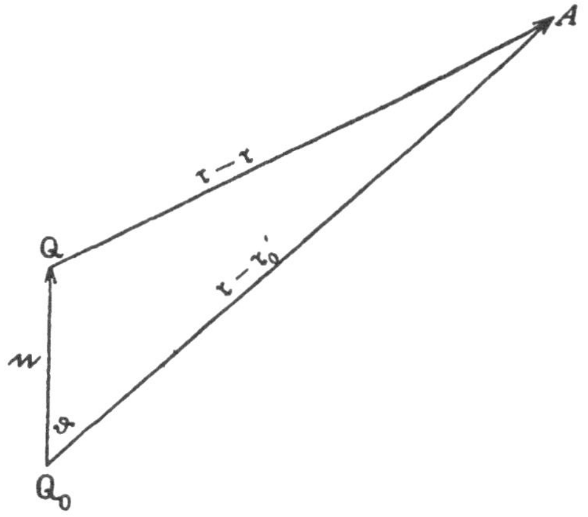

Fig. 25. Legendresche Polynome

im Punkte Q für den Aufpunkt A und verwenden gemäß Fig. 25 die Bezeichnungen:

$$(15)\qquad \mathfrak{n}^2=1\,,\qquad (\mathfrak{r}-\mathfrak{r}_0')^2=r_0^2\,,\qquad (\mathfrak{r}-\mathfrak{r}_0')\cdot\mathfrak{n}=r_0\cos\vartheta\,,$$

so folgt:

$$(16)\qquad 4\pi S=\frac{1}{\sqrt{(\mathfrak{r}-\mathfrak{r}')^2}}=\frac{1}{\sqrt{1-2\,r_0\cos\vartheta+r_0^2}}$$

Wir können aber $\frac{1}{\sqrt{(\mathfrak{r}-\mathfrak{r}')^2}}$ auch mittels einer Reihenentwicklung durch $\frac{1}{r_0}$ und durch die an der Stelle $\mathfrak{r}'=\mathfrak{r}_0'$ und parallel zu $\mathfrak{n}$ genommenen partiellen Differentialquotienten von $\frac{1}{r}$ ausdrücken. Da die erforderlichen partiellen Ableitungen vektoranalytisch in der Form $\mathfrak{n} \cdot \nabla'$ zu schreiben sind, erhalten wir:

$$(17)\quad \begin{cases} 4\pi S = \frac{1}{r_0} + \left(\mathfrak{n} \cdot \nabla' \frac{1}{r}\right)_{r=r_0} + \frac{1}{2!}\left(\mathfrak{n} \cdot \nabla' ; \mathfrak{n} \cdot \nabla' \frac{1}{r}\right)_{r=r_0} \\ \qquad + \frac{1}{3!}\left(\mathfrak{n} \cdot \nabla' ; \mathfrak{n} \cdot \nabla' ; \mathfrak{n} \cdot \nabla' \frac{1}{r}\right)_{r=r_0} + \cdots . \end{cases}$$

Ein Vergleich der Formeln (**14**, 225) und (**17**, 226) beweist unsere Behauptung.

Rührt das Gesamtfeld lediglich von einem Multipol her, so muß überall außerhalb dieses Multipols die Laplacesche Differentialgleichung

$$(18)\quad \nabla \cdot \nabla S = \nabla \cdot \nabla \left[\frac{J_p^{(\varkappa)}}{4\pi}\left(\mathfrak{n} \cdot \nabla' ; \mathfrak{n} \cdot \nabla' ; \cdots \mathfrak{n} \cdot \nabla' \frac{1}{r}\right)\right] = 0$$

erfüllt sein. Maxwell, von dessen Gedankengängen wir uns hier führen lassen, bemerkt, daß darüber hinaus durch fortgesetzte partielle Differentiation nach beliebigen Richtungen $\mathfrak{n}_1, \mathfrak{n}_2 \ldots \mathfrak{n}_\varkappa$ sich aus

$$(19)\quad \nabla \cdot \nabla \frac{1}{r} = 0$$

die Relation

$$(20)\quad \nabla \cdot \nabla \left[\mathfrak{n}_\varkappa \cdot \nabla' ; \mathfrak{n}_{\varkappa-1} \cdot \nabla' ; \cdots \mathfrak{n}_1 \cdot \nabla' \frac{1}{r}\right] = 0$$

ergibt. Es ist dann

$$(21)\quad \text{konst. } \mathfrak{n}_\varkappa \cdot \nabla' ; \mathfrak{n}_{\varkappa-1} \cdot \nabla' ; \cdots \mathfrak{n}_1 \cdot \nabla' \frac{1}{r} = U_{-\varkappa-1}(r)$$

eine Kugelfunktion $(-\varkappa - 1)$-ter Ordnung und

$$(22)\quad U_{-\varkappa-1}(r) \cdot r^{\varkappa+1} = S_\varkappa$$

eine Kugelflächenfunktion $\varkappa$-ter Ordnung. Mit

$$(23)\quad \mathfrak{n}_1 = \mathfrak{n}_2 = \ldots \mathfrak{n}_{\varkappa-1} = \mathfrak{n}_\varkappa$$

gelangen wir wieder zu den Legendreschen Kugelfunktionen bzw. Polynomen.

III. Teil

PHYSIKALISCHE ANWENDUNGEN

1. Einige Anwendungen aus der Mechanik

a) Bewegungsgleichung, Spannungsdyade, Schwerpunktssatz

Die Bewegungsgleichung[1]) oder das erste Grundgesetz der Mechanik[2]) lautet für ein „materielles Volumelement" δV bekanntlich:

$$\int\limits_{\delta V} dV\, \varrho \frac{d\mathfrak{v}}{dt} = \int\limits_{\delta V} dV\, \mathfrak{F} + \oint df\, \mathfrak{S}_n \,. \tag{1}$$

Darin bedeutet ϱ die Dichte, $\mathfrak{v}$ den Geschwindigkeitsvektor, dessen totales Differential analog zu (**5**, 108) in der Form

$$d\mathfrak{v} = \frac{\partial \mathfrak{v}}{\partial t}\, dt + d\mathfrak{r} \,.\, \nabla\, ;\, \mathfrak{v} \tag{2}$$

anzusetzen ist. t und $\mathfrak{r}$ sollen hier und in Hinkunft stets die Zeit und den Ortsvektor bedeuten.

$$\frac{d\mathfrak{v}}{dt} = \frac{\partial \mathfrak{v}}{\partial t} + \frac{d\mathfrak{r}}{dt} \,.\, \nabla\, ;\, \mathfrak{v} = \frac{\partial \mathfrak{v}}{\partial t} + \mathfrak{v} \,.\, \nabla\, ;\, \mathfrak{v} \tag{3}$$

ist die Beschleunigung, also die totale Fluxion der Geschwindigkeit, d. h. deren Änderung pro Zeiteinheit vom mitbewegten Beobachter beurteilt, $\frac{\partial \mathfrak{v}}{\partial t}$ heißt die lokale Fluxion. Diese „Fluxions"-Bezeichnungen werden wir allgemein beibehalten. Das erste Glied der rechten Seite von (**1**, 227) entspricht der Resultierenden der an dem Volumelement angreifenden räumlich verteilten Kräfte (Volumkräfte). Eine solche ist z. B. die Newtonsche Gravitation. Das zweite Glied entspricht der Resultierenden der an der Oberfläche des Volumelements

[1]) So bezeichnet bei G. Jaumann (Bewegungslehre S. 383).
[2]) So bezeichnet bei G. Hamel (Elementare Mechanik S. 61).

angreifenden Kräfte, den sogenannten Spannungen. Während $\mathfrak{F}$ auf die Volumeinheit bezogen ist, bezieht sich $\mathfrak{S}_n$ auf die Flächeneinheit. Man beachte wohl, daß $\mathfrak{S}_n$ nicht nur eine Funktion des Ortes und im allgemeinen auch der Zeit ist, sondern daß es überdies von der Orientierung des Flächenelements

$$(4) \qquad d\mathfrak{o} = \mathfrak{n}\, df$$

abhängt. $\mathfrak{n}$ bedeutet einen Einheitsvektor in der Richtung der äußeren Normalen.

Wir setzen demgemäß die auf das Flächenelement $d\mathfrak{o}$ wirkende Kraft als lineare Vektorfunktion an:

$$(5) \qquad df\,\mathfrak{S}_n = -d\mathfrak{o} \,.\, \Theta \,.$$

Das heißt: Der Spannungszustand selbst wird durch eine Dyade, die Spannungsdyade Θ, charakterisiert.

Lassen wir das Volumelement δV in eine unendlich dünne Scheibe degenerieren, deren beide Seiten durch die Indizes 1 und 2 unterschieden werden sollen, so muß, wenn wir die Existenz unendlich großer Volumkräfte $\mathfrak{F}$, sowie unendlich großer Beschleunigungen $\frac{d\mathfrak{v}}{dt}$ ausschließen, nach der Grundgleichung (1, 227):

$$(6) \qquad \lim_{\delta V = 0} \oint df\,\mathfrak{S}_n = -\oint d\mathfrak{o} \,.\, \Theta = -\delta\mathfrak{o} \,.\, (\Theta_1 - \Theta_2) = 0$$

zutreffen. Da $\delta\mathfrak{o}$ willkürlich ist, besagt Gleichung (6, 228):

$$(7) \qquad \Theta_1 = \Theta_2 \,,$$

das heißt: wir haben Θ als stetige Ortsfunktion anzunehmen. Im allgemeinen setzen wir, wo es erforderlich ist, auch die Differenzierbarkeit von Θ voraus.

$$(8) \qquad -\mathfrak{n} \,.\, \Theta = \mathfrak{S}_n$$

heißt die „reduzierte" Spannung.

Handelt es sich um elastische Spannungen, so wird in Gasen und Flüssigkeiten

$$(9) \qquad \Theta = pI$$

eine isotrope Dyade. Es existiert dann, wie man aus

$$(10) \qquad df\,\mathfrak{S}_n = -p\, d\mathfrak{o}$$

abliest, nur ein senkrecht auf das Flächenelement wirkender Druck p. In elastischen festen Körpern, in denen außer Druck- und Zugspannungen auch noch Schubspannungen auftreten, kann Θ natürlich nicht mehr isotrop sein. Da, wie gleich erörtert werden wird, Θ stets eine symmetrische Dyade ist, können wir sie auf die Normalform

$$\Theta = \Theta_1 \mathfrak{i} ; \mathfrak{i} + \Theta_2 \mathfrak{j} ; \mathfrak{j} + \Theta_3 \mathfrak{k} ; \mathfrak{k} \tag{11}$$

bringen. Es gibt also in jedem Punkte des Körpers ein ausgezeichnetes Dreibein derart, daß dort auf die den entsprechenden Koordinatenebenen parallelen Flächenelemente lediglich Normalspannungen wirken.

Diese Normalspannungen Θ_ι heißen die Hauptspannungen, $\mathfrak{i}, \mathfrak{j}, \mathfrak{k}$ die Hauptspannungsachsen oder Hauptspannungsrichtungen.

Mit Benützung des Gaußschen Satzes folgt aus (5, 228):

$$\oint df\, \mathfrak{S}_n = -\oint d\mathfrak{o} \,.\, \Theta = -\int\limits_{\delta V} dV\, \nabla \,.\, \Theta \,. \tag{12}$$

Die Relationen (1, 227) und (12, 229) ergeben:

$$\int\limits_{\delta V} dV \left| \varrho \frac{d\mathfrak{v}}{dt} + \nabla \,.\, \Theta - \mathfrak{F} \right] = 0, \tag{13}$$

und da (13, 229) für beliebige Volumelemente gilt, muß der Integrand verschwinden. Als auf die Volumeinheit bezogene Bewegungsgleichung ergibt sich demnach:

$$\varrho \frac{d\mathfrak{v}}{dt} + \nabla \,.\, \Theta = \mathfrak{F} \,. \tag{14}$$

Setzen wir:

$$\varrho\, dV = dm \tag{15}$$

und beachten wir, daß die Masse dm eines Körperelementes für den mit diesem Körperelement mitbewegten Beobachter unverändert bleibt, so können wir aus der Definitionsgleichung

$$\int\limits_V dV\, \varrho\, \mathfrak{r} = \int\limits_m dm\, \mathfrak{r} = m\, \mathfrak{r}_0 \,, \tag{16}$$

worin m die Gesamtmasse des betrachteten Körpers bedeutet, schließen:

(17) $$\int_m dm \frac{d^2\mathfrak{r}}{dt^2} = m \frac{d^2\mathfrak{r}_0}{dt^2} .$$

Der durch $\mathfrak{r}_0$ bestimmte Punkt heißt bekanntlich der Massenmittelpunkt (Schwerpunkt).

Aus (**14**, 229) und (**17**, 230) erhalten wir:

(18) $$m \frac{d^2\mathfrak{r}_0}{dt^2} = \int_V dV \mathfrak{F} - \oint d\mathfrak{o} \cdot \Theta = \mathfrak{K} ,$$

worin sich das Oberflächenintegral auf die äußere Oberfläche des betrachteten Körpers bezieht, so daß innere Spannungen ohne Einfluß auf die Bewegung des Massenmittelpunktes sind. Gleichung (**18**, 230) spricht den bekannten Schwerpunktssatz aus. Das heißt: Der Massenmittelpunkt irgendeines körperlichen Raumes bewegt sich genau so, als ob in ihm die Gesamtmasse konzentriert wäre und die Resultierende (die Vektorsumme) $\mathfrak{K}$ aller äußeren Kräfte in diesem Punkte angreifen würde.

b) Symmetrie der Spannungsdyade, Momentensatz

Wir bilden aus (**14**, 229):

(1) $$\int_V \varrho\, dV \mathfrak{r} \times \frac{d\mathfrak{v}}{dt} = \int_V dV \mathfrak{r} \times \mathfrak{F} - \int_V dV \mathfrak{r} \times \nabla \cdot \Theta .$$

Nun ist nach (**11**, 115):

(2) $$-\mathfrak{r} \times \nabla \cdot \Theta = \nabla \cdot (\Theta \times \mathfrak{r}) - \Theta \dot{\times} \nabla ; \mathfrak{r} = \nabla \cdot (\Theta \times \mathfrak{r}) - \Theta \dot{\times} I$$

und gemäß (**14**, 40):

(3) $$-\Theta \dot{\times} I = \Theta_\times .$$

Das zweite Glied der rechten Seite von (**2**, 230) verschwindet also dann und nur dann, wenn Θ eine symmetrische Dyade ist.

Die mit der Erfahrung übereinstimmende Voraussetzung, daß die Spannungsdyade stets symmetrisch ist, bezeichnet G. Hamel als das Boltzmannsche Axiom oder auch als das zweite Grundgesetz der Mechanik. Mit Benützung dieses Axioms können wir wegen (**2**, 230) die Gleichung (**1**, 230) auf die Form

$$(4)\qquad \int\limits_m dm\, \mathfrak{r} \times \frac{d\mathfrak{v}}{dt} = \int\limits_V dV\, \mathfrak{r} \times \mathfrak{F} - \oint \mathfrak{r} \times (d\mathfrak{o} \,.\, \Theta)$$

bringen. Berücksichtigt man noch:

$$(5)\qquad \frac{d}{dt}(\mathfrak{r} \times \mathfrak{v}) = \frac{d\mathfrak{r}}{dt} \times \mathfrak{v} + \mathfrak{r} \times \frac{d\mathfrak{v}}{dt} = \mathfrak{r} \times \frac{d\mathfrak{v}}{dt},$$

wobei stillschweigend vorausgesetzt wurde, daß $\mathfrak{r}$ von einem ruhenden Bezugspunkte gezogen wird, so folgt schließlich:

$$(6)\qquad \frac{d}{dt}\int\limits_m \mathfrak{r} \times (dm\, \mathfrak{v}) = \int\limits_V dV\, \mathfrak{r} \times \mathfrak{F} - \oint \mathfrak{r} \times (d\mathfrak{o} \,.\, \Theta) = \mathfrak{M}\,.$$

Hätten wir statt eines ruhenden Bezugspunktes den Schwerpunkt als Bezugspunkt gewählt, so könnten wir mit dem Ansatze

$$(7)\qquad \mathfrak{r}' = \mathfrak{r} - \mathfrak{r}_0$$

wieder auf (**6**, 231) schließen, weil:

$$(8)\qquad \begin{cases} \dfrac{d}{dt}\displaystyle\int\limits_m \mathfrak{r}' \times dm\, \mathfrak{v} = \int\limits_m \mathfrak{r}' \times dm \frac{d\mathfrak{v}}{dt} \\ \qquad\qquad + \displaystyle\int\limits_m \left(\mathfrak{v} - \frac{d\mathfrak{r}_0}{dt}\right) \times dm\, \mathfrak{v} = \int\limits_m \mathfrak{r}' \times dm \frac{d\mathfrak{v}}{dt} \end{cases}$$

ist, denn aus (**16**, 229) folgt ja:

$$(9)\qquad \mathfrak{G} = \int\limits_m dm \frac{d\mathfrak{r}}{dt} = \int\limits_m dm\, \mathfrak{v} = m \frac{d\mathfrak{r}_0}{dt}\,.$$

$\mathfrak{G}$ bezeichnet man als den Impuls oder die Bewegungsgröße des betrachteten Körpers oder Körpersystems. Für (**18**, 230) können wir dann schreiben:

$$(10)\qquad \frac{d\mathfrak{G}}{dt} = \mathfrak{K}\,,$$

in Worten: Die totale Fluxion des Impulses ist gleich der resultierenden äußeren Kraft.

Setzen wir noch:

(11) $$\mathfrak{U} = \int\limits_m \mathfrak{r} \times (dm\,\mathfrak{v})$$

und bezeichnen diese Größe als Drehimpuls oder Drall, während $\mathfrak{M}$ in (**6**, 231) der Momentenvektor der äußeren Kräfte heißen soll, so können wir statt (**6**, 231) schreiben:

(12) $$\frac{d\mathfrak{U}}{dt} = \mathfrak{M}$$

und den durch (**6**, 231) bzw. (**11**, 232) und (**12**, 232) gegebenen Momentensatz in der Form aussprechen: Die totale Fluxion des Drehimpulses ist gleich dem Momentenvektor der äußeren Kräfte.

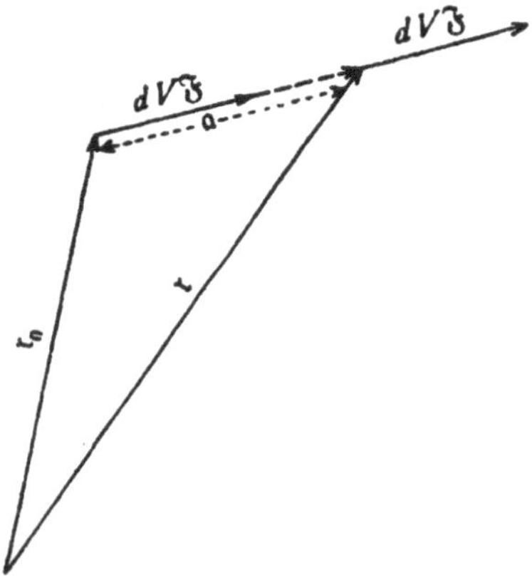

Fig. 26. Am starren Körper angreifende Kraft

c) Mechanik des starren Körpers

Schwerpunktssatz und Momentensatz gelten für jedes beliebige materielle System. Handelt es sich aber um einen starren Körper, so wird die seinen sechs Freiheitsgraden entsprechende Bewegung schon durch die beiden vektorischen Gleichungen (**10**, 231) und (**12**, 232) vollkommen festgelegt.

In den Gleichungen (**18**, 230) und (**6**, 231) sind die durch Integration gewonnenen Vektoren $\mathfrak{K}$ bzw. $\mathfrak{M}$ keine Ortsfunktionen mehr. Halten wir uns vor Augen, daß die Integration der Grenzfall einer Summierung ist, so muß es für das Ergebnis dieser Summierung in (**18**, 230) gleichgültig sein, ob wir die differentiellen Kräfte $dV\,\mathfrak{F}$ bzw. $-d\mathfrak{o}\,.\,\Theta$ an ihrem Orte belassen oder sie beliebig parallel zu sich selbst verschoben denken. In Gleichung (**6**, 231) liegen die Verhältnisse dann anders, wenn wir unter $\mathfrak{r}$ stets den vom Bezugspunkt zum Angriffspunkt der betreffenden Kraft gezogenen Radiusvektor verstehen. Wie aus Fig. 26 ersichtlich, dürfen dann die Kräfte $dV\mathfrak{F}$ bzw. $(-do\,.\,\Theta)$ nur mehr längs ihrer eigenen Angriffslinie beliebig verschoben werden (linienflüchtige Vektoren im Gegensatze zu den freien Vektoren).

Nur in diesem Falle wird ja

$$(1)\qquad \mathfrak{r}\times dV\mathfrak{F}=\mathfrak{r}_0\times dV\mathfrak{F}+\mathfrak{a}\times dV\mathfrak{F}=\mathfrak{r}_0\times dV\mathfrak{F}$$

sein. Ein durch

$$(2)\qquad \mathfrak{r}_1=\mathfrak{r}-\mathfrak{b}$$

bestimmter Wechsel des ruhenden Bezugspunktes hat, wie aus (**18**, 230) und (**6**, 231) abgelesen werden kann,

$$(3)\qquad \mathfrak{M}_1=\mathfrak{M}-\mathfrak{b}\times\mathfrak{K}$$

zur Folge. Wird der Bezugspunkt parallel zu $\mathfrak{K}$ verschoben, so bleibt der Momentenvektor ungeändert. Aus (**3**, 233) folgt

$$(4)\qquad \mathfrak{K}\,.\,\mathfrak{M}_1=\mathfrak{K}\,.\,\mathfrak{M}\,,$$

das heißt: die parallel zu $\mathfrak{K}$ liegende Komponente von $\mathfrak{M}$ wird durch keine Verlegung des Bezugspunktes beeinflußt, sie ist eine Invariante des gegebenen Kräftesystems. Wählen wir speziell

$$(5)\qquad \mathfrak{b}=\mathfrak{K}^{-1}\times\mathfrak{M}\,,$$

so erhalten wir aus (**3**, 233)

$$(6)\qquad \mathfrak{M}_1=\mathfrak{K}\,.\,\mathfrak{M}\,\mathfrak{K}^{-1}\,.$$

In diesem Falle ist der Momentenvektor dem Kraftvektor parallel, man spricht von einer Kraftschraube (Dyname) (Rechts- oder Linksschraube, je nachdem $\mathfrak{K}\,.\,\mathfrak{M}$ positiv oder negativ ist).

Ist $\mathfrak{K}$ gleich Null, so ist das Kräftesystem, wie eine elementare Überlegung lehrt, einem „Kräftepaare" mit einem gemäß (**3**, 233) unveränderlichen $\mathfrak{M}$ äquivalent. Ist hingegen $\mathfrak{K}\,.\,\mathfrak{M}$ gleich Null, so kann nach (**6**, 233) das Kräftesystem auf eine Einzelkraft zurückgeführt werden.

Allgemein kann ein gegebenes Kräftesystem auf zwei diesem äquivalente Kräfte zurückgeführt werden, wobei die Angriffslinie der einen Kraft etwa:

$$(7)\qquad \mathfrak{r}=\mathfrak{r}_1+x\,\mathfrak{e}\quad\text{mit}\quad \mathfrak{K}_1=|\mathfrak{K}_1|\,\mathfrak{e}$$

noch willkürlich bleibt. In (**7**, 233) ist x der skalare Parameter. Der Beweis folgt aus dem Ansatze:

$$\mathfrak{K} = \mathfrak{K}_1 + \mathfrak{K}_2 , \tag{8}$$

$$\mathfrak{M} = \mathfrak{r}_1 \times \mathfrak{K}_1 + \mathfrak{r}_2 \times \mathfrak{K}_2 . \tag{9}$$

Wir erhalten:

$$\mathfrak{M} \cdot (\mathfrak{K} - \mathfrak{K}_1) = \mathfrak{r}_1 \times \mathfrak{K}_1 \cdot \mathfrak{K} ,$$

$$\mathfrak{M} \cdot \mathfrak{K} = |\mathfrak{K}_1| \, [\mathfrak{M} \cdot \mathfrak{e} + \mathfrak{r}_1 \times \mathfrak{e} \cdot \mathfrak{K}] ,$$

$$|\mathfrak{K}_1| = \frac{\mathfrak{M} \cdot \mathfrak{K}}{\mathfrak{M} \cdot \mathfrak{e} + \mathfrak{r}_1 \times \mathfrak{e} \cdot \mathfrak{K}} . \tag{10}$$

Da $\mathfrak{K}$ und $\mathfrak{M}$ durch das gegebene Kräftesystem, $\mathfrak{r}_1$ und $\mathfrak{e}$ durch die eine freigewählte Angriffslinie bestimmt sind, folgt aus (**10**, 234) und (**7**, 233) $\mathfrak{K}_1$, dann aus (**8**, 234) $\mathfrak{K}_2$ und schließlich aus (**9**, 234) die zu $\mathfrak{K}_2$ senkrechte Komponente von $\mathfrak{r}_2$ und damit die Lage der zweiten Angriffslinie. Zwei solche Kräfte mit zueinander windschiefen Angriffslinien (Wirkungslinien) nennt man ein „K r a f t k r e u z". Wären die beiden Angriffslinien nicht windschief, also $\mathfrak{r}_1 - \mathfrak{r}_2$, $\mathfrak{K}_1$, $\mathfrak{K}_2$ komplanar, so würde aus (**8**, 234) und (**9**, 234) $\mathfrak{K} \cdot \mathfrak{M}$ gleich Null folgen, in welchem Falle das Kräftesystem, wie wir erkannten, auf eine einzige Kraft zurückgeführt werden kann. Allgemein ist:

$$\mathfrak{K} \cdot \mathfrak{M} = (\mathfrak{r}_1 - \mathfrak{r}_2) \cdot \mathfrak{K}_1 \times \mathfrak{K}_2 . \tag{11}$$

Konstruieren wir also über den Anfangs- und Endpunkten irgend zweier, dem gegebenen Kräftesystem äquivalenter Kräfte $\mathfrak{K}_1$ und $\mathfrak{K}_2$ ein Tetraeder, so hat das V o l u m e n jedes K r a f t k r e u z t e t r a e d e r s das zu dem gegebenen Kräftesystem gehört,

$$V = \tfrac{1}{6} (\mathfrak{r}_1 - \mathfrak{r}_2) \cdot \mathfrak{K}_1 \times \mathfrak{K}_2 = \tfrac{1}{6} \mathfrak{K} \cdot \mathfrak{M} , \tag{12}$$

gemäß (**4**, 233) einen und denselben Wert.

Es wäre nicht schwer, im Anschlusse an die bisher entwickelten Formeln auch die Sätze abzuleiten, welche sich auf das durch $\mathfrak{K}$ und $\mathfrak{M}$ bestimmte „N u l l s y s t e m" beziehen; doch würden diese Überlegungen zuviel Raum beanspruchen.

2. Beispiele vektorischer Schreibweise in der Geometrie

Im folgenden sollen einige der für die physikalischen Anwendungen wichtigsten geometrischen Relationen zusammengestellt und kurz erörtert werden.

Wir haben in (7, 233) die Gleichung einer durch den Endpunkt von $\mathfrak{r}_1$ laufenden, zu $\mathfrak{e}$ parallelen Geraden angeschrieben. In allen derartigen Relationen ist stets die Vereinbarung zu beachten, daß die Ortsvektoren $\mathfrak{r}$ von einem jeweils ganz bestimmten Bezugspunkte aus zu ziehen sind.

a) Darstellung von Kurven und Flächen. Grundaufgaben

Wir lernten schon in (1, 124) die allgemeine Parameterdarstellung einer beliebigen Kurve:

$$\mathfrak{r}(t) = x(t)\,\mathfrak{i} + y(t)\,\mathfrak{j} + z(t)\,\mathfrak{k} \tag{1}$$

und in (6, 126) die entsprechende Parameterdarstellung einer Fläche kennen:

$$\mathfrak{r}(s; t) = x(s, t)\,\mathfrak{i} + y(s, t)\,\mathfrak{j} + z(s, t)\,\mathfrak{k}\,. \tag{2}$$

Außer der obenerwähnten Gleichung einer Geraden

$$\mathfrak{r} = \mathfrak{r}_1 + x\,\mathfrak{e} \tag{3}$$

interessiert uns hier besonders die Mittelpunktsgleichung einer Ellipse mit den Halbachsen a und b:

$$\mathfrak{r} = a\cos t\,\mathfrak{i} + b\sin t\,\mathfrak{j}\,. \tag{4}$$

Darin bedeutet t die sogenannte exzentrische Anomalie.

Greifen wir die Ortsvektoren für irgendein t_0 und $t_0 + \frac{\pi}{2}$ heraus:

$$\left\{\begin{aligned} \mathfrak{a} &= a\cos t_0\,\mathfrak{i} + b\sin t_0\,\mathfrak{j}\,,\\ \mathfrak{b} &= -a\sin t_0\,\mathfrak{i} + b\cos t_0\,\mathfrak{j}\,, \end{aligned}\right. \tag{5}$$

so sind das konjugierte Halbmesser der Ellipse. Es folgt zunächst:

$$\mathfrak{r} = \mathfrak{a}\cos t + \mathfrak{b}\sin t = a\cos(t + t_0)\,\mathfrak{i} + b\sin(t + t_0)\,\mathfrak{j} \tag{6}$$

als allgemeinere Form der Mittelpunktsgleichung der Ellipse. Wählt man irgendeinen der Gleichung (**6**, 235) genügenden Ortsvektor

$$(7)\qquad \mathfrak{r}_1 = \mathfrak{a}\cos t + \mathfrak{b}\sin t\,,$$

so genügt auch

$$(8)\qquad \mathfrak{r}_2 = \mathfrak{a}\cos t - \mathfrak{b}\sin t = \mathfrak{a}\cos(-t) + \mathfrak{b}\sin(-t)$$

derselben Gleichung. Aus (**7**, 236) und (**8**, 236) erkennt man aber an der Hand der Fig. 27, daß jede zu $\mathfrak{b}$ parallele Sehne $2\,\mathfrak{b}\sin t$

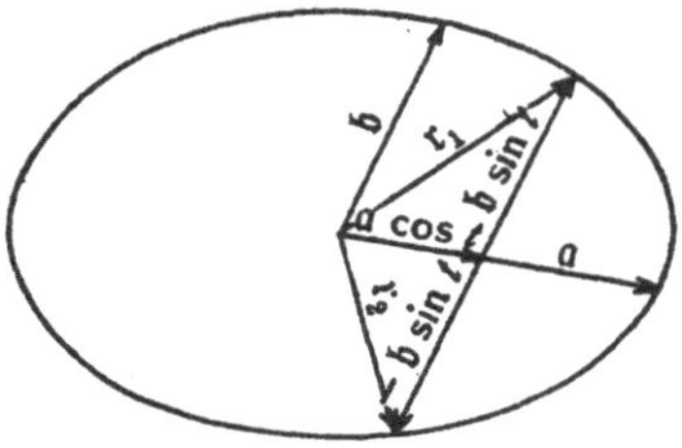

Fig. 27. Konjugierte Halbmesser

von $\mathfrak{a}$ halbiert wird, wie es für konjugierte Halbmesser sein muß. Analog findet man dieselbe Aussage für die zu $\mathfrak{a}$ parallelen Sehnen aus

$$(9)\qquad \mathfrak{r}_1 = \mathfrak{a}\cos\left(\frac{\pi}{2} + t\right) + \mathfrak{b}\sin\left(\frac{\pi}{2} + t\right),$$

$$(10)\qquad \begin{cases} \mathfrak{r}_2 = -\mathfrak{a}\cos\left(\frac{\pi}{2} + t\right) + \mathfrak{b}\sin\left(\frac{\pi}{2} + t\right) \\ \quad\; = \mathfrak{a}\cos\left(\frac{\pi}{2} - t\right) + \mathfrak{b}\sin\left(\frac{\pi}{2} - t\right). \end{cases}$$

Da wir (**6**, 235) in der Form

$$(11)\qquad \mathfrak{r} = (\mathfrak{a}\,;\mathfrak{i} + \mathfrak{b}\,;\mathfrak{j})\,.\,(\mathfrak{i}\cos t + \mathfrak{j}\sin t) = (\mathfrak{a}\,;\mathfrak{i} + \mathfrak{b}\,;\mathfrak{j})\,.\,\bar{\mathfrak{r}}\,(t)$$

schreiben können, worin $\bar{\mathfrak{r}}\,(t)$ in der $\mathfrak{i}$, $\mathfrak{j}$-Ebene den Einheitskreis um den Ursprung beschreibt, so folgt mit Rücksicht auf die an (**4**, 68) angeschlossenen Überlegungen unmittelbar, daß (**6**, 235) für i r g e n d zwei voneinander verschiedene Vektoren $\mathfrak{a}$ und $\mathfrak{b}$ die Gleichung einer Ellipse darstellt.

Die Polargleichung der Ellipse erhält man leicht, wenn man den aus einem Brennpunkte gezogenen Ortsvektor $\mathfrak{r}'$, den Winkel zwischen $\mathfrak{r}'$ und der $\mathfrak{i}$-Achse φ nennt, aus:

$$(12) \qquad \mathfrak{r}' = \mathfrak{r} + \sqrt{a^2 - b^2}\,\mathfrak{i},$$

$$(13) \qquad |\mathfrak{r}'| = r' = a + \sqrt{a^2 - b^2}\cos t,$$

$$(14) \qquad \mathfrak{r}' \cdot \mathfrak{i} = r' \cos\varphi = a \cos t + \sqrt{a^2 - b^2}.$$

Indem man $\cos t$ aus (**13**, 237) und (**14**, 237) eliminiert, ergibt sich:

$$(15) \qquad r' = \frac{p}{1 - e\cos\varphi},$$

worin

$$(16) \quad p = \frac{b^2}{a} \text{ und } e = \frac{\sqrt{a^2 - b^2}}{a} < 1 \text{ (numerische Exzentrizität)}$$

gesetzt wurde.

Die zu (**4**, 235) analoge Parametergleichung der Hyperbel würde lauten:

$$(17) \qquad \mathfrak{r} = a \operatorname{Cos} t\,\mathfrak{i} + b \operatorname{Sin} t\,\mathfrak{j}$$

und es ergibt sich aus

$$(18) \qquad \mathfrak{r}' = \mathfrak{r} - \sqrt{a^2 + b^2}\,\mathfrak{i}$$

wieder die Polargleichung (**15**, 237), nur daß jetzt

$$(19) \qquad e = \frac{\sqrt{a^2 + b^2}}{a} > 1$$

ist. Für e gleich Eins wird (**15**, 237) bekanntlich die Polargleichung der Parabel.

Beispiele für Parameterdarstellungen in vektorischer Schreibweise sind ferner:

Die Gleichung einer durch $\mathfrak{r}_1$ laufenden Ebene:

$$(20) \qquad \mathfrak{r} = \mathfrak{r}_1 + x\,\mathfrak{e}_1 + y\,\mathfrak{e}_2 \quad \text{mit } x \text{ und } y \text{ als Parametern;}$$

die Gleichung eines elliptischen Zylinders:

$$(21) \qquad \mathfrak{r} = \mathfrak{a}\cos t + \mathfrak{b}\sin t + z\,\mathfrak{c} \quad \text{mit } t \text{ und } z \text{ als Parametern;}$$

$\mathfrak{a}$, $\mathfrak{b}$, $\mathfrak{c}$ bedeuten irgend drei nicht komplanare Vektoren.

Die Gleichung eines elliptischen Kegels mit der Spitze im Ursprung:

(22) $$\mathfrak{r} = z\,(\mathfrak{a}\cos t + \mathfrak{b}\sin t + \mathfrak{c})\,,$$

die Mittelpunktsgleichung einer Ellipsoidfläche:

(23) $$\mathfrak{r} = \sin s\,(\mathfrak{a}\cos t + \mathfrak{b}\sin t) + \cos s\,\mathfrak{c}$$

mit s und t als Parametern.

Die Gleichung einer Geraden kann auch in der Plückerschen Form geschrieben werden:

(24) $$\mathfrak{r} \times \mathfrak{e} = \mathfrak{c}\,.$$

Da dann x in

(25) $$\mathfrak{r} \cdot \mathfrak{e} = x$$

beliebige Werte annehmen kann, erhalten wir aus der Auflösung der beiden Gleichungen (**24**, 238) und (**25**, 238) nach $\mathfrak{r}$:

(26) $$\mathfrak{e}^{-1} \times (\mathfrak{r} \times \mathfrak{e}) = \mathfrak{r} - \mathfrak{e}\,\mathfrak{r} \cdot \mathfrak{e}^{-1} = \mathfrak{e}^{-1} \times \mathfrak{c}\,,$$

(27) $$\mathfrak{r} = x\,\mathfrak{e}^{-1} + \mathfrak{e}^{-1} \times \mathfrak{c}\,.$$

Ein Vergleich von (**27**, 238) mit (**3**, 235) lehrt, daß die durch (**24**, 238) gegebene Gerade parallel zu $\mathfrak{e}$ verläuft und durch die Spitze des Vektors $\mathfrak{e}^{-1} \times \mathfrak{c}$ hindurchgeht. Analog schließt man aus

(28) $$\mathfrak{r} \times \mathfrak{e} = \mathfrak{c} + y\,\mathfrak{d}$$

mit y als Parameter auf

(29) $$\mathfrak{r} = x\,\mathfrak{e}^{-1} + \mathfrak{e}^{-1} \times \mathfrak{c} + y\,\mathfrak{e}^{-1} \times \mathfrak{d}\,.$$

Das ist aber nach (**20**, 237) die Gleichung einer durch $\mathfrak{e}^{-1} \times \mathfrak{c}$ laufenden Ebene.

Die skalare Gleichung einer senkrecht zu $\mathfrak{e}$ durch die Spitze von $a\,\mathfrak{e}^{-1}$ verlaufenden Ebene lautet:

(30) $$\mathfrak{r} \cdot \mathfrak{e} = a \qquad (a \text{ konstant})\,,$$

wie man aus Fig. 28 leicht abliest.

Die Schnittgerade zweier nicht paralleler Ebenen

(31) $$\mathfrak{r} \cdot \mathfrak{e}_1 = a_1\,, \qquad \mathfrak{r} \cdot \mathfrak{e}_2 = a_2$$

muß mit $\mathfrak{e}_1 \times \mathfrak{e}_2$ parallel sein, ihre Gleichung lautet in der Plückerschen Form:

(32) $$\mathfrak{r} \times (\mathfrak{e}_1 \times \mathfrak{e}_2) = a_2\,\mathfrak{e}_1 - a_1\,\mathfrak{e}_2\,.$$

Sind zwei nicht parallele Gerade durch

(33) $$\mathfrak{r} \times \mathfrak{e}_1 = \mathfrak{c}_1\,, \qquad \mathfrak{r} \times \mathfrak{e}_2 = \mathfrak{c}_2$$

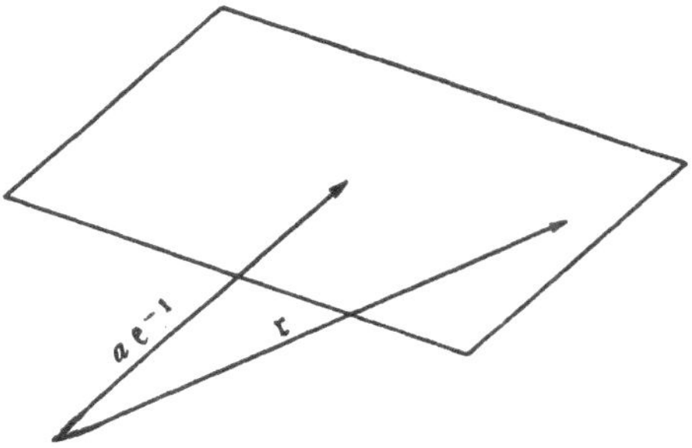

Fig. 28. Skalare Gleichung einer Ebene

gegeben, so liegen sie jedenfalls in Ebenen senkrecht zu $\mathfrak{e}_1 \times \mathfrak{e}_2$. Gilt noch gemäß (**33**, 239):

(34) $$\mathfrak{r} \cdot (\mathfrak{e}_1 \times \mathfrak{e}_2) = \mathfrak{c}_1 \cdot \mathfrak{e}_2 = -\mathfrak{c}_2 \cdot \mathfrak{e}_1\,,$$

so fallen die beiden Ebenen zusammen, die Geraden schneiden sich. Für den Schnittpunkt müssen die beiden Gleichungen (**33**, 239) gleichzeitig erfüllt werden, und man erhält:

(35) $$(\mathfrak{r} \times \mathfrak{e}_1) \times (\mathfrak{r} \times \mathfrak{e}_2) = \mathfrak{r}\,\mathfrak{r} \times \mathfrak{e}_1 \cdot \mathfrak{e}_2 = \mathfrak{r}\,\mathfrak{c}_1 \cdot \mathfrak{e}_2 = \mathfrak{c}_1 \times \mathfrak{c}_2\,,$$

(36) $$\mathfrak{r} = \frac{\mathfrak{c}_1 \times \mathfrak{c}_2}{\mathfrak{c}_1 \cdot \mathfrak{e}_2}\,.$$

Man überzeugt sich leicht, daß dieser Wert von $\mathfrak{r}$ tatsächlich beide Gleichungen (**33**, 239) erfüllt. Für

(37) $$\mathfrak{c}_1 \| \mathfrak{c}_2 \| \mathfrak{e}_1 \times \mathfrak{e}_2$$

nimmt (**36**, 239) die Form $\frac{0}{0}$ an. Das rührt daher, daß die Ebene

(38) $$\mathfrak{r} \cdot (\mathfrak{e}_1 \times \mathfrak{e}_2) = 0$$

durch den Ursprung läuft. Wir brauchen den Ursprung nur parallel zur Ebenennormale $\mathfrak{e}_1 \times \mathfrak{e}_2$ ein Stück zu verlegen, um (**36**, 239) wieder anwenden zu können. Durch den Grenzübergang zu h gleich Null finden wir mit

$$\mathfrak{c}_1 = c_1 \mathfrak{i} + h \mathfrak{i} \times \mathfrak{e}_1, \quad \mathfrak{c}_2 = c_2 \mathfrak{i} + h \mathfrak{i} \times \mathfrak{e}_2, \quad \mathfrak{e}_1 \times \mathfrak{c}_2 = \mathfrak{e}_1 \times \mathfrak{e}_2 . \mathfrak{i}\,\mathfrak{i},$$

$$\text{(39)} \qquad \mathfrak{r} = \frac{c_2 \mathfrak{e}_1 - c_1 \mathfrak{e}_2}{\mathfrak{e}_1 \times \mathfrak{e}_2 . \mathfrak{i}} .$$

Sind Ebene und Gerade gegeben, so müssen für deren Schnittpunkt die beiden Gleichungen

$$\text{(40)} \qquad \begin{cases} \mathfrak{r} . \mathfrak{e}_1 = a , \\ \mathfrak{r} \times \mathfrak{e}_2 = \mathfrak{c} \end{cases}$$

gleichzeitig befriedigt werden. Man erhält, wie sich auch leicht verifizieren läßt:

$$\text{(41)} \qquad \begin{cases} \mathfrak{e}_1 \times (\mathfrak{r} \times \mathfrak{e}_2) = \mathfrak{r}\, \mathfrak{e}_1 . \mathfrak{e}_2 - a\, \mathfrak{e}_2 = \mathfrak{e}_1 \times \mathfrak{c} , \\ \mathfrak{r} = \dfrac{a\, \mathfrak{e}_2 + \mathfrak{e}_1 \times \mathfrak{c}}{\mathfrak{e}_1 . \mathfrak{e}_2} . \end{cases}$$

Da die Gerade parallel zu $\mathfrak{e}_2$ und die Ebene senkrecht zu $\mathfrak{e}_1$ verläuft, kann $\mathfrak{e}_1 . \mathfrak{e}_2$ nur dann verschwinden, die Formel (**41**, 240) nur dann versagen, wenn Ebene und Gerade parallel sind oder ganz zusammenfallen.

b) Ellipsoid

Bedeutet Φ eine konstante Dyade, $\mathfrak{b}$ bzw. a einen konstanten Vektor bzw. Skalar, so ist

$$\text{(1)} \qquad \mathfrak{r} . \Phi . \mathfrak{r} + \mathfrak{r} . \mathfrak{b} + a = 0$$

die skalare Gleichung einer Fläche, bei entsprechender Spezialisierung einer Kurve zweiter Ordnung. Da das Doppelpunktprodukt einer symmetrischen mit einer antisymmetrischen Dyade verschwindet, kann Φ in (**1**, 240) symmetrisch angenommen werden. Wir wählen als Sonderbeispiel:

$$\text{(2)} \qquad \mathfrak{r} . \Phi . \mathfrak{r} = 1 ,$$

$$\text{(3)} \qquad \Phi = \frac{1}{a^2}\, \mathfrak{i} ; \mathfrak{i} + \frac{1}{b^2}\, \mathfrak{j} ; \mathfrak{j} + \frac{1}{c^2}\, \mathfrak{k} ; \mathfrak{k} .$$

Dann liegt die Mittelpunktsgleichung eines Ellipsoids vor. Setzen wir

(4) $$a^2 > b^2 > c^2$$

voraus und formen (3, 240) etwas um, so folgt:

(5) $$\left\{\begin{aligned} \Phi &= \frac{1}{b^2} I + \left(\frac{1}{c^2} - \frac{1}{b^2}\right) \mathfrak{k};\mathfrak{k} - \left(\frac{1}{b^2} - \frac{1}{a^2}\right) \mathfrak{i};\mathfrak{i} \\ &= \frac{1}{b^2} I + \frac{1}{2} (\mathfrak{e}_1;\mathfrak{e}_2 + \mathfrak{e}_2;\mathfrak{e}_1), \end{aligned}\right.$$

worin

(6) $$\left\{\begin{aligned} \mathfrak{e}_1 &= \sqrt{\frac{1}{c^2} - \frac{1}{b^2}}\, \mathfrak{k} + \sqrt{\frac{1}{b^2} - \frac{1}{a^2}}\, \mathfrak{i}, \\ \mathfrak{e}_2 &= \sqrt{\frac{1}{c^2} - \frac{1}{b^2}}\, \mathfrak{k} - \sqrt{\frac{1}{b^2} - \frac{1}{a^2}}\, \mathfrak{i} \end{aligned}\right.$$

gesetzt wurde. Wir erhalten so:

(7) $$\mathfrak{r} \cdot \Phi \cdot \mathfrak{r} = \frac{\mathfrak{r}^2}{b^2} + \mathfrak{r} \cdot \mathfrak{e}_1\, \mathfrak{r} \cdot \mathfrak{e}_2 = 1 .$$

Da

(8) $$\mathfrak{r} \cdot \mathfrak{e}_1 = a_1$$

die Gleichung einer Ebene ist und

(9) $$\frac{\mathfrak{r}^2}{b^2} + a_1\, \mathfrak{r} \cdot \mathfrak{e}_2 = 1$$

die Gleichung einer Kugel, Kugel und Ebene sich aber in einem Kreise schneiden, so werden durch die Ebenen (8, 241) und ebenso durch die Ebenen

(10) $$\mathfrak{r} \cdot \mathfrak{e}_2 = a_2$$

die Kreisschnitte des Ellipsoids bestimmt. Gehen diese Ebenen speziell durch den Mittelpunkt

(11) $$a_1 = a_2 = 0 ,$$

so erhält man für die Kreisschnitte:

(12) $$\mathfrak{r}^2 = b^2 .$$

Dort, wo die Kreisschnitte in Berührungspunkte degenerieren, werden die Nabelpunkte des Ellipsoids liegen (vergleiche auch das später im Zusammenhang mit der Dupinschen Indikatrix Gesagte). Um die Tangentialebene an einen Punkt $\mathfrak{r}_0$ der Ellipsoidoberfläche zu finden, bestimmen wir zunächst deren Normale, indem wir beachten, daß jedes der Gleichung (**2**, 240) entsprechende

$$d\mathfrak{r} \parallel \mathfrak{t}, \tag{13}$$

für welches also

$$d\mathfrak{r} . \Phi . \mathfrak{r} + \mathfrak{r} . \Phi . d\mathfrak{r} = 2\, d\mathfrak{r} . \Phi . \mathfrak{r} = 0 \tag{14}$$

gilt, der Tangentialebene angehört. Die gesuchte Normalenrichtung ist somit durch

$$\Phi . \mathfrak{r}_0 = \mathfrak{U} \tag{15}$$

bestimmt. Aus (**2**, 240) und (**15**, 242) folgt, daß

$$\mathfrak{r} . \mathfrak{U} = 1 \tag{16}$$

die Gleichung einer Ebene mit der Normalenrichtung $\mathfrak{U}$ ist, welche Ebene überdies den zugehörigen Flächenpunkt enthält, wie es für die Tangentialebene sein muß. Ganz analoge Überlegungen führen auch zum Ziel, wenn bei anderen Flächen nach der Tangentialebene gefragt wird.

Wollen wir nun, unser obiges Beispiel fortsetzend, die Koordinaten der vier Nabelpunkte des Ellipsoids bestimmen, so wissen wir, daß für diese die Normale $\mathfrak{U}$ entweder zu $\mathfrak{e}_1$ oder zu $\mathfrak{e}_2$ parallel verläuft. Wenn s_1 und s_2 noch zwei Skalarfaktoren bedeuten, so muß mit Rücksicht auf (**3**, 240) und (**6**, 241)

$$\mathfrak{U} = \Phi . \mathfrak{r}_0 = \frac{x_0}{a^2}\, \mathfrak{i} + \frac{z_0}{c^2}\, \mathfrak{k} = \begin{cases} s_1 \mathfrak{e}_1 \\ s_2 \mathfrak{e}_2 \end{cases} \tag{17}$$

sein, woraus man durch Gleichsetzen und Quadrieren der Komponenten mit Rücksicht auf (**2**, 240) bzw. (**16**, 242) und (**6**, 241)

$$\left.\begin{matrix} s_1 \\ s_2 \end{matrix}\right\} = \pm \frac{b}{\sqrt{a^2 - c^2}} \tag{18}$$

erhält und damit aus (**17**, 242) für die Koordinaten selbst:

$$x_0 = \pm a \sqrt{\frac{a^2 - b^2}{a^2 - c^2}}, \qquad y_0 = 0, \qquad z_0 = \pm c \sqrt{\frac{b^2 - c^2}{a^2 - c^2}}. \tag{19}$$

Denken wir uns, wie es Fig. 29 andeutet, vom Punkte P an das Ellipsoid den *Tangentenkegel* konstruiert, so gilt für *jeden Berührungspunkt*:

(20) $$\mathfrak{r} + t\,\mathfrak{t} = \mathfrak{a}\,.$$

Aus (**20**, 243) folgt durch skalare Multiplikation mit $\mathfrak{r}\,.\,\boldsymbol{\Phi}$:

(21) $$\mathfrak{r}\,.\,\boldsymbol{\Phi}\,.\,\mathfrak{r} + t\,\mathfrak{r}\,.\,\boldsymbol{\Phi}\,.\,\mathfrak{t} = \mathfrak{r}\,.\,\boldsymbol{\Phi}\,.\,\mathfrak{a}\,,$$

was wegen (**2**, 240), (**14**, 242) und (**13**, 242) für *beliebige* (**20**, 243) genügende $\mathfrak{t}$

(22) $$1 = \mathfrak{r}\,.\,(\boldsymbol{\Phi}\,.\,\mathfrak{a})$$

ergibt. Alle Berührungspunkte liegen also auf der durch (**22**, 243) bestimmten Ebene, welche die zu P als Pol gehörende *Polare* ist.

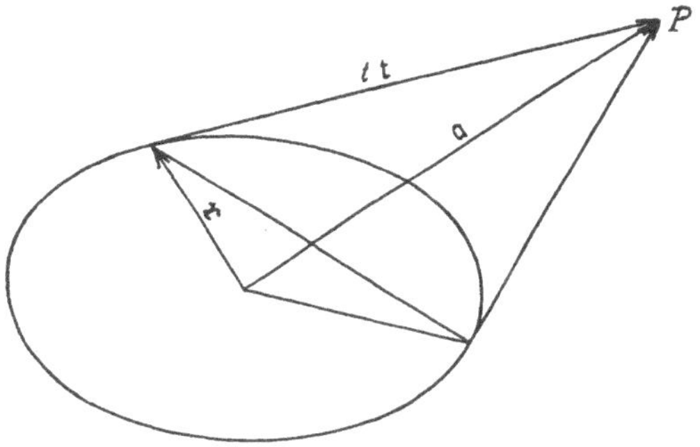

Fig. 29. Pol und Polare

Rückt P in die Ellipsoidfläche, so geht (**22**, 243) in (**16**, 242) über, und die Polare wird zur Tangentialebene in P. Wandert P ins Innere des Ellipsoides, so fassen wir (**22**, 243) als Definitionsgleichung seiner Polare auf.

Betrachten wir irgendeinen Punkt

(23) $$\mathfrak{r} = \mathfrak{b}$$

der Ebene (**22**, 243) selbst als Pol, so liegt der Pol der Ebene (**22**, 243) auf der Polare

(24) $$1 = (\mathfrak{b}\,.\,\boldsymbol{\Phi})\,.\,\mathfrak{r}$$

des neuen Poles.

c) Geometrie der Deformation

Wir wollen uns jetzt daran erinnern, daß die durch räumlich konstante Dyaden bewirkte, sogenannte homogene Deformation eines Raumbereiches einer affinen Abbildung des betreffenden Raumes entspricht. Das bedeutet, daß im Endlichen liegende Punkte nach der Deformation wieder im Endlichen liegende Punkte ergeben. Setzen wir

$$\mathfrak{r}' = \Phi \cdot \mathfrak{r}\,, \tag{1}$$

so erkennen wir unmittelbar, daß parallele Gerade

$$\mathfrak{r} = \mathfrak{r}_1 + x\,\mathfrak{e} \qquad \text{und} \qquad \mathfrak{r} = \mathfrak{r}_2 + y\,\mathfrak{e} \tag{2}$$

wieder in parallele Gerade

$$\mathfrak{r}' = \Phi \cdot \mathfrak{r}_1 + x\,\Phi \cdot \mathfrak{e} \quad \text{und} \quad \mathfrak{r}' = \Phi \cdot \mathfrak{r}_2 + y\,\Phi \cdot \mathfrak{e} \tag{3}$$

und analog gemäß (**20**, 237) parallele Ebenen wieder in parallele Ebenen übergeführt werden. Die Überführung der Einheitskugel in ein Ellipsoid haben wir schon in (**2**, 64) und den folgenden Relationen ausführlich behandelt. Allgemein folgt aus (**1**, 235) und (**2**, 235) für eine beliebige Kurve oder Fläche:

$$\left\{ \begin{aligned} \mathfrak{r}'(t) &= x(t)\,\Phi \cdot \mathfrak{i} + y(t)\,\Phi \cdot \mathfrak{j} + z(t)\,\Phi \cdot \mathfrak{k}\,, \\ \mathfrak{r}'(s,t) &= x(s,t)\,\Phi \cdot \mathfrak{i} + y(s,t)\,\Phi \cdot \mathfrak{j} + z(s,t)\,\Phi \cdot \mathfrak{k}\,. \end{aligned} \right. \tag{4}$$

Setzen wir noch, was immer möglich ist:

$$\Phi = \mathfrak{e}_1 ; \mathfrak{i} + \mathfrak{e}_2 ; \mathfrak{j} + \mathfrak{e}_3 ; \mathfrak{k}\,, \tag{5}$$

so ergibt sich aus (**4**, 244), daß lediglich an die Stelle der ursprünglichen Grundvektoren (hier des Dreibeins) ein System neuer Grundvektoren (hier $\mathfrak{e}_1$, $\mathfrak{e}_2$, $\mathfrak{e}_3$) tritt, während die Maßzahlen x, y, z und mit ihnen die Gleichungsform der betreffenden Kurve oder Fläche ungeändert bleiben.

Die spezielle „Deformation" durch einen Versor, wir nennen ihn hier X, wurde schon in den Relationen (**5**, 69) bis (**32**, 72) eingehend berücksichtigt. Wir wollen uns jetzt auf die Drehung um einen infinitesimalen Winkel beschränken. Für die vektorische Halbtangente erhielten wir:

$$\mathfrak{q} = \mathfrak{i}\,\mathrm{tg}\,\frac{\alpha}{2}\,, \tag{6}$$

worin der Einheitsvektor $\mathfrak{i}$ die Drehachse, α den Drehwinkel festlegt. Demgemäß können wir

$$(7) \qquad d\mathfrak{q} = \tfrac{1}{2}\, d\alpha\, \mathfrak{i}$$

setzen und bekommen für den Versor aus (**14**, 70), indem wir Glieder, die von höherer Ordnung klein sind, vernachlässigen:

$$(8) \qquad X = I + d\alpha\, \mathfrak{i} \times I\,.$$

Aus (**8**, 245) folgt:

$$(9) \qquad \mathfrak{r}' - \mathfrak{r} = d\mathfrak{r} = d\alpha\, \mathfrak{i} \times \mathfrak{r}\,.$$

Ist $d\mathfrak{r}$ die Ortsänderung eines Punktes während der Zeit dt, so erhalten wir aus (**9**, 245) speziell:

$$(10) \qquad \frac{d\mathfrak{r}}{dt} = \mathfrak{v} = \frac{d\alpha}{dt}\, \mathfrak{i} \times \mathfrak{r} = \mathfrak{u} \times \mathfrak{r}\,,$$

worin $\mathfrak{u}$ den Vektor der Winkelgeschwindigkeit bedeutet. Winkelgeschwindigkeiten um verschiedene Drehachsen addieren sich nach (**28**, 72) vektorisch.

Machen wir mit Verwendung der Parameterdarstellung (**2**, 235) bzw. (**4**, 244) für ein Flächenelement nach (**11**, 127) den Ansatz:

$$(11) \qquad \frac{\partial \mathfrak{r}}{\partial s} \times \frac{\partial \mathfrak{r}}{\partial t}\, ds\, dt = d\mathfrak{o}$$

und bezeichnen das entsprechende Flächenelement nach der Deformation durch

$$(12) \qquad \left\{ \begin{aligned} &\frac{\partial(\Phi\,.\,\mathfrak{r})}{\partial s} \times \frac{\partial(\Phi\,.\,\mathfrak{r})}{\partial t}\, ds\, dt \\ &\quad = \left[\Phi\,.\left(\frac{\partial \mathfrak{r}}{\partial s}\right) ds\right] \times \left[\Phi\,.\left(\frac{\partial \mathfrak{r}}{\partial t}\right) dt\right] = d\mathfrak{o}'\,, \end{aligned} \right.$$

so folgt aus (**30**, 42) sofort:

$$(13) \qquad \Phi_Z\,.\, d\mathfrak{o} = d\mathfrak{o}'\,.$$

Ganz analog erhalten wir für das durch (**16**, 129) gegebene Volumelement

$$(14) \qquad \frac{\partial \mathfrak{r}}{\partial p} \times \frac{\partial \mathfrak{r}}{\partial s} \cdot \frac{\partial \mathfrak{r}}{\partial t}\, dp\, ds\, dt = dV$$

nach der Deformation:

$$(15)\quad \left\{ \begin{aligned} & \frac{\partial(\Phi \cdot \mathfrak{r})}{\partial p} \times \frac{\partial(\Phi \cdot \mathfrak{r})}{\partial s} \cdot \frac{\partial(\Phi \cdot \mathfrak{r})}{\partial t}\, dp\, ds\, dt \\ & = \left[\Phi \cdot \left(\frac{\partial \mathfrak{r}}{\partial p}\right) dp\right] \times \left[\Phi \cdot \left(\frac{\partial \mathfrak{r}}{\partial s}\right) ds\right] \cdot \left[\Phi \cdot \left(\frac{\partial \mathfrak{r}}{\partial t}\right) dt\right] = dV' . \end{aligned} \right.$$

Mit Benützung von (**13**, 245) folgt zunächst:

$$(16)\quad \left[\Phi_Z \cdot \left(\frac{\partial \mathfrak{r}}{\partial p}\right) dp \times \left(\frac{\partial \mathfrak{r}}{\partial s}\right) ds\right] \cdot \Phi \cdot \left(\frac{\partial \mathfrak{r}}{\partial t}\right) dt = dV' .$$

Da nach (**29**, 42)

$$(17)\quad \Phi_Z = \Phi_{III}\, \Phi_c^{-1}$$

gilt, erhalten wir aus (**14**, 245) und (**16**, 246) unmittelbar:

$$(18)\quad \Phi_{III}\, dV = dV' .$$

Die Größe von Volumelementen, welche durch Grenzflächen charakterisiert werden, die auf bestimmte Körperpunkte bezogen sind, ändert sich dann und nur dann nicht durch die Deformation, wenn der dritte Skalar der Deformationsdyade gleich Eins ist. Nach (**3**, 67), (**5**, 68) und (**3**, 68) trifft diese Voraussetzung zu für den einfachen Schub, für den zusammengesetzten Schub, wie auch für die gewöhnliche und für die elliptische Drehung.

Es ist vorteilhaft, sich über die Beziehung der Deformation eines Körpers bzw. der Abbildung eines Raumes auf einen anderen Raum zu den entsprechenden Koordinatentransformationen klar zu werden. Schreiben wir für die Darstellung der Deformation durch die Dyade:

$$(19)\quad \Phi = \bar{\mathfrak{e}}_1 ; \mathfrak{e}_1^* + \bar{\mathfrak{e}}_2 ; \mathfrak{e}_2^* + \bar{\mathfrak{e}}_3 ; \mathfrak{e}_3^* ,$$

$$(20)\quad \mathfrak{r} = x_1\, \mathfrak{e}_1 + x_2\, \mathfrak{e}_2 + x_3\, \mathfrak{e}_3 ,$$

$$(21)\quad \mathfrak{r}' = \Phi \cdot \mathfrak{r} = x_1\, \bar{\mathfrak{e}}_1 + x_2\, \bar{\mathfrak{e}}_2 + x_3\, \bar{\mathfrak{e}}_3 = \bar{x}_1\, \mathfrak{e}_1 + \bar{x}_2\, \mathfrak{e}_2 + \bar{x}_3\, \mathfrak{e}_3 .$$

Das heißt: es sind die Maßzahlen gemäß

$$(22)\quad \bar{x}_\iota = x_1\, \bar{\mathfrak{e}}_1 \cdot \mathfrak{e}_\iota^* + x_2\, \bar{\mathfrak{e}}_2 \cdot \mathfrak{e}_\iota^* + x_3\, \bar{\mathfrak{e}}_3 \cdot \mathfrak{e}_\iota^*$$

umzurechnen, wenn $\mathfrak{r}'$ mittels derselben Grundvektoren dargestellt werden soll wie $\mathfrak{r}$. Die Formel (**22**, 246) bleibt aber auch dann richtig, wenn wir $\mathfrak{r}'$ selbst als den ursprünglichen Ortsvektor auffassen und bei unverändertem $\mathfrak{r}'$, also ohne daß eine Deformation stattfand, lediglich einen Wechsel der Grundvektoren $\bar{\mathfrak{e}}_1, \bar{\mathfrak{e}}_2, \bar{\mathfrak{e}}_3$ in $\mathfrak{e}_1, \mathfrak{e}_2, \mathfrak{e}_3$, also eine Koordinatentransformation vornehmen.

d) Raumkurven, Frenetsche Dyade

Betrachten wir nochmals die Parametergleichung einer Raumkurve, führen aber nun als speziellen Parameter die von einem festen Anfangspunkte auf der Kurve gemessene Bogenlänge s ein. Es ist dann

(1) $$\frac{d\mathfrak{r}}{ds} = \mathfrak{t}$$

ersichtlich ein die Richtung der Kurventangente charakterisierender Einheitsvektor.

Bekanntlich bestimmen $\mathfrak{t}$ und $d\mathfrak{t}$ die zum Bogenelement ds gehörende Schmiegungsebene, und es hat $d\mathfrak{t}$ die Richtung des Hauptnormalenvektors $\mathfrak{N}$. Als Binormalenvektor definiert man:

(2) $$\mathfrak{b} = \mathfrak{t} \times \mathfrak{N} .$$

Da $\mathfrak{N}$ wieder ein Einheitsvektor sein soll, und wegen

(3) $$\mathfrak{t} \cdot \mathfrak{t} = 1 ,$$

(4) $$\mathfrak{t} \cdot d\mathfrak{t} = 0$$

$\mathfrak{t}$ auf $d\mathfrak{t}$, somit auf $\mathfrak{N}$ senkrecht steht, ist nach (**2**, 247) auch $\mathfrak{b}$ ein Einheitsvektor. Das System orthogonaler Einheitsvektoren $\mathfrak{t}, \mathfrak{N}, \mathfrak{b}$ bezeichnet man als das die Kurve begleitende Dreibein.

Fragen wir nach der Drehung dieses Dreibeins während des Fortschreitens längs der Kurve, so gilt, wenn wir den Vektor der Drehgeschwindigkeit, den sogenannten Darbouxschen Vektor, in der Form ansetzen:

(5) $$\mathfrak{D} = a_1\, \mathfrak{t} + a_2 \mathfrak{N} + a_3\, \mathfrak{b} ,$$

zunächst gemäß (**10**, 245):

(6) $$\frac{d\mathfrak{t}}{ds} = \mathfrak{D} \times \mathfrak{t} = a_3 \mathfrak{N} - a_2\, \mathfrak{b} .$$

Da aber $d\mathfrak{t}$ parallel zu $\mathfrak{N}$ liegt, muß a_2 verschwinden und (6, 247) reduziert sich auf

$$(7) \qquad \frac{d\mathfrak{t}}{ds} = a_3\mathfrak{N}, \qquad a_3 = \left|\frac{d\mathfrak{t}}{ds}\right| = \frac{|d\mathfrak{t}|}{ds} = k_1 = \frac{1}{\varrho}.$$

$|d\mathfrak{t}|$ entspricht dem Winkel der Tangenten in benachbarten Kurvenpunkten (Kontingenzwinkel), k_1 heißt die Krümmung, genauer die erste Krümmung der Kurve, ϱ der Krümmungsradius. Man macht sich leicht klar, daß $\mathfrak{N}$ immer nach der konkaven Seite der Kurve weist. ϱ in dieser Richtung aufgetragen, bestimmt den zu dem betreffenden Kurvenpunkte gehörenden Krümmungsmittelpunkt. Für die gerade Linie und nur für diese ist $\mathfrak{t}$ konstant, also die Krümmung Null. Bilden wir nun mit Rücksicht auf a_2 gleich Null:

$$(8) \qquad \frac{d\mathfrak{b}}{ds} = \mathfrak{D} \times \mathfrak{b} = -a_1\mathfrak{N}, \qquad a_1 = -\frac{d\mathfrak{b}}{ds}\cdot\mathfrak{N} = \mp\left|\frac{d\mathfrak{b}}{ds}\right| = \frac{1}{\tau} = k_2.$$

$|d\mathfrak{b}|$ entspricht dem Winkel der Binormalen in benachbarten Kurvenpunkten (Torsionswinkel), k_2 heißt die zweite Krümmung bzw. die Windung oder Torsion der Kurve, τ der Torsionsradius. Da (8, 248) nach (5, 247) und wegen $a_2 = 0$ auch in der Form

$$(9) \qquad \frac{d\mathfrak{b}}{ds} = (a_1\,\mathfrak{t}) \times \mathfrak{b}$$

geschrieben werden kann, folgt, daß wir die Torsion positiv zählen, wenn die Binormale beim Fortschreiten längs der Kurve im Richtungssinne von $\mathfrak{t}$ eine Rechtsschraubung um $\mathfrak{t}$ als Achse vollführt. Für ebene Kurven und nur für solche bleibt $\mathfrak{b}$, als Normale der Kurvenebene, konstant, für solche ist also die Torsion Null. Man erhält schließlich:

$$(10) \qquad \frac{d\mathfrak{N}}{ds} = \mathfrak{D} \times \mathfrak{N} = -a_3\,\mathfrak{t} + a_1\,\mathfrak{b} = -\frac{\mathfrak{t}}{\varrho} + \frac{\mathfrak{b}}{\tau}.$$

$\left|\frac{d\mathfrak{N}}{ds}\right|$ nennt man auch die Totalkrümmung. Aus (5, 247) und (10, 248) folgt:

$$(11) \qquad \left|\frac{d\mathfrak{N}}{ds}\right|^2 = \frac{1}{\varrho^2} + \frac{1}{\tau^2} = \mathfrak{D}^2.$$

Aus (**1**, 247), (**2**, 247), (**7**, 248) und (**10**, 248) berechnet man leicht:

$$(12)\qquad \frac{1}{\varrho} = \left|\frac{d^2\mathfrak{r}}{ds^2}\right|, \qquad \frac{1}{\tau} = \mathfrak{b} \cdot \frac{d\mathfrak{N}}{ds} = \varrho^2 \left[\frac{d\mathfrak{r}}{ds}\ \frac{d^2\mathfrak{r}}{ds^2}\ \frac{d^3\mathfrak{r}}{ds^3}\right].$$

Die drei Relationen (**7**, 248), (**10**, 248), (**8**, 248) bilden die wichtigen Frenetschen Formeln, die wir nochmals zusammenschreiben:

$$(13)\qquad \frac{d\mathfrak{t}}{ds} = \frac{\mathfrak{N}}{\varrho}, \qquad \frac{d\mathfrak{N}}{ds} = -\frac{\mathfrak{t}}{\varrho} + \frac{\mathfrak{b}}{\tau}, \qquad \frac{d\mathfrak{b}}{ds} = -\frac{\mathfrak{N}}{\tau}.$$

Setzt man die Formeln (**6**, 247), (**10**, 248), (**8**, 248) in der Form:

$$(14)\qquad (\mathfrak{D} \times I) \cdot \mathfrak{t} = \frac{d\mathfrak{t}}{ds}, \qquad (\mathfrak{D} \times I) \cdot \mathfrak{N} = \frac{d\mathfrak{N}}{ds}, \qquad (\mathfrak{D} \times I) \cdot \mathfrak{b} = \frac{d\mathfrak{b}}{ds}$$

an, so erhält man die Zusammenfassung der Frenetschen Formeln in der antisymmetrischen Dyade:

$$(15)\qquad \begin{cases} \mathfrak{D} \times I = \Phi = \dfrac{d\mathfrak{t}}{ds} ; \mathfrak{t} + \dfrac{d\mathfrak{N}}{ds} ; \mathfrak{N} + \dfrac{d\mathfrak{b}}{ds} ; \mathfrak{b} \\ \qquad = \dfrac{1}{\varrho} (\mathfrak{N} ; \mathfrak{t} - \mathfrak{t} ; \mathfrak{N}) + \dfrac{1}{\tau} (\mathfrak{b} ; \mathfrak{N} - \mathfrak{N} ; \mathfrak{b}) . \end{cases}$$

Daß Φ eine antisymmetrische Dyade, also schon durch höchstens drei Zahlen bestimmt ist, folgt auch aus der Bemerkung, daß es immer möglich ist, die Identitätsdyade in der Form:

$$(16)\qquad I = \mathfrak{t} ; \mathfrak{t} + \mathfrak{N} ; \mathfrak{N} + \mathfrak{b} ; \mathfrak{b}$$

anzusetzen. Aus ihr ergibt sich wegen

$$\frac{dI}{ds} = 0$$

unmittelbar die Antisymmetriebedingung:

$$(17)\qquad \frac{d\mathfrak{t}}{ds} ; \mathfrak{t} + \frac{d\mathfrak{N}}{ds} ; \mathfrak{N} + \frac{d\mathfrak{b}}{ds} ; \mathfrak{b} = -\left(\mathfrak{t} ; \frac{d\mathfrak{t}}{ds} + \mathfrak{N} ; \frac{d\mathfrak{N}}{ds} + \mathfrak{b} ; \frac{d\mathfrak{b}}{ds}\right).$$

Beachtet man noch, daß $\mathfrak{N} \parallel d\mathfrak{t}$ gewählt wurde, wodurch das Verschwinden von a_2 bedingt ist, so erhält man vom neuen Ausgangspunkte auf diesem eleganten Wege, der auch im n-dimensionalen Raume gangbar bleibt, wieder die Frenetschen Formeln[1]).

---

[1]) Auf diese Möglichkeit hat mich Herr Dr. A. Erdélyi aufmerksam gemacht.

e) Flächenkurven

Handelt es sich um Kurven, die auf einer Fläche verlaufen, so pflegt man diesen als begleitendes Dreibein das Rechtssystem der drei Einheitsvektoren $\mathfrak{t}, \bar{\mathfrak{t}}, \mathfrak{n}$ zuzuordnen. $\bar{\mathfrak{t}}$ steht in der Tangentialebene senkrecht auf $\mathfrak{t}$, und $\mathfrak{n}$ entspricht der Richtung der positiven Flächennormale. Setzen wir den Vektor der Drehgeschwindigkeit jetzt in der Form an

(1) $$\mathring{\mathfrak{u}} = u_1 \mathfrak{t} + u_2 \bar{\mathfrak{t}} + u_3 \mathfrak{n},$$

so folgt zunächst mit Berücksichtigung von (**13**, 249):

(2) $$\frac{d\mathfrak{t}}{ds} = \mathring{\mathfrak{u}} \times \mathfrak{t} = u_3 \bar{\mathfrak{t}} - u_2 \mathfrak{n} = \frac{\mathfrak{N}}{\varrho},$$

und dann wegen (**2**, 247):

(3) $$\mathfrak{b} = \mathfrak{t} \times \mathfrak{N} = \varrho\,[u_2 \bar{\mathfrak{t}} + u_3 \mathfrak{n}].$$

Bezeichnen wir den Winkel zwischen der Schmiegungsebene der Kurve, dessen Normale durch $\mathfrak{b}$, und der Tangentialebene der Fläche, dessen Normale durch $\mathfrak{n}$ gegeben ist, mit σ, setzen also:

(4) $$\mathfrak{b}\,.\,\mathfrak{n} = \cos\sigma, \qquad \mathfrak{b}\,.\,\bar{\mathfrak{t}} = \mathfrak{b}\,.\,(\mathfrak{n} \times \mathfrak{t}) = (\mathfrak{b} \times \mathfrak{n})\,.\,\mathfrak{t} = \sin\sigma,$$

so erhalten wir aus (**3**, 250)

(5) $$u_2 = \frac{\sin\sigma}{\varrho}, \qquad u_3 = \frac{\cos\sigma}{\varrho}, \qquad u_2^2 + u_3^2 = \frac{1}{\varrho^2}.$$

u_2 bezeichnet man, wie aus (**2**, 250) verständlich, als Normalkrümmung, u_3 als geodätische Krümmung, worauf wir gleich noch zurückkommen.

Um eine Beziehung zur Torsion τ zu finden, bemerken wir, daß nach (**13**, 249)

(6) $$\mathfrak{b}\,.\,\frac{d\mathfrak{N}}{ds} = -\mathfrak{N}\,.\,\frac{d\mathfrak{b}}{ds} = \frac{1}{\tau}$$

folgt. Aus (**2**, 250), (**3**, 250) und (**5**, 250) erhält man zunächst

(7) $$\left\{\begin{aligned} \mathfrak{N} &= \cos\sigma\,\bar{\mathfrak{t}} - \sin\sigma\,\mathfrak{n}, \\ \mathfrak{b} &= \sin\sigma\,\bar{\mathfrak{t}} + \cos\sigma\,\mathfrak{n} \end{aligned}\right.$$

und berechnet daraus im Hinblick auf die Relationen

(8) $$\left\{\begin{aligned} &\bar{\mathfrak{t}}\,.\,\bar{\mathfrak{t}} = 1, \quad \mathfrak{n}\,.\,\mathfrak{n} = 1, \quad \bar{\mathfrak{t}}\,.\,\mathfrak{n} = 0 \\ &\bar{\mathfrak{t}}\,.\,d\bar{\mathfrak{t}} = 0, \quad \mathfrak{n}\,.\,d\mathfrak{n} = 0, \quad \bar{\mathfrak{t}}\,.\,d\mathfrak{n} = -\mathfrak{n}\,.\,d\bar{\mathfrak{t}} \end{aligned}\right.$$

die Beziehung

$$(9)\qquad \frac{1}{\tau} = -\frac{d\sigma}{ds} + \mathfrak{n}\cdot\frac{d\bar{\mathfrak{t}}}{ds}\,.$$

Analog zu (**2**, 250) können wir noch bilden:

$$(10)\qquad \frac{d\bar{\mathfrak{t}}}{ds} = \mathring{\mathfrak{u}} \times \bar{\mathfrak{t}} = -u_3\,\mathfrak{t} + u_1\,\mathfrak{n}\,,$$

$$(11)\qquad \frac{d\mathfrak{n}}{ds} = \mathring{\mathfrak{u}} \times \mathfrak{n} = u_2\,\mathfrak{t} - u_1\,\bar{\mathfrak{t}}\,.$$

Aus (**10**, 251), (**11**, 251) und (**9**, 251) folgt:

$$(12)\qquad \mathfrak{n}\cdot\frac{d\bar{\mathfrak{t}}}{ds} = u_1 = \frac{1}{\tau} + \frac{d\sigma}{ds} = -\bar{\mathfrak{t}}\cdot\frac{d\mathfrak{n}}{ds} = \left[\mathfrak{t}\;\mathfrak{n}\;\frac{d\mathfrak{n}}{ds}\right].$$

u_1 bezeichnet man als geodätische Torsion. Die Relation (**11**, 251) lehrt uns, daß u_1 dann und nur dann gleich Null wird, wenn $\frac{d\mathfrak{n}}{ds} \parallel \mathfrak{t}$ ist. Linien, für welche diese Bedingung zutrifft, deren geodätische Torsion also verschwindet, heißen Krümmungslinien. Aus (**11**, 251) liest man wegen $-\bar{\mathfrak{t}} = \mathfrak{t} \times \mathfrak{n}$ ab, daß u_1 den auf die Bogenlänge Eins bezogenen Drehwinkel der Flächennormale $\mathfrak{n}$, also auch der Tangentialebene um $\mathfrak{t}$ als Achse bedeutet. Aus (**12**, 251) folgt, daß sich diese Drehung der Tangentialebene additiv aus der Drehung der Schmiegungsebene $\frac{1}{\tau}$ und der Änderung des Winkels zwischen beiden Ebenen $\frac{d\sigma}{ds}$ zusammensetzt. Selbstverständlich können wir auch die Formeln (**2**, 250), (**10**, 251), (**11**, 251) wieder in der antisymmetrischen Dyade

$$(13)\qquad \left\{\begin{aligned} \bar{\Phi} = \mathring{\mathfrak{u}} \times I &= \frac{d\mathfrak{t}}{ds};\mathfrak{t} + \frac{d\bar{\mathfrak{t}}}{ds};\bar{\mathfrak{t}} + \frac{d\mathfrak{n}}{ds};\mathfrak{n} \\ &= \frac{\cos\sigma}{\varrho}\,(\bar{\mathfrak{t}};\mathfrak{t} - \mathfrak{t};\bar{\mathfrak{t}}) \\ &\quad + \left(\frac{1}{\tau} + \frac{d\sigma}{ds}\right)(\mathfrak{n};\bar{\mathfrak{t}} - \bar{\mathfrak{t}};\mathfrak{n}) \\ &\quad + \frac{\sin\sigma}{\varrho}\,(\mathfrak{t};\mathfrak{n} - \mathfrak{n};\mathfrak{t}) \end{aligned}\right.$$

zusammenfassen. Da die hier benützten Einheitsvektoren durch die Relationen (**7**, 250) mit jenen der Frenetschen Formeln verknüpft sind, erhält man, wenn man (**7**, 250) in die Formel (**5**, 247) des Darbouxschen Vektors einsetzt, leicht die zwischen $\mathfrak{D}$ und $\mathring{\mathfrak{u}}$ (**1**, 250) bestehende Beziehung. Dieselbe Beziehung folgt aus (**15**, 249) und (**13**, 251) mit Berücksichtigung von (**7**, 36):

$$(14) \qquad \mathring{\mathfrak{u}} = -\frac{\ddot{\Phi}_\times}{2} = -\frac{\Phi_\times}{2} + \frac{d\sigma}{ds}\,\mathfrak{t} = \mathfrak{D} + \frac{d\sigma}{ds}\,\mathfrak{t}\,.$$

Als geodätische Linien auf einer Fläche bezeichnet man Linien, welche einen extremalen Wert der Bogenlänge besitzen. Aus der Fig. 30 liest man für die Variation eines Linienelementes ab:

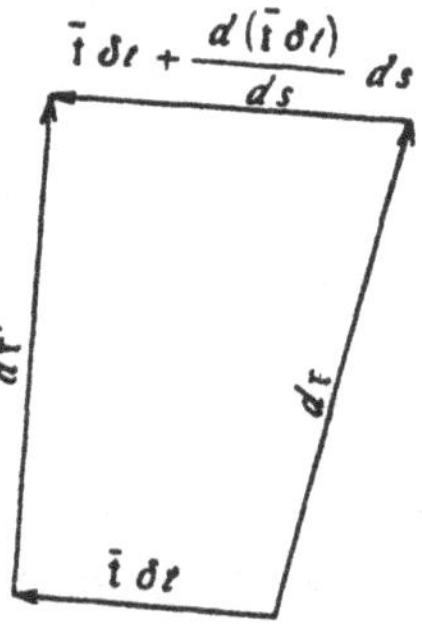

Fig. 30. Variation der Bogenlänge

$$(15) \qquad d\mathfrak{r}' = d\mathfrak{r} + \frac{d(\bar{\mathfrak{t}}\,\delta t)}{ds}\,ds\,,$$

indem man beiderseits den Betrag bildet, folgt

$$(16) \qquad ds' = ds + \mathfrak{t}\,.\,\frac{d\bar{\mathfrak{t}}}{ds}\,\delta t\,ds$$

und mit Benützung von (**10**, 251):

$$(17) \qquad \begin{cases} s' - s = \int\limits_{\tau_1}^{\tau_2} \mathfrak{t}\,.\,\frac{d\bar{\mathfrak{t}}}{ds}\,\delta t\,ds \\ \qquad\quad = -\int\limits_{\tau_1}^{\tau_2} u_3\,\delta t\,ds\,. \end{cases}$$

Die Variation verschwindet, wir erhalten einen Extremalwert, im allgemeinen ein Minimum der Bogenlänge zwischen zwei festgehaltenen Punkten der Fläche für beliebige Werte von δt dann und nur dann, wenn die geodätische Krümmung u_3 verschwindet. Nach (**5**, 250) und (**12**, 251) folgt aus dem Verschwinden von u_3:

$$(18) \qquad \sigma = \pm\frac{\pi}{2} = \text{konst.}, \qquad u_2 = \pm\frac{1}{\varrho}\,, \qquad u_1 = \frac{1}{\tau}\,.$$

f) Flächen

Auch bei der Behandlung der Flächen selbst geht man am besten mit Gauß von einer Parameterdarstellung aus. Dabei ist es besonders vorteilhaft, als Bezugssystem zwei sich senkrecht durchsetzende Kurvenscharen zu wählen. Wir charakterisieren jede Kurve der zweiten Schar durch je einen bestimmten Wert des Parameters t, jede Kurve der ersten Schar durch je einen bestimmten Wert des Parameters t'. Wir schreiben demgemäß:

$$d\mathfrak{r} = \frac{\partial \mathfrak{r}}{\partial t}\, dt + \frac{\partial \mathfrak{r}}{\partial t'}\, dt' \,. \tag{1}$$

Bei der Untersuchung unendlich kleiner Flächenstücke ist es wieder bequem, statt dt und dt' die Bogendifferentiale

$$ds = \sqrt{E}\, dt\,, \qquad ds' = \sqrt{G}\, dt' \tag{2}$$

einzuführen, worin

$$E = \frac{\partial \mathfrak{r}}{\partial t} \cdot \frac{\partial \mathfrak{r}}{\partial t}\,, \qquad G = \frac{\partial \mathfrak{r}}{\partial t'} \cdot \frac{\partial \mathfrak{r}}{\partial t'} \tag{3}$$

gesetzt und:

$$\frac{\partial \mathfrak{r}}{\partial t} \cdot \frac{\partial \mathfrak{r}}{\partial t'} = 0 \tag{4}$$

berücksichtigt wurde. Es ist aber zu beachten, daß E und G im allgemeinen von t und t' abhängen, ds und ds' somit keine integrablen Differentiale sind. Bezeichnen wir das begleitende Dreibein der ersten Schar durch $\mathfrak{t}$, $\mathfrak{t}'$, $\mathfrak{n}$, so haben wir für die Kurven der zweiten Schar $\mathfrak{t}'$, $\mathfrak{t}$, $\mathfrak{n}$ zu nehmen. Bilden $\mathfrak{t}$, $\mathfrak{t}'$, $\mathfrak{n}$ ein Rechtssystem, somit $\mathfrak{t}'$, $\mathfrak{t}$, $\mathfrak{n}$ ein Linkssystem, so müssen wir für die Vektoren der Drehgeschwindigkeit die Ansätze

$$\mathring{\mathfrak{u}} = u_1\, \mathfrak{t} + u_2\, \mathfrak{t}' + u_3\, \mathfrak{n}\,, \tag{5}$$

$$\mathring{\mathfrak{u}}' = -u_1'\, \mathfrak{t}' - u_2'\, \mathfrak{t} - u_3'\, \mathfrak{n} \tag{6}$$

machen, damit die Formeln (**2**, 250), (**10**, 251), (**11**, 251) auf beide Fälle angewandt, vorzeichenrichtig bleiben. Für die Kurven der ersten Schar haben wir in den genannten Formeln lediglich die

Differentialquotienten partiell zu schreiben und $\mathfrak{t}$ durch $\mathfrak{t}'$ zu ersetzen. Für die Kurven der zweiten Schar erhalten wir jetzt:

$$(7)\qquad \frac{\partial \mathfrak{t}'}{\partial s'} = \mathring{\mathfrak{u}}' \times \mathfrak{t}' = u_3' \, \mathfrak{t} - u_2' \, \mathfrak{n} \,,$$

$$(8)\qquad \frac{\partial \mathfrak{t}}{\partial s'} = \mathring{\mathfrak{u}}' \times \mathfrak{t} = - u_3' \, \mathfrak{t}' + u_1' \, \mathfrak{n} \,,$$

$$(9)\qquad \frac{\partial \mathfrak{n}}{\partial s'} = \mathring{\mathfrak{u}}' \times \mathfrak{n} = u_2' \, \mathfrak{t}' - u_1' \, \mathfrak{t} \,.$$

Bei unverändertem Richtungssinn der Flächennormale $\mathfrak{n}$, also im Rechtssystem $\mathfrak{t}'$, $(-\mathfrak{t})$, $\mathfrak{n}$ hätten u_1', u_3' das umgekehrte, jedoch u_2' dasselbe Vorzeichen wie oben. Das ist für die geometrische Deutung in der Folge wichtig.

Bezeichnen wir mit H irgendeine skalare oder extensive Funktion der Parameter t und t', so folgt aus (**2**, 253):

$$(10)\qquad \frac{\partial H}{\partial s} = \frac{1}{\sqrt{E}} \frac{\partial H}{\partial t} \,, \qquad \frac{\partial H}{\partial s'} = \frac{1}{\sqrt{G}} \frac{\partial H}{\partial t'} \,,$$

$$(11)\qquad \sqrt{G} \frac{\partial}{\partial s'} \left(\sqrt{E} \frac{\partial H}{\partial s} \right) = \frac{\partial^2 H}{\partial t' \, \partial t} = \frac{\partial^2 H}{\partial t \, \partial t'} = \sqrt{E} \frac{\partial}{\partial s} \left(\sqrt{G} \frac{\partial H}{\partial s'} \right) .$$

Ausdifferenzieren und Kürzung durch $\sqrt{EG}$ führt weiter zu der Formel:

$$(12)\qquad \frac{\partial}{\partial s'} \left(\frac{\partial H}{\partial s} \right) - \frac{\partial}{\partial s} \left(\frac{\partial H}{\partial s'} \right) = \frac{\partial \log \sqrt{G}}{\partial s} \frac{\partial H}{\partial s'} - \frac{\partial \log \sqrt{E}}{\partial s'} \frac{\partial H}{\partial s} \,.$$

Wir finden also, daß die Reihenfolge der Differentiationen nach s und s' im allgemeinen nicht vertauschbar ist.

Wählen wir für H speziell den Ortsvektor $\mathfrak{r}$, so nimmt (**12**, 254) die Gestalt an:

$$(13)\qquad \frac{\partial \mathfrak{t}}{\partial s'} - \frac{\partial \mathfrak{t}'}{\partial s} = \frac{\partial \log \sqrt{G}}{\partial s} \, \mathfrak{t}' - \frac{\partial \log \sqrt{E}}{\partial s'} \, \mathfrak{t} \,.$$

Aus (**13**, 254) folgt mit Benützung der Relationen (**10**, 251) und (**8**, 254):

$$(14)\qquad u_1' = \mathfrak{n} \cdot \frac{\partial \mathfrak{t}}{\partial s'} = \mathfrak{n} \cdot \frac{\partial \mathfrak{t}'}{\partial s} = u_1 \,,$$

$$(15)\qquad - u_3' = \mathfrak{t}' \cdot \frac{\partial \mathfrak{t}}{\partial s} = \frac{\partial \log \sqrt{G}}{\partial s} \,, \quad u_3 = - \mathfrak{t} \cdot \frac{\partial \mathfrak{t}'}{\partial s} = - \frac{\partial \log \sqrt{E}}{\partial s'} \,.$$

Setzen wir (**15**, 254) in (**12**, 254) ein, so erhalten wir für beliebige Funktionen H:

$$\frac{\partial}{\partial s'}\left(\frac{\partial H}{\partial s}\right) - \frac{\partial}{\partial s}\left(\frac{\partial H}{\partial s'}\right) = u_3 \frac{\partial H}{\partial s} - u'_3 \frac{\partial H}{\partial s'}. \tag{16}$$

Da die Gleichung (**16**, 255) in (**11**, 254) aus der Voraussetzung

$$\frac{\partial^2 H}{\partial t' \partial t} = \frac{\partial^2 H}{\partial t \partial t'} \tag{17}$$

abgeleitet wurde, bezeichnet man sie als *Integrabilitätsbedingung*.

Natürlich muß auch jedes der in den Gleichungen (**2**, 250), (**8**, 254) u. d. f. auftretenden drei Paare von Differentialquotienten $\frac{\partial \mathfrak{t}}{\partial s}, \frac{\partial \mathfrak{t}}{\partial s'}; \frac{\partial \mathfrak{t}'}{\partial s}, \frac{\partial \mathfrak{t}'}{\partial s'}; \frac{\partial \mathfrak{n}}{\partial s}, \frac{\partial \mathfrak{n}}{\partial s'}$ der Integrabilitätsbedingung (**16**, 255) genügen. Daraus ergeben sich zwischen den fünf Größen $u_1, u_2, u'_2, u_3, u'_3$ drei Differentialgleichungen, die sogenannten *Gauß-Codazzischen* Gleichungen, deren wichtigste so lautet:

$$\frac{\partial u_3}{\partial s'} + \frac{\partial u'_3}{\partial s} - u_3^2 - u'^2_3 = u_2 u'_2 - u_1^2 . \tag{18}$$

Gehen wir von irgendeinem Flächenpunkte aus und machen den Ansatz:

$$d\mathfrak{r} = \frac{\partial \mathfrak{r}}{\partial s} ds + \frac{\partial \mathfrak{r}}{\partial s'} ds' = \frac{\partial \mathfrak{r}}{\partial \hat{s}} d\hat{s} + \frac{\partial \mathfrak{r}}{\partial \hat{s}'} d\hat{s}', \tag{19}$$

so daß

$$\frac{\partial \mathfrak{r}}{\partial \hat{s}} = \hat{\mathfrak{t}}, \qquad \frac{\partial \mathfrak{r}}{\partial \hat{s}'} = \hat{\mathfrak{t}}' \tag{20}$$

wieder aufeinander senkrecht stehen und

$$\hat{\mathfrak{t}} \times \hat{\mathfrak{t}}' = \mathfrak{n} \tag{21}$$

zutrifft, so folgt, wenn wir noch

$$\left\{ \begin{array}{ll} \mathfrak{t} \cdot \hat{\mathfrak{t}} = \cos\alpha, & \mathfrak{t}' \cdot \hat{\mathfrak{t}} = \sin\alpha \\ \mathfrak{t} \cdot \hat{\mathfrak{t}}' = -\sin\alpha, & \mathfrak{t}' \cdot \hat{\mathfrak{t}}' = \cos\alpha \end{array} \right. \tag{22}$$

setzen, aus (**19**, 255):

$$\frac{\partial s}{\partial \hat{s}} = \cos\alpha, \quad \frac{\partial s'}{\partial \hat{s}} = \sin\alpha, \quad \frac{\partial s}{\partial \hat{s}'} = -\sin\alpha, \quad \frac{\partial s'}{\partial \hat{s}'} = \cos\alpha . \tag{23}$$

Demgemäß erhalten wir mit zusätzlicher Benützung von (**11**, 251), (**9**, 254) und indem wir u_2 durch $\hat{u}_2$ usf. ersetzen:

$$(24)\qquad \hat{u}_2 = \hat{\mathfrak{t}} \cdot \frac{\partial \mathfrak{n}}{\partial \hat{s}} = (\mathfrak{t}\cos\alpha + \mathfrak{t}'\sin\alpha)\cdot\left(\frac{\partial \mathfrak{n}}{\partial s}\cos\alpha + \frac{\partial \mathfrak{n}}{\partial s'}\sin\alpha\right)\cdot$$

$$(25)\qquad \hat{u}_2 = u_2\cos^2\alpha + u_2'\sin^2\alpha - 2\,u_1\sin\alpha\cos\alpha$$

und analog:

$$(26)\qquad \hat{u}_2' = u_2\sin^2\alpha + u_2'\cos^2\alpha + 2\,u_1\sin\alpha\cos\alpha\,,$$

schließlich, da $\hat{\mathfrak{t}}' \cdot \mathfrak{n} = 0$ ist, gemäß (**14**, 254):

$$(27)\qquad \left\{\begin{aligned} \hat{u}_1 = \hat{u}_1' &= -\hat{\mathfrak{t}}' \cdot \frac{\partial \mathfrak{n}}{\partial \hat{s}} \\ &= (\mathfrak{t}\sin\alpha - \mathfrak{t}'\cos\alpha)\left(\frac{\partial \mathfrak{n}}{\partial s}\cos\alpha + \frac{\partial \mathfrak{n}}{\partial s'}\sin\alpha\right) \\ &= (u_2 - u_2')\sin\alpha\cos\alpha + u_1(\cos^2\alpha - \sin^2\alpha)\,. \end{aligned}\right.$$

Aus (**25**, 256), (**26**, 256) und (**27**, 256) rechnet man leicht aus:

$$(28)\qquad \hat{u}_2 + \hat{u}_2' = u_2 + u_2'\,,$$

$$(29)\qquad \hat{u}_2\hat{u}_2' - \hat{u}_1^2 = u_2 u_2' - u_1^2\,.$$

Die Bedeutung der in diesen Relationen auftretenden Ausdrücke liegt darin, daß sie ersichtlich gegenüber Drehungen des Achsenkreuzes $\mathfrak{t}$, $\mathfrak{t}'$ invariant sind. Sie eignen sich demnach zur Charakterisierung der Flächenkrümmung in dem betrachteten Punkte. Die Relationen (**25**, 256) und (**26**, 256) vereinfachen sich, wenn man die Krümmungslinien als Parameterkurven wählt, so daß die geodätische Torsion $\hat{u}_1$ verschwindet. Die sich um je 90^0 unterscheidenden speziellen Winkel α_0, für die das eintritt, sind nach (**27**, 256) durch

$$(30)\qquad \operatorname{tg} 2\,\alpha_0 = \frac{2\,u_1}{u_2' - u_2}$$

gegeben. Für die zu α_0 gehörenden Werte der Normalkrümmungen, wir bezeichnen sie mit u_{II} und u_{II}', erhält man aus (**28**, 256) und (**29**, 256) mit $\hat{u}_1 = 0$, wenn u_{II} größer als u_{II}' angenommen wird:

$$(31)\qquad u_{II} = \frac{1}{2}\left[u_2 + u_2' + \sqrt{(u_2 - u_2')^2 + 4\,u_1^2}\right] = \frac{1}{R_1}\,,$$

$$(32)\qquad u_{II}' = \frac{1}{2}\left[u_2 + u_2' - \sqrt{(u_2 - u_2')^2 + 4\,u_1^2}\right] = \frac{1}{R_2}\,.$$

u_{II} und u'_{II} heißen die Hauptkrümmungen, R_1 und R_2 die Hauptkrümmungsradien. Je nachdem

$$u_2 u'_2 \gtreqless u_1^2 \tag{33}$$

ist, ergeben sich beide Hauptkrümmungen positiv, man spricht von elliptischer Krümmung, oder es wird u'_{II} negativ, man spricht von hyperbolischer Krümmung. Ein parabolischer Flächenpunkt liegt vor, wenn u'_{II} verschwindet.

Beachten wir, was oben schon vorweggenommen wurde, daß durch jeden ($\mathfrak{n}$ enthaltenden) Normalschnitt eine ebene Schnittkurve entsteht, für welche nach (**4**, 250) $\cos\sigma$ im betrachteten Flächenpunkte verschwindet, also nach (**5**, 250) u_2 bzw. wie wir es jetzt bezeichnen werden

$$\hat{u}_2 = \frac{1}{\varrho} = \frac{1}{R} \tag{34}$$

ist, wenn wir den Krümmungsradius eines Normalschnittes R nennen. Bezeichnen wir noch den von der R_1 entsprechenden Parameterkurve in der Tangentialebene gezählten Winkel durch φ, so erhalten wir statt (**25**, 256), wenn wir darin für u_2, u'_2, α der Reihe nach u_{II}, u'_{II}, φ und $u_1 = u_{\mathrm{I}} = 0$ setzen, die bekannte Eulersche Formel:

$$\frac{1}{R} = \frac{\cos^2\varphi}{R_1} + \frac{\sin^2\varphi}{R_2}\,. \tag{35}$$

Mit den entsprechenden Bezeichnungen erhält man aus (**28**, 256) und (**29**, 256) als invariante, also die Flächenkrümmung charakterisierende Größen:

$$H = \frac{1}{2}\left(\frac{1}{R_1} + \frac{1}{R_2}\right) \quad \text{(mittlere Krümmung der Fläche),} \tag{36}$$

$$K = \frac{1}{R_1}\cdot\frac{1}{R_2} \qquad \text{(Gaußsches Krümmungsmaß).} \tag{37}$$

Bemerkt man noch, daß die rechte Seite von (**18**, 255) das Gaußsche Krümmungsmaß darstellt, die linke Seite aber nur von u_3, u'_3, also gemäß (**15**, 254) nur von E und G und deren Ableitungen bis zur zweiten Ordnung abhängt, so erkennt man den berühmten zuerst von Gauß bewiesenen Satz von der Biegungsinvarianz des Krümmungsmaßes K. Denn nach (**2**, 253) und (**3**, 253) kann E und G durch bloße Verbiegung der Fläche, bei der die gegenseitigen Entfernungen aller Punkte der Fläche ungeändert bleiben, nicht beeinflußt werden.

Es ist auch ein Leichtes, den Satz von Meusnier abzuleiten, wenn man beachtet, daß aus

$$\hat{\mathfrak{t}} = \mathfrak{t} \cos \alpha + \mathfrak{t}' \sin \alpha \tag{38}$$

$$\mathfrak{n} \cdot \frac{\partial \hat{\mathfrak{t}}}{\partial \hat{s}} = \mathfrak{n} \cdot \left[\frac{\partial \mathfrak{t}}{\partial s} \cos^2 \alpha + \left(\frac{\partial \mathfrak{t}}{\partial s'} + \frac{\partial \mathfrak{t}'}{\partial s} \right) \sin \alpha \cos \alpha + \frac{\partial \mathfrak{t}'}{\partial s'} \sin^2 \alpha \right], \tag{39}$$

also für α gleich Null

$$\mathfrak{n} \cdot \frac{\partial \hat{\mathfrak{t}}}{\partial \hat{s}} = \mathfrak{n} \cdot \frac{\partial \mathfrak{t}}{\partial s} = -u_2 \tag{40}$$

folgt. Für alle ebenen Schnitte durch unseren Flächenpunkt (gegebenes $\mathfrak{n}$), die die Flächentangente $\mathfrak{t}$ gemein haben (α gleich Null) ist nach (**40**, 258) u_2 konstant, also nach (**5**, 250) und gemäß (**34**, 257):

$$\frac{\sin \sigma}{\varrho} = \frac{1}{R}, \qquad \varrho = R \sin \sigma . \tag{41}$$

Interessant ist es, den Charakter der Schnittkurve zu untersuchen, welche aus der Fläche durch eine der Tangentialebene in dem betreffenden Flächenpunkte parallele und unendlich benachbarte Ebene herausgeschnitten wird. Entwickeln wir die Parameterdarstellung der Fläche $\mathfrak{r}(s, s')$ mit dem betrachteten Flächenpunkte im Ursprunge bis zu Gliedern zweiter Ordnung:

$$\left\{ \begin{aligned} &\mathfrak{r}(s, s') = \mathfrak{t}\, ds + \mathfrak{t}'\, ds' \\ &+ \frac{1}{2} \left[\frac{\partial \mathfrak{t}}{\partial s} (ds)^2 + \left(\frac{\partial \mathfrak{t}}{\partial s'} + \frac{\partial \mathfrak{t}'}{\partial s} \right) ds\, ds' + \frac{\partial \mathfrak{t}'}{\partial s'} (ds')^2 \right] + \cdots \end{aligned} \right. \tag{42}$$

und setzen dieses $\mathfrak{r}$ in die Gleichung der Schnittebene

$$\mathfrak{r} \cdot \mathfrak{n} = \mp \tfrac{1}{2} (da)^2 \tag{43}$$

ein, so erhalten wir, wenn noch die Bezeichnungen

$$\frac{ds}{da} = x, \qquad \frac{ds'}{da} = y$$

eingeführt werden:

$$u_2 x^2 - 2 u_1 x y + u'_2 y^2 = \pm 1 . \tag{44}$$

Das ist die Gleichung eines Kegelschnittes, den man als Indikatrix von Dupin bezeichnet und der mit (**34**, 257) in (**25**, 256) übergeht, wenn man noch

(45) $$\sqrt{|R|}\cos\alpha = x \quad \text{und} \quad \sqrt{|R|}\sin\alpha = y$$

setzt. Die Hauptkrümmungen entsprechen somit den Krümmungen der Normalschnitte durch die Achsen der Dupinschen Indikatrix.

Ein Flächenpunkt, für den die beiden Hauptkrümmungen, also nach (**35**, 257) auch alle anderen Krümmungen der Normalschnitte übereinstimmen, heißt ein Nabelpunkt. Für Nabelpunkte ist daher die Indikatrix ein Kreis; von dieser Tatsache haben wir bei der Bestimmung der Nabelpunkte einer Ellipsoidfläche Gebrauch gemacht. Die Kugelfläche besteht lediglich aus Nabelpunkten.

g) Differentialgeometrie der Vektorfelder

Es soll zum Schlusse noch kurz darauf hingewiesen werden, wie die oben durchgeführten Überlegungen über Raumkurven und Flächen für Vektorfelder nutzbar gemacht werden können.

Da wir allgemein

(1) $$d\mathfrak{B} = d\mathfrak{r} \,.\, \nabla \,;\, \mathfrak{B}$$

haben, gilt für die Feldlinien:

(2) $$\frac{d\mathfrak{B}}{ds} = \mathfrak{t} \,.\, \nabla \,;\, \mathfrak{B} \,.$$

Demnach werden die Frenetschen Formeln einer Feldlinie lauten:

(3) $$\begin{cases} \dfrac{d\mathfrak{t}}{ds} = \mathfrak{t} \,.\, \nabla \,;\, \mathfrak{t} = \dfrac{\mathfrak{N}}{\varrho}, \quad \dfrac{d\mathfrak{N}}{ds} = \mathfrak{t} \,.\, \nabla \,;\, \mathfrak{N} = -\dfrac{\mathfrak{t}}{\varrho} + \dfrac{\mathfrak{b}}{\tau}, \\ \qquad\qquad\qquad\qquad\qquad \dfrac{d\mathfrak{b}}{ds} = \mathfrak{t} \,.\, \nabla \,;\, \mathfrak{b} = -\dfrac{\mathfrak{N}}{\tau} \,. \end{cases}$$

Als wichtige Umformung, von der wir gleich Gebrauch machen werden, sei betont, daß für Vektorfelder konstanten Betrages, also z. B. für

(4) $$\mathfrak{t}^2 = 1 \,,$$

$$0 = \nabla\, \mathfrak{t}^2 = 2\,(\nabla\,;\mathfrak{t})\,.\,\mathfrak{t} = 2\,\mathfrak{t}\,.\,\nabla\,;\mathfrak{t} + 2\,\mathfrak{t}\,.\,[\mathfrak{t}\,;\nabla - \nabla\,;\mathfrak{t}]\,,$$

$$\mathfrak{t}\,.\,\nabla\,;\mathfrak{t} = -\mathfrak{t} \times \operatorname{rot}\mathfrak{t} \tag{5}$$

gilt.

Handelt es sich um flächennormale Felder, so wollen wir, um das über Flächenkrümmungen Gesagte unmittelbar übertragen zu können, die Tangenten an die Feldlinien, da sie ja gleichzeitig die Flächennormalen sind, jetzt durch $\mathfrak{n}$ bezeichnen. Auf irgendeiner dieser Flächen gilt dann nach (**2**, 250) und (**7**, 254) mit Benützung von (**3**, 259) und (**5**, 260):

$$\frac{\partial \mathfrak{t}}{\partial s} = u_3\,\mathfrak{t}' - u_2\,\mathfrak{n} = \mathfrak{t}\,.\,\nabla\,;\mathfrak{t} = -\,\mathfrak{t} \times \operatorname{rot}\mathfrak{t} \tag{6}$$

$$\frac{\partial \mathfrak{t}'}{\partial s'} = u_3'\,\mathfrak{t} - u_2'\,\mathfrak{n} = \mathfrak{t}'\,.\,\nabla\,;\mathfrak{t}' = -\,\mathfrak{t}' \times \operatorname{rot}\mathfrak{t}'\,. \tag{7}$$

Daraus erhalten wir in bekannter Weise für die mittlere Krümmung H der Fläche:

$$\left\{\begin{aligned} 2\,H = u_2 + u_2' &= -\,\mathfrak{n}\,.\left(\frac{\partial \mathfrak{t}}{\partial s} + \frac{\partial \mathfrak{t}'}{\partial s'}\right) \\ &= \mathfrak{n} \times \mathfrak{t}\,.\operatorname{rot}\mathfrak{t} + \mathfrak{n} \times \mathfrak{t}'\,.\operatorname{rot}\mathfrak{t}' \\ = \mathfrak{t}'\,.\operatorname{rot}\mathfrak{t} - \mathfrak{t}\,.\operatorname{rot}\mathfrak{t}' &= \operatorname{div}(\mathfrak{t} \times \mathfrak{t}') = \operatorname{div}\mathfrak{n}\,. \end{aligned}\right. \tag{8}$$

3. Weitere Anwendungen aus der Mechanik

a) Mechanik des Massenpunktes

Wir hatten erkannt, daß die Bewegung eines starren Körpers durch die Differentialgleichungen (**18**, 230) und (**6**, 231) bestimmt wird. Denken wir uns den starren Körper derart auf ein Volumelement reduziert, daß die Masse dieses Volumelementes einen endlichen Wert behält, während sein auf den Schwerpunkt bezogener Drehimpuls gemäß (**11**, 232) gegen Null konvergiert, so haben wir ein Gebilde, das als „Massenpunkt" bezeichnet und dessen Bewegung schon durch

$$m\,\frac{d\mathfrak{v}}{dt} = \mathfrak{K} \tag{1}$$

vollkommen beschrieben wird.

Bedeutet s wieder die auf der vom Massenpunkte durchlaufenen Kurve gemessene Bogenlänge, so ist die skalare Größe

$$\frac{ds}{dt} = v \tag{2}$$

die „Bahngeschwindigkeit". Indem wir die Bezeichnung (1, 247) und die Frenetschen Formeln (7, 248) verwenden, erhalten wir:

$$\mathfrak{v} = \frac{d\mathfrak{r}}{dt} = \frac{d\mathfrak{r}}{ds}\frac{ds}{dt} = \mathfrak{t}\, v, \tag{3}$$

$$\frac{d\mathfrak{v}}{dt} = \mathfrak{t}\frac{dv}{dt} + \frac{d\mathfrak{t}}{ds}\frac{ds}{dt} v = \mathfrak{t}\frac{dv}{dt} + \frac{\mathfrak{N}}{\varrho} v^2. \tag{4}$$

Die ganze Beschleunigung liegt also stets in der Schmiegungsebene der Bahn. $\frac{dv}{dt}$ nennt man die „Bahnbeschleunigung", $\frac{v^2}{\varrho}$ die „Zentripetalbeschleunigung", die erstere ist tangential, die letztere gegen den Krümmungsmittelpunkt gerichtet.

Wir können uns den Massenpunkt etwa durch den Mittelpunkt einer hinreichend kleinen Kugel realisiert denken. Verschiebt sich diese Kugel unter dem Einflusse einer auf sie wirkenden „eingeprägten Kraft", für die wir hier die Bezeichnung $\mathfrak{K}$ vorbehalten wollen, reibungsfrei in einer Röhre gleichen Durchmessers, so wird der Massenpunkt gezwungen, sich auf einer bestimmten, vorgegebenen Raumkurve zu bewegen. Dabei werden von der „Führung" auf den Massenpunkt, in unserem Falle also von den als starr angesehenen Wänden der Röhre auf die Kugel „Zwangskräfte" $\mathfrak{Z}$ ausgeübt. Diesen Zwangskräften entgegengesetzt gleich sind die auf die Führung, also hier auf die Rohrwände wirkenden Reaktionskräfte $\mathfrak{R}$.

Da die Bewegung reibungsfrei vorausgesetzt wird, muß zunächst wegen (1, 260) und (4, 261)

$$m\frac{dv}{dt} = m\frac{d^2s}{dt^2} = K_t \tag{5}$$

gelten, worin K_t die Tangentialkomponente der eingeprägten Kraft bedeutet. Ist K_t als Funktion von s gegeben, so ergibt die Energiegleichung:

$$\frac{1}{2} m \left[\left(\frac{ds}{dt}\right)^2 - \left(\frac{ds}{dt}\right)_0^2\right] = \int_{s_0}^{s} K_t\, ds \tag{6}$$

und damit bei gegebener Anfangslage und Anfangsgeschwindigkeit für jeden Kurvenpunkt das zugehörige Geschwindigkeitsquadrat. Für die Hauptnormalenkomponente erhält man:

$$(7) \qquad m\,\frac{v^2}{\varrho} = K_{\mathfrak{N}} + Z_{\mathfrak{N}} = K_{\mathfrak{N}} - R_{\mathfrak{N}}\,.$$

Da sich v^2 aus (**6**, 261) berechnet, ϱ und $K_{\mathfrak{N}}$ gegeben sein sollen, so folgt aus (**7**, 262) $Z_{\mathfrak{N}}$ bzw. $R_{\mathfrak{N}}$. Schließlich ist für die Binormalenkomponente:

$$(8) \qquad 0 = K_{\mathfrak{b}} + Z_{\mathfrak{b}} = K_{\mathfrak{b}} - R_{\mathfrak{b}}\,,$$

woraus man bei gegebenem $K_{\mathfrak{b}}$ auch die Binormalenkomponente der Reaktionskraft $R_{\mathfrak{b}}$ erhält. Ist der Massenpunkt auf einer bestimmten Fläche zu bleiben gezwungen, so folgt, da bei reibungsfreier Bewegung Zwangskräfte jetzt nur in der Richtung der Flächennormale auftreten können, mit Benützung von (**2**, 250):

$$(9) \qquad m\,\frac{dv}{dt} = K_{\mathfrak{t}}\,, \qquad m\,v^2\,u_3 = K_{\bar{\mathfrak{t}}}\,, \qquad -\,m\,v^2\,u_2 = K_{\mathfrak{n}} - R_{\mathfrak{n}}\,.$$

Man erkennt sofort, daß bei kräftefreier Bewegung auf der Fläche (wegen $\mathfrak{K} = 0$)

$$(10) \qquad v = \text{konst.} \qquad \text{und} \qquad u_3 = 0$$

sein muß. Das Verschwinden der geodätischen Krümmung u_3 der Bahnkurve besagt nach (**17**, 252), daß der sich kräftefrei auf einer Fläche bewegende Massenpunkt auf einer geodätischen Linie und zwar gemäß (**10**, 262) mit konstantem v läuft.

Wir könnten auch die Gleichung der Führungsfläche in der Form

$$(11) \qquad U(\mathfrak{r}) = 0$$

ansetzen, um verallgemeinernd $U(\mathfrak{r})$ als skalare Ortsfunktion aufzufassen. Es hat dann ∇U für die (**11**, 262) entsprechenden Werte des Ortsvektors die Richtung der Flächennormale $\mathfrak{n}$, folglich kann die Zwangskraft in der Form

$$(12) \qquad \mathfrak{Z} = \lambda\,\nabla U\,,$$

die vektorische Bewegungsgleichung in der Form

$$(13) \qquad m\,\frac{d\mathfrak{v}}{dt} = \mathfrak{K} + \lambda\,\nabla U$$

geschrieben werden. Zu der drei skalaren Gleichungen entsprechenden Gleichung (**13**, 262) kommt jetzt noch die skalare Gleichung (**11**, 262), wodurch außer den drei Raumkoordinaten noch der skalare Faktor λ und damit die Zwangskraft bestimmt werden kann.

Handelt es sich um eine Führungs**kurve**, die wir als Schnittlinie zweier Flächen auffassen können, so muß gleichzeitig mit (**11**, 262) noch eine zweite Gleichung

$$U'(\mathfrak{r}) = 0 \tag{14}$$

erfüllt werden, und an die Stelle von (**13**, 262) tritt dann:

$$m \frac{d\mathfrak{v}}{dt} = \mathfrak{K} + \lambda \nabla U + \lambda' \nabla U', \tag{15}$$

denn die Zwangskraft liegt jetzt in der zur Kurventangente senkrechten Ebene. Dem Hinzutreten der zweiten Bedingungsgleichung (**14**, 263) entspricht der zweite verfügbare skalare Faktor λ'.

b) Systeme von Massenpunkten, „Hamilton-Jacobische Differentialgleichung"

Es seien nun n Massenpunkte m_ι vorhanden mit den Ortsvektoren $\mathfrak{r}_\iota$ $(\iota = 1, 2, \ldots n)$, deren Bewegung durch die m Bedingungsgleichungen

$$U^{(\varkappa)}(\mathfrak{r}_1, \mathfrak{r}_2, \ldots \mathfrak{r}_n) = 0 \qquad \varkappa = 1, 2, \ldots m \tag{1}$$

beschränkt wird. Wir gewinnen unmittelbaren Anschluß an das zuletzt Erörterte, wenn wir die Bewegung der n Massenpunkte durch die Bewegung **eines** Bildpunktes in einem $3\,n$-dimensionalen Raume mit den kartesischen Koordinaten $x_1, y_1, z_1, x_2, y_2 \cdots$ ersetzen. Die Bedingungsgleichungen (**1**, 263) besagen dann wieder, daß der Ortsvektor des $3\,n$-dimensionalen Raumes

$$\mathfrak{r} = \sum_{\lambda=1}^{3n} x_\lambda \mathfrak{p}_\lambda = \sum_{\iota=1}^{n} \mathfrak{r}_\iota \tag{2}$$

auf den betreffenden Hyperflächen verbleiben muß, daß demnach senkrecht zu diesen Hyperflächen wirkende, verallgemeinerte, $3\,n$-dimensionale Zwangskräfte berücksichtigt werden müssen.

Die $\mathfrak{p}_\iota$ bedeuten ein $3\,n$-dimensionales System orthogonaler Einheitsvektoren, die Koordinaten bezeichnen wir einheitlich durch $x_1, x_2, \ldots, x_{3n}$. Wie wir schon im 2. Kapitel des II. Teiles auf Seite 105 bemerkt haben, kann die Definition der invarianten Derivation eines Skalarfeldes ohne weiteres auf beliebig viele Dimensionen übertragen werden und es wird

$$\nabla U^{(\varkappa)} = \sum_{\lambda=1}^{3n} \frac{\partial U^{(\varkappa)}}{\partial x_\lambda} \mathfrak{p}_\lambda \tag{3}$$

zur betreffenden Hyperfläche senkrecht stehen, denn

$$dU^{(\varkappa)} = d\mathfrak{r} \,.\, \nabla U^{(\varkappa)} \tag{4}$$

verschwindet für alle in der Hyperfläche ($U^{(\varkappa)} = 0$) liegenden $d\mathfrak{r}$. Führen wir noch die $3\,n$-dimensionale Dyade

$$\Phi = \sum_{\lambda=1}^{3n} m_\lambda \mathfrak{p}_\lambda \,;\, \mathfrak{p}_\lambda \tag{5}$$

und den $3\,n$-dimensionalen Vektor

$$\mathfrak{K} = \sum_{\iota=1}^{n} \mathfrak{K}_\iota \tag{6}$$

ein, so ist zunächst für frei bewegliche Massenpunkte

$$\Phi \,.\, \frac{d^2\mathfrak{r}}{dt^2} = \mathfrak{K} \tag{7}$$

mit

$$m_\iota \frac{d^2\mathfrak{r}_\iota}{dt^2} = \mathfrak{K}_\iota \qquad \text{für } \iota = 1, 2, \ldots n \tag{8}$$

identisch. Die Berücksichtigung der Bedingungsgleichungen (**1**, 263) liefert in Analogie zu den Verhältnissen im dreidimensionalen Raume:

$$\Phi \,.\, \frac{d^2\mathfrak{r}}{dt^2} = \mathfrak{K} + \sum_{\varkappa=1}^{m} \lambda_\varkappa \nabla U^{(\varkappa)} \,. \tag{9}$$

Diese $3\,n$-dimensionale Gleichung ist wieder mit den n dreidimensionalen Gleichungen

$$m_\iota \frac{d^2\mathfrak{r}_\iota}{dt^2} = \mathfrak{K}_\iota + \sum_{\varkappa=1}^{m} \lambda_\varkappa \frac{\partial U^{(\varkappa)}}{\partial \mathfrak{r}_\iota} \,, \tag{10}$$

worin bezogen auf je ein dreidimensionales Dreibein

$$(11)\qquad \frac{\partial U^{(\varkappa)}}{\partial \mathfrak{r}_\iota} = \frac{\partial U^{(\varkappa)}}{\partial x_\iota}\, \mathfrak{i} + \frac{\partial U^{(\varkappa)}}{\partial y_\iota}\, \mathfrak{j} + \frac{\partial U^{(\varkappa)}}{\partial z_\iota}\, \mathfrak{k} = \nabla^{(\iota)} U^{(\varkappa)}$$

gesetzt wurde, identisch.

Die Gleichungen (**10**, 264) (Lagrangesche Bewegungsgleichungen der ersten Form) gewinnt man gewöhnlich mittels des Prinzips der virtuellen Verrückungen; der hier gewählte Weg über den $3\,n$-dimensionalen Raum besitzt aber vielleicht an sich ein gewisses Interesse.

Im $3\,n$-dimensionalen Raume erhält man auch leicht die Hamilton-Jacobische partielle Differentialgleichung.

Es sei ein System von Massenpunkten m_ι, zwischen denen Kräfte wirken, durch die Gleichungen

$$(12)\qquad m_\iota \frac{d\mathfrak{v}_\iota}{dt} = -\,\nabla^{(\iota)} V$$

gegeben. Skalare Multiplikation dieser Gleichungen mit $d\mathfrak{r}_\iota$ und Addition liefert mit Benützung der allgemein zutreffenden Relationen (**3**, 264) und (**4**, 264), da V von t unabhängig sein soll:

$$(13)\qquad d\,[\sum_\iota \tfrac{1}{2}\, m_\iota\, \mathfrak{v}_\iota^2 + V] = 0\,,$$

woraus die Funktion V, welche im allgemeinen von allen $3\,n$ Koordinaten x_λ, y_λ, z_λ abhängt, als potentielle Energie des Systems kenntlich wird.

Macht man noch den Ansatz

$$(14)\qquad m_\iota\, \mathfrak{v}_\iota = \nabla^{(\iota)} S\,, \qquad \mathfrak{v} = \sum_\iota \mathfrak{v}_\iota = \sum_\iota \frac{1}{m_\iota}\, \nabla^{(\iota)} S\,,$$

worin S eine skalare Funktion der x_ι, y_ι, z_ι und der Zeit t bedeutet, so folgt durch Addition der Bewegungsgleichungen (**12**, 265) zunächst:

$$(15)\qquad \frac{d\nabla S}{dt} + \nabla V = 0\,.$$

Im Sinne der Bedeutung der totalen Fluxion erhalten wir:

$$(16)\qquad \frac{d\nabla S}{dt} = \frac{\partial \nabla S}{\partial t} + \mathfrak{v}\,.\,\nabla\,;\,\nabla S\,,$$

und da $\nabla\,;\,\nabla S$ eine symmetrische Dyade ist:

$$
(17)\quad \left\{
\begin{aligned}
\frac{d\nabla S}{dt} &= \frac{\partial \nabla S}{\partial t} + \nabla \left[\nabla S \,.\, \sum_\iota \frac{1}{2\,m_\iota} \nabla^{(\iota)} S\right] \\
&= \frac{\partial \nabla S}{\partial t} + \nabla \left[\sum_\iota \frac{1}{2\,m_\iota} (\nabla^{(\iota)} S)^2\right].
\end{aligned}
\right.
$$

Diese Relation in (**15**, 265) eingesetzt ergibt:

$$
(18)\qquad \nabla \left[\frac{\partial S}{\partial t} + \sum_\iota \frac{1}{2\,m_\iota} (\nabla^{(\iota)} S)^2 + V\right] = 0\,.
$$

Da eine von den Koordinaten unabhängige Integrationskonstante jedenfalls in das Fluxionsglied hineingezogen werden kann, folgt aus (**18**, 266) schließlich:

$$
(19)\qquad \frac{\partial S}{\partial t} + \sum_\iota \frac{1}{2\,m_\iota} (\nabla^{(\iota)} S)^2 + V = 0\,,
$$

und das ist eben die Hamilton-Jacobische Differentialgleichung für unser betrachtetes Punktsystem. Wegen des Energiesatzes muß, wenn V von der Zeit explizit unabhängig ist, das System also eine konstante Gesamtenergie E hat,

$$
(20)\qquad \frac{\partial S}{\partial t} = -E
$$

sein.

Wir werden diese Gleichungen im letzten Kapitel des Buches brauchen. Auf die an sich überaus wichtige Theorie der „Berührungstransformationen“ können wir hier nicht eingehen.

c) Kinematik des starren Körpers

Wir betrachten jetzt zunächst die allgemeine Lagenänderung eines starren Körpers. Ein im Körper fester Bezugspunkt sei gegenüber einem raumfesten Punkte durch den Vektor $\mathfrak{a}$ bestimmt, während die Ortsvektoren $\mathfrak{r}$ von dem körperfesten Bezugspunkte zu den einzelnen Körperpunkten gezogen werden sollen. Nach der Ortsänderung wollen wir die entsprechenden Größen durch $\mathfrak{a}'$, $\mathfrak{r}'$ bezeichnen. Wir können schreiben:

$$\mathfrak{a}' = \mathfrak{a} + \mathfrak{b}\,; \tag{1}$$

$$\mathfrak{r}' = \Phi \,.\, \mathfrak{r}\,, \tag{2}$$

worin $\mathfrak{b}$ ein Vektor, Φ aber, da in einem starren Körper alle relativen Entfernungen ungeändert bleiben müssen und eine Spiegelung ausgeschlossen ist, ein *Versor* sein muß, den wir hier wieder mit X bezeichnen wollen. Setzen wir noch:

$$\mathfrak{a} + \mathfrak{r} = \mathfrak{R}\,, \qquad \mathfrak{a}' + \mathfrak{r}' = \mathfrak{R}'\,, \tag{3}$$

so folgt aus (**1**, 267) und (**2**, 267):

$$\mathfrak{R}' = (\mathfrak{R} + \mathfrak{b}) + (X - I) \,.\, \mathfrak{r}\,. \tag{4}$$

Der erste Klammerausdruck in (**4**, 267) bedeutet eine Verschiebung *aller Körperpunkte* um $\mathfrak{b}$, also eine *Translation*, der zweite Klammerausdruck eine *Drehung* um eine bestimmte, durch den *Bezugspunkt* ($\mathfrak{r} = 0$) laufende Achse. Verschieben wir den körperfesten Bezugspunkt um die Strecke $\mathfrak{r}_0$, setzen also in unmittelbar verständlicher Schreibweise:

$$\bar{\mathfrak{a}} = \mathfrak{a} + \mathfrak{r}_0, \qquad \mathfrak{r} = \mathfrak{r}_0 + \bar{\mathfrak{r}}\,, \qquad \mathfrak{R} = \mathfrak{a} + \mathfrak{r} = \bar{\mathfrak{a}} + \bar{\mathfrak{r}}\,, \tag{5}$$

so lautet (**4**, 267):

$$\mathfrak{R}' = (\mathfrak{R} + \mathfrak{b} + (X - I) \,.\, \mathfrak{r}_0) + (X - I) \,.\, \bar{\mathfrak{r}}\,. \tag{6}$$

Es ist also jetzt lediglich die Drehachse in den neuen Bezugspunkt parallel verschoben und der Wert des Translationsvektors verändert. Nach (**14**, 70) ist für einen Versor

$$\mathfrak{q} \,.\, (X - I) = (X - I) \,.\, \mathfrak{q} = 0\,. \tag{7}$$

Ein zur vektorischen Halbtangente $\mathfrak{q}$ paralleles $\mathfrak{r}_0$ ändert demnach an der Translation nichts. Die Translationskomponente parallel zur Drehachse ist gegenüber Verlagerungen des Bezugspunktes *invariant*. Die Translationskomponente $\mathfrak{b}_s$ senkrecht zur Drehachse kann durch geeignete Wahl des Bezugspunktes vermöge

$$\mathfrak{b}_s + (X - I) \,.\, \mathfrak{r}_0 = 0 \tag{8}$$

zum Verschwinden gebracht werden. Die allgemeinste Ortsänderung des starren Körpers kann demnach aus einer Drehung und einer parallel zur Drehachse verlaufenden Translation zusammengesetzt, das heißt auf eine „*Schraubung*" zurückgeführt werden.

d) Drehung um einen festen Punkt. Trägheitsdyade

Da die Translation durch die Bewegung des Bezugspunktes, z. B. des Schwerpunktes, charakterisiert, also auf die Bewegung eines Massenpunktes zurückgeführt werden kann, wollen wir uns im folgenden nur mit der Rotation eines starren Körpers um einen festgehaltenen Körperpunkt beschäftigen. Bedeutet $\mathfrak{r}$ wieder den von diesem Bezugspunkte zu den Körperpunkten gezogenen Ortsvektor, so folgt aus (**10**, 245):

(1) $$\mathfrak{v} = \mathfrak{u} \times \mathfrak{r} \text{ besonders auch } \frac{d\mathfrak{i}}{dt} = \mathfrak{u} \times \mathfrak{i} \text{ usf.}$$

und nach (**11**, 232) für den Drehimpuls oder Drall:

(2) $$\mathfrak{U} = \int_m dm\, \mathfrak{r} \times (\mathfrak{u} \times \mathfrak{r}) = \mathfrak{u} \,.\int_m dm\, (\mathfrak{r}^2 I - \mathfrak{r}\,;\mathfrak{r}) = \mathfrak{u}\,.\,\Phi\,,$$

wenn wir durch den Ausdruck

(3) $$\int_m dm\, (\mathfrak{r}^2 I - \mathfrak{r}\,;\mathfrak{r}) = \Phi = A\,\mathfrak{i}\,;\mathfrak{i} + B\,\mathfrak{j}\,;\mathfrak{j} + C\,\mathfrak{k}\,;\mathfrak{k}$$

die Trägheitsdyade definieren. Die Hauptachsen liegen natürlich im Körper fest. A, B, C heißen die Hauptträgheitsmomente. Die Bewegungsgleichung lautet nach (**12**, 232):

(4) $$\frac{d\mathfrak{U}}{dt} = \frac{d\mathfrak{u}}{dt}\,.\,\Phi + \mathfrak{u}\,.\,\frac{d\Phi}{dt} = \mathfrak{M}\,,$$

worin $\mathfrak{M}$ durch (**6**, 231) gegeben ist. Kommen nur Volumkräfte in Betracht, so folgt insbesondere:

(5) $$\int_V dV\, \mathfrak{r} \times \mathfrak{F} = \mathfrak{M}\,.$$

Handelt es sich lediglich um die Schwerkraft, und ist der festgehaltene Punkt der Schwerpunkt, so wird $\mathfrak{M}$ verschwinden, und es gilt:

(6) $$\frac{d\mathfrak{U}}{dt} = \frac{d\mathfrak{u}}{dt}\,.\,\Phi + \mathfrak{u}\,.\,\frac{d\Phi}{dt} = 0\,.$$

Man spricht in diesem Falle von der Bewegung des kräftefreien Kreisels. Beachten wir, daß nach (**8**, 44)

(7) $$\mathfrak{r}^2 I - \mathfrak{r}\,;\mathfrak{r} = -(I \times \mathfrak{r})\,.\,(I \times \mathfrak{r})$$

ist, so folgt wegen (**3**, 268) und (**1**, 268)

$$(8) \qquad \frac{d\Phi}{dt} = -\int_m dm \left[I \times (\mathfrak{u} \times \mathfrak{r}) . (I \times \mathfrak{r}) - (I \times \mathfrak{r}) . (I \times (\mathfrak{u} \times \mathfrak{r})) \right],$$

woraus man leicht berechnet:

$$(9) \qquad \mathfrak{u} . \frac{d\Phi}{dt} = -\int_m dm\, \mathfrak{u} . \mathfrak{r}\, \mathfrak{u} \times \mathfrak{r} = -\mathfrak{u} . \Phi \times \mathfrak{u} = \mathfrak{u} ; \mathfrak{u} \overset{\times}{.} \Phi$$

und

$$(10) \qquad \mathfrak{u} . \frac{d\Phi}{dt} . \mathfrak{u} = 0 .$$

Aus (**1**, 268), (**3**, 268), (**4**, 268) und (**9**, 269) erhalten wir die Eulerschen Gleichungen der Kreiselbewegung:

$$(11) \qquad \left\{ \begin{aligned} A \frac{du_x}{dt} + u_y u_z (C - B) &= M_x , \\ B \frac{du_y}{dt} + u_z u_x (A - C) &= M_y , \\ C \frac{du_z}{dt} + u_x u_y (B - A) &= M_z . \end{aligned} \right.$$

Wegen der Starrheit des Körpers werden gemäß Gleichung (**7**, 262) senkrecht zur jeweiligen Drehachse Zwangskräfte auftreten, die für das Massenelement durch

$$(12) \qquad d\mathfrak{Z} = dm\, \mathfrak{N} \frac{v^2}{\varrho} = dm\, \mathfrak{u} \times \mathfrak{v} = dm\, \mathfrak{u} \times (\mathfrak{u} \times \mathfrak{r})$$

gegeben sind. Für das Moment $\mathfrak{M}'$ der diesen Zwangskräften entgegengesetzt gleichen Reaktionskräfte, der sogenannten „Zentrifugalkräfte", folgt aus (**12**, 269):

$$(13) \qquad \mathfrak{M}' = -\int_m dm\, \mathfrak{r} \times (\mathfrak{u} \times (\mathfrak{u} \times \mathfrak{r})) = \mathfrak{u} . \Phi \times \mathfrak{u} .$$

Mit Verwendung von (**13**, 269) und (**9**, 269) lautet die Bewegungsgleichung (**4**, 268):

$$(14) \qquad \Phi . \frac{d\mathfrak{u}}{dt} = \mathfrak{M} + \mathfrak{M}' .$$

Für den „kräftefreien" Kreisel bleibt also doch noch das Moment der Zentrifugalkräfte wirksam. Für diesen folgt aus (**6**, 268):

$$(15) \qquad \mathfrak{U} = \text{konst.}$$

Die durch $\mathfrak{u}$ bestimmte Drehachse und die Achsen des Trägheitsellipsoids können mit Rücksicht auf (**11**, 269) ihre Richtungen im Raume während der Bewegung nur dann beibehalten, wenn $\mathfrak{u}$ mit der Richtung einer Hauptträgheitsachse übereinstimmt; diese Achsen heißen darum auch freie Achsen. Im allgemeinen beschreiben $\mathfrak{u}$ und das Hauptachsensystem eine Nutationsbewegung. Da die Energie des kräftefreien Kreisels lediglich kinetischer Natur ist, haben wir:

$$(16) \quad L = \int_m dm \tfrac{1}{2} \mathfrak{v}^2 = \tfrac{1}{2} \int_m dm \, (\mathfrak{u} \times \mathfrak{r})^2 = \tfrac{1}{2} \, \mathfrak{u} \cdot \Phi \cdot \mathfrak{u} = \text{konst.}$$

Wegen (**6**, 268) und (**10**, 269) erhält man tatsächlich:

$$(17) \qquad \frac{dL}{dt} = 0.$$

Trägt man $\mathfrak{u}$ als Ortsvektor auf, so ist (**16**, 270) die Mittelpunktsgleichung des Energieellipsoides (Poinsot-Ellipsoid). Für $2L$ gleich Eins pflegt man es als Trägheitsellipsoid und

$$(18) \qquad \varrho_1 = \frac{1}{\sqrt{A}}, \qquad \varrho_2 = \frac{1}{\sqrt{B}}, \qquad \varrho_3 = \frac{1}{\sqrt{C}}$$

als die Trägheitsradien zu bezeichnen.

Da wir (**16**, 270) auch in der Form

$$(19) \qquad \mathfrak{u} \cdot \mathfrak{U} = 2L$$

schreiben können, worin $\mathfrak{U}$ nach (**15**, 270) raumfest bleibt, so läuft die Spitze von $\mathfrak{u}$ in einer im Raume festen (invariablen), auf $\mathfrak{U}$ senkrechten Ebene. Diese Ebene ist, wie ein Vergleich mit (**2**, 240) und (**16**, 242) lehrt, die im Durchstoßungspunkte der augenblicklichen Drehachse an das Energieellipsoid gelegte Tangentialebene. Der Mittelpunkt des Ellipsoides behält nach (**19**, 270) konstanten Abstand von der invariablen Ebene. Die Nutationen des Kreisels entstehen dadurch, daß das Energieellipsoid auf der invariablen Ebene abrollt. Die momentane Drehachse läuft durch den Berührungspunkt. Den Weg des Drehvektors (Spitze von $\mathfrak{u}$)

im Kreisel nennt man „Polhodie", sie ist eine auf dem Energieellipsoid verlaufende räumliche Kurve; den Weg des Drehvektors im Raume nennt man „Herpolhodie", sie ist eine in der invariablen Ebene verlaufende ebene Kurve.

e) Drehung um eine feste Achse

Rotiert ein starrer Körper um eine durch den Einheitsvektor $\mathfrak{e}$ charakterisierte feste Achse, so setzen wir:

$$\mathfrak{u} = \omega\, \mathfrak{e}\,. \tag{1}$$

Mit diesem Werte lautet (4, 268) mit Benützung von (9, 269)

$$\frac{d\mathfrak{U}}{dt} = \mathfrak{e} \cdot \Phi\, \frac{d\omega}{dt} - \omega^2\, \mathfrak{e} \cdot \Phi \times \mathfrak{e} = \mathfrak{M}\,, \tag{2}$$

und es folgt als einzige skalare Bewegungsgleichung:

$$\mathfrak{e} \cdot \Phi \cdot \mathfrak{e}\, \frac{d\omega}{dt} = \mathfrak{e} \cdot \mathfrak{M}\,, \tag{3}$$

während die übrigen Komponenten die Beanspruchung der Lager ergeben.

$$\mathfrak{e} \cdot \Phi \cdot \mathfrak{e} = \int\limits_m dm\, (\mathfrak{e} \times \mathfrak{r})^2 = J \tag{4}$$

heißt das Trägheitsmoment in bezug auf die feste Achse und

$$\mathfrak{e} \cdot \mathfrak{M} = \int\limits_V dV\, (\mathfrak{e} \times \mathfrak{r}) \cdot \mathfrak{F} \tag{5}$$

das Drehmoment in bezug auf die feste Achse. Bezeichnen wir die vom Schwerpunkte gezogenen Ortsvektoren durch $\mathfrak{r}'$ und die von einem anderen Bezugspunkte gezogenen durch $\mathfrak{r}$ und setzen

$$\mathfrak{r} = \mathfrak{r}' + \mathfrak{r}_0\,, \tag{6}$$

so folgt wegen

$$\int\limits_m dm\, \mathfrak{r}' = 0 \tag{7}$$

die Gleichung

$$\Phi = \int\limits_m dm\, (\mathfrak{r}^2 I - \mathfrak{r}\,;\,\mathfrak{r}) = \int\limits_m dm\, (\mathfrak{r}'^2 I - \mathfrak{r}'\,;\,\mathfrak{r}') + m\, (\mathfrak{r}_0^2 I - \mathfrak{r}_0\,;\,\mathfrak{r}_0) \tag{8}$$

und für eine feste Achse:

(9) $$J = J' + m\,(\mathfrak{e} \times \mathfrak{r}_0)^2 .$$

Dieser Satz von Steiner besagt also: Rücken wir eine feste Drehachse parallel zu sich selbst aus dem Schwerpunkt heraus, so nimmt das Trägheitsmoment um jenes der im Schwerpunkte vereinigt gedachten Gesamtmasse zu.

f) Bewegte Bezugssysteme

Da sich das System der Koordinatenachsen wie ein starrer Körper verhält, wollen wir an dieser Stelle einige Bemerkungen über bewegte Bezugssysteme und Relativbewegungen einfügen. Wir nehmen außer dem ruhenden Bezugssystem mit dem Ursprung in O und den Ortsvektoren $\mathfrak{R}$ noch ein bewegtes, dessen Ursprung O' durch $\mathfrak{R}_0$ bestimmt sei. Die von O' gezogenen Ortsvektoren bezeichnen wir mit $\mathfrak{r}$; dann ist

(1) $$\mathfrak{R} = \mathfrak{R}_0 + \mathfrak{r} .$$

Bezeichnen wir die Geschwindigkeit von O' durch $\mathfrak{v}_0$, die Winkelgeschwindigkeit des bewegten Systems durch $\mathfrak{u}$ und die vom bewegten Bezugssystem beurteilte Relativgeschwindigkeit $\mathfrak{v}_r$ durch $\frac{d'\mathfrak{r}}{dt}$, so ergibt sich aus (**1**, 272):

(2) $$\mathfrak{v} = \frac{d\mathfrak{R}}{dt} = \frac{d\mathfrak{R}_0}{dt} + \frac{d\mathfrak{r}}{dt} = \mathfrak{v}_0 + \frac{d'\mathfrak{r}}{dt} + \mathfrak{u} \times \mathfrak{r} .$$

Eine Translation, durch die Anfangs- und Endpunkt von $\mathfrak{r}$ gleichermaßen verschoben wird, ändert natürlich nichts an $\mathfrak{r}$, und da wir jeden Vektor formal als derartigen Ortsvektor auffassen können, gilt ganz allgemein:

(3) $$\frac{d\mathfrak{a}}{dt} = \frac{d'\mathfrak{a}}{dt} + \mathfrak{u} \times \mathfrak{a} .$$

Bezeichnen wir noch

(4) $$\mathfrak{v}_0 + \mathfrak{u} \times \mathfrak{r} = \mathfrak{v}_f$$

als Führungsgeschwindigkeit, so folgt:

(5) $$\mathfrak{v} = \mathfrak{v}_f + \mathfrak{v}_r .$$

In Worten: Die Absolutgeschwindigkeit $\mathfrak{v}$ ist gleich der Vektorsumme aus der Führungsgeschwindigkeit $\mathfrak{v}_f$ und der Relativgeschwindigkeit $\mathfrak{v}_r$.

Wir gehen nun zur Beschleunigung über und erhalten:

$$\frac{d\mathfrak{v}}{dt} = \frac{d\mathfrak{v}_0}{dt} + \frac{d\mathfrak{u}}{dt} \times \mathfrak{r} + \mathfrak{u} \times \frac{d\mathfrak{r}}{dt} + \frac{d\mathfrak{v}_r}{dt}\,. \tag{6}$$

Mit Benützung von (**3**, 272) geht (**6**, 273) über in die Gleichung:

$$\frac{d\mathfrak{v}}{dt} = \frac{d\mathfrak{v}_0}{dt} + \frac{d\mathfrak{u}}{dt} \times \mathfrak{r} + \mathfrak{u} \times (\mathfrak{u} \times \mathfrak{r}) + 2\,\mathfrak{u} \times \mathfrak{v}_r + \frac{d'\mathfrak{v}_r}{dt}\,. \tag{7}$$

Die Summe der drei ersten Glieder der rechten Seite pflegt man als Führungsbeschleunigung, das letzte Glied als Relativbeschleunigung, das vorletzte als Coriolisbeschleunigung zu bezeichnen.

Gleichung (**7**, 273) besagt demnach: Die Absolutbeschleunigung ist gleich der Vektorsumme aus der Führungsbeschleunigung, der Relativbeschleunigung und der Coriolisbeschleunigung. Speziell heißt noch

$$\mathfrak{u} \times (\mathfrak{u} \times \mathfrak{r}) = \mathfrak{b}_z \tag{8}$$

Zentripetalbeschleunigung. Für ein mit unserer Erde fest verbundenes Bezugssystem können wir genähert $\mathfrak{v}_0$ und $\mathfrak{u}$ als konstante Vektoren ansehen (beurteilt von dem als ruhend angenommenen Fixsternsystem). Die Grundgleichung (**14**, 229) kann dann in der Form

$$\varrho\,\frac{d'\mathfrak{v}_r}{dt} = -\varrho\,\mathfrak{u} \times (\mathfrak{u} \times \mathfrak{r}) - 2\,\varrho\,\mathfrak{u} \times \mathfrak{v}_r - \nabla \cdot \boldsymbol{\Theta} + \mathfrak{F} \tag{9}$$

geschrieben, und es können das erste und das zweite Glied der rechten Seite als Scheinkräfte, als Zentrifugalkraft und als Corioliskraft aufgefaßt werden. ϱ bedeutet hier ersichtlich wieder die Massendichte.

g) Keplerbewegung und Störungsgleichungen

Zum Schlusse dieses Kapitels wollen wir noch die vektoranalytische Form für die Bahnbestimmung der Keplerbewegung (Gibbs) und für die Lagrangeschen Störungsgleichungen (G. Jaumann „Theorie der Gravitation") kurz darstellen.

Faßt man Sonne m und Planet m' als Massenpunkte auf, so erhält man aus ihren auf den ruhenden, gemeinsamen Schwerpunkt bezogenen Gleichungen in bekannter Weise leicht die Relation:

$$\frac{d^2\mathfrak{r}}{dt^2} = -\frac{k\,(1+\mu)\,m}{r^3}\,\mathfrak{r} = -\frac{K\,\mathfrak{r}}{r^3}\,, \tag{1}$$

worin, wenn jetzt $\mathfrak{r}$ von der Sonne zum Planeten gezogen wird, die Sonne als ruhend angenommen werden kann, k die Gravitationskonstante, μ das Verhältnis m' zu m bedeutet und K durch $k\,(1+\mu)\,m$ gegeben ist. Aus (**1**, 274) erhalten wir unmittelbar:

$$\frac{d\mathfrak{v}}{dt} \times \mathfrak{r} = \frac{d(\mathfrak{v}\times\mathfrak{r})}{dt} = 0\,, \tag{2}$$

$$\mathfrak{v} \times \mathfrak{r} = \mathfrak{c}\,. \tag{3}$$

Diese Relation drückt den Flächensatz aus, die vektorische Integrationskonstante $\mathfrak{c}$ nennen wir den Flächenvektor. Weiter ergibt sich:

$$\frac{d}{dt}\left(\frac{K}{r}\,\mathfrak{r} + \mathfrak{v}\times\mathfrak{c}\right) = 0\,, \tag{4}$$

da wegen (**1**, 274)

$$\left\{\begin{aligned} \frac{d}{dt}\left(\frac{K}{r}\,\mathfrak{r}\right) &= \mathfrak{v}\,.\,\frac{d\mathfrak{v}}{dt}\,\mathfrak{r} - \mathfrak{r}\,.\,\frac{d\mathfrak{v}}{dt}\,\mathfrak{v} \\ &= -\frac{d\mathfrak{v}}{dt}\times(\mathfrak{v}\times\mathfrak{r}) = -\frac{d\mathfrak{v}}{dt}\times\mathfrak{c} \end{aligned}\right. \tag{5}$$

gilt. Aus (**4**, 274) aber folgt:

$$\frac{K}{r}\,\mathfrak{r} + \mathfrak{v}\times\mathfrak{c} + \mathfrak{f} = 0\,. \tag{6}$$

Die zweite vektorische Integrationskonstante $\mathfrak{f}$ nennen wir den Perihelvektor. Die Gleichung der Bahnkurve erhalten wir aus (**6**, 274) durch skalare Multiplikation mit $\mathfrak{r}$:

$$K\,r - \mathfrak{c}^2 + \mathfrak{f}\,.\,\mathfrak{r} = 0\,. \tag{7}$$

Setzen wir schließlich

$$\mathfrak{f}\,.\,\mathfrak{r} = -f\,r\cos\varphi\,, \tag{8}$$

so folgt, solange $\frac{f}{K} < 1$ bleibt, die (**15**, 237) entsprechende Polargleichung der Bahnellipse:

$$(9) \qquad r = \frac{\frac{c^2}{K}}{1 - \frac{f}{K} \cos \varphi} .$$

Wirkt noch eine störende Beschleunigung $\mathfrak{g}$ auf den Planeten:

$$(10) \qquad \frac{d\mathfrak{v}}{dt} = -\frac{K}{r^3}\mathfrak{r} + \mathfrak{g} ,$$

so setzt sich die Beschleunigung jetzt aus der von der Sonne herrührenden und der $\mathfrak{g}$ entsprechenden, mit $\frac{\delta \mathfrak{v}}{\delta t}$ zu bezeichnenden zusammen. Da die störende Beschleunigung unmittelbar nur die Geschwindigkeit beeinflußt, werden wir

$$(11) \qquad \frac{\delta \mathfrak{r}}{\delta t} = 0$$

setzen. Nach der Lagrangeschen Methode der Variation der Integrationskonstanten erhalten wir dann aus (**3**, 274) und (**6**, 274):

$$(12) \qquad \frac{\delta \mathfrak{c}}{\delta t} = \frac{\delta \mathfrak{v}}{\delta t} \times \mathfrak{r} = \mathfrak{g} \times \mathfrak{r} ,$$

$$(13) \qquad \frac{\delta \mathfrak{f}}{\delta t} = \frac{\delta \mathfrak{c}}{\delta t} \times \mathfrak{v} + \mathfrak{c} \times \frac{\delta \mathfrak{v}}{\delta t} = (\mathfrak{g} \times \mathfrak{r}) \times \mathfrak{v} + \mathfrak{c} \times \mathfrak{g} ,$$

und das ist die vektorische Form der Lagrangeschen Gleichungen für die Variation der Bahnelemente.

4. Anwendungen aus der Theorie der Elastizität

a) Die Deformationsdyade

Wir wollen die einzelnen Körperpunkte in bezug auf einen körper- und raumfesten Bezugspunkt vor bzw. nach der Deformation (Verzerrung) durch die Ortsvektoren $\mathfrak{r}$ bzw. $\mathfrak{r}'$ charakterisieren. Der Verschiebungsvektor ist dann ganz allgemein durch

$$(1) \qquad \mathfrak{r}' - \mathfrak{r} = \mathfrak{b}(\mathfrak{r})$$

gegeben. Fragen wir nach der Änderung des Verschiebungsvektors, wenn wir von $\mathfrak{r}$ zu Nachbarpunkten übergehen, so erhalten wir, entsprechende Differenzierbarkeit hier und in der Folge immer vorausgesetzt:

$$d\mathfrak{b} = d\mathfrak{r}' - d\mathfrak{r} = d\mathfrak{r} \,.\, \nabla \,;\, \mathfrak{b}\,, \tag{2}$$

$$d\mathfrak{r}' = d\mathfrak{r} \,.\, [I + \nabla \,;\, \mathfrak{b}] = d\mathfrak{r} \,.\, \Phi\,, \tag{3}$$

worin Φ im allgemeinen noch eine Ortsfunktion sein wird. Auf die so definierte Dyade Φ können nun alle Überlegungen Anwendung finden, die wir im 8. Kapitel des ersten Teiles unter der Bezeichnung „die Dyade als Deformationsdyade" durchgeführt haben. Auf diese Überlegungen sei der Leser hier ausdrücklich rückverwiesen. Wir erinnern insbesondere daran, daß jede Dyade als Produkt eines reinen Tensors Φ_S und eines Versors (bzw. Perversors, der aber hier nicht in Frage kommt) dargestellt werden kann:

$$\Phi = \Phi_S \,.\, X\,. \tag{4}$$

Das besagt in unserem Falle, daß $d\mathfrak{r}'$ aus $d\mathfrak{r}$ vermöge Φ_S durch Dilatationen bzw. Kompressionen nach drei bestimmten aufeinander senkrechten Richtungen und vermöge des Versors X durch eine darauffolgende Drehung hervorgeht. Den reinen Tensor Φ_S bezeichnet man als die eigentliche Deformationsdyade. Da die durch (**3**, 67) und (**5**, 68) definierten Dyaden, welche einen einfachen bzw. zusammengesetzten Schub bewirken, keine symmetrischen Dyaden, also erst recht keine reinen Tensoren sind, ist bei der durch sie bewirkten Verzerrung außer einer Deformation im eigentlichen Sinne auch noch eine Drehung im Spiele. Physikalisch bedeutsame Deformationsdyaden, wie sie durch (**3**, 276) definiert werden, müssen komplette Dyaden sein, da ein Körper nicht in eine Fläche (Ebene), ein Körperelement nicht in ein Flächenelement übergeführt werden kann.

Bezeichnet man eine Menge von Elementen oder Operationen als eine Gruppe, wenn 1. das in bestimmter Weise definierte Produkt aus je zweien wieder ein Element oder eine Operation der Gruppe ist, 2. die Produktbildung assoziativ ist, 3. ein Einheitselement existiert, das mit irgendeinem Element multipliziert, eben dieses Element ergibt (Identitätsdyade), 4. zu jedem

Element ein reziprokes gehört (reziproke Dyade) derart, daß das Produkt der beiden dem Einheitselement gleich ist, so bilden alle kompletten Dyaden (mit positivem dritten Skalar), welche, wie wir wissen, als Produkte aus reinen Tensoren und Versoren darstellbar sind, eine Gruppe. Die Produkte aus reinen Tensoren ergeben nach (**5**, 61) nur dann wieder einen reinen Tensor, wenn ihre Eigenvektoren übereinstimmen. Die reinen Tensoren für sich bilden also keine Gruppe, wohl aber die Versoren für sich. Betrachten wir die Operationen, so bilden die Drehungen eine Gruppe, die reinen Verzerrungen jedoch nicht. Auch die Translationen bilden eine Gruppe, ebenso die Translationen und Drehungen zusammengenommen (Bewegungsgruppe).

b) Der einfache Schub als Beispiel

Als ein Beispiel für die praktische Durchrechnung soll für die Dyade des einfachen Schubs, die nach (**3**, 67) die Form

$$\Phi = I + \frac{a_{32}}{a_2}\,\bar{e}_3\,;\,\bar{e}_2^*$$

hat, wofür wir einfacher

$$\Phi = I + s\,\mathfrak{j}\,;\,\mathfrak{k} \tag{1}$$

schreiben wollen, die Zerlegung in einen reinen Tensor und einen Versor vollständig durchgeführt werden. Die Zwischenrechnungen müssen allerdings dem Leser überlassen werden. Wir haben die Normalform von (**1**, 277) wirklich zu bestimmen und bilden daher gemäß (**28**, 50) bis (**32**, 51):

$$\left\{\begin{aligned} \Psi = \Phi\,.\,\Phi_c &= \mathfrak{i}\,;\,\mathfrak{i} + \mathfrak{j}\,;\,\mathfrak{j} + (s\,\mathfrak{j} + \mathfrak{k})\,;\,(s\,\mathfrak{j} + \mathfrak{k}) \\ &= a_1^2\,\bar{\mathfrak{i}}\,;\,\bar{\mathfrak{i}} + a_2^2\,\bar{\mathfrak{j}}\,;\,\bar{\mathfrak{i}} + a_3^2\,\bar{\mathfrak{k}}\,;\,\bar{\mathfrak{k}}\,, \end{aligned}\right. \tag{2}$$

worin jetzt (statt wie in den zitierten Formeln $\mathfrak{i}, \mathfrak{j}, \mathfrak{k}$) $\bar{\mathfrak{i}}, \bar{\mathfrak{j}}, \bar{\mathfrak{k}}$ das System der Eigenvektoren von Ψ bedeutet.

Aus der Säkulargleichung (**7**, 46) erhält man leicht:

$$a_1^2 = 1\,,\quad a_2^2 = \left[\frac{s}{2} + \sqrt{1 + \frac{s^2}{4}}\right]^2,\quad a_3^2 = \left[-\frac{s}{2} + \sqrt{1 + \frac{s^2}{4}}\right]^2. \tag{3}$$

Beachtet man, daß $\mathfrak{i}, \mathfrak{j}, (s\,\mathfrak{j} + \mathfrak{k})$ und $\mathfrak{i}, (\mathfrak{j} - s\,\mathfrak{k}), \mathfrak{k}$ reziproke Systeme sind, so berechnet man mittels des durch (**36**, 52) charakterisierten allgemeinen Verfahrens und mit Berücksichtigung der Relationen (**3**, 277) nach einfachen Umformungen:

$$(4)\quad \begin{cases} \mathfrak{k}\cdot\bar{\mathfrak{i}}=0\,, & \mathfrak{i}\cdot\bar{\mathfrak{j}}=0\,, & \mathfrak{i}\cdot\bar{\mathfrak{k}}=0\,, \\ \mathfrak{j}\cdot\bar{\mathfrak{i}}=0\,, & (\mathfrak{j}-a_2\,\mathfrak{k})\cdot\bar{\mathfrak{j}}=0\,, & (\mathfrak{j}+a_3\,\mathfrak{k})\cdot\bar{\mathfrak{k}}=0\,. \end{cases}$$

Aus diesen Gleichungen folgt sofort:

$$(5)\qquad \bar{\mathfrak{i}}=\mathfrak{i}\,,\qquad \bar{\mathfrak{j}}=\frac{a_2\,\mathfrak{j}+\mathfrak{k}}{\sqrt{1+a_2^2}}\,,\qquad \bar{\mathfrak{k}}=\frac{-a_3\,\mathfrak{j}+\mathfrak{k}}{\sqrt{1+a_3^2}}\,,$$

und wenn man nun gemäß (**32**, 51) (worin konsequent statt $\bar{\mathfrak{i}}, \bar{\mathfrak{j}}, \bar{\mathfrak{k}}$ das Dreibein $\bar{\bar{\mathfrak{i}}}, \bar{\bar{\mathfrak{j}}}, \bar{\bar{\mathfrak{k}}}$ geschrieben wurde)

$$(6)\qquad \Phi=I+s\,\mathfrak{j};\mathfrak{k}=a_1\,\bar{\mathfrak{i}};\bar{\bar{\mathfrak{i}}}+a_2\,\bar{\mathfrak{j}};\bar{\bar{\mathfrak{j}}}+a_3\,\bar{\mathfrak{k}};\bar{\bar{\mathfrak{k}}}$$

setzt, erhält man mittels (**37**, 52):

$$(7)\qquad \bar{\bar{\mathfrak{i}}}=\mathfrak{i}\,,\qquad \bar{\bar{\mathfrak{j}}}=\frac{\mathfrak{j}+a_2\,\mathfrak{k}}{\sqrt{1+a_2^2}}\,,\qquad \bar{\bar{\mathfrak{k}}}=\frac{-\mathfrak{j}+a_3\,\mathfrak{k}}{\sqrt{1+a_3^2}}\,.$$

Die dem einfachen Schub entsprechende Dyade zerfällt also in die den reinen Schub bewirkende symmetrische Dyade mit positiven Normalkoeffizienten

$$(8)\qquad \Phi_S=\bar{\mathfrak{i}};\bar{\mathfrak{i}}+\left(\frac{s}{2}+\sqrt{1+\frac{s^2}{4}}\right)\bar{\mathfrak{j}};\bar{\mathfrak{j}}+\left(-\frac{s}{2}+\sqrt{1+\frac{s^2}{2}}\right)\bar{\mathfrak{k}};\bar{\mathfrak{k}}$$

und in den Versor

$$(9)\qquad X=\bar{\mathfrak{i}};\bar{\bar{\mathfrak{i}}}+\bar{\mathfrak{j}};\bar{\bar{\mathfrak{j}}}+\bar{\mathfrak{k}};\bar{\bar{\mathfrak{k}}}\,.$$

Für seine vektorische Halbtangente erhalten wir aus (**9**, 278) und (**12**, 70):

$$(10)\qquad \mathfrak{q}=\frac{-s}{2\left(1+\sqrt{1+\frac{s^2}{4}}\right)}\,\mathfrak{i}=\operatorname{tg}\frac{\alpha}{2}\,\mathfrak{i}$$

und daraus schließlich:

$$(11)\qquad s=-2\operatorname{tg}\alpha\,.$$

Den Winkel α nennt man auch den Schubwinkel und

$$(12)\qquad s=a_2-a_3$$

den Betrag des Schubes.

c) Deformationsellipsoid, infinitesimale Deformationen

Kehren wir nun zu Gleichung (**3**, 276) zurück. Vorweg sei bemerkt, daß aus (**3**, 276), wenn wir uns die $d\mathfrak{r}$ durch hinreichend kleine Einheitsvektoren $\mathfrak{r}$ ersetzt denken,

(1) $$\mathfrak{r}' \,.\, \Phi^{-1} \,.\, \Phi_c^{-1} \,.\, \mathfrak{r}' = 1\,,$$

die Gleichung des „Deformationsellipsoides" (Verzerrungsellipsoides), folgt; man nennt es auch Maßellipsoid der Deformation. Die zu (**3**, 276) inverse Deformation

(2) $$\mathfrak{r}' \,.\, \Phi^{-1} = \mathfrak{r}$$

führt analog die Einheitskugel

(3) $$\mathfrak{r}' \,.\, \mathfrak{r}' = 1$$

in das reziproke Maßellipsoid

(4) $$\mathfrak{r} \,.\, \Phi \,.\, \Phi_c \,.\, \mathfrak{r} = 1$$

über.

Im folgenden wollen wir uns auf „infinitesimale Deformationen" beschränken, welche durch die Ungleichung

(5) $$\nabla\,;\mathfrak{b} \ll I$$

definiert sein sollen. Die Ungleichung (**5**, 279) bedeutet gemäß der Definitionsgleichung (**12**, 66), daß die $\nabla\,;\mathfrak{b}$ repräsentierende Ellipsoidfläche mit allen ihren linearen Dimensionen klein gegen Eins sein soll. Kleine Größen höherer Ordnung werden überall konsequent vernachlässigt. Wir können nun

(6) $$\left\{\begin{aligned} \Phi = I + \nabla\,;\mathfrak{b} &= I + \tfrac{1}{2}(\nabla\,;\mathfrak{b} + \mathfrak{b}\,;\nabla) \\ &\quad + \tfrac{1}{2}(\nabla\,;\mathfrak{b} - \mathfrak{b}\,;\nabla) \\ &\approx [I + \tfrac{1}{2}(\nabla\,;\mathfrak{b} + \mathfrak{b}\,;\nabla)] \\ &\quad .\,[I + \tfrac{1}{2}(\nabla\,;\mathfrak{b} - \mathfrak{b}\,;\nabla)] = \Phi_S \,.\, X \end{aligned}\right.$$

setzen. Da

(7) $$X \,.\, X_c = [I + \tfrac{1}{2}(\nabla\,;\mathfrak{b} - \mathfrak{b}\,;\nabla)] \,.\, [I - \tfrac{1}{2}(\nabla\,;\mathfrak{b} - \mathfrak{b}\,;\nabla)] \approx I$$

gilt, entspricht X tatsächlich einem Versor, den wir auch in der Form

(8) $$X = I - \tfrac{1}{2} I \times \operatorname{rot} \mathfrak{b}$$

schreiben können.

(9) $$\Phi_S = I + \tfrac{1}{2}(\nabla ; \mathfrak{b} + \mathfrak{b} ; \nabla) = I + \psi$$

bestimmt den reinen Tensor der durch Gleichung (**3**, 276) gegebenen Deformation. ψ bezeichnet man als Deformationsdyade im engeren Sinne und kann auch dieser, wenn ψ eine komplette Dyade ist, durch

(10) $$\mathfrak{r} . \mathfrak{r} = 1 ,$$

(11) $$\mathfrak{b} . \psi^{-1} . \psi_c^{-1} . \mathfrak{b} = 1$$

ein Maßellipsoid zuordnen. (**11**, 280) folgt unmittelbar aus (**2**, 276), wenn wir dort $d\mathfrak{b}$ und $d\mathfrak{r}$ durch die hinreichend kleinen Vektoren $\mathfrak{b}$ und $\mathfrak{r}$ ersetzen.

d) Spannungsdyade und Spannungsellipsoid

Es ist naheliegend, die durch die Deformationen bedingten elastischen Spannungen als Funktionen von ψ, und zwar im Falle infinitesimaler Deformation dem bekannten Hookeschen Gesetze gemäß als lineare Funktionen von ψ anzusehen. Die Erfahrung lehrt, daß der Zusammenhang zwischen Spannung und Deformation ein anderer ist, wenn die Deformation nur das Volumen ändert, die Form aber ungeändert läßt, wenn sie also einer Ähnlichkeitstransformation entspricht, als wenn es sich umgekehrt um Formänderungen bei konstantem Volumen, also um eine volumtreue Deformation handelt. Die Ähnlichkeitstransformation kann offenbar nur durch eine isotrope Dyade bewirkt werden. Da ferner die Volumänderung gemäß (**18**, 246) durch Φ_{III} bestimmt wird, können wir die durch einen reinen Tensor bewirkte Deformation durch

(1) $$\Phi_S = \left[\frac{1}{\sqrt[3]{\Phi_{S\,III}}}\,\Phi_S\right] . \left[\sqrt[3]{\Phi_{S\,III}}\; I\right]$$

in eine volumtreue und eine Ähnlichkeitstransformation zerlegen. Für infinitesimale Deformationen erhalten wir mit Benützung der Relation (**6**, 43):

(2) $$\Phi_{S\,III} = (I + \psi)_{III} \approx 1 + \psi_I ,$$

$$(3)\qquad \frac{1}{\sqrt[3]{\Phi_{S_{\mathrm{III}}}}}\,\Phi_S \approx I - \frac{1}{3}\,\psi_{\mathrm{I}}\,I + \psi\,,$$

$$(4)\qquad I\,\sqrt[3]{\Phi_{S_{\mathrm{III}}}} \approx (1 + \tfrac{1}{3}\,\psi_{\mathrm{I}})\,I\,.$$

Aus (**3**, 281) und (**4**, 281) gewinnen wir für die Spannungsdyade in isotropen Körpern den Ansatz:

$$(5)\qquad -\Theta = 2\,G\,(\psi - \tfrac{1}{3}\,\psi_{\mathrm{I}}\,I) + M\,\psi_{\mathrm{I}}\,I\,,$$

anders geschrieben

$$(6)\qquad -\Theta = 2\,G\,\psi + (M - \tfrac{2}{3}\,G)\,\psi_{\mathrm{I}}\,I = 2\,G\,\psi + \lambda\,\psi_{\mathrm{I}}\,I\,.$$

Die physikalische Bedeutung der skalaren Materialkonstanten G, M, λ, sowie ihr Zusammenhang mit anderen elastischen Konstanten wird sich im Verlaufe der nachfolgenden Überlegungen ergeben. Ist Θ eine komplette Dyade, so beschreiben die durch (**8**, 228) gegebenen reduzierten Spannungen

$$(7)\qquad -\mathfrak{n}\,.\,\Theta = \mathfrak{S}_{\mathfrak{n}}\,,$$

als Ortsvektoren aufgefaßt, das sogenannte Maßellipsoid der Spannungsdyade, das auch als Lamésches Spannungsellipsoid bezeichnet wird. Aus (**7**, 281) erhält man für dieses:

$$(8)\qquad \mathfrak{S}_{\mathfrak{n}}\,.\,\Theta^{-1}\,.\,\Theta^{-1}\,.\,\mathfrak{S}_{\mathfrak{n}} = 1\,.$$

Zieht man irgendeinen Vektor

$$-\mathfrak{n}'\,.\,\Theta = \mathfrak{S}'_{\mathfrak{n}}\,,$$

und bedeutet $\overline{\mathfrak{U}}$ einen Einheitsvektor senkrecht auf die Tangentialebene an das Laméschc Ellipsoid im Punkte $\mathfrak{S}'_{\mathfrak{n}}$ und A den Abstand dieser Tangentialebene vom Mittelpunkte, so folgt aus (**7**, 281), (**15**, 242), (**16**, 242):

$$(9)\qquad \overline{\mathfrak{U}} = A\,\Theta^{-1}\,.\,\Theta^{-1}\,.\,\mathfrak{S}'_{\mathfrak{n}}\,.$$

Fragen wir nun nach der reduzierten Spannung $\mathfrak{S}_{\mathfrak{n}}$ auf ein Flächenelement mit $\mathfrak{n}$ parallel zu $\overline{\mathfrak{U}}$, so stimmen die Einheitsvektoren $\mathfrak{n}$ und $\overline{\mathfrak{U}}$ überein, und wir erhalten:

$$(10)\qquad \mathfrak{S}_{\mathfrak{n}} = -\mathfrak{n}\,.\,\Theta = -\overline{\mathfrak{U}}\,.\,\Theta = -A\,\Theta^{-1}\,.\,\mathfrak{S}'_{\mathfrak{n}} = A\,\mathfrak{n}'\,.$$

Der Betrag der reduzierten Spannung $\mathfrak{S}_\mathfrak{n}$ ist also gleich der Länge des Lotes vom Mittelpunkt des Laméschen Ellipsoides auf die zu dem betreffenden Flächenelemente parallele Tangentialebene.

Das Cauchysche Spannungsellipsoid erhält man, wenn man aus (**7**, 281)

$$\frac{1}{\mathfrak{S}_n^2}\,\mathfrak{n}\cdot\Theta\cdot\Theta\cdot\mathfrak{n} = 1 \tag{11}$$

bildet.

e) Die Bewegungsgleichungen mit Berücksichtigung der elastischen Spannungen. Energiesatz

Wir wollen nun die durch (**6**, 281) definierte elastische Spannungsdyade in die Bewegungsgleichung (**14**, 229) einführen. Dabei ist zu beachten, daß die in der Zeit erfolgenden Verschiebungen $\mathfrak{b}\,(\mathfrak{r}, t)$ den einzelnen Körperpunkten durch den deren Ruhelage bestimmenden Ortsvektor $\mathfrak{r}$ zugeordnet sind. Wir werden also für die Geschwindigkeit der Körperpunkte

$$\mathfrak{v} = \frac{\partial \mathfrak{b}}{\partial t} \tag{1}$$

zu setzen haben; die lokale Fluxion steht, weil $\mathfrak{b}$ als Ortsfunktion der Ruhelage aufzufassen ist. Die Bewegungsgleichung lautet allgemein:

$$\varrho\,\frac{d\mathfrak{v}}{dt} = -\nabla\cdot\Theta + \mathfrak{F}\,. \tag{2}$$

Wie aus der Ableitung dieser Gleichung von (**12**, 229) bis (**14**, 229) hervorgeht, bezieht sich die Derivation allerdings auf die augenblicklichen, hier nach (**1**, 275) durch

$$\mathfrak{r}' = \mathfrak{r} + \mathfrak{b}\,(\mathfrak{r}, t) \tag{3}$$

bezeichneten Ortskoordinaten, während Θ vermöge $\mathfrak{b}$ als Funktion der Ruhkoordinaten, also der Koordinaten der Gleichgewichtslage des betreffenden Körperpunktes gegeben ist. Natürlich kann man die Körperpunkte grundsätzlich auch durch die Augenblickskoordinaten charakterisieren und dann Θ als Funktion von $\mathfrak{r}'$ auffassen. Nun folgt aber aus (**26**, 117):

$$(4)\qquad \nabla ; \Theta = (\nabla ; \mathfrak{r}') \cdot \frac{d}{d\mathfrak{r}'} ; \Theta = (I + \nabla ; \mathfrak{b}) \cdot \frac{d}{d\mathfrak{r}'} ; \Theta ,$$

$$(5)\qquad \nabla \cdot \Theta = \frac{d}{d\mathfrak{r}'} \cdot \Theta + (\mathfrak{b} ; \nabla) : \left(\frac{d}{d\mathfrak{r}'} ; \Theta\right) .$$

Da wir uns auf infinitesimale Deformationen beschränkt haben, und Θ nach (**6**, 281) selbst schon von der Größenordnung $(\nabla ; \mathfrak{b})$ ist, können wir das zweite Glied auf der rechten Seite von (**5**, 283) gegen das erste vernachlässigen.

Um die Energiegleichung zu erhalten, multiplizieren wir die Gleichung (**2**, 282) mit $\mathfrak{v}$ skalar und bilden das Volumintegral über den betrachteten Körper:

$$(6)\qquad \int\limits_V dV \varrho \frac{d}{dt}\left(\frac{1}{2}\mathfrak{v}^2\right) = -\int\limits_V dV\, \mathfrak{v} \cdot \nabla \cdot \Theta + \int\limits_V dV \mathfrak{F} \cdot \mathfrak{v} .$$

Setzt man nach (**3**, 227) allgemein:

$$(7)\qquad \frac{d\mathfrak{v}}{dt} = \frac{\partial \mathfrak{v}}{\partial t} + \mathfrak{v} \cdot \nabla ; \mathfrak{v} ,$$

so folgt, wie oben vorausgesetzt:

$$(8)\qquad \mathfrak{v} \cdot \frac{d\mathfrak{v}}{dt} = \frac{\partial \frac{1}{2}\mathfrak{v}^2}{\partial t} + \mathfrak{v} \cdot \nabla \left(\frac{1}{2}\mathfrak{v}^2\right) = \frac{d \frac{1}{2}\mathfrak{v}^2}{dt} .$$

In unserem speziellen Falle ist

$$(9)\qquad \frac{d \frac{1}{2}\mathfrak{v}^2}{dt} = \frac{\partial}{\partial t}\left[\frac{1}{2}\left(\frac{\partial \mathfrak{b}}{\partial t}\right)^2\right] .$$

Da

$$(10)\qquad \varrho\, dV = dm$$

das Massenelement ergibt, folgt mit Berücksichtigung des Satzes der Massenerhaltung:

$$(11)\qquad \int\limits_V dV \varrho \frac{d}{dt}\left(\frac{1}{2}\mathfrak{v}^2\right) = \frac{d}{dt}\int\limits_m dm \frac{1}{2}\mathfrak{v}^2 = \frac{\partial}{\partial t}\int\limits_m dm \frac{1}{2}\left(\frac{\partial \mathfrak{b}}{\partial t}\right)^2 ,$$

worin

$$\int\limits_m dm\,\tfrac{1}{2}\,\mathfrak{v}^2 = \int\limits_V dV\varrho\,\tfrac{1}{2}\,\mathfrak{v}^2 = L \tag{12}$$

die kinetische Energie des betrachteten Körpers von der Gesamtmasse m und hier V das Volumen, ϱ die Dichte im undeformierten Zustande bedeuten. Das erste Glied der rechten Seite von (**6**, 283) können wir umformen:

$$-\int\limits_V dV\,\mathfrak{v}\,.\,\nabla\,.\,\Theta = -\oint d\mathfrak{o}\,.\,\Theta\,.\,\mathfrak{v} + \int\limits_V dV\,\Theta : \nabla\,;\mathfrak{v}\,, \tag{13}$$

worin das Oberflächenintegral über die Oberfläche des betrachteten Körpers erstreckt werden soll. Es entspricht dann

$$A = -\oint d\mathfrak{o}\,.\,\Theta\,.\,\mathfrak{v} + \int\limits_V dV\,\mathfrak{F}\,.\,\mathfrak{v} \tag{14}$$

der gesamten pro Zeiteinheit von außen geleisteten Arbeit.

Durch Wärmeaustausch bedingte Vorgänge werden wir in der Hydrodynamik behandeln. Hier wollen wir sie außer Betracht lassen, uns also auf „adiabatische" Zustandsänderungen beschränken.

Bisher waren unsere Deduktionen allgemein gehalten, erst zur Deutung des zweiten Gliedes der rechten Seite von (**13**, 284) müssen wir spezialisieren. Berücksichtigen wir nur elastische Spannungen, sehen also insbesondere von den Erscheinungen der Zähigkeit ab, so wird nach (**9**, 280) und (**1**, 282) (für zeitlich konstante G und λ)

$$\nabla\,;\mathfrak{v} = \nabla\,;\frac{\partial\mathfrak{s}}{\partial t} = \frac{\partial}{\partial t}\nabla\,;\mathfrak{s} = \frac{\partial\psi}{\partial t} + \frac{\partial}{\partial t}\left[\frac{1}{2}(\nabla\,;\mathfrak{s} - \mathfrak{s}\,;\nabla)\right], \tag{15}$$

und daraus, da das Doppelpunktprodukt einer symmetrischen mit einer antisymmetrischen Dyade verschwindet, mit Benützung von (**6**, 281):

$$\Theta : \nabla\,;\mathfrak{v} = -\frac{\partial}{\partial t}\left[G\,\psi : \psi + \frac{\lambda}{2}\,\psi_I^2\right]. \tag{16}$$

Wird von außen keine Arbeit geleistet, so folgt aus (**6**, 283), (**12**, 284), (**13**, 284), (**14**, 284) und (**16**, 284):

$$\frac{\partial (L + W)}{\partial t} = 0\,, \tag{17}$$

wenn

$$\int_V dV \left[G\,\psi : \psi + \frac{\lambda}{2}\,\psi_{\mathrm{I}}^2\right] = W \tag{18}$$

gesetzt wird. Demnach haben wir die eindeutige Funktion des Deformationszustandes, man nennt sie auch „Verzerrungsenergiefunktion"

$$w = G\,\psi : \psi + \frac{\lambda}{2}\,\psi_{\mathrm{I}}^2 \tag{19}$$

als elastische Energiedichte anzusehen. Man bezeichnet w auch als elastisches „Potential", da mit Verwendung des in (**3**, 117) und (**13**, 118) definierten Differentialquotienten einer skalaren Funktion nach einer dyadischen Variablen sofort folgt:

$$-\frac{dw}{d\psi} = -\,[2\,G\,\psi + \lambda\,\psi_{\mathrm{I}}\,I] = \Theta\,. \tag{20}$$

Setzen wir die Volumkräfte $\mathfrak{F}$ gleich Null und

$$\Theta \cdot \mathfrak{v} = \mathfrak{s}\,, \tag{21}$$

so nennt man $\mathfrak{s}$ den „dynamischen" oder „mechanischen" Energiefluß. Es mißt ja

$$\oint d\mathfrak{o} \cdot \mathfrak{s} = \oint d\mathfrak{o} \cdot \Theta \cdot \mathfrak{v} \tag{22}$$

die insgesamt pro Zeiteinheit nach außen geleistete Arbeit, also $\mathfrak{s}$ die pro Flächen- und Zeiteinheit nach außen abwandernde mechanische Energie. Indem wir uns wieder des Gaußschen Integralsatzes bedienen, erhalten wir dann statt (**17**, 285):

$$\frac{\partial}{\partial t}\left[\frac{1}{2}\,\varrho\,\mathfrak{v}^2 + w\right] + \operatorname{div}\mathfrak{s} = 0\,. \tag{23}$$

Diese Relation bildet einen Sonderfall der allgemeinen Differentialform des Energiesatzes, deren grundsätzliche Bedeutung für jedes geschlossene System physikalischer Differentialgesetze wohl zuerst von G. Jaumann zu voller Klarheit gebracht wurde.

f) Elastostatik, Bedeutung der Moduln und Beziehungen zwischen ihnen

Vernachlässigen wir die Volumkräfte $\mathfrak{F}$ (also auch die Erdschwere), was oft statthaft ist, so herrscht Gleichgewicht, wenn an der Oberfläche die $-d\mathfrak{o}\,.\,\Theta$ ($d\mathfrak{o}$ weist hier nach innen) durch entsprechende äußere Kräfte $\mathfrak{S}_A\,df$ kompensiert werden:

$$(1)\qquad -d\mathfrak{o}\,.\,\Theta + df\,\mathfrak{S}_A = 0\,,$$

und im Inneren überall

$$(2)\qquad \nabla\,.\,\Theta = 0$$

bleibt. Beachtet man den zu (**13**, 284) analogen Zusammenhang

$$(3)\qquad -\int\limits_V dV\,\mathfrak{b}\,.\,\nabla\,.\,\Theta = -\oint d\mathfrak{o}\,.\,\Theta\,.\,\mathfrak{b} + \int\limits_V dV\,\Theta : \psi\,,$$

so erkennt man, daß die Lösung ψ durch die vorgeschriebenen $\mathfrak{S}_A$ und die Relation (**2**, 286) eindeutig bestimmt wird. Gäbe es nämlich zwei verschiedene Lösungen ψ_1 und ψ_2, so wäre, da Θ linear von ψ abhängt, auch die Differenz

$$(4)\qquad \psi = \psi_1 - \psi_2$$

eine Lösung, die zu den äußeren Kräften Null gehören würde. Für diese müßte die linke Seite von (**3**, 286) wegen (**2**, 286), das erste Glied der rechten Seite wegen der verschwindenden äußeren Kräfte zu Null werden; dann folgt:

$$(5)\qquad \int\limits_V dV\,\Theta : \psi = -\int\limits_V [2\,G\,\psi : \psi + \lambda\,\psi_{\mathrm{I}}^{2}]\,dV = 0\,.$$

Da für positive λ, G der Integrand wesentlich positiv ist, kann das Integral nur verschwinden, wenn der Integrand verschwindet, daraus aber ergibt sich

$$(6)\qquad \psi = \psi_1 - \psi_2 = 0\,,\qquad \psi_1 = \psi_2\,,$$

womit der Eindeutigkeitsbeweis erbracht wurde. Findet man also zu einem vorgegebenen Spannungszustand einen die Bedingungen (**1**, 286) und (**2**, 286) befriedigenden Deformationszustand, so ist es der einzig mögliche. Allerdings kann nicht jede beliebige, als Funktion von $\mathfrak{r}$ gegebene, symmetrische Dyade als Deformationsdyade aufgefaßt werden. Es muß ja wegen

$$(7) \qquad \psi = \tfrac{1}{2}(\nabla ; \mathfrak{b} + \mathfrak{b} ; \nabla),$$

$$(8) \qquad \psi \times \nabla = \tfrac{1}{2} \nabla ; (\mathfrak{b} \times \nabla)$$

gemäß (**1**, 147) und (**2**, 147) ein „wirbelfreies" Dyadenfeld sein, das heißt, es muß

$$(9) \qquad \nabla \times (\psi \times \nabla) \equiv (\nabla \times \psi) \times \nabla = 0$$

zutreffen. Diese dyadische Gleichung spricht die sogenannten „Kompatibilitätsbedingungen" aus, und man zeigt leicht, daß (**9**, 287) nicht nur eine notwendige, sondern auch eine hinreichende Bedingung für die Möglichkeit der Darstellung (**7**, 287) ist.

Für die folgenden Rechnungen bezeichnen wir die skalaren Maßzahlen von ψ in der Neunerform durch $\psi_{\iota\varkappa}$ und setzen:

$$(10) \qquad \mathfrak{b} = b_x \mathfrak{i} + b_y \mathfrak{j} + b_z \mathfrak{k}.$$

Es werde nun ein gerader Kreiszylinder im Achsenpunkte der oberen Fläche fest eingespannt, an der unteren Fläche parallel zu seiner Achse mit der Kraft pro Flächeneinheit

$$(11) \qquad \mathfrak{S}_A = -\frac{P}{q}\mathfrak{k}$$

gedehnt, worin P das spannende Gewicht, q den Querschnitt und $\mathfrak{k}$ einen vertikal nach aufwärts weisenden Einheitsvektor bedeuten. Schon aus Symmetriegründen werden wir dann

$$(12) \qquad \begin{cases} -\Theta = (2G\psi_{11} + \lambda\psi_{\mathrm{I}})\,\mathfrak{i};\mathfrak{i} + (2G\psi_{22} + \lambda\psi_{\mathrm{I}})\,\mathfrak{j};\mathfrak{j} \\ \qquad\qquad + (2G\psi_{33} + \lambda\psi_{\mathrm{I}})\,\mathfrak{k};\mathfrak{k} \end{cases}$$

mit

$$(13) \qquad \frac{\partial b_x}{\partial x} = \psi_{11} = \psi_{22} = \frac{\partial b_y}{\partial y}, \qquad \psi_{33} = \frac{\partial b_z}{\partial z}$$

setzen. Durch die Annahme einer konstanten Spannungsdyade wird (**2**, 286) erfüllt, und den Oberflächenbedingungen (**1**, 286) wird durch

$$(14) \qquad -\Theta \cdot \mathfrak{i} = \left[2G\frac{\partial b_x}{\partial x} + \lambda\left(\frac{\partial b_x}{\partial x} + \frac{\partial b_y}{\partial y} + \frac{\partial b_z}{\partial z}\right)\right]\mathfrak{i} = 0,$$

$$(15)\qquad -\Theta\,.\,\mathfrak{j} = \left[2\,G\,\frac{\partial b_y}{\partial y} + \lambda\left(\frac{\partial b_x}{\partial x} + \frac{\partial b_y}{\partial y} + \frac{\partial b_z}{\partial z}\right)\right]\mathfrak{j} = 0\,,$$

$$(16)\qquad -\Theta\,.\,\mathfrak{k} = \left[2\,G\,\frac{\partial b_z}{\partial z} + \lambda\left(\frac{\partial b_x}{\partial x} + \frac{\partial b_y}{\partial y} + \frac{\partial b_z}{\partial z}\right)\right]\mathfrak{k} = \frac{P}{q}\,\mathfrak{k}$$

entsprochen. Mit Rücksicht auf (**13**, 287) genügt

$$(17)\qquad -\frac{\lambda}{2\,(G+\lambda)}\,\frac{\partial b_z}{\partial z} = \frac{\partial b_x}{\partial x}$$

den beiden Relationen (**14**, 287) und (**15**, 288). (**16**, 288) kann dann in der Form

$$(18)\qquad \frac{P}{q} = G\,\frac{2\,G+3\,\lambda}{G+\lambda}\,\frac{\partial b_z}{\partial z} = E\,\frac{\partial b_z}{\partial z}$$

geschrieben werden, worin bekanntlich

$$(19)\qquad E = G\,\frac{2\,G+3\,\lambda}{G+\lambda}$$

den Dehnungsmodul (Youngschen Modul, Elastizitätsmodul) bedeutet. Nach (**17**, 288) ist

$$(20)\qquad \mu = \frac{\lambda}{2\,(\lambda+G)}$$

das Verhältnis der Querkontraktion zur Längsdilatation, die sogenannte Poissonsche Konstante.

Wirkt auf die Oberfläche eines, etwa in einer Flüssigkeit befindlichen, festen Körpers überall senkrecht zur Oberfläche der Druck p, so werden die Gleichgewichtsbedingungen durch die konstante isotrope Dyade

$$(21)\qquad \Theta = p\,I$$

mit

$$(22)\qquad p = -\,(2\,G+3\,\lambda)\,\frac{\partial b_x}{\partial x}\,,$$

$$(23)\qquad \frac{\partial b_x}{\partial x} = \frac{\partial b_y}{\partial y} = \frac{\partial b_z}{\partial z}\,,$$

und

$$(24)\qquad \psi_{12} = \psi_{23} = \psi_{31} = 0\,,$$

mit

$$(25)\qquad \psi_{12} = \frac{1}{2}\left(\frac{\partial b_y}{\partial x} + \frac{\partial b_x}{\partial y}\right);\;\ldots$$

erfüllt. Für die kubische Kompression erhalten wir nach (**18**, 246) und (**2**, 280)

$$(26)\qquad -\operatorname{div}\mathfrak{b} = 3\,\frac{p}{2\,G + 3\,\lambda} = \frac{p}{M}\,,$$

also für den Volumelastizitätsmodul:

$$(27)\qquad M = \lambda + \tfrac{2}{3}\,G\,.$$

Betrachten wir schließlich nochmals den oben eingespannten Kreiszylinder, tordieren ihn aber jetzt an seiner Unterfläche, während die Mantelfläche wieder spannungsfrei bleiben soll. Wir machen für den Gleichgewichtsfall den Ansatz:

$$(28)\qquad \mathfrak{b} = z\,\mathfrak{k} \times (x\,\mathfrak{i} + y\,\mathfrak{j})\,,$$

woraus man leicht

$$(29)\qquad \Theta = -\,G\,[\mathfrak{k}\,;\mathfrak{k} \times (x\,\mathfrak{i} + y\,\mathfrak{j}) + \mathfrak{k} \times (x\,\mathfrak{i} + y\,\mathfrak{j})\,;\mathfrak{k}]$$

berechnet. Aus (**29**, 289) folgt für das Innere und für die Mantelfläche sofort:

$$(30)\qquad \nabla\,.\,\Theta = 0\,,\qquad \Theta\,.\,(x\,\mathfrak{i} + y\,\mathfrak{j}) = 0\,,$$

wie es sein soll, und

$$(31)\qquad -\,\Theta\,.\,\mathfrak{k} = G\,\mathfrak{k} \times (x\,\mathfrak{i} + y\,\mathfrak{j}) = G\,\frac{\partial\mathfrak{b}}{\partial z}$$

für die an der Endfläche angreifenden Schubspannungen, deren Wirkung dann durch das Moment eines äußeren Kräftepaares kompensiert werden kann. Aus Gleichung (**31**, 289) liest man ab, daß G dem Schubmodul oder Torsionsmodul (Drillungsmodul, Scherungsmodul) entspricht.

g) Kristallelastizität

Handelt es sich um anisotrope Körper, so gehen wir im Falle „infinitesimaler" Deformationen von einem verallgemeinerten Hookeschen Gesetz

$$(1)\qquad -\,\Theta = \mathring{T} : \psi$$

aus. In Gleichung (**1**, 289) ist $\mathring{T}$ die elastische Materialtetrade des anisotropen Körpers, die auch Modultetrade genannt wird. Da sowohl Θ wie ψ symmetrische Dyaden sind, müssen die „Antezedenten" in $\mathring{T}$ und können deren „Konsequenten" [wegen der Bezeichnungen vgl. (**1**, 85)] als symmetrische Dyaden vorausgesetzt werden. Sollen unsere, in den

Gleichungen (**6**, 283) bis (**18**, 285) ausgesprochenen energetischen Überlegungen, entsprechend auch für anisotrope Körper durchführbar sein, so müssen wir $\mathring{T}$ selbst als symmetrische Tetrade voraussetzen. Nur dann wird ja Gleichung (**16**, 284) jetzt lauten:

$$
(2) \qquad \begin{cases} (\nabla ; \mathfrak{v}) : \Theta = \dfrac{\partial \psi}{\partial t} : \Theta = -\dfrac{\partial \psi}{\partial t} : \mathring{T} : \psi \\ \qquad = -\dfrac{\partial}{\partial t}\left[\dfrac{1}{2}\psi : \mathring{T} : \psi\right] = -\dfrac{\partial W}{\partial t}, \end{cases}
$$

worin $\mathring{T}$ wieder zeitlich konstant vorausgesetzt wurde.

Da es nicht mehr als sechs linear unabhängige symmetrische Dyaden geben kann, wird die in (**15**, 91) allgemein dargestellte Normalform einer symmetrischen Tetrade im Falle unseres $\mathring{T}$ nur aus sechs Gliedern bestehen:

$$
(3) \qquad \mathring{T} = \sum_{\lambda=1}^{6} a_\lambda \, \bar{\varphi}_\lambda ; \bar{\varphi}_\lambda .
$$

Nun ist eine symmetrische Einheitsdyade $\bar{\varphi}_1$ (Dyade vom Betrage Eins) durch fünf skalare Bestimmungsstücke gegeben, für die zweite darauf senkrechte $\bar{\varphi}_2$ bleiben nur noch vier skalare Bestimmungsstücke frei usf. Das ganze Orthogonalsystem der $\bar{\varphi}_\lambda$ wird demgemäß durch 15 Zahlenangaben bestimmt, zu denen noch die sechs Eigenwerte a_ι kommen, so daß $\mathring{T}$ im allgemeinsten Falle (Triklines System) durch 21 Zahlen gegeben ist. Schreibt man $\mathring{T}$ bezogen auf ein beliebiges Dreibein in der 21er Form, so erhält man in üblicher Schreibweise:

$$
\begin{cases}
\mathring{T} = c_{11}\,\mathfrak{i};\mathfrak{i};\mathfrak{i};\mathfrak{i} + \\
+ c_{12}[\mathfrak{i};\mathfrak{i};\mathfrak{j};\mathfrak{j}] + c_{13}[\mathfrak{i};\mathfrak{i};\mathfrak{k};\mathfrak{k}] + c_{14}\big[\mathfrak{i};\mathfrak{i};[\mathfrak{j};\mathfrak{k}]\big] + c_{15}\big[\mathfrak{i};\mathfrak{i};[\mathfrak{k};\mathfrak{i}]\big] + c_{16}\big[\mathfrak{i};\mathfrak{i};[\mathfrak{i};\mathfrak{j}] \\
+ c_{22}\,\mathfrak{j};\mathfrak{j};\mathfrak{j};\mathfrak{j} + c_{23}[\mathfrak{j};\mathfrak{j};\mathfrak{k};\mathfrak{k}] + c_{24}\big[\mathfrak{j};\mathfrak{j};[\mathfrak{j};\mathfrak{k}]\big] + c_{25}\big[\mathfrak{j};\mathfrak{j};[\mathfrak{k};\mathfrak{i}]\big] + c_{26}\big[\mathfrak{j};\mathfrak{j};[\mathfrak{i};\mathfrak{j}] \\
\qquad + c_{33}\,\mathfrak{k};\mathfrak{k};\mathfrak{k};\mathfrak{k} + c_{34}\big[\mathfrak{k};\mathfrak{k};[\mathfrak{j};\mathfrak{k}]\big] + c_{35}\big[\mathfrak{k};\mathfrak{k};[\mathfrak{k};\mathfrak{i}]\big] + c_{36}\big[\mathfrak{k};\mathfrak{k};[\mathfrak{i};\mathfrak{j}] \\
\qquad\qquad + c_{44}[\mathfrak{j};\mathfrak{k}];[\mathfrak{j};\mathfrak{k}] + c_{45}\big[[\mathfrak{j};\mathfrak{k}];[\mathfrak{k};\mathfrak{i}]\big] + c_{46}\big[[\mathfrak{j};\mathfrak{k}];[\mathfrak{i};\mathfrak{j}] \\
\qquad\qquad\qquad + c_{55}[\mathfrak{k};\mathfrak{i}];[\mathfrak{k};\mathfrak{i}] + c_{56}\big[[\mathfrak{k};\mathfrak{i}];[\mathfrak{i};\mathfrak{j}] \\
\qquad\qquad\qquad\qquad + c_{66}[\mathfrak{i};\mathfrak{j}];[\mathfrak{i};\mathfrak{j}
\end{cases}
$$

worin zur Abkürzung

$$(5)\qquad 2\,[\mathfrak{i}\,;\mathfrak{i}\,;\mathfrak{j}\,;\mathfrak{j}] = \mathfrak{i}\,;\mathfrak{i}\,;\mathfrak{j}\,;\mathfrak{j} + \mathfrak{j}\,;\mathfrak{j}\,;\mathfrak{i}\,;\mathfrak{i}\,,$$

$$(6)\qquad 2\,[\mathfrak{j}\,;\mathfrak{k}] = \mathfrak{j}\,;\mathfrak{k} + \mathfrak{k}\,;\mathfrak{j}\,,$$

$$(7)\qquad 8\big[[\mathfrak{j};\mathfrak{k}];[\mathfrak{k};\mathfrak{i}]\big] = (\mathfrak{j};\mathfrak{k}+\mathfrak{k};\mathfrak{j});(\mathfrak{k};\mathfrak{i}+\mathfrak{i};\mathfrak{k}) + (\mathfrak{k};\mathfrak{i}+\mathfrak{i};\mathfrak{k});(\mathfrak{j};\mathfrak{k}+\mathfrak{k};\mathfrak{j})$$

usf.

geschrieben wurde.

Je nach den Symmetrieeigenschaften der Kristalle müssen für die Koeffizienten $c_{\iota\varkappa}$ gewisse Relationen zutreffen. Ist die xy-Ebene Symmetrieebene, so darf sich $\mathring{T}$ nicht ändern, wenn wir $\mathfrak{k}$ durch $-\mathfrak{k}$ ersetzen. Diese Voraussetzung hat also das Verschwinden der Koeffizienten jener Glieder in (**4**, 290) zur Folge, in welchen $\mathfrak{k}$ einmal oder dreimal als Faktor auftritt, somit:

$$(8)\qquad c_{14} = c_{15} = c_{24} = c_{25} = c_{34} = c_{35} = c_{46} = c_{56} = 0\,.$$

Dieselben Bedingungen ergeben sich auch, wenn $\mathfrak{k}$ eine zweizählige Symmetrieachse ist, wenn also der gleichzeitige Vorzeichenwechsel von $\mathfrak{i}$ und $\mathfrak{j}$ ohne Einfluß auf $\mathring{T}$ bleiben muß. Im Falle der Gleichung (**8**, 291) wird also $\mathring{T}$ schon durch 13 Konstante bestimmt (monoklines System).

Ist $\mathfrak{k}$ eine vierzählige Symmetrieachse, so muß $\mathring{T}$ auch dann ungeändert bleiben, wenn $\mathfrak{i}$ in $\mathfrak{j}$ und gleichzeitig $\mathfrak{j}$ in $-\mathfrak{i}$ übergeht. Dementsprechend müssen außer den Gleichungen (**8**, 291), die xy-Ebene bleibt Symmetrieebene, noch die Relationen

$$(9)\qquad \begin{cases} c_{36} = c_{45} = 0\,, \\ c_{11} = c_{22}\,, \quad c_{13} = c_{23}\,, \quad c_{44} = c_{55}\,, \quad c_{26} = -c_{16} \end{cases}$$

bestehen. Jetzt sind nur noch 7 Konstanten verfügbar (tetragonales System).

Bedeutet $\mathfrak{k}$ eine dreizählige Symmetrieachse, so setzt man:

$$(10)\qquad \mathfrak{e}_1 = \frac{\sqrt{3}}{2}\,\mathfrak{j} - \frac{1}{2}\,\mathfrak{i}\,, \qquad \mathfrak{e}_2 = -\frac{\sqrt{3}}{2}\,\mathfrak{j} - \frac{1}{2}\,\mathfrak{i}\,,$$

also

$$\mathfrak{j} = \frac{\mathfrak{e}_1 - \mathfrak{e}_2}{\sqrt{3}}$$

und beachtet, daß nun $\mathring{T}$ ungeändert bleiben muß, wenn gleichzeitig

(11) $\qquad \mathfrak{i}$ in $\mathfrak{e}_1$, $\qquad \mathfrak{e}_1$ in $\mathfrak{e}_2$, $\qquad \mathfrak{e}_2$ in $\mathfrak{i}$,

beziehungsweise

(12) $\qquad \mathfrak{i}$ in $\frac{\sqrt{3}}{2}\mathfrak{j} - \frac{1}{2}\mathfrak{i}$ und $\mathfrak{j}$ in $-\frac{\sqrt{3}}{2}\mathfrak{i} - \frac{1}{2}\mathfrak{j}$

übergeht. Es folgen dann für die $c_{\iota\varkappa}$ die Bedingungsgleichungen:

(13) $$c_{16} = c_{26} = c_{34} = c_{35} = c_{36} = c_{45} = 0\,,$$

(14) $$c_{11} = c_{22}\,,\quad c_{13} = c_{23}\,,\quad c_{44} = c_{55}\,,\quad c_{66} = 2\,(c_{11} - \tfrac{1}{2}c_{12})\,,$$

(15) $$c_{14} = -c_{24} = \tfrac{1}{2}c_{56}\,,\qquad -c_{15} = c_{25} = \tfrac{1}{2}c_{46}\,.$$

Verfügbar bleiben wieder sieben Konstanten (trigonal-polares System). [Vergleiche auch im folgenden (**22**, 294) und (**23**, 294)!]

Für jede andere Zähligkeit der Symmetrieachse $\mathfrak{k}$ bleiben die Bedingungen (**13**, 292) und (**14**, 292) erhalten, es müssen aber auch noch die in (**15**, 292) stehenden Koeffizienten verschwinden, die xy-Ebene ist wieder Symmetrieebene. In diesem Falle wird $\mathring{T}$ schon durch fünf Konstanten bestimmt (z. B. hexagonales System).

Existiert noch eine zu $\mathfrak{k}$ senkrechte zweizählige Achse, als welche wir etwa die $\mathfrak{i}$-Achse wählen können, ist also die yz-Ebene Symmetrieebene, so folgt aus (**8**, 291), indem dort die Indizes 1 und 3, sowie 4 und 6 vertauscht werden:

(16) $$c_{36} = c_{35} = c_{26} = c_{25} = c_{16} = c_{15} = c_{46} = c_{45} = 0\,.$$

Sind solche „digonale" Achsen senkrecht zur Hauptachse vorhanden, so heißt die Symmetrie „holoaxial".

Ist die Hauptachse n-zählig, so gibt es außer der einen immer noch $n-1$ weitere, zur Hauptachse senkrechte, digonale Achsen. Die soeben aufgestellte Behauptung beweist man leicht mittels der Relationen (**21**, 71) und (**25**, 71) über Biquadrantversoren, die ja, für sich genommen, Drehungen um 180° bewirken. Eine Drehung um $\frac{2\pi}{n}$ in bezug auf die $\mathfrak{k}$-Achse wird durch den Versor

(17) $$X_1 = (2\,\mathfrak{e}\,;\,\mathfrak{e} - I)\,.\,(2\,\mathfrak{i}\,;\,\mathfrak{i} - I)$$

bewirkt, wenn der Einheitsvektor $\mathfrak{e}$ in der $x\,y$-Ebene um $\frac{\pi}{n}$ gegen $\mathfrak{i}$ verdreht ist. Kombiniert man X_1 mit dem Biquadrantversor um die $\mathfrak{i}$-Achse, der ja einer digonalen Achse entspricht, so folgt:

(18) $X_2 = (2\mathfrak{e}\,;\,\mathfrak{e} - I)\,.\,(2\mathfrak{i}\,;\,\mathfrak{i} - I)\,.\,(2\mathfrak{i}\,;\,\mathfrak{i} - I) = (2\mathfrak{e}\,;\,\mathfrak{e} - I)\,.$

Das Ergebnis ist ein Biquadrantversor um die $\mathfrak{e}$-Achse. Da sich dieser Schluß von der $\mathfrak{e}$ statt von der $\mathfrak{i}$-Achse ausgehend entsprechend wiederholen läßt usf., ist der geforderte Beweis erbracht.

Ein Vergleich von (**16**, 292) mit (**8**, 291), (**9**, 291) bzw. mit (**13**, 292) bis (**15**, 292) zeigt, daß bei zweizähliger, also digonaler, holoaxialer Symmetrie (rhombisches System) neun Konstanten, bei tetragonal-holoaxialer bzw. trigonal-holoaxialer Symmetrie sechs Konstanten verfügbar bleiben. Im kubischen System sind $\mathfrak{i}$, $\mathfrak{j}$, $\mathfrak{k}$ vierzählige Symmetrieachsen, für die Koeffizienten folgt daraus:

(19) $c_{11} = c_{22} = c_{33}\,, \qquad c_{12} = c_{13} = c_{23}\,, \qquad c_{44} = c_{55} = c_{66}\,,$

während alle übrigen Koeffizienten verschwinden müssen. Im kubischen System wird demnach die Modultetrade schon durch drei Zahlen bestimmt.

Wir wollen uns hier noch daran erinnern, daß nach (**17**, 70) die vektorische Halbtangente für einen Quadrantversor gleich dem Einheitsvektor in der Achsenrichtung ist. Setzen wir im obigen Falle je zwei Drehungen um 90° zusammen, so erhalten wir mit Benützung von (**27**, 71):

$$(20)\quad \left\{\begin{aligned} \mathfrak{q}_1 &= \mathfrak{i} + \mathfrak{j} + \mathfrak{j} \times \mathfrak{i} = \mathfrak{i} + \mathfrak{j} - \mathfrak{k} \\ \mathfrak{q}_2 &= \mathfrak{j} + \mathfrak{k} + \mathfrak{k} \times \mathfrak{j} = \mathfrak{j} + \mathfrak{k} - \mathfrak{i} \\ \mathfrak{q}_3 &= \mathfrak{k} + \mathfrak{i} + \mathfrak{i} \times \mathfrak{k} = \mathfrak{k} + \mathfrak{i} - \mathfrak{j} \\ \mathfrak{q}_4 &= \mathfrak{i} + \mathfrak{k} + \mathfrak{k} \times \mathfrak{i} = \mathfrak{i} + \mathfrak{k} + \mathfrak{j} \end{aligned}\right.$$

$$(21)\qquad |\mathfrak{q}_1| = |\mathfrak{q}_2| = |\mathfrak{q}_3| = |\mathfrak{q}_4| = \operatorname{tg}\frac{\alpha}{2} = \sqrt{3}\,,$$

also

$$\alpha = 120^0\,.$$

Aus der Existenz der drei vierzähligen Achsen folgt also, daß im kubischen System die vier Würfeldiagonalen dreizählige

Achsen sein müssen. Bei dieser Gelegenheit sei auf eine besonders übersichtliche Ableitung der Tatsache hingewiesen, daß eine dreizählige Symmetrieachse sieben Konstanten verfügbar läßt. Man wähle diese Symmetrieachse parallel zu $\mathfrak{q}_4$ in (**20**, 293). Es ist dann zunächst um $\mathfrak{i}$ und dann um $\mathfrak{k}$ um je 90° zu drehen, das bedeutet: $\mathring{T}$ muß ungeändert bleiben, wenn

$$\mathfrak{i} \text{ in } \mathfrak{j}\,, \qquad \mathfrak{j} \text{ in } \mathfrak{k}\,, \qquad \mathfrak{k} \text{ in } \mathfrak{i} \tag{22}$$

übergeht, also bei einer zyklischen Vertauschung der Koordinatenachsen. Diese Forderung verlangt die Gleichheit von je drei Koeffizienten:

$$c_{11} = c_{22} = c_{33}\,, \qquad c_{12} = c_{13} = c_{23}\,, \qquad \ldots \tag{23}$$

Da 21 durch 3 gleich 7 ist, bleiben tatsächlich sieben Konstanten verfügbar.

Wir greifen auf die charakteristische Zerlegung (**21**, 89) der Tetrade zurück und setzen:

$$\begin{cases} -\Theta = \mathring{T} : \psi = (\mathring{T} - \frac{1}{3}\,\mathring{T} : I\,;\,I) : \psi \\ \qquad\qquad + \frac{1}{3}\,\mathring{T} : I\,;\,I : \psi = \mathring{T}' : \psi + \Phi\,\psi_I\,. \end{cases} \tag{24}$$

Da die symmetrische Dyade die Zerlegung

$$\psi = (\psi - \tfrac{1}{3}\,\psi_I\,I) + \tfrac{1}{3}\,\psi_I\,I \tag{25}$$

in irreduzible Teile gestattet und

$$\mathring{T}' : I = 0 \tag{26}$$

ist, können wir statt (**24**, 294) auch schreiben:

$$-\vartheta = \mathring{T}' : (\psi - \tfrac{1}{3}\,\psi_I\,I) + \Phi\,\psi_I\,. \tag{27}$$

Damit ist gezeigt, daß die Spannungsdyade auch in Kristallen automatisch in zwei Teile zerfällt, von denen der eine vom volumgetreuen, der andere vom formgetreuen Anteile der Deformation bedingt wird. Die Relationen (**24**, 294) gehen in die Relationen (**5**, 281) bzw. (**6**, 281) über, wenn wir

$$\mathring{T} = 2G\mathring{I} + \lambda I\,;I = 2G\,(\mathring{I} - \tfrac{1}{3}\,I\,;I) + M\,I\,;I \tag{28}$$

setzen. Da $\mathring{T}$ nach (**4**, 290) symmetrische Antezedenten- und Konsequentendyaden besitzen soll, werden wir folgerichtig auch (**28**, 294) in der Form:

$$(29) \qquad \mathring{T} = G\,(\mathring{I}_{\iota\varkappa\lambda\mu} + \mathring{I}_{\iota\varkappa\mu\lambda}) + \lambda\, I\,;\, I$$

zu schreiben haben. Dieser Ansatz ist aber gegenüber beliebigen Drehungen des Koordinatensystems invariant, so daß wir mit ihm zum isotropen Körper zurückgelangt sind.

Beachtet man noch, daß schon wenn zwei aufeinander senkrechte dreizählige Achsen, etwa $\mathfrak{k}$ und $\mathfrak{i}$, vorhanden sind, also zu den Bedingungen (**13**, 292) bis (**15**, 292) noch jene treten, die man aus diesen durch den Indextausch 1 und 3 bzw. 4 und 6 erhält, nur mehr die beiden Koeffizienten c_{11} und c_{12} verfügbar bleiben und die Modultetrade in

$$(30) \qquad \mathring{T} = \tfrac{1}{2}\,(c_{11} - \tfrac{1}{2}\,c_{12})\,(\mathring{I}_{\iota\varkappa\lambda\mu} + \mathring{I}_{\iota\varkappa\mu\lambda}) + \tfrac{1}{2}\,c_{12}\, I\,;\, I$$

übergeht, so erkennt man, daß die zweikonstantige Modultetrade die allgemeinste ist, welche zwei aufeinander senkrechten trigonalen Drehungen gegenüber, also erst recht beliebigen Drehungen gegenüber, invariant bleiben kann. Da ψ eine symmetrische Dyade ist, folgt aus (**30**, 295) mit Rücksicht auf (**6**, 87):

$$(31) \qquad -\Theta = (c_{11} - \tfrac{1}{2}\,c_{12})\,\psi + \tfrac{1}{2}\,c_{12}\,\psi_{I}\, I\,,$$

also:

$$(32) \qquad c_{11} - \tfrac{1}{2}\,c_{12} = 2G\,, \qquad \tfrac{1}{2}\,c_{12} = \lambda\,.$$

h) Elastische Wellen in Kristallen

Die Bewegungsgleichung (**2**, 282) lautet im Kristall für eine räumlich konstante Modultetrade und $\mathfrak{F} = 0$:

$$(1) \qquad \varrho\,\frac{\partial^2 \mathfrak{b}}{\partial t^2} - \nabla\cdot(\mathring{T}:\psi) = 0\,.$$

Integrieren wir diese Gleichung durch eine ebene Welle, machen also in der üblichen komplexen Schreibweise den Ansatz:

$$(2) \qquad \mathfrak{b} = \mathfrak{b}_0\, e^{i\,(\mathfrak{q}\cdot\mathfrak{r} - \omega t)}\,,$$

worin $\mathfrak{b}_0$ die vektorische Schwingungsamplitude, die hier reell vorausgesetzt werden kann, ω die Kreisfrequenz und

$$\mathfrak{q} = \frac{2\pi}{\lambda}\,\mathfrak{n} \tag{3}$$

den Ausbreitungsvektor bedeutet. $\mathfrak{n}$ ist ein Einheitsvektor in der Richtung der Wellennormale und λ die Wellenlänge. Mit Rücksicht auf die Bedeutung von ψ und die allgemeine Gestalt von $\mathring{T}$ gemäß (**3**, 290) oder (**4**, 290) folgt aus (**1**, 295) und (**2**, 295):

$$[\varrho\,\omega^2 I - \mathfrak{q}\,.\,\mathring{T}\,.\,\mathfrak{q}]\,.\,\mathfrak{b}_0 = 0\,. \tag{4}$$

Da wir uns $\mathfrak{n}$ in (**3**, 296) vorgegeben denken, ist

$$\mathfrak{n}\,.\,\mathring{T}\,.\,\mathfrak{n} = a_1\,\mathfrak{i}\,;\mathfrak{i} + a_2\,\mathfrak{j}\,;\mathfrak{j} + a_3\,\mathfrak{k}\,;\mathfrak{k} \tag{5}$$

eine bestimmte, hier in ihrer Normalform angesetzte Dyade. Es entspricht dann (**4**, 296):

$$\left\{\begin{aligned}&[(\varrho\,\omega^2 - q^2 a_1)\,\mathfrak{i}\,;\mathfrak{i} + (\varrho\,\omega^2 - q^2 a_2)\,\mathfrak{j}\,;\mathfrak{j}\\ &\qquad + (\varrho\,\omega^2 - q^2 a_3)\,\mathfrak{k}\,;\mathfrak{k}]\,.\,\mathfrak{b}_0 = 0\,,\end{aligned}\right. \tag{6}$$

welche Relation ersichtlich für die drei Werte

$$q^2 = \begin{cases} \dfrac{\varrho\,\omega^2}{a_1} & \text{und} \quad \mathfrak{b}_0 \parallel \mathfrak{i}\,, \\[1ex] \dfrac{\varrho\,\omega^2}{a_2} & \text{und} \quad \mathfrak{b}_0 \parallel \mathfrak{j}\,, \\[1ex] \dfrac{\varrho\,\omega^2}{a_3} & \text{und} \quad \mathfrak{b}_0 \parallel \mathfrak{k} \end{cases} \tag{7}$$

erfüllt wird. Für jede Wellennormale $\mathfrak{n}$ gibt es also im allgemeinen drei Wellengeschwindigkeiten q_1, q_2, q_3, zu denen drei aufeinander senkrechte Verschiebungsvektoren gehören.

Hat die Modultetrade die spezielle Form:

$$\mathring{T} = A\,I\,;I - \tfrac{1}{2}\,\Phi \overset{\times}{\times} (\mathring{I}_{\iota\varkappa\lambda\mu} + \mathring{I}_{\iota\varkappa\mu\lambda})\,, \tag{8}$$

worin A eine konstante Zahl und Φ eine konstante symmetrische Dyade bedeutet, so ist, wie wir gleich zeigen werden, die eine Welle eine reine Longitudinalwelle (Kompressionswelle):

$$\mathfrak{b}_{01} \parallel \mathfrak{q} \parallel \mathfrak{n}\,, \tag{9}$$

und die beiden anderen Wellen müssen dann reine Transversalwellen (Schiebungswellen):

$$\mathfrak{b}_{02} \cdot \mathfrak{n} = \mathfrak{b}_{03} \cdot \mathfrak{n} = 0 \tag{10}$$

sein.

Bedeutet η irgendeine Dyade, so erhalten wir zunächst mit Benützung von (**6**, 87) und (**26**, 42):

$$\begin{cases} \mathring{T} : \eta = A\, \eta_I\, I - \Phi \overset{\times}{\times} \tfrac{1}{2} (\eta + \eta_c) \\ \quad = A\, \eta_I\, I - \tfrac{1}{2} (\eta \overset{\times}{\times} \Phi) : (\mathring{I}_{\iota\varkappa\lambda\mu} + \mathring{I}_{\iota\varkappa\mu\lambda}) = \eta : \mathring{T}. \end{cases} \tag{11}$$

Aus (**11**, 297) lesen wir mit Berücksichtigung von (**16**, 41) ab: $\mathring{T}$ ist eine symmetrische Tetrade mit symmetrischen Antezedenten- und Konsequentendyaden, wie es nach unserem allgemeinen Ansatze (**4**, 290) sein soll.

Mit Benützung von (**4**, 87) und (**7**, 87) bzw. (**16**, 88) folgt aus (**8**, 296):

$$\mathfrak{n} \cdot \mathring{T} \cdot \mathfrak{n} = A\, \mathfrak{n}\,;\mathfrak{n} + \tfrac{1}{2}\, \Phi \overset{\times}{\times} \mathfrak{n}\,;\mathfrak{n}\,. \tag{12}$$

Das zweite Glied in (**12**, 297) ist eine symmetrische planare Dyade, deren Ebene auf $\mathfrak{n}$ senkrecht steht. Ein Vergleich von (**12**, 297) mit (**5**, 296) und (**7**, 296) lehrt, daß die Relationen (**9**, 296) und (**10**, 297) tatsächlich, und zwar für beliebige Richtungen $\mathfrak{n}$ zutreffen. Diese Überlegungen gehen auf Green zurück. Für isotrope Körper folgt aus (**29**, 295):

$$\mathfrak{n} \cdot \mathring{T} \cdot \mathfrak{n} = (G + \lambda)\, \mathfrak{n}\,;\mathfrak{n} + G I = (\lambda + 2G)\, \mathfrak{n}\,;\mathfrak{n} + G I \overset{\times}{\times} \mathfrak{n}\,;\mathfrak{n}\,. \tag{13}$$

Bezeichnen wir die Fortpflanzungsgeschwindigkeit der Longitudinal- bzw. der Transversalwellen durch v_l bzw. v_t, so erhalten wir aus (**3**, 296), (**7**, 296), (**5**, 296) und (**13**, 297):

$$v_l = \frac{\omega}{q_l} = \sqrt{\frac{\lambda + 2G}{\varrho}} \qquad v_t = \frac{\omega}{q_t} = \sqrt{\frac{G}{\varrho}}\,. \tag{14}$$

i) Bestimmung der elastischen Konstanten in Kristallen (Cl. Schaefer, L. Bergmann)

Die Ausbreitung elastischer Wellen in Kristallen ist von besonderem Interesse im Hinblick auf das Schaefer-Bergmannsche Verfahren zur Bestimmung der elastischen Konstanten.

Nach der Theorie von Raman und Nagendra Nath soll eine Beugung mit merklicher Intensität nur stattfinden, wenn das Licht annähernd parallel zur Wellenfront die Schallwelle durchsetzt, wenn also $\mathfrak{q}$ annähernd senkrecht auf der optischen Durchstrahlungsrichtung $\mathfrak{e}$ steht (Fig. 31). Für das abgebeugte Licht muß formal die Braggsche Beziehung

$$2\,\lambda \sin\vartheta = 4\pi\, \mathfrak{q}^{-1}.\, \mathfrak{e} = \lambda' \tag{1}$$

gelten, worin λ' die Lichtwellenlänge im Inneren (in der Figur auch außerhalb) des Kristalles bedeutet. Gemäß (**1**, 298) beschränkt

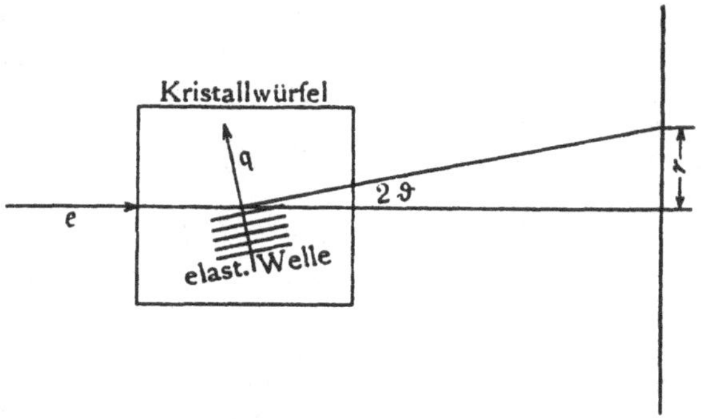

Fig. 31. Schaefer-Bergmannsche Beugungsbilder

man sich auf Spektren erster Ordnung, was mit Rücksicht auf die in der beugenden Schallwelle praktisch sinusförmige Dichteverteilung zulässig ist. Dafür nimmt die Theorie von Fues und Ludloff in guter Übereinstimmung mit der Erfahrung an, daß in dem schwingenden Körper eine große Anzahl von dreidimensionalen Raumgittern vorhanden ist. Da die Randbedingungen des schwingenden Körpers ohne Einfluß sind, kann man als Eigenschwingungen die sämtlichen ebenen Wellen ansehen, die in beliebiger Richtung den Kristall durchsetzen.

Bilden wir den dritten Skalar von der in (**4**, 296) eingeklammerten Dyade und setzen ihn gleich Null, wodurch die zur Erfüllbarkeit der Gleichung (**4**, 296) nötige Planarität der gesamten Dyade gesichert wird, so ergibt sich für $\mathfrak{q}$ eine

Gleichung sechsten Grades. In der speziellen Darstellung der Relation (**6**, 296) lautet diese Gleichung:

(2) $$(\varrho\,\omega^2 - q^2 a_1)(\varrho\,\omega^2 - q^2 a_2)(\varrho\,\omega^2 - q^2 a_3) = 0\,,$$

worin a_1, a_2, a_3 natürlich noch Funktionen von $\mathfrak{n}$ sind. Berechnet man zu jedem $\mathfrak{n}$ die zugehörigen Werte von q und trägt die Vektoren $\mathfrak{q}^{-1}$ als Ortsvektoren auf, so ergibt sich die im allgemeinen aus drei Mänteln bestehende Formfrequenzfläche. Die Schnittfiguren dieser Fläche mit der durch (**1**, 298) definierten Ebene zeichnen jene Werte von $\mathfrak{q}^{-1}$ aus, die für die Beugungsfigur bei festgegebenem $\mathfrak{e}$ und λ' in Betracht kommen. Da der „Glanzwinkel" ϑ klein vorausgesetzt wird, können wir genähert $\mathfrak{q}^{-1}$ senkrecht auf $\mathfrak{e}$ voraussetzen. Da die auf einem senkrecht zu $\mathfrak{e}$ aufgestellten Schirme beobachtete Beugungsfigur (auch bei gebrochenem Interferenzstrahl) genähert durch eine mit 2ϑ proportionale Größe bestimmt sein wird, erhalten wir für die auf dem Schirme vom Durchstoßungspunkte des ungebeugten Lichtstrahles in der Richtung von $\mathfrak{q}^{-1}$ gemessenen Radialabstände mit Benützung von (**1**, 298):

(3) $$r \sim 2\vartheta \sim \frac{\lambda'}{\lambda} \sim q\,.$$

Um ein Beispiel zu haben, untersuchen wir einen Kristall des rhombischen Systems (etwa Baryt). Es treten dann zu den Relationen (**8**, 291) noch jene, welche man aus ihnen durch den Indextausch 1 und 3 sowie 4 und 6 erhält (**16**, 292), und es folgt

(4) $$\left\{\begin{aligned} \mathring{T} = {} & c_{11}\,\mathfrak{i};\mathfrak{i};\mathfrak{i};\mathfrak{i} + c_{12}[\mathfrak{i};\mathfrak{i};\mathfrak{j};\mathfrak{j}] + c_{13}[\mathfrak{i};\mathfrak{i};\mathfrak{k};\mathfrak{k}] \\ & + c_{22}\,\mathfrak{j};\mathfrak{j};\mathfrak{j};\mathfrak{j} + c_{23}[\mathfrak{j};\mathfrak{j};\mathfrak{k};\mathfrak{k}] + c_{33}\,\mathfrak{k};\mathfrak{k};\mathfrak{k};\mathfrak{k} \\ & + c_{44}[\mathfrak{j};\mathfrak{k}];[\mathfrak{j};\mathfrak{k}] + c_{55}[\mathfrak{k};\mathfrak{i}];[\mathfrak{k};\mathfrak{i}] + c_{66}[\mathfrak{i};\mathfrak{j}];[\mathfrak{i};\mathfrak{j}]\,. \end{aligned}\right.$$

Wählen wir die Durchstrahlungsrichtung parallel zu $\mathfrak{i}$, so muß $\mathfrak{q}^{-1}$ in der $\mathfrak{j}$, $\mathfrak{k}$-Ebene liegen. Wir erhalten mit

$$\mathfrak{n} = \alpha\,\mathfrak{j} + \beta\,\mathfrak{k} \quad \text{und} \quad \alpha^2 + \beta^2 = 1$$

die Gleichung:

(5) $$\left\{\begin{aligned} \mathfrak{n}\cdot\mathring{T}\cdot\mathfrak{n} = {} & \alpha^2\left[c_{22}\,\mathfrak{j};\mathfrak{j} + \frac{c_{44}}{4}\,\mathfrak{k};\mathfrak{k} + \frac{c_{66}}{4}\,\mathfrak{i};\mathfrak{i}\right] \\ & + \beta^2\left[c_{33}\,\mathfrak{k};\mathfrak{k} + \frac{c_{44}}{4}\,\mathfrak{j};\mathfrak{j} + \frac{c_{55}}{4}\,\mathfrak{i};\mathfrak{i}\right] \\ & + \alpha\beta\left[c_{23}[\mathfrak{j};\mathfrak{k}] + \frac{c_{44}}{2}[\mathfrak{j};\mathfrak{k}]\right]. \end{aligned}\right.$$

Für $\mathfrak{b}_0 \,||\, \mathfrak{i}$ erhalten wir reine Transversalwellen, die keinerlei Dichteänderungen bewirken und auf das optische Beugungsphänomen ohne Einfluß sind. Setzen wir den von $\mathfrak{j}$ und $\mathfrak{k}$ abhängenden Anteil obiger Dyade in der Normalform an:

$$(6)\quad \begin{cases} A\,(\varepsilon_1 \mathfrak{j} + \varepsilon_2 \mathfrak{k})\,;\,(\varepsilon_1 \mathfrak{j} + \varepsilon_2 \mathfrak{k}) \\ \qquad + B\,(\varepsilon_2 \mathfrak{j} - \varepsilon_1 \mathfrak{k})\,;\,(\varepsilon_2 \mathfrak{j} - \varepsilon_1 \mathfrak{k}) = (\varepsilon_1^2 A + \varepsilon_2^2 B)\,\mathfrak{j}\,;\,\mathfrak{j} \\ \qquad + (\varepsilon_2^2 A + \varepsilon_1^2 B)\,\mathfrak{k}\,;\,\mathfrak{k} + 2\,\varepsilon_1\,\varepsilon_2\,(A - B)\,[\mathfrak{j}\,;\,\mathfrak{k}]\,, \end{cases}$$

worin wieder

$$\varepsilon_1^2 + \varepsilon_2^2 = 1$$

zutreffen muß, so gestattet ein Vergleich von (**5**, 299) und (**6**, 300) die Berechnung von ε_1, A und B. Man findet, daß im allgemeinen ε_1 und ε_2 ungleich α und β herauskommen und somit beide Wellen

$$(7)\qquad \mathfrak{b}_0 \,||\, \varepsilon_1 \mathfrak{j} + \varepsilon_2 \mathfrak{k} \qquad \text{und} \qquad \mathfrak{b}_0 \,||\, \varepsilon_2 \mathfrak{j} - \varepsilon_1 \mathfrak{k}$$

longitudinale Anteile besitzen.

Da $\mathfrak{q}$ in der Richtung von $\mathfrak{j}$ durch $\alpha = 1$ und $\beta = 0$ bestimmt ist, in diesem Falle aber (**5**, 296) und (**5**, 299)

$$(8)\qquad a_2 = c_{22}\,, \qquad a_3 = \frac{c_{44}}{4}$$

ergeben, folgt aus (**7**, 296) und (**3**, 299) für die parallel zu $\mathfrak{j}$ liegenden Radialabstände der Interferenzfigur:

$$(9)\qquad r_2(\mathfrak{j}) \sim \frac{1}{\sqrt{c_{22}}}\,, \qquad r_3(\mathfrak{j}) \sim \frac{1}{\sqrt{c_{44}}}\,.$$

Ganz analog erhält man für die parallel zu $\mathfrak{k}$ liegenden Abstände mit $\alpha = 0$ und $\beta = 1$:

$$(10)\qquad r_2(\mathfrak{k}) \sim \frac{1}{\sqrt{c_{44}}}\,, \qquad r_3(\mathfrak{k}) \sim \frac{1}{\sqrt{c_{33}}}\,.$$

Nimmt man noch die unter 45° gegen $\mathfrak{j}$ und $\mathfrak{k}$ geneigten Radialabstände hinzu, so erhält man auch c_{23}. Man wird in diesem Falle A und B aus (**5**, 299) und (**6**, 300) unter der Voraussetzung $\alpha^2 = \beta^2 = \frac{1}{2}$ tatsächlich ausrechnen müssen, was der Leser zur

Übung selbst durchführen wolle. Zur Ermittlung von c_{23} genügt dann schon die Bestimmung des Verhältnisses:

$$(11)\quad \begin{cases} \dfrac{r_3^2 - r_2^2}{r_3^2 + r_2^2} \sim \dfrac{\dfrac{1}{B} - \dfrac{1}{A}}{\dfrac{1}{B} + \dfrac{1}{A}} = \dfrac{A - B}{A + B} \\ \qquad = \dfrac{\sqrt{\left(c_{23} + \dfrac{c_{44}}{2}\right)^2 + \left(c_{22} - c_{33}\right)^2}}{c_{22} + c_{33} + \dfrac{c_{44}}{2}} \end{cases}$$

Die übrigen Koeffizienten der Modultetrade ergeben sich entsprechend, wenn wir nacheinander als optische Durchstrahlungsrichtung statt der $\mathfrak{i}$-Achse, die $\mathfrak{j}$-Achse bzw. die $\mathfrak{k}$-Achse wählen.

k) Oberflächenwellen

Als letztes Beispiel dieses Kapitels behandeln wir noch den Fall der Oberflächenwellen, der unter anderem für die Ausbreitung von Erschütterungswellen (Erdbebenwellen) von grundsätzlicher Bedeutung ist.

Wir betrachten den unendlich ausgedehnten Halbraum unterhalb der x, y-Ebene als homogenen, isotropen, elastischen Festkörper. In der x, y-Ebene soll dauernd die Randbedingung

$$(1)\qquad \Theta \cdot \mathfrak{k} = 0$$

erfüllt sein; wir vernachlässigen also den Einfluß des Luftdruckes auf die Oberfläche des Festkörpers. Aus (**14**, 297) kennen wir die Werte von v_l und v_t bzw. von q_l und q_t für ebene Longitudinal- bzw. Transversalwellen. Von den drei parallel zur Oberfläche, also etwa parallel zu $\mathfrak{i}$ fortschreitenden ebenen Wellen ist aber lediglich die eine Transversalwelle

$$(2)\qquad \mathfrak{q}_t \parallel \mathfrak{i} \quad \text{und} \quad \mathfrak{b}_0 \parallel \mathfrak{j}$$

mit der Randbedingung (**1**, 301) verträglich.

Als Oberflächenwellen bezeichnet man solche, deren Amplitude in der Tiefe rasch abnimmt. Wir machen dementsprechend den Ansatz:

$$(3)\qquad \mathfrak{b} = \mathfrak{b}_1\, e^{i(\mathfrak{q}_1 \cdot \mathfrak{r} - \omega t)} + \mathfrak{b}_2\, e^{i(\mathfrak{q}_2 \cdot \mathfrak{r} - \omega t)},$$

worin

$$(4)\quad \begin{cases} \mathfrak{q}_1 = q\,\mathfrak{i} - i\,\alpha\,\mathfrak{k} = \dfrac{\mathfrak{b}_1}{B_1} \\[2ex] \mathfrak{q}_2 = q\,\mathfrak{i} - i\,\beta\,\mathfrak{k} = \dfrac{\mathfrak{b}_2 \times \mathfrak{j}}{B_2} \end{cases}$$

gilt. Diese Ansätze genügen der Bewegungsgleichung

$$(5)\qquad \varrho\,\frac{\partial^2 \mathfrak{b}}{\partial t^2} = G\,\nabla\cdot\nabla\,;\mathfrak{b} + (G+\lambda)\,\nabla\,\nabla\cdot\mathfrak{b}\,,$$

wenn die beiden Gleichungen

$$(6)\qquad \varrho\,\omega^2 = (2G+\lambda)\,(q^2-\alpha^2) = G\,(q^2-\beta^2)$$

zutreffen.

Ein Vergleich mit (**14**, 297) lehrt, daß die Fortpflanzungsgeschwindigkeit dieser Oberflächenwellen noch kleiner ist, als jene der Transversalwellen.

Da für $z=0$

$$\mathfrak{q}_1\cdot\mathfrak{r} = \mathfrak{q}_2\cdot\mathfrak{r}$$

wird, lautet (**1**, 301):

$$(7)\quad G\,(\mathfrak{b}_1\,\mathfrak{q}_1\cdot\mathfrak{k} + \mathfrak{q}_1\,\mathfrak{b}_1\cdot\mathfrak{k}) + \lambda\,\mathfrak{b}_1\cdot\mathfrak{q}_1\,\mathfrak{k} + G\,(\mathfrak{b}_2\,\mathfrak{q}_2\cdot\mathfrak{k} + \mathfrak{q}_2\,\mathfrak{b}_2\cdot\mathfrak{k}) = 0.$$

Berücksichtigen wir die Ansätze (**4**, 302) und nehmen noch:

$$(8)\qquad \mathfrak{b}_2\cdot\mathfrak{j} = 0 \qquad \text{also} \qquad \mathfrak{b}_2 = -\,B_2\,(i\,\beta\,\mathfrak{i} + q\,\mathfrak{k})\,,$$

so verschwindet die $\mathfrak{j}$-Komponente von (**7**, 302), die $\mathfrak{i}$-Komponente liefert:

$$(9)\qquad B_2 = -\,B_1\,\frac{2\,i\,\alpha\,q}{q^2+\beta^2}\,,$$

und aus der $\mathfrak{k}$-Komponente folgt:

$$(10)\qquad B_1\,\lambda\,(q^2-\alpha^2) - B_1\,2\,G\,\alpha^2 + B_2\,2\,i\,\beta\,q\,G = 0\,.$$

Setzen wir B_2 aus (**9**, 302) in (**10**, 302) ein, so erhalten wir:

$$(11)\qquad \lambda\,(q^2-\alpha^2) - 2\,G\,\alpha^2 + G\,\frac{4\,\alpha\,\beta\,q^2}{q^2+\beta^2} = 0\,.$$

Nun dividieren wir (**11**, 302) durch q^2 und führen mit Benützung von (**6**, 302)

$$(12)\quad \begin{cases} \nu^2 = 1 - \dfrac{\alpha^2}{q^2} = \dfrac{\varrho\,\omega^2}{q^2\,(2\,G + \lambda)} = \dfrac{G}{2\,G + \lambda}\,\dfrac{\varrho\,\omega^2}{q^2\,G} \\ \qquad = \dfrac{G}{2\,G + \lambda}\left(1 - \dfrac{\beta^2}{q^2}\right), \end{cases}$$

$$(13)\quad \frac{\alpha^2}{q^2} = 1 - \nu^2, \qquad \frac{\beta^2}{q^2} = 1 - \frac{2\,G + \lambda}{G}\,\nu^2$$

ein. Die Gleichung (**11**, 302) nimmt dann die Form an:

$$(14)\quad \lambda\,\nu^2 - 2\,G\,(1 - \nu^2) + 4\,G\,\frac{\sqrt{(1 - \nu^2)\left(1 - \dfrac{2\,G + \lambda}{G}\,\nu^2\right)}}{2 - \dfrac{2\,G + \lambda}{G}\,\nu^2} = 0\,.$$

Schreiben wir noch zur Abkürzung und mit Verwendung von (**20**, 288):

$$(15)\quad \varepsilon = \frac{2\,G + \lambda}{G} = \frac{2\,(1 - \mu)}{1 - 2\,\mu}\,,$$

so geht (**14**, 303) nach Division durch G und Quadrierung in

$$(16)\quad (2 - \varepsilon\,\nu^2)^4 = 16\,(1 - \nu^2)\,(1 - \varepsilon\,\nu^2)$$

über. Aus (**16**, 303) erhalten wir explizit:

$$(17)\quad \begin{cases} (\varepsilon\,\nu^2)^3 - 8\,(\varepsilon\,\nu^2)^2 + \left[8 + 16\left(1 - \dfrac{1}{\varepsilon}\right)\right](\varepsilon\,\nu^2) \\ \qquad - 16\left(1 - \dfrac{1}{\varepsilon}\right) = 0\,. \end{cases}$$

Da die Poissonsche Konstante μ zwischen 0 und $\frac{1}{2}$ liegt, bleibt

$$(18)\quad 1 - \frac{1}{\varepsilon} > 0\,.$$

Demgemäß hat die linke Seite von (**17**, 303), als Funktion $f(\varepsilon\,\nu^2)$ aufgefaßt, die Werte

$$(19)\quad f(0) < 0\,, \qquad f(1) = 1\,.$$

In dem Intervall

$$0 < \varepsilon\,\nu^2 < 1$$

liegt eine Wurzel von (**17**, 303) und man kann auch leicht zeigen, daß es die einzige reelle Wurzel dieser Gleichung ist. Für μ gleich $\frac{1}{4}$

erhält man beispielsweise aus (**14**, 297), (**6**, 302), (**13**, 303) und (**15**, 303):

$$\varepsilon\, \nu^2 = 0{,}8453 = \left(\frac{v_0}{v_t}\right)^2, \tag{20}$$

worin v_0 die Fortpflanzungsgeschwindigkeit der Oberflächenwellen bedeutet. Da (**20**, 304) bei bekannten Werten von ω, G, ϱ auch q^2 bestimmt, erhält man aus (**13**, 303) dann α und β, und zwar ergibt sich:

$$\frac{\alpha}{q} = 0{,}8475\,, \qquad \frac{\beta}{q} = 0{,}3933\,. \tag{21}$$

Schreiben wir den Realteil des komplexen Ansatzes (**3**, 301) als eigentliche Lösung hin, wobei auch (**8**, 302) und (**9**, 302) zu berücksichtigen sind, so erhalten wir für reelles B_1:

$$\left\{\begin{aligned} \mathfrak{b} = q B_1 \Bigg[& \left(e^{\alpha z} - \frac{2\,\frac{\alpha}{q}\,\frac{\beta}{q}}{1+\left(\frac{\beta}{q}\right)^2}\, e^{\beta z}\right) \cos(q\,x - \omega\,t)\,\mathfrak{i} \\ & + \left(\frac{\alpha}{q}\, e^{\alpha z} - \frac{2\,\frac{\alpha}{q}}{1+\left(\frac{\beta}{q}\right)^2}\, e^{\beta z}\right) \sin(q\,x - \omega\,t)\,\mathfrak{k} \Bigg]. \end{aligned}\right. \tag{22}$$

Ein Vergleich von (**22**, 304) mit (**4**, 235) lehrt uns, daß die Spitze des Verschiebungsvektors jedes durch die Ruhekoordinaten x, z charakterisierten materiellen Teilchens eine Ellipse mit den Hauptachsenrichtungen $\mathfrak{i}$ und $\mathfrak{k}$ beschreibt.

Mit den Zahlen von (**21**, 304) werden die Halbachsen proportional zu

$$e^{-\alpha|z|}\,(1 - 0{,}5773\, e^{(\alpha-\beta)|z|}) \qquad \text{bzw.} \qquad e^{-\alpha|z|}\,(1 - 1{,}732\, e^{(\alpha-\beta)|z|})$$

Der Betrag der horizontalen Halbachse geht also mit zunehmendem $|z|$ vorerst durch den Wert Null, während der Betrag der vertikalen Halbachse, nach Überschreiten eines Maximums, monoton abnimmt.

Nicht unerwähnt soll bleiben, daß die Berücksichtigung der Oberflächenwellen auf Kristallen für die Ausdehnung der Schaefer-Bergmannschen Methode zur Bestimmung der Modultetrade auf undurchsichtige Kristalle von entscheidender Bedeutung geworden ist.

5. Anwendungen aus der theoretischen Hydrodynamik

a) Lagrangesche Gleichungen der Hydrodynamik

Bei den elastischen Festkörpern haben wir die elastisch an ihre Gleichgewichtslagen gebundenen Materieteilchen in sachgemäßer Weise durch deren Ruhkoordinaten charakterisiert. Rein formal können wir das für Flüssigkeiten natürlich ebenso machen; im Gegensatze zu den Festkörpern gibt es aber bei den Flüssigkeiten keine festen Gleichgewichtslagen. Setzen wir, wie in (**1**, 275) wieder:

(1) $$\mathfrak{r}' = \mathfrak{r} + \mathfrak{b}\,(\mathfrak{r}, t)\,,$$

so bestimmt $\mathfrak{r}$ lediglich die Anfangslage der materiellen Punkte, und wir dürfen nicht mehr voraussetzen, daß $\mathfrak{b}$ und $\nabla\,;\,\mathfrak{b}$ kleine Größen bleiben.

Spezialisieren wir die im ersten Kapitel dieses Teiles aufgestellte allgemeine Bewegungsgleichung (**14**, 229) für vollkommene Flüssigkeiten, in denen keine Schubspannungen auftreten, benützen also die Relation (**9**, 228) und bezeichnen jetzt, abweichend von der Gleichung (**14**, 229), die augenblicklichen Koordinaten des betreffenden Körperpunktes gemäß (**1**, 305) durch $\mathfrak{r}'$, so erhalten wir:

(2) $$\varrho\,\frac{d\mathfrak{v}}{dt} + \frac{dp}{d\mathfrak{r}'} = \mathfrak{F}\,.$$

Bezeichnen wir noch die auf die Masseneinheit bezogene Kraft mit

(3) $$\mathfrak{K} = \frac{1}{\varrho}\,\mathfrak{F}\,,$$

so ergibt die Umrechnung auf $\mathfrak{r}$, t als unabhängige Variablen, wenn wir die Relation (**24**, 116)

(4) $$\nabla\,p = (\nabla\,;\,\mathfrak{r}')\cdot\frac{dp}{d\mathfrak{r}'}$$

benützen:

(5) $$(\nabla\,;\,\mathfrak{r}')\cdot\left(\frac{\partial^2\mathfrak{b}}{\partial t^2} - \mathfrak{K}\right) + \frac{1}{\varrho}\,\nabla\,p = 0$$

Das ist die nach Lagrange benannte Form der hydrodynamischen Gleichung. Nimmt ein bestimmtes Massenelement zu Anfang ein Volumen dV und zu irgendeiner späteren Zeit das Volumen dV' ein — die nötigen Stetigkeitseigenschaften werden vorausgesetzt —, so verlangt das physikalische Gesetz der Massenerhaltung:

(6) $$\varrho\, dV = \varrho'\, dV' ,$$

worin ϱ und ϱ' die entsprechenden Massendichten bezeichnen.

Wie in (3, 276) können wir auch jetzt

(7) $$d\mathfrak{r}' = d\mathfrak{r} \,.\, \nabla \,;\, \mathfrak{r}'$$

setzen und erhalten dann gemäß (18, 246):

(8) $$dV' = dV\, (\nabla \,;\, \mathfrak{r}')_{III} \,.$$

Diese Relation in (6, 306) eingesetzt, liefert die Lagrangesche Form der „Kontinuitätsgleichung“:

(9) $$\varrho = \varrho'\, (\nabla \,;\, \mathfrak{r}')_{III} \,.$$

b) Eulersche Gleichungen der Hydrodynamik

In der Regel wählt man als unabhängige Variable die Zeit und die augenblicklichen Koordinaten des betreffenden Körperpunktes, die wir von nun an wieder durch $\mathfrak{r}$ und nicht mehr durch $\mathfrak{r}'$ charakterisieren wollen. Dann nimmt (2, 305) die Form an:

(1) $$\varrho \frac{d\mathfrak{v}}{dt} + \nabla p = \mathfrak{F}$$

oder

(2) $$\frac{d\mathfrak{v}}{dt} + \frac{1}{\varrho} \nabla p = \mathfrak{K} \,.$$

Dies ist Eulers hydrodynamische Gleichung.

Die Massenbilanz drückt sich, wie man wohl unmittelbar erkennt, für einen beliebigen Raumteil V in der Gleichung

(3) $$\int\limits_V dV \frac{\partial \varrho}{\partial t} = -\oint d\mathfrak{o} \,.\, \mathfrak{v}\, \varrho$$

aus. Die rechte Seite von (3, 306) ergibt ja die durch die Oberfläche dieses Raumteiles pro Zeiteinheit insgesamt mehr einals ausströmende Masse. Mit Verwendung des Gaußschen Integralsatzes erhalten wir:

$$\int\limits_V dV \left[\frac{\partial \varrho}{\partial t} + \operatorname{div}(\varrho\, \mathfrak{v})\right] = 0\,, \tag{4}$$

und da diese Gleichung für beliebige V zutreffen soll:

$$\frac{\partial \varrho}{\partial t} + \operatorname{div}(\varrho\, \mathfrak{v}) = 0 \tag{5}$$

oder auch:

$$\frac{d\varrho}{dt} + \varrho \operatorname{div} \mathfrak{v} = 0\,. \tag{6}$$

Die Gleichungen (**5**, 307) oder (**6**, 307) bezeichnet man als Kontinuitätsgleichung (oder auch als Dichtegleichung).

c) Differentialform des Energiesatzes

Jeder Erhaltungssatz ergibt eine Differentialgleichung von der Form der Dichtegleichung für die betreffende Zustandsgröße bzw. Zustandsfunktion.

Für den Energiesatz haben wir das schon in einem Sonderfall in Gleichung (**23**, 285) gezeigt.

Wir wollen die Differentialform des Energiesatzes nochmals ganz allgemein herleiten. Es soll jetzt w die gesamte Energiedichte und $\mathfrak{s}'$ den gesamten Energiefluß, also die gesamte Energie bedeuten, die an dem betreffenden Ortszeitpunkte pro Zeiteinheit durch die senkrecht zur Strömungsrichtung der Energie gelegte Flächeneinheit geht. Für irgendein bestimmt begrenztes Volumen V besagt dann der Energieerhaltungssatz:

$$\int\limits_V dV \frac{\partial w}{\partial t} = -\oint d\mathfrak{o} \cdot \mathfrak{s}'\,, \tag{1}$$

wenn die Oberflächennormale wieder in üblicher Weise nach außen positiv gezählt wird. Mit Benützung des Gaußschen Satzes folgt:

$$\int\limits_V dV \left[\frac{\partial w}{\partial t} + \operatorname{div} \mathfrak{s}'\right] = 0\,, \tag{2}$$

und, da diese Relation für beliebige Volumina zutreffen soll:

$$\frac{\partial w}{\partial t} + \operatorname{div} \mathfrak{s}' = 0\,. \tag{3}$$

Da wir jetzt im Gegensatze zu den Voraussetzungen der Gleichung (**23**, 285) alle Zustandsgrößen auf die augenblicklichen Koordinaten beziehen, müssen wir im Energieflusse auch die von der bewegten Materie konvektiv mitgeführte Energie $w\,\mathfrak{v}$ berücksichtigen. Wir setzen dementsprechend:

$$\mathfrak{s}' = w\,\mathfrak{v} + \mathfrak{s}\,, \tag{4}$$

$$\frac{\partial w}{\partial t} + \operatorname{div}(w\,\mathfrak{v}) + \operatorname{div} \mathfrak{s} = 0\,. \tag{5}$$

Es ist lehrreich, (**5**, 308) zu errechnen, indem man den Energiesatz, also auch die betreffenden Volumintegrale, zunächst nicht auf ein bestimmtes Volumen, sondern auf einen irgendwie kenntlich gemachten bestimmten Materieteil von der Gesamtmasse m bezieht. Da $\frac{w}{\varrho}$ die auf die Masseneinheit entfallende Energie ist, lautet der Energieerhaltungssatz in diesem Falle:

$$\frac{d}{dt}\int\limits_m dm\left(\frac{w}{\varrho}\right) = -\oint d\mathfrak{o}\,.\,\mathfrak{s}\,. \tag{6}$$

Weil nun die einzelnen Massenelemente dm sich, vom mitbewegten Beobachter beurteilt, nicht ändern, erhalten wir, wenn wir noch (**6**, 307) benützen:

$$\left\{\begin{aligned} \frac{d}{dt}\int\limits_m dm\left(\frac{w}{\varrho}\right) &= \int\limits_m dm\,\frac{1}{\varrho}\left[\frac{dw}{dt} - \frac{w}{\varrho}\,\frac{d\varrho}{dt}\right] \\ &= \int\limits_V dV\left[\frac{dw}{dt} + w\operatorname{div}\mathfrak{v}\right]. \end{aligned}\right. \tag{7}$$

Gehen wir mit (**7**, 308) in die Gleichung (**6**, 308), so erhalten wir schließlich:

$$\int\limits_V dV\left[\frac{\partial w}{\partial t} + \operatorname{div}(w\,\mathfrak{v}) + \operatorname{div}\mathfrak{s}\right] = 0\,. \tag{8}$$

In der Gleichung (**7**, 308) haben wir von der Definition der Dichte

$$\varrho = \frac{dm}{dV} \tag{9}$$

Gebrauch gemacht. Aus Gleichung (**8**, 308) folgt wieder unmittelbar (**5**, 308). Gelegentlich bezeichnet man

$$(10) \qquad \frac{dw}{dt} + w \operatorname{div} \mathfrak{v} = \frac{\partial w}{\partial t} + \operatorname{div}(w\,\mathfrak{v}) = \frac{\delta w}{\delta t}$$

als „materielle“ Fluxion der skalaren Funktion w. Name und rechnerische Bedeutung dieser Fluxion ergibt sich unmittelbar aus Gleichung (**7**, 308).

Man beachte, daß bei dieser Fluxion die Regeln für das Differenzieren eines Produktes oder einer Funktion nicht zutreffen. Es ist also z. B.:

$$(11) \qquad \frac{\delta(w_1 w_2)}{\delta t} \neq w_2 \frac{\delta w_1}{\delta t} + w_1 \frac{\delta w_2}{\delta t}.$$

Der Grund dafür liegt, wie aus (**7**, 308) ersichtlich, darin, daß nicht $\frac{\delta w}{\delta t}$, sondern erst das über ein veränderliches Volumen genommene Volumintegral $\int_V dV \frac{\delta w}{\delta t}$ als Ableitung definiert ist oder, anders formuliert, daß es sich zunächst nicht um eine Fluxion von w, sondern von $\frac{w}{\varrho}$ handelt.

d) Berücksichtigung von Reibungswärme und Wärmeleitung

Wir wollen nun in (**2**, 306) $\mathfrak{K}$ speziell als Vektorsumme aus der Kraft der Erdschwere $-\mathfrak{g}$ und einer Reibungskraft $-\mathfrak{R}$ annehmen. $\mathfrak{g}$ bedeutet einen vertikal nach aufwärts weisenden Vektor vom Betrage der Beschleunigung der Erdschwere g (die wir hier als Konstante behandeln wollen), die Höhenkoordinate sei h. Die Bewegungsgleichung lautet dann:

$$(1) \qquad \frac{d\mathfrak{v}}{dt} + \frac{1}{\varrho}\nabla p + \mathfrak{g} + \mathfrak{R} = 0.$$

Multiplizieren wir diese auf die Masseneinheit bezogene Gleichung mit $\mathfrak{v}$ skalar und integrieren über die betrachtete Masse m, so erhalten wir:

$$(2) \qquad \frac{d}{dt}\int_m dm \left[\frac{1}{2}\mathfrak{v}^2 + g\,h\right] + \int_m \frac{dm}{\varrho}\,\mathfrak{v}\cdot\nabla p + \int_m dm\,\mathfrak{v}\cdot\mathfrak{R} = 0.$$

Das erste Integral ist ersichtlich die Summe aus kinetischer Energie und potentieller Energie der Erdschwere der betrachteten Masse. Das letzte Integral entspricht der pro Zeiteinheit durch Reibung produzierten Wärme:

$$\int_m dm\, \mathfrak{v} \,.\, \mathfrak{R} = \frac{d'\overline{\overline{Q}}}{dt}\,. \tag{3}$$

Der Strich am Differentialzeichen soll andeuten, daß es sich in diesem Falle nicht um den Differentialquotienten einer eindeutigen Zustandsfunktion handelt.

Das zweite Integral (2, 309) können wir wie folgt umformen:

$$\int_m \frac{dm}{\varrho}\, \mathfrak{v} \,.\, \nabla p = \int_V dV\, \mathfrak{v} \,.\, \nabla p = \oint d\mathfrak{o} \,.\, \mathfrak{v} p - \int_V dV p \operatorname{div} \mathfrak{v}\,. \tag{4}$$

Auch wenn wir vorerst von Reibungskräften noch absehen, also

$$\frac{d'\overline{\overline{Q}}}{dt} = 0$$

setzen, so entspricht (2, 309) nur dann der kompletten Energiegleichung, wenn wir uns auf adiabatische Zustandsänderungen, das heißt auf solche, bei denen jeder Wärmeaustausch vermieden wird, beschränken. In diesem Falle ist p lediglich Funktion von ϱ, und wir erhalten:

$$-\int_V dV p \operatorname{div} \mathfrak{v} = \int_m dm \frac{p}{\varrho^2} \frac{d\varrho}{dt} = \frac{d}{dt} \int_m dm\, u(\varrho) = \frac{dU}{dt}, \tag{5}$$

worin U die gesamte innere Energie der betrachteten Substanz bedeutet.

Für nicht adiabatische Zustandsänderungen kann natürlich durch irgendeine andere Einschränkung, z. B. im Falle von isothermen Vorgängen (d. h. solchen bei konstanter Temperatur), p formal wieder zu einer Funktion von ϱ allein gemacht werden. Die Aufstellung einer korrekten Energiegleichung erfordert dann aber notwendigerweise die Berücksichtigung des Wärmeaustausches.

Bei der Behandlung der elastischen Festkörper haben wir uns, wie erwähnt, auf adiabatische Vorgänge beschränkt.

Wir wollen nun allgemeiner voraussetzen, daß die innere Energie pro Masseneinheit $u\,(\varrho, T)$ auch noch explizit Funktion der absoluten Temperatur T sei.

Dann folgt:

$$\frac{dU}{dt} = \int\limits_m dm \left(\frac{\partial u}{\partial \varrho} \frac{d\varrho}{dt} + \frac{\partial u}{\partial T} \frac{dT}{dt} \right). \tag{6}$$

Bezeichnen wir hier die Gesamtenergie durch

$$W = \int\limits_m dm \left(\tfrac{1}{2} \mathfrak{v}^2 + g\,h + u\,(\varrho, T) \right), \tag{7}$$

so folgt aus (**2**, 309), (**3**, 310) und (**4**, 310):

$$\left\{ \begin{aligned} & \frac{dW}{dt} + \oint d\mathfrak{o} \,.\, (\mathfrak{v}\,p) \\ & \quad + \int\limits_m dm \left[\left(\frac{p}{\varrho^2} - \frac{\partial u}{\partial \varrho} \right) \frac{d\varrho}{dt} - \frac{\partial u}{\partial T} \frac{dT}{dt} \right] + \frac{d'\overline{\overline{Q}}}{dt} = 0 \,. \end{aligned} \right. \tag{8}$$

Gleichung (**8**, 311) geht in die komplette Energiegleichung über, wenn wir

$$\frac{\partial u}{\partial T} \frac{dT}{dt} + \left(\frac{p}{\varrho} - \varrho \frac{\partial u}{\partial \varrho} \right) \operatorname{div} \mathfrak{v} - \mathfrak{v} \,.\, \mathfrak{R} + \frac{1}{\varrho} \operatorname{div} \mathfrak{q} = 0 \tag{9}$$

fordern, worin $\mathfrak{q}$ einen neuen Energiefluß, und zwar hier den der Wärmeleitung

$$\mathfrak{q} = -\lambda \nabla T \tag{10}$$

(λ = Wärmeleitvermögen) bedeutet.

Die durch obige Forderung, welche die Erfüllung des Energiesatzes sichert, gewonnene Gleichung (**9**, 311) — wir wollen sie die „Wärmegleichung" nennen — bestimmt die totale Fluxion der absoluten Temperatur.

Hier und in der Folge wird natürlich stets vorausgesetzt, daß alle Energieformen jeweils in gleichen Maßeinheiten gemessen werden.

Bezeichnen wir noch die von außen pro Zeiteinheit zugeführte Wärme durch

$$\frac{d'\overline{Q}}{dt} = -\int\limits_m \frac{dm}{\varrho} \operatorname{div} \mathfrak{q}, \tag{11}$$

das spezifische Volumen in üblicher Weise durch

(12) $$v = \frac{1}{\varrho},$$

so rechnet man (9, 311) leicht in die bekannte „Energiegleichung der Thermodynamik" um:

(13) $$du + p\,dv = d'\bar{q} + d'\bar{\bar{q}} = d'q.$$

Man sieht so auch, daß man und warum man in dieser Energiegleichung die Reibungswärme als zugeführte Wärme in Rechnung zu setzen hat.

Ersetzt man in (9, 311) die innere Energie pro Masseneinheit u vermöge der Relation

(14) $$\varrho\,u = u'$$

durch die innere Energie pro Volumeinheit u', so nimmt (9, 311) die Gestalt an:

(15) $$\frac{\partial u'}{\partial T}\,\frac{dT}{dt} + \left(p + u' - \varrho\,\frac{\partial u'}{\partial \varrho}\right)\operatorname{div}\mathfrak{v} - \varrho\,\mathfrak{v}\,.\,\mathfrak{R} + \operatorname{div}\mathfrak{q} = 0\,.$$

Der Leser möge zur Übung nun umgekehrt aus den „Differentialgesetzen" (6, 307), (1, 309) und (15, 312) die Differentialform des Energiesatzes ableiten. Ein System von Differentialgesetzen, das diese Ableitung gestattet, nennt G. Jaumann ein energetisch geschlossenes.

Für ein solches System ist das Zutreffen des Energieerhaltungssatzes allgemein, das heißt ohne Rücksicht auf spezielle Anfangs- und Randwerte der Zustandsvariablen sichergestellt.

e) Differentialform des Entropiesatzes

Wir gehen nun zur „Differentialform des Entropiesatzes" über, die zuerst von G. Jaumann und von E. Lohr scharf herausgearbeitet wurde.

Bedeutet s' bzw. s die Entropie pro Volumeinheit bzw. pro Masseneinheit, $\mathfrak{S}$ die pro Zeiteinheit durch die Flächeneinheit tretende Entropie, also den „Entropiefluß" und J^2 eine wesentlich positive skalare Zustandsfunktion, so folgt aus der Differentialgleichung

(1) $$\frac{\delta s}{\delta t} + \operatorname{div}\mathfrak{S} - J^2 = 0$$

für jedes beliebige Körpersystem:

$$\frac{d}{dt}\int\limits_m dm\, s + \oint d\mathfrak{o}\,.\,\mathfrak{S} - \int\limits_m \frac{dm}{\varrho} J^2 = 0\,. \tag{2}$$

Ist das betrachtete Körpersystem entropisch abgeschlossen:

$$\oint d\mathfrak{o}\,.\,\mathfrak{S} = 0\,, \tag{3}$$

so kann in diesem System gemäß (**2**, 313) die gesamte Entropie mit der Zeit nicht abnehmen, sie wird wachsen, wenn J^2 ungleich Null ist. Umkehrbare Prozesse sind demnach durch

$$J^2 = 0 \tag{4}$$

charakterisiert.

Der Übergang zur Differentialform wird besonders durchsichtig, wenn wir uns erinnern, daß in Gleichung (**13**, 312) $d'q$ für umkehrbare Prozesse, also bei verschwindender Reibungswärme, die absolute Temperatur T zum integrierenden Nenner hat:

$$ds = \frac{d'q}{T} = \frac{du + p\,dv}{T}\,. \tag{5}$$

Wir multiplizieren dementsprechend (**15**, 312) mit $\frac{1}{T}$ und setzen:

$$\frac{1}{T}\,\frac{\partial u'}{\partial T} = \frac{\partial s'}{\partial T}\,. \tag{6}$$

Da die Entropie explizit von T und ϱ, aber explizit nicht von $\mathfrak{v}$ abhängt, multiplizieren wir nur (**6**, 307) noch mit $\frac{\partial s'}{\partial \varrho}$ und addieren die so erhaltenen beiden Gleichungen; es folgt, wenn wir $\mathfrak{q}$ durch (**10**, 311) bestimmen:

$$\left\{\begin{aligned} &\frac{ds'}{dt} + \left[\frac{p + u' - \varrho\frac{\partial u'}{\partial \varrho}}{T} + \varrho\,\frac{\partial s'}{\partial \varrho}\right] \operatorname{div}\mathfrak{v} \\ &\qquad - \frac{\varrho\,\mathfrak{v}\,.\,\mathfrak{R}}{T} - \frac{\lambda}{T^2}(\nabla T)^2 + \operatorname{div}\left(-\frac{\lambda}{T}\nabla T\right) = 0 \end{aligned}\right. \tag{7}$$

(**7**, 313) nimmt die Form (**1**, 312) an, wenn wir

$$\frac{p + u' - \varrho\frac{\partial u'}{\partial \varrho}}{T} + \varrho\,\frac{\partial s'}{\partial \varrho} = s'\,, \tag{8}$$

ferner, da sowohl die Reibungswärme, wie auch T und λ wesentlich positiv sind,

$$\frac{\varrho\, \mathfrak{v} \cdot \mathfrak{R}}{T} + \frac{\lambda}{T^2} (\nabla T)^2 = J^2, \tag{9}$$

schließlich

$$-\frac{\lambda}{T} \nabla T = \mathfrak{S} \tag{10}$$

setzen. Die Relation (**8**, 313) bestimmt den Druck:

$$p = -(u' - T s') + \varrho \left(\frac{\partial u'}{\partial \varrho} - T \frac{\partial s'}{\partial \varrho} \right). \tag{11}$$

Da

$$u' - T s' = f' \quad \text{bzw.} \quad u - T s = f = \frac{f'}{\varrho} \tag{12}$$

die freie Energie bei konstantem Volumen pro Volumeinheit bzw. pro Masseneinheit bedeutet, können wir (**11**, 314) auch in der geläufigen Form schreiben:

$$p = \varrho^2 \frac{\partial f}{\partial \varrho} = -\frac{\partial f}{\partial v}. \tag{13}$$

Gestattet ein System von Differentialgesetzen, wie wir es für das durch (**6**, 307), (**1**, 309) und (**15**, 312) gegebene System soeben gezeigt haben, die Deduktion der Differentialform des Entropiesatzes, so heißt es entropisch geschlossen. Die durch diese Gesetze bedingten Zustandsänderungen gehorchen dann allgemein, also ohne Rücksicht auf spezielle Anfangs- und Randwerte, dem Entropieprinzip.

Die Sonderstellung der Thermodynamik, welche durch die Beschränkung auf eine Folge von Gleichgewichtszuständen (umkehrbare Zustandsänderungen) bei der Einführung des Entropiebegriffes bedingt ist, wird bei der soeben vorgetragenen Art der Formulierung vermieden. Es wäre nicht schwer, das Gleichungssystem etwa für Mehrstoffsysteme weiter auszubauen.

Als neue Zustandsvariablen kämen dann die Konzentrationen

$$k_\iota = \frac{\varrho_\iota}{\varrho}, \quad \varrho_\iota = \text{Teildichte des } \iota\text{-ten Stoffes},$$

und zur Bestimmung der Fluxionen der k_ι die entsprechenden Diffusionsgleichungen hinzu. Bei der Aufstellung der Entropiegleichung würde man automatisch auf die chemischen

Potentiale geführt werden (Lohr, Wien.-Denkschr. **99**, 74). Da dieser Ausbau jedoch für die Anwendung der Vektor- und Dyadenrechnung nichts Neues bietet, muß er an dieser Stelle unterbleiben.

f) Zeitliche Änderung von Flächen- und Linienintegralen, die auf bewegte Flächen und Linien bezogen sind

Um die Helmholtzschen Wirbelsätze zu beweisen, leiten wir zunächst allgemein die zeitliche Änderung von Flächenintegralen bezogen auf bewegte Flächen ab. Diese zeitliche Änderung wird sich gemäß der allgemeinen Differentiationsregel für Produkte additiv zusammensetzen aus

$$(1) \qquad \int_F d\mathfrak{o} \cdot \frac{\partial \mathfrak{B}}{\partial t} + \frac{d}{dt}\int_{F(t)} d\mathfrak{o} \cdot \mathfrak{B} = \frac{d}{dt}\left[\int_F d\mathfrak{o} \cdot \mathfrak{B}\right],$$

worin $\mathfrak{B}$ den Feldvektor bedeutet, das erste Integral der linken Seite von der zeitlichen Änderung des Feldes bei festgehaltener Fläche, das zweite Integral der linken Seite von der Verschiebung und Deformation der Fläche bei zeitlich konstantem Feld herrührt. Die rechte Seite bezeichnet die gesamte Ableitung des Flächenintegrales. — Die Schreibweise der Gleichung (**1**, 315) wird im folgenden konsequent beibehalten und in Gleichung (**5**, 316) auch für die Fluxion von Linienintegralen analog verwendet. Das zweite Integral von (**1**, 315) berechnet man, wie es Fig. 32 veranschaulicht, indem man zunächst über den skizzierten infinitesimalen Raum das Oberflächenintegral bildet und auf dieses den Gaußschen Satz anwendet:

$$(2) \qquad \left\{ \begin{aligned} &\int_{F'} d\mathfrak{o}' \cdot \mathfrak{B} - \int_F d\mathfrak{o} \cdot \mathfrak{B} + \oint d\mathfrak{l} \times \mathfrak{v}\, dt \cdot \mathfrak{B} \\ &\qquad = \int_V dV \operatorname{div} \mathfrak{B} = dt \int_F d\mathfrak{o} \cdot \mathfrak{v} \operatorname{div} \mathfrak{B}\,. \end{aligned} \right.$$

Benützen wir zur Umrechnung des Umlaufsintegrals noch den Stokesschen Satz, so folgt:

$$(3) \qquad \left\{ \begin{aligned} \frac{d}{dt}\int_{F(t)} d\mathfrak{o} \cdot \mathfrak{B} &= \lim \frac{\int_{F'} d\mathfrak{o}' \cdot \mathfrak{B} - \int_F d\mathfrak{o} \cdot \mathfrak{B}}{dt} \\ &= \int_F d\mathfrak{o} \cdot [\operatorname{rot}(\mathfrak{B} \times \mathfrak{v}) + \mathfrak{v} \operatorname{div} \mathfrak{B}]\,. \end{aligned} \right.$$

Aus (**1**, 315) und (**3**, 315) erhält man für die g e s a m t e zeitliche Änderung des Flächenintegrals:

$$(4)\qquad \frac{d}{dt}\left[\int_{F} d\mathfrak{o}\,.\,\mathfrak{B}\right] = \int_{F} d\mathfrak{o}\,.\left[\frac{\partial\mathfrak{B}}{\partial t} + \operatorname{rot}(\mathfrak{B}\times\mathfrak{v}) + \mathfrak{v}\operatorname{div}\mathfrak{B}\right].$$

Es soll hier gleich auch die weitgehend analog zu führende Berechnung der zeitlichen Änderung von L i n i e n i n t e g r a l e n,

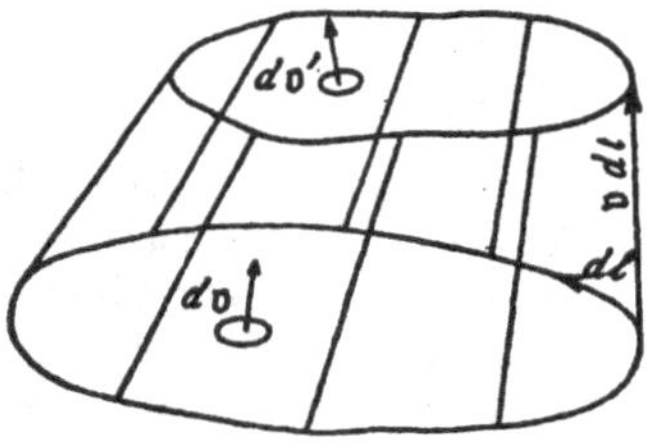

Fig. 32.
Fluxion von Flächenintegralen

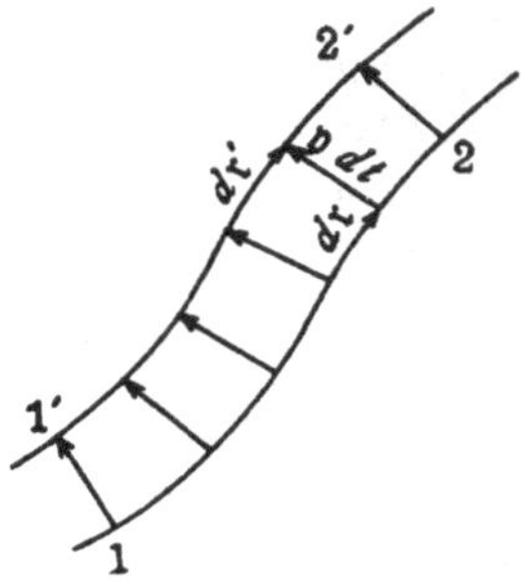

Fig. 33.
Fluxion von Linienintegralen

die a u f b e w e g t e L i n i e n b e z o g e n sind, erledigt werden. Man bildet wieder:

$$(5)\qquad \frac{d}{dt}\left[\int_1^2 d\mathfrak{r}\,.\,\mathfrak{B}\right] = \int_1^2 d\mathfrak{r}\,.\,\frac{\partial\mathfrak{B}}{dt} + \frac{d}{dt}\int_{l(t)} d\mathfrak{r}\,.\,\mathfrak{B}\,.$$

An Hand der Fig. 33 stellt man leicht, indem man sich jetzt des S t o k e s schen Satzes bedient, die Gleichung auf:

$$(6)\qquad \left\{\begin{aligned} &\int_{1'}^{2'} d\mathfrak{r}'\,.\,\mathfrak{B} - \int_1^2 d\mathfrak{r}\,.\,\mathfrak{B} + dt\,(\mathfrak{v}\,.\,\mathfrak{B})_1 \\ &\qquad - dt\,(\mathfrak{v}\,.\,\mathfrak{B})_2 = \int_1^2 \mathfrak{v}\,dt \times d\mathfrak{r}\,.\operatorname{rot}\mathfrak{B} \end{aligned}\right.$$

und daraus:

$$(7)\quad \begin{cases} \dfrac{d}{dt}\displaystyle\int\limits_{l(t)} d\mathfrak{r}\,.\,\mathfrak{B} = \lim \dfrac{\displaystyle\int\limits_{1'}^{2'} d\mathfrak{r}'\,.\,\mathfrak{B} - \int\limits_{1}^{2} d\mathfrak{r}\,.\,\mathfrak{B}}{dt} \\ \qquad = \displaystyle\int\limits_{1}^{2} d\mathfrak{r}\,.\,[(\mathrm{rot}\,\mathfrak{B}) \times \mathfrak{v} + \nabla\,(\mathfrak{v}\,.\,\mathfrak{B})]\,, \end{cases}$$

$$(8)\quad \frac{d}{dt}\left[\int\limits_{1}^{2} d\mathfrak{r}\,.\,\mathfrak{B}\right] = \int\limits_{1}^{2} d\mathfrak{r}\,.\left[\frac{\partial\mathfrak{B}}{\partial t} + (\mathrm{rot}\,\mathfrak{B}) \times \mathfrak{v} + \nabla\,(\mathfrak{v}\,.\,\mathfrak{B})\right].$$

g) Helmholtzsche Wirbelsätze

Betrachten wir speziell das Wirbelfeld des Geschwindigkeitsfeldes, setzen also:

$$(1)\quad \mathfrak{B} = \mathrm{rot}\,\mathfrak{v}\,,$$

so nimmt (**4**, 316) die Gestalt an:

$$(2)\quad \frac{d}{dt}\left[\int\limits_{F} d\mathfrak{o}\,.\,\mathfrak{B}\right] = \int\limits_{F} d\mathfrak{o}\,.\left[\frac{\partial\,\mathrm{rot}\,\mathfrak{v}}{\partial t} + \mathrm{rot}\,\big((\mathrm{rot}\,\mathfrak{v}) \times \mathfrak{v}\big)\right].$$

Nun haben wir in (**3**, 141) bzw. (**4**, 141)

$$(3)\quad \int\limits_{F} d\mathfrak{o}\,.\,\mathrm{rot}\,\mathfrak{v} = \oint d\mathfrak{r}\,.\,\mathfrak{v} = \Gamma$$

als Wirbelfluß bzw. als Zirkulation bezeichnet und bewiesen, daß Γ für jeden geschlossenen Wirbelfaden (Wirbelring) konstant ist. Auf der linken Seite von (**2**, 317) steht die von einem mit der Flüssigkeit bewegten Beobachter beurteilte zeitliche Änderung des Wirbelflusses.

Beachtet man die Relationen:

$$(4)\quad \begin{cases} \mathfrak{v}\,.\,\nabla\,;\mathfrak{v} = \mathfrak{v}\,.\,[\nabla\,;\mathfrak{v} - \mathfrak{v}\,;\nabla + \mathfrak{v}\,;\nabla] \\ \qquad = (\mathrm{rot}\,\mathfrak{v}) \times \mathfrak{v} + \nabla\,\tfrac{1}{2}\,\mathfrak{v}^2\,, \end{cases}$$

$$(5)\quad \frac{d\mathfrak{v}}{dt} = \frac{\partial\mathfrak{v}}{\partial t} + \mathfrak{v}\,.\,\nabla\,;\mathfrak{v} = \frac{\partial\mathfrak{v}}{\partial t} + \nabla\left(\frac{1}{2}\,\mathfrak{v}^2\right) + (\mathrm{rot}\,\mathfrak{v}) \times \mathfrak{v}\,,$$

(6) $$\operatorname{rot}\left(\frac{d\mathfrak{v}}{dt}\right) = \frac{\partial \operatorname{rot}\mathfrak{v}}{\partial t} + \operatorname{rot}\left((\operatorname{rot}\mathfrak{v}) \times \mathfrak{v}\right),$$

so folgt aus der Bewegungsgleichung (**1**, 309) für reibungsfreie Flüssigkeiten und Gase:

(7) $$\frac{\partial(\operatorname{rot}\mathfrak{v})}{\partial t} + \operatorname{rot}\left((\operatorname{rot}\mathfrak{v}) \times \mathfrak{v}\right) + \nabla \frac{1}{\varrho} \times \nabla p = 0\,.$$

Gilt in dem gesamten betrachteten Bereiche noch

(8) $$\nabla \varrho \parallel \nabla p\,,$$

so folgt aus (**2**, 317):

(9) $$\frac{d}{dt}\left[\int\limits_F d\mathfrak{o} \cdot \mathfrak{B}\right] = \frac{d}{dt}\left[\int\limits_F d\mathfrak{o} \cdot \operatorname{rot}\mathfrak{v}\right] = 0\,.$$

Unter den getroffenen Vereinbarungen wird also jeder durch einen bestimmten Wert von Γ charakterisierte Wirbelring von denselben Flüssigkeitsteilchen gebildet, denn die Fluxion von Γ' verschwindet ja gerade für den mit den Flüssigkeitsteilchen bewegten Beobachter. Es können dann vorhandene Wirbel nicht vergehen, neue nicht entstehen. (Helmholtzsche Wirbelsätze.)

Gilt für das betrachtete Gas, z. B. für unsere Atmosphäre, die Zustandsgleichung

(10) $$p = RT\varrho \qquad (R = \text{Gaskonstante}),$$

so folgt:

(11) $$\nabla\left(\frac{1}{\varrho}\right) \times \nabla p = \frac{R}{p}\,\nabla T \times \nabla p\,.$$

Fällt die Schar der Isothermenflächen mit jener der Isobarenflächen nicht zusammen, dann müssen auch im reibungsfreien Gase parallel zu den Schnittkurven dieser Scharen neue Wirbel entstehen.

h) Die Bernoullische und mit ihr zusammenhängende Gleichungen

Es sollen jetzt noch einige Sonderfälle behandelt werden. Wir setzen zunächst die dauernde Existenz eines Geschwindigkeitspotentiales u, also eine wirbelfreie Bewegung, ferner p lediglich als Funktion von ϱ und Reibungsfreiheit voraus. Mit

$$\mathfrak{v} = \nabla u \tag{1}$$

können wir dann die Bewegungsgleichung (**1**, 309) in der Form schreiben:

$$\nabla \left[\frac{\partial u}{\partial t} + \frac{1}{2}\, \mathfrak{v}^2 + \int \frac{dp}{\varrho} + g\, h \right] = 0 . \tag{2}$$

Aus (**2**, 319) folgt, da man eine eventuelle Zeitabhängigkeit der Integrationskonstanten immer in $\frac{\partial u}{\partial t}$ hineinziehen kann:

$$\frac{\partial u}{\partial t} + \frac{1}{2}\, \mathfrak{v}^2 + \int \frac{dp}{\varrho} + g\, h = \text{konst.} \tag{3}$$

Handelt es sich speziell um stationäre Vorgänge, bei welchen alle Zustandsgrößen von der Zeit explizit unabhängig sind, so erhält man aus (**3**, 319):

$$\frac{1}{2}\, \mathfrak{v}^2 + \int \frac{dp}{\varrho} + g\, h = \text{konst.} \tag{4}$$

Diese Relation, die als Bernoullische oder Druckgleichung bezeichnet wird, ist von großer Wichtigkeit.

Es ist nun von besonderer Bedeutung, daß diese Gleichung nach Bernoulli in etwas geänderter Fassung auch ohne die entscheidenden Voraussetzungen der Wirbel- und Reibungsfreiheit gewonnen werden kann.

Wir setzen lediglich voraus, daß sich überhaupt ein stationärer Zustand eingestellt hat. Dann gilt:

$$\frac{dp}{dt} = \frac{\partial p}{\partial t} + \mathfrak{v} \cdot \nabla p = \mathfrak{v} \cdot \nabla p . \tag{5}$$

Ist p wieder Funktion von ϱ allein und sehen wir vorerst von Reibungskräften ab, so erhalten wir aus der Bewegungsgleichung (**1**, 309) durch skalare Multiplikation mit $\mathfrak{v}$:

$$\frac{d}{dt} \left[\frac{1}{2}\, \mathfrak{v}^2 + \int \frac{dp}{\varrho} + g\, h \right] = 0 , \tag{6}$$

$$\frac{1}{2}\, \mathfrak{v}^2 + \int \frac{dp}{\varrho} + g\, h = \text{konst.} \tag{7}$$

Im stationären Zustande müssen die Stromfäden, in welche der durchströmte Raum gegliedert werden kann, zeitlich unveränderlich sein. Da die Stromfäden von den Feldlinien des Geschwindigkeitsfeldes begrenzt werden, durchläuft jedes Flüssigkeitsteilchen nach und nach seinen Stromfaden in dessen ganzer Ausdehnung. Da sich die totale Fluxion der Gleichung (**6**, 319) auf die Wahrnehmung des mitbewegten Beobachters bezieht, trifft (**7**, 319) für beliebige Querschnitte ein und desselben Stromfadens zu (der Querschnitt wird natürlich stets hinreichend klein vorausgesetzt). Gleichung (**7**, 319) unterscheidet sich demnach von Gleichung (**4**, 319) durch den Umstand, daß sich die Konstante in (**7**, 319) immer nur auf je einen Stromfaden bezieht.

Lassen wir jetzt auch Reibung zu und verlangen nicht mehr, daß p nur von ϱ allein abhänge, so erhalten wir aus (**2**, 309) mit Benützung von (**3**, 310) und (**12**, 312) statt (**6**, 319):

$$(8) \qquad \frac{d}{dt}\left[\frac{1}{2}\mathfrak{v}^2 + g\,h\right] + v\frac{dp}{dt} + \frac{d'\overline{\overline{q}}}{dt} = 0\,.$$

Fassen wir (**8**, 320) mit der „Energiegleichung der Thermodynamik" (**13**, 312) zusammen, so folgt:

$$(9) \qquad \frac{d}{dt}\left[\frac{1}{2}\mathfrak{v}^2 + g\,h + u + p\,v\right] = \frac{d'\overline{q}}{dt}\,.$$

Bedienen wir uns noch der üblichen Bezeichnung für

$$(10) \qquad u + p\,v = i \quad \text{(Enthalpie, Wärmeinhalt)}\,,$$

so erhalten wir für adiabatische Prozesse (die aber nicht auch isentropisch zu sein brauchen):

$$(11) \qquad \tfrac{1}{2}\mathfrak{v}^2 + g\,h + i = \text{konst.},$$

eine Gleichung, die in der technischen Thermodynamik, beispielsweise in der Theorie der Turbinen, viel verwendet wird.

i) Zähigkeitsspannungen und Poiseuillesche Strömung

Als einen interessanten Sonderfall behandeln wir die stationäre Parallelströmung einer inkompressiblen Flüssigkeit in einem zylindrischen Rohre unter Voraussetzung axialer Symmetrie. Wir machen demgemäß den Ansatz:

(1) $$\mathfrak{v} = v(r)\,\mathfrak{k}, \qquad r = \sqrt{x^2 + y^2},$$

$\mathfrak{k}$ entspricht der Rohrachse. Wegen der Inkompressibilität ist

(2) $$\operatorname{div} \mathfrak{v} = 0,$$

wie es unserem Ansatze entspricht. Von dem Einflusse der Erdschwere wollen wir zur Vereinfachung absehen, hingegen müssen wir einen Ansatz für die Reibungskraft machen. Sie ergibt sich wieder aus einer Spannungsdyade, welche ganz analog zur elastischen Spannungsdyade gebildet wird. An Stelle der Deformationsdyade ψ in der Definitionsgleichung (**6**, 281) tritt aber jetzt die Dyade der Deformationsgeschwindigkeit, so daß man für diese Spannungsdyade erhält:

(3) $$-\Theta_r = 2\eta\left[\tfrac{1}{2}(\nabla\,;\mathfrak{v} + \mathfrak{v}\,;\nabla)\right] + \eta_0 \operatorname{div} \mathfrak{v}\, I,$$

welcher Ausdruck sich wegen (**2**, 321) auf

(4) $$-\Theta_r = \eta(\nabla\,;\mathfrak{v} + \mathfrak{v}\,;\nabla)$$

reduziert, worin η die Zähigkeit bedeutet.

Schreiben wir im Augenblick:

(5) $$\mathfrak{r}' = x\,\mathfrak{i} + y\,\mathfrak{j},$$

so folgt aus (**1**, 321)

(6) $$\begin{cases} \nabla\,;\mathfrak{v} = \dfrac{dv}{dr}\,\dfrac{\mathfrak{r}'}{r}\,;\mathfrak{k}, \qquad \mathfrak{v}\,.\,\nabla\,;\mathfrak{v} = 0, \\ \nabla\,.\,(\nabla\,;\mathfrak{v} + \mathfrak{v}\,;\nabla) = \nabla\,.\,\nabla\,;\mathfrak{v} = \left(\dfrac{d^2v}{dr^2} + \dfrac{1}{r}\,\dfrac{dv}{dr}\right)\mathfrak{k}. \end{cases}$$

Die Bewegungsgleichung reduziert sich im stationären Falle mit Berücksichtigung von (**6**, 321) auf:

(7) $$\frac{1}{\varrho}\nabla p + \frac{1}{\varrho}\nabla\,.\,\Theta_r = 0,$$

(8) $$\nabla p = \eta\,\nabla\,.\,\nabla\,;\mathfrak{v} = \eta\left(\frac{d^2v}{dr^2} + \frac{1}{r}\,\frac{dv}{dr}\right)\mathfrak{k}.$$

Dieser Differentialgleichung und der Randbedingung, daß die Flüssigkeit an der Rohrwand haftet, genügen wir, wie man leicht nachrechnet, durch den Ansatz

$$v = \frac{p_1 - p_2}{4\eta l}(R^2 - r^2). \tag{9}$$

R ist der Radius, $p_1 - p_2$ der Druckunterschied auf der Länge l des Rohres. Die Flüssigkeit zerfällt in zylindrische Schichten konstanter Geschwindigkeit, die aneinander vorbeigleiten. Man spricht darum von „Schichtenströmung“ oder „Laminarbewegung“, auch von Poiseuillescher Strömung.

Man beachte, daß diese Strömung nicht wirbelfrei ist. Es folgt ja aus (6, 321) und (9, 322):

$$\operatorname{rot} \mathfrak{v} = \frac{dv}{dr}\frac{\mathfrak{r}'}{r} \times \mathfrak{k} = \frac{p_1 - p_2}{2\eta l}\,\mathfrak{k} \times \mathfrak{r}', \tag{10}$$

die Wirbellinien sind demnach konzentrische Kreise, die Wirbelstärke nimmt von der Achse nach außen zu.

In energetischer Hinsicht sei schließlich noch erwähnt, daß mit Berücksichtigung der Zähigkeitsspannungen bei der Bildung der Energiegleichung aus der Bewegungsgleichung der neue Beitrag

$$\mathfrak{v} \cdot \nabla \cdot \Theta_r = \nabla \cdot (\Theta_r \cdot \mathfrak{v}) - \Theta_r : \nabla ; \mathfrak{v} \tag{11}$$

hinzukommt. Das erste Glied der rechten Seite ist die volle Divergenz eines Teiles des dynamischen Energieflusses. Das zweite Glied entspricht der produzierten Reibungswärme und muß demgemäß durch

$$\Theta_r : \nabla ; \mathfrak{v} = -\frac{\eta}{2}(\nabla ; \mathfrak{v} + \mathfrak{v} ; \nabla) : (\nabla ; \mathfrak{v} + \mathfrak{v} ; \nabla) - \eta_0 (\operatorname{div} \mathfrak{v})^2 \tag{12}$$

in der Wärmegleichung energetisch kompensiert werden. Für die Deduzierbarkeit der Differentialform des Entropiesatzes ist es natürlich von entscheidender Bedeutung, daß das neue Glied der Wärmegleichung wesentlich negativ ist. Der Allgemeinheit wegen haben wir in (12, 322) das von div $\mathfrak{v}$ abhängende Glied wieder mit angeschrieben.

6. Anwendungen aus der Theorie der elektromagnetischen Erscheinungen

a) Die Maxwellschen Gleichungen

Wir gehen von den Maxwellschen Gleichungen für das elektromagnetische Feld in ruhenden Medien aus und bedienen uns des elektromagnetischen Maßsystems:

$$(1) \qquad \frac{\partial \mathfrak{D}}{\partial t} + 4\pi \varkappa \mathfrak{E} = \operatorname{rot} \mathfrak{H}, \qquad \operatorname{div} \mathfrak{D} = 4\pi \varrho,$$

$$(2) \qquad \frac{\partial \mathfrak{B}}{\partial t} = -\operatorname{rot} \mathfrak{E}, \qquad \operatorname{div} \mathfrak{B} = 0,$$

$$(3) \qquad \mathfrak{D} = \frac{\varepsilon}{c^2} \mathfrak{E}, \qquad \mathfrak{B} = \mu \mathfrak{H}$$

Es bedeuten: $\mathfrak{E}$ den elektrischen, $\mathfrak{H}$ den magnetischen Vektor bzw. die elektrische und die magnetische Feldstärke, $\mathfrak{D}$ die elektrische Verschiebung, $\mathfrak{B}$ die magnetische Induktion, ε die Dielektrizitätskonstante (für das Vakuum gleich Eins gesetzt), μ die magnetische Permeabilität (für das Vakuum gleich Eins gesetzt), $\varkappa$ das elektrische Leitvermögen, ϱ die Dichte der wahren elektrischen Ladungen, schließlich

$$(4) \qquad c = 3 \cdot 10^{10} \frac{\text{cm}}{\text{sec}}$$

die Vakuumlichtgeschwindigkeit.

Die Energiegleichung deduziert man, indem man (**1**, 323) mit $\frac{1}{4\pi}\mathfrak{E}$ und (**2**, 323) mit $\frac{1}{4\pi}\mathfrak{H}$ skalar multipliziert. Addition der so erhaltenen Gleichungen ergibt mit Benützung von (**1**, 114):

$$(5) \qquad \frac{\partial}{\partial t}\left[\frac{1}{8\pi}\frac{\varepsilon}{c^2}\mathfrak{E}^2 + \frac{1}{8\pi}\mu\mathfrak{H}^2\right] + \varkappa\mathfrak{E}^2 + \operatorname{div}\left(\frac{1}{4\pi}\mathfrak{E} \times \mathfrak{H}\right) = 0.$$

$\varkappa \mathfrak{E}^2$ entspricht bekanntlich der Jouleschen Wärmeproduktion pro Zeit- und Volumeinheit.

$$(6) \qquad \mathfrak{z}_P = \frac{1}{4\pi}\mathfrak{E} \times \mathfrak{H}$$

ist der von Poynting eingeführte elektromagnetische Energiefluß.

Man erkennt aus (5, 323) auch leicht, daß innerhalb eines beliebig gegebenen Raumes die Lösung der Maxwellschen Gleichungen durch die Anfangswerte von $\mathfrak{E}$ und $\mathfrak{H}$ und durch die Randwerte der Tangentialkomponenten von $\mathfrak{E}$ oder $\mathfrak{H}$ eindeutig bestimmt wird. Bedeuten $\mathfrak{E}_1$, $\mathfrak{H}_1$ und $\mathfrak{E}_2$, $\mathfrak{H}_2$ zwei Felder, welche denselben Anfangs- und Randbedingungen genügen, so hat die Differenzlösung

$$(7) \qquad \mathfrak{E} = \mathfrak{E}_1 - \mathfrak{E}_2\,, \qquad \mathfrak{H} = \mathfrak{H}_1 - \mathfrak{H}_2$$

zur Zeit $t = 0$ an jeder Stelle des betrachteten Raumes die Energie Null. Dieser Zustand könnte sich mit der Zeit nur ändern, wenn durch die Oberfläche Energie einströmte:

$$(8) \qquad -\mathfrak{s} = -\frac{1}{4\pi}\oint d\mathfrak{o} \times \mathfrak{E} \,.\, \mathfrak{H} = \frac{1}{4\pi}\oint d\mathfrak{o} \times \mathfrak{H} \,.\, \mathfrak{E}\,.$$

Gerade das aber ist unmöglich, weil bei gleichen Randwerten entweder die Tangentialkomponente von $\mathfrak{E}$ oder von $\mathfrak{H}$ in der Oberfläche dauernd verschwindet.

Um die komplette Energiegleichung zu erhalten, muß $\varkappa\,\mathfrak{E}^2$ durch ein Glied $-\varkappa\,\mathfrak{E}^2$ in der Wärmegleichung (15, 312) energetisch kompensiert werden. Zur Deduktion der kompletten Differentialform des Energiesatzes müssen eben stets alle Differentialgesetze herangezogen werden, welche Fluxionen von Zustandsvariablen bestimmen, die bei der jeweils interessierenden Erscheinungsgruppe Veränderungen erfahren.

b) Die H. Hertzschen Gleichungen

Ein sehr hübsches Anwendungsbeispiel der Vektor- und Dyadenrechnung ist der Übergang von den Maxwellschen Gleichungen für ruhende Medien zu den Hertzschen Gleichungen für bewegte Medien und die energetische Behandlung dieser Gleichungen. Die zweite Hertzsche Gleichung entspricht einfach dem durch die Erfahrung ausgezeichnet bewährten allgemeinen Induktionsgesetz (Faraday), welches besagt:

$$(1) \qquad \frac{d}{dt}\left[\int_F d\mathfrak{o} \,.\, \mathfrak{B}\right] = -\int_F d\mathfrak{o} \,.\, \operatorname{rot}\mathfrak{E} = -\oint d\mathfrak{r} \,.\, \mathfrak{E} = -E\,.$$

Das heißt: Die negativ genommene zeitliche Änderung des magnetischen Induktionsflusses $\int_F d\mathfrak{o} \cdot \mathfrak{B}$ durch eine im allgemeinen bewegte Fläche erzeugt in der die Fläche berandenden Kurve eine elektromotorische Kraft (E.M.K.):

(2) $$\oint d\mathfrak{r} \cdot \mathfrak{E} = E .$$

Bedienen wir uns der Relation (**4**, 316) und beachten, daß das Induktionsgesetz für beliebige Flächen zutrifft, so erhalten wir aus (**1**, 324):

(3) $$\int_F d\mathfrak{o} \cdot \left[\frac{\partial \mathfrak{B}}{\partial t} + \operatorname{rot}(\mathfrak{B} \times \mathfrak{v}) + \mathfrak{v} \operatorname{div} \mathfrak{B}\right] = -\int_F d\mathfrak{o} \cdot \operatorname{rot} \mathfrak{E} ,$$

(4) $$\frac{\partial \mathfrak{B}}{\partial t} + \operatorname{rot}(\mathfrak{B} \times \mathfrak{v}) = -\operatorname{rot} \mathfrak{E} .$$

Gleichung (**4**, 325) ist die zweite Hertzsche Gleichung, in ihr wurde mit Rücksicht auf (**2**, 323) das div $\mathfrak{B}$ enthaltende Glied fortgelassen. Da sich (**4**, 325) von (**2**, 323) nur durch den Übergang

(5) $$\int_F d\mathfrak{o} \cdot \frac{\partial \mathfrak{B}}{\partial t} = \frac{\partial}{\partial t}\int_F d\mathfrak{o} \cdot \mathfrak{B} \longrightarrow \frac{d}{dt}\left[\int_F d\mathfrak{o} \cdot \mathfrak{B}\right]$$

unterscheidet, fordert H. Hertz denselben Übergang auch für den elektrischen Verschiebungsfluß $\int_F d\mathfrak{o} \cdot \mathfrak{D}$, also gemäß Gleichung (**1**, 323):

(6) $$\frac{d}{dt}\left[\int_F d\mathfrak{o} \cdot \mathfrak{D}\right] + \int_F d\mathfrak{o} \cdot 4\pi\varkappa\,\mathfrak{E} = \int_F d\mathfrak{o} \cdot \operatorname{rot} \mathfrak{H} .$$

Aus (**6**, 325) erhalten wir dann die erste Hertzsche Gleichung:

(7) $$\frac{\partial \mathfrak{D}}{\partial t} + \operatorname{rot}(\mathfrak{D} \times \mathfrak{v}) + \mathfrak{v} \operatorname{div} \mathfrak{D} + 4\pi\varkappa\,\mathfrak{E} = \operatorname{rot} \mathfrak{H} .$$

Man pflegt in der Physik den elektrischen Strom mit dem magnetischen Wirbel zu identifizieren und definiert dementsprechend die elektrische Stromdichte $\mathfrak{i}$ durch

(8) $$\operatorname{rot} \mathfrak{H} = 4\pi\mathfrak{i} .$$

Zu dem auch in ruhenden Körpern auftretenden Leitungsstrom $\varkappa \mathfrak{E}$ und Verschiebungsstrom $\frac{\varepsilon}{4\pi c^2}\frac{\partial \mathfrak{E}}{\partial t}$ tritt in bewegten Körpern nach der Hertzschen Gleichung noch der zuerst von H. A. Rowland experimentell nachgewiesene Konvektionsstrom $\varrho\,\mathfrak{v}$ und der sogenannte Röntgenstrom $\frac{1}{4\pi}\operatorname{rot}(\mathfrak{D} \times \mathfrak{v})$. A. Eichenwald zeigte später, daß die Versuchsergebnisse mit $\frac{1}{4\pi}\operatorname{rot}(\mathfrak{D} \times \mathfrak{v})$ quantitativ nicht vereinbar sind. Eine befriedigende Übereinstimmung ergibt sich aus der Lorentzschen Elektronentheorie, nach welcher das Glied $\frac{1}{4\pi}\operatorname{rot}(\mathfrak{D} \times \mathfrak{v})$ durch $\operatorname{rot}(\mathfrak{P} \times \mathfrak{v})$ zu ersetzen ist. Hierin bedeutet

(9) $$\mathfrak{P} = \frac{\mathfrak{D} - \frac{1}{c^2}\mathfrak{E}}{4\pi}$$

die elektrische Polarisation.

c) Die Lorentzschen Gleichungen

H. A. Lorentz bezieht seine Grundgleichungen auf einen als ruhend angenommenen Weltäther und kennt außer dem Verschiebungsstrome eben dieses Weltäthers nur noch den durch bewegte Elektronen bzw. Ionen bedingten Konvektionsstrom. Die unter diesem Gesichtspunkte vorgenommene Spezialisierung der Maxwell-Hertzschen Gleichungen ergibt dann unmittelbar:

(1) $$\frac{1}{c^2}\frac{\partial \mathfrak{e}}{\partial t} + 4\pi\varrho\,\mathfrak{v} = \operatorname{rot}\mathfrak{h}\,, \qquad \frac{1}{c^2}\operatorname{div}\mathfrak{e} = 4\pi\varrho\,,$$

(2) $$\frac{\partial \mathfrak{h}}{\partial t} = -\operatorname{rot}\mathfrak{e}\,, \qquad \operatorname{div}\mathfrak{h} = 0\,.$$

Zur Charakterisierung des hypothetischen elektromagnetischen „Mikrofeldes" wurden die kleinen Buchstaben benützt.

Bildet man die Divergenz von Gleichung (**1**, 326), so erhält man für die elektrische Ladungsdichte ϱ:

(3) $$\frac{\partial \varrho}{\partial t} + \operatorname{div}(\varrho\,\mathfrak{v}) = 0\,.$$

Aus ihr folgt die Erhaltung der elektrischen Ladungen genau so, wie aus der Kontinuitätsgleichung (**5**, 307) die Erhaltung der Masse.

Die wirklich beobachtbaren Feldgrößen müssen in Räumen, die viele Elektronen bzw. Ionen enthalten, aus den $\mathfrak{e}$, $\mathfrak{h}$ und ϱ durch Mittelwertbildungen errechnet werden. Leitungsstrom, Polarisation und Magnetisierung ergeben sich so aus der Anordnung und Bewegung von Elektronen und Ionen.

Von den optischen Erscheinungen in bewegten Medien scheint die Aberration der Fixsterne den ruhenden Weltäther, der Michelsonsche Versuch aber die völlige Mitführung des Weltäthers, wie sie der Hertzschen Theorie entspricht, zu fordern. Es kann nicht unsere Aufgabe sein, uns mit den verschiedenen theoretischen Ansätzen zur Versöhnung dieser und ähnlicher Gegensätze zu befassen. Auch auf die Einsteinsche Relativitätstheorie soll hier nicht eingegangen werden. Für die Praxis ist die Bemerkung wichtig, daß es sich bei den erwähnten Schwierigkeiten durchwegs um minutiöse Versuche handelt, die vielfach an der Grenze des Beobachtbaren liegen. Besonders der Elektrotechniker kann sich daher unbesorgt der Hertzschen Gleichungen bedienen, denen wir uns wieder zuwenden werden.

d) Vereinfachte Feldgleichungen der Praxis

Wir wollen zunächst noch darauf hinweisen, daß in der Praxis Röntgenstrom und Rowlandstrom meist einfach weggelassen werden dürfen. Man kann dann die Maxwellschen Gleichungen auch für bewegte Körper in Geltung lassen, wenn man nur in Gleichung (**4**, 325) das für die durch Bewegung in Maschinen und Motoren induzierte E.M.K. maßgebende Glied

$$\operatorname{rot}(\mathfrak{B} \times \mathfrak{v}) = -\operatorname{rot} \mathfrak{E}_e$$

als „äußere" oder „eingeprägte" E.M.K. in Rechnung setzt:

$$\frac{\partial \mathfrak{D}}{\partial t} + 4\pi\varkappa\,\mathfrak{E} = \operatorname{rot} \mathfrak{H}\,, \tag{1}$$

$$\frac{\partial \mathfrak{B}}{\partial t} = -\operatorname{rot}(\mathfrak{E} - \mathfrak{E}_e)\,. \tag{2}$$

Denselben Kunstgriff verwendet man ja auch, um die auf Kosten anderer Energieformen, z. B. in den galvanischen Elementen auf Kosten chemischer Energie erzeugte E.M.K. in die Maxwellschen Gleichungen einzuführen.

Auf der rechten Seite der Energiegleichung (5, 323) erhält man jetzt statt Null:

$$(3) \qquad \frac{1}{4\pi}\,\mathfrak{H}\cdot\operatorname{rot}\mathfrak{E}_e = \frac{1}{4\pi}\operatorname{div}(\mathfrak{E}_e\times\mathfrak{H}) + \mathfrak{i}\cdot\mathfrak{E}_e\,,$$

worin von der Relation (8, 325) Gebrauch gemacht wurde. Trifft für die Oberfläche irgendeines bestimmten Raumteiles

$$\oint d\mathfrak{o}\cdot(\mathfrak{E}_e\times\mathfrak{H}) = 0$$

zu, so verbleibt auf der rechten Seite von (5, 323) als pro Zeiteinheit zugeführte Energie:

$$(4) \qquad \int_V dV\,\mathfrak{i}\cdot\mathfrak{E}_e = \sum_\varkappa J_\varkappa E_\varkappa\,.$$

Hierin bedeutet $J_\varkappa$ die Stromstärke des $\varkappa$-ten Stromfadens (vgl. die auf S. 184 über den in (3, 141) definierten Wirbelfluß abgeleiteten Sätze!) und

$$(5) \qquad \oint_\varkappa d\mathfrak{r}\cdot\mathfrak{E}_e = E_\varkappa\,,$$

die in dem $\varkappa$-ten Stromfaden induzierte E.M.K.

e) „Körperliche" Fluxionen

Wir führen nunmehr zunächst die neue totale Fluxion eines Vektors ein, beurteilt von einem in dem betreffenden Körperelement festen, also translatorisch mitbewegten und mitrotierenden Bezugssysteme aus. Für ein solches Bezugssystem gilt der für jeden starren Körper zutreffende Ansatz:

$$(1) \qquad \mathfrak{v} = \mathfrak{v}_0 + \mathfrak{u}\times\mathfrak{r}\,,$$

$$(2) \qquad \operatorname{rot}\mathfrak{v} = \nabla\times(\mathfrak{u}\times\mathfrak{r}) = (\nabla\cdot\mathfrak{r})\,\mathfrak{u} - \mathfrak{u}\cdot\nabla\,;\ \mathfrak{r} = 2\,\mathfrak{u}\,.$$

Solange es sich um eine skalare Größe handelt, ist es für die Beurteilung der Veränderung belanglos, ob sich das Bezugssystem nur mit $\mathfrak{v}_0$ parallel zu sich selbst weiterbewegt oder auch noch mit der Winkelgeschwindigkeit $\mathfrak{u}$ rotiert. Wir setzen das Skalarfeld nun in der besonderen Form

$$S = \mathfrak{D} \cdot \mathfrak{c} \tag{3}$$

an, worin $\mathfrak{D}$ den betreffenden Feldvektor, $\mathfrak{c}$ aber einen beliebigen, jedoch im ruhenden Bezugssystem räumlich und zeitlich konstanten Vektor bedeutet. Bezeichnen wir die vom körperfesten, also auch mitrotierenden Bezugssystem beurteilte „körperliche" Fluxion durch D, die vom nur parallel zu sich selbst mitbewegten Bezugssystem beurteilte totale Fluxion, wie bisher, durch d, so erhalten wir entsprechend obiger Bemerkung:

$$\frac{d(\mathfrak{D} \cdot \mathfrak{c})}{dt} = \frac{d\mathfrak{D}}{dt} \cdot \mathfrak{c} = \frac{D(\mathfrak{D} \cdot \mathfrak{c})}{Dt} = \frac{D\mathfrak{D}}{Dt} \cdot \mathfrak{c} + \frac{D\mathfrak{c}}{Dt} \cdot \mathfrak{D} . \tag{4}$$

Da $\mathfrak{c}$ räumlich und zeitlich konstant, im übrigen aber beliebig ist, folgen die Relationen:

$$\frac{D\mathfrak{c}}{Dt} = -\mathfrak{u} \times \mathfrak{c} = -\frac{1}{2}(\operatorname{rot} \mathfrak{v}) \times \mathfrak{c} , \tag{5}$$

$$\left[\frac{D\mathfrak{D}}{Dt} - \left(\frac{d\mathfrak{D}}{dt} + \frac{1}{2}\mathfrak{D} \times (\operatorname{rot} \mathfrak{v})\right)\right] \cdot \mathfrak{c} = 0 ,$$

$$\frac{D\mathfrak{D}}{Dt} = \frac{\partial \mathfrak{D}}{\partial t} + \mathfrak{v} \cdot \nabla ; \mathfrak{D} + \frac{1}{2}\mathfrak{D} \times (\operatorname{rot} \mathfrak{v}) . \tag{6}$$

Dieselbe Überlegung auf ein Dyadenfeld angewandt, ergibt:

$$\mathfrak{c}_1 \cdot \frac{d\Phi}{dt} \cdot \mathfrak{c}_2 = \mathfrak{c}_1 \cdot \frac{D\Phi}{Dt} \cdot \mathfrak{c}_2 + \frac{D\mathfrak{c}_1}{Dt} \cdot \Phi \cdot \mathfrak{c}_2 + \mathfrak{c}_1 \cdot \Phi \cdot \frac{D\mathfrak{c}_2}{Dt} ,$$

$$\frac{D\Phi}{Dt} = \frac{\partial \Phi}{\partial t} + \mathfrak{v} \cdot \nabla ; \Phi + \frac{1}{2}\Phi \times (\operatorname{rot} \mathfrak{v}) - \frac{1}{2}(\operatorname{rot} \mathfrak{v}) \times \Phi . \tag{7}$$

Die von uns zur Vereinfachung der Sprechweise als „körperliche" bezeichnete Fluxion ist eine verallgemeinerte totale Fluxion. Von der gewöhnlich als total bezeichneten Fluxion unterscheidet sie sich durch den Umstand, daß sie nicht nur vom Werte der Geschwindigkeit $\mathfrak{v}$ in dem gerade betrachteten Raum-Zeitpunkte, sondern vermöge rot $\mathfrak{v}$ auch noch von der Struktur des Geschwindigkeitsfeldes in der infinitesimalen Umgebung des betrachteten Punktes abhängt. Das heißt: Die betreffende Feldgröße wird nicht nur als Orts-Zeitfunktion, sondern überdies noch als Funktion ihrer Orientierung gegenüber dem im betrachteten Körperelement festen Bezugssystem angesehen.

Das Verschwinden der körperlichen Fluxion einer Zustandsgröße bedeutet, daß sich diese Zustandsgröße relativ zu dem betrachteten Körperelement nicht ändert, sich also als Materialkonstante verhält.

Für skalare Zustandsgrößen stimmt, dies sei nochmals betont, die körperliche Fluxion mit der gewöhnlichen totalen überein.

f) Die elektromagnetische Spannungsdyade

Wir bedienen uns jetzt der folgenden Umformung:

$$(1)\quad \begin{cases} \dfrac{\partial \mathfrak{D}}{\partial t} + \operatorname{rot}(\mathfrak{D} \times \mathfrak{v}) + \mathfrak{v} \operatorname{div} \mathfrak{D} = \dfrac{\partial \mathfrak{D}}{\partial t} + \nabla \times (\mathfrak{D} \times \mathfrak{v}) + \mathfrak{v} \nabla . \mathfrak{D} \\ = \dfrac{\partial \mathfrak{D}}{\partial t} + \mathfrak{v} . \nabla ; \mathfrak{D} - \mathfrak{v} \nabla . \mathfrak{D} - \mathfrak{D} . \nabla ; \mathfrak{v} + \mathfrak{D} \nabla . \mathfrak{v} + \mathfrak{v} \nabla . \mathfrak{D} \\ = \dfrac{\partial \mathfrak{D}}{\partial t} + \mathfrak{v} . \nabla ; \mathfrak{D} + \dfrac{1}{2} \mathfrak{D} \times (\operatorname{rot} \mathfrak{v}) \\ \qquad - \dfrac{1}{2} \mathfrak{D} . (\nabla ; \mathfrak{v} + \mathfrak{v} ; \nabla) + \mathfrak{D} \nabla . \mathfrak{v} . \end{cases}$$

Die Hertzschen Gleichungen (4, 325) und (7, 325) erhält man dann in der Gestalt:

$$(2)\quad \frac{D \mathfrak{D}}{D t} - \frac{1}{2} \mathfrak{D} . (\nabla ; \mathfrak{v} + \mathfrak{v} ; \nabla) + \mathfrak{D} \nabla . \mathfrak{v} + 4 \pi \varkappa \mathfrak{E} = \operatorname{rot} \mathfrak{H} ,$$

$$(3)\quad \frac{D \mathfrak{B}}{D t} - \frac{1}{2} \mathfrak{B} . (\nabla ; \mathfrak{v} + \mathfrak{v} ; \nabla) + \mathfrak{B} \nabla . \mathfrak{v} = - \operatorname{rot} \mathfrak{E} .$$

Wir können auch gleich anisotrope Körper betrachten, für welche ε und μ symmetrische Dyaden sind und dementsprechend

$$(4)\quad \mathfrak{D} = \frac{1}{c^2} \varepsilon . \mathfrak{E} , \qquad \mathfrak{B} = \mu . \mathfrak{H}$$

zu setzen ist.

Können diese Dyaden als materialkonstante Eigenschaften aufgefaßt werden, so deduziert man die Energiegleichung wieder durch skalare Multiplikation von (2, 330) mit $\frac{1}{4\pi}\mathfrak{E}$, von (3, 330) mit $\frac{1}{4\pi}\mathfrak{H}$ und Addition der beiden so gewonnenen Gleichungen. Bezeichnen wir als elektromagnetische Energiedichte

$$w_{\text{el}} = \frac{1}{8\pi}\left[\frac{1}{c^2}\mathfrak{E}\,.\,\varepsilon\,.\,\mathfrak{E} + \mathfrak{H}\,.\,\mu\,.\,\mathfrak{H}\right] \tag{5}$$

und als elektromagnetische Spannungsdyade

$$\left\{\begin{aligned} \Theta_{\text{el}} = -\frac{1}{8\pi}\Big[&\frac{1}{c^2}(\varepsilon\,.\,\mathfrak{E}\,;\,\mathfrak{E} + \mathfrak{E}\,;\,\varepsilon\,.\,\mathfrak{E}) \\ &+ (\mu\,.\,\mathfrak{H}\,;\,\mathfrak{H} + \mathfrak{H}\,;\,\mu\,.\,\mathfrak{H})\Big] + w_{\text{el}}\,I\,, \end{aligned}\right. \tag{6}$$

so erhalten wir aus den Hertzschen Gleichungen die Energiegleichung:

$$\frac{d w_{\text{el}}}{dt} + w_{\text{el}}\,\text{div}\,\mathfrak{v} + \Theta_{\text{el}} : \nabla\,;\,\mathfrak{v} + \varkappa\,\mathfrak{E}^2 + \text{div}\,\mathfrak{s}_P = 0\,. \tag{7}$$

Das dritte Glied in (7, 331) bildet mit dem aus der entsprechend ergänzten Bewegungsgleichung stammenden Gliede $\mathfrak{v}\,.\,\nabla\,.\,\Theta_{\text{el}}$ die volle Divergenz div $(\Theta_{\text{el}}\,.\,\mathfrak{v})$ von $\Theta_{\text{el}}\,.\,\mathfrak{v}$, also eines Teiles des dynamischen Energieflusses.

Das vierte Glied von (7, 331) wird wieder durch $-\varkappa\,\mathfrak{E}^2$ in der Wärmegleichung energetisch kompensiert. Da $-\frac{\varkappa\mathfrak{E}^2}{T}$ wesentlich negativ ist und die Entropie nicht explizit von $\mathfrak{E}$ und $\mathfrak{H}$ abhängen wird, ist auch die Deduzierbarkeit der Entropiegleichung gesichert.

Es sei hier noch eine kleine Erweiterung der Gleichungen vorgenommen. Wir wollen zulassen, daß die Dyaden ε und μ selbst noch Funktionen der Deformationsdyade ψ sind. Für „infinitesimale" Deformationen machen wir den Näherungsansatz:

$$\left\{\begin{aligned} \varepsilon &= \varepsilon_{\psi=0} + \psi : \left(\frac{\partial}{\partial\psi}\,;\,\varepsilon\right)_{\psi=0} \\ \mu &= \mu_{\psi=0} + \psi : \left(\frac{\partial}{\partial\psi}\,;\,\mu\right)_{\psi=0} \end{aligned}\right. \tag{8}$$

Demgemäß können wir die mit rot $\mathfrak{v}$ = rot $\frac{\partial\mathfrak{b}}{\partial t}$ behafteten Glieder der entsprechenden körperlichen Fluxionen, als von höherer Ordnung klein, gleich wegstreichen.

In diesem Falle ergibt sich bei der Deduktion der Energiegleichung aus den Fluxionsgliedern der Hertzschen Gleichungen mit Berücksichtigung von (7, 329):

$$(9)\quad \begin{cases} \dfrac{d w_{\mathrm{el}}}{dt} + \dfrac{1}{8\pi c^2}\,\mathfrak{E}\,.\,\dfrac{D\varepsilon}{Dt}\,.\,\mathfrak{E} + \dfrac{1}{8\pi}\,\mathfrak{H}\,.\,\dfrac{D\mu}{Dt}\,.\,\mathfrak{H} \\ = \dfrac{d w_{\mathrm{el}}}{dt} + \dfrac{1}{8\pi c^2}\,\mathfrak{E}\,.\,\dfrac{d\varepsilon}{dt}\,.\,\mathfrak{E} + \dfrac{1}{8\pi}\,\mathfrak{H}\,.\,\dfrac{d\mu}{dt}\,.\,\mathfrak{H}\,. \end{cases}$$

Nun ist

$$(10)\quad \frac{d\varepsilon}{dt} = \frac{d\psi}{dt} : \left(\frac{\partial}{\partial\psi}\,;\varepsilon\right), \qquad \frac{d\mu}{dt} = \frac{d\psi}{dt} : \left(\frac{\partial}{\partial\psi}\,;\mu\right),$$

und indem wir uns noch der aus (15, 284) zu folgernden Relation

$$(11)\quad \frac{d\psi}{dt} = \frac{1}{2}\left[\nabla\,;\mathfrak{v} + \mathfrak{v}\,;\nabla\right]$$

bedienen, erhalten wir aus (9, 332):

$$(12)\quad \begin{cases} \dfrac{d w_{\mathrm{el}}}{dt} + \dfrac{1}{8\pi c^2}\,\dfrac{d\varepsilon}{dt} : \mathfrak{E}\,;\mathfrak{E} \\ \quad + \dfrac{1}{8\pi}\,\dfrac{d\mu}{dt} : \mathfrak{H}\,;\mathfrak{H} = \dfrac{d w_{\mathrm{el}}}{dt} + \nabla\,;\mathfrak{v} : \left[\dfrac{1}{8\pi c^2}\left(\dfrac{\partial}{\partial\psi}\,;\varepsilon\right) : \mathfrak{E}\,;\mathfrak{E}\right. \\ \quad \left. + \dfrac{1}{8\pi}\left(\dfrac{\partial}{\partial\psi}\,;\mu\right) : \mathfrak{H}\,;\mathfrak{H}\right]. \end{cases}$$

Ein Blick auf Gleichung (7, 331) lehrt uns, daß wir jetzt, um wieder die volle Divergenz eines Energieflusses zu gewinnen, in der Bewegungsgleichung die Hertzsche Spannungsdyade Θ_{el} noch durch die Spannungsdyade der Elektro- und Magnetostriktion

$$(13)\quad \Theta_{\mathrm{st}} = \frac{1}{8\pi c^2}\left(\frac{\partial}{\partial\psi}\,;\varepsilon\right) : \mathfrak{E}\,;\mathfrak{E} + \frac{1}{8\pi}\left(\frac{\partial}{\partial\psi}\,;\mu\right) : \mathfrak{H}\,;\mathfrak{H}$$

ergänzen müssen.

Beschränken wir uns nun wieder auf die Hertzsche Spannungsdyade und auf isotrope Körper und bilden wir:

$$(14)\quad \begin{cases} \mathfrak{F} = -\nabla\,.\,\Theta_{\mathrm{el}} = \dfrac{1}{4\pi}\,\mathfrak{E}\,\mathrm{div}\,\mathfrak{D} + \dfrac{1}{4\pi}\,\mathfrak{D}\,.\,\nabla\,;\mathfrak{E} \\ \quad - \dfrac{1}{4\pi}\,(\nabla\,;\mathfrak{E})\,.\,\mathfrak{D} - \dfrac{1}{8\pi c^2}\,\mathfrak{E}^2\,\nabla\varepsilon + \dfrac{1}{4\pi}\,\mathfrak{H}\,\mathrm{div}\,\mathfrak{B} \\ \quad + \dfrac{1}{4\pi}\,\mathfrak{B}\,.\,\nabla\,;\mathfrak{H} - \dfrac{1}{4\pi}\,(\nabla\,;\mathfrak{H})\,.\,\mathfrak{B} - \dfrac{1}{8\pi}\,\mathfrak{H}^2\,\nabla\mu\,, \end{cases}$$

oder mit (**1**, 323), (**2**, 323), (**3**, 323) und (**8**, 325):

$$(15)\quad \left\{ \begin{aligned} \mathfrak{F} = \mathfrak{E}\varrho + \frac{1}{4\pi}(\mathrm{rot}\,\mathfrak{E}) \times \mathfrak{D} - \frac{1}{8\pi c^2}\mathfrak{E}^2 \nabla\varepsilon \\ + \mathfrak{i} \times \mathfrak{B} - \frac{1}{8\pi}\mathfrak{H}^2 \nabla\mu\,. \end{aligned} \right.$$

Das erste Glied der rechten Seite entspricht der Coulombschen Kraft im homogenen Medium, das zweite Glied ist von geringer praktischer Bedeutung, das vierte Glied ergibt die zwischen elektrischem Strom und Magnetfeld, also auch die zwischen zwei Strömen wirkende mechanische Kraft. Die noch übrigen beiden Glieder bestimmen Zusatzkräfte in inhomogenen Medien.

g) Lorentzsche Theorie und Gegenwirkungsprinzip

Die Elektronentheorie behält konsequenterweise nur

$$(1)\qquad \mathfrak{F} = \varrho\,(\mathfrak{e} + \mathfrak{v} \times \mathfrak{h})$$

als Kraftansatz (pro Volumeinheit) bei. Da hier $\mathfrak{F}$ mit ϱ proportional ist, vermeidet sie auf das „Vakuum" wirkende mechanische Kräfte. Das ist der Hertzschen Spannungsdyade gegenüber dann ein Vorteil, wenn man, wie es die Elektronentheorie (nicht aber die G. Jaumannsche Kontinuitätstheorie) konsequenterweise tun muß, die Existenz eines echten „materiefreien" Vakuums annimmt.

Geht man mit (**1**, 333) in die Bewegungsgleichung, so wird durch die Lorentzschen Gleichungen (**1**, 326) und (**2**, 326), wie man leicht nachrechnet, dem Energieprinzip entsprochen.

Anders aber steht es mit dem Gegenwirkungsprinzip. Um diese Verhältnisse zu überblicken, schreiben wir die Bewegungsgleichung in der allgemeinen Form an:

$$(2)\qquad \varrho\frac{d\mathfrak{v}}{dt} + \varrho\nabla\chi + \nabla\cdot\Theta = 0\,.$$

ϱ bedeutet jetzt wieder die Massendichte und χ das Gravitationspotential. Der Newtonschen Gravitationstheorie gemäß ist χ durch die Poissonsche Differentialgleichung des Gravitationsfeldes

$$(3)\qquad 4\pi k\varrho = \mathrm{div}\,\nabla\chi$$

gegeben, in der k die absolute Gravitationskonstante bedeutet. Wir bedienen uns nun der Umrechnung

$$(4)\quad \begin{cases} (\nabla \cdot \nabla\chi)\,\nabla\chi = \nabla \cdot [(\nabla\chi)\,;(\nabla\chi)] - (\nabla\chi)\cdot\nabla\,;\nabla\chi \\ \qquad = \nabla \cdot [(\nabla\chi)\,;(\nabla\chi) - \tfrac{1}{2}(\nabla\chi)^2 I]\,, \end{cases}$$

ferner der Kontinuitätsgleichung (**5**, 307) und erhalten so statt (**2**, 333):

$$(5)\quad \begin{cases} \dfrac{\partial(\varrho\,\mathfrak{v})}{\partial t} + \nabla \cdot \Big\{\mathfrak{v}\,;\varrho\,\mathfrak{v} + \dfrac{1}{4\pi k}\,[(\nabla\chi)\,;(\nabla\chi) \\ \qquad - \dfrac{1}{2}(\nabla\chi)^2 I] + \Theta\Big\} = 0\,, \end{cases}$$

wofür wir in unmittelbar verständlicher Schreibweise auch setzen können:

$$(6)\quad \frac{\partial(\varrho\,\mathfrak{v})}{\partial t} + \nabla \cdot \Phi = 0\,.$$

Aus (**6**, 334) folgt für einen beliebigen Raumteil:

$$(7)\quad \frac{\partial}{\partial t}\int\limits_V dV\,\varrho\,\mathfrak{v} = \frac{\partial}{\partial t}\int\limits_m dm\,\mathfrak{v} = -\oint d\mathfrak{o}\cdot\Phi\,.$$

Das heißt: Die zeitliche Änderung der gesamten Bewegungsgröße des jeweils betrachteten Raumteiles wird nur durch die an dessen Oberfläche angreifenden äußeren Ursachen bewirkt. Darin eben, daß sich im ganzen Inneren Wirkung und Gegenwirkung aufheben, spricht sich das Gegenwirkungsprinzip aus.

Rechnet man den Kraftansatz (**1**, 333) mittels (**1**, 326) und (**2**, 326) wieder auf die Derivation einer Spannungsdyade um, so erhält man:

$$(8)\quad \begin{cases} \mathfrak{F} = \nabla \cdot \Big[\dfrac{1}{4\pi c^2}\,\mathfrak{e}\,;\mathfrak{e} + \dfrac{1}{4\pi}\,\mathfrak{h}\,;\mathfrak{h} - \dfrac{1}{8\pi}\Big(\dfrac{\mathfrak{e}^2}{c^2} + \mathfrak{h}^2\Big) I\Big] \\ \qquad - \dfrac{\partial}{\partial t}\Big(\dfrac{1}{4\pi c^2}\,\mathfrak{e}\times\mathfrak{h}\Big)\,. \end{cases}$$

Der Kraftansatz der Elektronentheorie verletzt also das Gegenwirkungsprinzip. Es kann nur dadurch formal aufrechterhalten werden, daß man $\int_V dV \frac{1}{4\pi c^2}\, \mathfrak{e} \times \mathfrak{h}$ als „elektromagnetische Bewegungsgröße" des betrachteten Raumes definiert und diese zur mechanischen Bewegungsgröße hinzufügt.

h) Dielektrische Kugel im ursprünglich homogenen elektrostatischen Felde

Es dürfte für den Leser nicht unwichtig sein, wenn wir hier wieder an einigen Beispielen zeigen, daß man sich der Vektor- und Dyadenrechnung auch zur Lösung spezieller Aufgaben mit Vorteil bedienen kann.

Wir denken uns in hinreichend großer Entfernung vom Ursprung auf der positiven z-Achse eine hinreichend große negative, auf der negativen z-Achse eine ebenso große positive elektrische Punktladung angebracht. Diese erzeugen im Endlichen mit jeder gewünschten Näherung ein homogenes elektrisches Feld. Natürlich können wir auch den Grenzübergang zu unendlich starken, unendlich fernen Ladungen durchführen.

Während wir die genannten Ladungen an ihrem Orte belassen, bringen wir in das „ursprünglich" homogene elektrostatische Feld um den Ursprung als Mittelpunkt eine Kugel mit dem Radius R von abweichender Dielektrizitätskonstante ε', der übrige Raum habe ε.

Wir erkannten im zweiten Teile, daß ein wirbelfreies Feld, und ein solches ist das elektrostatische, durch die Gesamtheit seiner Divergenzen, also hier seiner elektrischen Ladungen, eindeutig bestimmt wird. Man definiert durch die Divergenzen von $\mathfrak{E}$ die freien Ladungen:

$$\text{div}\, \mathfrak{E} = 4\pi \varrho' . \tag{1}$$

Das wirbelfreie Feld bestimmt sich aber auch schon aus den wahren Ladungen

$$\text{div}\, \mathfrak{D} = 4\pi \varrho \tag{2}$$

eindeutig. Man erkennt das aus der (2, 144) entsprechenden Formel

$$\oint d\mathfrak{o} \,.\, U \mathfrak{D} = \int_V dV\, U\, \text{div}\, \mathfrak{D} - \frac{1}{c^2} \int_V dV\, \varepsilon\, \mathfrak{E}^2 , \tag{3}$$

worin

(4) $$\mathfrak{E} = -\nabla U$$

gesetzt wurde. Für die zu gleichen ϱ gehörende Differenzlösung

(5) $$\mathfrak{E} = \mathfrak{E}_1 - \mathfrak{E}_2$$

verschwinden alle div $\mathfrak{D}$, das Oberflächenintegral verschwindet im Unendlichen oder auf einer im Falle der Differenzlösung die Gesamtladung Null umschließenden Äquipotentialfläche, und da ε positiv ist, folgt aus (**3**, 335):

(6) $$\mathfrak{E}^2 = 0\,, \qquad \mathfrak{E}_1 = \mathfrak{E}_2\,.$$

Werden noch beliebige von Äquipotentialflächen begrenzte Räume (z. B. elektrische Leiter) durch Oberflächenintegrale von der Form

(7) $$\oint_{\varkappa} d\mathfrak{o}\,.\,U\,\mathfrak{D} = U_\varkappa \oint_{\varkappa} d\mathfrak{o}\,.\,\mathfrak{D} = U_\varkappa \int_V dV \operatorname{div}\mathfrak{D} = 4\pi\, U_\varkappa\, e_\varkappa$$

aus dem betrachteten Raume ausgeschlossen, so tritt in (**3**, 335) $4\pi \sum_\varkappa U_\varkappa e_\varkappa$ zur rechten Seite hinzu.

Zur eindeutigen Bestimmung des wirbelfreien Feldes im betrachteten Raume benötigen wir also außer der Kenntnis des Quellenfeldes in diesem nur noch die Kenntnis der einzelnen Gesamtladungen $e_\varkappa$ in den ausgeschlossenen Räumen, also z. B. in bzw. auf den Leitern [vergleiche hierzu (**13**, 165) bis (**15**, 166)]. Das im statischen Falle feldfreie Innere des Leiters interessiert uns hier natürlich nicht.

Wir kehren zu unserer Aufgabe zurück. Sollen durch das Hereinbringen der dielektrischen Kugeln nicht automatisch wahre Flächenladungen und elektrische Flächenwirbel entstehen, so müssen, wie aus den Formeln (**1**, 173), (**10**, 186) sofort ersichtlich ist, die Normalkomponenten von $\mathfrak{D}$ und die Tangentialkomponenten von $\mathfrak{E}$ stetig durch die Begrenzungsfläche der Kugel gehen.

Setzen wir für die Potentiale im Außen- und im Innenraum

(8) $$U = -Fz + \frac{Mz}{r^3}\,, \qquad U' = -F'z\,,$$

so berechnet man zunächst für den Außen- bzw. für den Innenraum:

$$(9)\qquad \mathfrak{E} = -\nabla U = F\mathfrak{k} - \frac{M\mathfrak{k}}{r^3} + \frac{3Mz\mathfrak{r}}{r^5}\,, \quad \mathfrak{E}' = -\nabla U' = F'\mathfrak{k}\,,$$

$$(10)\quad \frac{1}{c^2}\operatorname{div}(\varepsilon\,\mathfrak{E}) = \frac{\varepsilon}{c^2}\,\nabla\cdot\mathfrak{E} \equiv 0\,,\quad \frac{1}{c^2}\operatorname{div}(\varepsilon'\mathfrak{E}') = \frac{\varepsilon'}{c^2}\operatorname{div}\mathfrak{E}' \equiv 0\,.$$

Die Erfüllung der „Grenzbedingungen" ergibt für die Normalkomponenten (Radialkomponenten) von $\mathfrak{D}$ in der Fläche $r = R$:

$$(11)\qquad \frac{\mathfrak{r}}{R}\cdot\varepsilon\,\mathfrak{E} = \frac{z\,\varepsilon}{R}\left[F + \frac{2M}{R^3}\right] = \frac{\mathfrak{r}}{R}\cdot\varepsilon'\mathfrak{E}' = \frac{z\,\varepsilon'}{R}\,F'.$$

(**11**, 337) ist für beliebige z erfüllt, wenn

$$(12)\qquad \varepsilon\left[F + \frac{2M}{R^3}\right] = \varepsilon' F'$$

zutrifft. Der stetige Übergang der Tangentialkomponenten von $\mathfrak{E}$ wird durch den stetigen Übergang der Potentiale gewährleistet, welche Forderung gemäß (**8**, 336)

$$(13)\qquad F - \frac{M}{R^3} = F'$$

ergibt.

Aus (**12**, 337) und (**13**, 337) bestimmen sich die beiden verfügbaren Konstanten zu:

$$(14)\qquad F' = \frac{3\,\varepsilon}{\varepsilon' + 2\,\varepsilon}\,F\,,$$

$$(15)\qquad M = R^3\,\frac{\varepsilon' - \varepsilon}{\varepsilon' + 2\,\varepsilon}\,F\,.$$

Bezeichnen wir das ursprünglich homogene Feld durch

$$(16)\qquad \mathfrak{E}_0 = F\,\mathfrak{k}\,,$$

so folgt für das homogene Feld im Kugelinneren nach (**9**, 337) und (**14**, 337):

$$(17)\qquad \mathfrak{E}' = \frac{3\,\varepsilon}{\varepsilon' + 2\,\varepsilon}\,\mathfrak{E}_0 = \mathfrak{E}_0 - \frac{\varepsilon' - \varepsilon}{\varepsilon' + 2\,\varepsilon}\,\mathfrak{E}_0\,.$$

Die Intensitätsänderung des Innenfeldes, wie auch die Störung des ursprünglich homogenen Außenfeldes kann nur von den freien elektrischen Flächenladungen herrühren, die durch den Sprung der Normalkomponente des elektrischen Vektors an der Kugeloberfläche bedingt sind:

$$(18)\quad \begin{cases} \mathfrak{E}_n - \mathfrak{E}'_n = \frac{z}{R}\left[F - F' + \frac{2M}{R^3}\right] = \frac{3zM}{R^4} \\ = \frac{3z}{R}\,\frac{\varepsilon' - \varepsilon}{\varepsilon' + 2\varepsilon} F = 4\pi c^2 (\mathfrak{P}'_n - \mathfrak{P}_n)\,. \end{cases}$$

Mit Rücksicht auf die Definitionsgleichung (**9**, 326) ist ja, wo wahre Ladungen fehlen

$$(19)\qquad \operatorname{div}\mathfrak{E} = -\,4\pi c^2 \operatorname{div}\mathfrak{P}\,,$$

woraus die letzte Relation (**18**, 338) folgt. Ist speziell

$$(20)\qquad \varepsilon = 1 \quad \text{also} \quad \mathfrak{P} = 0\,,$$

so wird

$$(21)\qquad \mathfrak{P}' = \frac{\varepsilon' - 1}{4\pi c^2}\mathfrak{E}' = \frac{\varepsilon' - 1}{4\pi c^2}\,\frac{3}{\varepsilon' + 2}\,\mathfrak{E}_0$$

und

$$(22)\qquad \mathfrak{E}' = \mathfrak{E}_0 - \frac{4\pi c^2}{3}\mathfrak{P}'$$

Man beachte, daß gemäß Formel (**5**, 208)

$$(23)\qquad \frac{Mz}{r^3} = \frac{M}{r^2}\,\frac{\partial r}{\partial z} = \frac{M}{r^2}\cos\vartheta \qquad (\vartheta \text{ Winkel zwischen } \mathfrak{k} \text{ und } \mathfrak{r})$$

das Potential eines Dipols im Ursprung und parallel zur $\mathfrak{k}$-Achse bedeutet. Für das Moment des elektrischen Dipols können wir, wenn e die positive Ladung eines Pols und l den hinreichend kleinen Abstand der beiden entgegengesetzt gleichen Pole bezeichnet, und wir noch berücksichtigen, daß im hier benützten Maßsystem ε durch $\frac{\varepsilon}{c^2}$ ersetzt wurde, die Gleichung anschreiben:

$$(24)\qquad c^2 e\, l = M\,.$$

Bemerkenswert ist, daß für $\mathfrak{P}$ gleich Null nach (**15**, 337) und (**21**, 338) sich

$$(25)\qquad \mathfrak{k} M = c^2 \int_V dV\, \mathfrak{P}'$$

ergibt, wenn das Integral über das Kugelvolumen erstreckt wird. $\mathfrak{P}'$ entspricht also dem elektrischen Moment pro Volumeinheit und die gleichmäßig polarisierte Kugel wirkt nach außen genau so, wie der entsprechende Dipol im Mittelpunkte. Die Relationen (**22**, 338) und (**9**, 337) gehen für

$$\mathfrak{E}_0 = 0 \quad \text{und} \quad -4\pi c^2 \mathfrak{P}' = \mathfrak{B} = -J\mathfrak{k} \tag{26}$$

mit Benützung von (**25**, 338) und (**11**, 210) in die auf anderem Wege abgeleiteten Formeln (**19**, 212) und (**20**, 212) über. Analoge Überlegungen können auch für magnetostatische Felder durchgeführt werden, an die Stelle der elektrischen Polarisation tritt dann die Magnetisierung $\mathfrak{J}$:

$$\mathfrak{B} = \mathfrak{H} + 4\pi\mathfrak{J} \,. \tag{27}$$

Wir können die Durchführung dem Leser überlassen, der hier auch die entsprechenden allgemeinen Relationen des zweiten Teiles zur Übung nochmals durcharbeiten möge; beispielsweise das von elektrisch geladenen leitenden Rotationsellipsoiden erzeugte elektrostatische Feld, die Äquivalenz von magnetischen Doppelschichten mit elektrischen Stromlinien usf.

i) Die Hertzsche Lösung der Maxwellschen Gleichungen (Strahlender Dipol)

Wir wollen nun die Hertzsche Lösung der Maxwellschen Gleichungen erörtern, wobei wir uns auf das Vakuum beschränken. Wir machen den Ansatz:

$$\mathfrak{E} = \operatorname{rot}\operatorname{rot}\mathfrak{Z} \,, \tag{1}$$

$$\mathfrak{H} = \frac{1}{c^2}\operatorname{rot}\frac{\partial\mathfrak{Z}}{\partial t} \,, \tag{2}$$

welcher das Verschwinden der elektrischen und magnetischen Divergenzen sichert und die erste Maxwellsche Gleichung

$$\frac{1}{c^2}\frac{\partial\mathfrak{E}}{\partial t} = \frac{1}{c^2}\operatorname{rot}\operatorname{rot}\frac{\partial\mathfrak{Z}}{\partial t} = \operatorname{rot}\mathfrak{H} \tag{3}$$

identisch erfüllt.

Die zweite Maxwellsche Gleichung verlangt dann:

$$\operatorname{rot}\left\{\frac{1}{c^2}\frac{\partial^2\mathfrak{Z}}{\partial t^2} + \operatorname{rot}\operatorname{rot}\mathfrak{Z}\right\} = 0 \,. \tag{4}$$

Nun ist:

(5) $$\text{rot rot}\, \mathfrak{Z} = \nabla \times \nabla \times \mathfrak{Z} = \nabla\, \nabla \cdot \mathfrak{Z} - \nabla \cdot \nabla\, ; \mathfrak{Z}\ .$$

Da der Rotor eines Gradienten identisch verschwindet, trifft (**4**, 339) sicher zu, wenn die Wellengleichung

(6) $$\frac{1}{c^2}\,\frac{\partial^2 \mathfrak{Z}}{\partial t^2} = \nabla \cdot \nabla\, ; \mathfrak{Z}$$

erfüllt wird.

Wir spezialisieren unseren Ansatz noch weiter, indem wir

(7) $$\mathfrak{Z} = S\,(r, t)\,\mathfrak{k}$$

setzen und nun für S die Erfüllung der Wellengleichung

(8) $$\frac{1}{c^2}\,\frac{\partial^2 S}{\partial t^2} = \nabla \cdot \nabla S$$

verlangen. Da S in räumlicher Hinsicht nur Funktion des Abstandes r sein soll, also Kugelsymmetrie vorausgesetzt wird, rechnet man (**8**, 340) leicht in bekannter Weise in

(9) $$\frac{1}{c^2}\,\frac{\partial^2 (rS)}{\partial t^2} = \frac{\partial^2 (rS)}{\partial r^2}$$

um. Man verifiziert sofort, daß das allgemeine Integral von (**9**, 340), wenn wir uns auf Wellen beschränken, die sich vom Ursprung nach außen ausbreiten, durch

(10) $$r\,\dot{S} = f\left(t - \frac{r}{c}\right)$$

gegeben ist, worin $f\left(t - \frac{r}{c}\right)$ irgendeine Funktion des Gesamtargumentes $\left(t - \frac{r}{c}\right)$ bedeutet. Da diese Funktion also für beliebige t und r, solange

(11) $$t - \frac{r}{c} = \text{konst.}$$

gilt, denselben Wert beibehält, folgt aus (**11**, 340)

(12) $$\frac{dr}{dt} = c$$

c als Fortpflanzungsgeschwindigkeit der Funktionswerte.

Wir entwickeln nun $f\left(t-\frac{r}{c}\right)$ in der Umgebung der Stelle $r=0$ und erhalten:

$$f\left(t-\frac{r}{c}\right)=f(t)-\frac{r}{c}\dot{f}(t)+\frac{1}{2!}\frac{r^2}{c^2}\ddot{f}(t)-\cdots, \tag{13}$$

worin die aufgesetzten Punkte die Ableitungen nach der Zeit bzw. nach dem Gesamtargument bedeuten.

Ist insbesondere

$$\begin{cases} f(t)=B\sin\omega t, \\ \ddot{f}(t)=-\omega^2 B\sin\omega t, \end{cases} \tag{14}$$

so kann das dritte Glied in (**13**, 341) gegen das erste vernachlässigt werden, solange

$$\frac{r^2\omega^2}{c^2}\ll 1 \tag{15}$$

zutrifft. Bezeichnen wir $\lambda=\frac{2\pi c}{\omega}$ als Wellenlänge, so geht (**15**, 341) über in

$$r\ll\lambda. \tag{16}$$

Vernachlässigen wir das dritte und alle höheren Glieder, so wird in der Umgebung des Ursprunges genähert:

$$S=\frac{f(t)}{r}-\frac{1}{c}\dot{f}(t). \tag{17}$$

Nun folgt aus den Definitionsgleichungen (**1**, 339) und (**2**, 339) allgemein:

$$\mathfrak{E}=\nabla\frac{\partial S}{\partial z}-\mathfrak{k}\,\nabla\cdot\nabla S, \tag{18}$$

$$\mathfrak{H}=\frac{1}{c^2}\nabla\frac{\partial S}{\partial t}\times\mathfrak{k}. \tag{19}$$

Da das zweite Glied in (**17**, 341) von r unabhängig ist, folgt für unsere Näherung:

$$\mathfrak{E}=-\nabla\frac{f(t)}{r^2}\frac{\partial r}{\partial z}, \tag{20}$$

$$\mathfrak{H}=\nabla\times\frac{1}{c^2}\frac{\dot{f}(t)}{r}\mathfrak{k}. \tag{21}$$

Ein Vergleich mit (**23**, 338) und (**24**, 338) lehrt, daß das elektrische Feld angesehen werden kann als herrührend von einem Dipol im Ursprung und parallel zur $\mathfrak{k}$-Achse, falls wir

$$c^2 e\, l = f(t) \tag{22}$$

setzen. Solange wir in der betrachteten Umgebung des Ursprunges die Verhältnisse als quasistationäre auffassen, also von der Endlichkeit der Ausbreitungsgeschwindigkeit c absehen dürfen, können wir die aus der Elektrostatik bzw. aus dem Gebiete der stationären Ströme stammenden Formeln auch für zeitlich veränderliche elektromagnetische Felder verwenden. Wir bezeichnen noch durch

$$\frac{de}{dt} = J \tag{23}$$

die längs l fließende, die Ladungsänderungen des Dipols bewirkende Stromstärke. Aus (**21**, 341) und (**22**, 342) ergibt sich dann für die Berechnung des Magnetfeldes das Vektorpotential

$$\mathfrak{A} = \int\limits_{V} dV\, \frac{\mathfrak{i}}{r} = \frac{J\, l}{r}\, \mathfrak{k}, \tag{24}$$

wie es nach (**9**, 191) usf. für einen Punktwirbel sein soll. Wir können demgemäß das sich nach (**10**, 340) in den Raum ausbreitende elektromagnetische Feld ansehen als herrührend von einem Dipole mit zeitlich veränderlichem elektrischem Moment. Von diesem Dipol wird selbstverständlich ein Energiefluß abgestrahlt werden. Gerade diesen haben wir durch unsere Näherung, die auf einen quasistationären Zustand führt, unterdrückt. Allgemein erhält man aus (**18**, 341) und (**19**, 341) (der Leser führe die Rechnung mit den Hilfsmitteln der Vektoranalysis durch):

$$\mathfrak{E} = \left(\frac{f}{r^3} + \frac{\dot f}{c\, r^2} + \frac{\ddot f}{c^2 r}\right) \bar{\mathfrak{r}} \times (\bar{\mathfrak{r}} \times \mathfrak{k}) + 2\left(\frac{f}{r^3} + \frac{\dot f}{c\, r^2}\right) \bar{\mathfrak{r}} \cdot \mathfrak{k}\, \bar{\mathfrak{r}}, \tag{25}$$

$$\mathfrak{H} = \frac{1}{c^2}\left(\frac{\dot f}{r^2} + \frac{\ddot f}{c\, r}\right) \mathfrak{k} \times \mathfrak{r}\,. \tag{26}$$

Hierin sind $f, \dot f, \ddot f$ jetzt wieder Funktionen des Gesamtargumentes $\left(t - \frac{r}{c}\right)$ und $\bar{\mathfrak{r}}$ bedeutet einen radial nach außen gerichteten Einheitsvektor. Wir bemerken nun, daß für irgendein konstant gehaltenes r, falls f eine periodische Funktion der Zeit ist, der zeitliche Mittelwert

$$(27)\qquad \frac{1}{t}\int_0^t dt\left(\frac{\dot f}{r^2}+\frac{\ddot f}{r c}\right)\left(\frac{f}{r^2}+\frac{\dot f}{r c}\right)=\frac{1}{t}\left[\frac{1}{2}\left(\frac{f}{r^2}+\frac{\dot f}{r c}\right)^2\right]_0^t$$

mit unbegrenzt wachsendem t jedenfalls gegen Null geht. Dasselbe trifft für den zeitlichen Mittelwert von $\dot f \ddot f$ zu. Hiervon Gebrauch machend erhalten wir als zeitlichen Mittelwert (Effektivwert) des Energieflusses:

$$(28)\qquad \mathfrak{S}_{\text{eff}}=\frac{1}{4\pi}(\mathfrak{E}\times\mathfrak{H})_{\text{eff}}=\frac{1}{4\pi c^5}\,\frac{\ddot f^2_{\text{eff}}}{r^2}\sin^2\vartheta\,\bar{\mathfrak{r}}\,,$$

und zwar für beliebige, von Null verschiedene Werte von r. Der zeitliche Mittelwert des gesamten Energieverlustes pro Zeiteinheit, der dauernd nachgeliefert werden muß, wenn der Dipol ungedämpfte Wellen ausstrahlen soll, folgt aus (**28**, 343) durch Integration über eine beliebige konzentrische Kugelfläche zu

$$(29)\qquad \left[\oint d\mathfrak{o}\,.\,\mathfrak{S}\right]_{\text{eff}}=\frac{\ddot f^2_{\text{eff}}}{2c^5}\int_0^\pi \sin^3\vartheta\,d\vartheta=\frac{2\ddot f^2_{\text{eff}}}{3c^5}\,.$$

Nach (**14**, 341), (**22**, 342) und (**23**, 342) ist der zeitliche Mittelwert von $\ddot f$:

$$(30)\qquad \ddot f^2_{\text{eff}}=c^4\,\omega^2\,J^2_{\text{eff}}\,l^2=4\pi^2 c^6\left(\frac{l}{\lambda}\right)^2 J^2_{\text{eff}}\,,$$

worin J_{eff} die effektive Stromstärke bedeutet.

Man beachte noch, daß nach (**25**, 342) und (**26**, 342) überall $\mathfrak{E}$ auf $\mathfrak{H}$ senkrecht steht. In großer Entfernung überwiegen die $\ddot f$-Glieder, da in ihrem Nenner r nur linear auftritt, alle übrigen. Vernachlässigen wir dort also die restlichen Glieder, so folgt aus (**25**, 342) und (**26**, 342), daß die Feldlinien von $\mathfrak{E}$ längs der Meridiane und jene von $\mathfrak{H}$ auf den Breitenkreisen der konzentrischen Kugelflächen verlaufen. Selbstverständlich steht sowohl $\mathfrak{E}$ wie $\mathfrak{H}$ auf der Strahlrichtung (Richtung des Energieflusses) senkrecht.

Die soeben durchgeführte Rechnung bildet die Grundlage für die Ausbreitung elektromagnetischer Wellen, die von einer

Antenne (unter Voraussetzung einer ebenen vollkommen leitenden Erdoberfläche) ausgestrahlt werden.

Für den ganzen senkrecht zu $\mathfrak{k}$ liegenden Äquator ($\mathfrak{k} \cdot \bar{\mathfrak{r}} = 0$) steht nämlich $\mathfrak{E}$ nach (**25**, 342) senkrecht zu der Äquatorebene, wie es der Fall sein muß, wenn der untere Halbraum ein „vollkommener" Leiter ($\varkappa = \infty$) ist.

Unsere Lösung bleibt also, da sie den vorgeschriebenen Randwerten (hier: Tangentialkomponenten von $\mathfrak{E}$ längs der Leiteroberfläche gleich Null) entspricht, für den oberen Halbraum richtig, wenn wir nur als Antennenhöhe

$$h = \frac{l}{2} \tag{31}$$

in (**30**, 343) einführen und für die in den Halbraum ausgestrahlte Energie die Hälfte von der durch (**29**, 343) gegebenen in Rechnung setzen.

Man kann den oszillierenden Dipol auch als einfachstes „klassisches" Modell eines strahlenden Atoms oder Moleküls ansehen. Man denke sich etwa die positive Ladung im Ursprunge festgehalten, während die gleich große negative Ladung unter dem Einflusse einer „quasielastischen" Kraft Schwingungen um den Ursprung vollführt.

Benützen wir den Kraftansatz (**1**, 333) der Lorentzschen Elektronentheorie und bezeichnen die Feldvektoren wieder mit kleinen Buchstaben, so lautet die Schwingungsgleichung:

$$m \frac{d\mathfrak{v}}{dt} + s^2 \mathfrak{r} = e\,(\mathfrak{e} + \mathfrak{v} \times \mathfrak{h})\,. \tag{32}$$

Hierin bedeuten m und e Masse und Ladung der schwingenden Partikel, s^2 eine die quasielastische Kraft charakterisierende Konstante.

Sowohl nach dieser, wie auch nach den Gleichungen (**1**, 326) und (**2**, 326) beträgt die vom Oszillator an das elektromagnetische Feld pro Zeiteinheit insgesamt abgegebene, also dort, wo sich das Feld schon ausgebildet hat, dem nach außen strömenden gesamten effektiven Energieflusse entsprechende Energie:

$$-[e\,\mathfrak{v} \cdot \mathfrak{e}]_{\text{eff}} = \left[\oint d\mathfrak{o} \cdot \mathfrak{s}\right]_{\text{eff}}. \tag{33}$$

Da im Vakuum die Lorentzschen Gleichungen mit den Maxwellschen identisch sind, können wir die oben erhaltenen Ergebnisse unmittelbar benützen. Wir haben lediglich zu berücksichtigen, daß aus (**22**, 342)

$$e\,l\,\mathfrak{k} = \frac{1}{c^2} f(t)\,\mathfrak{k} \tag{34}$$

jetzt

$$e\,\frac{dl}{dt}\,\mathfrak{k} = e\,\mathfrak{v} = \frac{1}{c^2}\,\dot{f}(t)\,\mathfrak{k} \tag{35}$$

zu folgern ist. Um die hier entscheidenden Glieder nicht zu vernachlässigen, müssen wir die Entwicklung (**17**, 341) um zwei Größenordnungen weitertreiben und erhalten dann:

$$S = \frac{f(t)}{r} - \frac{1}{c}\dot{f}(t) + \frac{1}{2!}\,\frac{r}{c^2}\,\ddot{f}(t) - \frac{1}{3!}\,\frac{r^2}{c^3}\,\dddot{f}(t) + \cdots. \tag{36}$$

(**36**, 345) in (**18**, 341) eingesetzt, ergibt:

$$\mathfrak{e} = \left(\frac{3fz}{r^5} - \frac{1}{2}\,\frac{\ddot{f}z}{c^2 r^3}\right)\mathfrak{r} - \left(\frac{f}{r^3} + \frac{1}{2}\,\frac{\ddot{f}}{c^2 r} - \frac{2}{3}\,\frac{\dddot{f}}{c^3}\right)\mathfrak{k}\,. \tag{37}$$

Lediglich das letzte Glied liefert einen im Zeitmittel nicht verschwindenden Beitrag zur linken Seite von (**33**, 344). Mit Rücksicht auf (**29**, 343) erhalten wir durch Produktintegration:

$$-[e\,\mathfrak{v}\,.\,\mathfrak{e}]_{\text{eff}} = -\frac{2}{3}\,\frac{1}{c^5}(\dot{f}\,\dddot{f})_{\text{eff}} = \frac{2\,\ddot{f}^2_{\text{eff}}}{3\,c^5} = \left[\oint d\,\mathfrak{o}\,.\,\mathfrak{s}\right]_{\text{eff}}, \tag{38}$$

wie es nach (**33**, 344) sein muß.

Die restlichen Glieder von (**37**, 345) bedingen, wie man es grundsätzlich mit Rücksicht auf die Bedeutung von $f(t)$ und $\ddot{f}(t)$ entsprechend den Relationen (**34**, 345) und (**35**, 345) sofort einsieht, eine Veränderung der Koeffizienten von $\mathfrak{r}$ und von $\frac{d\mathfrak{v}}{dt}$ und damit auch der Eigenfrequenz des Oszillators. Wir können uns hier aber nicht weiter mit Einzelheiten aufhalten. Unsere Lösung setzt eine schon irgendwie endgültig festliegende Eigenfrequenz, wie auch — wir haben es nicht eigens erwähnt — die dauernde Kompensation der Strahlungsdämpfung durch eine entsprechende Energiequelle voraus.

Da unsere Lösung für die auf das Vakuum bezogenen Maxwellschen Gleichungen gilt, kann, falls sie grundsätzlich im gesamten Raume zutreffen soll, die Strahlungsquelle nur einer Singularität dieser Lösung entsprechen, wie es ja unsere Rechnung auch ergab.

Diese Singularität kann beispielsweise durch den Einbau einer kleinen dielektrischen Kugel im Koordinatenursprung vermieden werden. Da wir aus der Elektrostatik wissen, daß die Wirkung einer gleichmäßig polarisierten Kugel für den Außenraum jener eines Dipols im Mittelpunkt äquivalent ist, versteht man ohne neuerliche Rechnung, daß innerhalb der früher angestrebten Näherung die dielektrische Kugel mit oszillierender Polarisation den oszillierenden Dipol zu ersetzen vermag. Will man mit Benützung der Formeln (**25**, 342) und (**26**, 342) die Grenzbedingungen an der Kugeloberfläche, also für r gleich R, exakt erfüllen, so muß, wenn die Schwingungen ungedämpft sein sollen, für eine Energiequelle gesorgt werden. Fordern wir rein formal eine eingeprägte E.M.K., setzen also innerhalb der dielektrischen Kugel

$$(39) \qquad \frac{\partial \mathfrak{D}}{\partial t} = \operatorname{rot} \mathfrak{H} ,$$

$$(40) \qquad \frac{\partial \mathfrak{H}}{\partial t} = - \operatorname{rot} (\mathfrak{E} - \mathfrak{E}_e)$$

und, wie früher:

$$(41) \qquad \mathfrak{D} = \operatorname{rot} \operatorname{rot} \mathfrak{Z} ,$$

$$(42) \qquad \mathfrak{H} = \operatorname{rot} \frac{\partial \mathfrak{Z}}{\partial t} ,$$

$$(43) \qquad \frac{\partial^2 \mathfrak{Z}}{\partial t^2} = \frac{c^2}{\varepsilon} \nabla \cdot \nabla ; \mathfrak{Z} + \mathfrak{E}_e ,$$

so können wir durch entsprechende Wahl von $\mathfrak{E}_e$ den gewünschten Schwingungszustand innerhalb der dielektrischen Kugel erzwingen.

Als Rechenbeispiel überzeuge sich der Leser selbst, daß man mit dem Ansatze

$$(44) \qquad \mathfrak{Z} = \left[g(r) \sin \omega \left(t - \frac{R}{c} \right) + h(r) \cos \omega \left(t - \frac{R}{c} \right) \right] \mathfrak{k}$$

durchkommt, wenn man in (**25**, 342) und (**26**, 342) gemäß (**14**, 341) an der Kugeloberfläche

$$f(t) = B \sin \omega \left(t - \frac{R}{c}\right)$$

setzt, und das erforderliche $\mathfrak{E}_e$ aus (**43**, 346) bestimmt.

Über die Funktionen $g(r)$ und $h(r)$ kann man noch weitgehend und jedenfalls so verfügen, daß im Kugelinneren alle Zustandsgrößen endliche Werte behalten. Durch die Grenzbedingungen — stetiger Übergang der Tangentialkomponenten von $\mathfrak{E}$ und $\mathfrak{H}$, der stetige Übergang der Radialkomponente von $\mathfrak{D}$ folgt dann schon aus Gleichung (**39**, 346) — werden lediglich die Werte

$$(45) \quad \begin{cases} \left(\frac{dg}{dr}\right)_{r=R} = -\frac{B}{c^2 R^2}, \quad \left(\frac{dh}{dr}\right)_{r=R} = -\frac{B\omega}{c^3 R}, \\ \left(\frac{d^2 g}{dr^2}\right)_{r=R} = \frac{B}{c^2 R^3}\left[\varepsilon + 1 - \omega^2 \varepsilon \frac{R^2}{c^2}\right], \\ \left(\frac{d^2 h}{dr^2}\right)_{r=R} = \frac{B\omega}{c^3 R^2}(\varepsilon + 1) \end{cases}$$

festgelegt. Den zeitlichen Mittelwert der durch $\mathfrak{E}_e$ bedingten Energiezufuhr erhält man aus (**40**, 346) zu

$$(46) \qquad E_{\text{eff}} = \frac{1}{4\pi} \frac{1}{t} \int_0^t dt \int_{V_{\text{Kugel}}} dV \, \mathfrak{H} \cdot \operatorname{rot} \mathfrak{E}_e .$$

k) Elektromagnetische Wellen längs paralleler vollkommener Leiter

Wir betrachten nun die Ausbreitung elektromagnetischer Wellen längs unendlich langer, parallel zu $\mathfrak{k}$ verlaufender, vollkommener Leiter. Im Inneren eines vollkommenen Leiters bleibt, was für reale Leiter exakt nur in der Elektrostatik zutrifft, das elektrische Feld stets gleich Null, seine Oberfläche ist eine Äquipotentialfläche, der elektrische Vektor des Außenraumes steht auf der Oberfläche senkrecht, die Oberfläche ist der Sitz von elektrischen Flächenladungen. Wegen des Verschwindens des elektrischen Feldes können nach der zweiten Maxwellschen Gleichung im Inneren auch keine zeitlich veränderlichen Magnetfelder existieren. Da wir magnetische Ladungen ausschließen, kann das Magnetfeld im Außenraum an der Oberfläche nur parallel zu dieser verlaufen. Der Sprung der Parallelkomponenten entspricht einem magnetischen Flächenwirbel, also einem elektrischen Flächenstrom längs der Leiteroberfläche. Wir haben in einem vollkommenen Leiter den Skineffekt, die Verdrängung des elektrischen Wechselstromes aus dem Leiterinneren, gewissermaßen in Reinkultur. Zur Vereinfachung der Schreibarbeit setzen wir im Außenraume (Luft)

$$\varepsilon = 1 \quad \text{und} \quad \mu = 1 \tag{1}$$

voraus. Es soll nun

$$S\left(x, y, t - \frac{z}{c}\right)$$

eine skalare Funktion der drei Variablen x, y und $t - \frac{z}{c}$ sein; es gilt dann

$$\frac{\partial S}{\partial z} = -\frac{1}{c}\,\frac{\partial S}{\partial t}\,. \tag{2}$$

Wir setzen als Lösung der Maxwellschen Gleichungen für den Außenraum:

$$\mathfrak{E} = -\left(\frac{\partial S}{\partial x}\,\mathfrak{i} + \frac{\partial S}{\partial y}\,\mathfrak{j}\right) = -\nabla' S\,, \qquad \mathfrak{H} = -\frac{1}{c}\,\mathfrak{E} \times \mathfrak{k}\,. \tag{3}$$

Die Bedeutung des Symbols ∇' ist hier durch (**3**, 348) definiert. Es ist klar, daß $\mathfrak{E}$ auf den Leiteroberflächen senkrecht stehen wird, wenn S bei beliebigem, aber jeweils konstant gehaltenem $t - \frac{z}{c}$ auf der Leiteroberfläche einen konstanten Wert besitzt. Dann wird mit unserem Ansatze $\mathfrak{H}$, wie es sein soll, an der Leiteroberfläche zu dieser parallel verlaufen. Für den Energiefluß erhalten wir:

$$\mathfrak{s} = \frac{1}{4\pi}\,\mathfrak{E} \times \mathfrak{H} = \frac{1}{4\pi c}\,\mathfrak{E}^2\,\mathfrak{k}\,. \tag{4}$$

Unser Ansatz entspricht also tatsächlich einer Energieströmung längs der Leiter. Wir müssen aber jetzt noch zeigen, daß unser Ansatz eine Lösung der Differentialgesetze des elektromagnetischen Feldes im Außenraume ist.

Da im Außenraume keine elektrischen Ladungen sitzen sollen, muß dort

$$\text{(5)} \qquad \operatorname{div} \mathfrak{E} = -\nabla \cdot \nabla' S = -\left(\frac{\partial^2 S}{\partial x^2} + \frac{\partial^2 S}{\partial y^2}\right) = 0$$

sein. Die Funktion S muß also, insofern sie von x und y abhängt, der Laplaceschen Differentialgleichung genügen. Wir wissen, daß innerhalb ihres Regularitätsbereiches sowohl der Realteil, wie der Imaginärteil jeder beliebigen Funktion komplexen Argumentes dieser Forderung entspricht. Wir bilden nun mit Rücksicht auf (**2**, 348), (**3**, 348) und (**5**, 349):

$$\text{(6)} \qquad \operatorname{rot} \mathfrak{H} = -\frac{1}{c} \nabla \times (\mathfrak{E} \times \mathfrak{k}) = -\frac{1}{c} \frac{\partial \mathfrak{E}}{\partial z} = \frac{1}{c^2} \frac{\partial \mathfrak{E}}{\partial t},$$

$$\text{(7)} \qquad -\operatorname{rot} \mathfrak{E} = \nabla' \times \nabla' S - \mathfrak{k} \times \frac{\partial \mathfrak{E}}{\partial z} = \frac{1}{c} \mathfrak{k} \times \frac{\partial \mathfrak{E}}{\partial t} = \frac{\partial \mathfrak{H}}{\partial t},$$

$$\text{(8)} \qquad \operatorname{div} \mathfrak{H} = -\frac{1}{c} \mathfrak{k} \cdot \nabla \times \mathfrak{E} = 0 .$$

Damit ist gezeigt, daß unser Ansatz, wenn nur (**5**, 349) zutrifft, eine Lösung der beiden Maxwellschen Gleichungen ist und überdies im Außenraume weder elektrische noch magnetische Divergenzen ergibt.

Wir wählen als Sonderbeispiel zwei kreiszylindrische Leitungsdrähte, längs welcher ein sinusförmiger Wechselstrom fließt. Wir haben in diesem Falle

$$\text{(9)} \qquad S = A \log \frac{r_2}{r_1} \sin \frac{2\pi}{\tau}\left(t - \frac{z}{c}\right)$$

zu setzen, worin A eine Konstante und τ die Schwingungsdauer bedeutet, schließlich

$$\text{(10)} \qquad r_2 = \sqrt{(x+a)^2 + y^2}, \qquad r_1 = \sqrt{(x-a)^2 + y^2}$$

ist.

Da $\log \frac{r_2}{r_1}$ der Realteil von $\log[(x+iy)+a] - \log[(x+iy)-a]$ ist, worin a eine reelle positive Konstante bedeutet, genügt es der Laplaceschen Differentialgleichung (**5**, 349). Der Leser rechnet leicht nach, daß durch

$$\text{(11)} \qquad \frac{r_2}{r_1} = k \qquad (k = \text{Konstante})$$

die Kreise

(12) $$(x-f)^2 + y^2 = R^2$$

bestimmt werden, wenn

(13) $$f^2 = R^2 + a^2 \qquad \text{und} \qquad f = a\,\frac{k^2+1}{k^2-1}$$

gesetzt wird. Aus der ersten Formel (**13**, 350) folgt auch die in der Figur benützte Konstruktion des zu C_1 als Mittelpunkt

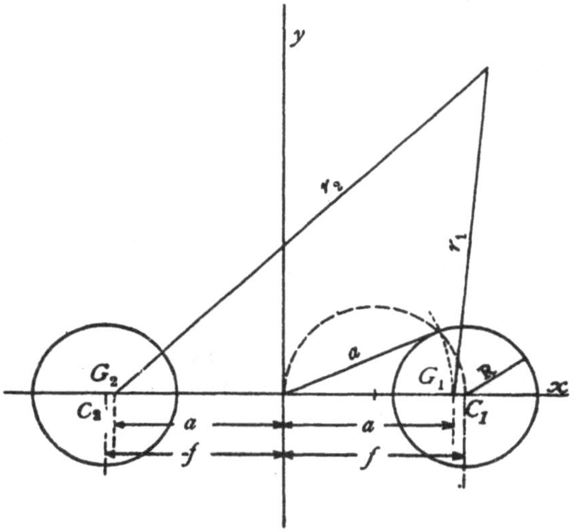

Fig. 34. Wechselstrom längs einer Paralleldrahtleitung

gehörenden Kreises. Die auf der Seite der negativen x liegenden Teile der Figur sind zu jenen der positiven x-Werte spiegelbildlich. Um die Konstante A durch die gesamte Stromstärke

(14) $$J = J_0 \sin \frac{2\pi}{\tau}\left(t - \frac{z}{c}\right)$$

zu bestimmen, denken wir uns zunächst Drähte, deren Radius

(15) $$R \ll 2\,a$$

sei. Dann rückt C_1 nach G_1, und es folgt an der ersten Drahtoberfläche aus (**9**, 349) genähert:

$$\mathfrak{E} = -\nabla' S = A \frac{\mathfrak{r}_1}{r_1^2} \sin \frac{2\pi}{\tau}\left(t - \frac{z}{c}\right) \tag{16}$$

und mit Benützung von (**8**, 325), (**3**, 348) und (**14**, 350), wenn wir das zur Drahtoberfläche tangentiale Wegdifferential mit $d\mathfrak{l}$ bezeichnen und über die rechte Kreisfläche der Figur integrieren:

$$\left\{\begin{aligned} \int_F d\mathfrak{o} \cdot \operatorname{rot} \mathfrak{H} &= 4\pi J_0 \sin \frac{2\pi}{\tau}\left(t - \frac{z}{c}\right) = \oint d\mathfrak{l} \cdot \mathfrak{H} \\ &= \frac{1}{c} \oint d\mathfrak{l} \times \mathfrak{k} \cdot \mathfrak{E} = \frac{1}{c} 2\pi A \sin \frac{2\pi}{\tau}\left(t - \frac{z}{c}\right), \end{aligned}\right. \tag{17}$$

$$A = 2 J_0 c. \tag{18}$$

Das Flächenintegral in (**17**, 351) hat nur darum einen von Null verschiedenen Wert, weil unsere Funktion S im Punkte G_1 (ebenso auch im Punkte G_2) eine Singularität besitzt. Außerhalb dieser Singularitäten wird die Laplacesche Differentialgleichung erfüllt und es folgt dort aus (**6**, 349) für jedes parallel zu $\mathfrak{k}$ liegende Oberflächenelement:

$$d\mathfrak{o} \cdot \operatorname{rot} \mathfrak{H} = 0. \tag{19}$$

Diese Erkenntnis genügt, um einzusehen, daß das in (**17**, 351) auftretende Umlaufsintegral für jede senkrecht zu $\mathfrak{k}$ verlaufende, den singulären Punkt umschlingende, geschlossene Kurve denselben Wert ergeben muß. Damit ist die Relation (**18**, 351) auch für endliche Leiterquerschnitte gesichert. Man beachte, daß der Wechselstrom J dann als Flächenstrom längs der beiden Leiteroberflächen, sie als Hin- und Rückleitung benützend, parallel zu $\mathfrak{k}$ entlangfließt. Diese Flächenwirbel werden durch die senkrecht zu $\mathfrak{k}$ verlaufenden Wirbel der Verschiebungsströme zu geschlossenen Wirbelfäden ergänzt.

Da nach (**3**, 348) die durch konstante Werte von $\frac{r_2}{r_1}$ gegebenen Kreislinien den magnetischen Kraftlinien, die diese senkrecht durchsetzenden Kreislinien den elektrischen Kraftlinien entsprechen, wolle der Leser die Konstruktion dieser Kurvenscharen nach dem Muster der Figur weiter durchführen, um sich so auch den Verlauf der Wirbelfäden zu veranschaulichen.

Von Interesse ist auch die Berechnung des Energieflusses, für dessen zeitlichen Mittelwert (Effektivwert) wir aus (**4**, 348) mit dem Ansatz (**9**, 349) erhalten:

$$(20)\quad \left\{\begin{aligned} \mathfrak{S}_{\text{eff}} &= \frac{1}{4\pi c}\left(\frac{\mathfrak{r}_1}{r_1^2} - \frac{\mathfrak{r}_2}{r_2^2}\right)^2 \frac{1}{2}\,(4\,J_0^2\,c^2)\,\mathfrak{k} \\ &= \frac{c J_0^2}{2\pi}\left(\frac{1}{r_1^2} + \frac{1}{r_2^2} - \frac{2\,\mathfrak{r}_1\cdot\mathfrak{r}_2}{r_1^2\,r_2^2}\right)\mathfrak{k} \\ &= \frac{c J_0^2}{2\pi}\,\frac{(\mathfrak{r}_1 - \mathfrak{r}_2)^2}{r_1^2\,r_2^2}\,\mathfrak{k} = \frac{c J_0^2}{2\pi}\,\frac{4\,a^2}{r_1^2\,r_2^2}\,\mathfrak{k}\,. \end{aligned}\right.$$

Die Formel zeigt uns, wie der Energiefluß durch die vermöge der Grenzbedingungen zustande kommende Bindung des elektromagnetischen Feldes an die Leitungsdrähte, deren Inneres feldfrei bleibt, in der Nähe der Doppelleitung stark zusammengehalten wird. Die Intensität des Energieflusses ist ja nach (**20**, 352) in größerer Entfernung der vierten Potenz des „Abstandes von der Doppelleitung" umgekehrt proportional.

7. Anwendungen aus der klassischen Theorie der optischen Erscheinungen

a) Dispersion und Absorption

Wir gehen von den Maxwell-Lorentzschen Gleichungen aus, benützen das schon im vorigen Kapitel eingeführte Modell des unter dem Einflusse einer quasielastischen Kraft schwingenden Dipols, ergänzen aber die Relation (**32**, 344) durch ein Dämpfungsglied $g\,\mathfrak{v}$, worin g eine Konstante bedeutet. Da man leicht nachrechnet, daß für elektromagnetische Lichtfelder $\mathfrak{v} \times \mathfrak{h}$ gegen $\mathfrak{e}$ vernachlässigt werden darf, erhält man als Bewegungsgleichung der „quasielastisch" an eine Ruhelage im Atom oder Molekül gebundenen punktförmigen Ladung $e_\varkappa$:

$$(1)\qquad m_\varkappa \frac{d^2\mathfrak{r}_\varkappa}{dt^2} + g_\varkappa \frac{d\mathfrak{r}_\varkappa}{dt} + s_\varkappa^2\,\mathfrak{r}_\varkappa = e_\varkappa\,\mathfrak{e}\,.$$

Im Sinne der Elektronentheorie enthält ein Dielektrikum auch noch in einem physikalisch sehr kleinen Volumen sehr viele solcher Ladungen. Wir denken uns in einem unbegrenzten, „homogenen"

Dielektrikum einen Schwingungszustand gegeben, dessen Ergebnis eine ebene Welle mit den Feldvektoren $\mathfrak{E}$ und $\mathfrak{H}$ ist. Um die auf eine bestimmte Einzelladung $e_\varkappa$ wirkende Feldstärke $\mathfrak{E}'$ zu ermitteln, wollen wir idealisierend folgendermaßen verfahren: Wir ersetzen die tatsächlichen Verhältnisse durch ein exakt homogenes Dielektrikum, das aber am Orte von $e_\varkappa$ einen kleinen kugelförmigen Hohlraum besitzt. Im Mittelpunkt des sonst leeren Hohlraumes befinde sich ein punktförmiger Dipol, der aus der schwingungsfähigen Ladung $e_\varkappa$ und einer diese elektrisch neutralisierenden ruhenden besteht.

Voraussetzungsgemäß ergibt der jeweils betrachtete schwingende Dipol im Zusammenwirken mit allen übrigen eine ebene Welle. Im Dielektrikum können wir demgemäß in unmittelbar verständlicher Schreibweise setzen:

$$(2) \qquad \mathfrak{D} = \frac{\varepsilon}{c^2} F(x, t)\,\mathfrak{k}\,, \qquad \mathfrak{E} = F(x, t)\,\mathfrak{k}\,, \qquad \mathfrak{H} = H(x, t)\,\mathfrak{j}\,.$$

Da wir die Dimensionen der Hohlkugel hinreichend klein gegen die Lichtwellenlängen voraussetzen dürfen, können wir in der Hohlkugel das elektromagnetische Feld des schwingenden Dipols wieder quasistationär rechnen und auf der Kugeloberfläche F genähert als räumlich konstant ansehen. Das elektrische Feld im Inneren der Hohlkugel ist dann in der Form

$$(3) \qquad \mathfrak{E}_i = F'\,\mathfrak{k} - \nabla \frac{Jz}{r^3} = \mathfrak{E}' - \nabla \frac{Jz}{r^3}$$

darstellbar, worin sich F' und das Dipolmoment J in Analogie zu (**12**, 337) und (**13**, 337) aus den Grenzbedingungen

$$(4) \qquad \left\{ \begin{aligned} \varepsilon F &= F' + \frac{2J}{R^3} \\ F &= F' - \frac{J}{R^3} \end{aligned} \right.$$

bestimmen. Insbesondere folgt:

$$(5) \qquad \mathfrak{E}' = \mathfrak{E} + \frac{\varepsilon - 1}{3}\,\mathfrak{E} = \mathfrak{E} + \frac{4\pi c^2}{3}\,\mathfrak{P}\,,$$

und das ist das gesuchte, auf den Dipol, also auf die schwingungsfähige Ladung $e_\varkappa$ wirkende Feld, während $-\nabla \frac{Jz}{r^3}$ der vom Dipol selbst herrührende Anteil des Innenfeldes ist. Durch Mittelwertbildung folgt aus den Lorentzschen Gleichungen (**1**, 326) und (**2**, 326), wenn wir in üblicher Weise die Mittelwerte durch

(6) $$\bar{\mathfrak{e}} = \mathfrak{E}\,, \qquad \bar{\mathfrak{h}} = \mathfrak{H}$$

bezeichnen und (**9**, 326) berücksichtigen, für ein Dielektrikum:

(7) $$\overline{\rho\,\mathfrak{v}} = \frac{\partial \mathfrak{P}}{\partial t}\,.$$

In Übereinstimmung damit und gemäß (**24**, 338) und (**25**, 338) erhalten wir für punktförmige Ladungen:

(8) $$\mathfrak{P} = N_\varkappa\, e_\varkappa\, \mathfrak{r}_\varkappa\,,$$

worin $N_\varkappa$ die Anzahl dieser Ladungen pro Volumeinheit bedeutet; $\mathfrak{r}_\varkappa$ ist der vektorische Abstand einer solchen Ladung von ihrer Ruhelage, in welcher sie durch eine entgegengesetzt gleiche elektrisch neutralisiert wird. Gibt es mehrere Sorten solcher Ladungen, so wird:

(9) $$\mathfrak{P} = \sum_\varkappa N_\varkappa\, e_\varkappa\, \mathfrak{r}_\varkappa = \sum_\varkappa \mathfrak{P}_\varkappa\,.$$

Ersetzen wir in (**1**, 352) $\mathfrak{e}$ gemäß (**5**, 353) durch $\mathfrak{E}'$ und multiplizieren die Gleichung noch mit $\frac{N_\varkappa e_\varkappa}{m_\varkappa}$, so erhalten wir nach einfacher Umformung eine Gleichung der Form:

(10) $$\frac{d^2 \mathfrak{P}_\varkappa}{dt^2} + G_\varkappa \frac{d \mathfrak{P}_\varkappa}{dt} + S_\varkappa^2\, \mathfrak{P}_\varkappa = E_\varkappa\, \mathfrak{E}\,,$$

deren konstante Koeffizienten wir hier nicht explizit auszurechnen brauchen. Jede solche Gleichung entspricht je einer durch $S_\varkappa$ bestimmten Eigenschwingung des betreffenden Dielektrikums. Die Gleichungen (**10**, 354) und die aus den Lorentzschen durch Mittelung entstandenen

(11) $$\left\{\begin{aligned} \frac{1}{c^2}\frac{\partial \mathfrak{E}}{\partial t} + 4\pi \frac{\partial \mathfrak{P}}{\partial t} &= \operatorname{rot} \mathfrak{H} \\ \frac{\partial \mathfrak{H}}{\partial t} &= -\operatorname{rot} \mathfrak{E} \end{aligned}\right.$$

integrieren wir durch ebene Wellen. Analog zu (**2**, 295) und mit derselben Bedeutung der dort eingeführten Größen machen wir wieder den üblichen komplexen Ansatz:

$$(12)\qquad \mathfrak{E} = \mathfrak{E}_0\, e^{i(\mathfrak{q}\cdot\mathfrak{r} - \omega t)}, \quad \mathfrak{H} = \mathfrak{H}_0\, e^{i(\mathfrak{q}\cdot\mathfrak{r} - \omega t)}, \quad \mathfrak{P}_\varkappa = \mathfrak{P}_{\varkappa 0}\, e^{i(\mathfrak{q}\cdot\mathfrak{r} - \omega t)}.$$

Aus (**9**, 354) und (**10**, 354) folgt dann:

$$(13)\qquad \mathfrak{P} = \sum_\varkappa \mathfrak{P}_\varkappa = \sum_\varkappa \frac{E_\varkappa}{S_\varkappa^2 - \omega^2 - i\,\omega\, G_\varkappa}\, \mathfrak{E}.$$

Gehen wir mit diesem Ausdrucke in die erste Gleichung (**11**, 354), so erhalten wir:

$$(14)\qquad \frac{1}{c^2}\left[1 + \sum_\varkappa \frac{4\pi c^2 E_\varkappa}{S_\varkappa^2 - \omega^2 - i\,\omega\, G_\varkappa}\right] \frac{\partial \mathfrak{E}}{\partial t} = \operatorname{rot} \mathfrak{H}.$$

An die Stelle der Dielektrizitätskonstante der Maxwellschen Gleichungen ist der Klammerausdruck in (**14**, 355) getreten. Insofern er von ω abhängt, bedingt er eine von der Frequenz abhängige Fortpflanzungsgeschwindigkeit, also Dispersion. Insofern er komplex ist, bedingt er einen komplexen Wert des „Ausbreitungsvektors"

$$(15)\qquad \mathfrak{q} = \left(\frac{2\pi}{\lambda} + i\,k\right) \mathfrak{n},$$

also:

$$(16)\qquad \mathfrak{E} = \mathfrak{E}_0\, e^{-k\mathfrak{r}\cdot\mathfrak{n}}\, e^{i\left(\frac{2\pi}{\lambda}\mathfrak{n}\cdot\mathfrak{r} - \omega t\right)} \quad \text{usf.},$$

das heißt: abnehmende Effektivwerte der Feldvektoren während des Fortschreitens durch das Dielektrikum, somit Absorption.

Es ist interessant zu bemerken, daß es für diesen Teil der Optik lediglich auf das durch (**10**, 354) und (**11**, 354) gegebene Gleichungssystem und gar nicht mehr auf die Herleitung dieses Gleichungssystems aus den Vorstellungen der Elektronentheorie ankommt. Demgemäß konnte die Kontinuumstheorie die Vektoren $\mathfrak{P}_\varkappa$ einfach als neue „stoffliche" Zustandsvariablen einführen, deren Verhalten durch bestimmte Differentialgesetze geregelt wird, in voller Analogie zu den „elektromagnetischen" Zustandsvariablen $\mathfrak{E}$ und $\mathfrak{H}$, welche den Maxwellschen bzw. besser gesagt, den Differentialgesetzen

(**11**, 354) gehorchen. Insofern die Kontinuumstheorie konsequenterweise fordert, daß das physikalische Geschehen bei gegebenen Randwerten schon durch den Anfangszustand selbst bestimmt werde, ersetzt sie noch die Differentialgleichungen zweiter Ordnung durch ein System von Differentialgleichungen erster Ordnung, was immer möglich ist.

Man geht also beispielsweise statt von (**10**, 354) von den Differentialgesetzen

$$(17)\qquad \begin{cases} \dfrac{\partial \mathfrak{a}_\varkappa}{\partial t} + S_\varkappa \mathfrak{b}_\varkappa = 0\,, \\ \dfrac{\partial \mathfrak{b}_\varkappa}{\partial t} + G_\varkappa \mathfrak{b}_\varkappa - S_\varkappa \mathfrak{a}_\varkappa = E_\varkappa \mathfrak{E} \end{cases}$$

aus, worin die $\mathfrak{a}_\varkappa$ und $\mathfrak{b}_\varkappa$ die neuen vektorischen Zustandsvariablen sind. In den Differentialgleichungen (**11**, 354) muß dann naturgemäß

$$4\pi \frac{\partial \mathfrak{P}}{\partial t} \qquad \text{durch} \qquad 4\pi \sum_\varkappa E_\varkappa \mathfrak{b}_\varkappa$$

ersetzt werden. Man deduziert die Differentialform des Energiesatzes, indem man die neuen Gleichungen mit $\mathfrak{a}_\varkappa$ bzw. $\mathfrak{b}_\varkappa$ skalar multipliziert und zu der aus (**11**, 354) in üblicher Weise gebildeten Energiegleichung hinzufügt. Die Absorptionsglieder $G_\varkappa \mathfrak{b}_\varkappa^2$ werden in der Wärmegleichung energetisch kompensiert, natürlich nur insoweit, als nicht auch noch andere Wirkungen des absorbierten Lichtes in Betracht kommen. Selbstverständlich können die „stofflichen" Zustandsvariablen auch in viel komplizierterer Weise und nicht nur zu je zweien verkoppelt werden, um Beobachtungen gerecht zu werden, wie sie die Elektronentheorie in anschaulicher Form durch komplizierter gebaute Molekülmodelle erklärt. Die Berücksichtigung von nicht linearen Gliedern macht hier wie dort das Auftreten von Oberschwingungen verständlich. Nichtlineare Glieder braucht G. Jaumann auch für seine Undulationstheorie der Kathodenstrahlen, sie ermöglichen unter anderem das Auftreten des elektrischen Ladungsstromes dieser Strahlen. Die erforderlichen neuen Derivationsglieder werden als Koppelungsglieder, und zwar das Glied $4\pi \nabla (\boldsymbol{ku})$ in die elektrische und das Glied k div $\mathfrak{E}$ in ein die Fluxion der neuen skalaren stofflichen Zustandsvariablen u bestimmendes Differentialgesetz eingeführt. Sie liefern zusammen in der Energiegleichung die Divergenz eines neuen Energieflusses. Hält man sich diesen Ausgangspunkt der G. Jaumannschen Theorie vor Augen, so ist es verständlich, daß in ihr auch die Verkoppelung der Gleichungen (**17**, 356) mit den elektromagnetischen Gleichungen durch entsprechende Derivationsglieder bedingt wird.

In der Formulierung E. Lohrs wäre dementsprechend $E_\varkappa$ gleich Null zu setzen und dafür, wenn die $k_\varkappa$ neue Konstanten bedeuten, in die linken Seiten der zweiten Gleichungen (**17**, 356) je ein Glied $k_\varkappa$ rot $\mathfrak{H}$, in die rechte Seite der magnetischen Gleichung das Glied $\nabla \times 4\pi \sum k_\varkappa \mathfrak{b}_\varkappa$ neu einzufügen.

Der Leser wolle zur Übung die Dispersionserscheinungen mit Benützung dieser neuen Koppelungsglieder nochmals durchrechnen, wobei er mit Vorteil von der Substitution

$$\mathfrak{L} = \mathfrak{E} - 4\pi \sum_\varkappa k_\varkappa \mathfrak{b}_\varkappa$$

Gebrauch machen kann. Es wäre an sich nicht schwierig, aber im Rahmen dieses Lehrbuches fehl am Orte, den Vergleich der Ansätze der Elektronentheorie und der Kontinuumstheorie im Gebiete der höheren optischen Erscheinungen weiter zu verfolgen.

b) Kristalloptik

Als für die Anwendung der Vektor- und Dyadenrechnung besonders geeignet, untersuchen wir jetzt die Ausbreitung ebener Lichtwellen in Kristallen. In solchen werden die skalaren Konstanten $G_\varkappa$ und $S_\varkappa$ durch Dyaden zu ersetzen sein. Wir wollen hier zur Vereinfachung von Dispersion und Absorption absehen, das heißt, wir wollen die beiden ersten Glieder in (**10**, 354) gegen das dritte vernachlässigen. Gemäß (**14**, 355) tritt dann lediglich in der ersten Maxwellschen Gleichung an die Stelle der skalaren Dielektrizitätskonstante eine Dyade ε. Soll bei der Bildung der Energiegleichung für zeitlich konstantes ε

$$(1) \qquad \frac{1}{4\pi}\mathfrak{E}\cdot\varepsilon\cdot\frac{\partial\mathfrak{E}}{\partial t} = \frac{\partial}{\partial t}\left[\frac{1}{8\pi}\mathfrak{E}\cdot\varepsilon\cdot\mathfrak{E}\right]$$

sein, so müssen wir in Übereinstimmung mit der Erfahrung ε als symmetrische Dyade und, da die elektrische Energie wesentlich positiv sein soll, sogar als „reinen Tensor" voraussetzen. Mit dieser Voraussetzung über ε schreiben wir in dem konsequent benützten Maßsysteme bleibend:

$$\frac{\varepsilon}{c^2} \cdot \frac{\partial \mathfrak{E}}{\partial t} = \operatorname{rot} \mathfrak{H} \,, \tag{2}$$

$$\frac{\partial \mathfrak{H}}{\partial t} = -\operatorname{rot} \mathfrak{E} \,. \tag{3}$$

Die Integration durch ebene Wellen ergibt in komplexer Schreibweise jetzt:

$$-\frac{i\omega}{c^2}\,\varepsilon \,.\, \mathfrak{E} = i\,\mathfrak{q} \times \mathfrak{H}\,, \qquad -i\omega\,\mathfrak{H} = -i\,\mathfrak{q} \times \mathfrak{E}\,, \tag{4}$$

$$-\frac{\omega^2}{c^2}\,\varepsilon \,.\, \mathfrak{E} = \mathfrak{q} \times (\mathfrak{q} \times \mathfrak{E}) = (\mathfrak{q}\,;\,\mathfrak{q} - \mathfrak{q}^2 I) \,.\, \mathfrak{E}\,. \tag{5}$$

Aus (**4**, 358) folgt:

$$\mathfrak{D} = \varepsilon \,.\, \mathfrak{E} \perp \begin{cases} \mathfrak{q} \\ \mathfrak{H} \end{cases}, \qquad \mathfrak{H} \perp \begin{cases} \mathfrak{q} \\ \mathfrak{E} \end{cases}. \tag{6}$$

Auf der Wellennormale $\mathfrak{n} \parallel \mathfrak{q}$ stehen jetzt $\mathfrak{D}$ (nicht $\mathfrak{E}$) und $\mathfrak{H}$ senkrecht. Die Richtung des Energieflusses, also die Strahlrichtung, bestimmt durch

$$\mathfrak{s} = \frac{1}{4\pi}\,\mathfrak{E} \times \mathfrak{H}\,, \tag{7}$$

fällt nicht mehr in die Richtung von $\mathfrak{n}$, und demgemäß muß auch die „Strahlgeschwindigkeit" von der „Normalengeschwindigkeit" v, die durch

$$v^2 = \frac{\omega^2}{q^2} \tag{8}$$

gegeben ist, unterschieden werden. Statt (**5**, 358) können wir schreiben:

$$\left[\varepsilon - \frac{c^2}{v^2}\,(I - \mathfrak{n}\,;\,\mathfrak{n})\right] .\, \mathfrak{E} = 0\,, \tag{9}$$

und aus (**9**, 358) folgt, daß die geklammerte Dyade zumindest planar sein muß, das heißt aber: ihr dritter Skalar muß verschwinden. Nach (**6**, 43) erhalten wir:

$$(10)\quad \begin{cases} \left[\varepsilon - \frac{c^2}{v^2}(I - \mathfrak{n};\mathfrak{n})\right]_{III} = \left(\varepsilon - \frac{c^2}{v^2} I\right)_{III} \\ \qquad + \left(\varepsilon - \frac{c^2}{v^2} I\right)_Z : \frac{c^2}{v^2}\mathfrak{n};\mathfrak{n} = 0 . \end{cases}$$

Wir setzen ε in der Normalform

$$(11)\qquad \varepsilon = \varepsilon_1\, \mathfrak{i};\mathfrak{i} + \varepsilon_2\, \mathfrak{j};\mathfrak{j} + \varepsilon_3\, \mathfrak{k};\mathfrak{k}$$

an, worin $\varepsilon_1, \varepsilon_2, \varepsilon_3$ skalare Normalkoeffizienten bedeuten, und bezeichnen

$$(12)\qquad \frac{c}{\sqrt{\varepsilon_1}} = a_1, \qquad \frac{c}{\sqrt{\varepsilon_2}} = a_2, \qquad \frac{c}{\sqrt{\varepsilon_3}} = a_3$$

als die „Hauptlichtgeschwindigkeiten", ferner mit n_x, n_y, n_z die Komponenten, also die Richtungskosinus von $\mathfrak{n}$. Man rechnet dann (**10**, 359) leicht explizit um in:

$$(13)\quad \begin{cases} \left(\varepsilon_1 - \frac{c^2}{v^2}\right)\left(\varepsilon_2 - \frac{c^2}{v^2}\right)\left(\varepsilon_3 - \frac{c^2}{v^2}\right) \\ \quad + \left(\varepsilon_1 - \frac{c^2}{v^2}\right)\left(\varepsilon_2 - \frac{c^2}{v^2}\right)\frac{c^2}{v^2} n_z^2 \\ \quad + \left(\varepsilon_2 - \frac{c^2}{v^2}\right)\left(\varepsilon_3 - \frac{c^2}{v^2}\right)\frac{c^2}{v^2} n_x^2 \\ \quad + \left(\varepsilon_3 - \frac{c^2}{v^2}\right)\left(\varepsilon_1 - \frac{c^2}{v^2}\right)\frac{c^2}{v^2} n_y^2 = 0 , \end{cases}$$

$$(14)\qquad 1 + \frac{n_x^2}{\frac{v^2}{a_1^2} - 1} + \frac{n_y^2}{\frac{v^2}{a_2^2} - 1} + \frac{n_z^2}{\frac{v^2}{a_3^2} - 1} = 0 ,$$

$$(15)\qquad \frac{n_x^2}{v^2 - a_1^2} + \frac{n_y^2}{v^2 - a_2^2} + \frac{n_z^2}{v^2 - a_3^2} = 0 .$$

Die in v^2 quadratische Gleichung (**15**, 359) liefert die zu einer gegebenen Normalenrichtung gehörenden beiden Normalengeschwindigkeiten v' und v'' und heißt das „Fresnelsche Gesetz".

Wir führen nun in (**9**, 358) $\mathfrak{D}$ ein und erhalten:

$$(16)\qquad \frac{v^2}{c^2}\mathfrak{D} = (I - \mathfrak{n};\mathfrak{n}) \cdot \mathfrak{E} .$$

Mit Rücksicht auf (**6**, 358) folgt aus (**16**, 359):

$$(17) \qquad \frac{v^2}{c^2}\,\mathfrak{D}^2 = \mathfrak{D} \,.\, \mathfrak{E} = \mathfrak{D} \,.\, \varepsilon^{-1} .\, \mathfrak{D} \,.$$

Führen wir noch die Bezeichnungen ein:

$$(18) \quad \mathfrak{r} = \frac{\mathfrak{D}}{|\mathfrak{D}|}\,\frac{1}{v}\,, \qquad \Phi = c^2\,\varepsilon^{-1} = a_1^2\; \mathfrak{i}\,;\,\mathfrak{i} + a_2^2\; \mathfrak{j}\,;\,\mathfrak{j} + a_3^2\; \mathfrak{k}\,;\,\mathfrak{k}\,,$$

so ist

$$(19) \qquad \mathfrak{r} \,.\, \Phi \,.\, \mathfrak{r} = 1$$

die Gleichung des Cauchyschen Verschiebungsellipsoids.

Legen wir durch den Mittelpunkt dieses Ellipsoids senkrecht zu $\mathfrak{n}$ eine Ebene

$$(20) \qquad \mathfrak{r} \,.\, \mathfrak{n} = 0\,,$$

so muß nach (**6**, 358) die Schnittellipse jedenfalls die Richtungen der beiden zum gegebenen $\mathfrak{n}$ gehörenden Verschiebungsvektoren $\mathfrak{D}'$ und $\mathfrak{D}''$ enthalten.

Wir beweisen, daß diese Richtungen den Achsen der Schnittellipse entsprechen, womit dann auch bewiesen ist, daß $\mathfrak{D}'$ und $\mathfrak{D}''$ aufeinander senkrecht stehen. Wir benützen zum Beweise die in den der Gleichung (**5**, 64) folgenden Überlegungen behandelte Tatsache, daß die Achsen den Extremalwerten von r entsprechen. Daraus ergibt sich, daß in den Durchstoßungspunkten der Achsen

$$(21) \qquad \mathfrak{r} \,.\, d\mathfrak{r} = 0$$

sein muß. Da $d\mathfrak{r}$ die Richtung der Tangente $\mathfrak{t}$ in dem betrachteten Punkte hat, muß es einerseits auf der Ebenennormale $\mathfrak{n}$ und andererseits auf der Normale des Ellipsoids im betrachteten Punkte, die nach (**15**, 242) durch $\Phi \,.\, \mathfrak{r}$ gegeben ist, senkrecht stehen:

$$(22) \qquad \mathfrak{n} \,.\, d\mathfrak{r} = 0\,, \qquad (\mathfrak{r} \,.\, \Phi) \,.\, d\mathfrak{r} = 0\,.$$

Wenn nun die drei Vektoren $\mathfrak{r}$, $\mathfrak{n}$, $\mathfrak{r} \,.\, \Phi$ auf $d\mathfrak{r}$ senkrecht stehen, müssen sie in einer Ebene liegen, es muß demnach zwischen ihnen eine lineare Beziehung bestehen:

$$(23) \qquad \mathfrak{r} = u_1\, \mathfrak{n} + u_2\, \mathfrak{r} \,.\, \Phi\,.$$

Wegen (**6**, 358), (**18**, 360) und (**19**, 360) wird

(24) $$r^2 = u_2\,, \qquad 0 = u_1 + u_2\, \mathfrak{r} \,.\, \Phi \,.\, \mathfrak{n}\,,$$

also

(25) $$\mathfrak{r} = [- r^2\, \mathfrak{n} \,;\, \mathfrak{n} + r^2 I] \,.\, \Phi \,.\, \mathfrak{r}\,.$$

Nach Multiplikation mit $v \mid \mathfrak{D} \mid$ geht (**25**, 361) über in

(26) $$\mathfrak{D} = \frac{c^2}{v^2} (I - \mathfrak{n} \,;\, \mathfrak{n}) \,.\, \mathfrak{E}\,,$$

welche Gleichung mit (**16**, 359) bzw. mit (**9**, 358) übereinstimmt. Damit ist gezeigt, daß die Schnittellipsenachsen tatsächlich den Richtungen von $\mathfrak{D}'$ und $\mathfrak{D}''$ und die Werte der zugehörigen $\mathfrak{r}$, nennen wir sie $\mathfrak{r}'$ und $\mathfrak{r}''$, nach (**18**, 360) den reziproken Normalengeschwindigkeiten $\frac{1}{v'}$ und $\frac{1}{v''}$ entsprechen.

Da nach (**4**, 358)

(27) $$\frac{v}{c^2}\, \mathfrak{n} \times \mathfrak{D} = \mathfrak{H}$$

ist, liegt $\mathfrak{H}'$ parallel zu $\mathfrak{D}''$, und $\mathfrak{H}''$ parallel zu $-\mathfrak{D}'$. Die Richtungen der elektrischen Vektoren $\mathfrak{E}'$ und $\mathfrak{E}''$ sind parallel zu $\Phi \,.\, \mathfrak{r}'$ bzw. $\Phi \,.\, \mathfrak{r}''$, entsprechen also den in den Achsenpunkten der Schnittellipse auf das Ellipsoid errichteten Normalen. Die durch $\mathfrak{E}' \times \mathfrak{H}'$ bzw. $\mathfrak{E}'' \times \mathfrak{H}''$ definierten Strahlrichtungen müssen in den zu $\mathfrak{r}'$ bzw. $\mathfrak{r}''$ gehörenden Tangentialebenen, und zwar senkrecht zu $\mathfrak{D}''$ bzw. $\mathfrak{D}'$ liegen.

Von besonderem Interesse sind die in der Formel (**10**, 241) u. flg. behandelten Kreisschnitte des Ellipsoids. Für die zugehörige Normalenrichtung gibt es nur eine Normalengeschwindigkeit, und zwar wird nach (**12**, 241):

(28) $$v'^{\,2} = v''^{\,2} = \frac{c^2}{\varepsilon_2} = a_2^2\,,$$

wenn wir:

(29) $$a_3 > a_2 > a_1$$

voraussetzen. Die beiden, Kreisschnitten entsprechenden, Normalenrichtungen $\mathfrak{n}_1$ und $\mathfrak{n}_2$ müssen den durch (**6**, 241) gegebenen Vektoren $\mathfrak{e}_1$ und $\mathfrak{e}_2$ parallel sein. Mit Benützung unserer jetzigen, durch (**18**, 360) gegebenen Bezeichnungen folgt aus (**3**, 240) und (**6**, 241), wenn wir die Richtungen der „optischen Achsen" des Kristalls in üblicher Weise durch

(30) $$\mathfrak{n}_1 = \frac{\mathfrak{e}_1}{|\mathfrak{e}_1|}, \qquad \mathfrak{n}_2 = -\frac{\mathfrak{e}_2}{|\mathfrak{e}_2|}$$

definieren:

(31) $$\begin{cases} \mathfrak{n}_1 = \sqrt{\dfrac{a_3^2 - a_2^2}{a_3^2 - a_1^2}}\,\mathfrak{k} + \sqrt{\dfrac{a_2^2 - a_1^2}{a_3^2 - a_1^2}}\,\mathfrak{i}, \\ \mathfrak{n}_2 = -\sqrt{\dfrac{a_3^2 - a_2^2}{a_3^2 - a_1^2}}\,\mathfrak{k} + \sqrt{\dfrac{a_2^2 - a_1^2}{a_3^2 - a_1^2}}\,\mathfrak{i}. \end{cases}$$

Man beachte schließlich, daß jeder der beiden durch (**31**, 362) bestimmten Normalen unendlich viele Strahlrichtungen zugehören. Jeden zum Kreisschnitte mit der Normalen $\mathfrak{n}_1$ gehörenden Einheitsvektor $\bar{\mathfrak{r}}_1$ können wir ersichtlich in der Form ansetzen:

(32) $$\bar{\mathfrak{r}}_1 = \cos\alpha\,\mathfrak{j} + \sin\alpha\,(\mathfrak{j} \times \mathfrak{n}_1)\,.$$

Bedeutet U einen konstanten Faktor, so erhalten wir aus (**18**, 360), (**19**, 360) und (**27**, 361) für den Energiefluß:

(33) $$\mathfrak{s}_1 = U\,[(\Phi\,.\,\bar{\mathfrak{r}}_1) \times (\mathfrak{n}_1 \times \bar{\mathfrak{r}}_1)] = U\,[v^2\,\mathfrak{n}_1 - \mathfrak{n}_1\,.\,\Phi\,.\,\bar{\mathfrak{r}}_1\,\bar{\mathfrak{r}}_1]\,.$$

Da Φ nach (**18**, 360) und (**31**, 362) analog zu (**5**, 241) in der Form

(34) $$\Phi = a_2^2\,I - \tfrac{1}{2}\,(a_3^2 - a_1^2)\,(\mathfrak{n}_1\,;\,\mathfrak{n}_2 + \mathfrak{n}_2\,;\,\mathfrak{n}_1)$$

geschrieben werden kann, erhalten wir mit (**31**, 362) und (**32**, 362):

(35) $$-\,\mathfrak{n}_1\,.\,\Phi\,.\,\bar{\mathfrak{r}}_1 = \sqrt{(a_3^2 - a_2^2)\,(a_2^2 - a_1^2)}\,\sin\alpha$$

und weiter

(36) $$\begin{cases} \mathfrak{s}_1 = U\,\big[v^2\,\mathfrak{n}_1 + \tfrac{1}{2}\sqrt{(a_3^2 - a_2^2)\,(a_2^2 - a_1^2)} \\ \qquad (\sin 2\alpha\,\mathfrak{j} + (1 - \cos 2\alpha)\,(\mathfrak{j} \times \mathfrak{n}_1))\big]\,. \end{cases}$$

Ein Vergleich von (**36**, 362) mit (**22**, 238) läßt erkennen, daß die Strahlrichtungen der $\mathfrak{s}_1$ einen Kegelmantel erfüllen. Da für α gleich Null

(37) $$\mathfrak{s}_1 = U\,v^2\,\mathfrak{n}_1$$

wird, gehört zu den Erzeugenden des Kegelmantels auch $\mathfrak{n}_1$ selbst. Die entsprechenden Überlegungen kann man natürlich für den zu $\mathfrak{n}_2$ gehörenden Kreisschnitt anstellen.

Der Leser führe die Untersuchungen für den Fall, daß zwei Hauptlichtgeschwindigkeiten gleich werden (optisch einachsige Kristalle), selbst durch und überzeuge sich insbesondere, daß bei einachsigen Kristallen einer Wellennormale in der Richtung der optischen Achse nur eine mit der Wellennormale zusammenfallende Strahlrichtung zugehört.

c) Klassische Theorie des Zeemaneffektes und verwandter Erscheinungen

Wir behandeln aus der Optik noch das Verhalten eines schwingenden Dipols unter dem Einflusse eines starken konstanten und homogenen Magnetfeldes:

(1) $$\mathfrak{H}_0 = H\,\mathfrak{k}\,.$$

Die Schwingungsgleichung wird nach der Lorentzschen Elektronentheorie, wenn wir von Absorption absehen, jetzt lauten:

(2) $$\frac{d^2\mathfrak{r}}{dt^2} + \frac{s^2}{m}\,\mathfrak{r} = \frac{eH}{m}\,\frac{d\mathfrak{r}}{dt} \times \mathfrak{k}\,.$$

Mit dem Ansatze

(3) $$\mathfrak{r} = \mathfrak{r}_0\, e^{i\omega t}$$

erhalten wir:

(4) $$\mathfrak{r}_0 \cdot \left[\left(\omega^2 - \frac{s^2}{m}\right) I + i\,\omega\,\frac{eH}{m}\, I \times \mathfrak{k}\right] = 0\,.$$

Die Bedingung für die Planarität der geklammerten Dyade lautet nach (**6**, 43) und (**2**, 43):

(5) $$\left(\omega^2 - \frac{s^2}{m}\right)^3 - \left(\omega^2 - \frac{s^2}{m}\right)\omega^2\,\frac{e^2H^2}{m^2} = 0\,.$$

Das heißt: Für eine linear polarisierte Schwingung

(6) $$\mathfrak{r}_0 \parallel \mathfrak{H}_0$$

folgt aus (**4**, 363) und (**5**, 363), wie ohne Magnetfeld:

(7) $$\omega_0^2 = \frac{s^2}{m}\,.$$

Zwei unter dem Einflusse des Magnetfeldes neu auftretende Eigenfrequenzen berechnet man gemäß (**5**, 363) aus

$$\omega^2 - \frac{s^2}{m} = \pm\, \omega \frac{eH}{m}\,. \tag{8}$$

Setzen wir, da die Änderungen $\delta\omega$ stets klein sind,

$$\omega_1 = \omega_0 + \delta\omega\,, \qquad \omega_2 = \omega_0 - \delta\omega\,, \tag{9}$$

so erhalten wir aus (**8**, 364) genähert:

$$2\,\omega\,\delta\omega = \omega \frac{eH}{m}$$

und mit

$$\delta\omega = 2\pi\,\delta\nu$$

$$\delta\nu = \frac{eH}{4\pi m}\,. \tag{10}$$

Die neuen Eigenschwingungen sind entgegengesetzt zirkular polarisiert, was man sofort erkennt, wenn man (**8**, 364) in (**4**, 363) einführt; diese Relation geht dann in

$$\mathfrak{r}_0 = \mp\, i\, \mathfrak{r}_0 \times \mathfrak{k} \tag{11}$$

über, welche Gleichung durch

$$\mathfrak{r}_0 = r\,(\mathfrak{i} \pm i\,\mathfrak{j}) \tag{12}$$

erfüllt wird. Setzt man (**12**, 364) in (**3**, 363) ein und nimmt etwa den Realteil des komplexen Ansatzes, so erhält man:

$$\mathfrak{r} = r\,(\mathfrak{i} \cos\omega t \mp \mathfrak{j} \sin\omega t)\,, \tag{13}$$

womit unsere Behauptung bewiesen ist.

Die soeben durchgerechnete Aufgabe entspricht dem normalen Zeemaneffekt. Auf eine weitergehende physikalische Diskussion müssen wir hier verzichten.

Untersucht man nicht die Änderung bzw. Aufspaltung der Eigenfrequenz des strahlenden Dipols im Magnetfelde, sondern behandelt wieder gemäß (**10**, 354) die durch eine ebene Lichtwelle erzwungenen Schwingungen, jetzt aber unter der Einwirkung des durch (**1**, 363) gegebenen starken Magnetfeldes, so nehmen die Gleichungen (**10**, 354) die Form an:

$$\frac{d^2\mathfrak{P}_\varkappa}{dt^2} + G_\varkappa \frac{d\mathfrak{P}_\varkappa}{dt} + S_\varkappa^2\,\mathfrak{P}_\varkappa = E_\varkappa\,\mathfrak{E} + \frac{e_\varkappa H}{m_\varkappa}\,\frac{d\mathfrak{P}_\varkappa}{dt} \times \mathfrak{k}\,. \tag{14}$$

Der Leser führe die Rechnung durch und überzeuge sich, daß das von H abhängende Glied für die parallel zu $\mathfrak{H}_0$ fortschreitende Welle eine magnetische Drehung der Polarisationsebene, für die senkrecht zu $\mathfrak{H}_0$ fortschreitende Welle eine magnetische Doppelbrechung bedingt. Da aus (**14**, 364) jetzt

$$\mathfrak{P}_\varkappa \cdot [A_\varkappa I + B_\varkappa I \times \mathfrak{k}] = E_\varkappa \mathfrak{E}\,, \tag{15}$$

$$\mathfrak{P}_\varkappa = E_\varkappa \mathfrak{E} \cdot [A_\varkappa I + B_\varkappa I \times \mathfrak{k}]^{-1} \tag{16}$$

folgt, worin

$$A_\varkappa = S_\varkappa^2 - \omega^2 - i\,\omega\, G_\varkappa\,, \qquad B_\varkappa = i\,\omega\,\frac{e_\varkappa H}{m_\varkappa} \tag{17}$$

ist, beachte man, daß, wie man sofort verifiziert,

$$\left\{\begin{aligned} (A I + B I \times \mathfrak{k})^{-1} &= \frac{A}{A^2 + B^2}\, I - \frac{B}{A^2 + B^2}\, I \times \mathfrak{k} \\ &\quad + \frac{B}{A}\,\frac{B}{A^2 + B^2}\,\mathfrak{k}\,;\,\mathfrak{k} \end{aligned}\right. \tag{18}$$

gilt.

In neuerer Zeit erkannte man, daß auf die Ausbreitung der Wellen der drahtlosen Telegraphie und Telephonie innerhalb der Heavisideschicht, die man elektrisch durch das Vorhandensein von freien Ladungsträgern charakterisieren kann, auch das erdmagnetische Feld von Einfluß ist. Setzen wir speziell eine Schicht mit frei beweglichen Elektronen voraus, so wird in ihr

$$A = -\,\omega^2\,, \qquad B = i\,\omega\,\frac{e}{m}\,H\,, \tag{19}$$

und die Nenner in (**18**, 365) würden wegen der Vernachlässigung der Absorption in (**19**, 365) für

$$\omega = \frac{e}{m}\,H\,, \qquad \lambda = \frac{2\pi c^2}{\frac{c\,e}{m}\,H} \tag{20}$$

exakt verschwinden. Eine an sich noch so schwache Absorption wird somit bei dieser Wellenlänge stark zur Geltung kommen. Die Formel (**20**, 365) ergibt in guter Übereinstimmung mit der Erfahrung:

$$\lambda \approx 200\, m\,. \tag{21}$$

8. Ausblick auf die Quantenmechanik

a) Wellenmechanik

Es wäre ein von vornherein zum Scheitern verurteiltes Unternehmen, wollten wir nun in einem kurzen Schlußkapitel auch nur die formalen Grundlagen der Quantenmechanik restlos entwickeln. Lediglich der Versuch, den Weg, der von der in diesem Buche behandelten gewöhnlichen Vektor- und Dyadenrechnung zum entsprechenden Formalismus der Quantenmechanik führt, aufzuzeigen, soll hier noch gemacht werden.

Zu diesem Zwecke gehen wir von der Schrödinger-Gleichung aus, die bekanntlich für ein System von Massenpunkten die Form hat:

$$\frac{h^2}{8\pi^2}\sum_i \frac{1}{m_i}\,\triangle_i U - V U - \frac{h}{2\pi i}\,\frac{\partial U}{\partial t} = 0 \tag{1}$$

beziehungsweise, wenn wir zur konjugiert komplexen Gleichung übergehen:

$$\frac{h^2}{8\pi^2}\sum_i \frac{1}{m_i}\,\triangle_i U_k - V U_k + \frac{h}{2\pi i}\,\frac{\partial U_k}{\partial t} = 0\,. \tag{2}$$

Hierin bedeuten: U den sogenannten „Feldskalar", h das universelle Plancksche Wirkungsquantum, m_i die betreffenden Massen, V die potentielle Energie des betrachteten Systems, die im allgemeinen von allen Koordinaten x_i, y_i, z_i des „Konfigurations"-Raumes abhängen wird, und

$$\triangle_i = \frac{\partial^2}{\partial x_i^2} + \frac{\partial^2}{\partial y_i^2} + \frac{\partial^2}{\partial z_i^2} \tag{3}$$

den Laplaceschen Operator in bezug auf die Koordinaten des dem i-ten Massenpunkte zukommenden Teilraumes.

Daß in der Quantentheorie jedem einzelnen Massenpunkte je ein ganzer dreidimensionaler Raum zugewiesen werden muß, ist darin begründet, daß nur etwas über die Aufenthaltswahrscheinlichkeit des betreffenden Massenpunktes ausgesagt wird. Der Massenpunkt ist jeweils nicht wie in der klassischen Mechanik nur in einem ganz bestimmten Punkte des

Raumes, sondern, der Möglichkeit nach, stets im ganzen Raume gegenwärtig.

Im Sinne der M. Bornschen statistischen Auffassung der Schrödingerschen Wellenmechanik gibt

$$U\, U_k\, d\tau \tag{4}$$

die Wahrscheinlichkeit dafür, die einzelnen Massenpunkte in einem durch U charakterisierten Zustande und je in einem bestimmten Volumelement des wirklichen Raumes

$$d\tau_i = dx_i\, dy_i\, dz_i \tag{5}$$

anzutreffen. Mit

$$d\tau = d\tau_1\, d\tau_2 \ldots d\tau_i \ldots d\tau_m \tag{6}$$

bezeichnen wir jetzt das Volumelement des gesamten Konfigurationsraumes. Sucht man die betreffende Wahrscheinlichkeit nur für ein bestimmtes Teilchen, während sich alle übrigen Teilchen in beliebigen Quantenzuständen und an beliebigem Orte befinden können, so hat man nach dem „Additionssatz" der Wahrscheinlichkeitsrechnung über Quantenzustände und Koordinaten der übrigen Teilchen zu summieren bzw. zu integrieren.

Die Schrödinger-Gleichung ist in U linear und enthält nur die erste Ableitung nach der Zeit. Die Wahrscheinlichkeit der Folgezustände wird also durch Anfangs- und Randwerte von U vollkommen bestimmt, und es läßt sich die allgemeine Lösung als Summe von partikulären Lösungen aufbauen. Die „Randbedingungen" sind in der Wellenmechanik in den Forderungen, daß U überall endlich, eindeutig und stetig sei, bzw. daß $U U_\varkappa$ höchstens „integrierbar" unendlich werden darf, enthalten. Diese Forderungen wählen aus den Lösungen der Differentialgleichung bestimmte „Eigenfunktionen" aus, denen wieder bestimmte Eigenfrequenzen, das sind hier „Eigenwerte" des Energieparameters E, zugehören. Zur Veranschaulichung denke der Leser etwa an die bis zu einem gewissen Grade analogen Verhältnisse bei einer schwingenden Saite oder einer schwingenden Membran usf.

Wir können und wollen uns im folgenden auf ein einzelnes Teilchen beschränken. Bilden die auftretenden Eigenwerte E_ι eine diskrete Folge, so lautet die allgemeine Lösung:

$$U = \sum_{\iota=1}^{\infty} a_\iota u_\iota (x, y, z)\, e^{-\frac{2\pi i}{h} E_\iota t}. \tag{7}$$

Nach (**1**, 366) und (**7**, 368) müssen die Eigenfunktionen u_ι die zeitunabhängige Wellengleichung

$$\Delta u + \frac{8\pi^2 m}{h^2}(E - V)\, u = 0 \tag{8}$$

erfüllen. Für einen als ruhend vorausgesetzten Kern mit der Z-fachen Elementarladung und ein bewegliches Elektron mit der Elementarladung e hätten wir beispielsweise

$$V = -\frac{Z e^2}{r}, \qquad r = \sqrt{x^2 + y^2 + z^2} \tag{9}$$

zu setzen. Der Fall Z gleich Eins entspricht dann dem Wasserstoffatom. Es kann hier natürlich nicht unsere Aufgabe sein, die Integration wirklich durchzuführen und die Eigenfunktionen sowie die im Falle negativer E-Werte diskrete Folge der Eigenwerte E_ι explizit zu ermitteln. Es genügt, darauf hinzuweisen, daß die so gewonnenen „Energieniveaus" gerade jene sind, welche die Erfahrung verlangt, und aus denen man mittels der Bohrschen Frequenzbedingung

$$\nu_{\iota\varkappa} h = E_\iota - E_\varkappa \tag{10}$$

die Frequenzen $\nu_{\iota\varkappa}$ des Emissions- bzw. Absorptionsspektrums des dem Ansatze (**9**, 368) entsprechenden Atoms, also für Z gleich Eins insbesondere des Wasserstoffatoms, erhält. Das Problem der Quantisierung der Energie wird also in der Wellenmechanik ohne ad hoc eingeführte Zusatzhypothesen als Eigenwertaufgabe der Schrödinger-Gleichung gelöst.

Erwähnt sei noch, daß wenn E positiv wird, beliebige Eigenwerte zulässig sind. In Formel (**7**, 368) muß dann zu der Summe ein entsprechendes Integral hinzugefügt werden.

Spektroskopisch bedeutet dieses Ergebnis nach (**10**, 368), daß an das diskontinuierliche, also das Linienspektrum, noch ein kontinuierliches Spektrum anschließt.

Für die Eigenfunktionen leitet man aus (**8**, 368) und der zu ihr konjugiert komplexen Gleichung ab:

$$(11) \qquad (u_\varkappa)_k \triangle u_\iota - u_\iota \triangle (u_\varkappa)_k + \frac{8\pi^2 m}{h^2}(E_\iota - E_\varkappa) u_\iota (u_\varkappa)_k = 0.$$

Wendet man auf (**11**, 369) den Greenschen Satz (**3**, 151) an, so darf angenommen werden, daß das linker Hand auftretende Oberflächenintegral stets verschwindet, sei es weil im Unendlichen die Eigenfunktionen hinreichend rasch gegen Null gehen, sei es infolge der Randbedingungen innerhalb einer im Endlichen liegenden Begrenzungsfläche. Es folgt dann:

$$(12) \qquad (E_\iota - E_\varkappa)\int_B u_\iota (u_\varkappa)_k \, d\tau = 0 \,,$$

und für

$$(13) \qquad E_\iota \neq E_\varkappa$$

muß das über den betrachteten Bereich B erstreckte Volumintegral verschwinden. Im „nichtentarteten“ Falle, wenn zu jedem Eigenwerte nur eine Eigenfunktion gehört, ist damit die durch

$$(14) \qquad \int_B u_\iota (u_\varkappa)_k \, d\tau = 0 \qquad (\iota \neq \varkappa)$$

charakterisierte „Orthogonalität“ der Eigenfunktionen nachgewiesen. Fügen wir noch die Normierungsbedingung

$$(15) \qquad \int_B u_\iota (u_\iota)_k \, d\tau = 1$$

hinzu, so kann jede in dem betrachteten Gebiete gegebene Funktion $w\,(x, y, z)$ mit den nötigen Stetigkeitseigenschaften nach den Eigenfunktionen u_ι entwickelt werden:

$$(16) \qquad w = \sum_\iota c_\iota u_\iota \,, \qquad \text{worin} \quad c_\iota = \int_B w\,(x, y, z) \,.\, (u_\iota)_k \, d\tau$$

ist. Setzt man auch w normiert voraus, so folgt noch:

$$(17) \qquad 1 = \sum_\iota c_\iota (c_\iota)_k$$

Analog erhält man, wenn U normiert ist, aus Gleichung (**7**, 368):

$$(18)\quad \begin{cases} \int\limits_B U\,U_k\,d\tau = \int\limits_B \sum\limits_\iota \sum\limits_\varkappa a_\iota\,(a_\varkappa)_k\,u_\iota\,(u_\varkappa)_k\,e^{-\frac{2\pi i}{h}(E_\iota - E_\varkappa)t}\,d\tau \\ \qquad = \sum\limits_\iota a_\iota\,(a_\iota)_k = 1\,. \end{cases}$$

Natürlich können unsere die Orthogonalität und Normierung betreffenden Ansätze und Schlüsse sinngemäß auch auf den Fall mehrerer Partikel, also auf einen höherdimensionalen Konfigurationsraum übertragen werden.

Die Normierung (**15**, 369) der Eigenfunktionen besagt, daß ein im ι-ten Quantenzustand befindliches Teilchen sich doch gewiß irgendwo im überhaupt betrachteten Raume aufhalten muß. Ist der Zustand des Teilchens durch (**16**, 369) bzw. durch (**7**, 368) gegeben, so muß es sich nach wie vor gewiß irgendwo im betrachteten Raume befinden; es ist auch sicher, daß eine Energiemessung irgendeinen der überhaupt möglichen Eigenwerte ergibt, es besteht aber nach der Theorie für jeden dieser Eigenwerte eine durch $c_\iota\,(c_\iota)_k$ bzw. durch $a_\iota\,(a_\iota)_k$ bestimmte, von Null verschiedene Wahrscheinlichkeit. Für die Möglichkeit der statistischen Deutung ist es entscheidend, daß aus (**1**, 366) und (**2**, 366) mittels eines entsprechend erweiterten Greenschen Satzes allgemein

$$(19)\qquad \frac{\partial}{\partial t}\int\limits_B U\,U_k\,d\tau = 0$$

folgt, die einmal festgesetzte Normierung sich also im Laufe der Zeit nicht ändert.

Der zeitlich variable Anteil in (**18**, 370) ist aber nicht etwa überhaupt bedeutungslos, er spielt sofort eine Rolle, wenn wir im Sinne der Definition (**4**, 367) nach der Aufenthaltswahrscheinlichkeit des Massenpunktes in einem bestimmten Volumelement $d\tau$ fragen. Dieser Umstand wird bei der Berechnung der „Erwartungswerte" in Erscheinung treten.

Die Schrödinger-Gleichung ist in den U linear, demgemäß überlagern sich diese sogenannten „Wahrscheinlichkeitsamplituden", und nicht die durch UU_k bestimmten

Wahrscheinlichkeiten selbst. Das führt hier zu einer Interferenz der Wahrscheinlichkeit genau so, wie die entsprechenden Verhältnisse in der klassischen Optik oder Akustik zu einer Interferenz des Lichtes oder des Schalles führen.

Hängt die das betrachtete physikalische System bestimmende potentielle Energie selbst noch explizit von der Zeit ab, so komplizieren sich die Verhältnisse wesentlich, und man bedient sich zur Bewältigung der Aufgabe dann der Methoden der Störungsrechnung, auf die hier nicht eingegangen werden kann.

b) Zusammenhang mit der Hamilton-Jacobischen Differentialgleichung

Wesentlich für die Wellenmechanik im allgemeinen und unsere folgenden Ausführungen im besonderen ist die Rolle, welche die Operatoren in der Wellenmechanik spielen. Wir gehen von der Hamilton-Jacobischen Differentialgleichung (**19**, 266) aus und setzen:

$$S = \frac{h}{2\pi i} \log U\,. \tag{1}$$

Es folgt dann:

$$\frac{h}{2\pi i}\,\frac{1}{U}\,\frac{\partial U}{\partial t} - \sum_i \frac{h^2}{8\pi^2 m_i}\,\frac{1}{U^2}\,(\nabla^{(i)} U)^2 + V = 0\,. \tag{2}$$

Nun ist aber mit den Bezeichnungen (**3**, 264), (**4**, 264) und (**11**, 265):

$$\left\{\begin{aligned} \nabla\cdot\left(\frac{1}{U}\,\nabla^{(i)} U\right) &= -\frac{1}{U^2}\,(\nabla U)\cdot\nabla^{(i)} U + \frac{1}{U}\,\nabla\cdot\nabla^{(i)} U \\ &= -\frac{1}{U^2}\,(\nabla^{(i)} U)^2 + \frac{1}{U}\,\nabla^{(i)}\cdot\nabla^{(i)} U \\ &= -\frac{1}{U^2}\,(\nabla^{(i)} U)^2 + \frac{1}{U}\,\triangle_i\, U\,. \end{aligned}\right. \tag{3}$$

Gehen wir damit in (**2**, 371), so erhalten wir:

$$\left\{\begin{aligned} &\frac{1}{U}\left\{\frac{h}{2\pi i}\,\frac{\partial U}{\partial t} - \sum_i \frac{h^2}{8\pi^2 m_i}\,\triangle_i\, U + V U\right\} \\ &\qquad + \nabla\cdot\sum_i \frac{h^2}{8\pi^2 m_i}\,\nabla^{(i)} \log U = 0\,. \end{aligned}\right. \tag{4}$$

Ersichtlich geht die Gleichung (**4**, 371) durch Multiplikation mit $(-U)$ in die Schrödinger-Gleichung (**1**, 366) über, wenn wir

$$(5)\qquad \nabla\cdot\sum_i \frac{h^2}{8\pi^2 m_i}\nabla^{(i)}\log U = -\frac{h}{4\pi i}\nabla\cdot\sum_i \frac{1}{m_i}\nabla^{(i)} S$$

in (**4**, 371) gegen die übrigen Glieder vernachlässigen dürfen. Zur Entscheidung zwischen klassischer Mechanik und Wellenmechanik kommt es, wenn das durch (**5**, 372) gegebene Glied nicht vernachlässigt werden darf. Während die klassische Mechanik das Zutreffen der Hamilton-Jacobischen Gleichung behauptet hatte, fordert die Wellenmechanik das Zutreffen der Schrödinger-Gleichung. Die klassische Mechanik wird damit zu einer bloßen Näherung degradiert, die zulässig bleibt, wenn die obengenannte Vernachlässigung gemacht werden kann. Mit Berücksichtigung der Relation (**20**, 266), die übrigens schon in dem allgemeinen Integral (**7**, 368) stillschweigend als Richtschnur genommen wurde, und Beschränkung auf einen Massenpunkt, können wir für U den allgemeinen Ansatz machen:

$$(6)\qquad U = f(x, y, z)\, e^{\frac{2\pi i}{h}(w(x,y,z) - Et)}\,.$$

Man überlegt leicht, daß

$$(7)\qquad \nabla\frac{w}{h} = \frac{\mathfrak{n}}{\lambda}$$

ist, wenn λ die Wellenlänge und $\mathfrak{n}$ einen Einheitsvektor in der Richtung der Wellennormale bedeutet. Man erhält weiter:

$$(8)\qquad \frac{1}{U^2}(\nabla U)^2 = \frac{1}{f^2}(\nabla f)^2 + \frac{4\pi i}{\lambda f}\mathfrak{n}\cdot\nabla f - \frac{4\pi^2}{\lambda^2}\,,$$

$$(9)\qquad \left\{\begin{aligned} \frac{1}{U}\nabla\cdot\nabla U = \frac{1}{f}\nabla\cdot\nabla f + \frac{2\pi i}{\lambda}\nabla\cdot\mathfrak{n} - \frac{2\pi i}{\lambda^2}\mathfrak{n}\cdot\nabla\lambda \\ + \frac{4\pi i}{\lambda f}\mathfrak{n}\cdot\nabla f - \frac{4\pi^2}{\lambda^2} \end{aligned}\right.$$

und erkennt, daß die beiden Ausdrücke praktisch übereinstimmen werden, das für (**3**, 371) und (**4**, 371) maßgebende Differenzglied also zu vernachlässigen sein wird, solange die Wellenlänge λ hinreichend klein gegen die vorhandenen Inhomogenitäten ∇f, $\nabla \lambda$ und die Krümmungen bleibt. Man beachte, daß nach (**8**, 260):

(10) $$\tfrac{1}{2}\operatorname{div}\mathfrak{n} = H$$

die mittlere Krümmung der Wellenfläche bestimmt.

c) Erwartungswerte, Strahlungsemission

Wir beschränken uns in der Folge, wo es im Interesse größerer Durchsichtigkeit und Anschaulichkeit nötig ist, immer auf einen Massenpunkt. Fragen wir nach dem „Erwartungswert", der, falls eine große Anzahl voneinander unabhängiger, gleichartiger Systeme, also hier von Massenpunkten, für die Beobachtung zur Verfügung stehen, dem Mittelwerte entspricht, so lautet er für eine der drei Koordinaten x_λ:

(1) $$\bar{x}_\lambda = \int\limits_B x_\lambda\, U U_k\, d\tau\,.$$

Es ist ja $U U_k d\tau$ die Wahrscheinlichkeit dafür, daß sich ein Massenpunkt mit bestimmten Koordinaten, hier interessiert uns x_λ, gerade an einer dazugehörenden Stelle des Raumes befindet. Ganz Entsprechendes gilt auch für die Erwartungswerte von Koordinatenfunktionen. Hingegen müssen wir behutsam vorgehen, wenn es sich um die Erwartungswerte von Impulsen handelt. Das wird sofort verständlich, wenn wir bemerken, daß in der Wellenmechanik gemäß Gleichung (**1**, 366) und (**2**, 371) an die Stelle des Impulsquadrates der Hamilton-Jacobischen Gleichung ein mit $\frac{1}{U}\triangle_i U$ proportionaler Ausdruck getreten ist. Da U in der Wellenmechanik eine die Aufenthaltswahrscheinlichkeit des Massenpunktes bestimmende Funktion ist, kann den Impuls nur der Operator $\frac{h}{2\pi i}\nabla^{(i)}$ charakterisieren und mit dieser Annahme kommt man wirklich durch.

Um das zu zeigen, gehen wir vom Erwartungswerte der Koordinate aus und bilden aus diesem den Erwartungswert des Impulses:

(2) $$\bar{p}_\lambda = m\,\frac{d\bar{x}_\lambda}{dt} = m\int\limits_B x_\lambda\,\frac{\partial U U_k}{dt}\,d\tau\,.$$

Die zeitliche Änderung des Erwartungswertes der Koordinate kann ja nur bedingt sein durch die zeitliche Änderung der Aufenthaltswahrscheinlichkeit des Massenpunktes. Aus (1, 366) und (2, 366) folgt nun:

$$\text{(3)} \quad \begin{cases} m \dfrac{\partial (U U_k)}{\partial t} = \dfrac{h}{4\pi i} (U \triangle U_k - U_k \triangle U) \\ \qquad\qquad = \dfrac{h}{4\pi i} \nabla \cdot (U \nabla U_k - U_k \nabla U) \end{cases}$$

und demnach

$$\text{(4)} \quad \begin{cases} \bar{p}_\lambda = \dfrac{h}{4\pi i} \displaystyle\int_B \nabla \cdot [x_\lambda (U \nabla U_k - U_k \nabla U)]\, d\tau \\ \qquad - \dfrac{h}{4\pi i} \displaystyle\int_B (U \nabla U_k - U_k \nabla U) \cdot \mathfrak{p}_\lambda \cdot d\tau, \end{cases}$$

da ja

$$\text{(5)} \qquad \nabla x_\lambda = \mathfrak{p}_\lambda$$

ist, wenn $\mathfrak{p}_\lambda$ hier einen Einheitsvektor in der Richtung der betreffenden Koordinatenachse bedeutet.

Mit Rücksicht auf die Randbedingungen verschwindet das nach dem Gaußschen Satze dem ersten Integrale in (4, 374) gleiche Oberflächenintegral, ebenso ist auch

$$\text{(6)} \quad \int_B d\tau (U \nabla U_k + U_k \nabla U) = \int_B d\tau \nabla (U U_k) = \oint d\mathfrak{o}\, U U_k = 0.$$

Mit Benützung von (6, 374) erhalten wir schließlich:

$$\text{(7)} \qquad \bar{p}_\lambda = \int_B d\tau\, U_k \frac{h}{2\pi i} \mathfrak{p}_\lambda \cdot \nabla U.$$

Schreiben wir (1, 373) nochmals mit entsprechender Anordnung der Faktoren darunter:

$$\text{(8)} \qquad \bar{x}_\lambda = \int_B d\tau\, U_k\, x_\lambda\, U,$$

so zeigt ein Vergleich, daß bei der Berechnung des Erwartungswertes die betreffende Impulskomponente tatsächlich durch den Operator

$$p_\lambda \longrightarrow \frac{h}{2\pi i}\,\mathfrak{p}_\lambda \cdot \nabla = \frac{h}{2\pi i}\,\frac{\partial}{\partial x_\lambda} \tag{9}$$

dargestellt wird. Sinngemäß und widerspruchsfrei wird man bei der Berechnung des Erwartungswertes einer Funktion $F(x_\lambda, p_\lambda)$ den Ansatz

$$\overline{F(x_\lambda, p_\lambda)} = \int_B d\tau\, U_k\, F\left(x_\lambda, \frac{h}{2\pi i}\,\frac{\partial}{\partial x_\lambda}\right) U \tag{10}$$

zu machen haben.

Berechnet man demgemäß die Erwartungswerte

$$\overline{V} = \int_B d\tau\, U_k\, V U\,, \tag{11}$$

$$\overline{\frac{1}{2m}(m\,\mathfrak{v})^2} = -\frac{1}{2m}\int_B d\tau\, U_k \frac{h^2}{4\pi^2}\nabla \cdot \nabla U\,, \tag{12}$$

so folgt aus der Schrödinger-Gleichung und mit Benützung des allgemeinen Ansatzes (**7**, 368) sowie der Relationen (**14**, 369) und (**15**, 369):

$$\left\{\begin{aligned} \overline{V} + \overline{\frac{1}{2m}(m\,\mathfrak{v})^2} &= \int_B d\tau\, U_k \left(\frac{-h}{2\pi i}\right)\frac{\partial}{\partial t}\, U \\ &= \sum_{\iota=1}^{\infty} a_\iota\,(a_\iota)_k\, E_\iota = \overline{E}\,, \end{aligned}\right. \tag{13}$$

wie es im Sinne des Energiesatzes verlangt werden muß. Dabei ist E eben dann der Erwartungswert der Gesamtenergie, wenn die Eigenwerte E_ι, wie wir es von Anfang an vorausgesetzt haben, mögliche Energiewerte des Systems sind, und $a_\iota\,(a_\iota)_k$ die Wahrscheinlichkeit dafür ist, daß das System gerade mit dem Energiewerte E_ι angetroffen wird.

Der Leser wolle sich noch auf Grund der Relation (**7**, 374) mit neuerlicher Verwendung der Gleichungen (**1**, 366) und (**2**, 366) selbst überzeugen, daß, wie zuerst P. Ehrenfest zeigte,

$$\frac{d\bar{p}_\lambda}{dt} = -\overline{\frac{\partial V}{\partial x_\lambda}} \tag{14}$$

zutrifft. Die Newtonsche Mechanik gilt also jetzt für die Erwartungswerte.

An dieser Stelle soll auch noch kurz eine Anwendung des Begriffes der Erwartungswerte zur Deutung der Strahlungsemission erörtert werden. Im 6. Kapitel dieses Teiles beschäftigten wir uns mit der Ausstrahlung eines schwingenden Dipols und fanden (**29**, 343):

$$\left[\oint d\mathfrak{o} \cdot \mathfrak{s}\right]_{\text{eff}} = \frac{2}{3}\,\frac{\ddot{f}^2_{\text{eff}}}{c^5}\,. \tag{15}$$

Dabei war das Dipolmoment durch (**22**, 342) gegeben, wir wählen es hier parallel zur x-Achse:

$$e\,x = \frac{1}{c^2}\,f(t)\,. \tag{16}$$

Ersetzen wir hierin x durch seinen Erwartungswert $\bar{x}$, so können wir aus (**8**, 374) schließen: Befindet sich das Atom ungestört in einem seiner möglichen „stationären" Zustände, das heißt, reduziert sich U in (**7**, 368) auf ein einziges Glied

$$U = u_\iota\, e^{-\frac{2\pi i}{h} E_\iota t}, \tag{17}$$

so ist der Erwartungswert

$$e\,\bar{x} = e\int_B d\tau\, U_k\, x\, U = e\int_B d\tau\, (u_\iota)_k\, x\, u_\iota = e\, x_{\iota\iota} \tag{18}$$

zeitunabhängig, und es ist folglich nach (**15**, 376) und (**16**, 376) keine Emission zu erwarten. Haben wir hingegen:

$$U = a_\iota u_\iota\, e^{-\frac{2\pi i}{h} E_\iota t} + a_\varkappa u_\varkappa\, e^{-\frac{2\pi i}{h} E_\varkappa t}, \tag{19}$$

also eine Wahrscheinlichkeit, das Elektron in dem Atome bei einer Messung entweder im ι-ten oder im $\varkappa$-ten Zustande anzutreffen, so erhalten wir, wenn

$$x_{\iota\varkappa} = \int_B a\,\iota\,(u_\iota)_k\,x\,u_\varkappa \tag{20}$$

gesetzt wird, die Beziehung

$$\frac{\partial^2}{\partial t^2}(e\,\bar{x}) = 2\,e\,\frac{\partial^2}{\partial t^2}\left\{|(a_\iota)_k\,a_\varkappa|\,|x_{\iota\varkappa}|\cos(2\,\pi\,\nu_{\iota\varkappa}\,t + \chi_{\iota\varkappa})\right\}, \tag{21}$$

worin $\chi_{\iota\varkappa}$ eine konstante Phase bedeutet.

Die für die Emission des Dipols in Frage kommende Frequenz ist, genau wie es die Erfahrung verlangt, durch

$$\nu_{\iota\varkappa} = \frac{E_\iota - E_\varkappa}{h} \tag{22}$$

gegeben. Da a_ι und $a_\varkappa$ von zufälligen Verhältnissen des augenblicklichen Zustandes abhängen werden, während die Eigenfunktionen u_ι und $u_\varkappa$ für das strahlende Atom charakteristisch sind, deutet man $|x_{\iota\varkappa}|$ als die Schwingungsamplitude in der x-Richtung. Analoge Überlegungen treffen natürlich auch für die übrigen Koordinatenrichtungen zu, so daß man nicht nur über die Intensitäts-, sondern auch über die Polarisationsverhältnisse informiert wird. Verschwinden eines bestimmten $x_{\iota\varkappa}$ bedeutet das Fehlen der betreffenden Spektrallinie (Auswahlregeln). Die $x_{\iota\varkappa}$ sind also äußerst wichtige, für die Übergangswahrscheinlichkeit aus dem einen in den anderen stationären Zustand maßgebende Größen.

d) Heisenbergsche Ungenauigkeitsrelation und Vertauschungsrelationen

Eine wichtige Rolle spielt in der Quantenmechanik die Heisenbergsche Ungenauigkeitsrelation. Das Wesentliche sei an dem Beispiele eines frei beweglichen Massenpunktes, etwa eines Elektrons, kurz erläutert. Die potentielle Energie ist in diesem Falle Null, es ist jeder Eigenwert E zulässig, und man erhält aus (8, 368):

$$u = A\,e^{\frac{2\pi i}{h}\,\mathfrak{q}\cdot\mathfrak{r}}, \tag{1}$$

falls

$$\frac{1}{2m}\,\mathfrak{q}^2 = E \tag{2}$$

ist, $\mathfrak{q}$ also den Impulsvektor bedeutet. Setzt man (**1**, 377) in (**7**, 368) ein und geht dort von der Summe zum Integral über, so erkennt man, daß U einer Superposition von im allgemeinen unendlich vielen ebenen Wellen entspricht, deren Wellenlängen, wenn wir die Beträge der Impulse in üblicher Weise mit p bezeichnen, durch

$$\frac{p}{h} = \frac{1}{\lambda} \tag{3}$$

gegeben sind. Am einfachsten überblickt man die Verhältnisse des eindimensionalen Falles: Alle Wellen verlaufen parallel etwa zur x-Achse. Ist nur eine einzige ebene Welle mit bestimmter Wellenlänge, also gemäß (**3**, 378) mit bestimmtem Impuls vorhanden, so wird die Aufenthaltswahrscheinlichkeit für das Elektron, die dann nach (**4**, 367) mit

$$u\,u_k = A^2 \tag{4}$$

proportional ist, vom Orte unabhängig. Das heißt: Der Ort, die Koordinate des Elektrons, bleibt völlig unbestimmt. Die völlige Bestimmtheit des Impulswertes ergibt sich auch formelmäßig aus (**7**, 374) durch das Zusammenfallen des Erwartungswertes $\bar{p}$ mit dem p der Welle. Erzwingt man durch Übereinanderlagerung unendlich vieler ebener Wellen, die zu verschiedenen Wellenlängen, also zu verschiedenen Impulsen gehören, eine resultierende Amplitudenfunktion $a(x)$, die jeweils nur innerhalb eines schmalen Bereiches der x-Werte von Null verschieden ist, erzeugt also ein sogenanntes „Wellenpaket" (das sich bekanntlich mit „Gruppengeschwindigkeit" fortpflanzt, worauf hier nicht weiter eingegangen werden kann), so wird die Aufenthaltswahrscheinlichkeit des Elektrons nur in diesem engen Bereiche von Null verschieden und sein Ort, seine Koordinate, entsprechend genau festgelegt sein. Gleichzeitig wird nun aber infolge des Zusammenwirkens unendlich vieler Wellen der Impuls entsprechend unbestimmt. Je zwei zusammengehörende Orts- und Impulsgrößen, die also im Sinne der klassischen Dynamik „kanonisch-konjugiert" sind, nennt N. Bohr „komplementär". Sie können nicht beide gleichzeitig scharf bestimmt werden. Diese Komplementarität zeigt unser Beispiel auch formelmäßig sehr anschaulich. Setzen wir die sich für konstantes t ergebende Ortsfunktion U in (7, 368) als Fouriersches Integral an

$$U(x) = \int dp\, a(p)\, e^{\frac{2\pi i}{h} p x}, \tag{5}$$

so folgt, wie aus der Theorie der Fourierschen Integrale bekannt ist:

$$a(p) = \text{konst.} \int d\,x\, U(x)\, e^{-\frac{2\pi i}{h} p x}. \tag{6}$$

In (5, 379) bedeutet gemäß unseren früheren, an die Gleichung (18, 370) anschließenden Überlegungen $a\,a_k\,dp$ die Wahrscheinlichkeit dafür, an dem Massenpunkt einen bestimmten Energiewert bzw. jetzt gemäß (2, 378) einen Impulswert im Intervalle p bis $p + dp$ anzutreffen.

Formel (6, 379) lehrt uns dann, daß wir unsere obige anschauliche Betrachtung über die Ungenauigkeitsrelation ebensogut in einem „komplementären Impulsraume" durchführen können, in welchem also p die Koordinate und $\frac{x}{h}$ die reziproke Wellenlänge bedeutet.

Wir haben in (9, 375) die Impulskomponenten durch Operatoren dargestellt, die erst auf eine Koordinatenfunktion wirken. Nach (13, 375) können wir offenbar auch der Energie einen Operator

$$E \longrightarrow -\frac{h}{2\pi i}\frac{\partial}{\partial t} \tag{7}$$

zuordnen. Die Koordinaten und die Zeit selbst kann man ebenfalls als Operatoren auffassen, deren Wirkung einfach in einer Multiplikation besteht.

Wir gelangen so zu einem „Operatorenkalkül", für dessen Schreibweise die Vereinbarung getroffen wird, daß der Operator auf alle rechts von ihm stehenden Faktoren wirkt. Es trifft demgemäß das kommutative Gesetz für solche symbolischen Produkte im allgemeinen nicht zu. Insbesondere erhält man unmittelbar, wenn $F(x_1, x_2 \ldots x_\lambda \ldots x_n)$ irgendeine differenzierbare Koordinatenfunktion bedeutet:

$$(8) \qquad p_\lambda x_\lambda F = \frac{h}{2\pi i} x_\lambda \frac{\partial F}{\partial x_\lambda} + \frac{h}{2\pi i} F,$$

$$(9) \qquad x_\lambda p_\lambda F = \frac{h}{2\pi i} x_\lambda \frac{\partial F}{\partial x_\lambda},$$

$$(10) \qquad (p_\lambda x_\lambda - x_\lambda p_\lambda) F = \frac{h}{2\pi i} F$$

und, da (**10**, 380) für beliebige Funktionen F richtig ist:

$$(11) \qquad p_\lambda x_\lambda - x_\lambda p_\lambda = \frac{h}{2\pi i}.$$

Es ist für die Quantenmechanik von entscheidender Bedeutung, daß diese Heisenbergsche Vertauschungsrelation für jedes Paar komplementärer (kanonisch konjugierter) Größen zutrifft (man rechnet sie leicht auch für den Energieoperator (**7**, 379) und die Zeit aus), während für alle anderen Kombinationen von Zustandsgrößen das kommutative Gesetz zutrifft. Bedeutet in üblicher Schreibweise

$$(12) \qquad \delta_{\varkappa\lambda} = \begin{cases} 1 \text{ für } \varkappa = \lambda \\ 0 \text{ für } \varkappa \neq \lambda, \end{cases}$$

so faßt man diese Relationen in die Gleichungen

$$(13) \qquad p_\lambda x_\varkappa - x_\varkappa p_\lambda = \frac{h}{2\pi i} \delta_{\varkappa\lambda},$$

$$(14) \qquad p_\lambda p_\varkappa - p_\varkappa p_\lambda = 0, \qquad x_\lambda x_\varkappa - x_\varkappa x_\lambda = 0$$

zusammen.

Es ist wichtig, daß sich der Leser nochmals klarmache, daß das Wesentliche des neuen mathematischen Formalismus gerade in der soeben charakterisierten Operatoren-Auffassung im allgemeinen und in dem durch (**9**, 375) bzw. (**7**, 379) bestimmten Zusammenhange der Operatoren kanonisch-konjugierter Größen im besonderen beruht. Eben diese Formulierungen verwandeln ja einerseits eine Jacobi-Hamiltonsche Differentialgleichung in die zugehörige Schrödinger-Gleichung und bedingen andererseits die charakteristischen Heisenbergschen Vertauschungsrelationen.

e) Matrizenmechanik

Auch der Schritt von der Wellenmechanik zur sogenannten „Matrizenmechanik" (Heisenberg, Born, Jordan) wird am besten durch die Bemerkung geleitet, daß die Wellenmechanik mit Operatoren rechnet, die auf Funktionen wirken und so neue Funktionen erzeugen.

Denkt man noch an das Versagen des kommutativen Gesetzes für die symbolischen Produkte der Wellenmechanik, so liegt es wohl für den von der gewöhnlichen Vektor- und Dyadenrechnung Kommenden nicht allzu ferne, die Operatoren der Wellenmechanik durch dyadische Gebilde zu ersetzen.

Wir wollen das jetzt tun und uns dabei der im ersten Teile eingeführten komplexen Vektoren und Dyaden, insbesondere der hermitischen Dyaden im Hilbertschen Raume (vgl. Punkt *g* des 7. Kapitels) bedienen. Dabei müssen aber alle Probleme, die sich aus dem jetzt nötigen Übergang von einem Raume mit endlich vielen Dimensionen zu einem abzählbar oder nicht abzählbar unendlich-dimensionalen Hilbertschen Raume ergeben, da uns ihre Behandlung hier zu weit führen würde, grundsätzlich unerörtert bleiben. Es muß uns die Tatsache genügen, daß die im folgenden benützten Sätze bei diesem Übergange selbst unter sehr allgemeinen Voraussetzungen zutreffen.

Die erste Grundannahme der Matrizenmechanik oder, wie wir sie vom Standpunkte der hier benützten Schreibweise auch nennen könnten, „Dyadenmechanik", ist die Voraussetzung, daß die beobachtbaren Größen (von Dirac „observables" genannt), also Koordinaten, Impulse, Energien usf., und zwar jede skalare Komponente derselben durch je eine (natürlich unendlich dimensionale) hermitische Dyade zu ersetzen ist.

Mögliche Beobachtungswerte der beobachtbaren Größen sind lediglich deren Eigenwerte, das heißt die Koeffizienten der hermitischen Dyade in der Normalform, welche nach (**18**, 59) allgemein lautet:

$$\Phi = \sum_{\iota} a_{\iota}\, \mathfrak{e}_{\iota}\, ;\, (\mathfrak{e}_{\iota})_k \tag{1}$$

worin, wie wir dort, allerdings nur für endlich viele Dimensionen, zeigen konnten, die $\mathfrak{e}_{\iota}$ ein „konjugiert orthogonales" System von Einheitsbivektoren bilden, wir wollen sie die „Eigenvektoren" der hermitischen Dyade nennen, und alle Normalkoeffizienten reell sind. Es wird demnach die Energiedyade (vom kontinuierlichen „Energiespektrum" wieder abgesehen) die Normalform haben:

$$H = \sum_{\iota} E_{\iota}\, \mathfrak{e}_{\iota}\, ;\, (\mathfrak{e}_{\iota})_k\, . \tag{2}$$

Da in der Matrizenschreibweise in diesem Falle nur die Diagonalglieder von Null verschieden sind, heißt die Normalform in der Matrizenrechnung Diagonalform. Die Koordinaten und Impulskomponenten können jeden reellen Wert annehmen, ihrer Normalform entspricht demgemäß ein System von kontinuierlich unendlich vielen Eigenvektoren. In diesem Falle geht die Summe (**1**, 382) in ein Integral über und man wird etwa rein formal für einen einzigen Freiheitsgrad die Ansätze machen:

$$X = \int_{-\infty}^{+\infty} d x\, x\, \mathfrak{q}\,(x)\, ;\, (\mathfrak{q}\,(x))_k\, , \tag{3}$$

$$P = \int_{-\infty}^{+\infty} d p\, p\, \mathfrak{p}\,(p)\, ;\, (\mathfrak{p}\,(p))_k\, . \tag{4}$$

Daß es sich um ein System konjugiert orthogonaler Einheitsbivektoren handelt, wird mittels der Diracschen δ-Funktion zum Ausdrucke gebracht:

$$(\mathfrak{q}\,(x))_k \cdot \mathfrak{q}\,(x') = \delta\,(x - x')\, , \tag{5}$$

$$(\mathfrak{p}\,(p))_k \cdot \mathfrak{p}\,(p') = \delta\,(p - p')\, . \tag{6}$$

Die Bedeutung dieser „uneigentlichen" Funktion folgt aus ihrer Definitionsgleichung

$$\int_{-\infty}^{+\infty} F\,(x)\, \delta\,(x - x')\, d x = F\,(x')\, , \tag{7}$$

in welcher $F(x)$ irgendeine Funktion von x bedeutet. Man erhält dann beispielsweise:

$$(8) \qquad X \cdot \mathfrak{q}(x') = \int_{-\infty}^{+\infty} dx\, x\, \mathfrak{q}(x)\, (\mathfrak{q}(x))_k \cdot \mathfrak{q}(x') = x'\, \mathfrak{q}(x'),$$

wie es der Darstellung in der Normalform entspricht. Auch wenn das System von mehreren Koordinaten $x_1, x_2, \ldots, x_n$ abhängt, bedürfen wir nur einer Schrödinger-Gleichung und demgemäß nur eines Achsensystems der $\mathfrak{q}$. An die Stelle von (8, 382) tritt

$$(9) \qquad X_\lambda = \int_B d\tau\, x_\lambda\, \mathfrak{q}(x_1 \ldots);\, (\mathfrak{q}(x_1 \ldots))_k,$$

und es gilt nun:

$$(10) \qquad \left\{ \begin{aligned} (\mathfrak{q}(x_1 \ldots))_k \cdot \mathfrak{q}(x'_1 \ldots) &= \delta(x - x') \\ &= \delta(x_1 - x'_1)\, \delta(x_2 - x'_2) \ldots \delta(x_n - x'_n), \end{aligned} \right.$$

so daß jetzt

$$(11) \qquad \int_B d\tau\, F(x_1, x_2, \ldots, x_n)\, \delta(x - x') = F(x'_1, x'_2 \ldots, x'_n)$$

wird. Die den Relationen (9, 383) und (10, 383) entsprechenden Ansätze sind natürlich auch für die Impulsdyaden zu machen.

Wir bemerken noch: Bedeuten $F'(x_\lambda)$ und $\delta'(x_\lambda - x'_\lambda)$ die Ableitungen von $F(x_\lambda)$ bzw. $\delta(x_\lambda - x'_\lambda)$ nach x_λ, so gilt, wie man durch Produktintegration sofort nachweist, die wichtige Relation:

$$(12) \qquad \int_{-\infty}^{+\infty} dx_\lambda\, F(x_\lambda)\, \delta'(x_\lambda - x'_\lambda) = -F'(x'_\lambda).$$

Die Koordinaten und Impulse können aber auch auf ein beliebiges anderes Achsensystem, zum Beispiel auf das System der Eigenvektoren der Energiedyade bezogen werden. Dann erhalten wir:

$$(13) \qquad X_\lambda = \sum_{\iota, \varkappa} x_{\iota\varkappa\lambda}\, \mathfrak{e}_\iota;\, (\mathfrak{e}_\varkappa)_k,$$

$$(14) \qquad P_\lambda = \sum_{\iota, \varkappa} p_{\iota\varkappa\lambda}\, \mathfrak{e}_\iota;\, (\mathfrak{e}_\varkappa)_k.$$

Es ist nicht uninteressant zu bemerken, worauf uns das Auftreten dreier Indizes in den Formeln (**13**, 383) und (**14**, 383) hinweist, daß wir den „Ortsvektor" bzw. den „Impulsvektor" der klassischen Physik in der Quantenmechanik als triadische Gebilde besonderer Art, mit Antezedentendyaden im Hilbertschen Raume und Konsequentenvektoren im Konfigurationsraume auffassen können.

Die Matrizenmechanik fordert weiter, daß die kanonisch-konjugierten Größen entsprechenden Dyaden den Heisenbergschen Vertauschungsrelationen genügen müssen. Gemäß (**13**, 380) besagt das:

$$P_\lambda \,.\, X_\varkappa - X_\varkappa \,.\, P_\lambda = \frac{h}{2\pi i} I \,\delta_{\varkappa\lambda}\,, \tag{15}$$

worin I die Identitätsdyade (im unendlich-dimensionalen Hilbertschen Raume) bedeutet. Der Leser beachte, daß analog zu (**15**, 384) aus (**13**, 380) mit Benützung von (**14**, 369) und (**15**, 369)

$$\int\limits_B d\tau\, u_\iota\, (p_\lambda\, x_\varkappa - x_\varkappa\, p_\lambda)\, (u_\mu)_k = \frac{h}{2\pi i}\, \delta_{\iota\mu}\, \delta_{\varkappa\lambda} \tag{16}$$

folgt und identifiziere die beiden Relationen mit den Hilfsmitteln des nächsten Punktes [Formel (**6**, 386) u. f.].

Zu (**15**, 384) kommen natürlich noch die (**14**, 380) entsprechenden dyadischen Relationen. Es sei darauf hingewiesen, daß (**15**, 384) nur für unendlich-dimensionale Dyaden zutreffen kann, denn im Falle endlich vieler Dimensionen müßte, wie man leicht nachrechnet, der Skalar auf der linken Seite verschwinden, während er sich auf der rechten Gleichungsseite ersichtlich von Null verschieden ergibt. Wir haben in (**2**, 61) u. flg. bewiesen, daß zwei der dort behandelten Dyaden mit verschiedenen Eigenwerten bei der skalaren Multiplikation dann und nur dann vertauschbar sind, wenn sie zu demselben Hauptachsensystem gehören. Die Übertragung dieses Beweises auf unendlich-dimensionale Räume ist nicht schwer[1]), erfordert aber einige Vorsicht. Es bleibt richtig, daß sich vertauschbare Dyaden, also zum Beispiel Φ und Ψ falls

$$\Phi \,.\, \Psi - \Psi \,.\, \Phi = 0 \tag{17}$$

[1]) The Principles of Quantum Mechanics, P. A. M. Dirac, Oxford, Second Edition S. 46.

zutrifft, mit demselben System von Eigenvektoren in ihre Normalform entwickeln lassen, daß sie, wie es die Matrizenrechnung ausdrückt, gleichzeitig auf Hauptachsen transformiert werden können und daß das für nicht vertauschbare Dyaden nicht möglich ist. Wir ersehen aber aus den Heisenbergschen Vertauschungsrelationen, daß zwei Dyaden, z. B. X_λ und P_λ, die beide mit einer dritten, z. B. X_μ, vertauschbar sind, darum noch nicht auch miteinander vertauschbar zu sein brauchen.

Die zweite Grundannahme der Matrizenrechnung besagt, daß der jeweilige Zustand (bei Dirac „state") des betrachteten Systems durch die Richtung eines Einheitsbivektors $\mathfrak{x}$ bestimmt sei. Das ist so zu verstehen, daß die Erwartungswerte (Mittelwerte) der einzelnen Zustandsgrößen (observables) Φ in dem betreffenden Zustande $\mathfrak{x}$ durch Gleichungen von der Form

$$\mathfrak{x}_k \cdot \Phi \cdot \mathfrak{x} = \bar{\Phi} \tag{18}$$

gegeben sind.

Das heißt natürlich auch: Die Wahrscheinlichkeit dafür, daß ein bestimmter Eigenwert der betreffenden Zustandsgrößen beobachtet wird, ist durch das Quadrat des Betrages der „Projektion" des Zustandsvektors auf die Richtung des diesem Eigenwerte zugehörigen Eigenvektors gegeben. Wird durch das Beobachtungsverfahren eine Zustandsgröße gewissermaßen gezwungen, sich für einen bestimmten ihrer möglichen Eigenzustände zu entscheiden, so bedeutet das die Einstellung des Zustandsvektors in die Richtung des betreffenden Eigenvektors. Es ist klar, daß alle jene Zustandsgrößen, die mit demselben System von Eigenvektoren in Normalform darstellbar sind, bei der gleichen Lage des Zustandsvektors einen Eigenwert, also ein mögliches Beobachtungsergebnis liefern. Solche Zustandsgrößen, deren Dyaden natürlich vertauschbar sein müssen, sind demnach „gleichzeitig beobachtbar". Für kanonisch-konjugierte Zustandsgrößen ist das nicht der Fall.

f) Zusammenhang zwischen Wellen- und Matrizenmechanik

Die Definitionsgleichung (**18**, 385) können und wollen wir benützen, um die Aussagen der Matrizenmechanik mit jenen der Wellenmechanik zu identifizieren.

Nach Formel (13, 375) ist der Erwartungswert der Energie:

(1) $$\bar{E} = \sum_\iota a_\iota (a_\iota)_k E_\iota .$$

Mit dem Ansatze (2, 382) folgt gemäß (18, 385) in der Matrizenmechanik dasselbe Ergebnis, wenn wir für den Zustandsvektor schreiben:

(2) $$\mathfrak{x} = \sum_\iota a_\iota \mathfrak{e}_\iota e^{-\frac{2\pi i}{h} E_\iota t}, \quad \text{also} \quad \mathfrak{x}_k = \sum_\iota (a_\iota)_k (\mathfrak{e}_\iota)_k e^{\frac{2\pi i}{h} E_\iota t}$$

Beachten wir weiter, daß nach (8, 374)

(3) $$\bar{x}_\lambda = \int_B d\tau\, U_k\, x_\lambda\, U$$

ist, und dieser Ausdruck nach (9, 383) und (18, 385) mit

(4) $$\bar{X}_\lambda = \int_B d\tau\, \mathfrak{x}_k \cdot \mathfrak{q}(x_1 \ldots)\, x_\lambda \left(\mathfrak{q}(x_1 \ldots)\right)_k \cdot \mathfrak{x},$$

und zwar für beliebige Vektoren $\mathfrak{x}$ übereinstimmen soll. Wir werden demnach

(5) $$U = \left(\mathfrak{q}(x_1 \ldots)\right)_k \cdot \mathfrak{x} = \sum_\iota a_\iota \left(\mathfrak{q}(x_1 \ldots)\right)_k \cdot \mathfrak{e}_\iota e^{-\frac{2\pi i}{h} E_\iota t}$$

verlangen. Ein Vergleich von (5, 386) und (7, 368) lehrt dann, daß die

(6) $$\left(\mathfrak{q}(x_1 \ldots)\right)_k \cdot \mathfrak{e}_\iota = u_\iota (x_1 \ldots)$$

den Eigenfunktionen der Schrödinger-Gleichung gleichzusetzen sind. Betrachten wir jetzt noch den Ausdruck (7, 374)

(7) $$\bar{p}_\lambda = \int d\tau\, U_k \frac{h}{2\pi i} \frac{\partial}{\partial x_\lambda} U,$$

so können wir ihn mittels (5, 386) für beliebige $\mathfrak{x}$ in der Gestalt anschreiben:

(8) $$\bar{p}_\lambda = \bar{P}_\lambda = \mathfrak{x}_k \cdot \int_B d\tau\, \mathfrak{q}(x_1 \ldots);\, \frac{h}{2\pi i} \frac{\partial \left(\mathfrak{q}(x_1 \ldots)\right)_k}{\partial x_\lambda} \cdot \mathfrak{x}$$

und demgemäß mit Rücksicht auf (**18**, 385) die Impulsdyade in der Form:

$$(9)\qquad P_\lambda = \int_B d\tau\, \mathfrak{q}\,(x_1\ldots)\,;\ \frac{h}{2\pi i}\,\frac{\partial(\mathfrak{q}\,(x_1\ldots))_k}{\partial x_\lambda}\,.$$

Gleichung (**9**, 387) entspricht aber ersichtlich nicht der Normalform. Benützen wir die aus (**10**, 383) folgende Relation

$$(10)\qquad \left\{\begin{aligned} &\frac{\partial(\mathfrak{q}\,(x_1\ldots))_k}{\partial x_\lambda}\cdot \mathfrak{q}\,(x_1'\ldots) = \delta\,(x_1 - x_1')\ldots \\ &\qquad\qquad \delta'\,(x_\lambda - x_\lambda')\ldots\ \delta\,(x_n - x_n')\,, \end{aligned}\right.$$

so erhalten wir aus (**9**, 387) mit Berücksichtigung von (**12**, 383):

$$(11)\qquad P_\lambda\cdot \mathfrak{q}\,(x_1'\ldots) = \frac{-h}{2\pi i}\,\frac{\partial\,\mathfrak{q}\,(x_1'\ldots)}{\partial x_\lambda'} = \frac{-h}{2\pi i}\,\frac{\partial}{\partial x_\lambda'}\,\mathfrak{q}\,(x_1'\ldots)$$

und können also die Darstellung (**9**, 387) als symbolische „Normalform" deuten, wenn wir statt der tatsächlichen reellen Eigenwerte der hermitischen Dyade, in engster Anlehnung an die Wellenmechanik, die Operatoren $\frac{-h}{2\pi i}\,\frac{\partial}{\partial x_\lambda'}$ in (**11**, 387) als „Eigenwerte" auffassen.

Diese symbolische Schreibweise besitzt den außerordentlichen rechnerischen Vorteil, daß jetzt alle X_λ und P_λ zu ein und demselben durch die $\mathfrak{q}\,(x_1\ldots)$ gegebenen Hauptachsensystem gehören. Wie man mit Verwendung der Diracschen δ- und δ'-Funktion auch im einzelnen leicht nachweist, hat diese Tatsache zur Folge, daß beliebige Produkte solcher Dyaden mit denselben Eigenvektoren anzusetzen sind, die resultierenden Eigenwerte aber erhält man als symbolische Produkte aus den Eigenwerten der Faktoren. Daß einer dieser „Eigenwerte" ein Differentialquotient ist, ergibt die Heisenbergsche Vertauschungsrelation für kanonisch-konjugierte Zustandsgrößen.

Berücksichtigen wir nun auch die Darstellung der Impulsdyaden in ihrer Normalform

$$(12)\qquad P_\lambda = \int_{B'} d\tau'\, p_\lambda\, \mathfrak{p}\,(p_1\ldots)\,;\ (\mathfrak{p}\,(p_1\ldots))_k\,,$$

worin $d\tau'$ das Volumelement des Impulsraumes bedeutet. Wenn man (**12**, 387) in (**11**, 387) einsetzt und dann von links mit

$(\mathfrak{p}\,(p'_1\ldots))_k$ skalar multipliziert, folgt wegen der analog zu (**10**, 383) zu definierenden Orthogonalität der $\mathfrak{p}\,(p_1\ldots)$:

$$(13)\quad p'_\lambda\,(\mathfrak{p}\,(p'_1\ldots))_k\cdot\mathfrak{q}\,(x'_1\ldots)=\frac{-h}{2\pi i}\,(\mathfrak{p}\,(p'_1\ldots))_k\cdot\frac{\partial\,\mathfrak{q}\,(x'_1\ldots)}{\partial x'_\lambda}$$

für alle Werte von λ. Dieses System von Differentialgleichungen besitzt, wenn wir die Striche wieder weglassen, bis auf einen konstanten komplexen Faktor, den wir hier gleich Eins nehmen, die Lösung:

$$(14)\qquad (\mathfrak{p}\,(p_1\ldots))_k\cdot\mathfrak{q}\,(x_1\ldots)=e^{-\frac{2\pi i}{h}\sum\limits_\lambda p_\lambda x_\lambda},$$

ein Ergebnis das eine genauere Diskussion lohnt. Zu diesem Zwecke setzen wir jetzt den Zustandsvektor im System der Eigenvektoren der Koordinaten und in jenem der Impulse an:

$$(15)\qquad \mathfrak{x}=\int\limits_B d\tau\,U\,(x_1\ldots,t)\,\mathfrak{q}\,(x_1\ldots),$$

$$(16)\qquad \mathfrak{x}=\int\limits_{B'} d\tau'\,W\,(p_1\ldots,t)\,\mathfrak{p}\,(p_1\ldots).$$

Daß der Ansatz (**15**, 388) berechtigt ist, lehrt ein Blick auf die Formel (**5**, 386). Genau so wie nach dieser Formel die „Projektion" des Zustandsvektors auf den Eigenvektor $\mathfrak{q}$ durch ihre Norm gemäß (**4**, 367) die Wahrscheinlichkeit für den Aufenthaltsort der Massenpunkte im Koordinatenraume ergibt, muß nach den allgemeinen Grundsätzen der Quantenmechanik die „Projektion" des Zustandsvektors auf den Eigenvektor $\mathfrak{p}$ durch ihre Norm

$$(17)\qquad W\,W_k\,d\tau'$$

die Wahrscheinlichkeit für den Aufenthalt der Massenpunkte im Volumelement $d\tau'$ des Impulsraumes bestimmen.

Multipliziert man nun (**15**, 388) mit $(\mathfrak{p}\,(p_1\ldots))_k$ und (**16**, 388) mit $(\mathfrak{q}\,(x_1\ldots))_k$, so erhält man die Relationen

$$(18)\qquad W\,(p_1\ldots,t)=\int\limits_B d\tau\,U\,(x_1\ldots,t)\,e^{-\frac{2\pi i}{h}\sum\limits_\lambda p_\lambda x_\lambda}.$$

$$(19)\qquad U\,(x_1\ldots,t)=\int\limits_{B'} d\tau'\,W\,(p_1\ldots,t)\,e^{\frac{2\pi i}{h}\sum\limits_\lambda p_\lambda x_\lambda}.$$

Beachten wir, daß wir auf einen Sonderfall dieser Formeln schon in (**6**, 379) und (**5**, 379) bei der Erörterung der Heisenbergschen Ungenauigkeitsrelation gestoßen sind, so wird uns klar, daß sich in den Formeln (**18**, 388) und (**19**, 388) die Komplementarität von Orts- und Impulsgrößen besonders deutlich ausspricht.

Bilden wir die zu (**14**, 388) konjugiert komplexe Gleichung und differenzieren wir jetzt nach p_λ, so erhalten wir:

$$(20) \qquad (\mathfrak{q}(x_1\ldots))_k \cdot \frac{\partial \mathfrak{p}(p_1\ldots)}{\partial p_\lambda} = \frac{2\pi i}{h}\, x_\lambda (\mathfrak{q}(x_1\ldots))_k \cdot \mathfrak{p}(p_1\ldots)$$

oder anders geschrieben:

$$(21) \qquad (\mathfrak{q}(x_1\ldots))_k \cdot \frac{h}{2\pi i} \frac{\partial \mathfrak{p}(p_1\ldots)}{\partial p_\lambda} = (\mathfrak{q}(x_1\ldots))_k \cdot X_\lambda \cdot \mathfrak{p}(p_1\ldots),$$

und da diese Gleichungen für beliebig gerichtete $\mathfrak{q}$ zutreffen, folgt schließlich:

$$(22) \qquad X_\lambda \cdot \mathfrak{p}(p_1\ldots) = \frac{h}{2\pi i} \frac{\partial}{\partial p_\lambda} \mathfrak{p}(p_1\ldots).$$

Ein Vergleich von (**22**, 389) mit (**11**, 387) zeigt uns, daß wir uns statt der $\mathfrak{q}$ auch durchwegs des Achsensystems der $\mathfrak{p}$ bedienen und dann die X_λ in der „symbolischen" Normalform

$$(23) \qquad \int_{B'} d\tau'\, X_\lambda \cdot \mathfrak{p}\,;\, \mathfrak{p}_k = X_\lambda = \int_{B'} d\tau' \frac{h}{2\pi i} \frac{\partial \mathfrak{p}}{\partial p_\lambda}\,;\, \mathfrak{p}_k,$$

$$(24) \qquad X_\lambda = \int_{B'} d\tau'\, \mathfrak{p}(p_1\ldots)\,;\, \left(-\frac{h}{2\pi i}\right) \frac{\partial (\mathfrak{p}(p_1\ldots))_k}{\partial p_\lambda}$$

gemäß (**22**, 389) mit den „Eigenwerten" $\frac{h}{2\pi i} \frac{\partial}{\partial p_\lambda}$ ansetzen könnten. In (**23**, 389) wurde von der selbstverständlichen Formel

$$\int_{B'} d\tau'\, \mathfrak{p}\,;\, \mathfrak{p}_k = I$$

und in (**24**, 389) von der Tatsache Gebrauch gemacht, daß X_λ als hermitische Dyade selbstadjungiert ist [vgl. (**6**, 57)]. Man hat also dann im Impulsraume zu rechnen und die Koordinaten durch den Operator $-\frac{h}{2\pi i}\frac{\partial}{\partial p_\lambda}$ zu ersetzen, sonst bleibt formal alles wie früher.

Wir haben schon erklärt, daß die Matrizenmechanik (Dyadenmechanik) die skalaren Zustandsgrößen durch hermitische Dyaden ersetzt. Dieser Ersatz erfolgt natürlich auch und in erster Linie in dem der klassischen Mechanik entsprechenden Energieausdrucke des betrachteten mechanischen Systems. Für das aus Massenpunkten bestehende System werden wir also für die Energiedyade erhalten:

$$\text{(25)}\qquad \sum_\lambda \frac{1}{2m_\lambda} P_\lambda^2 + V(X_1 \ldots) = H = \sum_\iota E_\iota\, \mathfrak{e}_\iota\, ; (\mathfrak{e}_\iota)_k .$$

Aus (**6**, 386) und (**25**, 390) ergibt sich sofort:

$$\text{(26)}\qquad (\mathfrak{q}(x_1 \ldots))_k \,.\, H \,.\, \mathfrak{e}_\iota = E_\iota\, u_\iota\, (x_1 \ldots),$$

das ist aber, man verwende (**9**, 387), die zeitunabhängige Wellengleichung (**8**, 368). Mit Verwendung der Relationen (**2**, 386), (**5**, 386) und (**6**, 386) geht man von (**26**, 390) leicht zu

$$\text{(27)}\qquad (\mathfrak{q}(x_1 \ldots))_k \,.\, H \,.\, \mathfrak{x} = -\frac{h}{2\pi i}\,(\mathfrak{q}(x_1 \ldots))_k \,.\, \frac{\partial \mathfrak{x}}{\partial t}$$

über und erhält schließlich, da (**27**, 390) für beliebig gerichtete $\mathfrak{q}$ zutrifft, als „dynamisches Gesetz" der Quantenmechanik:

$$\text{(28)}\qquad H \,.\, \mathfrak{x} = -\frac{h}{2\pi i}\,\frac{\partial \mathfrak{x}}{\partial t}\,.$$

Bilden wir aus (**28**, 390):

$$\text{(29)}\qquad (\mathfrak{p}(p_1 \ldots))_k \,.\, H \,.\, \mathfrak{x} = -\frac{h}{2\pi i}\,(\mathfrak{p}(p_1 \ldots))_k \,.\, \frac{\partial \mathfrak{x}}{\partial t}$$

und berücksichtigen außer dem Ansatze (**25**, 390) für H die Darstellung (**12**, 387) für P_λ und (**24**, 389) für X_λ, so erhalten wir jetzt eine der Schrödingerschen Gleichung entsprechende, in welcher jedoch die Impulse beibehalten, die Koordinaten aber durch $-\frac{h}{2\pi i}\frac{\partial}{\partial p_\lambda}$ ersetzt wurden. An die Stelle des Feldskalars U tritt gemäß (**16**, 388) jetzt der Feldskalar W. Die praktische Überlegenheit der üblichen Formulierung liegt vor allem darin, daß H den Impuls in der Regel nur in der Form $\sum_\lambda \frac{1}{m_\lambda} P_\lambda^2$ enthält, so daß man auf eine partielle Differentialgleichung zweiter Ordnung geführt wird, während die Abhängigkeit des V von den X_λ meist eine kompliziertere ist.

g) Einige grundlegende Rechenverfahren der Matrizenmechanik

Die mit Matrizen arbeitende Quantenmechanik, welche zeitlich (Heisenberg 1925) sogar vor der Schrödingerschen Wellenmechanik entstanden ist, hat naturgemäß auch eine ihr adäquate Rechenmethode geschaffen, die zum Abschlusse noch ganz kurz angedeutet werden soll.

Die Grundaufgabe dieser Form der Quantenmechanik besteht darin, die durch (**13**, 383) und (**14**, 383) definierten, auf die Eigenvektoren der Energiedyade bezogenen Maßzahlen $x_{\iota\varkappa\lambda}$ und $p_{\iota\varkappa\lambda}$ der hermitischen Dyaden X_λ und P_λ so zu bestimmen, daß sie einerseits in die durch (**25**, 390) gegebene Energiedyade eingesetzt, diese tatsächlich in der Normalform (Diagonalform) darstellen und daß andererseits die Dyaden X_λ und P_λ den Heisenbergschen Vertauschungsrelationen genügen.

Unter einer Dyadenfunktion wollen wir, wie üblich, eine Summe verstehen, deren Glieder Punktprodukte von Dyaden sind. Von diesen Summen ausgehend kann man durch den Grenzübergang zu unendlichen „Potenzreihen" auch allgemeinere Dyadenfunktionen definieren.

Die „Potenzen" einer Dyade X_λ sind naturgemäß durch

(1) $$X_\lambda^n = \overbrace{X_\lambda . X_\lambda \ldots X_\lambda}^{n}$$

gegeben.

Die partielle Differentiation einer Dyadenfunktion nach einer Dyade wird in der Matrizenmechanik durch

(2) $$\left\{ \begin{aligned} \frac{\partial (G_1 . X_\lambda^n . G_2)}{\partial X_\lambda} &= \lim_{\varepsilon=0} \frac{G_1 (X_\lambda + \varepsilon I)^n . G_2 - G_1 . X_\lambda^n . G_2}{\varepsilon} \\ &= n\, G_1 . X_\lambda^{n-1} . G_2 \end{aligned} \right.$$

definiert, worin G_1 und G_2 irgendwelche, X_λ nicht mehr enthaltende Dyadenfunktionen bedeuten und ε eine gewöhnliche Zahl ist. Sind F_1 und F_2 irgendwelche Dyadenfunktionen, so folgt leicht:

$$\frac{\partial(F_1 . F_2)}{\partial X_\lambda} = \frac{\partial F_1}{\partial X_\lambda} . F_2 + F_1 . \frac{\partial F_2}{\partial X_\lambda} . \tag{3}$$

Wir können übrigens die in der Matrizenmechanik übliche Definition (2, 391) auch durch den aus (16, 119) zu gewinnenden, gleichwertigen Ansatz

$$I : \frac{\partial}{\partial X_\lambda} ; (G_1 . X_\lambda^n . G_2) = n\, G_1 . X_\lambda^{n-1} . G_2 \tag{4}$$

ausdrücken und damit auf uns grundsätzlich schon Bekanntes zurückführen. Der Leser wolle sich durch Ausrechnen von der Richtigkeit dieser Relation überzeugen, wir behalten aber hier die spezialisierte und darum einfachere Schreibweise bei.

Ist nun F eine Dyadenfunktion der P_λ und X_λ, so gelten die wichtigen Sätze:

$$\frac{h}{2\pi i} \frac{\partial F}{\partial P_\lambda} = F . X_\lambda - X_\lambda . F , \tag{5}$$

$$\frac{h}{2\pi i} \frac{\partial F}{\partial X_\lambda} = P_\lambda . F - F . P_\lambda . \tag{6}$$

Sie treffen zunächst wegen der Vertauschungsrelation zu für

$$F = G_1 . P_\lambda . G_2 \tag{7}$$

beziehungsweise

$$F = G_1 . X_\lambda . G_2 , . \tag{8}$$

wenn in (7, 392) G_1 und G_2 nicht mehr von P_λ, in (8, 392) aber nicht mehr von X_λ abhängen. Es folgt dann aus (5, 392)

$$\left\{\begin{aligned} \frac{h}{2\pi i} G_1 . G_2 &= G_1 . P_\lambda . G_2 . X_\lambda - X_\lambda . G_1 . P_\lambda . G_2 \\ &= G_1 . (P_\lambda . X_\lambda - X_\lambda . P_\lambda) . G_2 = \frac{h}{2\pi i} G_1 . G_2 , \end{aligned}\right. \tag{9}$$

wie es sein muß, und die entsprechende Relation aus (6, 392). Sind nun F_1 und F_2 zwei den Relationen (5, 392) und (6, 392) genügende

Dyadenfunktionen, so gehorcht ersichtlich auch deren Summe oder Differenz diesen Relationen, ebenso aber auch ihr Produkt; es ist ja:

(10) $$\frac{h}{2\pi i}\frac{\partial F_1}{\partial P_\lambda}\,.\,F_2 = F_1\,.\,X_\lambda\,.\,F_2 - X_\lambda\,.\,F_1\,.\,F_2\,,$$

(11) $$\frac{h}{2\pi i}F_1\,.\,\frac{\partial F_2}{\partial P_\lambda} = F_1\,.\,F_2\,.\,X_\lambda - F_1\,.\,X_\lambda\,.\,F_2\,,$$

(12) $$\frac{h}{2\pi i}\frac{\partial(F_1\,.\,F_2)}{\partial P_\lambda} = (F_1\,.\,F_2)\,.\,X_\lambda - X_\lambda\,.\,(F_1\,.\,F_2)\,.$$

Damit aber können die Sätze (**5**, 392) und (**6**, 392) für beliebige Dyadenfunktionen der P_λ und X_λ gewonnen werden.

Insbesondere gelten sie, wenn die Energiedyade eine solche Dyadenfunktion ist, auch für diese. Setzen wir:

(13) $$H = \sum_\lambda \frac{1}{2m_\lambda}P_\lambda^2 + V(X_1, \ldots)\,,$$

worin m_λ die zur λ-ten Koordinate gehörende Masse bedeutet, und V jetzt eine Dyadenfunktion der verschiedenen X_λ sein wird. Es folgt dann:

(14) $$\frac{h}{2\pi i}\frac{\partial H}{\partial P_\lambda} = H\,.\,X_\lambda - X_\lambda\,.\,H = \frac{h}{2\pi i\, m_\lambda}P_\lambda\,,$$

(15) $$\frac{h}{2\pi i}\frac{\partial H}{\partial X_\lambda} = P_\lambda\,.\,H - H\,.\,P_\lambda = \frac{h}{2\pi i}\frac{\partial V}{\partial X_\lambda}\,.$$

Mit den Ansätzen (**2**, 382), (**13**, 383) und (**14**, 383) erhält man aus diesen Relationen weiter:

(16) $$x_{\iota\varkappa\lambda}(E_\iota - E_\varkappa) = \frac{h}{2\pi i\, m_\lambda}p_{\iota\varkappa\lambda}\,,$$

(17) $$p_{\iota\varkappa\lambda}(E_\iota - E_\varkappa) = \frac{-h}{2\pi i}(\mathfrak{e}_\iota)_k\,.\,\frac{\partial V}{\partial X_\lambda}\,.\,\mathfrak{e}_\varkappa = -\frac{h}{2\pi i}\left(\frac{\partial V}{\partial X_\lambda}\right)_{\iota\varkappa}.$$

Dieselben Relationen erhält man natürlich auch in der Wellenmechanik mit Benützung der Schrödinger-Gleichung, indem man von der Definition (**20**, 377)

(18) $$x_{\iota\varkappa\lambda} = \int_B d\tau\,(u_\iota)_k\, x_\lambda\, u_\varkappa$$

und den entsprechend für $p_{\iota\varkappa\lambda}$ und $\left(\frac{\partial V}{\partial X_\lambda}\right)_{\iota\varkappa}$ zu bildenden Gebrauch macht. Zu den Gleichungen (**16**, 393) und (**17**, 393) kommen noch die Vertauschungsrelationen, und es folgt aus (**13**, 383), (**14**, 383) und (**15**, 384):

$$(19)\qquad \sum_\varkappa [p_{\iota\varkappa\lambda}\, x_{\varkappa\mu\nu} - x_{\iota\varkappa\nu}\, p_{\varkappa\mu\lambda}] = \frac{h}{2\pi i}\,\delta_{\iota\mu}\,\delta_{\lambda\nu}.$$

Es ist von Interesse, zu bemerken, daß man mittels der Relationen (**14**, 393) bis (**17**, 393) auch die Hamiltonschen kanonischen Bewegungsgleichungen in dyadischer Form gewinnen kann. Wir gehen zu diesem Zwecke von den $x_{\iota\varkappa\lambda}$ mit Verwendung der Relationen (**8**, 374) (**19**, 376) und (**20**, 377) zu den zeitabhängigen Größen

$$(20)\qquad \left\{\begin{aligned} x'_{\iota\varkappa\lambda} &= \int_B d\tau\, (u_\iota)_k\, e^{\frac{2\pi i}{h}E_\iota t}\, x_\lambda\, u_\varkappa\, e^{-\frac{2\pi i}{h}E_\varkappa t} \\ &= x_{\iota\varkappa\lambda}\, e^{\frac{2\pi i}{h}(E_\iota - E_\varkappa)t} \end{aligned}\right.$$

und ganz ebenso von $p_{\iota\varkappa\lambda}$ zu

$$(21)\qquad p'_{\iota\varkappa\lambda} = p_{\iota\varkappa\lambda}\, e^{\frac{2\pi i}{h}(E_\iota - E_\varkappa)t}$$

über. Es wird dann nach (**16**, 393) und (**17**, 393):

$$\frac{d x'_{\iota\varkappa\lambda}}{dt} = \frac{p'_{\iota\varkappa\lambda}}{m_\lambda}, \qquad \frac{d p'_{\iota\varkappa\lambda}}{dt} = -\left(\frac{\partial V}{\partial X'_\lambda}\right)_{\iota\varkappa},$$

worin wir jetzt V als Funktion der

$$(22)\qquad X'_\lambda = \sum_{\iota\varkappa} x'_{\iota\varkappa\lambda}\, \mathfrak{e}_\iota\,;\, (\mathfrak{e}_\varkappa)_k$$

aufgefaßt haben. Der Leser überzeuge sich, daß die $\iota\,\varkappa$-Komponente einer Dyadenfunktion der X'_λ nur vermöge des Faktors $e^{\frac{2\pi i}{h}(E_\iota - E_\varkappa)t}$ von der Zeit abhängt. Selbstverständlich wird nun in H auch an die Stelle von P_λ

$$(23)\qquad P'_\lambda = \sum_{\iota\varkappa} p'_{\iota\varkappa\lambda}\, \mathfrak{e}_\iota\,;\, (\mathfrak{e}_\varkappa)_k$$

treten.

Indem wir also von den Maßzahlen wieder zu den Dyaden übergehen, folgt aus (**14**, 393) und (**15**, 393):

(24) $$\frac{\partial H}{\partial P'_\lambda} = \frac{d X'_\lambda}{dt},$$

(25) $$-\frac{\partial H}{\partial X'_\lambda} = \frac{d P'_\lambda}{dt}.$$

Das einfachste und bekannteste Beispiel für das oben erörterte Rechenverfahren ist der lineare, harmonische Oszillator, für den

(26) $$H = \frac{1}{2m} P^2 + \frac{a}{2} X^2$$

zu setzen ist, worin a eine skalare Konstante und

(27) $$\nu_0 = \frac{1}{2\pi}\sqrt{\frac{a}{m}}$$

die klassisch berechnete Eigenfrequenz des Oszillators bedeutet.

Aus (**16**, 393) und (**17**, 393) folgt mit Benützung von (**26**, 395) und (**27**, 395):

(28) $$x_{\iota\varkappa}\left[(E_\iota - E_\varkappa)^2 - (h\nu_0)^2\right] = 0.$$

Ist $x_{\iota\varkappa}$ ungleich Null, so muß

(29) $$E_\iota - E_\varkappa = \pm h\nu_0$$

sein, welcher Gleichung man durch

(30) $$E_n = E_0 + n h \nu_0$$

genügt, worin n eine ganze Zahl bedeutet. Es können dann nach (**28**, 395) nur jene $x_{\iota\varkappa}$ von Null verschieden sein, für welche

(31) $$\varkappa = \iota \pm 1$$

ist. Mit Rücksicht auf die Bedeutung der $x_{\iota\varkappa}$ für die Berechnung der Strahlungsemission [vgl. (**20**, 377) und (**21**, 377)] enthält diese Aussage eine wichtige Auswahlregel. Die angeschriebenen Relationen reichen hin, um sowohl E_0, als auch die $x_{\iota\varkappa}$ und $p_{\iota\varkappa}$ explizit zu bestimmen, doch würde uns die Ausrechnung hier zu lange aufhalten. Das Ergebnis lautet:

(32) $$E_0 = \frac{h\nu_0}{2} \quad \left\{ \begin{array}{l} \text{(Kleinstmögliche Energie des Oszillators,} \\ \text{sogenannte Nullpunktsenergie.)} \end{array} \right.$$

$$|x_{n+1,\,n}|^2 = |x_{n,\,n+1}|^2 = \frac{(n+1)\,h}{8\pi^2 m\,\nu_0},$$

also von einem physikalisch belanglosen „Phasenfaktor" $e^{i\alpha_n}$ abgesehen:

(33) $$x_{n+1,\,n} = (x_{n,\,n+1})_k = \frac{1}{2\pi}\sqrt{\frac{(n+1)\,h}{2\,m\,\nu_0}}$$

und dann

(34) $$p_{n+1,\,n} = (p_{n,\,n+1})_k = i\sqrt{\frac{(n+1)\,h\,m\,\nu_0}{2}}\,.$$

Die übrigen $x_{\iota\varkappa}$ und $p_{\iota\varkappa}$ sind gleich Null.

Man kann bei der Lösung eines matrizenmechanischen Problems in systematischer Weise auch folgendermaßen vorgehen. Man bezieht zunächst die den Vertauschungsrelationen genügenden hermitischen Dyaden P_λ und X_λ auf ein beliebiges Achsensystem und dreht dann das Hauptachsensystem der Energiedyade durch eine geeignete unitäre Transformation, welche, wie wir in Formel (**9**, 74) zumindest für endlich dimensionale Räume bewiesen haben, die Eigenwerte nicht ändert, in das freigewählte Achsensystem hinein. Die absolute Orientierung des Achsensystems im Hilbertschen Raume ist natürlich physikalisch bedeutungslos. Zur Durchführung dieses Gedankens bedienen wir uns der Ansätze

(35) $$U^{-1}\,.\,P_\lambda\,.\,U = \overline{P}_\lambda\,, \qquad U^{-1}\,.\,X_\lambda\,.\,U = \overline{X}_\lambda\,.$$

Wir haben in (**4**, 73) und (**5**, 73) erkannt, daß bei dieser unitären Transformation hermitische Dyaden wieder in solche übergeführt werden.

Es folgt wegen (**2**, 73):

(36) $$U^{-1}\,.\,P_\lambda\,.\,X_\lambda\,.\,U = U^{-1}\,.\,P_\lambda\,.\,U\,.\,U^{-1}\,.\,X_\lambda\,.\,U = \overline{P}_\lambda\,.\,\overline{X}_\lambda$$

und entsprechend für irgendwelche Produkte von Dyaden, die den Relationen (**35**, 396) genügen.

Demgemäß erhalten wir:

$$(37)\quad \begin{cases} \bar{P}_\lambda . \bar{X}_\lambda - \bar{X}_\lambda . \bar{P}_\lambda = U^{-1} . (P_\lambda . X_\lambda - X_\lambda . P_\lambda) . U \\ \qquad = \frac{h}{2\pi i} U^{-1} . I . U = \frac{h}{2\pi i} I \end{cases}$$

und genau so die übrigen Vertauschungsrelationen, welche also für die transformierten Dyaden zutreffen, wenn ihnen die ursprünglich gegebenen genügten. Da die Energiedyade eine aus den P_λ und X_λ aufgebaute Dyadenfunktion ist, erhalten wir mit Rücksicht auf (**36**, 396):

$$(38)\qquad U^{-1} . H(P_\lambda, X_\lambda) . U = D(\bar{P}_\lambda, \bar{X}_\lambda),$$

worin D sich schon in Normalform befinden soll.

Aus (**38**, 397) folgt:

$$(39)\qquad H(P_\lambda, X_\lambda) . U = U . D$$

und weiter mit

$$(40)\quad \begin{cases} H = \sum_{\iota\varkappa} H_{\iota\varkappa}\, \mathfrak{e}_\iota ; (\mathfrak{e}_\varkappa)_k, \qquad U = \sum_{\varkappa\mu} U_{\varkappa\mu}\, \mathfrak{e}_\varkappa ; (\mathfrak{e}_\mu)_k, \\ D = \sum_\mu E_\mu\, \mathfrak{e}_\mu ; (\mathfrak{e}_\mu)_k \end{cases}$$

die Relationen

$$(41)\qquad \sum_\varkappa (H_{\iota\varkappa} U_{\varkappa\mu}) - U_{\iota\mu} E_\mu = 0$$

für alle Zahlenwerte der Indizes ι und μ.

Das ist ein lineares homogenes Gleichungssystem für die unendlich vielen Unbekannten $U_{\varkappa\mu}$. Die Wurzeln der Determinante des Gleichungssystems liefern die Eigenwerte der Dyade D, also auch der Energiedyade H.

Im Falle dreidimensionaler Dyaden lautete (**41**, 397) ausführlich geschrieben:

$$(42)\quad \begin{cases} (H_{11} - E_\mu) U_{1\mu} + H_{12} U_{2\mu} + H_{13} U_{3\mu} = 0 \\ H_{21} U_{1\mu} + (H_{22} - E_\mu) U_{2\mu} + H_{23} U_{3\mu} = 0 \\ H_{31} U_{1\mu} + H_{32} U_{2\mu} + (H_{33} - E_\mu) U_{3\mu} = 0 . \end{cases}$$

Ein Vergleich von (**42**, 397) mit (**5**, 46) ist recht instruktiv und zeigt auch dem in solchen Rechnungen weniger Bewanderten eindringlich, daß es sich einfach um eine Hauptachsentransformation der Dyade $\boldsymbol{H}$ handelt. Das ist wichtig, da wir wissen, daß sich eine Hauptachsentransformation im wesentlichen nur auf eine Art durchführen läßt. Im nichtentarteten Falle, also bei untereinander verschiedenen Eigenwerten bleiben nur physikalisch belanglose Phasenfaktoren $e^{i\alpha_\mu}$ willkürlich.

Die Anwendung der Vektor- und Dyadenrechnung in der Diracschen relativistischen Verallgemeinerung der Wellenmechanik bietet in ihrem mathematischen Formalismus keine besonderen Schwierigkeiten. Eine einigermaßen ausreichende physikalische Diskussion dieses Formalismus aber würde sehr viel Raum beanspruchen, weshalb wir von einer Erörterung der Diracschen Theorie an dieser Stelle lieber ganz absehen.

Wir können das um so eher tun, als ja dieser dritte Teil kein Lehrbuch der theoretischen Physik und noch weniger ein solches der Quantenmechanik ist. Er hat lediglich die Aufgabe, den Leser an der Hand ausgewählter physikalischer Anwendungen in die Praxis der Vektor- und Dyadenrechnung einzuführen. Dabei durfte allerdings, wenn das Ganze lebendig wirken sollte, die Physik nicht zu kurz kommen, und ich bin in dieser Hinsicht absichtlich nicht allzu engherzig gewesen.

9. Ergänzungen

a) Sphärische Trigonometrie und Vektorrechnung

Es sei hier auf die bequeme Möglichkeit, Sätze der sphärischen Trigonometrie mittels einfacher Entwicklungen der Vektoralgebra zu gewinnen, hingewiesen. — Die Figur stellt ein Eulersches Dreieck (also jenes, das den kleineren Teil der Kugelfläche einnimmt) dar. *M* ist der Mittelpunkt der Einheitskugel, so daß

$$(1) \qquad \mathfrak{r}_1^2 = \mathfrak{r}_2^2 = \mathfrak{r}_3^2 = 1$$

wird. *a*, *b*, *c* sind „Hauptkreisbögen", sie messen auf der Einheitskugeloberfläche die Winkel, welche die zugehörigen Radii einschließen. α, β, γ sind die Winkel, die jene Ebenen miteinander bilden, welche durch die betreffenden Hauptkreisbögen zusammen mit dem Kugelmittelpunkt bestimmt werden.

Aus (1, 33) und den Sätzen über das skalare Tripelprodukt erhält man die Entwicklungen:

$$(2) \qquad \begin{aligned} (\mathfrak{r}_3 \times \mathfrak{r}_1) \times (\mathfrak{r}_1 \times \mathfrak{r}_2) &= [\mathfrak{r}_1\, \mathfrak{r}_2\, \mathfrak{r}_3]\, \mathfrak{r}_1 \\ (\mathfrak{r}_1 \times \mathfrak{r}_2) \times (\mathfrak{r}_2 \times \mathfrak{r}_3) &= [\mathfrak{r}_1\, \mathfrak{r}_2\, \mathfrak{r}_3]\, \mathfrak{r}_2 \\ (\mathfrak{r}_2 \times \mathfrak{r}_3) \times (\mathfrak{r}_3 \times \mathfrak{r}_1) &= [\mathfrak{r}_1\, \mathfrak{r}_2\, \mathfrak{r}_3]\, \mathfrak{r}_3 . \end{aligned}$$

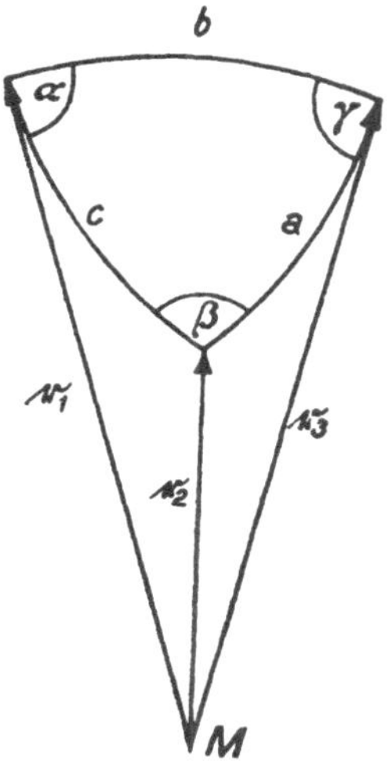

Fig. 1.
Sphärisches Dreieck

An diesen Vektorgleichungen interessieren uns nur die Beträge, bezüglich dieser aber sind sie wegen (1) und (3, 27) gleichwertig mit:

$$(3) \qquad \sin b \sin c \sin (180^\circ - \alpha) = \sin c \sin a \sin (180^\circ - \beta) = \sin a \sin b \sin (180^\circ - \gamma) .$$

Aus (3) liest man unmittelbar die „Sinusregel" der sphärischen Trigonometrie ab:

$$(4) \qquad \frac{\sin a}{\sin \alpha} = \frac{\sin b}{\sin \beta} = \frac{\sin c}{\sin \gamma} .$$

Bildet man statt der vektorischen die skalaren Quadrupelprodukte, so erhält man die sogenannten „Grundformeln der sphärischen Trigonometrie". Es folgt nämlich aus

$$(5)\qquad \begin{aligned}(\mathfrak{r}_3 \times \mathfrak{r}_1) \cdot (\mathfrak{r}_1 \times \mathfrak{r}_2) &= \mathfrak{r}_3 \cdot \mathfrak{r}_1\, \mathfrak{r}_1 \cdot \mathfrak{r}_2 - \mathfrak{r}_2 \cdot \mathfrak{r}_3\\ \sin b \sin c \cos (180^\circ - \alpha) &= \cos b \cos c - \cos a\end{aligned}$$

oder

$$(6)\qquad \cos a = \cos b \cos c + \sin b \sin c \cos \alpha$$

und analog

$$(6')\qquad \begin{aligned}\cos b &= \cos c \cos a + \sin c \sin a \cos \beta\\ \cos c &= \cos a \cos b + \sin a \sin b \cos \gamma .\end{aligned}$$

Mit diesen beiden wichtigen Beispielen müssen wir uns hier begnügen. Aus den Grundformeln kann man übrigens auch alle anderen Formeln der sphärischen Trigonometrie ableiten.

b) Derivationen in krummlinigen Koordinaten

Wir denken uns irgendwelche krummlinige Koordinaten, wie sie zur bequemen Behandlung einer bestimmten Aufgabe erwünscht sein können, entsprechend (2, 107) und (3, 107) durch das totale Differential:

$$(1)\qquad d\mathfrak{r} = du\,(\nabla u)^* + dv\,(\nabla v)^* + dw\,(\nabla w)^* = \sum_{\varkappa=1}^{3} \mathfrak{e}_\varkappa^*\, du_\varkappa$$

in umittelbar verständlicher Bezeichnungsweise eingeführt. $\mathfrak{e}_\varkappa$ und $\mathfrak{e}_\varkappa^*$ bedeuten reziproke Systeme. Gemäß (5, 107) wird dann

$$(2)\qquad \nabla = \sum_{\varkappa=1}^{3} \mathfrak{e}_\varkappa \frac{\partial}{\partial u_\varkappa} .$$

Setzen wir ein Vektorfeld in der Form an:

$$(3)\qquad \mathfrak{V} = \sum_{\varkappa=1}^{3} \mathfrak{e}_\varkappa^*\, V_\varkappa ,$$

so folgt mit (2)

$$(4)\qquad \nabla ;\, \mathfrak{V} = \sum_{\lambda=1}^{3} \mathfrak{e}_\lambda ; \frac{\partial \mathfrak{V}}{\partial u_\lambda} = \sum_{\lambda=1}^{3} \mathfrak{e}_\lambda ; \left[\sum_{\varkappa=1}^{3} \left(\frac{\partial \mathfrak{e}_\varkappa^*}{\partial u_\lambda} V_\varkappa + \mathfrak{e}_\varkappa^* \frac{\partial V_\varkappa}{\partial u_\lambda}\right)\right].$$

Die Ortsabhängigkeit der Grundvektoren $\mathfrak{e}_\varkappa^*$ muß uns natürlich gegeben sein. Schreiben wir mit Verwendung der Identitätsdyade (4, 33)

$$\frac{\partial \mathfrak{e}_\varkappa^*}{\partial u_\lambda} = \frac{\partial \mathfrak{e}_\varkappa^*}{\partial u_\lambda} \cdot I = \sum_{\mu=1}^{3} \frac{\partial \mathfrak{e}_\varkappa^*}{\partial u_\lambda} \cdot \mathfrak{e}_\mu \, \mathfrak{e}_\mu^* \,, \tag{5}$$

so müssen wir die Größen

$$\frac{\partial \mathfrak{e}_\varkappa^*}{\partial u_\lambda} \cdot \mathfrak{e}_\mu \equiv \Gamma^\mu_{\varkappa\,\lambda} \equiv \left\{ \begin{matrix} \varkappa \; \lambda \\ \mu \end{matrix} \right\}, \tag{6}$$

die sogenannten „Klammersymbole" oder „Christoffelschen Dreiindizes-Symbole" kennen. Da nach (1)

$$\frac{\partial \mathfrak{r}}{\partial u_\varkappa} = \mathfrak{e}_\varkappa^* \,, \tag{7}$$

also

$$\frac{\partial \mathfrak{e}_\varkappa^*}{\partial u_\lambda} = \frac{\partial \mathfrak{e}_\lambda^*}{\partial u_\varkappa} \tag{8}$$

ist, besitzen obige Klammersymbole die Symmetrieeigenschaft:

$$\left\{ \begin{matrix} \varkappa \; \lambda \\ \mu \end{matrix} \right\} = \left\{ \begin{matrix} \lambda \; \varkappa \\ \mu \end{matrix} \right\}. \tag{9}$$

Mit Benützung der durch (6) definierten Symbole nimmt (4) vermöge (5) die Gestalt an:

$$\nabla ; \mathfrak{V} = \sum_{\varkappa,\lambda} \mathfrak{e}_\lambda ; \mathfrak{e}_\varkappa^* \left[\frac{\partial V_\varkappa}{\partial u_\lambda} + \sum_\mu V_\mu \left\{ \begin{matrix} \lambda \; \mu \\ \varkappa \end{matrix} \right\} \right]. \tag{10}$$

Sind uns die durch (1, 13) bzw. (2, 13) gegebenen „metrischen Fundamentalgrößen" als Funktionen des Ortes bekannt, so erhalten wir aus ihnen auch die Dreiindizes-Symbole. Aus

$$\mathfrak{e}_\varkappa^* \cdot \mathfrak{e}_\lambda^* = g_{\varkappa\lambda}^* \tag{11}$$

folgt ja

$$\frac{\partial \mathfrak{e}_\varkappa^*}{\partial u_\mu} \cdot \mathfrak{e}_\lambda^* + \frac{\partial \mathfrak{e}_\lambda^*}{\partial u_\mu} \cdot \mathfrak{e}_\varkappa^* = \frac{\partial g_{\varkappa\lambda}^*}{\partial u_\mu} \,. \tag{12}$$

Diese und die beiden aus ihr durch zyklische Vertauschung der Indizes $\varkappa, \lambda, \mu$ zu gewinnenden Relationen liefern mit Berücksichtigung der Symmetriebeziehung (8) unmittelbar:

$$\frac{\partial \mathfrak{e}_\varkappa^*}{\partial u_\lambda} \cdot \mathfrak{e}_\mu^* = \tfrac{1}{2}\left[-\frac{\partial g_{\varkappa\lambda}^*}{\partial u_\mu} + \frac{\partial g_{\lambda\mu}^*}{\partial u_\varkappa} + \frac{\partial g_{\mu\varkappa}^*}{\partial u_\lambda}\right] \equiv \Gamma_{\varkappa\lambda,\,\mu}. \tag{13}$$

Aus (13) erhalten wir, da wegen

$$\mathfrak{e}_\mu \cdot \mathfrak{e}_\nu = g_{\mu\nu}. \tag{14}$$

$$\mathfrak{e}_\mu = \sum_{\nu=1}^{3} g_{\mu\nu}\, \mathfrak{e}_\nu^* \tag{15}$$

ist:

$$\frac{\partial \mathfrak{e}_\varkappa^*}{\partial u_\lambda} \cdot \mathfrak{e}_\mu = \left\{\begin{matrix}\varkappa\lambda\\ \mu\end{matrix}\right\} = \sum_{\nu=1}^{3} g_{\mu\nu}\, \Gamma_{\varkappa\lambda,\nu}\,. \tag{16}$$

Damit sind die Dreiindizes-Symbole explizit als Funktionen der Fundamentalgrößen und deren Ableitungen dargestellt. Wir bemerken noch, daß mit der duıch (4, 13) definierten Bedeutung von $\delta_{\varkappa\mu}$ aus

$$\mathfrak{e}_\varkappa^* \cdot \mathfrak{e}_\mu = \delta_{\varkappa\mu} \tag{17}$$

$$\frac{\partial \mathfrak{e}_\varkappa^*}{\partial u_\lambda} \cdot \mathfrak{e}_\mu = -\frac{\partial \mathfrak{e}_\mu}{\partial u_\lambda} \cdot \mathfrak{e}_\varkappa^* = \left\{\begin{matrix}\varkappa\lambda\\ \mu\end{matrix}\right\} \tag{18}$$

folgt. Aus (18) erhält man mit

$$\mathfrak{V} = \sum_{\varkappa=1}^{3} \mathfrak{e}_\varkappa\, V_\varkappa^* \tag{19}$$

statt (10):

$$\nabla;\, \mathfrak{V} = \sum_{\varkappa,\lambda} \mathfrak{e}_\lambda;\, \mathfrak{e}_\varkappa \left[\frac{\partial V_\varkappa^*}{\partial u_\lambda} - \sum_\mu V_\mu^* \left\{\begin{matrix}\lambda\varkappa\\ \mu\end{matrix}\right\}\right]. \tag{20}$$

Infolge der Symmetrie der Dreiindizes-Symbole erhält man aus (20) die einfache Beziehung:

$$\nabla \times \mathfrak{V} = \sum_{\varkappa,\lambda} \mathfrak{e}_\lambda \times \mathfrak{e}_\varkappa \frac{\partial V_\varkappa^*}{\partial u_\lambda}. \tag{20'}$$

Als Übungsbeispiel empfehlen wir dem Leser den Fall räumlicher Polarkoordinaten (die Bezeichnungen sind die üblichen) selbst explizit durchzurechnen. Dabei wird von den Relationen:

(21) $$\mathfrak{r} = r \cos\varphi \cos\vartheta\, \mathfrak{i} + r \sin\varphi \cos\vartheta\, \mathfrak{j} + r \sin\vartheta\, \mathfrak{k}$$

(22) $$d\mathfrak{r} = r \cos\vartheta\, \mathfrak{t}\, d\varphi + r\, \mathfrak{t}'\, d\vartheta + \bar{\mathfrak{r}}\, dr = \mathfrak{e}_1^*\, d\varphi + \mathfrak{e}_2^*\, d\vartheta + \mathfrak{e}_3^*\, dr$$

mit den drei wechselseitig orthogonalen Einheitsvektoren

(23) $$\begin{aligned} \mathfrak{t} &= -\sin\varphi\, \mathfrak{i} + \cos\varphi\, \mathfrak{j} \\ \mathfrak{t}' &= -\sin\vartheta\, (\cos\varphi\, \mathfrak{i} + \sin\varphi\, \mathfrak{j}) + \cos\vartheta\, \mathfrak{k} \\ \bar{\mathfrak{r}} &= \cos\vartheta\, (\cos\varphi\, \mathfrak{i} + \sin\varphi\, \mathfrak{j}) + \sin\vartheta\, \mathfrak{k} \end{aligned}$$

ausgegangen. Aus (21) und (22) erhält man

(24) $$\begin{aligned} \mathfrak{e}_1^* &= r \cos\vartheta\, \mathfrak{t}, & \mathfrak{e}_2^* &= r\, \mathfrak{t}', & \mathfrak{e}_3^* &= \bar{\mathfrak{r}} \\ \mathfrak{e}_1 &= \frac{1}{r\cos\vartheta}\, \mathfrak{t}, & \mathfrak{e}_2 &= \frac{1}{r}\, \mathfrak{t}', & \mathfrak{e}_3 &= \bar{\mathfrak{r}}. \end{aligned}$$

Somit gemäß (11) und (14):

(25) $$\begin{aligned} g_{11}^* &= r^2 \cos^2\vartheta, & g_{22}^* &= r^2, & g_{33}^* &= 1, \\ g_{11} &= \frac{1}{r^2 \cos^2\vartheta}, & g_{22} &= \frac{1}{r^2}, & g_{33} &= 1, \end{aligned}$$

während die übrigen $g_{\iota\varkappa}^*$ und $g_{\iota\varkappa}$ verschwinden.

Die in dieser Ergänzung definierten und in ihren Zusammenhängen diskutierten Klammersymbole können unmittelbar auf mehrdimensionale Räume übertragen und auch im Rahmen der Riemannschen Geometrie beibehalten werden. Sie spielen gerade in solchen Fällen, z. B. in der allgemeinen Relativitätstheorie, eine besonders bedeutsame Rolle. Ein Eingehen auf diese Zusammenhänge würde uns aber hier zu weit führen.

c) Ebene Vektorrechnung und Funktionentheorie

1. Cauchyscher Integralsatz; Konforme Abbildung

Da die Funktionentheorie in der komplexen Ebene arbeitet, besteht selbstverständlich eine weitgehende Parallele ihrer Formeln mit jenen der innerhalb einer Ebene verbleibenden Vektorrechnung. Eine Parallele, die beispielsweise bei den graphischen Integrationsverfahren der Elektrotechnik und ebenso bei den mit konformen Abbildungen operierenden Methoden der Hydromechanik, Elektrostatik, Elektrizitäts- und Wärmeströmung deutlich in Erscheinung tritt. Natürlich müssen wir die Formeln der Vektorrechnung auf den Fall der Ebene spezialisieren. Setzen wir

$$\mathfrak{r} = x\,\mathfrak{i} + y\,\mathfrak{j}, \qquad \mathfrak{v} = v_x\,\mathfrak{i} + v_y\,\mathfrak{j},$$

$$(1)\qquad d\mathfrak{o} = dF\,\mathfrak{k}, \qquad \nabla = \mathfrak{i}\frac{\partial}{\partial x} + \mathfrak{j}\frac{\partial}{\partial z}, \qquad I = \mathfrak{i};\mathfrak{i} + \mathfrak{j};\mathfrak{j},$$

so lautet der Stokessche Satz nach (**24**, 135):

$$(2)\qquad \oint d\mathfrak{r}\,.\,\mathfrak{v} = \int_F d\mathfrak{o}\,.\,\mathrm{rot}\,\mathfrak{v} = \int_F dF\left(\frac{\partial v_y}{\partial x} - \frac{\partial v_x}{\partial y}\right).$$

Der Gausssche Satz, als Umformung von Flächen- in Raumintegrale, wird in der Ebene sinnlos, wohl aber wird in der Ebene ein Sonderfall des Stokesschen Satzes als Gaussscher Satz bezeichnet. Bildet man nämlich nach (**7**, 114) mit Berücksichtigung von (1)

$$(3)\qquad \nabla\times(\mathfrak{k}\times\mathfrak{v}) = \mathfrak{k}\nabla\,.\,\mathfrak{v} - \mathfrak{k}\,.\,\nabla;\mathfrak{v} = \mathfrak{k}\nabla\,.\,\mathfrak{v},$$

so geht (2) in

$$(4)\quad \oint d\mathfrak{r}\,.\,(\mathfrak{k}\times\mathfrak{v}) = \oint (v_x\,dy - v_y\,dx) = \int_F d\mathfrak{o}\,.\,\mathrm{rot}\,(\mathfrak{k}\times\mathfrak{v}) = \int_F dF\,\mathrm{div}\,\mathfrak{v}$$

über.

Wir führen nun Funktionen komplexen Argumentes ein, setzen demnach:

$$(5)\qquad z = x + i\,y, \qquad f(z) = u\,(x, y) + i\,v\,(x, y).$$

Ist $f(z)$ in einem Gebiete G definiert und dort überall differenzierbar, so heißt $f(z)$ eine in G (eindeutige) reguläre, analytische Funktion. Da

$$(6)\qquad f(z) = f(x + i\,y)$$

von x und y nur in der Verknüpfung $x + i\,y$ abhängen soll, folgt

$$(7)\qquad \left.\begin{aligned} \frac{\partial f}{\partial x} &= \frac{df}{dz}\frac{\partial z}{\partial x} = \frac{df}{dz} \\ \frac{\partial f}{\partial y} &= \frac{df}{dz}\frac{\partial z}{\partial y} = i\,\frac{df}{dz} \end{aligned}\right\}\; i\,\frac{\partial f}{\partial x} = \frac{\partial f}{\partial y}.$$

Mit (5) liefert (7) die Cauchy-Riemannschen Differentialgleichungen:

$$\frac{\partial u}{\partial x} = \frac{\partial v}{\partial y}, \qquad -\frac{\partial v}{\partial x} = \frac{\partial u}{\partial y}, \tag{8}$$

woraus sich die Laplaceschen Differentialgleichungen

$$\nabla \cdot \nabla u = 0, \qquad \nabla \cdot \nabla v = 0, \tag{9}$$

sowie

$$(\nabla u) \cdot (\nabla v) = 0, \qquad (\nabla u)^2 = (\nabla v)^2 \tag{10}$$

ergeben. Die Kurven $v(x, y) =$ konst sind die orthogonalen Trajektorien der Kurvenschar $u(x, y) =$ konst.

Wir ordnen nun jeder Funktion $f(z)$ durch die Definition:

$$\mathfrak{v} = v_x \mathfrak{i} + v_y \mathfrak{j} = u\,\mathfrak{i} - v\,\mathfrak{j} \tag{11}$$

ein ebenes Feld zu. Die elementare Ausrechnung zeigt, daß

$$dz\, f(z) = u\,dx - v\,dy + i\,(v\,dx + u\,dy) = d\mathfrak{r} \cdot (\mathfrak{v} + i\,\mathfrak{k} \times \mathfrak{v}) \tag{12}$$

ist. Gelten die Cauchy-Riemannschen Differentialgleichungen (8), so heißt das

$$\begin{aligned} \operatorname{div} \mathfrak{v} &= \frac{\partial u}{\partial x} - \frac{\partial v}{\partial y} = 0, \\ \operatorname{rot} \mathfrak{v} &= \left(\frac{\partial v_y}{\partial x} - \frac{\partial v_x}{\partial y}\right) \mathfrak{k} = -\left(\frac{\partial v}{\partial x} + \frac{\partial u}{\partial y}\right) \mathfrak{k} = 0. \end{aligned} \tag{13}$$

Das durch (11) der komplexen Funktion $f(z)$ zugeordnete ebene Vektorfeld ist also im Regularitätsbereiche dieser Funktion quellen- und wirbelfrei. Demgemäß folgt aus (2), (4) und (12) unmittelbar:

(14)

$$\oint dz\, f(z) = \oint d\mathfrak{r} \cdot \mathfrak{v} + i \oint d\mathfrak{r} \cdot (\mathfrak{k} \times \mathfrak{v}) = \int_F d\mathfrak{o} \cdot \operatorname{rot} \mathfrak{v} + i \int_F dF \operatorname{div} \mathfrak{v} = 0$$

für den Umlauf längs der Randkurve jedes (einfach zusammenhängenden) regulären Gebietes G (ebenen Flächenstückes F). Die Gleichung (14) heißt der Cauchysche Integralsatz oder auch der Hauptsatz der Funktionentheorie.

Fassen wir das ebene Feld als „Abbildung“ der x-, y-Ebene auf die v_x-, v_y-Ebene auf, so ist diese Abbildung „konform“, d. h. in den kleinsten Bereichen ähnlich (winkeltreu).

Die Richtung irgendeiner infinitesimalen Geraden wird durch

(15) $$d\mathfrak{r} = \mathfrak{i}\, dx + \mathfrak{j}\, dy$$

gegeben, ihr gehört in der $\mathfrak{v}$-Ebene

(15′) $$d\mathfrak{v} = d\mathfrak{r} \,.\, \nabla \,;\, \mathfrak{v}$$

zu. Wegen (13) ist im Regularitätsbereich rot $\mathfrak{v} = 0$, also $\nabla \,;\, \mathfrak{v}$ eine symmetrische Dyade, demnach

(16) $$\nabla ; \mathfrak{v} = \nabla u \,;\, \mathfrak{i} - \nabla v \,;\, \mathfrak{j} = \mathfrak{i} \,;\, \nabla u - \mathfrak{j} \,;\, \nabla v,$$

und mit Benützung von (10)

(17) $$(\nabla \,;\, \mathfrak{v}) \,.\, (\mathfrak{v} \,;\, \nabla) = (\mathfrak{i} \,;\, \mathfrak{i} + \mathfrak{j} \,;\, \mathfrak{j})\, (\nabla u)^2 .$$

Weiters berechnet man mit (8)

(18) $$\begin{aligned}(\nabla \,;\, \mathfrak{v}) \times (\mathfrak{v} \,;\, \nabla) &= -\,\mathfrak{i} \,;\, \nabla u \times \nabla v \,;\, \mathfrak{j} - \mathfrak{j} \,;\, \nabla v \times \nabla u \,;\, \mathfrak{i} \\ &= [\mathfrak{j} \,;\, \mathfrak{k} \,;\, \mathfrak{i} - \mathfrak{i} \,;\, \mathfrak{k} \,;\, \mathfrak{j}]\, (\nabla u)^2 .\end{aligned}$$

Die Relationen (17) und (18) ergeben, wenn $d\mathfrak{r}_1$, $d\mathfrak{r}_2$ zwei beliebige Richtungen an derselben Stelle bezeichnen:

(19) $$d\mathfrak{v}_1 \,.\, d\mathfrak{v}_2 = d\mathfrak{r}_1 \,.\, (\nabla \,;\, \mathfrak{v}) \,.\, (\mathfrak{v} \,;\, \nabla) \,.\, d\mathfrak{r}_2 = d\mathfrak{r}_1 \,.\, d\mathfrak{r}_2\, (\nabla u)^2$$

(19′) $$\begin{aligned}d\mathfrak{v}_1 \times d\mathfrak{v}_2 &= d\mathfrak{r}_1 \,.\, (\nabla \,;\, \mathfrak{v}) \times (\mathfrak{v} \,;\, \nabla) \,.\, d\mathfrak{r}_2 \\ &= (dy_1\, dx_2 - dx_1\, dy_2)\, \mathfrak{k}\, (\nabla u)^2 = -\, d\mathfrak{r}_1 \times d\mathfrak{r}_2\, (\nabla u)^2 ,\end{aligned}$$

also schließlich

(20) $$\frac{d\mathfrak{v}_1 \times d\mathfrak{v}_2}{d\mathfrak{v}_1 \,.\, d\mathfrak{v}_2} = -\, \frac{d\mathfrak{r}_1 \times d\mathfrak{r}_2}{d\mathfrak{r}_1 \,.\, d\mathfrak{r}_2} .$$

Die Gleichung besagt, daß die Tangenten der Winkel $\sphericalangle\, d\mathfrak{v}_1, d\mathfrak{v}_2$ und $\sphericalangle\, d\mathfrak{r}_1, d\mathfrak{r}_2$ bis auf die Vorzeichen (Drehsinn) übereinstimmen, womit der Beweis der Konformität erbracht wurde. Aus der Zuordnung (11) (Vorzeichen!) liest man ab, daß die Abbildung der x, y-Ebene auf die u, v-Ebene, und zwar mit Erhaltung des Drehsinnes winkeltreu erfolgt.

2. Cauchysche Integralformel

Um die Cauchysche Integralformel der Funktionentheorie vektoranalytisch abzuleiten, fassen wir u bzw. v als Potentiale auf, wobei wir berücksichtigen wollen, daß, wie man unmittelbar verifiziert:

$$\nabla v = \mathfrak{k} \times \nabla u \quad \text{oder} \quad (\nabla v) \times \mathfrak{k} = \nabla u \tag{21}$$

je die beiden Cauchy-Riemannschen partiellen Differentialgleichungen (8) zusammenfaßt.

Wir lösen die Aufgabe ganz entsprechend jener der Bestimmung des skalaren Potentiales eines wirbelfreien Vektorfeldes im Dreidimensionalen (S. 151 u. f.).

Allerdings werden wir die Beschränkung auf zwei Dimensionen durch den Ersatz von $\frac{1}{r}$ durch $\ln r$ zu berücksichtigen haben, worin, wie in (7, 152)

$$r = \sqrt{(\mathfrak{r} - \mathfrak{r}')^2} \tag{22}$$

den Abstand des durch $\mathfrak{r}'$ festgelegten Aufpunktes von irgendeinem durch $\mathfrak{r}$ charakterisierten Punkte der Ebene bezeichnet. An die Stelle von (3, 151) bzw. (10, 152) tritt nun:

$$\oint d\mathfrak{o} \cdot [\ln r \nabla u - u \nabla \ln r] = -\int\limits_V dV q \ln r - \int\limits_V dV u \nabla \cdot \nabla \ln r, \tag{23}$$

worin das Oberflächenintegral über die Gesamtoberfläche des betrachteten Raumes vom Volumen V zu erstrecken ist und

$$\nabla \cdot \nabla u = -q \tag{24}$$

gesetzt wurde.

Da wir es mit einem Problem in der Ebene zu tun haben, denken wir uns den betrachteten Raum als einen durch eine beliebige Mantelfläche begrenzten Zylinder mit der zu $\mathfrak{k}$ parallelen Achsenhöhe „Eins“.

Da die Vektoren unter dem Flächenintegral in der x, y-Ebene liegen, tragen die Basisflächen des zylindrischen Raumes nichts zum Oberflächenintegral bei und wir dürfen für die Mantelfläche

$$d\mathfrak{o} = d\mathfrak{r} \times \mathfrak{k} \tag{25}$$

setzen, wobei, wenn die ebene Schnitt-Kontur, von $\mathfrak{k}$ aus beurteilt, dem Uhrzeigersinne entgegen durchlaufen wird, $d\mathfrak{o}$ die Richtung der nach außen weisenden Normale $\mathfrak{n}$ der Kontur des ebenen Schnittes besitzt. Das Volumelement dV ist, wegen der Höhe „Eins", einfach durch das zugehörige in der x, y-Ebene liegende Flächenelement dF zu ersetzen. Diese Überlegung ergibt auch unmittelbar den Übergang des Gaußschen Integralsatzes in der Ebene in den durch (4) charakterisierten Sonderfall des Stokesschen Satzes.

Beachten wir weiters, daß im Regularitätsbereiche der Funktion $f(z)$ gemäß (9)

$$\nabla \cdot \nabla u = 0 \tag{26}$$

und in der Ebene, mit Ausnahme des Punktes $r = 0$,

$$\nabla \cdot \nabla \ln r = \nabla \cdot \frac{\mathfrak{r} - \mathfrak{r}'}{r^2} = \frac{2}{r^2} - \frac{2(\mathfrak{r} - \mathfrak{r}')^2}{r^4} = 0 \tag{26'}$$

gelten, so geht für einen solchen Bereich, indem wir den Aufpunkt durch einen infinitesimalen Kreiszylinder bzw. im ebenen Schnitt durch einen infinitesimalen Kreis vom Radius r ausschließen, die Relation (23) in

$$\oint_A d\mathfrak{r} \times \mathfrak{k} \cdot \left[\ln r \nabla u - \frac{u}{r^2}(\mathfrak{r} - \mathfrak{r}')\right] = \oint_K d\mathfrak{r} \times \mathfrak{k} \cdot \left[\ln r \nabla u - \frac{u}{r^2}(\mathfrak{r} - \mathfrak{r}')\right] \tag{27}$$

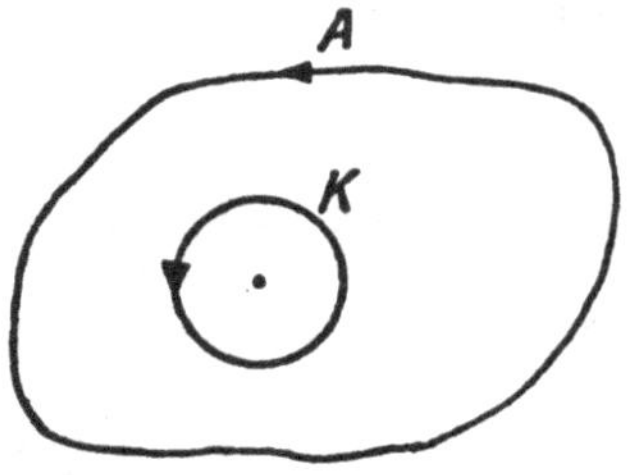

Fig. 2. Integrationswege

über. Wie aus der Figur ersichtlich, bezieht sich A auf die äußere, also die eigentliche Kontur des betrachteten regulären Bereiches, K auf die Kreislinie um den Aufpunkt als Mittelpunkt. Da auf diesem Kreise

$$d\mathfrak{r} = \mathfrak{t}\, r\, d\vartheta, \qquad \mathfrak{t} = \text{Einheitstangente} \tag{28}$$

gesetzt werden darf und

$$\lim_{r=0} (r \ln r) = 0, \qquad \lim_{r=0} r \frac{1}{r^2}(\mathfrak{r} - \mathfrak{r}') = \mathfrak{n} \tag{29}$$

zutreffen, verbleibt (den Index A können wir jetzt wieder weglassen)

$$(30)\qquad \oint d\mathfrak{r} \times \mathfrak{k} \,.\, [\ln r \nabla u - \frac{u}{r^2}(\mathfrak{r} - \mathfrak{r}')] = -2\pi u(\mathfrak{r}').$$

Ganz ebenso erhält man:

$$(30')\qquad \oint d\mathfrak{r} \times \mathfrak{k} \,.\, [\ln r \nabla v - \frac{v}{r^2}(\mathfrak{r} - \mathfrak{r}')] = -2\pi v(\mathfrak{r}').$$

Wichtige Ergänzungen liefert der Stokessche Satz angewandt auf $[\ln r \nabla u + u \nabla \ln r]$ bzw. $[\ln r \nabla v + v \nabla \ln r]$. Man rechnet leicht nach, daß

$$(31)\qquad \begin{aligned} &\oint d\mathfrak{r} \,.\, [\ln r \nabla u + u \nabla \ln r] \\ &\qquad = \int_F d\mathfrak{o} \,.\, \nabla \times [\ln r \nabla u + u \nabla \ln r] = 0, \end{aligned}$$

also mit Benützung von (21)

$$(32)\qquad \oint d\mathfrak{r} \,.\, \ln r \nabla u = -\oint d\mathfrak{r} \,.\, \ln r\, \mathfrak{k} \times \nabla v = -\oint d\mathfrak{r} \,.\, u \nabla \ln r$$

und analog

$$(32')\qquad \oint d\mathfrak{r} \,.\, \ln r \nabla v = \oint d\mathfrak{r} \,.\, \ln r\, \mathfrak{k} \times \nabla u = -\oint d\mathfrak{r} \,.\, v \nabla \ln r$$

gelten. Indem wir mit diesen Relationen in (30) bzw. (30′) eintreten, folgt

$$(33)\qquad \oint \frac{d\mathfrak{r}}{r^2} \,.\, [v(\mathfrak{r} - \mathfrak{r}') + u\, \mathfrak{k} \times (\mathfrak{r} - \mathfrak{r}')] = 2\pi u(\mathfrak{r}').$$

$$(33')\qquad -\oint \frac{d\mathfrak{r}}{r^2} \,.\, [u(\mathfrak{r} - \mathfrak{r}') - v\, \mathfrak{k} \times (\mathfrak{r} - \mathfrak{r}')] = 2\pi v(\mathfrak{r}').$$

Da der Aufpunkt $\mathfrak{r}'$ bei der Integration fest bleibt, dürfen wir:

$$(34)\qquad \mathfrak{r} - \mathfrak{r}' = \mathfrak{r}'', \qquad d\mathfrak{r} = d\mathfrak{r}''$$

setzen und erhalten

$$(35)\qquad \begin{aligned} d\mathfrak{r} \,.\, (\mathfrak{r} - \mathfrak{r}') &= x''\, dx'' + y''\, dy'', \\ d\mathfrak{r} \times \mathfrak{k} \,.\, (\mathfrak{r} - \mathfrak{r}') &= x''\, dy'' - y''\, dx''. \end{aligned}$$

Mit

$$dz = dx'' + i\,dy'' \tag{36}$$

ergeben (33) und (33′) weiter

$$\begin{aligned} &u(\mathfrak{r}') + i\,v(\mathfrak{r}') \\ &= \frac{1}{2\pi i}\oint \frac{1}{r^2}(u + i\,v) \\ &\qquad \cdot [x''dx'' + y''dy'' + i(x''dy'' - y''dx'')]\,, \end{aligned} \tag{37}$$

und wenn wir den Aufpunkt in komplexer Schreibweise durch z_0 bezeichnen:

$$\frac{dz}{z - z_0} = \frac{(x'' - i\,y'')\,(dx'' + i\,dy'')}{x''^2 + y''^2}\,. \tag{38}$$

Aus (37) und (38) folgt schließlich

$$f(z_0) = \frac{1}{2\pi i}\oint \frac{f(z)\,dz}{z - z_0}\,, \tag{39}$$

womit die Cauchysche Integralformel zwar nicht auf dem kürzesten, aber, worauf es uns hier ankam, auf rein vektoranalytischem Wege gewonnen wurde.

3. Mittelwertsätze der Potentialtheorie

Wir können von unserer Mehrarbeit aber doch auch unmittelbaren Vorteil ziehen. So ergeben die Formeln (33) und (33′) auf irgendeine Kreislinie angewandt, wegen

$$r = \text{konst}\,, \qquad d\mathfrak{r} \parallel \mathfrak{t} \perp (\mathfrak{r} - \mathfrak{r}')\,, \tag{40}$$

also

$$d\mathfrak{r}\cdot(\mathfrak{r} - \mathfrak{r}') = 0\,, \quad \frac{d\mathfrak{r}}{r^2}\cdot\mathfrak{k}\times(\mathfrak{r} - \mathfrak{r}') = d\vartheta \quad (\vartheta = \text{Zentriwinkel}), \tag{41}$$

die sogenannten „Mittelwertsätze der Potentialtheorie“,

$$\frac{1}{2\pi}\oint u\,d\vartheta = u_0 \tag{42}$$

$$\frac{1}{2\pi}\oint v\,d\vartheta = v_0\,, \tag{42′}$$

worin u_0 bzw. v_0 die Werte im Kreismittelpunkte bedeuten. Man kann (42) und (42′) auch zu

$$\frac{1}{2\pi}\oint f(z)\,d\vartheta = f(z_0) \tag{43}$$

zusammenfassen.

Aus den Mittelwertsätzen folgt unter anderem, daß die Funktionen u bzw. v in einem singularitätenfreien Gebiete nirgends ein Maximum oder ein Minimum besitzen können. Wäre es in einem Punkte der Fall, so müßten auf einem mit hinreichend kleinem Radius um diesen Punkt als Mittelpunkt konstruierten Kreise u bzw. v durchwegs kleiner oder durchwegs größer als u_0 bzw. v_0 sein, was mit (42) bzw. (42′) ersichtlich unvereinbar wäre.

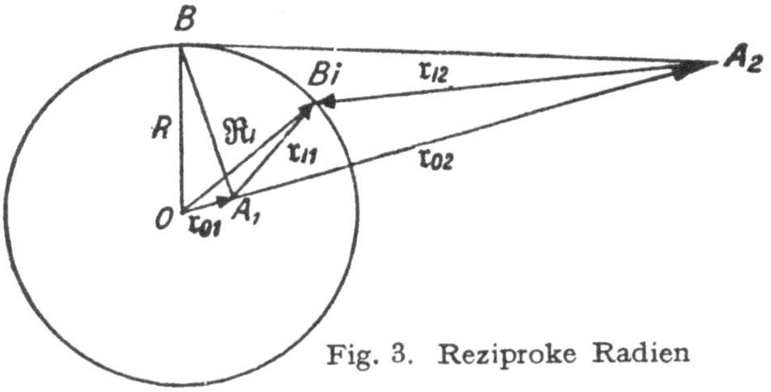

Fig. 3. Reziproke Radien

Man kann nun noch einen Schritt weiter gehen und als Aufpunkt $\mathfrak{r}_{01}$ irgendeinen Punkt A_1 innerhalb der Kreisfläche wählen. Wir nehmen, wie es die Figur veranschaulicht, noch einen zweiten, außerhalb der Kreislinie liegenden Aufpunkt A_2 ($\mathfrak{r}_{02}$) hinzu. Man liest aus der Figur ab:

$$\mathfrak{r}_{i1} = \mathfrak{R}_i - \mathfrak{r}_{01}, \qquad \mathfrak{r}_{i2} = \mathfrak{R}_i - \mathfrak{r}_{02}. \tag{44}$$

Wir wählen A_1 und A_2 speziell so, daß sie einer Transformation durch „reziproke Radien" entsprechen. Es gilt dann infolge der Ähnlichkeit der Dreiecke OA_1B und OBA_2:

$$r_{01} : R = R : r_{02}, \tag{45}$$

und wegen dieses Seitenverhältnisses und des gemeinsamen Winkels bei O sind auch bei beliebiger Lage von B_i auf dem Kreise die Dreiecke OA_1B_i und $O\,B_iA_2$ einander ähnlich, was zu der Relation

$$\frac{r_{i1}}{r_{i2}} = \frac{R}{r_{02}} \tag{46}$$

führt. Zu jedem Punkte im Innern des Kreises gibt es ersichtlich einen durch obige Konstruktion ihm zugeordneten Punkt außerhalb. Für Aufpunkte außerhalb der Kontur, also hier der Kreislinie, entfällt aber die durch $r = 0$ bedingte Singularität, also auch die Notwendigkeit, diesen Punkt durch einen infinitesimalen Kreis K auszuschließen und (27) reduziert sich auf

$$\oint d\mathfrak{r} \times \mathfrak{k} \,.\, [\ln r \nabla u - \frac{u}{r^2}(\mathfrak{r} - \mathfrak{r}')] = 0 \tag{27'}$$

bzw. (33) auf

$$\oint \frac{d\mathfrak{r}}{r_{i2}^2}[v\,\mathfrak{r}_{i2} + u\,\mathfrak{k} \times \mathfrak{r}_{i2}] = 0. \tag{47}$$

Analog erhält man aus (33'):

$$\oint \frac{d\mathfrak{r}}{r_{i2}^2}[u\,\mathfrak{r}_{i2} - v\,\mathfrak{k} \times \mathfrak{r}_{i2}] = 0. \tag{47'}$$

Beziehen wir (33) auf den Innenpunkt $\mathfrak{r}_{01}$ und subtrahieren von dieser Formel (47), so folgt mit (44)

$$\begin{aligned} &\frac{1}{2\pi}\oint d\mathfrak{r} \,.\, v\left[\frac{\mathfrak{R}_i - \mathfrak{r}_{01}}{r_{i1}^2} - \frac{\mathfrak{R}_i - \mathfrak{r}_{02}}{r_{i2}^2}\right] \\ &\qquad + \frac{1}{2\pi}\oint d\mathfrak{r} \times \mathfrak{k} \,.\, u\left[\frac{\mathfrak{R}_i - \mathfrak{r}_{01}}{r_{i1}^2} - \frac{\mathfrak{R}_i - \mathfrak{r}_{02}}{r_{i2}^2}\right] = u(\mathfrak{r}_{01}). \end{aligned} \tag{48}$$

Da $d\mathfrak{r} \perp \mathfrak{R}_i$ verläuft, verbleiben im 1. Integral von (48) nur Glieder, die von $\mathfrak{r}_{01}$ bzw. $\mathfrak{r}_{02}$ abhängen, wobei

$$\mathfrak{r}_{01} \,||\, \mathfrak{r}_{02} \tag{49}$$

zutrifft. Für die auftretenden Beträge erhält man aus (45) und (46)

$$\frac{r_{02}}{r_{i2}^2} = \frac{1}{r_{i1}^2}\frac{R^2}{r_{02}} = \frac{r_{01}}{r_{i1}^2}, \tag{50}$$

was das Verschwinden auch dieser Glieder des ersten und ebenso der entsprechenden Glieder des zweiten Integrales von (48) zur

Folge hat. Beachten wir noch die Relationen

(51) $$d\mathfrak{r} \times \mathfrak{k} \,.\, \mathfrak{R}_i = R^2\, d\vartheta\,, \qquad \vartheta = \sphericalangle\, \mathfrak{r}_{01}, \mathfrak{R}_i$$

und

(52) $$\frac{1}{r_{i1}^2} - \frac{1}{r_{i2}^2} = \frac{1}{r_{i1}^2}\left(1 - \frac{R^2}{r_{02}^2}\right) = \frac{1}{r_{i1}^2}\left(1 - \frac{r_{01}^2}{R^2}\right),$$

so verbleibt von (48) lediglich:

(53) $$\frac{1}{2\pi}\int\limits_0^{2\pi} d\vartheta\, \frac{R^2 - r_{01}^2}{r_{i1}^2}\, u = u\,(\mathfrak{r}_{01})\,.$$

Indem wir auf das Dreieck $O A_1 B_i$ noch den Kosinussatz anwenden, erhalten wir schließlich:

(54) $$\frac{1}{2\pi}\int\limits_0^{2\pi} d\vartheta\, \frac{R^2 - r_{01}^2}{R^2 + r_{01}^2 - 2\,R\, r_{01} \cos\vartheta}\, u\,(R, \vartheta) = u\,(\mathfrak{r}_{01})\,.$$

Dieses Integral, dem ein völlig gleichlautendes für v zur Seite tritt, nennt man das Poissonsche Integral. Natürlich kann man die Integrale für u und v auch wieder zu einem komplexen Integral für $f(z)$ zusammenfassen.

4. Verallgemeinerung

Beachtenswert ist, daß, vermöge (54) u im Inneren des Kreises lediglich von den Randwerten des u selbst abhängt, während die Kenntnis der in der Relation (30) doch ebenfalls auftretenden partiellen Ableitungen nach der Normalen

(55) $$\mathfrak{t} \times \mathfrak{k} \,.\, \nabla u = \mathfrak{n} \,.\, \nabla u$$

nicht benötigt wird. Wir haben in (55) gemäß (25)

(56) $$d\mathfrak{r} = ds\, \mathfrak{t}\,, \qquad \mathfrak{t} \times \mathfrak{k} = \mathfrak{n}$$

gesetzt. Man wird erwarten, daß diese Reduktion der erforderlichen Randwerte auch bei beliebiger Gestalt der Kontur erhalten bleibt.

Tatsächlich können wir, wenn wir uns die Außenpunkte auf einer die gegebene Kontur in geeigneter Weise umschlingenden geschlossenen Linie angeordnet denken und die Punkte der Kontur durch s, jene der Außenlinie durch s' charakterisieren, Gleichung (27') unmittelbar in der Gestalt einer Integralgleichung anschreiben.

Bei bekannten Werten von u auf der Kontur wird

$$\oint d\mathfrak{r} \times \mathfrak{k} \cdot \frac{u(\mathfrak{r})}{r^2} (\mathfrak{r} - \mathfrak{r}') = f(s') \tag{57}$$

eine gegebene Funktion der Lage des Außenpunktes auf einer geschlossenen Linie.

Beachten wir noch, daß der Abstand r zwischen je zwei Punkten s und s' eine symmetrische Funktion dieser beiden Variablen also

$$\ln r = K(s, s') = K(s', s) \quad \text{(Kern der Integralgleichung)} \tag{58}$$

sein wird, so geht (27') in

$$\oint ds\, K(s, s')\, \mathfrak{n} \cdot \nabla u = f(s') \tag{59}$$

über. Das ist aber eine lineare Integralgleichung erster Art (vergleiche etwa G. Hamel „Integralgleichungen", bei Springer (1937), S. 92 u. f.) für

$$\mathfrak{n} \cdot \nabla u = \frac{\partial u}{\partial n} \tag{60}$$

als Funktion von s.

Eine genaue Diskussion dieser Integralgleichung und ihrer Auflösung muß hier unterbleiben. Zu einer Näherungslösung gelangt man, wenn man die beiden geschlossenen Linien in je m Linienelemente unterteilt und so die Relation (59) in m lineare Gleichungen mit m Unbekannten zerschlägt. Die Unbekannten sind dann mittlere Werte von $\frac{\partial u}{\partial \mathfrak{n}}$ auf je einem Linienelement der Kontur.

Wir überlegen schließlich noch, daß die Kenntnis der Werte von u längs der Kontur natürlich auch $\mathfrak{t} \cdot \nabla u$ auf ihr bestimmt. Gemäß (21) und (56) folgt aber

$$\mathfrak{n} \cdot \nabla v = \mathfrak{n} \cdot \mathfrak{k} \times \nabla u = -\mathfrak{t} \cdot \nabla u, \tag{61}$$

während sich

$$\mathfrak{t} \cdot \nabla v = \mathfrak{t} \cdot \mathfrak{k} \times \nabla u = \mathfrak{n} \cdot \nabla u \tag{61'}$$

ergibt. Aus (61') folgen, bis auf eine Integrationskonstante, die Werte von v auf der Kontur.

Bis auf diese Konstante folgen aus den Randwerten von u allein, mittels (30) und (30') bzw. mittels (33) und (33'), sowohl die Werte von u wie jene von v im ganzen Innenbereich. Selbstverständlich hätten wir statt von den Randwerten u ebensogut von den Randwerten v ausgehen können.

c') Verwandte Ergänzungen zur Potentialtheorie im Raume

Wir bestimmten das skalare Potential S im Aufpunkte $\mathfrak{r}'$ des Innenraumes durch die Gleichung (**12**, 153) zu

$$(1) \qquad 4\pi S(\mathfrak{r}') = \int\limits_V dV \frac{q}{r} + \oint d\mathfrak{o} \cdot \left(\frac{1}{r} \nabla S + \frac{S}{r^3}(\mathfrak{r} - \mathfrak{r}')\right).$$

Das Oberflächenintegral bezieht sich auf die Randfläche des Volumens V und es wurde nach (**5**, 151)

$$(2) \qquad q = -\nabla \cdot \nabla S$$

gesetzt. Auf S. 144 und 145 haben wir die eindeutige Bestimmtheit des Feldes

$$(3) \qquad \mathfrak{v} = \nabla S,$$

also bis auf eine Integrationskonstante auch jene von S durch das innerhalb des betrachteten Bereiches vorhandene Quellenfeld q und durch die Randwerte von S oder jenen der Normalkomponente von ∇S, also von $\mathfrak{n} \cdot \nabla S = \frac{\partial S}{\partial n}$ bewiesen. Wir bemerken, daß dieser Beweis natürlich auch im Zweidimensionalen zu Recht besteht.

Diesem Beweise gemäß muß es möglich sein, die Randwerte von $\mathfrak{n} \cdot \nabla S$ durch S oder umgekehrt die von S (bis auf eine Integrationskonstante) durch $\mathfrak{n} \cdot \nabla S$ zu bestimmen.

Wir nehmen an, daß das Quellenfeld nicht ins Unendliche reicht und trennen die Teile des Potentialfeldes, welche von Quellen innerhalb und von solchen außerhalb des betrachteten

Raumes V_1 herrühren:

$$S_1(\mathfrak{r}') = \frac{1}{4\pi}\int\limits_{V_1} dV \frac{q}{r}, \qquad S_2(\mathfrak{r}') = \frac{1}{4\pi}\int\limits_{V_2} dV \frac{q}{r}, \tag{4}$$

$$S(\mathfrak{r}') = S_1(\mathfrak{r}') + S_2(\mathfrak{r}'). \tag{5}$$

Für

$$S_1(\mathfrak{r}') = 0 \tag{6}$$

folgt, da das Randintegral genommen über die unendlich ferne Fläche ja verschwinden soll, für Aufpunkte des Außenraumes:

$$\begin{aligned} S_2(\mathfrak{r}') &= \frac{1}{4\pi}\int\limits_{V_2} dV \frac{q}{r} \\ &= \frac{1}{4\pi}\int\limits_{V_2} dV \frac{q}{r} - \frac{1}{4\pi}\oint d\mathfrak{o}\cdot\left(\frac{1}{r}\nabla S_2 + \frac{S_2}{r^3}(\mathfrak{r}-\mathfrak{r}')\right), \end{aligned} \tag{7}$$

also

$$\oint d\mathfrak{o}\cdot\left(\frac{1}{r}\nabla S_2 + \frac{S_2}{r^3}(\mathfrak{r}-\mathfrak{r}')\right) = 0. \tag{8}$$

Für Aufpunkte des Innenraumes erhält man analog

$$\oint d\mathfrak{o}\cdot\left(\frac{1}{r}\nabla S_1 + \frac{S_1}{r^3}(\mathfrak{r}-\mathfrak{r}')\right) = 0. \tag{9}$$

Demgemäß können wir im allgemeinen Falle die Relation (1) für Aufpunkte des Innenraumes verschärfen zu:

$$\begin{aligned} 4\pi S(\mathfrak{r}') &= \int\limits_{V_1} dV \frac{q}{r} + \oint d\mathfrak{o}\cdot\left(\frac{1}{r}\nabla S + \frac{S}{r^3}(\mathfrak{r}-\mathfrak{r}')\right) \\ &= \int\limits_{V_1} dV \frac{q}{r} + \oint d\mathfrak{o}\cdot\left(\frac{1}{r}\nabla S_2 + \frac{S_2}{r^3}(\mathfrak{r}-\mathfrak{r}')\right). \end{aligned} \tag{10}$$

Denken wir uns nun Aufpunkte des Außenraumes auf einer geeignet gewählten, die Randfläche umschließenden Oberfläche angeordnet und charakterisieren die Lage des Aufpunktes auf dieser Fläche durch den Buchstaben F', die Lage der Randflächenpunkte durch den Buchstaben F, so hängt der Abstand r irgend zweier in F bzw. F' liegender Punkte lediglich von F und F' ab. Wir können demnach setzen:

(11) $$\frac{1}{r} = K(F, F') = K(F', F).$$

Da

(12) $$-\oint d\mathfrak{o} \cdot \frac{S_2(\mathfrak{r})}{r^3}(\mathfrak{r} - \mathfrak{r}') = f(F')$$

eine mit $S_2(\mathfrak{r})$ gegebene Funktion der Lage F' des betreffenden Aufpunktes ist, gelangen wir von (8) zu der linearen Integralgleichung erster Art

(13) $$\oint dF\, K(F, F')\, \mathfrak{n} \cdot \nabla S_2(F) = f(F'),$$

worin $K(F, F')$ der durch (11) bestimmte Kern der Integralgleichung ist. Sie gestattet bei bekanntem $f(F')$, also bei bekannten Randwerten $S_2(F)$, die Berechnung der Randwerte

(14) $$\mathfrak{n} \cdot \nabla S_2 = \frac{\partial S_2}{\partial n}$$

als Funktion des Randflächenortes F.

Der von Innenquellen herrührende Potentialanteil S_1 muß bei diesen Rechnungen natürlich fortgelassen werden.

Wir übertragen nun noch den Sonderfall des Poissonschen Integrales auf räumliche, von einer Kugelfläche begrenzte Bereiche, welche wir jetzt wieder quellenfrei voraussetzen ($q = 0$ in V_1, also $S_1 = 0$). Bekanntlich, wie man sich übrigens an Hand der Figur auch leicht überlegt, gelten die Relationen (44) (45), (46) von (C), ebenso für Kugelflächen im Raume. Die Figur stellt jetzt einen beliebigen, die beiden Aufpunkte A_1 und A_2 enthaltenden, ebenen Schnitt dar.

Für jeden Außenpunkt $\mathfrak{r}_{02}$ gilt nach (8), wenn wir die Bezeichnungen der Figur einführen:

(15) $$\oint d\mathfrak{o} \cdot \left(\frac{1}{r_{i2}} \nabla S + \frac{S}{r_{i2}^3}(\mathfrak{R}_i - \mathfrak{r}_{02})\right) = 0.$$

Multiplizieren wir Gl. (15) mit $\frac{1}{4\pi}\frac{r_{02}}{R}$ und subtrahieren sie von:

(16) $$S(\mathfrak{r}_{01}) = \frac{1}{4\pi}\oint d\mathfrak{o} \cdot \left(\frac{1}{r_{i1}} \nabla S + \frac{S}{r_{i1}^3}(\mathfrak{R}_i - \mathfrak{r}_{01})\right),$$

so verschwindet wegen (46) in (*C*) der von ∇S abhängende Teil des Differenzintegrales und es verbleibt

$$(17) \qquad S(\mathfrak{r}_{01}) = \frac{1}{4\pi} \oint d\mathfrak{o} \,.\, S \left[\frac{\mathfrak{R}_i - \mathfrak{r}_{01}}{r_{i1}^3} - \frac{r_{02}}{R} \frac{\mathfrak{R}_i - \mathfrak{r}_{02}}{r_{i2}^3} \right].$$

Die von

$$\mathfrak{r}_{01} \parallel \mathfrak{r}_{02}$$

abhängenden Glieder ergeben wegen (45) und (46) in (*C*) wieder Null, demnach reduziert sich (17) auf

$$(18) \qquad S(\mathfrak{r}_{01}) = \frac{1}{4\pi} \oint d\mathfrak{o} \,.\, \mathfrak{R}_i \, S \left[\frac{1}{r_{i1}^3} - \frac{r_{02}}{R} \frac{1}{r_{i2}^3} \right].$$

Indem wir nochmals (45) und (46) benützen und auf der Kugeloberfläche

$$(19) \qquad d\mathfrak{o} \,.\, \mathfrak{R}_i = R^3 \, d\omega$$

($d\omega$ = Differential des räumlichen Winkels) setzen, geht (18) schließlich in

$$(20)' \qquad S(\mathfrak{r}_{01}) = \frac{1}{4\pi} \oint d\omega \, S \frac{R^3}{r_{i1}^3} \left(1 - \frac{r_{01}^2}{R^2} \right)$$

über. Das ist die der Relation (53) in (*C*) im Raume entsprechende Formel. Liegt der Aufpunkt speziell im Kugelmittelpunkte, ist also

$$r_{01} = 0, \qquad r_{i1} = R,$$

so vereinfacht sich (19) zu

$$(21) \qquad S_0 = \frac{1}{4\pi} \oint d\omega \, S,$$

wieder in voller Entsprechung zum Mittelwertsatze der zweidimensionalen Potentialtheorie.

d) Eine Bemerkung über Reihenentwicklungen

Wir gaben auf S. 102 und 103 den Mittelwertsatz und die Reihenentwicklung für eine vektorische Funktion $\mathfrak{a}(t)$ einer unabhängigen Variablen t. Nun wollen wir dasselbe für Funktionen mehrerer Variablen, zunächst für eine skalare Funktion $S(x, y, z)$ der drei Variablen x, y, z tun. Besitzt diese Funktion auf der geradlinigen Verbindungsstrecke der Punkte $\mathfrak{r}_0$ und $\mathfrak{r}_0 + \mathfrak{b}$ einschließlich der Endpunkte stetige partielle Ableitungen, so gilt der aus der Differentialrechnung bekannte, hier nur vektorisch geschriebene Mittelwertsatz:

$$S(\mathfrak{r}_0 + \mathfrak{b}) - S(\mathfrak{r}_0) = \mathfrak{b} \cdot (\nabla S)_{\mathfrak{r}_0 + \vartheta \mathfrak{b}} . \tag{1}$$

Der Index zeigt die Stelle an, wo die Derivation zu bilden ist, und ϑ bedeutet einen echten Bruch. Auch den Übergang vom Mittelwertsatze zur Taylorschen Formel bzw. Reihe dürfen wir aus der Differentialrechnung als bekannt voraussetzen. Vektoranalytisch geschrieben lautet sie:

$$\begin{aligned} S(\mathfrak{r}_0 + \mathfrak{b}) = S(\mathfrak{r}_0) + \mathfrak{b} \cdot (\nabla S)_{\mathfrak{r}_0} + \frac{1}{2!} \mathfrak{b} ; \mathfrak{b} : (\nabla ; \nabla S)_{\mathfrak{r}_0} + \cdots \\ + \frac{1}{n!} (\mathfrak{b} ;)^n \overset{n}{\cdot} [(\nabla ;)^n S]_{\mathfrak{r}_0} + R_n . \end{aligned} \tag{2}$$

Hierin werden folgende Bezeichnungen neu eingeführt:

$$(\mathfrak{b} ;)^n \equiv \overbrace{\mathfrak{b} ; \mathfrak{b} ; \cdots \mathfrak{b}}^{n} . \tag{3}$$

(4)

$$\mathfrak{A}_1 ; \mathfrak{A}_2 ; \mathfrak{A}_3 ; \mathfrak{A}_4 \overset{4}{\cdot} \mathfrak{B}_1 ; \mathfrak{B}_2 ; \mathfrak{B}_3 ; \mathfrak{B}_4 \equiv \mathfrak{A}_1 \cdot \mathfrak{B}_1 \, \mathfrak{A}_2 \cdot \mathfrak{B}_2 \, \mathfrak{A}_3 \cdot \mathfrak{B}_3 \, \mathfrak{A}_4 \cdot \mathfrak{B}_4$$

und analog für beliebige Werte von n, schließlich

$$(\nabla ;)^n \equiv \overbrace{\nabla ; \nabla ; \cdots \nabla}^{n} . \tag{5}$$

Das Restglied hat den Wert

$$R_n = \frac{1}{(n+1)!} (\mathfrak{b} ;)^{n+1} \overset{n+1}{\cdot} [(\nabla ;)^{n+1} S]_{\mathfrak{r}_0 + \vartheta \mathfrak{b}} . \tag{6}$$

Der Übergang zur Entwicklung einer vektorischen Funktion $\mathfrak{a}(x, y, z)$ gelingt genau so wie auf S. 102, indem man

$$S(x, y, z) = \mathfrak{a}(x, y, z) \cdot \mathfrak{e} \tag{7}$$

setzt, worin $\mathfrak{e}$ einen beliebigen, aber räumlich konstanten Vektor bedeutet. Indem man $\mathfrak{e}$ als gemeinsamen Faktor heraushebt, schließt man unmittelbar auf:

$$
(8) \quad \begin{aligned} \mathfrak{a}(\mathfrak{r}_0 + \mathfrak{b}) = \mathfrak{a}(\mathfrak{r}_0) + \mathfrak{b} \cdot (\nabla ; \mathfrak{a})_{\mathfrak{r}_0} + \frac{1}{2!} \mathfrak{b} ; \mathfrak{b} : (\nabla ; \nabla ; \mathfrak{a})_{\mathfrak{r}_0} + \cdots \\ + \frac{1}{n!} (\mathfrak{b} ;)^n \underset{\cdot}{n} [(\nabla ;)^n ; \mathfrak{a}]_{\mathfrak{r}_0} + R_n . \end{aligned}
$$

Im Restgliede kann die Stelle $\vartheta \mathfrak{b}$ für die einzelnen Komponenten von $\mathfrak{a}$ verschieden sein. Analog zu (**6**, 103) schreiben wir daher

$$
(9) \quad R_n = \sum_{\iota = 1}^{3} (R_n)_\iota \cdot \mathfrak{e}_\iota ; \mathfrak{e}_\iota^* ,
$$

$$
(10) \quad (R_n)_\iota = \frac{1}{(n+1)!} (\mathfrak{b} ;)^{n+1} \underset{\cdot}{n+1} [(\nabla ;)^{n+1} ; \mathfrak{a}]_{\mathfrak{r}_0 + \vartheta_\iota \mathfrak{b}} .
$$

Ganz entsprechend gelangt man auch zur Reihenentwicklung für eine dyadische Ortsfunktion.

Man beachte noch, daß die Formel (**17**, 226) mit den durch (3), (4) und (5) neu eingeführten Bezeichnungen auch in der Form

$$
(11) \quad \begin{aligned} 4\pi S = \frac{1}{r_0} + \mathfrak{e} \cdot \left(\nabla' \frac{1}{r}\right)_{r_0} + \frac{1}{2!} \mathfrak{e} ; \mathfrak{e} : \left(\nabla' ; \nabla' \frac{1}{r}\right)_{r_0} \\ + \frac{1}{3!} (\mathfrak{e} ;)^3 \underset{\cdot}{3} \left[(\nabla' ;)^3 \frac{1}{r}\right]_{r_0} + \cdots \end{aligned}
$$

geschrieben werden kann. Wie schon auf den S. 224 bis 226 hervorgehoben wurde, entsprechen die einzelnen Glieder dieser Entwicklung den Beiträgen einer Punktdivergenz, eines Dipols, Quadrupols usf. zum Potentiale S.

e) Matrizenmechanik und Integralgleichungen

Es ist nicht uninteressant, sich in Kürze klarzumachen, daß Schrödingers Wellenmechanik und Heisenbergs Matrizenmechanik die Behandlung derselben mathematischen Aufgabe einmal durch eine partielle Differentialgleichung, ein zweites Mal durch eine Integralgleichung darstellen. Da es uns hier nur auf eine grundsätzliche Erkenntnis ankommt, können wir uns auf ein einzelnes Teilchen und, wo es zur Vereinfachung der Überlegungen vorteilhaft ist, auf die Abhängigkeit von nur einer Raumkoordinate beschränken.

Wir stellten fest, daß die Matrizengleichung (**26**, 390):

(1) $$\mathfrak{q}\,(x_1\ldots)_k\,.\,H\,.\,\mathfrak{e}_\iota = E_\iota\,u_\iota\,(x_1\ldots)$$

nach den Relationen (**6**, 386) bzw. mit (**9**, 387) und (**25**, 390) der zeitunabhängigen Schrödingerschen Differentialgleichung (**8**, 368):

(2) $$\Delta u_\iota + \frac{8\,\pi^2\,m}{h^2}\,(E_\iota - V)\,u_\iota = 0$$

unmittelbar entspricht. Die Gleichung (1) aber können wir folgendermaßen in eine Integralgleichung umschreiben. Wir bemerken zunächst, daß

(3) $$\int\limits_B d\tau\,\mathfrak{q}\,;\,\mathfrak{q}_k = I$$

die unendlich viel-dimensionale Identitätsdyade im Hilbertschen Raume ist. Handelt es sich um die Abhängigkeit von nur einer Raumkoordinate, so geht (3) in die spezielle Gestalt

(4) $$\int\limits_B dz\,\mathfrak{q}\,(z)\,;\,(\mathfrak{q}\,(z))_k = I$$

über. Wir schreiben nun (1) in der Form:

(5) $$\mathfrak{q}\,(x)_k\,.\,H\,.\,I\,.\,\mathfrak{e}_\iota = E_\iota\,u_\iota\,(x),$$

was nach (4) gleichbedeutend ist mit

(6) $$\int\limits_B dz\,\mathfrak{q}\,(x)_k\,.\,H\,.\,\mathfrak{q}\,(z)\;\;\mathfrak{q}\,(z)_k\,.\,\mathfrak{e}_\iota = E_\iota\,u_\iota\,(x)\,.$$

Nun ist

(7) $$\mathfrak{q}\,(x)_k\,.\,H\,.\,\mathfrak{q}\,(z) = K\,(x,z)$$

eine Funktion von x und z, die wir als Kern der Integralgleichung einführen wollen. Da gemäß (**6**, 386)

(8) $$\mathfrak{q}\,(z)_k\,.\,\mathfrak{e}_\iota = u_\iota\,(z)$$

wird, erhalten wir aus (6), (7) und (8) die homogene Integralgleichung:

(9) $$\int\limits_B dz\,K\,(x,z)\,u_\iota\,(z) = E_\iota\,u_\iota\,(x)\,.$$

Setzt man noch

(10) $$\lambda_\iota = \frac{1}{E_\iota},$$

so hat man die Integralgleichung in der üblichen Schreibweise. Die E_ι bestimmen sich als reziproke Eigenwerte der homogenen Integralgleichung (9).

Wie die Integralgleichungen, so erleichtert auch die Matrizenmechanik den Überblick im großen, hingegen gelingt die praktische Durchrechnung spezieller Aufgaben mittels der entsprechenden Differentialgleichungen bzw. im Rahmen der Wellenmechanik meist wesentlich bequemer.

f) Einiges über die Vektorrechnung der speziellen Relativitätstheorie

1. Allgemeine Definitionen; Lorentz-Transformation

Gewisse Tatsachen des Geschehens in relativ zueinander bewegten Körpern werden theoretisch gedeutet, indem man nicht mehr die räumlichen Vektoren, sondern in bestimmter Weise definierte Raum—Zeit-Vektoren, auch „Weltvektoren" genannt, innerhalb einer vierdimensionalen Mannigfaltigkeit als invariante Größen auffaßt. Die „Weltpunkte" dieser Mannigfaltigkeit bezeichnen einen Ort zu einer bestimmten Zeit. „Weltlinien" verknüpfen im allgemeinen Ortsänderungen mit Zeitänderungen und bestimmen dann auch Geschwindigkeiten, sei es von Massenpunkten, sei es von Strahlen. Mißt man die Vakuum-Lichtgeschwindigkeit c in irgendeinem „berechtigten" Bezugssysteme, so soll sich in Übereinstimmung mit der Erfahrung (Michelsonscher Versuch), unabhängig von dessen Bewegungszustande und von der Strahlrichtung stets derselbe universelle Wert $\left(3 \cdot 10^{10} \frac{\text{cm}}{\text{s}}\right)$ ergeben. Alle „berechtigten" Bezugssysteme dürfen relativ zueinander nur eine konstante Translationsgeschwindigkeit $\mathfrak{v}_0$ besitzen.

Beginnt eine punktförmige Lichtquelle im Ursprunge eines „berechtigten" Bezugssystems zur Zeit $t = 0$ zu strahlen, so muß also die Front der Vakuumwelle zu irgendeiner Zeit t auf der Kugelfläche:

$$x^2 + y^2 + z^2 = c^2 t^2$$

liegen. Für zwei berechtigte Bezugssysteme wird demnach

$$x^2 + y^2 + z^2 - c^2 t^2 = x'^2 + y'^2 + z'^2 - c^2 t'^2 \tag{1}$$

gelten müssen. Ziehen wir aus dem quadratischen Ausdruck gewissermaßen die „vektorische Wurzel", so gelangen wir zur Definition des vierdimensionalen „Ortsvektors", den wir, da es sich ja jetzt um einen Raum—Zeit-Vektor handelt, besser „Radius-Vektor" nennen werden[1]):

$$\underline{\mathfrak{r}} = x\,\mathfrak{i} + y\,\mathfrak{j} + z\,\mathfrak{k} + i\,c\,t\,\mathfrak{l} = x'\,\mathfrak{i}' + y'\,\mathfrak{j}' + z'\,\mathfrak{k}' + i\,c\,t'\,\mathfrak{l}', \tag{2}$$

worin $\mathfrak{i}, \mathfrak{j}, \mathfrak{k}, \mathfrak{l}$ bzw. $\mathfrak{i}', \mathfrak{j}', \mathfrak{k}', \mathfrak{l}'$ je ein System orthogonaler Einheitsvektoren bilden sollen. Die meisten Rechenregeln, insbesondere jene der Addition, der skalaren und der dyadischen Multiplikation von Vektoren und extensiven Gebilden höheren Ranges treffen, wovon man sich im einzelnen leicht überzeugt, und worauf im vorliegenden Buche immer wieder hingewiesen wurde, im Vierdimensionalen ebenso zu wie im Dreidimensionalen. Demgemäß folgt aus (2) unmittelbar (1).

$\underline{\mathfrak{r}}$ bedeutet aber keineswegs einen Bivektor im Sinne von (**3**, 15), es wird nicht durch 6, sondern durch 4 skalare Maßzahlen (deren eine imaginär ist) bestimmt, es ist ein „Vierervektor". In (2) sind also Realteil und Imaginärteil nicht je für sich einander gleich. Es scheint mir daher adäquater, die imaginäre Einheit durch die Definition:

$$i\,\mathfrak{l} \equiv \mathfrak{l}, \qquad i\,\mathfrak{l}' \equiv \mathfrak{l}' \tag{3}$$

in den Vektor der Zeitdimension hineinzuziehen und so ihr explizites Auftreten zu vermeiden. Natürlich folgt aus (3):

$$\mathfrak{l} \cdot \mathfrak{l} = -1, \qquad \mathfrak{l}' \cdot \mathfrak{l}' = -1. \tag{4}$$

Allgemein werden wir ein extensives Gebilde dann und nur dann einen Weltvektor nennen, wenn ihm in bezug auf berechtigte

[1]) Weltvektoren, -dyaden usf. wollen wir durch Unterstreichen kennzeichnen.

Bezugssysteme die Invarianzeigenschaft

$$(5)\qquad \underline{\mathfrak{a}} = a_1\,\mathfrak{i} + a_2\,\mathfrak{j} + a_3\,\mathfrak{k} + a_4\,\mathfrak{l} = a'_1\,\mathfrak{i}' + a'_2\,\mathfrak{j}' + a'_3\,\mathfrak{k}' + a'_4\,\mathfrak{l}'$$

zukommt. Durch dyadische Multiplikation gelangen wir von den Vierervektoren zu vierdimensionalen Dyaden, die im allgemeinen durch 16 Maßzahlen bestimmt werden. Die relativistische Invarianz der „Weltdyaden" können wir durch die Forderung ausdrücken:

$$(5')\qquad \underline{\Phi} = \sum_{\iota,\varkappa} a_{\iota\varkappa}\,\mathfrak{e}_\iota\,;\,\mathfrak{e}_\varkappa = \sum_{\alpha,\beta} a'_{\alpha\beta}\,\mathfrak{e}'_\alpha\,;\,\mathfrak{e}'_\beta,$$

worin die Indizes ι, $\varkappa$ bzw. α, β die Zahlen 1, 2, 3, 4 durchlaufen und $\mathfrak{e}_1, \mathfrak{e}_2, \mathfrak{e}_3, \mathfrak{e}_4$ bzw. $\mathfrak{e}'_1, \mathfrak{e}'_2, \mathfrak{e}'_3, \mathfrak{e}'_4$ der Reihe nach für $\mathfrak{i}, \mathfrak{j}, \mathfrak{k}, \mathfrak{l}$ bzw. $\mathfrak{i}', \mathfrak{j}', \mathfrak{k}', \mathfrak{l}'$ stehen. Die Identitätsdyade wird (mit Rücksicht auf (3)) lauten:

$$(6)\qquad \underline{I} = \mathfrak{i}\,;\,\mathfrak{i} + \mathfrak{j}\,;\,\mathfrak{j} + \mathfrak{k}\,;\,\mathfrak{k} - \mathfrak{l}\,;\,\mathfrak{l} = \mathfrak{i}'\,;\,\mathfrak{i}' + \mathfrak{j}'\,;\,\mathfrak{j}' + \mathfrak{k}'\,;\,\mathfrak{k}' - \mathfrak{l}'\,;\,\mathfrak{l}'.$$

Wir müssen uns nun für die Beziehungen zwischen den „Vierbeinen" $\mathfrak{i}, \mathfrak{j}, \mathfrak{k}, \mathfrak{l}$ und $\mathfrak{i}', \mathfrak{j}', \mathfrak{k}', \mathfrak{l}'$ interessieren. Um möglichst einfache Verhältnisse zu haben, wählen wir

$$(7)\qquad \mathfrak{j} = \mathfrak{j}', \qquad \mathfrak{k} = \mathfrak{k}',$$

lassen also die Relativbewegung der beiden Bezugssysteme senkrecht zur $\mathfrak{j}$, $\mathfrak{k}$- bzw. $\mathfrak{j}'$, $\mathfrak{k}'$-Ebene erfolgen. Das bedeutet jetzt nicht $\mathfrak{i}$ gleich $\mathfrak{i}'$, sondern nur das Zusammenfallen der $\mathfrak{i}$, $\mathfrak{l}$- mit der $\mathfrak{i}'$, $\mathfrak{l}'$-Ebene. Die zuletzt genannten 4 Vektoren stehen dann auf $\mathfrak{j}$ und $\mathfrak{k}$ bzw. $\mathfrak{j}'$ und $\mathfrak{k}'$ senkrecht, wovon wir Gebrauch machen werden.

Ruht das gestrichene System in einem gegenüber dem ungestrichenen mit $v_0\,\mathfrak{i}$ bewegten Körper, so bleiben die Ortskoordinaten der Punkte dieses Körpers im gestrichenen System konstant, während in bezug auf das ungestrichene System nur y und z konstant sind. Aus (2) und (3) folgt in diesem Falle

$$(8)\qquad (x_2 - x_1)\,\mathfrak{i} + c\,(t_2 - t_1)\,\mathfrak{l} = c\,(t'_2 - t'_1)\,\mathfrak{l}'$$

und weiter durch skalare Multiplikation mit $\mathfrak{i}'$

$$(9)\qquad \frac{v_0}{c} = \frac{x_2 - x_1}{c\,(t_2 - t_1)} = -\frac{\mathfrak{i}'\cdot\mathfrak{l}}{\mathfrak{i}'\cdot\mathfrak{i}}\,.$$

Betrachten wir einen Körper, der im ungestrichenen Systeme ruht, so wird er sich, da es nur eine Relativgeschwindigkeit gibt, vom gestrichenen aus beurteilt mit $-v_0\,\mathfrak{i}'$ bewegen und es folgt analog

$$(9') \qquad -\frac{v_0}{c} = \frac{x_2' - x_1'}{c\,(t_2' - t_1')} = -\frac{\mathfrak{i}\,.\,\mathfrak{l}'}{\mathfrak{i}\,.\,\mathfrak{i}'}\,.$$

Wählen wir die gegenseitige Orientierung von $\mathfrak{i}$ und $\mathfrak{i}'$ so, daß $\mathfrak{i}\,.\,\mathfrak{i}'$ positiv wird, dann erhalten wir aus

$$(10) \qquad \begin{array}{l} \mathfrak{i}' = \mathfrak{i}'\,.\,\underline{I} = \mathfrak{i}'\,.\,\mathfrak{i}\;\mathfrak{i} - \mathfrak{i}'\,.\,\mathfrak{l}\;\mathfrak{l} \\ 1 = (\mathfrak{i}'\,.\,\mathfrak{i})^2 - (\mathfrak{i}'\,.\,\mathfrak{l})^2, \qquad 0 = \mathfrak{i}'\,.\,\mathfrak{i}\;\mathfrak{i}\,.\,\mathfrak{l}' - \mathfrak{i}'\,.\,\mathfrak{l}\;\mathfrak{l}\,.\,\mathfrak{l}' \end{array}$$

mit (9) bzw. (9') der Reihe nach die Relationen[1]:

$$(11) \qquad \begin{array}{ll} \mathfrak{i}'\,.\,\mathfrak{i} = \dfrac{1}{\sqrt{1-\left(\frac{v_0}{c}\right)^2}} = k, & \mathfrak{i}'\,.\,\mathfrak{l} = -k\,\dfrac{v_0}{c}, \\ \mathfrak{i}\,.\,\mathfrak{l}' = k\,\dfrac{v_0}{c}, & \mathfrak{l}\,.\,\mathfrak{l}' = -k. \end{array}$$

Mit (3) und (11) berechnet man aus (2):

$$(12) \qquad \begin{array}{ll} x' = k\,(x - v_0\,t)\,, & t' = k\left(t - \dfrac{v_0}{c^2}\,x\right), \\ x = k\,(x' + v_0\,t')\,, & t = k\left(t' + \dfrac{v_0}{c^2}\,x'\right). \end{array}$$

Die linken Formeln unterscheiden sich von den für relativ bewegte Systeme geltenden klassischen ersichtlich nur durch den Faktor k, er bedingt die „Lorentz-Kontraktion" bewegter Körper. Vom ruhenden System aus, $t =$ konst., gemessen, wird die Länge des bewegten Körpers (Maßstabes)

$$(13) \qquad l = x_2 - x_1 = (x_2' - x_1')\sqrt{1 - \frac{v_0^2}{c^2}} = l_0\sqrt{1 - \frac{v_0^2}{c^2}}\,,$$

---

[1]) Die Relation:

$$(\mathfrak{i}'\,.\,\mathfrak{l})^2 = (\mathfrak{i}\,.\,\mathfrak{l}')^2$$

folgt auch ohne die Gleichung (9'), indem man (10) durch

$$\begin{array}{l} \mathfrak{i} = \mathfrak{i}\,.\,\underline{I} = \mathfrak{i}\,.\,\mathfrak{i}'\,\mathfrak{i}' - \mathfrak{i}\,.\,\mathfrak{l}'\,\mathfrak{l}' \\ 1 = (\mathfrak{i}\,.\,\mathfrak{i}')^2 - (\mathfrak{i}\,.\,\mathfrak{l}')^2 \end{array}$$

ergänzt.

worin l_0 seine „Ruhlänge", also jene Länge bezeichnet, die eine in seinem mitbewegten Bezugssysteme durchgeführte Messung ergibt. Die rechts stehenden Gleichungen bedingen eine, der klassischen Physik überhaupt fremde, Zeittransformation, die sowohl die richtige Einstellung, wie den Gang relativ bewegter Uhren (zur Zeitmessung verwandter periodischer Vorgänge) betrifft. Eigenzeit τ heißt das von relativ ruhenden Uhren, $x' =$ konst., gemessene Zeitintervall. Wir erhalten:

$$t'_2 - t'_1 = \tau = (t_2 - t_1)\sqrt{1 - \frac{v_0^2}{c^2}}\,. \tag{14}$$

Die an den ruhenden Uhren vorbeibewegte Uhr zeigt τ, während an den ruhenden Uhren selbst $t_2 - t_1$ abgelesen wird, die bewegte Uhr geht demnach langsamer als die ruhende. Daß auch zwei für verschiedene Punkte im ruhenden System, $x_2 \neq x_1$ gleichzeitige Ereignisse $t_2 = t_1$ im bewegten System nicht gleichzeitig erfolgen $t'_2 \neq t'_1$, und umgekehrt, liest man aus (12) unmittelbar ab.

Als weitere interessante Folgerung ergibt sich aus (12) das Additionsgesetz der Geschwindigkeiten. Bewegt sich ein Körper gegen das gestrichene System, mit $\mathfrak{v}'$, so erhalten wir für seine gegen das ungestrichene System gemessenen Geschwindigkeitskomponenten[1]):

$$\begin{aligned}
\mathfrak{v}_x &= \frac{x_2 - x_1}{t_2 - t_1} = \frac{x'_2 - x'_1 + v_0\,(t'_2 - t'_1)}{t'_2 - t'_1 + \frac{v_0}{c^2}\,(x'_2 - x'_1)} = \frac{\mathfrak{v}'_x + v_0}{1 + \frac{v_0\,\mathfrak{v}'_x}{c^2}}\\
\mathfrak{v}_y &= \frac{y_2 - y_1}{t_2 - t_1} = \frac{y'_2 - y'_1}{t'_2 - t'_1}\,\frac{t'_2 - t'_1}{t_2 - t_1} = \mathfrak{v}'_y\,\frac{\sqrt{1 - \frac{v_0^2}{c^2}}}{1 + \frac{v_0\,\mathfrak{v}'_x}{c^2}}\\
\mathfrak{v}_z &= \frac{z_2 - z_1}{t_2 - t_1} = \frac{z'_2 - z'_1}{t'_2 - t'_1}\,\frac{t'_2 - t'_1}{t_2 - t_1} = \mathfrak{v}'_z\,\frac{\sqrt{1 - \frac{v_0^2}{c^2}}}{1 + \frac{v_0\,\mathfrak{v}'_x}{c^2}}
\end{aligned} \tag{15}$$

[1]) Hier und im Folgenden sollen deutsche Buchstaben mit den Indizes x, y, z, also hier $\mathfrak{v}_x$, $\mathfrak{v}_y$, $\mathfrak{v}_z$ bzw. $\mathfrak{v}'_x$, $\mathfrak{v}'_y$, $\mathfrak{v}'_z$, abweichend von unserer sonst allgemein festgehaltenen Vereinbarung, nicht selbst wieder Vektoren, sondern, in üblicher Weise, die skalaren Komponenten der betreffenden Vektoren, hier von $\mathfrak{v}$ bzw. $\mathfrak{v}'$ bezeichnen.

Nun findet man $\frac{\partial \sqrt{\mathfrak{v}_x^2 + \mathfrak{v}_y^2 + \mathfrak{v}_z^2}}{\partial \mathfrak{v}_x'}$ bei konstanten Unterlichtgeschwindigkeiten $\mathfrak{v}'^2$ und v_0^2 größer gleich Null. Der Betrag von $\mathfrak{v}$ wird also bei gegebenem v' und v_0 am größten ausfallen, wenn $\mathfrak{v}'$ nur eine x-Komponente hat. Wieder berechnet man leicht, daß $\mathfrak{v}_x$ bei konstantem v_0 mit $\mathfrak{v}_x'$, bei konstantem $\mathfrak{v}_x'$ mit v_0 wächst. Wird aber $\mathfrak{v}_x'$ oder v_0 gleich c, so erhält man auch $\mathfrak{v}_x$ gleich c. Der grundlegenden Voraussetzung der Relativitätstheorie, daß c die unüberschreitbare Höchstgeschwindigkeit darstelle, entsprechend, ergibt sich tatsächlich als Summe zweier Geschwindigkeiten, deren eine oder beide selbst schon gleich c sind, wieder nur c. Die Summe zweier Unterlichtgeschwindigkeiten aber muß nach obigen Überlegungen stets zu einem Werte $\mathfrak{v}_x < c$, also zu einer Unterlichtgeschwindigkeit führen.

Die durch (12) charakterisierte Transformation heißt eine „spezielle Lorentz-Transformation". Zur allgemeinen Transformation gelangen wir, wenn wir den räumlichen Dreibeinen der beiden relativ zueinander bewegten Systeme noch je eine beliebige Drehung um den Ursprung erteilen. Man setzt dann im ungestrichenen bzw. gestrichenen System

(16) $\quad \bar{\mathfrak{i}} = \bar{\alpha}_{11}\,\mathfrak{i} + \bar{\alpha}_{12}\,\mathfrak{j} + \bar{\alpha}_{13}\,\mathfrak{k}, \qquad \mathfrak{i}'' = \alpha_{11}\,\mathfrak{i}' + \alpha_{12}\,\mathfrak{j}' + \alpha_{13}\,\mathfrak{k}'$ usf.,

worin die $\bar{\alpha}_{ik}$ bzw. α_{ik} gegebene Richtungskosinusse bedeuten und führt so die skalaren Produkte der neuen Einheitsvektoren auf die Relationen (11) zurück. Neben der Relativgeschwindigkeit zweier Bezugssysteme etwa noch eine beiden gemeinsame Geschwindigkeitskomponente anzunehmen, wäre sinnlos, da sie ja erst in bezug auf ein drittes Bezugssystem, als Relativgeschwindigkeit gegenüber diesem, nachgewiesen werden könnte.

Während in der gewöhnlichen Vektorrechnung stets $\mathfrak{a}\,.\,\mathfrak{a} > 0$ gilt, trifft dies bei Weltvektoren nicht mehr zu. Man nennt einen Weltvektor „zeitartig" oder „raumartig", je nachdem $\underline{\mathfrak{a}}\,.\,\underline{\mathfrak{a}}$ negativ oder positiv ausfällt. Dazwischen liegt der singuläre Fall

(17) $$\underline{\mathfrak{a}}\,.\,\underline{\mathfrak{a}} = \underbrace{(a_1^2 + a_2^2 + a_3^2)}_{\mathfrak{a}^2} - a_4^2 = 0\,.$$

Denken wir uns eine $\mathfrak{a}$-Raum-Achse als x-Achse und eine a_4-Zeit-Achse als ct-Achse, wie in Fig. 4 gezeichnet, so verlaufen die durch 0 gehenden Weltlinien der singulären Weltvektoren, zu denen jene der Vakuumlichtstrahlen gehören, nach (17) unter 45° gegen die beiden Koordinatenachsen. Zeitartige bzw. raumartige Weltvektoren haben Weltlinien näher an der ct- bzw. näher an der x-Achse. Da c die Höchstgeschwindigkeit ist, kann die Weltlinie eines bewegten Massenpunktes ersichtlich nur eine zeitartige Weltlinie sein, deren Tangente, hier vermöge

$$\tan\psi = \frac{1}{c}\,\frac{dx}{dt} = \frac{v}{c}$$

die relativ zu dem betreffenden Bezugssysteme gemessene Geschwindigkeit bestimmt. Im allgemeinen würden wir natürlich eine vierdimensionale Darstellung brauchen. Die relativistisch invariante, das heißt von der Wahl eines speziellen Bezugssystems unabhängige Tangente an eine zeitartige Weltlinie [Vorzeichen des Linienelementes $(ds)^2$] wird durch den Einheits-Weltvektor $\underline{\mathfrak{t}}$ vermöge:

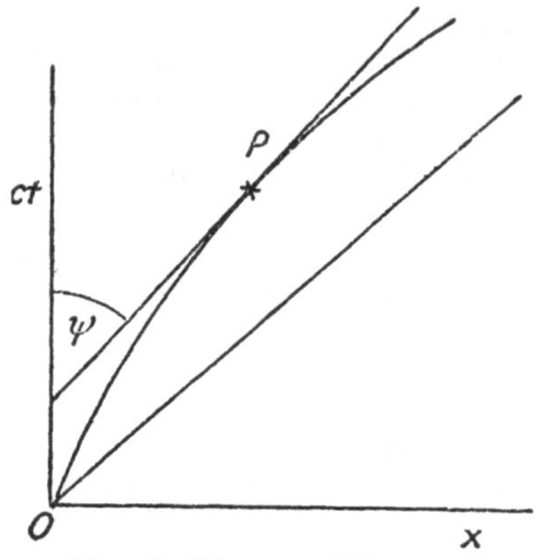

Fig. 4. Ein x, ct-Diagramm

$$(18)\qquad \frac{1}{i}\,\underline{\mathfrak{t}} = \frac{d\underline{\mathfrak{r}}}{ds} = \frac{d\mathfrak{r} + c\,dt\,\mathfrak{l}}{i\sqrt{c^2\,dt^2 - (d\mathfrak{r})^2}} = \frac{1}{i}\,\frac{\frac{\mathfrak{v}}{c} + \mathfrak{l}}{\sqrt{1 - \frac{\mathfrak{v}^2}{c^2}}}$$

gegeben. Bilden wir noch, indem wir von der Abkürzung

$$\sqrt{1 - \frac{\mathfrak{v}^2}{c^2}} = \frac{1}{k}$$

Gebrauch machen, den ebenfalls relativistisch invarianten Ausdruck:

$$(19)\qquad i\,\frac{d\underline{\mathfrak{t}}}{ds} = \frac{k}{c^2}\,\frac{d(k\,\mathfrak{v})}{dt} + \frac{k}{c}\,\frac{dk}{dt}\,\mathfrak{l},$$

so erkennen wir, daß er mit der Beschleunigung zusammenhängt, worauf wir zurückkommen werden.

2. Kreuzprodukt und duale Dyade; Vierdimensionale Derivationen

Wir sprachen bisher nicht vom Kreuz-Produkt. Tatsächlich kann diese Multiplikation, wie schon auf S. 27 des Buches betont wurde, nicht ohne weiteres in das vierdimensionale Gebiet übertragen werden, da die antisymmetrische Dyade $\underline{\Phi_a}$ im Vierdimensionalen nicht durch 4, sondern durch 6 Maßzahlen gegeben ist[1]).

Man erhält explizit:

$$\begin{aligned}\underline{\Phi_a} &= a_{12}(\mathfrak{i}\,;\mathfrak{j}-\mathfrak{j}\,;\mathfrak{i}) + a_{23}(\mathfrak{j}\,;\mathfrak{k}-\mathfrak{k}\,;\mathfrak{j}) + a_{31}(\mathfrak{k}\,;\mathfrak{i}-\mathfrak{i}\,;\mathfrak{k}) \\ &\quad + a_{14}(\mathfrak{i}\,;\mathfrak{l}-\mathfrak{l}\,;\mathfrak{i}) + a_{24}(\mathfrak{j}\,;\mathfrak{l}-\mathfrak{l}\,;\mathfrak{j}) + a_{34}(\mathfrak{k}\,;\mathfrak{l}-\mathfrak{l}\,;\mathfrak{k}).\end{aligned} \tag{20}$$

Insbesondere können wir eine spezielle antisymmetrische Weltdyade aus zwei Weltvektoren aufbauen:

$$\underline{\Phi_a} = \underline{\mathfrak{a}}\,;\underline{\mathfrak{b}} - \underline{\mathfrak{b}}\,;\underline{\mathfrak{a}}. \tag{21}$$

Wie das Vektorprodukt im Dreidimensionalen wechselt $\underline{\Phi_a}$ das Vorzeichen bei Vertauschung von $\underline{\mathfrak{a}}$ und $\underline{\mathfrak{b}}$ und verschwindet für $\underline{\mathfrak{a}} = \underline{\mathfrak{b}}$. Hingegen verschwindet $\underline{\Phi_a} \cdot \underline{\mathfrak{a}}$ oder $\underline{\Phi_a} \cdot \underline{\mathfrak{b}}$ nicht, wie es für das skalare Tripelprodukt im Dreidimensionalen zutrifft. Wir müssen, wenn diese wichtige Eigenschaft des Tripelproduktes erhalten bleiben soll, von $\underline{\Phi_a}$ zu seiner „dualen" Dyade" $(\underline{\Phi_a})_d$ übergehen. Definieren wir die Tetrade $\underline{\mathring{T}}$ durch:

$$\begin{aligned}2\underline{\mathring{T}} &= (\mathfrak{i}\,;\mathfrak{j}-\mathfrak{j}\,;\mathfrak{i})\,;(\mathfrak{k}\,;\mathfrak{l}-\mathfrak{l}\,;\mathfrak{k}) + (\mathfrak{j}\,;\mathfrak{k}-\mathfrak{k}\,;\mathfrak{j})\,;(\mathfrak{i}\,;\mathfrak{l}-\mathfrak{l}\,;\mathfrak{i}) \\ &\quad + (\mathfrak{k}\,;\mathfrak{i}-\mathfrak{i}\,;\mathfrak{k})\,;(\mathfrak{j}\,;\mathfrak{l}-\mathfrak{l}\,;\mathfrak{j}) + (\mathfrak{i}\,;\mathfrak{l}-\mathfrak{l}\,;\mathfrak{i})\,;(\mathfrak{j}\,;\mathfrak{k}-\mathfrak{k}\,;\mathfrak{j}) \\ &\quad + (\mathfrak{j}\,;\mathfrak{l}-\mathfrak{l}\,;\mathfrak{j})\,;(\mathfrak{k}\,;\mathfrak{i}-\mathfrak{i}\,;\mathfrak{k}) + (\mathfrak{k}\,;\mathfrak{l}-\mathfrak{l}\,;\mathfrak{k})\,;(\mathfrak{i}\,;\mathfrak{j}-\mathfrak{j}\,;\mathfrak{i}),\end{aligned} \tag{22}$$

wofür, wie man leicht nachrechnet, geschrieben werden kann

$$\underline{\mathring{T}} = \tfrac{1}{2}\sum (\pm)\, e_\iota\,; e_\varkappa\,; e_\lambda\,; e_\mu, \tag{23}$$

---

[1]) M. v. Laue bezeichnet solch ein durch 6 Maßzahlen bestimmtes extensives Gebilde als „Sechser-Vektor".

worin $\mathfrak{e}_1, \mathfrak{e}_2, \mathfrak{e}_3, \mathfrak{e}_4$ wieder der Reihe nach für $\mathfrak{i}, \mathfrak{j}, \mathfrak{k}, \mathfrak{l}$ stehen und die Summe sich auf alle Permutationen der voneinander verschiedenen Indizes $\iota, \varkappa, \lambda, \mu$ bezieht. Es ist das positive oder das negative Vorzeichen zu wählen, je nachdem das betreffende $\iota, \varkappa, \lambda, \mu$ aus 1, 2, 3, 4 durch eine gerade oder eine ungerade Anzahl von Vertauschungen hervorgeht.

Unter Beachtung der Symmetrie von (22) soll die ,,Duale'' einer beliebigen antisymmetrischen Weltdyade durch:

$$(\underline{\Phi_a})_d \equiv \underline{\Phi_a} : \underline{\mathring{T}} = \underline{\mathring{T}} : \underline{\Phi_a} \tag{24}$$

gegeben sein. Aus (20), (22), (24) erhält man unmittelbar:

$$\begin{aligned}(\underline{\Phi_a})_d = &- a_{34}(\mathfrak{i}\,;\mathfrak{j}-\mathfrak{j}\,;\mathfrak{i}) - a_{14}(\mathfrak{j}\,;\mathfrak{k}-\mathfrak{k}\,;\mathfrak{j}) - a_{24}(\mathfrak{k}\,;\mathfrak{i}-\mathfrak{i}\,;\mathfrak{k})\\ &+ a_{23}(\mathfrak{i}\,;\mathfrak{l}-\mathfrak{l}\,;\mathfrak{i}) + a_{31}(\mathfrak{j}\,;\mathfrak{l}-\mathfrak{l}\,;\mathfrak{j}) + a_{12}(\mathfrak{k}\,;\mathfrak{l}-\mathfrak{l}\,;\mathfrak{k}).\end{aligned} \tag{25}$$

Die in diesem Zusammenhange entscheidende Eigenschaft von $\underline{\mathring{T}}$ ist, daß jedes der Summengliedei in (23) bei Vertauschung irgend zweier Indizes sein Vorzeichen wechselt. Die Folge dieser Eigenschaft ist, wie man unmittelbar einsieht, daß jedes Doppelpunktprodukt einer Dyade $\underline{\mathfrak{c}}\,;\underline{\mathfrak{c}}$, worin $\underline{\mathfrak{c}}$ einen beliebigen Weltvektor bedeutet, mit $\underline{\mathring{T}}$ gleich Null wird, Also, indem wir $\underline{\mathfrak{c}}\,;\underline{\mathfrak{c}} = \Psi_{\nu\nu}$ setzen und die Vektorfaktoren in den tetradischen Produkten durch Indizes $\underline{\mathring{T}}_{\iota\varkappa\lambda\mu}$ charakterisieren, treffen in der Schreibweise der Formeln auf S. 80 folgende Relationen zu:

$$\begin{aligned}(\underline{\mathring{T}}\,\underline{\Psi})_{\iota\varkappa\lambda\,.\,\nu\mu\,.\,\nu} &= (\underline{\mathring{T}}\,\underline{\Psi})_{\iota\lambda\varkappa\,.\,\nu\mu\,.\,\nu} = (\underline{T}\,\underline{\mathring{\Psi}})_{\iota\mu\varkappa\,.\,\nu\lambda\,.\,\nu}\\ &= (\underline{\mathring{T}}\,\underline{\Psi})_{\varkappa\lambda\iota\,.\,\nu\mu\,.\,\nu} = (\underline{\mathring{T}}\,\underline{\Psi})_{\varkappa\mu\iota\,.\,\nu\lambda\,.\,\nu}\\ &= (\underline{\mathring{T}}\,\underline{\Psi})_{\lambda\mu\iota\,.\,\nu\varkappa\,.\,\nu} = 0.\end{aligned} \tag{26}$$

Wir benützen diese Ergebnisse zunächst zum Beweise dafür, daß $\underline{\mathring{T}}$ in jedem beliebigen orthogonalen Bezugssystem, z. B. für das Vierbein $\mathfrak{e}_1', \mathfrak{e}_2', \mathfrak{e}_3', \mathfrak{e}_4'$, dieselbe explizite Gestalt

$$\underline{\mathring{T}} = \tfrac{1}{2} \Sigma\,(\pm)\, \mathfrak{e}_\alpha'\,; \mathfrak{e}_\beta'\,; \mathfrak{e}_\gamma'\,; \mathfrak{e}_\delta' \tag{27}$$

behält. Bilden wir nämlich mit irgend zweien dieser Vektoren die Dyade

$$\mathfrak{e}_\alpha'\,; \mathfrak{e}_\beta' : \underline{\mathring{T}} = \underline{\varphi_{\alpha\beta}}, \tag{28}$$

so wird $\underline{\varphi_{\alpha\beta}}$ erstens wegen der allgemeinen Gestalt von (22) antisymmetrisch sein, und sie darf zweitens infolge der Beziehungen (26) kein Glied mit e'_α oder e'_β enthalten. Es muß ja

$$(29)\quad e'_\alpha ; e'_\beta : \underline{\mathring{T}} \,.\, e'_\alpha = \underline{\varphi_{\alpha\beta}} \,.\, e'_\alpha = 0, \qquad e'_\alpha ; e'_\beta : \underline{\mathring{T}} \,.\, e'_\beta = \underline{\varphi_{\alpha\beta}} \,.\, e'_\beta = 0$$

werden und dasselbe Resultat muß sich ergeben, wenn wir $\underline{\varphi_{\alpha\beta}}$ von vorne mit e'_α oder e'_β multiplizieren. Demnach wird

$$(30)\qquad e'_\alpha ; e'_\beta : \underline{\mathring{T}} = s\,(e'_\gamma ; e'_\delta - e'_\delta ; e'_\gamma)\,.$$

Zur bequemen Berechnung des Zahlenfaktors s wollen wir uns vorerst von der durch (4) bedingten Komplikation befreien. Da nach (23) jedes Glied von $\underline{\mathring{T}}$ den Faktor $e_4 = i\,\overline{e_4}$ enthält, können wir $\underline{\mathring{T}} \equiv i\,\overline{\underline{\mathring{T}}}$ setzen. Je nachdem, ob unter γ, δ der Index 4 vorkommt oder nicht vorkommt, wird $e'_4 = i\,\overline{e'_4}$ in (30) rechts oder links stehen und demnach in (30′) das obere oder untere Vorzeichen zutreffen:

$$(30')\qquad \pm\, \overline{e'_\alpha} ; \overline{e'_\beta} : \overline{\underline{\mathring{T}}} = s\,(\overline{e'_\gamma} ; \overline{e'_\delta} - \overline{e'_\delta} ; \overline{e'_\gamma})\,,$$

worin für die drei ersten Indizes einfach $e_\iota = \overline{e_\iota}$ und $e'_\alpha = \overline{e'_\alpha}$ gesetzt wurde.

Aus (30′) bilden wir nun mit (23):

$$(31)\qquad \begin{aligned} &\pm\, \overline{e'_\alpha} ; \overline{e'_\beta} : \overline{\underline{\mathring{T}}} : \overline{e'_\gamma} ; \overline{e'_\delta} \\ &= \pm \tfrac{1}{2} \sum_{\iota\varkappa\lambda\mu} (\pm)\, \overline{e_\iota} \,.\, \overline{e'_\alpha}\; \overline{e_\varkappa} \,.\, \overline{e'_\beta}\; \overline{e_\lambda} \,.\, \overline{e'_\gamma}\; \overline{e_\mu} \,.\, \overline{e'_\delta} = s\,, \end{aligned}$$

worin die überstrichenen Vektoren durchwegs reell sind. Da es sich um Orthogonalsysteme handelt, ist $\overline{e_\iota} = \overline{e_\iota^*}$, $\overline{e'_\alpha} = \overline{e'^*_\alpha}$ und, wenn wir gemäß (2, 10) oder (6, 11)

$$(32)\qquad \overline{e_\iota} \,.\, \overline{e'_\alpha} = c_{\iota\alpha}$$

setzen, $c_{\iota\alpha} = c^*_{\iota\alpha}$. Im Mittelteile der Gleichung (31) steht ersichtlich, bis auf den Faktor $\pm\,\frac{1}{2}$, die Determinante $|c_{\iota\alpha}|$. Für sie aber erhält man durch leichte Erweiterung der Rechnungen auf S. 11 und 12 ins Vierdimensionale wieder

$$(33)\qquad |c_{\iota\alpha}| = \pm\, 1\,.$$

Für $\overline{\mathfrak{e}'_\alpha} = \overline{\mathfrak{e}_\iota}$ usf. gilt in (33) vermöge (31) ersichtlich das Vorzeichen des betreffenden tetradischen Produktes in $\overline{\underline{\mathring{T}}}$, also $+1$ für $\iota, \varkappa, \lambda, \mu$ gleich 1, 2, 3, 4 oder eine andere „positive Indexfolge", also eine „positive Permutation" dieser Indizes. Dasselbe Vorzeichen der Determinante bleibt für „positive Indexfolgen" $\alpha, \beta, \gamma, \delta$ erhalten, wenn das Achsensystem der $\overline{\mathfrak{e}'_\alpha}$ stetig aus der Lage der $\overline{\mathfrak{e}_\iota}$ herausgedreht wird. Bei stetiger Veränderung der $c_{\iota\alpha}$ kann sich ja der Wert von $|c_{\iota\alpha}|$ auch nicht sprungweise ändern und muß demnach in (33) überhaupt unverändert bleiben. Da wir mit solchen Achsensystemen arbeiten wollen, folgt aus (31) für „positive Indexfolgen":

(34) $$s = \pm \tfrac{1}{2},$$

und mit (30'):

(30'') $$\overline{\mathfrak{e}'_\alpha} \,;\, \overline{\mathfrak{e}'_\beta} : \overline{\underline{\mathring{T}}} = \tfrac{1}{2} (\overline{\mathfrak{e}'_\gamma} \,;\, \overline{\mathfrak{e}'_\delta} - \overline{\mathfrak{e}'_\delta} \,;\, \overline{\mathfrak{e}'_\gamma}).$$

Wir können und wollen γ, δ stets so wählen, daß $\alpha, \beta, \gamma, \delta$ eine „positive Indexfolge" bilden. Indem wir (30'') für alle Kombinationen α, β ansetzen, bestimmen wir $\overline{\underline{\mathring{T}}}$ vollständig. Man braucht ja nur (30'') beiderseits mit $\overline{\mathfrak{e}'_\alpha} \,;\, \overline{\mathfrak{e}'_\beta}$ dyadisch zu multiplizieren und dann über alle Kombinationen zu summieren, um als Faktor von $\overline{\underline{\mathring{T}}}$ die (1, 87) entsprechende Identitätstetrade zu erhalten.

Durch Multiplikation mit i gehen wir wieder von $\overline{\mathfrak{e}'_4}$ zu $\mathfrak{e}'_4$, von $\overline{\underline{\mathring{T}}}$ zu $\underline{\mathring{T}}$ über und erhalten für unsere Tetrade vorerst den (22) entsprechenden Ausdruck mit $\mathfrak{e}'_1, \mathfrak{e}'_2, \mathfrak{e}'_3, \mathfrak{e}'_4$ an Stelle von $\mathfrak{i}, \mathfrak{j}, \mathfrak{k}, \mathfrak{l}$ und aus ihm schließlich (27), womit der Beweis geschlossen ist.

Bedeutungsvoll ist aber auch die Relation (30) selbst, aus der man mit (34) sofort erhält:

(35) $$\begin{aligned} [A\,(\mathfrak{e}'_\alpha \,;\, \mathfrak{e}'_\beta - \mathfrak{e}'_\beta \,;\, \mathfrak{e}'_\alpha)]_d &= A\,(\mathfrak{e}'_\alpha \,;\, \mathfrak{e}'_\beta - \mathfrak{e}'_\beta \,;\, \mathfrak{e}'_\alpha) : \underline{\mathring{T}} \\ &= \pm A\,(\mathfrak{e}'_\gamma \,;\, \mathfrak{e}'_\delta - \mathfrak{e}'_\delta \,;\, \mathfrak{e}'_\gamma), \end{aligned}$$

worin A einen Zahlenfaktor bedeutet und $\alpha, \beta, \gamma, \delta$ wieder eine „positive Indexfolge" ist. Auf die soeben angeschriebene Gestalt kann jede antisymmetrische Weltdyade der speziellen Form (21) gebracht werden. Wir brauchen ja nur in der $\underline{\mathfrak{a}}, \underline{\mathfrak{b}}$-Ebene ein

Achsenkreuz $\mathfrak{e}'_\alpha, \mathfrak{e}'_\beta$ zu wählen, dann folgt aus

$$(36)\qquad \underline{\mathfrak{a}} = a'_\alpha\, \mathfrak{e}'_\alpha + a'_\beta\, \mathfrak{e}'_\beta, \qquad \underline{\mathfrak{b}} = b'_\alpha\, \mathfrak{e}'_\alpha + b'_\beta\, \mathfrak{e}'_\beta, \quad A = a'_\alpha\, b'_\beta - b'_\alpha\, a'_\beta$$

tatsächlich:

$$(37)\qquad \underline{\Phi_a} = \underline{\mathfrak{a}}\,;\underline{\mathfrak{b}} - \underline{\mathfrak{b}}\,;\underline{\mathfrak{a}} = A\,(\mathfrak{e}'_\alpha\,;\mathfrak{e}'_\beta - \mathfrak{e}'_\beta\,;\mathfrak{e}'_\alpha).$$

Die beiden Vorzeichen in (35), das obere, falls unter α, β der Index 4 nicht, das untere, wenn er unter ihnen vorkommt, sind durch das Verhalten der Zeitachse (4) und nicht durch die Vierdimensionalität bedingt.

Aus (35) erkennen wir demnach: Die Bildung der „Dualen" zur antisymmetrischen Weltdyade der Form (37) bedeutet lediglich die Verdrehung des gegebenen $\underline{\Phi_a}$ aus der Ebene $\underline{\mathfrak{a}}$, $\underline{\mathfrak{b}}$ also $\mathfrak{e}'_\alpha, \mathfrak{e}'_\beta$ in die darauf senkrechte Ebene $\mathfrak{e}'_\gamma, \mathfrak{e}'_\delta$ derart, daß $\alpha, \beta, \gamma, \delta$ einer „positiven Indexfolge" entsprechen. Das steht aber in genauer Analogie zu den Verhältnissen beim Kreuz-Produkt im Dreidimensionalen. Wie dort der dem Kreuzprodukte $\mathfrak{a} \times \mathfrak{b}$ entsprechende Vektor in bezug auf ein in der $\mathfrak{a}, \mathfrak{b}$-Ebene liegendes Achsenkreuz, etwa $\mathfrak{i}, \mathfrak{j}$, den Betrag $\mathfrak{a}_x \mathfrak{b}_y - \mathfrak{a}_y \mathfrak{b}_x$ hatte und auf der $\mathfrak{i}, \mathfrak{j}$-Ebene im Sinne einer „positiven Indexfolge" $\mathfrak{i}, \mathfrak{j}, \mathfrak{k}$ senkrecht stand, so steht im Vierdimensionalen die zu $\underline{\mathfrak{a}}; \underline{\mathfrak{b}} - \underline{\mathfrak{b}}; \underline{\mathfrak{a}}$ duale Dyade auf der Ebene $\underline{\mathfrak{a}}$, $\underline{\mathfrak{b}}$ im Sinne einer, bis auf den durch (4) bedingten Vorzeichenwechsel, „positiven Indexfolge" senkrecht und hat den analog zu berechnenden Betrag A. Es erscheint demnach voll berechtigt, die Bezeichnung:

$$(38)\qquad \underline{\mathfrak{a}} \times \underline{\mathfrak{b}} \equiv (\underline{\mathfrak{a}}\,;\underline{\mathfrak{b}} - \underline{\mathfrak{b}}\,;\underline{\mathfrak{a}})_d$$

einzuführen[1]). Rechnen wir mit (21) die Maßzahlen in (20) explizit aus, gehen dann von (20) zu (25) über und fassen in beiden Formeln die Raumgrößen in dreidimensionale Vektoren $\mathfrak{a}$ und $\mathfrak{b}$ zusammen, so folgt, wenn wir noch für die Raumgrößen gemäß (8, 36)

$$(39)\qquad \mathfrak{i}\,;\mathfrak{j} - \mathfrak{j}\,;\mathfrak{i} = -I \times \mathfrak{k}, \quad \mathfrak{j}\,;\mathfrak{k} - \mathfrak{k}\,;\mathfrak{j} = -I \times \mathfrak{i}, \quad \mathfrak{k}\,;\mathfrak{i} - \mathfrak{i}\,;\mathfrak{k} = -I \times \mathfrak{j}$$

[1]) Jedenfalls ist diese Definition der gelegentlich benützten (siehe z. B. G. Joos, Lehrbuch der Theoretischen Physik, 4. Aufl., S. 223) $\underline{\mathfrak{a}} \times \underline{\mathfrak{b}} = \underline{\mathfrak{a}}\,;\underline{\mathfrak{b}} - \underline{\mathfrak{b}}\,;\underline{\mathfrak{a}}$ entschieden vorzuziehen.

schreiben:

$$(40)\quad \underline{\mathfrak{a}}\,;\underline{\mathfrak{b}}-\underline{\mathfrak{b}}\,;\underline{\mathfrak{a}} = -I\times(\mathfrak{a}\times\mathfrak{b}) + (b_4\,\mathfrak{a}-a_4\,\mathfrak{b})\,;\mathfrak{l}-\mathfrak{l}\,;(b_4\,\mathfrak{a}-a_4\,\mathfrak{b}),$$

$$(41)\quad \underline{\mathfrak{a}}\times\underline{\mathfrak{b}} = I\times(b_4\,\mathfrak{a}-a_4\,\mathfrak{b}) + (\mathfrak{a}\times\mathfrak{b})\,;\mathfrak{l}-\mathfrak{l}\,;(\mathfrak{a}\times\mathfrak{b}).$$

Man beachte, daß das skalare Produkt von $\mathfrak{l}$ mit jedem Raumvektor und demgemäß auch $\mathfrak{l}\,.\,I = 0$ ist, und überzeuge sich, daß tatsächlich:

$$(42)\quad \begin{array}{ll} \underline{\mathfrak{a}}\,.\,(\underline{\mathfrak{a}}\times\underline{\mathfrak{b}}) \equiv 0, & \underline{\mathfrak{b}}\,.\,(\underline{\mathfrak{a}}\times\underline{\mathfrak{b}}) \equiv 0,\\ (\underline{\mathfrak{a}}\times\underline{\mathfrak{b}})\,.\,\underline{\mathfrak{a}} \equiv 0, & (\underline{\mathfrak{a}}\times\underline{\mathfrak{b}})\,.\,\underline{\mathfrak{b}} \equiv 0 \end{array}$$

werden.

Da man mit Verwendung von (39) die Gleichung (22) auch in der Form

$$(22')\quad \begin{aligned} 2\,\underline{\mathring{T}} &= -I\times I\,;\mathfrak{l}+\mathfrak{l}\,;I\times I + I\times(\mathfrak{i}\,;\mathfrak{l}\,;\mathfrak{i}+\mathfrak{j}\,;\mathfrak{l}\,;\mathfrak{j}+\mathfrak{k}\,;\mathfrak{l}\,;\mathfrak{k})\\ &\quad -(\mathfrak{i}\,;\mathfrak{l}\,;\mathfrak{i}+\mathfrak{j}\,;\mathfrak{l}\,;\mathfrak{j}+\mathfrak{k}\,;\mathfrak{l}\,;\mathfrak{k})\times I \end{aligned}$$

schreiben kann, erhält man in Übereinstimmung mit der Überlegung, die den Relationen (26) zugrunde liegt,

$$(41')\quad \begin{aligned} \underline{\mathfrak{a}}\,;\underline{\mathfrak{b}}:\underline{\mathring{T}} &= -\,\underline{\mathfrak{b}}\,;\underline{\mathfrak{a}}:\underline{\mathring{T}}\\ &= \tfrac{1}{2}\{\mathfrak{a}\times\mathfrak{b}\,;\mathfrak{l}-\mathfrak{l}\,;\mathfrak{a}\times\mathfrak{b}+b_4\,\mathfrak{a}\times I - a_4\,\mathfrak{b}\times I\} \end{aligned}$$

und dann wegen (24) und (38) in Übereinstimmung mit (41)

$$(41'')\quad \underline{\mathfrak{a}}\times\underline{\mathfrak{b}} = (\underline{\mathfrak{a}}\,;\underline{\mathfrak{b}}-\underline{\mathfrak{b}}\,;\underline{\mathfrak{a}}):\underline{\mathring{T}} = 2\,\underline{\mathfrak{a}}\,;\underline{\mathfrak{b}}:\underline{\mathring{T}}.$$

Aus (41) folgt auch

$$(41''')\quad \begin{aligned} \underline{\mathfrak{c}}\,.\,(\underline{\mathfrak{a}}\times\underline{\mathfrak{b}}) &= \mathfrak{a}\times\mathfrak{b}\,.\,\mathfrak{c}\,\mathfrak{l}+a_4\,\mathfrak{b}\times\mathfrak{c}+b_4\,\mathfrak{c}\times\mathfrak{a}+c_4\,\mathfrak{a}\times\mathfrak{b}\\ &= -(\underline{\mathfrak{a}}\times\underline{\mathfrak{b}})\,.\,\underline{\mathfrak{c}} = \underline{\mathfrak{a}}\,.\,(\underline{\mathfrak{b}}\times\underline{\mathfrak{c}}) = -(\underline{\mathfrak{c}}\times\underline{\mathfrak{a}})\,.\,\underline{\mathfrak{b}} \end{aligned}$$

und indem wir noch (41′) berücksichtigen

$$(42')\quad \begin{aligned} 2\,\underline{\mathfrak{a}}\,;\underline{\mathfrak{b}}:\underline{\mathring{T}}:\underline{\mathfrak{c}}\,;\underline{\mathfrak{d}} = \underline{\mathfrak{c}}\,.\,(\underline{\mathfrak{a}}\times\underline{\mathfrak{b}})\,.\,\underline{\mathfrak{d}} &= a_4\,\mathfrak{b}\times\mathfrak{c}\,.\,\mathfrak{d}\\ &\quad + b_4\,\mathfrak{c}\times\mathfrak{a}\,.\,\mathfrak{d}+c_4\,\mathfrak{a}\times\mathfrak{b}\,.\,\mathfrak{d}-d_4\,\mathfrak{a}\times\mathfrak{b}\,.\,\mathfrak{c}\\ &= -\begin{vmatrix} a_1 & a_2 & a_3 & a_4\\ b_1 & b_2 & b_3 & b_4\\ c_1 & c_2 & c_3 & c_4\\ d_1 & d_2 & d_3 & d_4 \end{vmatrix} \equiv -\Delta. \end{aligned}$$

Wie man aus (42), (41'') und (42') abliest, haben wir in

$$(42'')\qquad \begin{aligned} &\frac{-(\underline{\mathfrak{b}}\times\underline{\mathfrak{c}})\cdot\underline{\mathfrak{d}}}{\Delta}\equiv\underline{\mathfrak{a}}^*, \qquad &&\frac{(\underline{\mathfrak{c}}\times\underline{\mathfrak{d}})\cdot\underline{\mathfrak{a}}}{\Delta}\equiv\underline{\mathfrak{b}}^*,\\ &\frac{-(\underline{\mathfrak{d}}\times\underline{\mathfrak{a}})\cdot\underline{\mathfrak{b}}}{\Delta}\equiv\underline{\mathfrak{c}}^*, \qquad &&\frac{(\underline{\mathfrak{a}}\times\underline{\mathfrak{b}})\cdot\underline{\mathfrak{c}}}{\Delta}\equiv\underline{\mathfrak{d}}^*, \end{aligned}$$

das zu $\underline{\mathfrak{a}}$, $\underline{\mathfrak{b}}$, $\underline{\mathfrak{c}}$, $\underline{\mathfrak{d}}$ reziproke System. — Solche Systeme sind ja durch zu den Gleichungen (**14**, 8) analoge Relationen zu definieren.

Der symbolische Weltvektor der Derivation folgt aus

$$(43)\qquad dS(x, y, z, t) = \frac{\partial S}{\partial x}\,dx + \frac{\partial S}{\partial y}\,dy + \frac{\partial S}{\partial z}\,dz + \frac{\partial S}{\partial t}\,dt = d\underline{\mathfrak{x}}\cdot\underline{\nabla}S$$

mit

$$(44)\qquad d\underline{\mathfrak{x}} = \mathfrak{i}\,dx + \mathfrak{j}\,dy + \mathfrak{k}\,dz + c\,dt\,\mathfrak{l}$$

für beliebige „berechtigte" Bezugssysteme zu

$$(45)\qquad \underline{\nabla} = \mathfrak{i}\frac{\partial}{\partial x} + \mathfrak{j}\frac{\partial}{\partial y} + \mathfrak{k}\frac{\partial}{\partial z} - \mathfrak{l}\frac{1}{c}\frac{\partial}{\partial t} = \nabla - \mathfrak{l}\frac{1}{c}\frac{\partial}{\partial t} = \nabla' - \mathfrak{l}'\frac{1}{c}\frac{\partial}{\partial t'}.$$

Natürlich trifft

$$\underline{\nabla};\underline{\nabla} - \underline{\nabla};\underline{\nabla} \equiv 0,$$

also auch

$$(46)\qquad (\underline{\nabla};\underline{\nabla} - \underline{\nabla};\underline{\nabla})_d = \underline{\nabla}\times\underline{\nabla} \equiv 0$$

wieder zu. Setzen wir

$$(47)\qquad \underline{\mathfrak{A}} = \mathfrak{A} + A_4\,\mathfrak{l},$$

so ergibt sich aus (40) und (41):

$$(48)\qquad \begin{aligned} \underline{\Psi}_a = \underline{\nabla};\underline{\mathfrak{A}} - \underline{\mathfrak{A}};\underline{\nabla} &= -I\times(\nabla\times\mathfrak{A})\\ &+ \left(\nabla A_4 + \frac{1}{c}\frac{\partial\mathfrak{A}}{\partial t}\right);\mathfrak{l} - \mathfrak{l};\left(\nabla A_4 + \frac{1}{c}\frac{\partial\mathfrak{A}}{\partial t}\right), \end{aligned}$$

$$(49)\qquad \begin{aligned} (\underline{\Psi}_a)_d = \underline{\nabla}\times\underline{\mathfrak{A}} &= I\times\left(\nabla A_4 + \frac{1}{c}\frac{\partial\mathfrak{A}}{\partial t}\right)\\ &+ (\nabla\times\mathfrak{A});\mathfrak{l} - \mathfrak{l};(\nabla\times\mathfrak{A}). \end{aligned}$$

Entsprechend (42) wird, wie man auch leicht unmittelbar nachrechnet:

$$(50)\qquad \underline{\nabla}\cdot\underline{\nabla}\times\underline{\mathfrak{A}} \equiv 0.$$

Setzen wir eine beliebige „Weltdyade" in der Form an

(51) $\underline{\Psi} = \mathfrak{i};(\mathfrak{a} + a_4\,\mathfrak{l}) + \mathfrak{j};(\mathfrak{b} + b_4\,\mathfrak{l}) + \mathfrak{k};(\mathfrak{c} + c_4\,\mathfrak{l}) + \mathfrak{l};(\mathfrak{d} + d_4\,\mathfrak{l}),$

so erhalten wir

$$\underline{\nabla}\cdot\underline{\Psi} = \nabla\cdot\Psi' + \left(\frac{\partial a_4}{\partial x} + \frac{\partial b_4}{\partial y} + \frac{\partial c_4}{\partial z}\right)\mathfrak{l} + \frac{1}{c}\,\frac{\partial(\mathfrak{d} + d_4\mathfrak{l})}{\partial t},$$

worin

(52) $$\mathfrak{i};\mathfrak{a} + \mathfrak{j},\ \mathfrak{b} + \mathfrak{k};\mathfrak{c} = \Psi'$$

geschrieben wurde. Die Entwicklung weiterer Formeln, soweit solche benötigt werden, macht keine Schwierigkeiten. Daß sich der Gaußsche Integralsatz ohne weiteres auf mehrdimensionale Räume übertragen läßt, haben wir auf S. 138 besprochen. In der vierdimensional relativistischen „Welt" wird er mit (45) und (47) lauten:

(53) $$\begin{aligned}\int\limits_t c\,dt \int\limits_V dV\,\underline{\nabla}\cdot\underline{\mathfrak{A}} &= \int\limits_t c\,dt \int\limits_V dV\left[\nabla\cdot\mathfrak{A} + \frac{1}{c}\,\frac{\partial A_4}{\partial t}\right]\\ &= \int\limits_t c\,dt \oint d\mathfrak{o}\cdot\mathfrak{A} + \int\limits_V dV\,[(A_4)_{t=t_2} - (A_4)_{t=t_1}],\end{aligned}$$

worin

(54) $$dV = dx\,dy\,dz, \quad d\mathfrak{o} = dy\,dz\,\mathfrak{i} + dz\,dx\,\mathfrak{j} + dx\,dy\,\mathfrak{k}$$

ein räumliches Volumelement bzw. ein Oberflächenelement im Dreidimensionalen bedeuten.

3. Relativistisch invariante Darstellung der Lorentzschen elektromagnetischen Gleichungen

Eine wichtige Anwendung des entwickelten Formalismus haben wir in der relativistisch invariante n Darstellung der Lorentzschen elektromagnetischen Gleichungen (1, 326) und (2, 326). Um dieser Invarianz von vorneherein sicher zu sein, arbeiten wir ausschließlich mit Weltvektoren und Weltdyaden. Zwei Weltvektoren sind erfahrungsgemäß das „Viererpotential" und der „Viererstrom":

(55) $$\underline{\mathfrak{A}} = \mathfrak{A} + \frac{1}{c}\,U\,\mathfrak{l}\,.$$

(56) $$\underline{\mathfrak{i}} = 4\pi\,\varrho\,(\mathfrak{v} + c\,\mathfrak{l}),$$

worin $\mathfrak{A}$ und U das Vektorpotential und das skalare Potential, $\hat{\varrho}$ die elektrische Ladungsdichte, $\mathfrak{v}$ die in dem betreffenden Bezugssystem gemessene Geschwindigkeit bedeuten. Der elektrische Vektor $\mathfrak{e}$ und der magnetische Vektor $\mathfrak{h}$ sollen in bekannter Weise durch

$$\mathfrak{e} = -\left(\nabla U + \frac{\partial \mathfrak{A}}{\partial t}\right), \qquad \mathfrak{h} = \nabla \times \mathfrak{A} \tag{57}$$

bestimmt sein. Wir gehen mit (55) in die Ausdrücke (48) und (49), indem wir dort A_4 durch $\left(\frac{1}{c}\, U\right)$ ersetzen und benützen (57); dann folgt:

$$\underline{\Psi}_a = -I \times \mathfrak{h} - \frac{\mathfrak{e}}{c} ; \mathfrak{l} + \mathfrak{l} ; \frac{\mathfrak{e}}{c}, \tag{58}$$

$$(\underline{\Psi}_a)_d = \underline{\nabla} \times \underline{\mathfrak{A}} = -I \times \frac{\mathfrak{e}}{c} + \mathfrak{h} ; \mathfrak{l} - \mathfrak{l} ; \mathfrak{h}. \tag{59}$$

Die Identität (50) ergibt dann sofort:

$$-\frac{1}{c}\, \underline{\nabla} \times \mathfrak{e} + \nabla \cdot \mathfrak{h}\, \mathfrak{l} - \frac{1}{c}\, \frac{\partial \mathfrak{h}}{\partial t} = 0, \tag{60}$$

$$\frac{\partial \mathfrak{h}}{\partial t} = -\operatorname{rot} \mathfrak{e}, \qquad \operatorname{div} \mathfrak{h} = 0 \tag{2, 326}$$

in Übereinstimmung mit dem dreidimensionalen Ansatze (57).

Die erste Maxwell-Lorentzsche Gleichung erhalten wir, indem wir

$$-\underline{\nabla} \cdot \underline{\Psi}_a = \nabla \times \mathfrak{h} + \frac{1}{c}\, \nabla \cdot \mathfrak{e}\, \mathfrak{l} - \frac{1}{c^2}\, \frac{\partial \mathfrak{e}}{\partial t} = 4 \pi \hat{\varrho}\, (\mathfrak{v} + c\, \mathfrak{l}) = \underline{\mathfrak{i}} \tag{61}$$

fordern. Nach Raumachsen und Zeitachse zerschlagen, besagt (61) ja:

$$\frac{1}{c^2}\, \frac{\partial \mathfrak{e}}{\partial t} + 4 \pi \hat{\varrho}\, \mathfrak{v} = \operatorname{rot} \mathfrak{h}, \qquad \frac{1}{c^2} \operatorname{div} \mathfrak{e} = 4 \pi \hat{\varrho}\, . \tag{1, 326}$$

Die „Weltgleichungen":

$$-\nabla \cdot \underline{\Psi}_a = \underline{\mathfrak{i}} \quad \text{und} \quad \nabla \cdot (\underline{\Psi}_a)_d = 0, \tag{62}$$

drücken also das Gleichungssystem (**1**, 326) und (**2**, 326) in relativistisch invarianter Weise aus. Die Zerschlagung der Weltvektoren (55) und (56) nach den zugehörigen Raumachsen und nach der zugehörigen Zeitachse führt für jedes berechtigte Bezugssystem, in dem das Feld ruht, zu denselben dreidimensionalen Differentialgleichungen. Allerdings bedingt die verschiedenartige Aufspaltung nach dem raumartigen und dem zeitartigen Anteil in relativ zueinander bewegten Bezugssystemen, daß der elektrische wie der magnetische Vektor im einen Bezugssystem vom relativ zum anderen Bezugssysteme gemessenen $\mathfrak{e}$ und $\mathfrak{h}$ abhängt.

Zur Ermittlung dieser Verkoppelung führen wir wieder ein gestrichenes Bezugssystem ein, das sich relativ zu dem ungestrichenen parallel der x-Achse mit $v_0\,\mathfrak{i} = \mathfrak{v}_0$ bewegt, während wir $\mathfrak{j}' = \mathfrak{j}$, $\mathfrak{k}' = \mathfrak{k}$ voraussetzen. Aus (58) folgt:

(58′) $$\underline{\Psi_a} = -I \times \mathfrak{h} - \frac{\mathfrak{e}}{c}\,;\mathfrak{l} + \mathfrak{l}\,;\frac{\mathfrak{e}}{c} = -I' \times \mathfrak{h}' - \frac{\mathfrak{e}'}{c}\,;\mathfrak{l}' + \mathfrak{l}'\,;\frac{\mathfrak{e}'}{c},$$

und mit Benützung der Formeln (11):

$$\mathfrak{l}' . \underline{\Psi_a} = -\mathfrak{l}'.\mathfrak{i}\;\mathfrak{i} \times \mathfrak{h} - \frac{1}{c}\mathfrak{l}'.\mathfrak{i}\;\mathfrak{e}_x\,\mathfrak{l} + \mathfrak{l}'.\mathfrak{l}\,\frac{\mathfrak{e}}{c} = \frac{-\mathfrak{e}'}{c},$$

oder

(63) $$\mathfrak{e}' = k\left[\mathfrak{e} + \mathfrak{v}_0 \times \mathfrak{h} + \frac{v_0}{c}\,\mathfrak{e}_x\,\mathfrak{l}\right].$$

Analog erhält man aus (59)[1]):

(64) $$\mathfrak{h}' = k\left[\mathfrak{h} - \mathfrak{v}_0 \times \frac{\mathfrak{e}}{c^2} + \frac{v_0}{c}\,\mathfrak{h}_x\,\mathfrak{l}\right].$$

Der Weltvektor des Viererstromes

(56′) $$\underline{\mathfrak{j}} = 4\,\pi\,\mathring{\varrho}\,(\mathfrak{v} + c\,\mathfrak{l}) = 4\,\pi\,\mathring{\varrho}'\,(\mathfrak{v}' + c\,\mathfrak{l}')$$

---

[1]) Die Glieder mit $\mathfrak{l}$ dürfen nicht, wie es gelegentlich in ungenauer Schreibweise geschieht, fortgelassen werden. Multipliziert man die Gleichungen der Reihe nach mit $\mathfrak{i}$, $\mathfrak{j}$, $\mathfrak{k}$ skalar, so erhält man natürlich mit und ohne das $\mathfrak{l}$-Glied die richtigen Gleichungen für die Komponenten der Feldvektoren. Durch Multiplikation mit $\mathfrak{i}'$, $\mathfrak{j}'$, $\mathfrak{k}'$ würde man aber ohne das jetzt nicht mehr herausfallende $\mathfrak{l}$-Glied zu falschen Beziehungen gelangen.

ergibt durch Punkt-Multiplikation mit $\mathfrak{l}'$ bzw. $\mathfrak{i}', \mathfrak{j}', \mathfrak{k}'$:

$$\text{(65)}\quad \begin{aligned} \hat{\varrho}' &= k\hat{\varrho}\left(1 - \frac{v_0 \mathfrak{v}_x}{c^2}\right), & \mathfrak{v}'_x &= \frac{\mathfrak{v}_x - v_0}{1 - \frac{v_0 \mathfrak{v}_x}{c^2}}, \\ \mathfrak{v}'_y &= \mathfrak{v}_y \frac{\hat{\varrho}}{\hat{\varrho}'} = \mathfrak{v}_y \frac{\sqrt{1 - \frac{v_0^2}{c^2}}}{1 - \frac{v_0 \mathfrak{v}_x}{c^2}}, & \mathfrak{v}'_z &= \mathfrak{v}_z \frac{\hat{\varrho}}{\hat{\varrho}'} = \mathfrak{v}_z \frac{\sqrt{1 - \frac{v_0^2}{c^2}}}{1 - \frac{v_0 \mathfrak{v}_x}{c^2}}. \end{aligned}$$

Es werden damit die Additionsgesetze der Geschwindigkeitskomponenten (15), nur jetzt nach $\mathfrak{v}'_x$, $\mathfrak{v}'_y$, $\mathfrak{v}'_z$ aufgelöst, wiedergewonnen.

4. Impuls und Energie

Wir wenden uns nun den Erhaltungssätzen für Impuls und Energie zu. Elektromagnetische — Energie und — Spannungsdyade hängen von Produkten der Feldvektoren mit sich selbst ab. Um zu diesen Größen auf Grund unserer invarianten Weltdyaden zu gelangen, bilden wir versuchsweise mit (58) und (59):

$$\text{(66)}\quad \begin{aligned} \frac{1}{8\pi}\left[\underline{\Psi}_a \cdot \underline{\Psi}_a + (\underline{\Psi}_a)_d \cdot (\underline{\Psi}_a)_d\right] &= \frac{1}{4\pi}\left(\frac{\mathfrak{e};\mathfrak{e}}{c^2} + \mathfrak{h};\mathfrak{h}\right) \\ &\quad - \frac{1}{8\pi}\left(\frac{\mathfrak{e}^2}{c^2} + \mathfrak{h}^2\right) I - \frac{1}{4\pi}\frac{1}{c}\left[\mathfrak{e}\times\mathfrak{h};\mathfrak{l} + \mathfrak{l};\mathfrak{e}\times\mathfrak{h}\right] \\ &\quad - \frac{1}{8\pi}\left(\frac{\mathfrak{e}^2}{c^2} + \mathfrak{h}^2\right)\mathfrak{l};\mathfrak{l}. \end{aligned}$$

Bezeichnen wir, der Reihe nach, wie üblich, die elektromagnetische Spannungsdyade, den Poyntingschen Energiefluß und die elektromagnetische Energiedichte durch:

$$\text{(67)}\quad \begin{aligned} \Theta &= -\frac{1}{4\pi}\left(\frac{\mathfrak{e};\mathfrak{e}}{c^2} + \mathfrak{h};\mathfrak{h}\right) + \frac{1}{8\pi}\left(\frac{\mathfrak{e}^2}{c^2} + \mathfrak{h}^2\right) I, \\ \mathfrak{S} &= \frac{1}{4\pi}\,\mathfrak{e}\times\mathfrak{h}, \qquad w = \frac{1}{8\pi}\left(\frac{\mathfrak{e}^2}{c^2} + \mathfrak{h}^2\right), \end{aligned}$$

so können wir (66) in der Form schreiben

$$\text{(66')}\quad -\frac{1}{8\pi}\left[\underline{\Psi}_a \cdot \underline{\Psi}_a + (\underline{\Psi}_a)_d \cdot (\underline{\Psi}_a)_d\right] = \Theta + \frac{1}{c}\left[\mathfrak{S};\mathfrak{l} + \mathfrak{l};\mathfrak{S}\right] + w\,\mathfrak{l};\mathfrak{l}.$$

Um zu Erhaltungssätzen zu gelangen, wird man die „Welt-Derivation" $\underline{\nabla}$ von (66') bilden müssen, wobei unter anderem

$\nabla \cdot \Theta$, die negative mechanische Kraftdichte $\mathfrak{f}$ auftritt. Wir werden also, wie immer, wenn es sich um die Impuls- und Energie-Erhaltung handelt, die Bewegungsgleichung jedenfalls noch hinzuzunehmen haben.

Wir wiesen schon auf den Zusammenhang der Weltvektoren (18)

$$c\,\underline{\mathfrak{t}} = k\,(\mathfrak{v} + c\,\mathfrak{l}), \tag{68}$$

der sogenannten ,,Vierergeschwindigkeit'' mit der Geschwindigkeit und von (19)

$$i\,c^2 \frac{d\underline{\mathfrak{t}}}{ds} = \frac{dc\,\underline{\mathfrak{t}}}{d\tau} \tag{69}$$

der ,,Viererbeschleunigung'' mit der Beschleunigung hin, worin τ gemäß (14) die Eigenzeit bedeutet. Es liegt dann nahe und trifft erfahrungsgemäß das Richtige, die Bewegungsgleichung in der relativistisch invarianten Form

$$\varrho_0 \frac{dc\,\underline{\mathfrak{t}}}{d\tau} = \underline{\mathfrak{f}} = \mathfrak{f} + F_4\,\mathfrak{l} \tag{70}$$

anzusetzen. Hierin bedeutet ϱ_0 die Massen-Ruhdichte, also die im jeweils ruhenden Bezugssystem gemessene Massendichte und $\underline{\mathfrak{f}}$ die ,,Viererkraftdichte'', also die Viererkraft je Volumeinheit. Die weitere Entwicklung und Diskussion von (70) wollen wir dem Leser selbst überlassen und nur hinzufügen, daß sich dabei $\mathfrak{f}$ als gewöhnliche mechanische Kraftdichte, F_4 aber als Leistungsgröße ergibt.

Wir wollen hier in konsequenter Weiterentwicklung der in (66') angeschriebenen, speziellen, symmetrischen Energie-Impuls-Welt-dyade diese durch Hinzufügen der ebenfalls relativistisch invarianten symmetrischen Dyade

$$-\underline{\Omega} = c^2 \varrho_0\, \underline{\mathfrak{t}} ; \underline{\mathfrak{t}} = \varrho_0\, \mathfrak{k}^2\, [\mathfrak{v} ; \mathfrak{v} + c\,(\mathfrak{v} ; \mathfrak{l} + \mathfrak{l} ; \mathfrak{v}) + c^2\, \mathfrak{l} ; \mathfrak{l}] \tag{71}$$

zu einer auch die Bewegungsgleichung und die Bewegungsenergie mitumfassenden, allgemeineren „Energie-Impuls-Welt-dyade''

$$\underline{T} = \underline{\Omega} + \frac{1}{8\pi}\,[\underline{\Psi_a} \cdot \underline{\Psi_a} + (\underline{\Psi_a})_d \cdot (\underline{\Psi_a})_d] \tag{72}$$

erweitern. In

$$\underline{\nabla} \cdot \underline{T} = 0 \tag{73}$$

sind dann sowohl die Bewegungsgleichung, auch „Impulsgleichung" genannt, wie auch die Energiegleichung enthalten.

Führen wir zunächst als Abkürzung

$$\varrho_0 k^2 = \varrho \tag{74}$$

ein, so erhalten wir aus (66′), (71), (72) und (73) durch Trennung des raumartigen und des zeitartigen Anteiles

$$\nabla \cdot (\mathfrak{v}\,;\varrho\mathfrak{v}) + \frac{\partial(\varrho\mathfrak{v})}{\partial t} + \nabla \cdot \Theta + \frac{1}{c^2}\frac{\partial \mathfrak{S}}{\partial t} = 0 \quad \text{(Bewegungsgleichung)} \tag{75}$$

$$c\nabla \cdot (\varrho\mathfrak{v}) + c\frac{\partial \varrho}{\partial t} + \frac{1}{c}\nabla \cdot \mathfrak{S} + \frac{1}{c}\frac{\partial w}{\partial t} = 0 \quad \text{(Energiegleichung).} \tag{76}$$

Die beiden letzten Glieder in (75) haben wir im Zusammenhange mit der Lorentzschen Theorie auf S. **333** und **334** ausführlich diskutiert. Es wurde betont, daß man dem Gegenwirkungsprinzipe genügt, indem man $\frac{\mathfrak{S}}{c^2}$ als „elektromagnetische Impulsdichte" auffaßt. Es wurde außerdem berechnet (siehe **1**, 333 und **8**, 334) daß

$$-\nabla \cdot \Theta - \frac{1}{c^2}\frac{\partial \mathfrak{S}}{\partial t} = \mathfrak{f} = \hat{\varrho}\,(\mathfrak{e} + \mathfrak{v} \times \mathfrak{h}) \tag{77}$$

die „Kraftdichte" in der Lorentzschen Elektronentheorie ergibt. Für die folgenden Überlegungen müssen wir beachten, daß sich wegen der durch (13) bestimmten Kontraktion in der jeweiligen Bewegungsrichtung (auch k hängt jetzt gemäß (18) und (19) von der jeweiligen Geschwindigkeit ab), zwischen dem im ruhenden System gemessenen Volumen V des bewegten Körpers und seinem vom mitbewegten Bezugssystem beurteilten „Ruhevolumen" V_0 die Relationen ergeben:

$$dV = dV_0\sqrt{1 - \frac{\mathfrak{v}^2}{c^2}}, \qquad dV_0 = k\,dV. \tag{78}$$

Da die vom jeweils mitbewegten Bezugssystem aus beurteilte „Ruhmasse" m_0 sich bei der Bewegung nicht ändert, folgt:

$$\frac{dm_0}{dt} = \frac{d(\varrho_0 V_0)}{dt} = \frac{d(k\,\varrho_0 V)}{dt} = 0. \tag{79}$$

Aus der Massenkonstanz schlossen wir in der klassischen Physik auf die Kontinuitätsgleichung (**5**, 307). Damals hatten wir $m = \varrho V$, an die Stelle des damaligen ϱ ist jetzt $k\,\varrho_0$ getreten, somit wird die Kontinuitätsgleichung jetzt lauten:

$$\frac{\partial(k\,\varrho_0)}{\partial t} + \nabla \cdot (k\,\varrho_0\,\mathfrak{v}) = 0. \tag{80}$$

Mit (74), (77) und (80) und gemäß der Definition der totalen Fluxion in Gleichung (**3**, 227) erhalten wir (75) in der Form:

$$\varrho_0\,k\,\frac{d(k\,\mathfrak{v})}{dt} = \mathfrak{f} = \hat{\varrho}\,(\mathfrak{e} + \mathfrak{v} \times \mathfrak{h}), \tag{81}$$

was mit dem Ansatz (70) übereinstimmt, nur, daß wir nun auch $\mathfrak{f}$ explizit dargestellt haben. Gehen wir zum Volumintegral über und betrachten etwa eine Korpuskel mit einheitlicher Geschwindigkeit, mit der Ruhmasse m_0 und der elektrischen Ladung

$$e = \int_V dV\,\hat{\varrho}\,, \tag{82}$$

berücksichtigen ferner (78) und (79), so geht (81) über in:

$$\begin{aligned} \int_V dV\,k\,\varrho_0\,\frac{d(k\,\mathfrak{v})}{dt} &= \int_V dV_0\,\varrho_0\,\frac{d(k\,\mathfrak{v})}{dt} \\ &= m_0\,\frac{d(k\,\mathfrak{v})}{dt} = \frac{d(m_0\,k\,\mathfrak{v})}{dt} = e\,(\mathfrak{e} + \mathfrak{v} \times \mathfrak{h}). \end{aligned} \tag{83}$$

Die entsprechende Bewegungsgleichung der klassischen Physik würde lauten:

$$\frac{d(m\,\mathfrak{v})}{dt} = e\,(\mathfrak{e} + \mathfrak{v} \times \mathfrak{h}). \tag{84}$$

Wir können sie beibehalten, wenn wir die Masse

$$m = m_0\,k = \frac{m_0}{\sqrt{1 - \frac{\mathfrak{v}^2}{c^2}}} \tag{85}$$

jetzt geschwindigkeitsabhängig annehmen. Die Gleichung (85) steht in guter Übereinstimmung mit den Messungen an sehr rasch bewegten Korpuskeln. Insbesondere erkennt man aus (85), daß m bei Annäherung der Körpergeschwindigkeit an die Lichtgeschwindigkeit gegen Unendlich geht, daß also eine unendlich große Kraft erforderlich wäre, um einen Körper bis zur Lichtgeschwindigkeit zu beschleunigen. Als Folge von (85) im Zusammenhang mit (78) zeigt sich nun auch wegen

(74′) $$\varrho = \frac{m}{V} = k^2 \frac{m_0}{V_0} = k^2 \varrho_0,$$

daß wir in (74) die vom ruhenden System aus beurteilte Massendichte ϱ vor uns haben. Multiplizieren wir (81) skalar mit $\mathfrak{v}$, so wird $\mathfrak{v} . \mathfrak{f}$ die je Zeit- und Volumeinheit geleistete Arbeit, linker Hand aber bekommen wir, wie eine leichte Rechnung lehrt:

(86) $$\varrho_0 k \mathfrak{v} . \frac{d(k\, \mathfrak{v})}{dt} = \varrho_0 k \frac{d(c^2 k)}{dt},$$

und indem wir das Volumintegral bilden:

(87) $$\int\limits_V dV \varrho_0 k \frac{d(c^2 k)}{dt} = m_0 \frac{d(c^2 k)}{dt} = \frac{d}{dt}(c^2 m) = \int\limits_V dV \mathfrak{v} . \mathfrak{f}.$$

In $c^2 m$ haben wir demnach die Energie E der bewegten Korpuskel vor uns. Diesen allgemein zutreffenden, fundamentalen Zusammenhang

(88) $$m = \frac{E}{c^2},$$

der die „Trägheit der Energie" ausdrückt, kann man als das wichtigste Ergebnis der speziellen Relativitätstheorie bezeichnen.

Für kleine Werte von $\frac{\mathfrak{v}^2}{c^2}$ wird genähert

(89) $$E = c^2 \frac{m_0}{\sqrt{1 - \frac{\mathfrak{v}^2}{c^2}}} = c^2 m_0 + \frac{1}{2} m_0 \mathfrak{v}^2;$$

das zweite Glied ist der aus der klassischen Mechanik bekannte Ausdruck für die kinetische Energie, das erste Glied entspricht dem Energieinhalt, den die Masse im Sinne der Relativitätstheorie als Masse besitzt.

Werfen wir noch einen Blick auf (76)! Da die Energie der Masse m nach (87) $m c^2$ beträgt, erhalten wir für die zugehörige Energiedichte:

$$\frac{m c^2}{V} = \varrho c^2. \tag{90}$$

Wir haben also in der Gleichung (76)

$$\frac{\partial (c^2 \varrho + w)}{\partial t} + \operatorname{div} (c^2 \varrho \mathfrak{v} + \mathfrak{S}) = 0 \tag{91}$$

tatsächlich die (**5**, 308) entsprechende Differentialform des Energiesatzes vor uns. Daß in (91) statt $w \mathfrak{v}$ der Poyntingsche Energiefluß $\mathfrak{S}$ auftritt, rührt daher, daß das elektromagnetische Feld als solches nach der Relativitätstheorie im zugehörigen Bezugssystsm ruht, die elektromagnetische Energie sich aber ohne Körperbewegung als Poyntingscher Energiefluß $\mathfrak{S}$ auszubreiten vermag.

g) Grundzüge des mathematischen Formalismus der Dirac'schen Theorie des Elektrons

1. Wege zur relativistischen Wellengleichung der Quantentheorie

Die auf S. **366** bis **398** behandelte Wellenmechanik und Matrizenmechanik genügen den Forderungen der speziellen Relativitätstheorie nicht. Es folgt das schon aus dem Umstande, daß in der Schrödinger-Gleichung (**1**, 366) die Ableitung nach der Zeit von erster Ordnung ist, die Ableitungen nach den Raumkoordinaten aber von zweiter Ordnung sind. Raum und Zeit spielen demnach in der Schrödingerschen Wellenmechanik ersichtlich eine grundsätzlich verschiedene Rolle.

Wir lernten auf S. **371** den Zusammenhang der Wellenmechanik mit der Hamilton-Jacobischen Differentialgleichung kennen. Um zu einer relativistisch brauchbaren Formulierung der Wellenmechanik vorzudringen, gehen wir von der relativistischen Bewegungsgleichung (F, 84) eines Elektrons, allgemein einer elektrisch geladenen Korpuskel aus[1]):

$$\text{(1)} \qquad \frac{d(m\,\mathfrak{v})}{dt} = e\,(\mathfrak{e} + \mathfrak{v} \times \mathfrak{h}).$$

Wie in (F, 57) setzen wir wieder

$$\text{(2)} \qquad \mathfrak{e} = -\left(\nabla U + \frac{\partial \mathfrak{A}}{\partial t}\right), \qquad \mathfrak{h} = \nabla \times \mathfrak{A};$$

es folgt dann

$$\text{(3)} \qquad \mathfrak{v} \times \mathfrak{h} = \mathfrak{v} \times (\nabla \times \mathfrak{A}) = \mathfrak{v} \,.\, (\mathfrak{A}\,;\nabla) - \mathfrak{v} \,.\, (\nabla\,;\mathfrak{A}),$$

$$\text{(4)} \qquad \mathfrak{e} + \mathfrak{v} \times \mathfrak{h} = -\nabla U - \left(\frac{\partial \mathfrak{A}}{\partial t} + \mathfrak{v} \,.\, (\nabla\,;\mathfrak{A})\right) + \mathfrak{v} \,.\, (\mathfrak{A}\,;\nabla).$$

Gehen wir mit (4) in die Gleichung (1) und verwenden für $\mathfrak{A}$ die Definition (**3**, 227) der totalen Fluxion, so erhalten wir

$$\text{(5)} \qquad \frac{d}{dt}\,[m\,\mathfrak{v} + e\,\mathfrak{A}] = -\nabla\,(e\,U) + \mathfrak{v} \,.\, (e\,\mathfrak{A}\,;\nabla).$$

Der Weg zur zugehörigen Hamilton-Jacobischen partiellen Differentialgleichung führt, wie auf S. 265, über den (**14**, 265) entsprechenden Ansatz für den jetzt erweiterten Impulsvektor:

$$\text{(6)} \qquad m\,\mathfrak{v} + e\,\mathfrak{A} = \nabla S, \quad \mathfrak{v} = \frac{1}{m}\,(\nabla S - e\,\mathfrak{A}).$$

Da die totale Fluxion von ∇S mit Berücksichtigung der Symmetrie der Dyade $\nabla\,;\nabla S$ durch

$$\text{(7)} \qquad \frac{d\nabla S}{dt} = \frac{\partial \nabla S}{\partial t} + \mathfrak{v} \,.\, \nabla\,;\nabla S = \frac{\partial \nabla S}{\partial t} + (\nabla\,;\nabla S) \,.\, \mathfrak{v}$$

gegeben ist, geht (5) über in:

$$\text{(8)} \qquad \frac{\partial \nabla S}{\partial t} + [\nabla\,;(\nabla S - e\,\mathfrak{A})] \,.\, \mathfrak{v} = -\nabla\,(e\,U).$$

Indem wir $\mathfrak{v}$ aus (6) in (8) einführen, folgt schließlich

$$\text{(9)} \qquad \frac{\partial \nabla S}{\partial t} + \frac{1}{2\,m}\,\nabla\,(\nabla S - e\,\mathfrak{A})^2 + \nabla\,(e\,U) = 0.$$

[1]) Wollte man die Wellenmechanik für ein aus mehreren Massenpunkten bestehendes Gebilde relativieren, so müßte man jedem Massenpunkte nicht nur seinen eigenen Raum, sondern auch seine eigene Zeit zuordnen. Vergleiche die individualisierten Zeitkoordinaten bei Dirac, V. Vock, B. Podolsky, Tomonaga, Wentzel.

Wäre m konstant, so entsprächen unsere Rechnungen der ursprünglichen, nicht relativistischen Lorentzschen Theorie, wir könnten m unter das Derivationszeichen ziehen und gelangten, wie seinerzeit von (**18**, 266) zu (**19**, 266), jetzt von (9) zu

$$\frac{\partial S}{\partial t} + \frac{1}{2\,m}(\nabla S - e\,\mathfrak{A})^2 + e\,U = 0, \tag{10}$$

also zu der für den Fall eines von Null verschiedenen Vektorpotentials $\mathfrak{A}$ erweiterten Hamilton-Jacobischen partiellen Differentialgleichung.

So ist es aber in der Relativitätstheorie nicht, da ja nach ihr m selbst noch Funktion von $\mathfrak{v}^2$ ist. Um da auf unserem Wege weiterzukommen, formen wir (9) mit (6) um in:

$$\nabla\left(\frac{\partial S}{\partial t} + e\,U\right) = -\frac{1}{2\,m}\nabla\,(m^2\,\mathfrak{v}^2). \tag{11}$$

Nun ist, wenn wir zur Abkürzung

$$\frac{v}{c} = \beta \tag{12}$$

setzen, nach (F, 85):

$$m^2\,\mathfrak{v}^2 = \frac{m_0^2\,\mathfrak{v}^2}{1-\beta^2} = c^2\,m_0^2\,\frac{\beta^2}{1-\beta^2}\,. \tag{13}$$

Demgemäß wird

$$\frac{1}{2\,m}\nabla\,(m^2\mathfrak{v}^2) = \frac{1}{2}\,c^2 m_0\sqrt{1-\beta^2}\,\nabla\,\frac{\beta^2}{1-\beta^2} = c^2 m_0 \nabla\,\frac{1}{\sqrt{1-\beta^2}}\,. \tag{14}$$

Führen wir (14) in (11) ein, so folgt

$$\nabla\left[\frac{\partial S}{\partial t} + e\,U + \frac{c^2\,m_0}{\sqrt{1-\beta^2}}\right] = 0 \tag{15}$$

und weiter, indem wir die Integrationskonstante wieder in das Fluxionsglied ziehen:

$$\frac{\partial S}{\partial t} + e\,U + c^2\,m = 0. \tag{16}$$

Multiplizieren wir (9) mit $2\,m$ durch und setzen dafür dann den aus (16) folgenden Wert ein, so ergibt sich

$$(17) \qquad \frac{2}{c^2}\left(\frac{\partial S}{\partial t} + e\,U\right) \nabla \left(\frac{\partial S}{\partial t} + e\,U\right) = \nabla\,(\nabla S - e\,\mathfrak{A})^2,$$

$$(18) \qquad \nabla \left[\frac{1}{c^2}\left(\frac{\partial S}{\partial t} + e\,U\right)^2\right] = \nabla\,(\nabla S - e\,\mathfrak{A})^2,$$

und schließlich:

$$(19) \qquad \frac{1}{c^2}\left(\frac{\partial S}{\partial t} + e\,U\right)^2 = (\nabla\, S - e\,\mathfrak{A})^2 + \text{konst.}$$

Soll wieder, wie in (**20**, 266) in

$$(20) \qquad \frac{\partial S}{\partial t} = -E$$

E die Gesamtenergie bedeuten, so müssen wir

$$(21) \qquad E = e\,U \pm c\sqrt{(\nabla\, S - e\,\mathfrak{A})^2 + \text{konst}}$$

fordern. Nehmen wir analog wie in (**12**, 265) U und $\mathfrak{A}$ von t explizit unabhängig an, so erhalten wir aus (2)

$$(22) \qquad \mathfrak{v}\,.\,\mathfrak{e} = -\mathfrak{v}\,.\,\nabla U = -\frac{dU}{dt},$$

und gemäß (F, 87) dann aus (1):

$$(23) \qquad \frac{d\,(m\,c^2 + e\,U)}{dt} = 0.$$

Bezeichnen wir die potentielle (hier elektrische) Energie wieder durch

$$(24) \qquad V = e\,U,$$

so muß nach (23)

$$(25) \qquad E = m\,c^2 + V,$$

demnach wegen (6) und (21)

$$(26) \qquad \mathfrak{v}^2\,m^2 + \text{konst} = c^2\,m^2, \quad \text{konst} = c^2\,m^2\left(1 - \frac{\mathfrak{v}^2}{c^2}\right) = c^2\,m_0^2$$

sein. Die Gleichungen (19) bzw. (21) nehmen mit (26) die endgültigen Gestalten an:

$$(27) \qquad \frac{\partial S}{\partial t} + V + c\sqrt{(\nabla\, S - e\,\mathfrak{A})^2 + m_0^2\,c^2} = 0,$$

$$(28) \qquad E - V = \pm\, c\sqrt{(\nabla\, S - e\,\mathfrak{A})^2 + m_0^2\,c^2}\,.$$

Wir haben in (27) nur das positive Wurzelvorzeichen beibehalten. Man erkennt aus (28), daß für $V = 0$ das obere Vorzeichen Zuständen positiver, das untere Zuständen negativer Energie entspricht. Im Sinne von (25) müßten es Teilchen negativer Masse sein, für die also Geschwindigkeit $\mathfrak{v}$ und Impuls $m\mathfrak{v}$ einander entgegengerichtet wären. Sie würden ferner mit zunehmendem Geschwindigkeitsbetrage immer energieärmer werden usf. Teilchen mit so abstrusen Eigenschaften hat man nie beobachtet. Im Sinne der Quantentheorie müßten jedoch Zustände tiefster Energiewerte besonders wahrscheinlich sein, es müßten die Zustände positiver Energie allmählich alle in Zustände negativer Energie übergehen. Die Diracsche Theorie kann aber Zustände negativer Energie nicht grundsätzlich ausschließen. Es ist z. B. nicht möglich, eine beliebig vorgegebene Funktion im Rahmen der Diracschen Theorie, etwa dem Ansatz (**16**, 369) entsprechend, nach Eigenfunktionen in eine Reihe zu entwickeln, wenn man die, zum vollständigen System der Eigenfunktionen nun einmal hinzugehörenden, jedoch negativen Energiewerten entsprechenden Eigenfunktionen einfach weglassen wollte. Der von Dirac gewählte Ausweg besteht darin, im Sinne des „Pauli-Prinzipes" anzunehmen, daß alle Zustände negativer Energie derart von Elektronen besetzt sein können und auch sollen, daß kein weiteres Elektron mehr im Gebiete solcher Zustände Platz findet. Die überschüssigen Elektronen müssen dann eben in Zuständen positiver Energie verharren. Dirac nimmt weiters an, daß die vollständige Besetzung aller Zustände negativer Energie physikalisch unbeobachtbar bleibt. Was beobachtet werden kann, sind nur einzelne „Lücken" dieser sonst gleichmäßigen Besetzung. Lücken können durch die Absorption eines Lichtquants entstehen, dessen Energie das betreffende Elektron zeitweilig in einen Zustand positiver Energie überführt und damit als gewöhnliches Elektron bemerkbar macht. Gleichzeitig wird die Lücke als Unterbrechung der gleichmäßigen Besetzung beobachtbar, und zwar, da sie dem gleichmäßig mit negativ geladenen Elektronen negativer Energie besetzten Bereiche gegenüber sowohl positiv geladen als von positiver Energie erscheint, als positiv geladenes, sonst aber normales Elektron, das „Positron" genannt wird. Strahlung vermag sich also in diesem Sinne in Korpuskeln zu verwandeln, zu „materialisieren". Wird die Lücke wieder durch ein normales Elektron, das seine überschüssige Energie als Lichtquant ausstrahlt, und in den Zustand negativer Energie zurückkehrt, ausgefüllt, so verschwinden der Beobachtung ein Elektron und ein Positron, wofür ein Lichtquant in Erscheinung tritt: man spricht von der „Zerstrahlung von Materie". Da diese hochwichtigen und durch die Erfahrung bestätigten theoretischen Erkenntnisse auf Dirac und seine Theorie zurückgehen, sollten sie hier nicht unerwähnt bleiben. Wir dürfen uns aber, unser Augenmerk im Folgenden vorzüglich nur auf den für die Diracsche Theorie charakteristischen mathematischen Formalismus wendend, mit diesen Bemerkungen hier um so eher begnügen, als die Gleichung (28) im Falle negativen E-Wertes aber positiver Ladung, wodurch V sein Vorzeichen wechselt, durch Multiplikation mit (— 1) (bis auf das Glied $e\,\mathfrak{A}$) in die entsprechende Gleichung für negative Ladung aber positive Energie übergeht[1]. Wir beschränken uns also in der Folge in Gleichung (28) auf das obere Vorzeichen.

Zunächst wollen wir Schrödingers relativistische Verallgemeinerung seiner Wellenmechanik gewinnen, wobei wir den Wurzelausdruck in (27) durch Quadrieren vermeiden.

Wie in (**1**, 371) wählen wir wieder

$$S = \frac{h}{2\pi i} \log U. \tag{29}$$

(Dieses U darf nicht mit jenem der Gleichung (2) verwechselt werden.)

Damit der in den Relationen (**3**, 371), (**4**, 371), (**5**, 372) formulierte entscheidende Übergang aus der klassischen in die Wellenmechanik für alle berechtigten Bezugssysteme zutreffe, müssen wir jetzt fordern:

$$\frac{1}{U^2}(\underline{\nabla} U)^2 \rightarrow \frac{1}{U}\underline{\nabla} \cdot \underline{\nabla} U \tag{30}$$

[1]) Genauer gesagt, entspricht das Elektron — U_k der Differentialgleichung (39) dem Positron — U im selben Kraftfelde.

oder explizit geschrieben

$$(31)\qquad \frac{1}{U^2}\left(\nabla U - \frac{1}{c}\frac{\partial U}{\partial t}\,\mathfrak{t}\right)^2$$
$$= \frac{1}{U^2}\left[(\nabla U)^2 - \frac{1}{c^2}\left(\frac{\partial U}{\partial t}\right)^2\right] \to \frac{1}{U}\left[\nabla \cdot \nabla U - \frac{1}{c^2}\frac{\partial^2 U}{\partial t^2}\right].$$

Damit geht, wenn wir noch mit $U\left(\frac{2\pi i}{h}\right)^2$ durchmultiplizieren,

$$(32)\qquad \frac{1}{c^2}\left(\frac{\partial S}{\partial t} + V\right)^2 = (\nabla S - e\,\mathfrak{A})^2 + m_0^2\,c^2$$

über in:

$$(33)\qquad \frac{1}{c^2}\frac{\partial^2 U}{\partial t^2} - \nabla U + \frac{4\pi i}{h}\frac{V}{c^2}\frac{\partial U}{\partial t} + \frac{4\pi i}{h}\,e\,\mathfrak{A} \cdot \nabla U$$
$$+ \frac{4\pi^2}{h^2}\left[m_0^2\,c^2 + e^2\,\mathfrak{A}^2 - \frac{V^2}{c^2}\right] U = 0.$$

Hängt V nicht von t ab, so dürfen wir in üblicher Weise

$$\operatorname{div}\mathfrak{A} = 0$$

setzen[1]), und können (33) in der symbolischen Form schreiben:

$$(34)\qquad \frac{1}{c^2}\left(\frac{h}{2\pi i}\frac{\partial}{\partial t} + V\right)^2 U - \left[\left(\frac{h}{2\pi i}\nabla - e\,\mathfrak{A}\right)^2 + m_0^2\,c^2\right] U = 0.$$

Diese relativistische Schrödinger-Gleichung erwies sich aus verschiedenen Gründen als physikalisch nicht zufriedenstellend. Sie liefert z. B. eine falsche Formel für die Feinstruktur des Wasserstoffspektrums. Eine grundsätzliche Schwierigkeit liegt in dem Umstande, daß in ihr $\frac{\partial^2 U}{\partial t^2}$ auftritt, daß also zur Bestimmung späterer Zustände, zur Zeit $t = 0$ außer U selbst, also der Kenntnis des Anfangszustandes, auch noch $\frac{\partial U}{\partial t}$ vorgegeben werden muß.

[1]) Im allgemeinen gilt mit (F, 55) und (24) die Lorentzsche Relation:

$$\underline{\nabla} \cdot \underline{e\,\mathfrak{A}} = \nabla \cdot e\,\mathfrak{A} + \frac{1}{c^2}\frac{\partial V}{\partial t} = 0$$

und es trifft dann (34) wieder zu.

Demgemäß gilt die Relation (**19**, 370) jetzt nicht mehr. Man muß den Ausdruck $U\,U_k$ für die „Wahrscheinlichkeitsdichte" durch einen anderen Ausdruck ersetzen, der auch $\frac{\partial U}{\partial t}$ enthält, und nicht notwendig positiv bleibt, wie das für die Aufenthaltswahrscheinlichkeit eines Teilchens doch gefordert werden muß[1]). Schließlich gibt die relativistische Schrödinger-Gleichung, die erst durch die Annahme eines „Elektronenspins" deutbaren Erscheinungen so wenig wieder, wie die nicht-relativistische. Alle diese Einwände veranlaßten Dirac zur Entwicklung seiner überaus eigenartigen relativistischen Theorie, welche, wie wir erkennen werden, gewissermaßen unbeabsichtigt, auch den Elektronenspin mit umfaßt.

2. Die Diracschen Gleichungen. Hyperkomplexe Einheiten

Diracs genialer Gedanke bestand darin, die Wurzel in (27), allerdings mit Verwendung eines besonderen mathematischen Formalismus, wirklich auszuziehen und so die quadratische Gleichung (32) zu linearisieren. Zur Vereinfachung der Schreibarbeit setzen wir im Augenblick

$$(35)\quad \begin{aligned} &\frac{\partial S}{\partial x} - e\,\mathfrak{A}_x = P_1, &\quad &\frac{\partial S}{\partial y} - e\,\mathfrak{A}_y = P_2,\\ &\frac{\partial S}{\partial z} - e\,\mathfrak{A}_z = P_3, &\quad &\frac{1}{c}\left(\frac{\partial S}{\partial t} + V\right) = P_4, \end{aligned}$$

und definieren mit Dirac neuartige Rechengrößen durch die Relationen

$$(36)\quad \alpha_\iota\,\alpha_\iota = 1,\quad \alpha_\iota\,\alpha_\varkappa + \alpha_\varkappa\,\alpha_\iota = 0 \quad \text{für} \quad \left.\begin{matrix}\iota\\ \varkappa\end{matrix}\right\} = 1, 2, 3, 4,$$

denen sie genügen sollen. Da die durch (36) eingeführten Zahlen α_ι „antikommutativ" sind, muß beim Rechnen mit ihnen auf ihre Reihenfolge stets auf das sorgfältigste geachtet werden.

[1]) Über den von W. Pauli und V. Weisskopf versuchten Ausweg, den in Frage stehenden Ausdruck nicht als Teilchen-, sondern als Ladungsdichte aufzufassen, siehe Helv. phys. Acta **7**, **709** (**1935**).

Es folgt, wie man unmittelbar abliest, aus:

$$\begin{aligned}&[P_4 - (\alpha_1 P_1 + \alpha_2 P_2 + \alpha_3 P_3 + \alpha_4 m_0 c)]\\ (37) \quad &\cdot [P_4 + (\alpha_1 P_1 + \alpha_2 P_2 + \alpha_3 P_3 + \alpha_4 m_0 c)] = 0\\ &P_4^2 - (P_1^2 + P_2^2 + P_3^2 + m_0^2 c^2) = 0,\end{aligned}$$

wie es nach (32) sein soll. Indem wir uns für das negative Vorzeichen entscheiden, wenden wir auf den ersten Faktor den Ansatz (29) an, eine der Relation (30) entsprechende Voraussetzung haben wir hier nicht mehr nötig. Durch Multiplikation mit U folgt unmittelbar:

$$\begin{aligned}&\frac{1}{c}\left[\frac{h}{2\pi i}\frac{\partial}{\partial t} + V\right] U\\ (38) \quad &- \left[\alpha_1\left(\frac{h}{2\pi i}\frac{\partial}{\partial x} - e\,\mathfrak{A}_x\right) + \alpha_2\left(\frac{h}{2\pi i}\frac{\partial}{\partial y} - e\,\mathfrak{A}_y\right)\right.\\ &\left. + \alpha_3\left(\frac{h}{2\pi i}\frac{\partial}{\partial z} - e\,\mathfrak{A}_z\right) + \alpha_4 m_0 c\right] U = 0\end{aligned}$$

und die dazu konjugiert komplexe, „adjungierte" Differentialgleichung

$$\begin{aligned}&U_k \frac{1}{c}\left[\frac{-h}{2\pi i}\frac{\partial}{\partial t} + V\right]\\ (39) \quad &+ U_k\left[\alpha_1\left(\frac{h}{2\pi i}\frac{\partial}{\partial x} + e\,\mathfrak{A}_x\right) + \alpha_2\left(\frac{h}{2\pi i}\frac{\partial}{\partial y} + e\,\mathfrak{A}_y\right)\right.\\ &\left. + \alpha_3\left(\frac{h}{2\pi i}\frac{\partial}{\partial z} + e\,\mathfrak{A}_z\right) - \alpha_4 m_0 c\right] = 0.\end{aligned}$$

Die Bedingungen (36) kann man mit gewöhnlichen komplexen Zahlen nicht erfüllen, man muß dazu hyperkomplexe, sogenannte Cliffordsche Zahlen einführen[1]). Aus der gewöhnlichen Einheit und den 4 hyperkomplexen Einheit α_ι bildet man mit Benützung der Relationen (36) durch Multiplikation insgesamt folgende, nicht aufeinander reduzierbare 16 Einheiten:

$$\begin{aligned}(40) \quad &1, \alpha_1, \alpha_2, \alpha_3, \alpha_4, \alpha_1\alpha_2, \alpha_2\alpha_3, \alpha_3\alpha_1, \alpha_1\alpha_4, \alpha_2\alpha_4, \alpha_3\alpha_4,\\ &\alpha_1\alpha_2\alpha_3, \alpha_2\alpha_3\alpha_4, \alpha_3\alpha_4\alpha_1, \alpha_4\alpha_1\alpha_2, \alpha_1\alpha_2\alpha_3\alpha_4.\end{aligned}$$

---

[1]) Vgl. z. B. A. Sommerfeld, Atombau und Spektrallinien, II. Bd. (1939), S. 238 u. f.

Zur Illustration des Folgenden sei auf die Analogie im Gebiete der gewöhnlichen komplexen Zahlen hingewiesen. Dort kann man jede komplexe Funktion in der Form

$$U' = \overline{U}' + i\,\overline{\overline{U}}' \tag{41}$$

schreiben, worin $\overline{U}'$ und $\overline{\overline{U}}'$ reelle Funktionen sind. Durch Multiplikation mit der imaginären Einheit ergibt sich eine neue komplexe Funktion

$$i\,U' = U = \overline{U} + i\,\overline{\overline{U}} = -\overline{\overline{U}}' + i\,\overline{U}', \tag{42}$$

deren Realteil bzw. Imaginärteil aus dem negativen Imaginärteil bzw. dem Realteil der ursprünglichen Funktion entstanden sind. Entsprechend liegen die Verhältnisse auch jetzt. Jede Funktion U im Gebiete unseres Zahlkörpers der 16 hyperkomplexen Einheiten kann in der Form:

$$\begin{aligned} U' = U'_0 + \alpha_1 U'_1 + \alpha_2 U'_2 + \alpha_3 U'_3 + \alpha_4 U'_4 + \alpha_1 \alpha_2 U'_{12} \\ + \cdots + \alpha_1 \alpha_2 \alpha_3 \alpha_4 U'_{1234} \end{aligned} \tag{43}$$

dargestellt werden, worin die U'_ι α-frei sind. Jede Multiplikation mit einem der α_ι ergibt bei Berücksichtigung der Relationen (36) eine Überführung der einzelnen U'_ι von je einer der durch die hyperkomplexen Einheiten charakterisierten Stellen der Summe (43) auf eine andere solche Stelle. Es ist nun möglich, je 4 hyperkomplexe Einheiten so zu einer übergeordneten Einheit zusammenzufassen, daß diese übergeordneten Einheiten durch Multiplikation mit je einem α_ι als Ganzes ineinander übergehen. Da die Diracschen Differentialgleichungen nur Multiplikationen mit den α_ι verlangen, genügt die Zerlegung von U nach 4 solchen übergeordneten Einheiten und demnach die Einführung von nur 4 α-freien Funktionen U_ι. Man würde mit 4 übergeoıdneten hyperkomplexen Einheiten H_ι auch dann noch das Auslangen finden, wenn lediglich die Relationen

$$\alpha_\lambda H_\iota = \sum_{\varkappa=1}^{4} a_{\lambda\iota\varkappa} H_\varkappa \tag{43'}$$

mit den gewöhnlichen komplexen Zahlen $a_{\lambda\iota\varkappa}$ zuträfen. Wir werden von dieser Verallgemeinerung später Gebrauch machen.

Eine spezielle der Diracschen Matrizenauswahl entsprechende Zusammenfassung verwenden wir im folgenden Ansatze:

$$
\begin{aligned}
U &= (\alpha_1 - i\,\alpha_2)\,(1-\alpha_4)\,U_1 - (1 - i\,\alpha_1\,\alpha_2)\,\alpha_3\,(1-\alpha_4)\,U_2 \\
&\quad - (\alpha_1 - i\,\alpha_2)\,\alpha_3\,(1-\alpha_4)\,U_3 + (1 - i\,\alpha_1\,\alpha_2)\,(1-\alpha_4)\,U_4 \\
&= \sum_\iota H_\iota\, U_\iota .
\end{aligned} \tag{44}
$$

Mit Benützung der Beziehungen (36) erhält man leicht

$$
\begin{aligned}
\alpha_1\, U &= (\alpha_1 - i\,\alpha_2)\,(1-\alpha_4)\,U_4 - (1 - i\,\alpha_1\,\alpha_2)\,\alpha_3\,(1-\alpha_4)\,U_3 \\
&\quad - (\alpha_1 - i\,\alpha_2)\,\alpha_3\,(1-\alpha_4)\,U_2 + (1 - i\,\alpha_1\,\alpha_2)\,(1-\alpha_4)\,U_1 .
\end{aligned} \tag{45}
$$

Indem U von vorne mit α_1 multipliziert wird, geht demnach

$$
U_1 \to U_4,\quad U_2 \to U_3,\quad U_3 \to U_2,\quad U_4 \to U_1 \tag{46}
$$

über. Analog findet man, daß die Multiplikation mit α_2

$$
U_1 \to i\,U_4,\quad U_2 \to -i\,U_3,\quad U_3 \to i\,U_2,\quad U_4 \to -i\,U_1, \tag{47}
$$

mit α_3

$$
U_1 \to U_3,\quad U_2 \to -U_4,\quad U_3 \to U_1,\quad U_4 \to -U_2, \tag{48}
$$

mit α_4

$$
U_1 \to U_1,\quad U_2 \to U_2,\quad U_3 \to -U_3,\quad U_4 \to -U_4 \tag{49}
$$

ergibt.

Für U_k wählen wir konsequenterweise die Darstellung so, daß bei der Bildung der Produkte $U_k\,\alpha_\iota$ zwischen den $(U_\iota)_k$ die Relationen (46), (48), (49) erhalten bleiben, statt (47) jedoch

$$
\begin{aligned}
&(U_1)_k \to -i\,(U_4)_k,\quad (U_2)_k \to i\,(U_3)_k, \\
&(U_3)_k \to -i\,(U_2)_k,\quad (U_4)_k \to i\,(U_1)_k
\end{aligned} \tag{47'}
$$

zutrifft. Diesen Bedingungen genügt, wovon sich der Leser selbst überzeugen wolle, der Ansatz:

$$
\begin{aligned}
U_k &= (U_1)_k\,(1-\alpha_4)\,(\alpha_1 + i\,\alpha_2) - (U_2)_k\,(1-\alpha_4)\,\alpha_3\,(1 - i\,\alpha_1\,\alpha_2) \\
&\quad - (U_3)_k\,(1-\alpha_4)\,\alpha_3\,(\alpha_1 + i\,\alpha_2) + (U_4)_k\,(1-\alpha_4)\,(1 - i\,\alpha_1\,\alpha_2) \\
&= \sum_i (U_\iota)_k\,(H_\iota)_k .
\end{aligned} \tag{44'}
$$

In den Formeln (44) und (44′) kann der gemeinsame Faktor

$$(50)\quad \frac{1}{4}\Gamma = (1 - i\,\alpha_1\,\alpha_2)\,(1 - \alpha_4) = (1 - \alpha_4)\,(1 - i\,\alpha_1\,\alpha_2)$$

herausgehoben werden. Die beiden Formeln lauten dann:

$$(44\text{a})\quad U = [-i\alpha_2\,U_1 - \alpha_3\,U_2 + i\,\alpha_2\alpha_3\,U_3 + U_4]\,\frac{1}{4}\Gamma = \sum_{i=1}^{4} H_\iota\,U_\iota$$

$$(44'\text{a})\quad U_k = \frac{1}{4}\,\Gamma\,[(U_1)_k\,i\,\alpha_2 - (U_2)_k\,\alpha_3 - i\,\alpha_3\,\alpha_2\,(U_3)_k + (U_4)_k]\,.$$

$$= \sum_{i=1}^{4} (U_\iota)_k\,(H_\iota)_k$$

Wir bilden $U_k\,U$. Zunächst ist

$$\Gamma\,\alpha_2\,\alpha_3\,\Gamma = 0$$

wegen

$$(1 - i\,\alpha_1\,\alpha_2)\,\alpha_2\,\alpha_3\,(1 - i\,\alpha_1\,\alpha_2) = \alpha_2\,\alpha_3 - i\,\alpha_1\,\alpha_3 - i\,\alpha_3\,\alpha_1 + \alpha_3\,\alpha_2 = 0\,.$$

Die Faktoren aller übrigen Produkte der Form $(U_\iota)_k\,U_k$ mit $i \neq \varkappa$ haben die Gestalt

$$\frac{1}{16}\,\Gamma\,\alpha_\lambda\,\Gamma = \frac{1}{16}\,(1 - \alpha_4)\,\,(1 - i\,\alpha_1\,\alpha_2)\,\,\alpha_\lambda\,(1 - i\,\alpha_1\,\alpha_2)\,\,(1 - \alpha_4) = 0\,.$$

Mit Rücksicht auf die durch (36) bedingte „Antikommutativität" der α_λ (λ gleich 1, 2 oder 3) kann dieses über eine gerade Anzahl von fremden α-Faktoren ohne, über eine ungerade Anzahl mit Vorzeichenwechsel hinweggeschoben werden. Demgemäß erhält man

$$\frac{1}{16}\,\Gamma\,\alpha_\lambda\,\Gamma = \frac{1}{16}\,(1 - \alpha_4)\,(1 + \alpha_4)\,(1 - i\,\alpha_1\,\alpha_2)\,(1 \mp i\,\alpha_1\,\alpha_2)\,\alpha_\lambda\,.$$

Dieser Ausdruck verschwindet, weil

$$(1 - \alpha_4)\,(1 + \alpha_4) = 1 - \alpha_4 + \alpha_4 - 1 = 0$$

wird. Auch

$$(1 - i\,\alpha_1\,\alpha_2)\,(1 + i\,\alpha_1\,\alpha_2) = 1 - i\,\alpha_1\,\alpha_2 + i\,\alpha_1\,\alpha_2 - 1 = 0$$

trifft zu. Derartige Ausdrücke heißen „Nullteiler"[1]. Auch Γ

[1]) Siehe Sommerfeld, l. c.

ist ein Nullteiler. Mit einem Nullteiler darf man nicht durchdividieren, da sonst z. B. aus:

(51) $$\frac{1}{16}\Gamma\Gamma = 4\,(1 - i\,\alpha_1\,\alpha_2)\,(1 - \alpha_4) = \Gamma$$

die falsche Gleichung

$$\Gamma = 16$$

folgen würde. Nullteiler haben kein Reziprokes (wie auch nur komplette Dyaden reziproke Dyaden besitzen (**12**, 38)), vgl. Anm.[1]) auf S. 471. Wir müssen den physikalisch belanglosen Faktor Γ demnach beibehalten. Da wir erkannten, daß

(51′) $$(H_\iota)_k\,H_\varkappa = 0 \quad \text{für} \quad \iota \neq \varkappa,$$

und ein Blick auf (44a) und (44′a) wegen (51)

(51″) $$(H_\iota)_k\,H_\iota = \Gamma$$

ergibt, folgt schließlich:

(52) $$U_k\,U = \Gamma\,[(U_1)_k\,U_1 + (U_2)_k\,U_2 + (U_3)_k\,U_3 + (U_4)_k\,U_4].$$

Da die α_λ nicht von den Koordinaten abhängen, ergibt sich, indem wir (38) von vorne mit $\frac{2\pi i c}{h}\,U_k$ und (39) von rückwärts mit $\frac{2\pi i c}{h}\,U$ multiplizieren und dann (39) von (38) subtrahieren, (die Differentiationen in (39) beziehen sich selbstverständlich auf U_k), allgemein (also ohne Verwendung des speziellen Ansatzes (44)):

(53) $$\frac{\partial (U_k U)}{\partial t} + \frac{\partial}{\partial x}(-c\,U_k\alpha_1 U) + \frac{\partial}{\partial y}(-c\,U_k\alpha_2 U) + \frac{\partial}{\partial z}(-c\,U_k\alpha_3 U) = 0.$$

Wir können demnach jetzt

(54) $$\varrho = U_k\,U, \quad \bar{\mathfrak{j}} = -c\,[U_k\,\alpha_1\,U\,\mathfrak{i} + U_k\,\alpha_2\,U\,\mathfrak{j} + U_k\,\alpha\,U\,\mathfrak{k}]$$

als „Wahrscheinlichkeitsdichte" und als „Wahrscheinlichkeitsstrom" bezeichnen. Die Relation (53) nimmt dann die Gestalt der „Kontinuitätsgleichung" an:

(55) $$\frac{\partial \varrho}{\partial t} + \operatorname{div} \bar{\mathfrak{j}} = 0.$$

Für einen Bereich B, in dessen Oberfläche $\bar{\mathfrak{j}}$ verschwindet, folgt aus (55) mittels des Gaußschen Integralsatzes, wie in (**19**, 370) auch jetzt wieder:

$$\frac{\partial}{\partial t}\int\limits_B U_k\, U\, d\tau = 0\,, \tag{56}$$

worin $d\tau$ das Volumelement bedeutet.

Setzen wir in (38) bzw. (39) vermöge (20) und (29):

$$\frac{h}{2\pi i}\frac{\partial U}{\partial t} = -E\,U\,, \qquad -\frac{h}{2\pi i}\frac{\partial U_k}{\partial t} = -E\,U_k\,, \tag{57}$$

und bezeichnen die zu den Energieparametern E_ι bzw. $E_\varkappa$ gehörenden Eigenfunktionen durch u_ι bzw. $u_\varkappa$, so erhalten wir durch eine der soeben durchgeführten völlig analoge Überlegung die Relation (**12**, 369)

$$(E_\iota - E_\varkappa)\int\limits_B (u_\iota)_k\, u_\varkappa\, d\tau = 0\,,$$

also für $E_\iota \neq E_\varkappa$ die Orthogonalitäts-Eigenschaft der Eigenfunktionen:

$$\int\limits_B (u_\iota)_k\, u_\varkappa\, d\tau = 0. \tag{58}$$

Die (**15**, 369) entsprechende „Normierung" werden wir jetzt mit Rücksicht auf (52) in der Form ansetzen:

$$\int\limits_B (u_\iota)_k\, u_\iota\, d\tau = \Gamma. \tag{59}$$

Lediglich einen Blick von dem natürlicheren der beiden möglichen Standpunkte[1]) wollen wir auf die relativistische Invarianz der Diracschen Gleichungen werfen. Wir multiplizieren vorerst (38) von vorne, (39) von rückwärts mit $i\,\alpha_4$ und setzen:

$$i\,\alpha_4\,\alpha_1 = \gamma_1,\quad i\,\alpha_4\,\alpha_2 = \gamma_2,\quad i\,\alpha_4\,\alpha_3 = \gamma_3,\quad \alpha_4 = \gamma_4\,. \tag{60}$$

[1]) Der zweite Standpunkt läßt die α_ι bzw. γ_ι unverändert und transformiert die Wellenfunktionen U und V.

Man überzeugt sich leicht, daß die γ_ι wieder genau den Relationen (36) genügen. Von dem gewählten Standpunkte aus wollen wir

(61) $$\underline{\mathfrak{g}} = \gamma_1\, \mathfrak{i} + \gamma_2\, \mathfrak{j} + \gamma_3\, \mathfrak{k} - i\,\gamma_4\, \mathfrak{l} = \mathfrak{g} - i\,\gamma_4\, \mathfrak{l}$$

als Weltvektor auffassen. Da $\underline{\nabla}$ nach (F, 45) und

(62) $$e\,\underline{\mathfrak{A}} = e\,\mathfrak{A} + \frac{1}{c}\, V\, \mathfrak{l}$$

nach (F, 55) selbst Weltvektoren sind, können wir die Diracschen Gleichungen ohne weiteres in der relativistisch invarianten Form schreiben:

(63) $$\underline{\mathfrak{g}} \cdot \left(e\,\underline{\mathfrak{A}} - \frac{h}{2\pi i}\,\underline{\nabla}\right) U - i\, m_0\, c\, U = 0,$$

und mit

(64) $$U_k\, \alpha_4 = V' \quad \text{bzw.} \quad U_k = V'\alpha_4 = V'\gamma_4.$$

(65) $$V'\underline{\mathfrak{g}} \cdot \left(\dot{e}\,\underline{\mathfrak{A}} + \frac{h}{2\pi i}\,\underline{\nabla}\right) - V'\, i\, m_0\, c = 0.$$

Was wir nachweisen müssen, ist lediglich, daß vermöge

(66) $$\underline{\mathfrak{g}} = \gamma_1\, \mathfrak{i} + \gamma_2\, \mathfrak{j} + \gamma_3\, \mathfrak{k} - i\,\gamma_4\, \mathfrak{l} = \gamma_1'\, \mathfrak{i}' + \gamma_2'\, \mathfrak{j}' + \gamma_3'\, \mathfrak{k}' - i\,\gamma_4'\, \mathfrak{l}'$$

die für die γ_ι geltenden fundamentalen Relationen (36) auch für die γ_ι' zutreffen. Tatsächlich folgt z. B. aus den durch skalare Multiplikation mit $\mathfrak{i}'$ bzw. $\mathfrak{j}'$ erhaltenen Werten von γ_1' und γ_2'

(67) $$\begin{aligned} \gamma_1'\gamma_2' + \gamma_2'\gamma_1' &= 2\,\mathfrak{i}' \cdot \underline{I} \cdot \mathfrak{j}' \\ &+ (\gamma_1\gamma_2 + \gamma_2\gamma_1)\,(\mathfrak{i}\cdot\mathfrak{i}'\;\mathfrak{j}\cdot\mathfrak{j}' + \mathfrak{i}\cdot\mathfrak{j}'\;\mathfrak{j}\cdot\mathfrak{i}') + \cdots = 0 \end{aligned}$$

und analog für die übrigen Indexpaare. Ersetzen wir in (67) $\mathfrak{j}'$ durch $\mathfrak{i}'$ oder $\mathfrak{i}'$ durch $\mathfrak{j}'$, so erkennen wir sofort, daß auch

(67′) $$\gamma_1'\gamma_1' = 1, \qquad \gamma_2'\gamma_2' = 1$$

wird und ebenso für die übrigen Indizes. Damit ist der verlangte Beweis erbracht. U und V' bleiben unverändert, $i\,m_0\,c$ ist eine Invariante. Multipliziert man (63) von vorne mit V', (65) von rückwärts mit U und subtrahiert (65) von (63), so erhält man, wenn man noch (60) und (64) beachtet, Gleichung (53) in der relativistisch invarianten Form:

(68) $$\underline{\nabla} \cdot (V'\,\underline{\mathfrak{g}}\, U) = 0.$$

3. Das Dipol-Elektron

Nun werden wir aufzeigen, wie das Vorhandensein eines „Spins" in Erscheinung tritt. In (37) erkannten wir, daß das Produkt der linearisierten Gleichungen tatsächlich die quadratische Gleichung (32) ergibt. Zu neuartigen Gliedern gelangt man, wenn man von den P_ι der Relationen (35) zu den entsprechenden Operatoren übergeht, für die

$$P_\iota P_\varkappa - P_\varkappa P_\iota \neq 0 \tag{69}$$

wird. Um möglichst übersichtlich und mit Verwendung der Vektorrechnung arbeiten zu können, bedienen wir uns an Stelle von (38) der Form (63) der Diracschen Gleichung. Die symbolische Produkt-Gleichung, die gleichzeitig mit (63) jedenfalls erfüllt sein wird [allerdings ist nicht jede Lösung von (70) auch eine Lösung von (63)], lautet dann:

$$\left\{\left[\underline{\mathfrak{g}} \cdot \left(\frac{h}{2\pi i}\underline{\nabla} - e\,\underline{\mathfrak{A}}\right) - i m_0 c\right]\left[\underline{\mathfrak{g}} \cdot \left(\frac{h}{2\pi i}\underline{\nabla} - e\,\underline{\mathfrak{A}}\right) + i m_0 c\right]\right\} U = 0, \tag{70}$$

worin $\underline{\nabla}$ von links nach rechts wirkt, also das des ersten Faktors nicht nur auf U, sondern auch auf $e\,\underline{\mathfrak{A}}$ des zweiten Faktors. Zunächst folgt aus (70) unmittelbar:

$$\left\{\left[\underline{\mathfrak{g}} \cdot \left(\frac{h}{2\pi i}\underline{\nabla} - e\,\underline{\mathfrak{A}}\right)\right]\left[\underline{\mathfrak{g}} \cdot \left(\frac{h}{2\pi i}\underline{\nabla} - e\,\underline{\mathfrak{A}}\right)\right] + m_0^2 c^2\right\} U = 0. \tag{71}$$

Rechnet man (71) mit (F, 45), (61) und (62) explizit aus, so erhält man die mit $-\left(\frac{h}{2\pi i}\right)^2$ multiplizierten Glieder der relativistischen Schrödinger-Gleichung (33) und überdies als neuhinzukommenden Ausdruck:

$$\begin{aligned} -\frac{h}{2\pi i}\,\underline{\mathfrak{g}} \cdot \underline{\nabla}\,(\underline{\mathfrak{g}}\,e \cdot \underline{\mathfrak{A}})\,U = -\frac{h}{2\pi i}\Big[\mathfrak{g} \cdot \nabla \left(\mathfrak{g} \cdot e\,\mathfrak{A} + i\gamma_4 \frac{1}{c} V\right) \\ - i\gamma_4 \frac{1}{c}\frac{\partial}{\partial t}\left(\mathfrak{g} \cdot e\,\mathfrak{A} + i\gamma_4 \frac{1}{c} V\right)\Big] U. \end{aligned} \tag{72}$$

Nun ist

$$\begin{aligned} \mathfrak{g} \cdot \nabla\,(\mathfrak{g} \cdot e\,\mathfrak{A}) = \nabla \cdot (e\,\mathfrak{A}) + \gamma_1\gamma_2\,e\left(\frac{\partial \mathfrak{A}_y}{\partial x} - \frac{\partial \mathfrak{A}_x}{\partial y}\right) \\ + \gamma_2\gamma_3\,e\left(\frac{\partial \mathfrak{A}_z}{\partial y} - \frac{\partial \mathfrak{A}_y}{\partial z}\right) + \gamma_3\gamma_1\,e\left(\frac{\partial \mathfrak{A}_x}{\partial z} - \frac{\partial \mathfrak{A}_z}{\partial x}\right), \end{aligned}$$

oder, wenn wir

$$\hat{\mathfrak{g}} = \gamma_2 \gamma_3 \mathfrak{i} + \gamma_3 \gamma_1 \mathfrak{j} + \gamma_1 \gamma_2 \mathfrak{k} \tag{73}$$

setzen:

$$\mathfrak{g} \cdot \nabla (\mathfrak{g} \cdot e \mathfrak{A}) = \nabla \cdot (e \mathfrak{A}) + \hat{\mathfrak{g}} \cdot \mathrm{rot}\, (e \mathfrak{A}). \tag{74}$$

Beachten wir, daß nach (60) und (61)

$$\mathfrak{g} \gamma_4 = - \gamma_4 \mathfrak{g} \tag{75}$$

wird, so folgt

$$\begin{aligned} -\frac{h}{2\pi i} \underline{\mathfrak{g}} \cdot \underline{\nabla} (\underline{\mathfrak{g}} \cdot e \underline{\mathfrak{A}}) = -\frac{h}{2\pi i} \Big[\nabla \cdot (e\mathfrak{A}) + \frac{1}{c^2} \frac{\partial V}{\partial t} + \hat{\mathfrak{g}} \cdot \mathrm{rot}\, (e \mathfrak{A}) \\ - \frac{1}{c} i \gamma_4 \mathfrak{g} \cdot \Big(\nabla V + \frac{\partial (e \mathfrak{A})}{\partial t} \Big) \Big]. \end{aligned} \tag{76}$$

Die beiden ersten Glieder rechts ergeben nach Anmerkung [1]) auf S. 450 Null. Da nach (2) und (24)

$$\mathrm{rot}\, (e \mathfrak{A}) = e \mathfrak{h}, \; - \Big(\nabla V + \frac{\partial (e \mathfrak{A})}{\partial t} \Big) = e \mathfrak{e} \tag{77}$$

ist, lauten unsere die relativistische Schrödinger-Gleichung ergänzenden neuen Glieder der Diracschen Theorie:

$$-\frac{h}{2\pi i} \underline{\mathfrak{g}} \cdot \underline{\nabla} (\underline{\mathfrak{g}} \cdot e \underline{\mathfrak{A}}) = - \frac{h e}{2\pi i} \hat{\mathfrak{g}} \cdot \mathfrak{h} - \frac{h e}{2 \pi c} \gamma_4 \mathfrak{g} \cdot \mathfrak{e}. \tag{78}$$

Gleichung (71) ist also die Summe aus der mit $-\left(\frac{h}{2\pi i}\right)^2$ multiplizierten Gleichung (33) und den mit U multiplizierten Gliedern (78). Benützen wir (34) und (57), so können wir demnach nach Vorzeichenumkehr statt (71) schreiben:

$$\begin{aligned} \frac{1}{c^2} (E - V)^2 U - \Big[\frac{h}{2\pi i} \nabla - e \mathfrak{A} \Big]^2 U - m_0^2 c^2 U \\ + \Big[\frac{h e}{2 \pi i} \hat{\mathfrak{g}} \cdot \mathfrak{h} + \frac{h e}{2 \pi c} \gamma_4 \mathfrak{g} \cdot \mathfrak{e} \Big] U = 0. \end{aligned} \tag{79}$$

Die physikalische Bedeutung der neuen Glieder tritt am deutlichsten hervor, wenn wir nachträglich durch die Voraussetzung

$$m_0 c^2 \gg \hat{E} - V, \tag{80}$$

worin

$$\hat{E} = E - m_0 c^2 \tag{81}$$

gesetzt wurde, den Übergang zu einer nichtrelativistischen Näherung vollziehen. Mit

$$(E - V)^2 = (\hat{E} - V + m_0 c^2)^2 \approx m_0^2 c^4 \left(1 + \frac{2}{m_0 c^2} (\hat{E} - V)\right) \tag{82}$$

geht (79) nach Division mit $2 m_0$ über in:

$$\begin{aligned} &- \frac{1}{2 m_0} \left[\frac{h}{2 \pi i} \nabla - e \mathfrak{A}\right]^2 U \\ &+ \left[\hat{E} - \left(V - \frac{h e}{4 \pi m_0} \left(\frac{1}{i} \hat{\mathfrak{g}} \cdot \mathfrak{h} + \frac{1}{c} \gamma_4 \mathfrak{g} \cdot \mathfrak{e}\right)\right)\right] U = 0. \end{aligned} \tag{83}$$

$\hat{E}$ bedeutet nach (81) die um die der Masse innewohnende „Ruheenergie" verminderte Gesamtenergie, also das E der nichtrelativistischen Theorie. Ein Blick auf Gleichung (8, 368) zeigt die Übereinstimmung von (83) (für $\mathfrak{A} = 0$) mit jener, wenn wir die neuen Glieder als eine Vermehrung der potentiellen Energie auffassen. Nun entspricht

$$\mu = \frac{h e}{4 \pi m} \tag{84}$$

genau einem „Bohrschen Magneton", also dem magnetischen Moment eines in der tiefsten Bahn um den Wasserstoffkern umlaufenden Elektrons[1]). Da der Beitrag eines magnetischen Dipols

[1]) Nach der anschaulichen Quantentheorie ist ja, wenn v die konstante Umlaufsgeschwindigkeit des Elektrons auf der Kreisbahn mit dem Radius r und $e = -\varepsilon$ die Ladung des Elektrons bedeuten

$$J = \frac{v e}{2 \pi r} = - \frac{v \varepsilon}{2 \pi r}$$

die zugehörige Stromstärke. Setzen wir in (1*, 217) statt $\mathfrak{B} \to \frac{\mathfrak{h}}{4 \pi}$, statt $J_f \to \mu_f$ ein, so folgt wegen $\operatorname{rot} \mathfrak{h} = 4 \pi \mathfrak{i}$ als Äquivalenz zwischen magnetischer Wirbellinie, also elektrischer Stromlinie, und magnetischer Doppelschicht:

$$\int_F do \,.\, \operatorname{rot} \frac{\mathfrak{h}}{4 \pi} = \int_F do \,.\, \mathfrak{i} = J = S_1 - S_2 = \mu_f.$$

(Forts. der Fußnote auf S. 462)

(bzw. einer magnetischen Doppelschicht) mit dem Magnetisierungsvektor $\mathfrak{M}$ zur Energie bekanntlich — $\mathfrak{M} \cdot \mathfrak{h}$ beträgt — und Entsprechendes gilt für einen elektrischen Dipol —, so schließen wird, daß sich das Elektron wie ein Dipol verhält, dessen magnetisches Moment dem Betrage nach gerade einem „Bohrschen Magneton" gleich ist. Daß das magnetische Moment des bewegten Elektrons mit einem elektrischen Momente verknüpft sein muß, ist eine Folge der Relativitätstheorie. Man pflegt:

$$\mathfrak{s} = \sigma_1 \mathfrak{i} + \sigma_2 \mathfrak{j} + \sigma_3 \mathfrak{k} = - i \hat{\mathfrak{g}} \tag{85}$$

als den symbolischen Spin-Vektor zu bezeichnen. Führt man noch

$$\tau = \gamma_1 \gamma_2 \gamma_3 \gamma_4 \tag{86}$$

ein, womit, wie man leicht nachrechnet,

$$\gamma_4 \mathfrak{g} = i \mathfrak{s} \tau \tag{87}$$

wird und benützt die Abkürzung:

$$- \frac{1}{2 m_0} \left[\frac{h}{2 \pi i} \nabla - e \mathfrak{A} \right]^2 + \hat{E} - V = \Omega , \tag{88}$$

so nimmt (83) die Gestalt an:

$$\Omega U + \mu \left(\mathfrak{s} \cdot \mathfrak{h} + \frac{i}{c} \mathfrak{s} \cdot \mathfrak{e} \tau \right) U = 0. \tag{89}$$

Wir denken uns das Elektron in einem homogenen Magnetfelde

$$\mathfrak{h} = \mathfrak{h}_z \mathfrak{k} , \tag{90}$$

(Forts. der Fußnote 1 von S. 461)

Für $\mathfrak{B}$ ist $\frac{\mathfrak{h}}{4\pi}$ einzuführen, weil jetzt

$$\operatorname{div} \mathfrak{h} = 4 \pi \varrho_m , \quad \text{also} \quad \operatorname{div} \frac{\mathfrak{h}}{4\pi} = \varrho_m$$

wird, wie es den Ansätzen (**5**, 151) bzw. (**1**, 173) und (**1**, 207) entspricht. Das magnetische Moment μ der gesamten Strombahn berechnet man weiter aus dem Produkt Stromstärke mal Stromfläche. Da nach der Bohrschen Quantenbedingung $m v r = \frac{h}{2\pi}$ sein muß, folgt schließlich:

$$\mu = \mu_f \pi r^2 = J \pi r^2 = \frac{- \varepsilon v r}{2} = \frac{- \varepsilon h}{4 \pi m} .$$

um das dritte Glied in (89) brauchen wir uns im nichtrelativistischen Grenzfalle nicht zu kümmern. Indem wir

$$\mathfrak{M} = \mu\,\mathfrak{s} \tag{91}$$

als symbolischen Magnetisierungsvektor auffassen und das negative Vorzeichen der potentiellen Energie V in Ω berücksichtigen, liefert die Diracsche Theorie tatsächlich den durch den magnetischen Dipol-Charakter des Elektrons bedingten Beitrag zur potentiellen Energie

$$-\mathfrak{M}\,.\,\mathfrak{h} = -\mu\,\mathfrak{s}\,.\,\mathfrak{h}. \tag{92}$$

Bedienen wir uns noch des speziellen Ansatzes (44) für U, in dem gerade die z-Achse ausgezeichnet ist (α_3 eine andere Rolle spielt als α_1 und α_2), so wird, wie man aus (60), (73) und (85) leicht berechnet

$$\mu\,\mathfrak{s}\,.\,\mathfrak{h} = -i\,\gamma_1\,\gamma_2\,\mu\,\mathfrak{h}_z = -i\,\alpha_1\,\alpha_2\,\mu\,\mathfrak{h}_z\,. \tag{93}$$

Beachten wir die Überführung der einzelnen Komponenten von U durch $\alpha_2\,U$ gemäß (47) und dann der so erhaltenen Komponenten weiter durch $\alpha_1\,(\alpha_2\,U)$ gemäß (46), so finden wir für die 4 Komponenten von $\alpha_1\,\alpha_2\,U$ der Reihe nach:

$$-i\,U_1,\quad i\,U_2,\quad -i\,U_3,\quad i\,U_4. \tag{94}$$

Mit (93) und (94) und nach Fortlassung des letzten Gliedes zerfällt (89) in die Gleichungen:

$$\begin{aligned} \Omega\,U_1 - \mu\,\mathfrak{h}_z\,U_1 &= 0, & \Omega\,U_2 + \mu\,\mathfrak{h}_z\,U_2 &= 0,\\ \Omega\,U_3 - \mu\,\mathfrak{h}_z\,U_3 &= 0, & \Omega\,U_4 + \mu\,\mathfrak{h}_z\,U_4 &= 0. \end{aligned} \tag{95}$$

Man erkennt, daß nur je zwei dieser Gleichungen voneinander verschieden sind, daß man also im gegebenen Falle mit zwei Wellenfunktionen z. B. U_3 und U_4 auskommt. Die beiden Eigenfunktionen unterscheiden sich ersichtlich durch die Einstellung des Elektronendipols parallel bzw. antiparallel zum magnetischen Felde.

4. Der Spin des Dipol-Elektrons

Wir interessieren uns nun auch für den Drehimpuls bzw. Drall bzw. „Spin" des Dipol-Elektrons. Wir werden fordern, daß der gesamte Drehimpuls eines abgeschlossenen Systems, wie in der klassischen Physik, erhalten bleibe. Ist das für den Bahn-Drehimpuls

$$(96) \qquad \mathfrak{r} \times \mathfrak{P} = \mathfrak{r} \times m\,\mathfrak{v}$$

des sich in einem kugelsymmetrischen Felde, $V(r) \neq 0$ jedoch $\mathfrak{A} = 0$, bewegenden Elektrons allein nicht der Fall, so werden wir daraus auf die Existenz eines entsprechenden Eigendralls des Elektrons schließen. Nach (6) und mit Berücksichtigung von (29) erhalten wir:

$$(97) \qquad \mathfrak{r} \times \mathfrak{P} = \mathfrak{r} \times \nabla S, \qquad (\mathfrak{r} \times \mathfrak{P})\, U = \frac{h}{2\pi i}\, \mathfrak{r} \times \nabla U.$$

Für den Erwartungswert folgt dann gemäß (1, 373):

$$(98) \qquad \overline{\mathfrak{r} \times \mathfrak{P}} = \int\limits_B U_k\, \mathfrak{r} \times \mathfrak{P}\, U\, d\tau = \int\limits_B U_k\, \mathfrak{r} \times \frac{h}{2\pi i} \nabla U\, d\tau.$$

$$(99) \qquad \frac{d\overline{\mathfrak{r} \times \mathfrak{P}}}{dt} = \int\limits_B \frac{\partial U_k}{\partial t}\, \mathfrak{r} \times \frac{h}{2\pi i} \nabla U\, d\tau + \int\limits_B U_k\, \mathfrak{r} \times \frac{h}{2\pi i} \nabla \frac{\partial U}{\partial t}\, d\tau.$$

Diese Fluxion müßte verschwinden, wenn der Bahndrehimpuls ein „intermediäres Integral" der Bewegung wäre, also für sich erhalten bliebe. Wir schreiben (99) in der Form:

$$(100) \qquad \frac{d\overline{\mathfrak{r} \times \mathfrak{P}}}{dt} = -\frac{h}{2\pi i}\left[\int\limits_B \frac{\partial U_k}{\partial t} \nabla \times (U\mathfrak{r})\, d\tau + \int\limits_B U_k \nabla \times \left(\frac{\partial U}{\partial t}\mathfrak{r}\right) d\tau\right]$$

und bedienen uns zur Berechnung von $\frac{\partial U_k}{\partial t}$ bzw. $\frac{\partial U}{\partial t}$ der nach unseren Voraussetzungen spezialisierten ($\mathfrak{A} = 0$) Gleichungen (63) und (65). Für (63) erhalten wir:

$$(\mathfrak{g} - i\,\gamma_4\,\mathfrak{k}) \cdot \left[\frac{V}{c}\,\mathfrak{k} - \frac{h}{2\pi i}\left(\nabla - \frac{1}{c}\frac{\partial}{\partial t}\,\mathfrak{k}\right)\right] U - i\, m_0\, c\, U = 0$$

und daraus

$$(101) \qquad \frac{\partial U}{\partial t} - \frac{c}{i} \nabla \cdot (\gamma_4\, \mathfrak{g}\, U) + i\,\frac{2\pi}{h}\,(V - \gamma_4\, m_0\, c^2)\, U = 0.$$

Ganz ebenso ergibt (65) die Gleichung:

$$(102) \qquad \frac{\partial U_k}{\partial t} - \frac{c}{i} \nabla \cdot (U_k\, \gamma_4\, \mathfrak{g}) - i\,\frac{2\pi}{h}\, U_k\,(V - \gamma_4\, m_0\, c^2) = 0.$$

Gehen wir mit den aus (101) und (102) folgenden Werten von $\frac{\partial U_k}{\partial t}$ und $\frac{\partial U}{\partial t}$ in die Integrale von (100), so heben sich die den dritten Gliedern von (101) und (102) entsprechenden Anteile der beiden Integrale gegenseitig fort. Dabei muß von der Voraussetzung Gebrauch gemacht werden, daß V nur von r abhängt, somit $\nabla V \parallel \mathfrak{r}$ und daher

$$\nabla V \times \mathfrak{r} = 0$$

ist. Einer näheren Untersuchung bedürfen nur die den Derivationen in (101) und (102) entsprechenden Anteile der Integrale (100). Zunächst überlegen wir, daß

$$\begin{aligned} &\nabla \cdot (U_k \gamma_4 \mathfrak{g} \,;\nabla \times (U \mathfrak{r})) \\ &= (\nabla \cdot U_k \gamma_4 \mathfrak{g}) \nabla \times (U \mathfrak{r}) + U_k \gamma_4 \mathfrak{g} \cdot \nabla \,;\nabla \times (U \mathfrak{r}) \end{aligned} \tag{103}$$

ist. Da wir voraussetzen wollen, daß das aus der Divergenz in (103) vermöge des Gaußschen Satzes entstehende Oberflächenintegral, genommen über die Begrenzungsfläche des betrachteten Gebietes B, verschwindet, können wir statt (103)

$$(\nabla \cdot U_k \gamma_4 \mathfrak{g}) \nabla \times (U \mathfrak{r}) = - U_k \gamma_4 \mathfrak{g} \cdot \nabla \,;\nabla \times (U \mathfrak{r}) \tag{104}$$

schreiben. Die Gleichung (100) enthält dann unter den Integralen

$$\begin{aligned} &-\frac{hc}{2\pi}\{U_k \gamma_4 \mathfrak{g} \cdot \nabla ; \nabla \times (U \mathfrak{r}) - U_k \nabla \times [(\nabla \cdot \gamma_4 \mathfrak{g}\, U)\, \mathfrak{r}]\} \\ &= -\frac{hc}{2\pi} U_k \{\gamma_4 \mathfrak{g} \cdot (\nabla \,;\nabla U) \times \mathfrak{r} \\ &\quad - \gamma_4 \mathfrak{g} \times \nabla U - \gamma_4 \mathfrak{g} \cdot (\nabla ; \nabla U) \times \mathfrak{r}\} \\ &= \frac{hc}{2\pi} U_k \gamma_4 \mathfrak{g} \times \nabla U \,. \end{aligned} \tag{105}$$

Unser Ergebnis lautet demnach:

$$\frac{d\,\overline{\mathfrak{r} \times \mathfrak{P}}}{dt} = \frac{hc}{2\pi} \int_B U_k \gamma_4 \mathfrak{g} \times \nabla U \, d\tau . \tag{106}$$

Der Bahndrehimpuls für sich bleibt im zentralen Feld nicht erhalten.

Wir fügen nun als Eigendrall oder Spin des Elektrons:

$$\mathfrak{S} = \frac{h}{4\pi}\,\mathfrak{s} \tag{107}$$

hinzu, worin $\mathfrak{s}$ durch (85) gegeben, also unabhängig von den Koordinaten ist. In

$$\frac{d\overline{\mathfrak{S}}}{dt} = \int\limits_B \frac{\partial U_k}{\partial t}\,\mathfrak{S}\,U\,d\tau + \int\limits_B U_k\,\mathfrak{S}\,\frac{\partial U}{\partial t}\,d\tau \tag{108}$$

geben ersichtlich wieder nur die Derivationsglieder von (101) und (102) einen von Null verschiedenen Beitrag. Zunächst formen wir analog zu (103) um:

$$\nabla\cdot(U_k\gamma_4\mathfrak{g}\,;\mathfrak{S}U) = (\nabla\cdot(U_k\gamma_4\mathfrak{g}))\,\mathfrak{S}U + U_k\gamma_4\mathfrak{g}\cdot\nabla\,;(\mathfrak{S}U) \tag{109}$$

und dürfen dann unter dem Integralzeichen entsprechend (104) setzen:

$$(\nabla\cdot U_k\gamma_4\mathfrak{g})\,\mathfrak{S}U = -\,U_k\gamma_4\mathfrak{g}\cdot\nabla\,;(\mathfrak{S}U)\,.$$

In (108) verbleibt demnach:

$$\frac{d\overline{\mathfrak{S}}}{dt} = -\frac{c}{i}\int\limits_B U_k\,[\gamma_4\mathfrak{g}\cdot\nabla\,;\mathfrak{S}U - \mathfrak{S}\gamma_4\mathfrak{g}\cdot\nabla U]\,d\tau. \tag{110}$$

Setzt man jetzt für $\mathfrak{g}$ seinen Wert aus (61), für $\mathfrak{S}$ aus (73), (85) und (107) ein, so erhält man aus

$$-\frac{c}{i}\,\frac{h}{4\pi}\,(-\,i)\left\{\gamma_4\left(\gamma_1\frac{\partial}{\partial x} + \gamma_2\frac{\partial}{\partial y} + \gamma_3\frac{\partial}{\partial z}\right)(\gamma_2\gamma_3\,\mathfrak{i} + \gamma_3\gamma_1\,\mathfrak{j} + \gamma_1\gamma_2\,\mathfrak{k})\right.$$
$$\left. -\,(\gamma_2\gamma_3\,\mathfrak{i} + \gamma_3\gamma_1\,\mathfrak{j} + \gamma_1\gamma_2\,\mathfrak{k})\,\gamma_4\left(\gamma_1\frac{\partial}{\partial x} + \gamma_2\frac{\partial}{\partial y} + \gamma_3\frac{\partial}{\partial z}\right)\right\}U\,,$$

indem man die auch für die γ geltenden Relationen (36) verwendet:

$$\frac{d\overline{\mathfrak{S}}}{dt} = -\frac{h\,c}{2\pi}\int\limits_B U_k\gamma_4\,\mathfrak{g}\times\nabla U\,d\tau. \tag{111}$$

Aus (106) und (111) folgt:

$$\frac{d}{dt}\,(\overline{\mathfrak{r}\times\mathfrak{P}} + \overline{\mathfrak{S}}) = 0. \tag{112}$$

Der gesamte Drehimpuls, bestehend aus dem Bahndrehimpuls und dem durch (107) definierten Drall des Elektrons selbst, bleibt also tatsächlich erhalten.

Von großer Bedeutung ist, daß zwar das magnetische Eigenmoment des Elektrons gerade gleich einem „Bohrschen Magneton", also gleich dem magnetischen Momente des den Wasserstoffkern in seiner tiefsten Bahn umlaufenden Elektrons ist, der Betrag des Elektronen-Dralls aber nach (107) nur $\frac{h}{4\pi}$ beträgt, also nur die Hälfte des zu dem Magneton gehörenden Bahndrehimpulses, für den die Quantentheorie gemäß Anmerkung [1]) auf S. 461 $\frac{h}{2\pi}$ ergibt. Dieses wichtige Ergebnis entspricht vollauf der Erfahrung.

5. Die Matrizendarstellung

Zum Abschlusse wollen wir noch die übliche Matrizen-, also Dyadendarstellung für die α_λ einführen.

Es ist klar, daß damit ein teilweiser Übergang von der Wellenmechanik zur Matrizenmechanik vollzogen wird. Da es, wie wir am Beispiele des Ansatzes (44) nachgewiesen haben, stets möglich ist, U durch vier α-freie, also nur noch von x, y, z, t abhängende Wellenfunktionen U_ι darzustellen, werden wir zur Repräsentation der Operatoren α_λ nicht unendlich-dimensionale, sondern nur vierdimensionale hermitische Dyaden benötigen. Um zu diesen Dyaden zu gelangen, erinnern wir uns, daß wir beispielsweise in (**9**, 387) für die Impulsdyade

$$P_\lambda = \int_B \mathfrak{q} \,;\, A_\lambda \,;\, \mathfrak{q}_k \, d\tau \tag{113}$$

hatten, worin der Operator A_λ durch

$$A_\lambda = \frac{h}{2\pi i} \frac{\partial}{\partial x_\lambda}$$

gegeben war. Mit Benützung von (**6**, 386) folgt aus (113)

$$(\mathfrak{e}_\iota)_k \,.\, P_\lambda \,.\, \mathfrak{e}_\varkappa = \int_B (u_\iota)_k \, A_\lambda \, u_\varkappa \, d\tau \,. \tag{114}$$

Als Operatoren A_λ wählen wir jetzt unsere α_λ oder auch Produkte aus den α_λ. Werfen wir gleich einen Blick auf das dynamische

Gesetz (28, 390) der Quantenmechanik! Da wir nur teilweise von der Wellenmechanik zur Matrizenmechanik übergehen, wird an die Stelle des unendlichvieldimensionalen Zustandsvektors $\mathfrak{x}$ jetzt der vierdimensionale Vektor

$$\mathfrak{U} = \sum_{\iota=1}^{4} U_\iota \, \mathfrak{e}_\iota \tag{115}$$

treten, worin die $\mathfrak{e}_\iota$ der Reihe nach die reellen Vektoren $\mathfrak{i}, \mathfrak{j}, \mathfrak{k}, \mathfrak{l}$ (nicht $\mathfrak{l}$) und die U_ι die von x, y, z, t abhängenden α-freien Wellenfunktionen bedeuten.

Für die skalare Funktion der Diracschen Gleichung (38) machen wir analog zu (44) den verallgemeinerten Ansatz:

$$U = \sum_{\iota=1}^{4} H_\iota \, U_\iota, \tag{116}$$

worin wir von den hyperkomplexen Zahlgebilden H_ι lediglich das Zutreffen der Relationen (43′) (51′), (51″), also

$$\begin{gathered} (H_\iota)_k \, H_\iota = \Gamma, \quad (H_\iota)_k \, H_\varkappa = 0, \quad \iota \neq \varkappa \\ \alpha_\lambda \, H_\iota = \sum_{\varkappa=1}^{4} a_{\lambda \iota \varkappa} \, H_\varkappa \end{gathered} \tag{117}$$

fordern. Die $a_{\lambda \iota \varkappa}$ bedeuten beliebige, gewöhnliche komplexe Zahlen. Γ braucht nicht mit dem in (50) eingeführten Werte übereinzustimmen. In Analogie zu (5, 386) werden wir

$$U = (\mathfrak{q})_k \cdot \mathfrak{U} \tag{118}$$

also

$$\mathfrak{q} = \sum_{\iota=1}^{4} (H_\iota)_k \, \mathfrak{e}_\iota \tag{119}$$

fordern. An die Stelle der u_ι, $u_\varkappa$ in (114) tritt dann gemäß (6, 386) und (119):

$$u_\iota \to (\mathfrak{q})_k \cdot \mathfrak{e}_\iota = H_\iota . \tag{120}$$

Bezeichnen wir die den hyperkomplexen Zahlen α_λ entsprechenden vierdimensionalen Dyaden durch $\overline{\alpha}_\lambda$, so erhalten wir nach (114), weil für reelle Einheitsvektoren

$$(\mathfrak{e}_\iota)_k = \mathfrak{e}_\iota$$

gilt:

$$\Gamma\, e_\iota \,.\, \bar{\alpha}_\lambda \,.\, e_\varkappa = (H_\iota)_k\, \alpha_\lambda\, H_\varkappa\,. \tag{121}$$

Die Integration rechts entfällt, da keine Ortsfunktionen auftreten. Die Gleichungen (121) können und wollen wir, und zwar für beliebige Indizes i, $\varkappa$, λ, unabhängig von den zu ihrer Herleitung benützten Beziehungen zur allgemeinen Matrizen-Mechanik, als die Definitionsgleichungen der den hyperkomplexen Zahlen zugeordneten Dyaden ansehen. Setzen wir die Beziehungen (117) in (121) ein, so folgt

$$\Gamma\, e_\iota \,.\, \bar{\alpha}_\lambda \,.\, e_\varkappa = (H_\iota)_k \sum_{\nu=1}^{4} a_{\lambda\varkappa\nu}\, H_\nu = \Gamma\, a_{\lambda\varkappa\iota} \tag{122}$$

und da die $a_{\lambda\varkappa\iota}$ gewöhnliche komplexe Zahlen sind

$$e_\iota \,.\, \bar{\alpha}_\lambda \,.\, e_\varkappa = a^{\lambda\varkappa\iota}\,. \tag{122'}$$

Daraus weiter

$$e_\iota \,.\, \bar{\alpha}_\lambda \,.\, \bar{\alpha}_\mu \,.\, e_\nu = e_\iota \,.\, \bar{\alpha}_\lambda \,.\, I^{(\mathrm{IV})} \,.\, \bar{\alpha}_\mu \,.\, e_\nu = \sum_{\varkappa=1}^{4} a_{\lambda\varkappa\iota}\, a_{\mu\nu\varkappa}\,.$$

Dasselbe Ergebnis erhält man aber auch durch zweimalige Anwendung der letzten Relation (117) aus

$$\Gamma\, e_\iota \,.\, \bar{\alpha}_\lambda \,.\, \bar{\alpha}_\mu \,.\, e_\nu = (H_\iota)_k\, \alpha_\lambda\, \alpha_\mu\, H_\nu\,. \tag{121'}$$

Diese Zuordnung läßt uns unmittelbar erkennen, daß aus den für die Diracsche Theorie entscheidenden Beziehungen (36) die entsprechenden Beziehungen für die $\bar{\alpha}$ folgen

$$\begin{aligned} &\bar{\alpha}_\lambda \,.\, \bar{\alpha}_\lambda = I^{(\mathrm{IV})} = \mathfrak{i}\,;\mathfrak{i} + \mathfrak{j}\,;\mathfrak{j} + \mathfrak{k}\,;\mathfrak{k} + \mathfrak{l}\,;\mathfrak{l},\\ &\bar{\alpha}_\lambda \,.\, \bar{\alpha}_\mu + \bar{\alpha}_\mu \,.\, \bar{\alpha}_\lambda = 0 \quad \text{für} \quad \lambda \neq \mu. \end{aligned} \tag{123}$$

Die Diracsche Gleichung (38) wird jetzt in Analogie zum dynamischen Gesetz (28, 390) der Matrizenmechanik lauten:

$$\begin{aligned} &\frac{1}{c}\left[\frac{h}{2\pi i}\frac{\partial}{\partial t} + V\right]\mathfrak{U} - \left[\bar{\alpha}_1\left(\frac{h}{2\pi i}\frac{\partial}{\partial x} - e\mathfrak{A}_x\right) + \bar{\alpha}_2\left(\frac{h}{2\pi i}\frac{\partial}{\partial y} - e\mathfrak{A}_y\right)\right.\\ &\qquad\left. + \bar{\alpha}_3\left(\frac{h}{2\pi i}\frac{\partial}{\partial z} - e\mathfrak{A}_z\right) + \bar{\alpha}_4\, m_0\, c\right] . \,\mathfrak{U} = 0. \end{aligned} \tag{124}$$

Sowohl aus (38) durch Multiplikation mit $(H_\iota)_k$, wie aus (124) durch skalare Multiplikation mit $\Gamma \mathfrak{e}_\iota$ erhält man als erstes Glied

$$\Gamma \frac{1}{c} \left(\frac{h}{2 \pi i} \frac{\partial}{dt} + V \right) U_\iota .$$

Das Übereinstimmen der nachfolgenden Glieder

$$(125) \quad \begin{aligned} \Gamma \mathfrak{e}_\iota \cdot \bar{\alpha}_\lambda \cdot \mathfrak{U} &= (H_\iota)_k \alpha_\lambda U , \\ \Gamma \mathfrak{e}_\iota \cdot \bar{\alpha}_\lambda \sum_{\varkappa=1}^{4} \mathfrak{e}_\varkappa U_k &= (H_\iota)_k \alpha_\lambda \sum_{\varkappa=1}^{4} H_\varkappa U_\varkappa \end{aligned}$$

ergibt sich für beliebige Wellenfunktionen $U_\varkappa$ aus der Definitionsgleichung (121). Damit ist der Beweis für die völlige Gleichwertigkeit der Formen (38) und (124) der Diracschen Gleichung erbracht.

Unsere allgemeinen Ansätze sollen schließlich noch an dem Falle der speziellen Wahl der H_ι und $(H_\iota)_k$ gemäß (44) und (44′) illustriert werden. Die ausführliche Durchrechnung kann und soll dem Leser überlassen bleiben. Nur zwei Beispiele sollen den Rechenvorgang verdeutlichen. Wir gehen von der Definitionsgleichung (121) aus, benutzen (44a), (44′a) und (50) und erhalten:

$$\Gamma \mathfrak{i} \cdot \bar{\alpha}_1 \cdot \mathfrak{l} = (H_1)_k \alpha_1 H_4 = \frac{1}{4} \Gamma i \alpha_2 \alpha_1 \frac{1}{4} \Gamma = \frac{1}{16} \Gamma \Gamma = \Gamma,$$

weil

$$i \alpha_2 \alpha_1 (1 - i \alpha_1 \alpha_2) = 1 - i \alpha_1 \alpha_2$$

ist. Alle übrigen Beiträge zu $\mathfrak{i} \cdot \bar{\alpha}_1$ verschwinden. Weiters ergibt sich:

$$\Gamma \mathfrak{i} \cdot \bar{\alpha}_2 \cdot \mathfrak{l} = (H_1)_k \alpha_2 H_4 = \frac{1}{4} \Gamma i \alpha_2 \alpha_2 \frac{1}{4} \Gamma = i \frac{1}{16} \Gamma \Gamma = i \Gamma,$$

wieder verschwinden die übrigen Beiträge zu $\mathfrak{i} \cdot \bar{\alpha}_2$. Als Ergebnis der gesamten Durchrechnung folgt:

$$(126) \quad \begin{aligned} \bar{\alpha}_1 &= \mathfrak{i};\mathfrak{l} + \mathfrak{j};\mathfrak{k} + \mathfrak{k};\mathfrak{j} + \mathfrak{l};\mathfrak{i} \\ \bar{\alpha}_2 &= i\,[\mathfrak{i};\mathfrak{l} - \mathfrak{j};\mathfrak{k} + \mathfrak{k};\mathfrak{j} - \mathfrak{l}\,\mathfrak{i}] \\ \bar{\alpha}_3 &= \mathfrak{i};\mathfrak{k} - \mathfrak{j};\mathfrak{l} + \mathfrak{k};\mathfrak{i} - \mathfrak{l};\mathfrak{j} \\ \bar{\alpha}_4 &= \mathfrak{i};\mathfrak{i} + \mathfrak{j};\mathfrak{j} - \mathfrak{k};\mathfrak{k} - \mathfrak{l};\mathfrak{l} . \end{aligned}$$

Das sind tatsächlich hermitische Dyaden. Die Eigenwerte und Eigenvektoren der $\bar{\alpha}_\lambda$ werden (vgl. S. 57 u. f.) aus der Normalform gewonnen. $\overline{\alpha}_4$ besitzt schon die Normalform, es ist ersichtlich entartet. Seine Eigenwerte sind $(+1)$ für die Eigenvektoren $\mathfrak{i}$ und $\mathfrak{j}$, hingegen (-1) für die Eigenvektoren $\mathfrak{k}$ und $\mathfrak{l}$. Die Entartung bedingt, daß wir das Achsenkreuz $\mathfrak{i}, \mathfrak{j}$ in der i, j-Ebene, das Achsenkreuz $\mathfrak{k}, \mathfrak{l}$ in der k, l-Ebene beliebig verdrehen dürfen. Leicht gewinnt man auch die Normalform der übrigen $\overline{\alpha}_\lambda$ z. B.:

$$(127)\qquad \begin{aligned} \overline{\alpha}_2 &= \frac{1}{2}(\mathfrak{l} + i\,\mathfrak{i}) \,;\, (\mathfrak{l} - i\,\mathfrak{i}) - \frac{1}{2}(\mathfrak{i} + i\,\mathfrak{l}) \,;\, (\mathfrak{i} - i\,\mathfrak{l}), \\ &+ \frac{1}{2}(\mathfrak{j} + i\,\mathfrak{k}) \,;\, (\mathfrak{j} - i\,\mathfrak{k}) - \frac{1}{2}(\mathfrak{k} + i\,\mathfrak{j}) \,;\, (\mathfrak{k} - i\,\mathfrak{j}) \end{aligned}$$

und erkennt, daß sämtliche $\overline{\alpha}_\lambda$ nur die beiden Eigenwerte ± 1 haben und folglich entartet sind[1]).

Wegen des Interesses, daß sie nach (93) für die Einstellung des „Spin-Vektors" besitzt, bilden wir noch die Dyade:

$$(128)\qquad \overline{\sigma}_3 = -i\,\overline{\alpha}_1 \cdot \overline{\alpha}_2 = -\mathfrak{i}\,;\mathfrak{i} + \mathfrak{j}\,;\mathfrak{j} - \mathfrak{k}\,;\mathfrak{k} + \mathfrak{l}\,;\mathfrak{l}\,.$$

An die Stelle von (89) tritt jetzt, nach konsequenter Vernachlässigung des letzten Gliedes, mit dem Ansatze (90):

$$(129)\qquad \Omega\,\mathfrak{U} + \mu\,\mathfrak{h}_z\,\overline{\sigma}_3 \cdot \mathfrak{U} = 0\,.$$

Diese Gleichung ist aber vermöge (128) mit den vier skalaren Gleichungen (95) identisch. Man erkennt, wie die beiden Eigenwerte ± 1 von $\overline{\sigma}_3$ die beiden Einstellungsmöglichkeiten des Spin-Elektrons bestimmen. Natürlich tritt an die Stelle des

---

[1]) Man erhält aus (126) für die den „Nullteilern" entsprechenden Dyaden:

$$\left.\begin{aligned} 1 - \alpha_4 &\to (I^{(\mathrm{IV})} - \overline{\alpha}_4) = 2\,(\mathfrak{k}\,;\mathfrak{k} + \mathfrak{l}\,;\mathfrak{l}) \\ 1 + \alpha_4 &\to (I^{(\mathrm{IV})} + \overline{\alpha}_4) = 2\,(\mathfrak{i}\,;\mathfrak{i} + \mathfrak{j}\,;\mathfrak{j}) \end{aligned}\right\}\ (I^{(\mathrm{IV})} - \overline{\alpha}_4) \cdot (I^{(\mathrm{IV})} + \overline{\alpha}_4) = 0$$

$$\left.\begin{aligned} 1 - i\,\alpha_1\,\alpha_2 &\to (I^{(\mathrm{IV})} + i\,\overline{\alpha}_1 \cdot \overline{\alpha}_2) = 2\,(\mathfrak{j}\,;\mathfrak{j} + \mathfrak{l}\,;\mathfrak{l}) \\ 1 + i\,\alpha_1\,\alpha_2 &\to (I^{(\mathrm{IV})} + i\,\overline{\alpha}_1 \cdot \overline{\alpha}_2) = 2\,(\mathfrak{i}\,;\mathfrak{i} + \mathfrak{k}\,;\mathfrak{k}) \end{aligned}\right\}\ \begin{aligned} &(I^{(\mathrm{IV})} - i\,\overline{\alpha}_1 \cdot \overline{\alpha}_2) \cdot \\ &\cdot (I^{(\mathrm{IV})} + i\,\overline{\alpha}_1 \cdot \overline{\alpha}_2) = 0 \end{aligned}$$

$$\Gamma \to 4\,(I^{(\mathrm{IV})} - \overline{\alpha}_4) \cdot (I^{(\mathrm{IV})} - i\,\overline{\alpha}_1 \cdot \overline{\alpha}_2) = 16\,\mathfrak{l}\,;\mathfrak{l} \equiv \overline{\Gamma}$$

$$\overline{\Gamma} \cdot \overline{\Gamma} = 16\,\overline{\Gamma}$$

Wie man sieht, handelt es sich durchwegs um nichtkomplette Dyaden.

symbolischen Spin-Vektors (85) jetzt eine symbolische Spin-Triade:

$$\hat{\sigma} = \mathfrak{i} ; \bar{\sigma}_1 + \mathfrak{j} ; \bar{\sigma}_2 + \mathfrak{k} ; \bar{\sigma}_3$$

mit

$$\bar{\sigma}_1 = - i\, \bar{\alpha}_2 . \bar{\alpha}_3 , \quad \bar{\sigma}_2 = - i\, \bar{\alpha}_3 . \bar{\alpha}_1 , \quad \bar{\sigma}_3 = - i\, \bar{\alpha}_1 . \bar{\alpha}_2 .$$

In bezug auf die beiden Darstellungsformen der Diracschen Theorie kann man zusammenfassend sagen: Führt man ein spezielles Dyadensystem, etwa das der Gleichungen (126), explizit ein, so wird das Rechnen zweifellos anschaulicher und für den das Arbeiten mit Dyaden (Matrizen) Gewohnten auch bequemer. Will man jedoch im möglichst allgemeinen bleiben, so dürften die skalaren mit hyperkomplexen Einheiten rechnenden Ansätze den Vorzug verdienen. Schon die Notwendigkeit zur Erzielung einer zusammenfassenden Schreibweise im Falle der Matrizen von den Vektoren $\mathfrak{g}$ und $\mathfrak{s}$ zu entsprechenden Triaden überzugehen, zeigt deutlich die unvermeidlichen Komplikationen.

REGISTER

(Die Zahlen verweisen auf die betreffenden Seiten, Fettdruck kennzeichnet die jeweils wichtigsten Bezugsstellen)

FSC
www.fsc.org
MIX
Papier | Fördert
gute Waldnutzung
FSC® C083411

Kolibri 360 GmbH
Ferdinand-Jühlke-Straße 7
99095 Erfurt, Deutschland
produktsicherheit@kolibri360.de